普通高等教育“十三五”规划教材

新编大学物理教程

郭振平　主编

徐　晶　明　莹　副主编

科 学 出 版 社

北　京

内 容 简 介

本书基于2010年教育部新颁发的《理工科类大学物理课程教学基本要求》，以近代物理为主线，融合量子理论与光学、狭义相对论时空观与经典运动学、狭义相对论力学与经典力学，以现代科学统领热、电、磁、流体、振动和波。全书基础扎实，内容简练，并体现了视点高、创意新的特色，注重贴近实际生活，注重物理思想和科学文化的传承。全书共二册，本册为《新编大学物理教程》，另有配套的《大学物理学习指导》同时出版，供读者使用。

本书可作为高等学校理、工、农、医学类本科专业课程教材，也可作为经济、管理、自然地理、口腔、护理等专业本专科学生的教学参考书，还可供其他物理爱好者作为自学读物。

图书在版编目（CIP）数据

新编大学物理教程/郭振平主编. —北京：科学出版社，2016
（普通高等教育“十三五”规划教材）
ISBN 978-7-03-049423-8

Ⅰ.①新… Ⅱ.①郭… Ⅲ.①物理学-高等教育-教材 Ⅳ.①O4

中国版本图书馆CIP数据核字（2016）第167649号

责任编辑：朱 敏 戴 薇 王丽丽 / 责任校对：王万红
责任印制：吕春珉 / 封面设计：东方人华平面设计部

科学出版社 出版
北京东黄城根北街16号
邮政编码：100717
http://www.sciencep.com
新科印刷有限公司 印刷
科学出版社发行 各地新华书店经销
*
2016年8月第 一 版 开本：787×1092 1/16
2020年8月第三次印刷 印张：24
字数：569 000

定价：45.00元

（如有印装质量问题，我社负责调换〈新科〉）
销售部电话 010-62136230 编辑部电话 010-62135927-2012

前　言

物理学是研究物质的基本结构、基本运动形式及其相互作用的自然科学。在人类追求真理和探索未知世界的过程中，物理学展现了一系列科学的世界观和方法论，深刻影响着人类对物质世界的基本认识、思维方式和社会生活，是人类文明发展的基石，在人才的科学素质培养中具有重要的地位。

大学生学习大学物理的主要目标是：①通过大学物理的学习来积累知识，从而认识自然，理解自然界中一些最基本的规律和现象，为学习后续专业课打好基础；②通过大学物理的学习来提高自身素质，建立正确的方法论，确立正确的世界观。

本教材按照国家教学指导委员会颁布的《理工科类大学物理课程教学基本要求》，将教学内容分为 A、B 两类。A 类内容为基本知识，构成大学物理课程教学内容的基本框架；B 类内容为扩充知识，是理解现代科学技术进展的基础，这些内容可以使学生对大学物理的基本规律的理解更加深刻和充实。本教材共二册，本册以 A 类内容为重点，并考虑理工农医部分专业的需求，适当增加流体力学内容；B 类内容主要在与本册配套的《大学物理学习指导》中介绍，供不同专业选用。在《大学物理学习指导》中还精选本课程各章必须掌握的基本知识点，按章节与教学同步进行辅导，并精选典型习题进行简要的解题指导。

本教材具有如下主要特色：

1. 以近代物理为主线，将狭义相对论时空观与经典运动学、力学对比介绍，将量子理论与光学等相关知识点相融合，从现代科学视角俯瞰经典物理内容。注重介绍经典物理知识在高新技术中的应用以及渗透现代物理学的观点、概念和方法，使学生从中体会到 17 世纪建立起来的经典物理在 21 世纪仍然焕发着勃勃生机。

2. 以学生为主体，遵循学生从易到难的认知规律，采用由简单到复杂，由浅入深，逐步递进的方式来组织教材内容。

3. 改变传统的运动学、力学、热学、电磁学、振动和波、光学、相对论、量子力学、粒子物理等分立体系，将对微积分知识要求不高的光学部分提至全书的最前面先行学习，使学生不至于一开始就陷入微积分的疑难中，从而使学生学习大学物理的兴致不断提升，也可满足部分专业在同一学期同步开设“大学物理”课和“大学数学”课程的要求。

4. 在内容选取上保证紧密结合实际，并适当渗透前沿科学发展的精华，注重突出物理学的思想性和哲理性，尤其注重介绍物理学的科学思维方法。

5. 为了降低教材的难度，便于学生理解和学以致用，适当增选了例题，每介绍完一个基本概念或物理定律，都设置相应的例题。这些例题是与介绍的物理知识有机统一的，是教材的重要组成部分。

6. 为了学生及时巩固每章所学的知识，在每一章末尾都安排适量的思考与讨论题及练习题，这些题分为两类：一类是常规性的，从本章的内容很容易找出答案，目的是让学生建立起自信心，学习的自信心是一个重要的非智力因素，而过多的难题很容易使学生丧失信心；另一类则是灵活性的，以满足不同层次学生的需求和创新教育的需要，可以作为课堂讨论的基础。

7. 注重与中学教学的衔接，对于中学阶段已熟悉的质点力学、几何光学、气体的状态方程、热力学第一定律、电力、磁力、静电感应及电磁感应现象等内容，在本教材中适度展开和提升，以避免重复。

8. 注重培养学生独立获取知识的能力、科学观察和思维的能力、分析问题和解决问题的能力，使学生逐步掌握科学的学习方法，通过解题指导启迪学生思维，激发学生的智力和潜能，调动学生学习的主动性和积极性。

9. 注重加强物理学的科学文化色彩。全书中尽量做到图文并茂，减少繁杂的数学推演。

本书由郭振平担任主编，徐晶和明莹担任副主编。在本书编写过程中还借鉴了部分国内外优秀教材和相关文献，特在此一并表示感谢。

编者联系邮箱：wuli07@aliyun. com

编　者

2016 年 5 月

目　　录

第 1 章　几何光学基础

光与人类生活息息相关，人们所见到的任何物体都在不同程度地发射或反射着光。为此，本书首先从光的传播规律入手。

几何光学通过“光线”这一简单的模型，用几何作图的方法来研究光线的反射、折射以及沿直线传播的原理，是一种处理光的成像的唯象理论。几何光学也称为高斯光学或光线光学。几何光学研究的范围是光在障碍物尺度比光波长大得多的情况下的传播规律。

本章将重点学习几何光学的基本定律和近轴光学成像的分析方法，讨论光在平面和球面上的反射、折射以及薄透镜成像等问题。

1.1　基本概念

为了讨论光的传播规律，我们有必要先了解若干基本概念。

1.1.1　点光源和光束

1. 点光源和光线

凡是能发光的物体都是光源。若光源本身的几何线度比它所传播的距离小得多，为了简单起见，则可以把它抽象成一个几何点，只考虑它的几何位置而不考虑大小和形状，这样的光源称为**点光源**。点光源只是一个发光点，**光线**只是表示光的传播方向的一条具有方向性的几何线，如图 1-1所示。

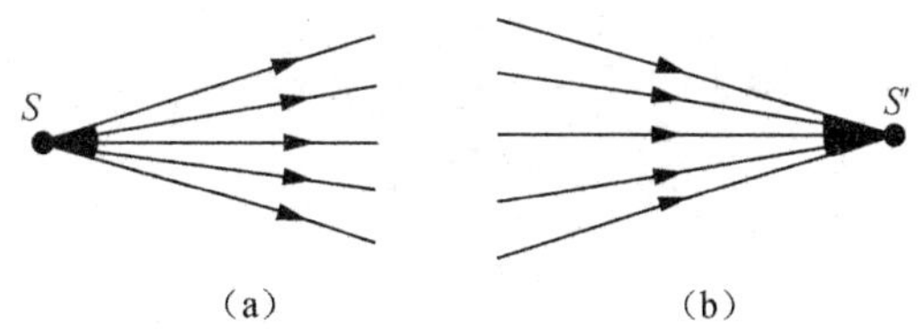

图 1-1　点光源、光线、同心光束

2. 光束和同心光束

同一光源发出的光线的集合称为**光束**，或者说光束是由许多光线构成的。如图 1-1 所示，从同一点发出的或会聚到同一点的光线，称为**同心光束**。由发光点 S 发出的同心光束称为**发散光束**，如图 1-1（a）所示；向中心 S' 会聚的同心光束称为**会聚光束**，如图 1-1（b）所示。

如果光源无限远，所发出的光束可以视为由许多平行光线构成，这样的光束称为

平行光束。例如，照到地上的太阳光就是平行光束。

3. 实发光点和虚发光点

实际的光源总是有一定大小的，点光源和光线都是为了使用上的方便而引入的理想化模型。若光线实际发自某点，则该点为**实发光点**，如图 1-1（a）所示。若某点并不发出光线，而是诸光线延长线的交点，则该点为**虚发光点**。如图 1-2所示，S_1 是实发光点，S_2 是经水面 MN 反射的各光线反向延长线的交点，是虚发光点。

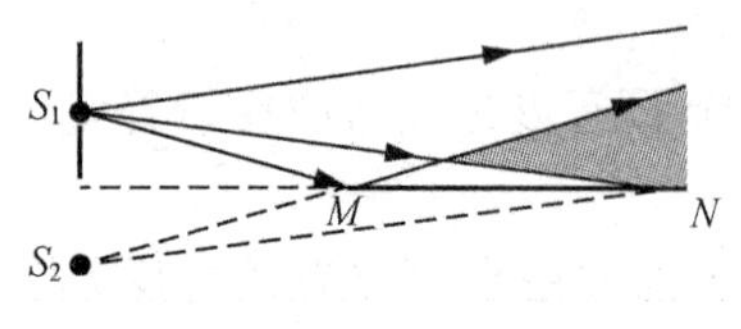

图 1-2　实发光点和虚发光点

1.1.2　物和像

物体可以自己发光，也可以反射光或透射光。一切能够反射光和透射光的物体统称为**光学系统**。从光源发出的光经过一定的光学系统后，由出射的实际光线或实际光线的反向延长线会聚成的图形称为**像**。如图 1-3所示，从物点 S 发出的同心光束经光学系统出射后，所有的光线交于 S' 点，成为一个以 S' 为顶点的同心光束，我们把 S' 称为 S 的**像点**。若如图 1-3（a）所示，出射的同心光束是会聚的，则像 S' 称为**实像**；若如图 1-3（b）所示，出射的同心光束是发散的，则其反向延长线会聚成的像 S' 称为**虚像**。实像可由人眼或接收器所接收；虚像不可以被接收器所接收，但是却可以被人眼所观察。

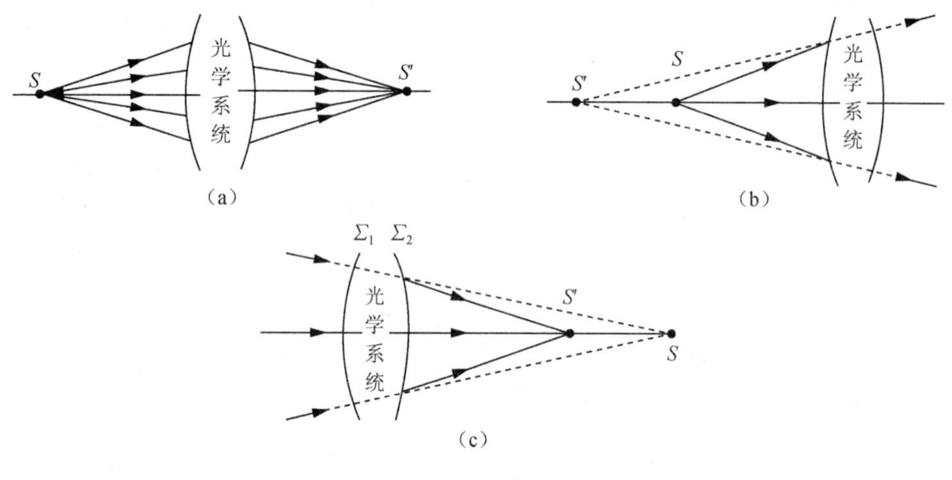

图 1-3　物与像

物和像都是由一系列的点构成的，物点和像点一一对应，于是就得到了对应的物像。从光线的性质看，物上的每一点都发出同心光束，而对应的像点都由同心光束会聚得到，所以成像的基本条件是要满足同心光束的不变性。当然，这仅仅是对点成像的要求。从整个物和像的对应关系看，还必须要满足物像间的相似性，即空间上各个点之间的相互位置要一一对应。我们将物空间与像空间点与点对应而成的像称为**完善像**。完善像与物相比只有大小的变化没有形状的改变。能严格地保持光束的同心性的光学系统，叫做**理想光学系统**。

以光学系统为界，物所在的空间称为物方空间，像所在的空间称为像方空间。一般地，实像和实物是对称的，如果将实物置于实像所在处，将会看到实像刚好位于原来实物所在处。如图1-3（a）所示，我们把实物所在处S和实像所在处S'这两点称为共轭点。实物和实像的对称关系反映出光线具有可逆性。当光线沿着和原来相反的方向传播时，其路径不变，这称为**光路可逆性原理**。

不仅像点有虚实之分，物点也有虚实之别。如图1-3（c）所示，光束透过单球面$\sum_1$后是会聚的，应该形成实像，但不待光束到达会聚点，又再次透过$\sum_2$面，这时会聚光束的顶点对于$\sum_2$面来说就是物，不过由于会聚光束的顶点S在像方区域，应将它看成虚物。

人眼在观察光束时，光束本身不会产生视觉效应，所能感受到的是光束的顶点，即光束顶点在视网膜形成的像。光束本身是不能被人眼感受到的。人眼在观察光束时，如果观察对象为实物，光的传播方向不变，物直接在视网膜上形成像，而被人眼感受；如果传播方向发生变化，人眼感觉仍然是沿刚刚进入眼睛的光线的方向。

1.1.3　光速、光程和介质的折射率

1. 光速

无数事实证明，无论什么光源发出的光，无论什么颜色的光，真空中的光速都是恒定的，通常以符号c来代表。国际科技数据委员会（CODATA）2006年公布的真空中光速的准确值为

$$c=2.997924584\times10^{8}\mathrm{m/s}$$

物理上，将这类恒定不变的物理量统称为**恒量**或**常量**。

然而，在水中或浓重的大雾中，光速总是小于真空中的光速c。我们将水、空气、玻璃等透明的物体称为**光的介质**。在真空中，光每秒传播30万千米，称为**真空中的光速**。

2. 介质的折射率

定义：在真空中，光速c与光在介质中传播速度的比值称为**介质的折射率**，即

$$n=\frac{c}{v} \tag{1-1}$$

折射率与构成介质的材料和光的波长有关，在同一种介质中，长波的折射率小，短波的折射率大。某一种介质的折射率通常由实验测定。表1-1列出常见的几种介质对钠黄光的折射率。

表1-1　常见介质的折射率

媒质	空气	水	普通玻璃	冕牌玻璃	火石玻璃	重火石玻璃
折射率	1.00029	1.333	1.468	1.516	1.603	1.755

由表1-1可见，普通空气的折射率非常接近1，因此我们周围的湿度不大的空气可以近似当作真空。

当两种介质进行比较时，折射率相对较大的介质称为**光密介质**，折射率较小的介质称为**光疏介质**。显然，光在折射率较大的光密介质中的传播速度较小，在折射率较小的

光疏介质中的传播速度较大。两种介质的折射率之比等于两种介质中的光速的倒比，即

$$n_{21}=\frac{n_2}{n_1}=\frac{v_1}{v_2} \tag{1-2}$$

这称为介质 2 对介质 1 的**相对折射率**。

3. 光程

在同样的时间内，光在不同的介质中通过的几何路程是不同的。我们把某一介质的折射率 n 与光在该介质中通过的几何路程 r 的乘积称为**光程**，用 L 表示，即

$$L=nr \tag{1-3}$$

以均匀介质为例，说明光程的意义。对于均匀介质，有

$$L=\frac{c}{v}r=ct \tag{1-4}$$

式中，t 表示光在介质中通过实际路程所需的时间。由此可见，光程表示光在真空中 t 时间内所能传播的路程。换句话说，光程就是光在介质中通过的几何路程，按相同时间折合到真空中的路程。式（1-4）还可改写为

$$\frac{r}{v}=\frac{L}{c} \tag{1-5}$$

借助光程这个概念，可将光在各种介质中所通过的路程 r 折算为光在真空中的路程 L。这样便于比较光在不同介质中通过一定路程所需要时间的长短。光程相等表示光在两种介质中传播的时间相同。

理想光学系统在成像时，有一个重要性质，即从物点 S 到像点 S' 的各个光线的光程相等。这称为**物像之间的等光程性**。因此，能完善成像的光学系统是等光程的。

例 1-1 在相等的时间内，光在真空中传播的距离为 100m，则在水中传播的距离是多少？光程为多大？

解 由表 1-1知，水的折射率为 1.333。因在相等的时间内，光在两种介质中传播的光程是相等的，所以，光在水中传播的光程为

$$L=100\text{m}$$

由光程的定义式（1-3）即得光在水中传播距离为

$$r=\frac{L}{n}=\frac{100}{1.333}\text{m}\approx 75.02\text{m}$$

1.2 几何光学基本定律

经过长期的观察实践，科学家揭示了光传播的科学规律，为光学成像的研究和应用奠定了坚实的基础。

1.2.1 光的直线传播定律和光的独立传播定律

1. 光的直线传播定律

在同一种各向同性的均匀介质中，光在两点之间总是沿着连接这两点的直线传播。

光的直线传播是几何光学的基本规律之一，称为**光的直线传播定律**。

光照射到不透明物体时，在物体后面产生影子，以及小孔成像现象，都是光的直线传播的例证。普通光学仪器，如投影机、照相机、潜望镜、望远镜和显微镜等，都是以光的直线传播规律为基础的。在天文观测和大地测量以及射击的瞄准中，也是以此为根据的。

我国古代对光的直线传播已有明确的认识。早在春秋战国时《墨经》已记载了小孔成像的实验："景，光之人，煦若射，下者之人也高；高者之人也下，足蔽下光，故成景于上，首蔽上光，故成景于下。"意思是说照射在人上部的光线，则成像于下部；而照射在人下部的光线，则成像于上部。于是，直立的人通过小孔成像，投影便成为倒立的，如图 1-4所示。

由于日常生活中，在光线照射下，影随时随处可以见到。人们很早就发现"立竿见影"的现象，而且光影随着太阳的移动有规律地移动。后来用此方法测影定向，发明了圭表来辨定方位和计量时间，如图 1-5所示。

注意　光的直线传播定律只适用于障碍物或孔的线度比光的波长大得多的场合。

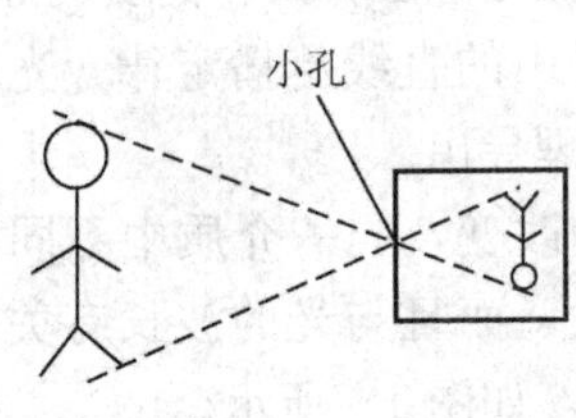

图 1-4　小孔成像

图 1-5　圭表

2. 光的独立传播定律

实验发现，在光的强度不太大且非相干的条件下，来自不同方向或不同物体的光线同时通过空间某点时，传播方向和强度都保持原来的传播方向和强度，对每一光线的独立传播互不影响。这称为光的**独立传播定律**。

1.2.2　光的反射定律和折射定律

如图 1-6所示，光从一种介质射向另一种介质的交界面时，一部分光返回原来介质中，使光的传播方向发生了改变，这种现象称为**光的反射**；另一部分光进入新的介质中，使光发生了弯折，这种现象称为**光的折射**。

实验发现，反射光线 OC 的方向由入射光线 AO 决定，反射角 i''总是随入射角 i 的增大而增大，随入射角的减小而减小。当垂直入射时，入射角为零，反射角也变为零，入射光线、反射光线和交界面的法线 NN'相重合。注意发生反射的条件是两种介质的交界面，反射光线始于入射点 O 返回原介质中。

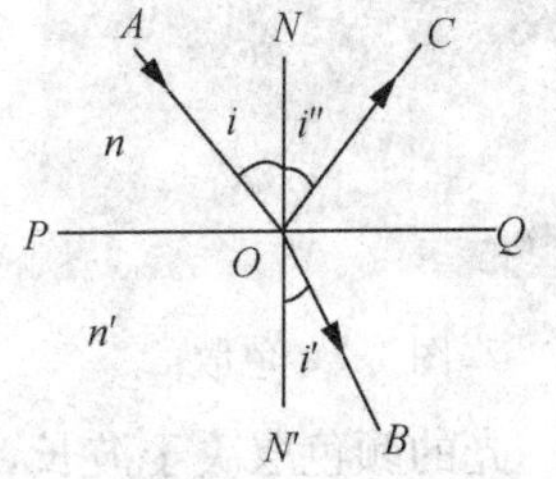

图 1-6　光线的反射和折射

光的反射遵从**反射定律**：反射光线、入射光线和法线在同一平面内，并且入射光线和反射光线分别位于法线的两侧，反射角总是等于入射角，即

$$i''=i \tag{1-6}$$

折射光线也与入射光线和法线在同一平面内，折射光线与法线之间的夹角 i' 称为折射角。折射角与入射角的正弦之比与入射角的大小无关，仅由两介质的性质决定，当温度、压强和光的波长一定时，其比值为一常数，等于前一介质与后一介质的折射率之比，即

$$\frac{\sin i'}{\sin i}=\frac{n}{n'} \tag{1-7}$$

称为**光的折射定律**。式（1-7）中，n 和 n' 分别是入射光线所在介质和折射光线通过的介质的折射率。式（1-7）常表示为

$$n'\sin i'=n\sin i \tag{1-8}$$

式（1-8）表明，若光的几何路程 AO 和 OB 等长，则两种介质中光程在与界面平行的方向上的分量相等，在界面法线方向上的分量也相等。

法国科学家费马于 1657 年发现：光在任意介质中从一点传播到另一点时，沿所需时间最短的路径传播。这称为**最小时间原理或极短光程原理**，又称为**费马原理**。

可以证明：光的独立传播定律、光在均匀介质中的直线传播定律、光通过两种介质分界面时的反射定律和折射定律都可以由费马原理导出。

人们发现，光在介质中传播时，光速和波长均改变，同一介质中不同波长的光的折射率不同。介质的折射率不仅与介质的种类有关，而且与光的波长有关。光在折射时，不同波长的光将分散开来，这种现象叫做**色散**，如图 1-7所示。

夏天，一场大雨过后，天空中常常会出现虹，如图 1-8所示，它是一道横跨半个天空的拱形光带。这是因为，大雨过后，天空中还残留着很多小水滴，这些小水滴密密麻麻悬浮在空中，当太阳光射入水滴（雨滴或雾滴）后，经过了两次折射和一次反射，被分散成为单色光，发生了色散，可在雨幕或雾幕上形成红、橙、黄、绿、蓝、靛、紫排列的 7 色彩虹。有时候，在虹的旁边，还会看到副虹（又称霓，和虹相似，但颜色稍浅），如图 1-9所示，它是由于太阳光射入水滴后，经过了两次折射和两次反射形成的。

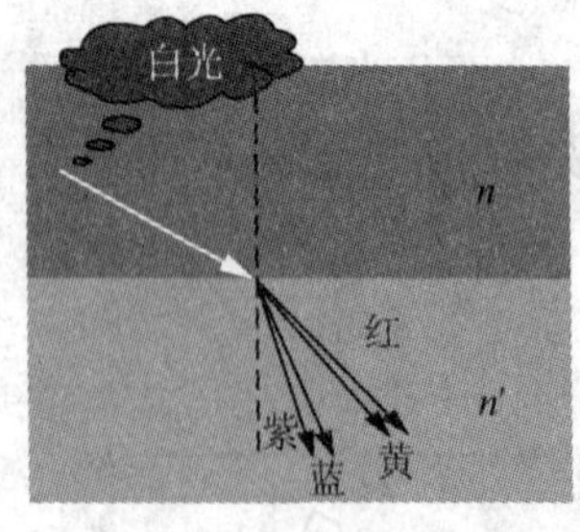

图 1-7　色散

图 1-8　虹

图 1-9　霓

光的颜色取决于波长，具有单一波长的光称为**单色光**。其实，严格的单色光是不存在的，光源发出的光都有一定的波长范围。表 1-2列出了常见的 7 种颜色的可见光对

应的波长范围。普通光源发的光包含了各种不同的波长成分，称为**复色光**。

表 1-2　光的颜色和波长对照表

颜色	红	橙	黄	绿	青	蓝	紫
波长/nm	760～622	622～597	597～577	577～492	492～450	450～435	435～390

1.2.3　光的全反射

若光线由光密介质射向光疏介质，因为 $n'<n$，则 $i'>i$。当逐渐增大入射角 i 到某一值 i_c 时，折射角 i' 达 90°，使折射光线沿界面射出，如图 1-10 所示。此时，若入射角继续增大，则有 $\sin i'>1$，显然这是不可能的。实验表明，这时光线将被全部反射回原介质，这种现象称为**光的全反射**。

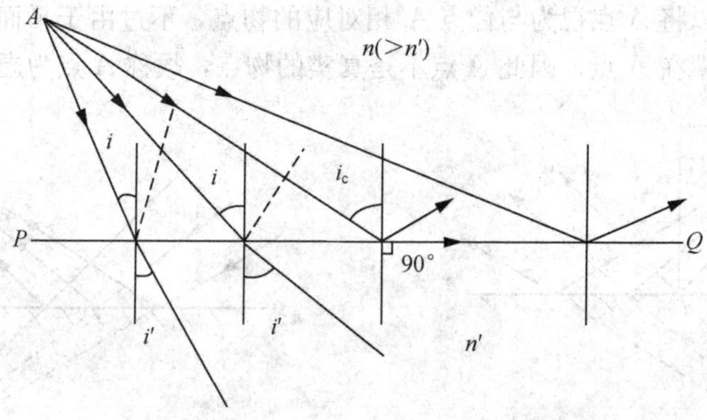

图 1-10　光的折射和全反射

对应于折射角 $i'=90°$ 的入射角 i_c 称为临界角，由式（1-7）可知

$$\sin i_c=\frac{n'}{n} \tag{1-9}$$

由式（1-9）可知，当光线由光疏介质向光密介质传播时，$n'>n$，i_c 不存在，不会发生全反射。

全反射现象在生活中有广泛的应用，计算机网络用的光纤就是利用了光的全反射原理。如图 1-11 所示，光纤在结构上有内芯和外套两种不同介质，光沿内芯传播时遇到光纤弯曲处，会发生全反射现象，从而保证光线不会泄漏到光纤外。

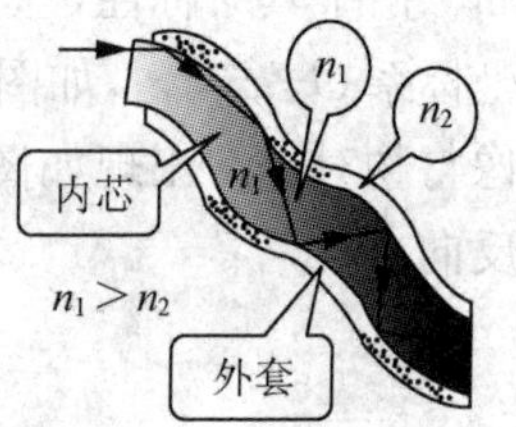

图 1-11　光纤的结构

1.3　光在平面上的反射和折射

根据光的反射定律和折射定律，我们首先讨论光在平面上的反射和折射成像的特性。

1.3.1　光在平面上的反射

光照射到像镜子这样的表面很光滑的不透明材料上，在无漫射的情形下，按照几何光学的定律进行反射，这时光分布的立体角没有改变，就出现规则反射现象，称为

镜面反射，如图 1-12 所示。

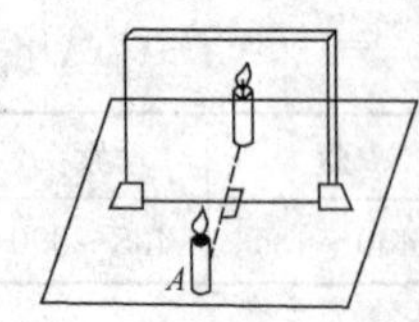

图 1-12　镜面反射

如图 1-13 所示，由物点 A 发出的同心光束被平面镜 PP' 反射，其中任意一条光线 AO 经反射后沿 OB 方向射出，另一条光线 AP 垂直于镜面入射，并由原路反射。显然，A 点发射出的发散光束照射在平面镜上时，其反射光也是发散光束。所有反射光的反向延长线仍交于一点 A'，这就是物点 A 经平面镜所成的像。像位于镜后，物点与像点的连线 AA' 与镜面法线 NO 相平行，且物点与像点相对镜面来说是对称的，由几何关系容易看出 $AP=PA'$。注意由于不是实际光线相交所成的像，所以平面镜所成的像是虚像。同理，由会聚光束照射在平面镜上时，其反射光也是会聚光束，交于像点 A'，如图 1-14 所示，这是实际光线相交所成的像，所以是实像。如果不考虑反射界面，则入射光束将会聚在 A 点。A 点与 A' 点相对镜面也是对称的，可以将 A 点视为与像点 A' 相对应的物点，不过由于平面镜阻挡，实际的入射光束不能会聚在 A 点，因此 A 点不是真实的物点，故称 A 点为**虚物**。

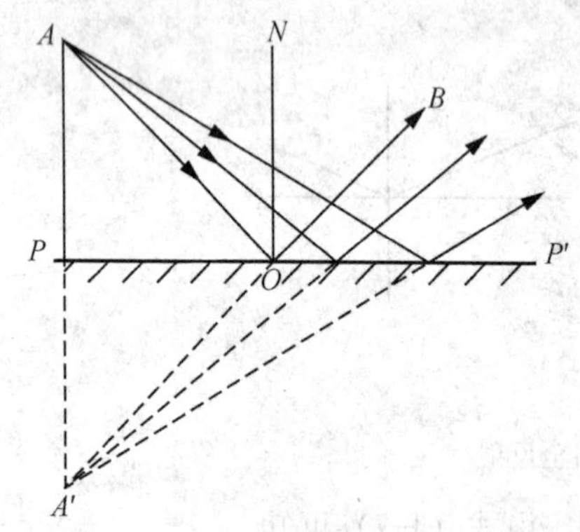

图 1-13　单个平面镜成像（实物成虚像）

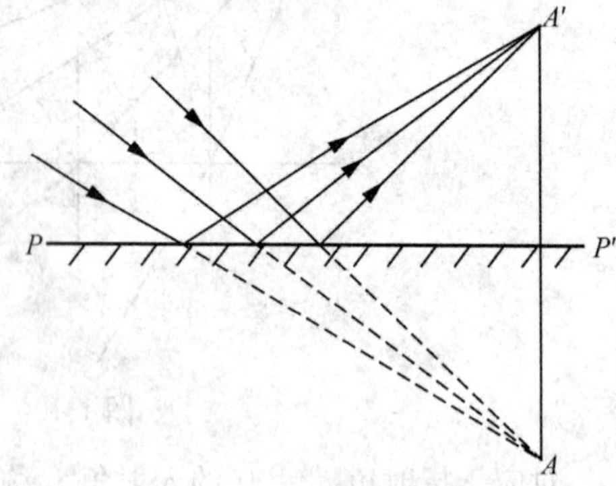

图 1-14　单个平面镜成像（虚物成实像）

由于其对称性，如果物体为左手坐标系 $O\text{-}xyz$，其像的大小与物相同，但却是右手坐标系 $O'\text{-}x'y'z'$，如图 1-15 所示，这种物像不一致的像，叫做非一致像或**镜像**。因此，像与物对比，出现如图 1-12 所示的性质：沿镜面上下方向一致，而沿镜面左右方向反向。

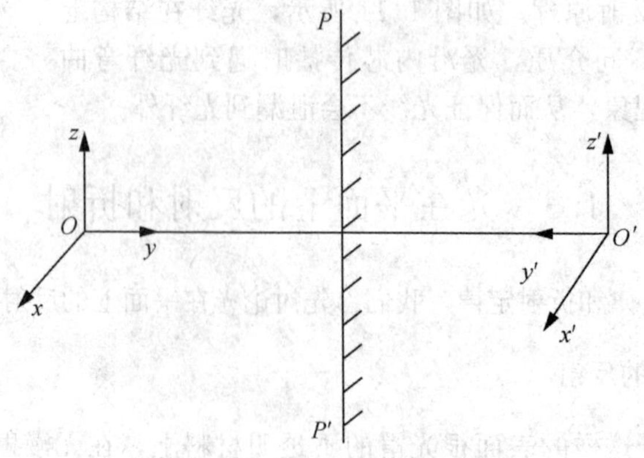

图 1-15　平面镜成镜像

从图 1-13 和图 1-14 可见，平面镜所成的像是实物成虚像，虚物成实像。不论哪种情况，像与物都是以镜面为轴的对称图形，即平面镜是物和像连线的中垂面。物空间一点所成的像仍是一点，平面镜使同心光束保持同心性，物空间与像空间点与点对应。显然，平面镜所成的像是完善像，平面镜是理想光学系统。

平面镜还有一个性质，即若保持入射光线的方向不变，而使平面镜转动 α 角，则反射光线将转动 2α 角，如图 1-16 所示。现证明如下：$\bar{P}O$ 表示平面镜 PO 转过 α 角以后的位置，AO 为入射光线，NO 为平面镜转动前的法线，OA' 为平面镜转动前的反射光线。当平面镜绕入射点 O 顺时针转动 α 角时，其法线变为 $\bar{N}O$，反射光线变为 OA''。入射角和反射角同时改变 α 角，OA' 和 OA'' 之间有下列关系：

$$\begin{aligned}\alpha &= \angle PO\bar{P} = \angle NO\bar{N} = \angle AO\bar{N} - \angle AON \\ &= \frac{1}{2}(\angle AOA'' - \angle AOA') = \frac{1}{2}\angle A'OA''\end{aligned} \tag{1-10}$$

所以，有

$$\angle A'OA'' = 2\alpha$$

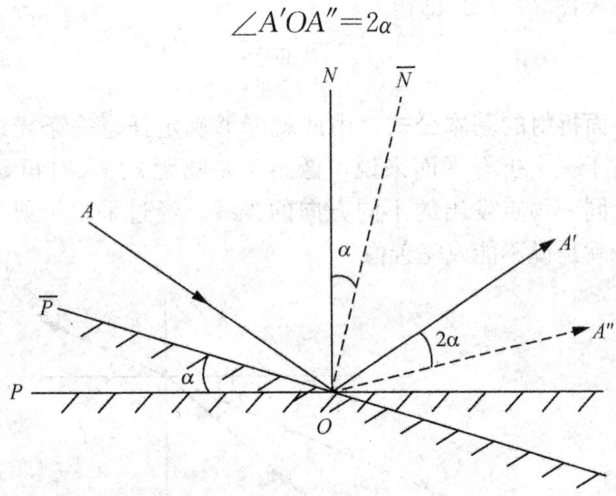

图 1-16　平面镜绕垂直入射面的轴转动

综上所述，单个平面镜的成像特性可归纳如下：

1）像和物的连线与镜面垂直成镜像；

2）物和像以平面镜对称，像和物到镜的距离相等；

3）实物成虚像，虚物成实像；

4）平面镜的转动具有“光放大作用”。

1.3.2　光在平面上的折射

为了明确物与像的关系，有必要先对线段和角度的正负号做一规定：①线段以光学系统界面为起始，沿光线传播方向为正，逆光线传播方向为负；②角度由界面法线为起始转一锐角至光线时，顺时针旋转角度为正，逆时针旋转角度为负。如图 1-17 所示，物点 A 发出的一光线 AO 入射到透射界面上将发生折射，入射角为 i，折射角为 i'；另一光线垂直入射到界面不发生偏折。两条折射光线的反向延长线交于 A' 点，该

点即为物点 A 的像。光线不发生偏折的方向，即 AA' 连线及通过界面的延长线称为**光轴**。物点 A 到界面的垂直距离称为**物距**，像点 A' 到界面垂直距离称为**像距**。由图 1-17 中几何关系可知：

$$-i=-u \tag{1-11}$$

$$-i'=-u' \tag{1-12}$$

$$-s\tan(-u)=-s'\tan(-u')=h$$

即

$$s'=s\frac{\tan u}{\tan u'} \tag{1-13}$$

根据折射定律

$$n'\sin i'=n\sin i \tag{1-14}$$

将式（1-11）和式（1-12）代入式（1-14）得

$$\frac{\sin u}{\sin u'}=\frac{n'}{n} \tag{1-15}$$

再将式（1-15）代入式（1-13）即得

$$s'=s\frac{n'\cos u'}{n\cos u} \tag{1-16}$$

式（1-16）称为**平面折射的基本公式**，由此就能够确定任意一条光线经过平面折射后的光路。可见，对于一个折射平面来说，像距 s' 是物距 s、入射角 u 和折射角 u' 的函数，表明由光轴上同一物点发出的不同方向的光线，经过平面折射之后，并不能全部相交于同一点，也就是说不能成完善像。

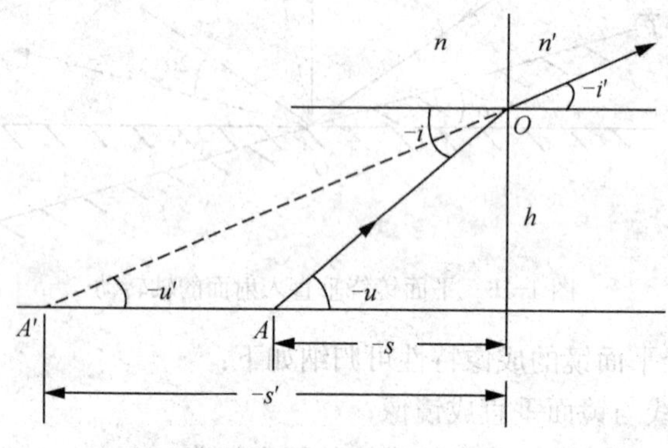

图 1-17 平面折射

如果入射角 i 很小，光线为近轴光线，则式（1-15）和式（1-16）可近似表示为

$$i'=\frac{n}{n'}i,\quad s'=\frac{n'}{n}s \tag{1-17}$$

可以看出，折射角与入射角之比等于物距与像距之比，近轴光线经过平面折射，可以近似成完善像。

例 1-2 在水中深度为 y 处有一发光点 Q，作 QO 垂直于水面，求射出水面折射线的延长线与 QO 交点 Q' 的深度 y' 与入射角 i 的关系，如图 1-18 所示。

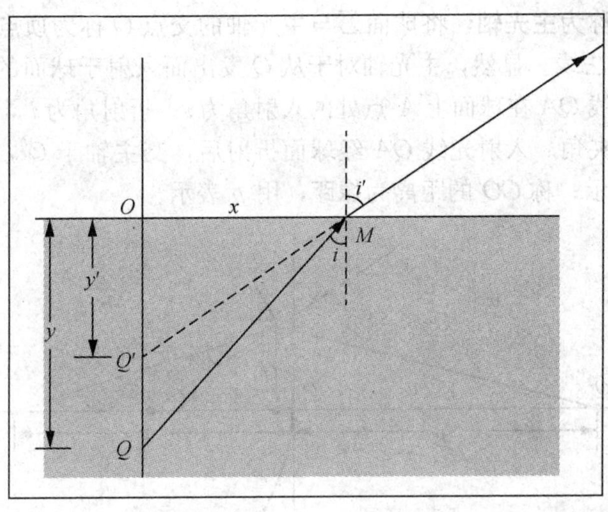

图 1-18　例 1-2图示

解　在$\triangle Q'OM$中，

$$y'=x/\tan i'$$

在$\triangle QOM$中，

$$x=y\tan i$$

根据折射定律，有

$$n\sin i=\sin i'$$

所以

$$\begin{aligned} y' &= y\tan i/\tan i' \\ &= y\sin i\cos i'/\cos i\sin i' \\ &= y(1-n^2\sin^2 i)^{1/2}/(n\cos i) \end{aligned}$$

上式表明，由 Q 发出的不同方向的光线，折射后的延长线不再交于同一点，但对于那些接近法线方向的光线 $i\approx0$，近似地有

$$\sin^2 i\approx0,\ \cos i\approx1$$

所以 $y'=y/n$ 与 i 无关。即折射线的延长线近似地交于同一点 Q'，深度为 $y'=y/n$，在 Q 点之上（说明在垂直 O 点向下看 Q 点能看到其像点 Q'，偏离 O 点侧看，看不到 Q 点的像 Q'）。

1.4　光在球面上的反射和折射

光在平面上的反射和折射成像的研究方法同样适用于球面上的反射和折射问题。

1.4.1　光在单球面上的折射

如图 1-19 所示，从物点 Q 发出的光线在折射率为 n 的介质中，向折射率为 n' 的球形介质界面Σ入射，经折射后会聚于像点 Q'。下面将要建立单球面成像的物像关系式。

在图 1-19 中，折射球面Σ的曲率半径为 r，球面的曲率中心为 C。将物点 Q 和球

心 C 的连线 QC 称为**主光轴**，将球面Σ与主光轴的交点 O 称为**顶点**。主光轴就是过顶点 O 的球面Σ的法线。显然，主光轴对于从 Q 发出而入射于球面的同心光束，具有轴对称性。设入射线 QA 在球面上 A 点处的入射角为 i，折射角为 i'，φ 表示 A 点处球面法线和主光轴的夹角。入射光线 QA 经球面折射后，交主轴于 Q'，我们称 OQ 的距离为**物距**，用 p 表示；称 OQ' 的距离为**像距**，用 p' 表示。

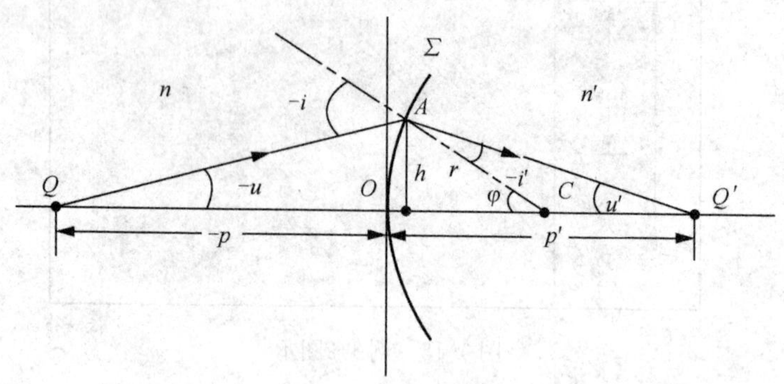

图 1-19　单球面折射成像

假设光线自左向右入射，物点在球面顶点左侧，像点在球面顶点右侧。线段和角度的符号规定如下：

1）线段以球面顶点为起始沿光线进行方向为正，逆光线进行方向为负；线段在主光轴之上为正，在主光轴之下为负。

2）球面曲率中心在顶点右侧，其曲率半径 $r>0$；球面曲率中心在顶点左侧，$r<0$。

3）角度自主光轴或球面法线为起始转一锐角至光线时顺时针旋转角度为正，逆时针旋转角度为负。

现在，我们先讨论由物点 Q 发出的所有光线是否都交于 Q'点。

根据三角形的正弦定理，对$\triangle AQC$ 和$\triangle ACQ'$，有

$$\frac{QC}{QA}=\frac{\sin[\pi-(-i)]}{\sin\varphi}$$

$$\frac{AQ'}{CQ'}=\frac{\sin(\pi-\varphi)}{\sin(-i')}=\frac{\sin\varphi}{\sin(-i')}$$

两式相乘，并由折射定律，得

$$\frac{QC}{QA}\cdot\frac{AQ'}{CQ'}=\frac{\sin(-i)}{\sin(-i')}=\frac{\sin i}{\sin i'}=\frac{n'}{n}$$

于是，得到

$$CQ'=\frac{n}{n'}\cdot\frac{AQ'}{QA}\cdot QC \tag{1-18}$$

式（1-18）说明，像点 Q'的位置与球面Σ上 A 点的位置有关。由图 1-19 所示平面内的光线可知，从物点 Q 发出的各条光线方向不同，折射后的光线与主光轴的交点是不同的。显然，同心光束经球面折射后失去同心性，这说明单球面折射不能形成完善像。

欲使折射光线保持同心性，必须满足近轴（傍轴）条件，即只考虑与主轴成微小

夹角的近轴光线，此时，入射角 i 和折射角 i' 都非常小，必然满足

$$\tan i \approx \sin i \approx i, \quad \tan i' \approx \sin i' \approx i'$$

同时也有

$$QO \approx QA, \ OQ' \approx AQ'$$

这就是说，在 Q 向折射球面 Σ 发出的同心光束中，只有近轴光线经折射后才能会聚于主轴上的同一点 Q'，成为物点 Q 的像。光学系统中满足这样条件的区域称傍（近）轴区。

在图 1-19 中，对于近轴光线，根据折射定律有

$$n(-i) = n'(-i')$$

由图 1-19 中三角形外角关系有

$$n(\varphi - u) = n'(\varphi - u')$$

即

$$n'u' - nu = (n' - n)\varphi \tag{1-19}$$

考虑近轴条件，有

$$u' \approx \frac{h}{p'}, \quad -u \approx \frac{h}{-p}, \quad \varphi \approx \frac{h}{r}$$

将以上结果代入式（1-19），约去 h，即得

$$\frac{n'}{p'} - \frac{n}{p} = \frac{n' - n}{r} \tag{1-20}$$

式（1-20）就是近轴光线**单球面折射成像的物像关系式**。

式中，$r>0$ 表示凸球面，$r<0$ 表示凹球面。这个关系式给出了主光轴上物点 Q 与像点 Q' 之间位置的共轭关系。从式（1-20）还可以看出，主光轴上存在一个特殊点：当物点 Q 处在这一位置时，它入射于球面的同心光束，经球面折射后的出射光线都平行于主光轴，这个点称为**物方焦点**或**第一焦点**，记为 F。从顶点 O 到 F 的距离称为**物方焦距**，记为 f。将 $p' \to \infty$，$p = f$ 代入式（1-20），得

$$f = -\frac{n}{n' - n} r \tag{1-21}$$

主光轴上同样还存在另一个特殊点：平行于主光轴的入射光线，经球面折射后的出射光线都将会聚于该点。这个点称为**像方焦点**或**第二焦点**，记为 F'。从顶点 O 到 F' 的距离称为**像方焦距**，记为 f'。将 $p \to -\infty$，$p' = f'$ 代入式（1-20），得

$$f' = \frac{n'}{n' - n} r \tag{1-22}$$

由式（1-21）和式（1-22），可以得到

$$\frac{f'}{f} = -\frac{n'}{n} \tag{1-23}$$

式（1-23）表明像方焦距与物方焦距之比等于像方折射率与物方折射率之比，而式中的“−”号则表明 F 和 F' 分别位于球面两侧。

将式（1-21）～式（1-23）代入式（1-20）得到更为简洁的物像关系式

$$\frac{f'}{p'} + \frac{f}{p} = 1 \tag{1-24}$$

式（1-24）称为近轴区单球面折射成像的**高斯公式**。

1.4.2 横向放大率和角放大率

如图 1-20 所示，在近轴光线和近轴物的条件下，垂直于主轴，过物点 Q 的平面称为物平面，而与其共轭的过像点 Q' 的平面则称为像平面。横向放大率又称垂轴放大率，给出这两个平面内物、像间图形相似性的关系。若在主轴上过点 Q 作垂直于主轴的线段 QP，高为 y，则经球面折射后成像为 $O'P'$，高为 y'。像高 y' 与物高 y 的比值定义为横向放大率 β，即

$$\beta=\frac{y'}{y} \tag{1-25}$$

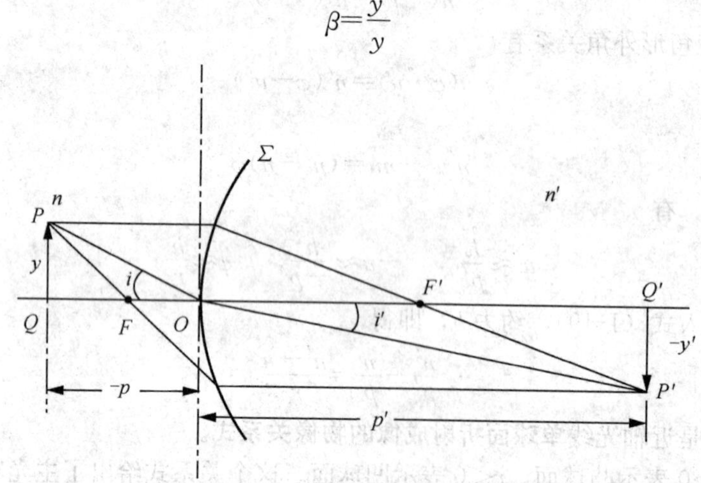

图 1-20 物、像间的关系

规定垂直方向的线段在主轴上方为正，在下方为负。显然，$\beta>0$ 表示物像的上下关系是同向的，简称为“正立”；$|\beta|>1$ 表示像比物大，是放大的；$\beta<0$，$|\beta|<1$，则为倒立的缩小像。

在图 1-20 中，入射光线 PO 的折射光线为 OP'。在近轴条件下 $\sin i\approx\tan i$，折射定律可表示为

$$n\tan i=n'\tan i'$$

由图 1-20 可知

$$\tan i=\frac{y}{-p},\quad \tan i'=\frac{-y'}{p'},\quad \frac{y'}{y}=\frac{p'\tan i'}{p\tan i}$$

所以，单球面折射系统的横向放大率 β 为

$$\beta=\frac{y'}{y}=\frac{p'n}{pn'} \tag{1-26}$$

由 Q 点发出的近轴光线，经球面折射后成像于 Q' 点，显然也改变了同心光束的张角。如图 1-20 所示，设入射的近轴光线与主轴的夹角为 u，与其共轭的折射光线与主轴的夹角为 u'。将它们的比值定义为角放大率 γ，以表示球面折射改变同心光束张角大小的能力，则有

$$\gamma=\frac{u'}{u}$$

若某条光线入射于球面后不发生偏折，那么入射光线及其共轭的出射光线与主轴的夹角相等，即有 $u=u'$，此时 $\gamma=1$。对单球面折射系统，这一对共轭光线与主轴的交点重合，它就是球面的曲率中心 C。

由图 1-20 可知，在近轴条件下有

$$(-u)\cdot(-p)=u'p'$$

所以，角放大率可表示为

$$\gamma=\frac{u'}{u}=\frac{p}{p'}=\frac{n}{n'}\cdot\frac{1}{\beta} \tag{1-27}$$

把 β 的定义式（1-26）代入上式，得

$$y'u'n'=yun=常量 \tag{1-28}$$

式（1-28）称为拉格朗日-亥姆霍兹恒等式。它给出在近轴区域球面折射成像时，物、像空间各共轭量之间的制约关系。式（1-28）虽由单球面得到，但对多个折射球面的共轴成像系统也适用。

1.4.3　球面折射成像的作图方法

根据焦点和球面曲率中心的特征，对一个从物点入射于球面的近轴光线，总可以找出三条典型光线，如图 1-21（a）所示，其中任意两条光线的交点即为相应的像点。

1）过物方焦点 F 的入射光线，其折射光线平行于主轴。

2）平行于主轴的入射光线，其折射光线过像方焦点 F'。

3）过球面曲率中心 C 的入射光线，其折射光线不发生偏折。

对于任意的近轴入射光线，求它的折射光线时，需要添加辅助光线。添加的辅助光线应当是与入射光线相关的典型光线。例如，在图 1-21（b）中求入射光线 PD 的折射光线时，可过 F 作平行于 PD 的辅助线 FE，然后作过 E 平行于主轴与过 F' 垂直于主轴的两条辅助线得交点 G。连接 DG，即为 PD 的折射光线。

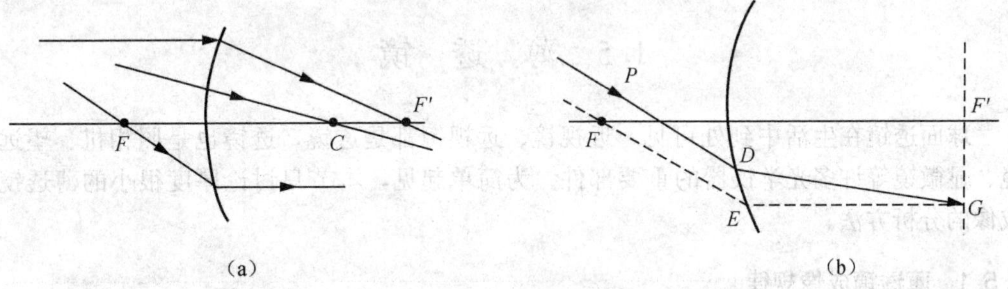

图 1-21　球面折射成像作图

1.4.4　球面反射成像

光线在球面上反射成像时，物空间与像空间将重合，且入射光线与反射光线行进方向相反，我们可以把球面反射视为球面折射在此条件下的特例。将 $n'=-n$ 代入

式（1-20），可以得到

$$\frac{-n}{p'}-\frac{n}{p}=\frac{-2n}{r}, \quad \frac{1}{p'}+\frac{1}{p}=\frac{2}{r}$$

由式（1-21）和式（1-22），得到反射球面的焦距为

$$f'=f=\frac{1}{2}r \tag{1-29}$$

可见，反射球面的物方焦点 F 和像方焦点 F' 重合，处于图 1-19 主轴上 OQ 连线的中点，而且焦距只与球面的曲率半径有关，与外界因素无关。由此，球面反射成像的高斯公式为

$$\frac{1}{p'}+\frac{1}{p}=\frac{1}{f}$$

例 1-3 一个点状物体放在离凹球面镜前 0.05m 处，凹球面镜的曲率半径为 0.20m，试确定像的位置和性质。

解 若光线自左向右进行，这时

$$p=-0.05\text{m}, \quad r=-0.20\text{m}$$

由 $\frac{1}{p'}+\frac{1}{p}=\frac{2}{r}$，可得

$$\frac{1}{p'}=\frac{2}{-0.20}-\frac{1}{-0.05}=\frac{1}{0.10}, \quad p'=0.10\text{m}$$

所成的是在凹面镜后 0.10m 处的一个虚像。

如果光线自右向左进行，那么

$$p=0.05\text{m}, \quad r=0.20\text{m}$$

由式（1-24）可得

$$\frac{1}{p'}=\frac{2}{0.20}-\frac{1}{0.05}, \quad p'=-0.10\text{m}$$

得到的仍然是在凹面镜后 0.10m 处的一个虚像。这说明无论光线自左向右进行，还是自右向左进行，只要按照前述符号法则，物像公式都是适用的。

1.5 薄 透 镜

球面透镜在生活中到处可见，近视镜、远视镜都是透镜，透镜也是照相机、望远镜、显微镜等许多光学仪器的重要部件。为简单起见，本节只讨论厚度很小的薄透镜成像的分析方法。

1.5.1 薄透镜成像规律

把玻璃等透明物质磨成薄片，其两表面都为球面或有一面为平面，即组成透镜。凡中间部分比边缘部分厚的透镜叫做**凸透镜**，凡中间部分比边缘部分薄的透镜叫做**凹透镜**。连接透镜两球面曲率中心的直线称为透镜的主轴。包含主轴的任一平面，称为**主截面**，透镜都制成圆片形，而以主轴为对称轴。圆片的直径称为透镜的孔径。物点在主轴上时，由于对称性，任一主截面内的光线分布都相同，故通常只研究一个主截

面。透镜两表面在其主轴上的间隔称为透镜的厚度。若透镜的厚度与球面的曲率半径相比不能忽略，则称为**厚透镜**；若厚度可略去不计，则称为**薄透镜**。

由几个折射球面组成的光学系统，前面光学系统的像是后面光学系统的物，要确定某光束的心是像还是物，首先要确定光学系统。

单球面折射是一种最简单的光学系统，实际的系统一般都由多个主轴重合的折射球面组成，称为共轴球面系统或光具组。透镜是一个简单的共轴球面系统，由两个曲率半径分别为 r_1 和 r_2 的单球面组成，两顶点 O_1、O_2 相距 d 为正，通常分凸透镜和凹透镜两大类，如图 1-22 所示。

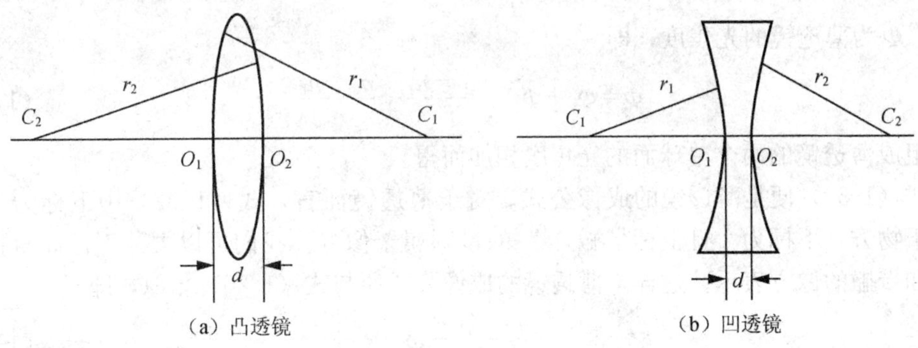

(a) 凸透镜　　(b) 凹透镜

图 1-22　透镜

当 d 远小于 r_1、r_2 及焦距时，可认为 $d\to 0$，即 O_1、O_2 重合在 O。成为最简单的共轴球面系统，称为薄透镜，O 称为光心，如图 1-23 所示。薄透镜成像可利用单球面相继成像的方法得到。因透镜很薄，两个顶点可以看作是重合在一点 O。若透镜两边的折射率相同，则通过 O 点的光线都不改变原来的方向，这样的点称为透镜的光心。在薄透镜中量度距离都从光心算起。

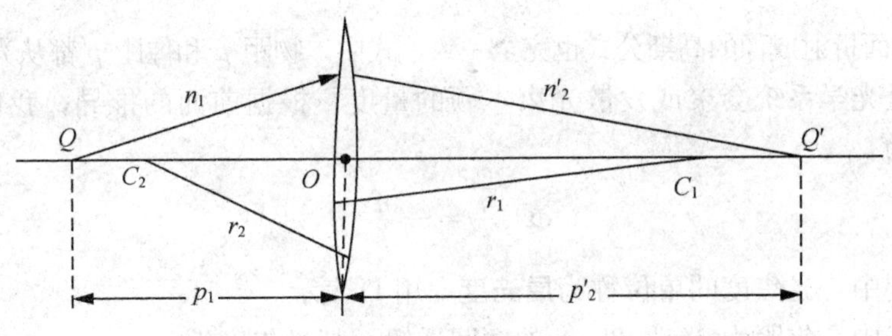

图 1-23　薄透镜成像

下面我们利用逐次成像法导出薄透镜成像的公式。设主轴上一物点 Q 离薄透镜光心 O 的距离为 p_1，薄透镜材料的折射率为 n_L。对薄透镜左方第一折射球面，物方折射率为 n_1，像方折射率为 $n_1'=n_L$，利用式（1-20），得

$$\frac{n_L}{p_1'}-\frac{n_1}{p_1}=\frac{n_L-n_1}{r_1}=\Phi_1 \tag{1-30}$$

式中，$\Phi_1=\dfrac{n_L-n_1}{r_1}$，仅与第一折射球面的曲率半径及其两侧介质的折射率有关，对于一定的介质和确定形状的球面是一个不变量，可以表征这个球面的光学特征，称为第

一折射球面的光焦度。

对薄透镜右方第二折射球面，物方折射率为 n_L，像方折射率为 n_2'，且有 $p_1'=p_2$，由式（1-20）得

$$\frac{n_2'}{p_2'}-\frac{n_L}{p_1'}=\frac{n_2'-n_L}{r_2}=\Phi_2 \tag{1-31}$$

同理，式中 Φ_2 是第二折射球面的光焦度。

将式（1-30）与式（1-31）相加，得

$$\frac{n_2'}{p_2'}-\frac{n_1}{p_1}=\Phi_1+\Phi_2=\Phi \tag{1-32}$$

式中，Φ 为薄透镜的光焦度，即

$$\Phi=\Phi_1+\Phi_2=\frac{n_L-n_1}{r_1}+\frac{n_2'-n_L}{r_2} \tag{1-33}$$

它由组成薄透镜的两个单球面的光焦度相加而得。

式（1-32）便是薄透镜的成像公式。对于薄透镜而言，式（1-32）中下标为 1 的量属于物方，下标为 2 且上标带撇“′”的量则属于像方。我们可以去掉下标而直接以物方和带撇的像方表示。这样，薄透镜的成像公式便与式（1-20）相似，即

$$\frac{n'}{p'}-\frac{n}{p}=\Phi \tag{1-34}$$

在式（1-34）中，当 $p\to-\infty$时，有 $p'=f'=\frac{n'}{\Phi}$，f' 为薄透镜的像方焦距；同理，当 $p'\to\infty$时，有 $p=f=-\frac{n}{\Phi}$，f 为薄透镜的物方焦距。再将薄透镜的焦距代入式（1-34），可得到薄透镜的高斯公式

$$\frac{f'}{p'}+\frac{f}{p}=1 \tag{1-35}$$

其形式与单球面折射成像的高斯公式也完全一致，式中，物距 p 和像距 p'都从光心 O 算起。

光焦度是光学系统会聚或发散光束本领的量度，根据前面的推导，我们可得薄透镜的光焦度为

$$\Phi=\frac{n'}{f'}=-\frac{n}{f} \tag{1-36}$$

在国际单位制中，光焦度的单位称为**屈光度**，用 D 表示。

对于空气中一焦距为 $f=-25\text{cm}$ 的薄凹透镜，其光焦度为

$$\Phi=-\frac{1}{0.25}\text{D}=-4\text{D}$$

通常所讲眼镜的度数是屈光度 D 的 100 倍，因此这个薄凹透镜是度数为 400 度的近视眼镜。

1.5.2 薄透镜成像的作图法和横向放大率

薄透镜的一般作图成像法，即利用经过两焦点和光心的三条典型光线中的两条画出像点的方法，这要在近轴条件下才成立。

利用焦点、焦面和光心的特征，作图求薄透镜在近轴光线下成像的方法，与单球面的情况相同。由于过单球面曲率中心 C 的光线不偏折，故 C 即为单球面的光心。对薄透镜需注意：仅当其处于同一介质，即物方和像方折射率相同（$n=n'$）时，过薄透镜光心 O 的光线才不偏折。如图 1-24 所示，薄透镜成像的三条典型光线描述如下：

1）过物方焦点 F 的入射光线，其出射光线平行于主轴。

2）平行于主轴的入射光线，其出射光线过像方焦点 F'。

3）对像方和物方为同一介质中的薄透镜，过光心 O 的入射光线，其出射光线不发生偏折。

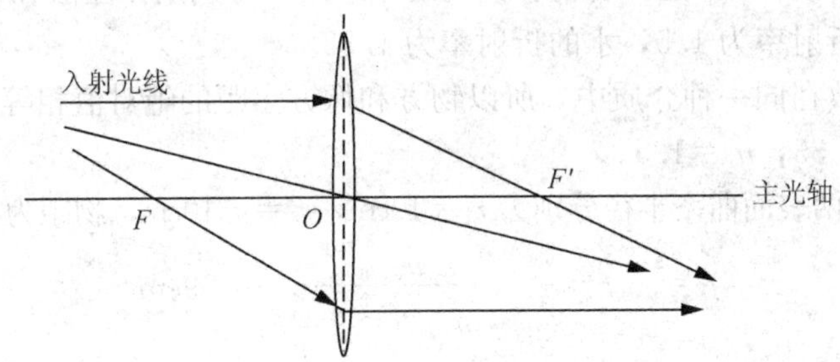

图 1-24　薄透镜成像作图的三条典型光线

对于任意的近轴入射光线，同样可通过添加与入射光线平行的辅助光线，利用物方焦点 F 或光心 O 的性质来决定它的出射光线。

上述作图法实际上也可推广到轴外不远处一物点发出的近轴光线的情况。同一物点的任意这样两条光线通过透镜折射后的交点，便是对应的像点。

薄透镜由两个单折射球面构成，利用对每个单球面折射逐步成像的方法，不难得到垂直于主轴的物高为 y 时的横向放大率 β。设由第一单球面折射后像高为 y_1'，而对于第二单球面而言，y_1' 是物高，即 $y_1'=y_2$，经折射后的像高为 y_2'，它就是薄透镜所成的像，即 $y_2'=y'$。所以薄透镜的横向放大率为

$$\beta=\frac{y'}{y}=\frac{y'}{y_1'}\cdot\frac{y_1'}{y}=\frac{y_2'}{y_2}\cdot\frac{y_1'}{y}$$

即

$$\beta=\beta_1\cdot\beta_2=\frac{p'n}{pn'} \tag{1-37}$$

式（1-37）与单球面折射的横向放大率式（1-26）具有完全相同的形式，式中，p' 和 n' 分别是薄透镜的像距和像方折射率。由式（1-37）也不难推广到多个共轴的薄透镜系统，同样可有

$$\beta=\beta_1\beta_2\cdots\beta_i=\prod_i\beta_i$$

当 $\beta>0$，$|\beta|>1$ 时，为正立放大像；而当 $\beta<0$，$|\beta|<1$ 时，为倒立缩小像。

薄透镜作为最简单的共轴系统，在近轴光线条件下自然也满足拉格朗日-亥姆霍兹恒等式，所以角放大率也由式（1-27）表示，即

$$\gamma=\frac{u'}{u}=\frac{p}{p'}=\frac{n}{n'}\cdot\frac{y}{y'}$$

由于我们经常使用的是空气中的薄透镜，若将 $n=n'=1$ 代入式（1-30）和式（1-31），则有

$$f'=-f=\frac{1}{\Phi}=\frac{r_1 r_2}{(n_L-1)(r_2-r_1)}$$

这时的高斯公式为

$$\frac{1}{p'}-\frac{1}{p}=\frac{1}{f'} \tag{1-38}$$

例 1-4　有两块玻璃薄透镜的两表面均各为凸球面及凹球面，其曲率半径为 10cm。一物点在主轴上距镜 20cm 处，若物和镜均浸入水中，分别用作图法和计算法求像点的位置。设玻璃的折射率为 1.5，水的折射率为 1.33。

解　因透镜放在同一种介质中，所以物方和像方焦距的绝对值相等。

已知：$n_2=1.33$，$n_1=1.5$。

1）由凸透镜两表面曲率半径分别为 $r_1=10\text{cm}$，$r_2=-10\text{cm}$，物距为 $p=-20\text{cm}$，得

$$f'=-f=\frac{n_1}{(n_2-n_1)\left(\frac{1}{r_1}-\frac{1}{r_2}\right)}=39\text{cm}$$

由 $\frac{1}{p'}-\frac{1}{p}=\frac{1}{f'}$ 解得像距为：$p'=-41\text{cm}$。

2）由凹透镜两表面曲率半径分别为 $r_1=-10\text{cm}$，$r_2=10\text{cm}$，物距为 $p=-20\text{cm}$，得

$$f'=-f=\frac{n_1}{(n_2-n_1)\left(\frac{1}{r_1}-\frac{1}{r_2}\right)}=-39\text{cm}$$

由 $\frac{1}{p'}-\frac{1}{p}=\frac{1}{f'}$ 解得像距为：$p'=-13.2\text{cm}$。

作图如图 1-25 所示。

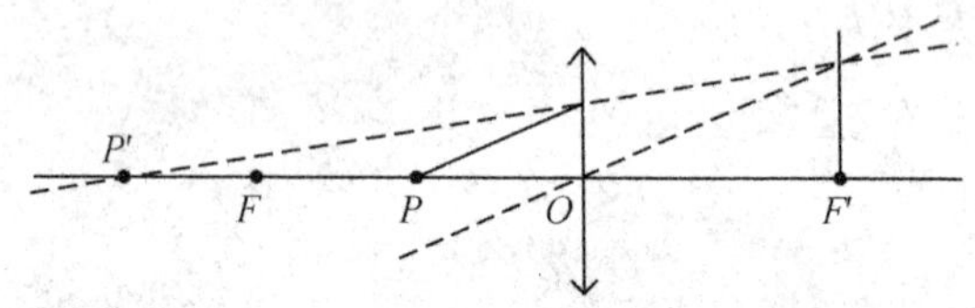

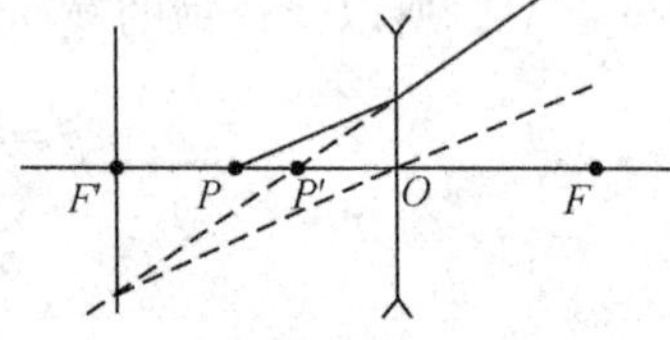

图 1-25　像点的距离

思考与讨论

1.1　平面镜反射成像时，像和物左右互易，为什么像和物并不上下颠倒？

1.2　试用作图法论证单球面反射和折射能否保持光束的单心性。

1.3　实物放在凹面镜前什么位置能成倒立的放大像？为什么？是实像还是虚像？

1.4　一物体经薄透镜成一实像，在什么情况下当物与像之间距离不变时可有二次成像？什么条件成像时 $\beta=1$？

1.5　以物距为横坐标，像距为纵坐标，作薄透镜的物像关系曲线，并指出各种情

况下物像的性质。

习　题　1

1-1　如图 1-26 所示，人眼前有一小物体，距人眼 25cm，今在人眼和小物体之间放置一块平行平面玻璃板，玻璃板的折射率为 1.5，厚度为 5mm。试问此时看小物体相对它原来的位置移动多远？

1-2　如图 1-27 所示，表示恒偏向棱镜，选择相当于两个 30°—60°—90°棱镜与一个 45°—45°—90°棱镜按图示方式组合在一起。白光沿 i 方向入射，旋转这个棱镜来改变 θ_1，从而使任意波长的光可以依次循着图中的路径传播，出射光线为 r，求证：若 $\sin\theta_1 = n/2$，则 $\theta_2 = \theta_1$，且光束 i 与 r 相互垂直。

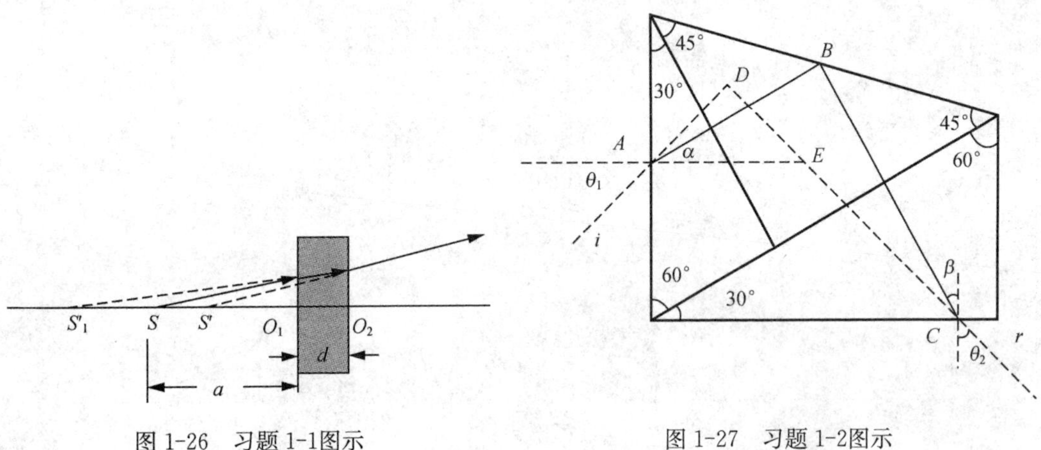

图 1-26　习题 1-1图示　　图 1-27　习题 1-2图示

1-3　高为 5cm 物体放在距凹面镜顶点 12cm 处，凹面镜的焦距是 10cm，求像的位置及高度，并作光路图。

1-4　若折射凸球面的曲率半径为 3cm，物点 Q 在折射球面顶点左侧 9cm 处，左方（物方）折射率为 1.0，右方（像方）折射率为 1.5，试计算像的位置。

1-5　扁圆柱形体温计的断面如图 1-28 所示，顶点 O 处的曲率半径 $r=1\text{mm}$，C 为圆柱部分在纸面内的曲率中心，水银柱 A 在主轴上的高度为 $y=0.5\text{mm}$，离顶点 O 的距离为 2.5mm。设玻璃的折射率 $n=1.5$。从空气中看到水银柱的像在顶点的哪一侧？距顶点的距离为多少？像有多大？像的性质如何？

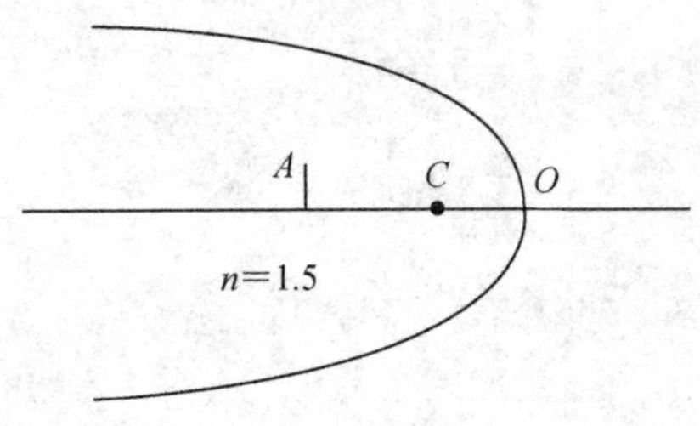

图 1-28　习题 1-5图示

1-6　一凸透镜在空气中的焦距为 40cm，在水中的焦距为 136.8cm，问此透镜的折射率是多少？设水的折射率为 1.33。若将此透镜放置在 CS_2 中（CS_2 的折射率为 1.62），其焦距又为多少？

1-7　两片极薄的玻璃片，曲率半径分别为 20cm 和 25cm，将两玻璃片的边缘粘起来，形成一内含空气的双凸透镜，把它置于水中，求其焦距为多少？

1-8　有一个患有远视眼的人，其远视眼的近点在眼前 90cm 处，欲使他最近能看清眼前 15cm 处的物体，应佩戴多少度的凸透镜镜片？

1-9　某人眼近点在眼前 45cm 处，戴上＋500 度镜片后能看清的最近物体在何处？

1-10　焦距为 10cm 的薄凸透镜 L_1 和焦距为 4cm 的薄凹透镜 L_2，共轴地放置在空气中，两者相距 12cm，今把物放在 L_1 左侧 20cm 处，求最后像的位置。

第2章 光的偏振

在第1章中主要讨论了光的直线传播、光的反射和折射，其实反射光线和折射光线与入射光线并非只是传播方向不同，而是具有不同的偏振性。光的偏振现象表明光是一种横波，因为只有横波才有偏振现象。

本章重点学习光的起偏、检偏、马吕斯定律和布儒斯特定律。

2.1 光波的描述

我们知道，光是可引起视觉反应的那部分电磁波，称为**光波**。而电磁波是变化的电场和变化的磁场的传播过程。在电磁波中每一点都有一振动的电场强度矢量 $\boldsymbol{E}$ 和磁场强度矢量 $\boldsymbol{H}$。$\boldsymbol{E}$ 和 $\boldsymbol{H}$ 的振动方向与光波传播方向 $\boldsymbol{r}$ 都是互相垂直的，如图 2-1所示，这样的波称为**横波**。$\boldsymbol{E}$、$\boldsymbol{H}$ 中主要起感光作用和生理作用的是电场强度矢量 $\boldsymbol{E}$，所以将 $\boldsymbol{E}$ 称为**光矢量**。电场强度 $\boldsymbol{E}$ 随时间 t 的变化而周期性往复变化，称为**光振动**。光矢量 $\boldsymbol{E}$ 与传播方向 $\boldsymbol{r}$ 构成的平面，称为**振动面**。

图 2-2描绘出一列振动面确定的光波。图中 r 轴表示光波传播的方向，$\boldsymbol{v}$ 为光波传播的速度，称为**波速**，真空中就是光速 c。易见光矢量 $\boldsymbol{E}$ 的大小既随时间 t 变化也随空间位置 r 改变，其变化关系可以用余弦函数表示为

$$\boldsymbol{E}=A\cos\left[2\pi\left(\frac{t}{T}-\frac{\boldsymbol{r}}{\lambda}\right)+\varphi_0\right] \tag{2-1}$$

式中，A 是光矢量 $\boldsymbol{E}$ 的最大值，称为**振幅**；T 是光波传播一个波长距离 λ 所需要的时间，称为周期，单位是 s。周期的倒数称为**频率**，用 ν 表示，单位是 Hz。$\omega=2\pi\nu=\dfrac{2\pi}{T}$ 称为**圆频率**或叫**角频率**。显然，$\left[2\pi\left(\dfrac{t}{T}-\dfrac{\boldsymbol{r}}{\lambda}\right)+\varphi_0\right]$是确定在 $\boldsymbol{r}$ 处 t 时刻光矢量 $\boldsymbol{E}$ 的变化的主要物理量，称为**位相**，也称**相位**，简称**相**。φ_0 称为**初位相**，也叫**初相**。从光源 O 开始，随着 r 的增大，位相依次落后，每两点之间的位相之差称为**位相差**。O 和 Q 两点之间的距离就是光波波长 λ，相应的位相差为 2π。O 和 Q 的中点 D 向下偏离 $\boldsymbol{r}$ 轴最大，其值等于 $-A$，O、D 两点之间的距离是半波长 $\lambda/2$，对应的位相差为 π。

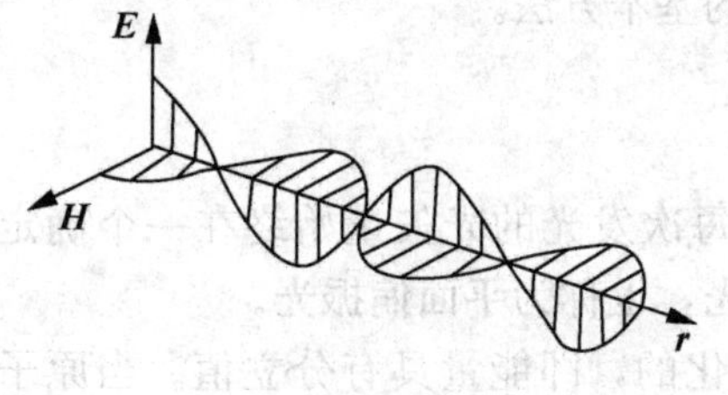

图 2-1 电磁波

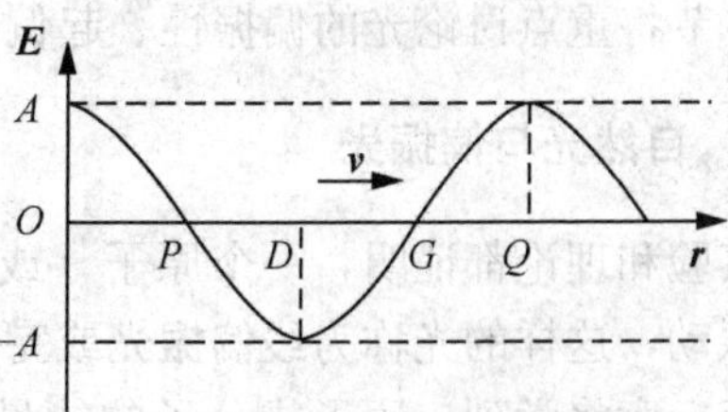

图 2-2 光波

波长、频率（或周期）和波速是描述光波基本特性的物理量。波长反映了光波的空间周期性，频率（或周期）反映了光波的时间周期性，波速则反映了光波传播的快慢，它们之间有着密切的联系。这种联系表现为

$$v=\frac{\lambda}{T}=\lambda\nu \tag{2-2}$$

式（2-1）也可以用波速和圆频率改写为

$$\boldsymbol{E}=A\cos\left[\omega\left(t-\frac{\boldsymbol{r}}{v}\right)+\varphi_0\right] \tag{2-3}$$

光波传播到的空间称为波场。在波场中，代表光波的传播方向的射线，称为**波射线**，简称为**波线**。波场中同一时刻振动位相相同的点的轨迹，称为**波面**。某一时刻光源最初的振动状态传到的波面叫做波前或波阵面，即最前方的波面。因此，任一时刻只有一个波前，而波面可以有任意多个，如图 2-3所示。按波面的形状，波可以分为平面波、球面波等。在各向同性介质中，波线恒与波面垂直，就是几何光学中的光线。

光的亮度由光波的发光强度（以下简称为光强）描述，它与光矢量的振幅的平方成正比，即

$$I=\eta A^2 \tag{2-4}$$

式中，η 为比例常量。

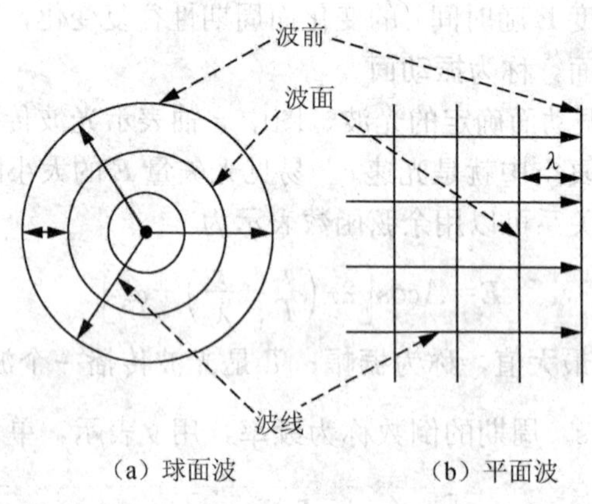

图 2-3 波面、波前和波线

2.2 光的偏振性

为人们生活带来光明的太阳光和常见的各种灯光统称为自然光，如何获得偏振光呢？本节将重点讨论光的偏振性、起偏和检偏的基本方法。

2.2.1 自然光与偏振光

实验和理论都证明，一个原子（或分子）每次发光的光矢量始终在一个确定的平面上振动，这样的光称为**线偏振光**或**完全偏振光**，也称为**平面偏振光**。

第 5 章将学到，原子或分子的能量是量子化的，即能量具有分立值。当原子或分子由较高能态跃迁到较低能态时就发出一列光波，它持续的时间约为 10^{-8}s。原子或分

子发出一列光波后，它还可以从外界吸收能量，由低能态跃迁到高能态，当它再次由高能态向低能态跃迁时它就再发出一列光波。这是一个随机的过程，每一个原子或分子先后发射的各列光波以及不同原子或分子同时发射的各列光波，彼此之间在位相上没有联系，振动方向也各不相同，频率也可以不同。

我们所观察到的普通光源所发出的光看起来是连续的光波，实际上是由大量原子（或分子）所发射的许许多多彼此完全独立的光波组成的。如图 2-4所示，这些光波的振动方向和位相是随机变化的，在垂直光传播方向的平面上看，几乎各个方向都有光矢量的振动。

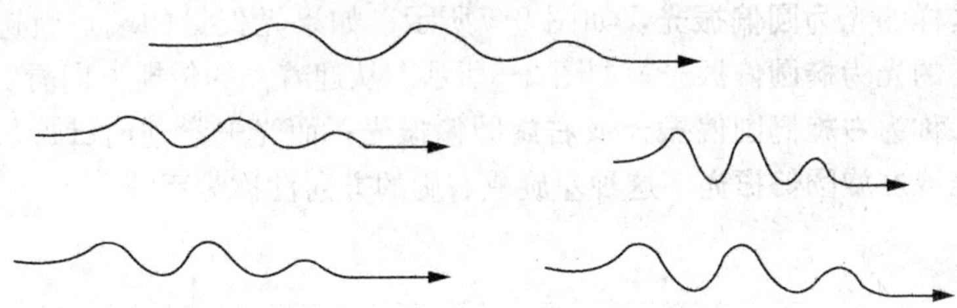

图 2-4　波列彼此独立

按统计平均来说，无论哪一个方向的振动都不比其他方向更占优势，即光矢量的振动在各个方向上的分布是对称的，各个方向上的振幅可看作完全相等，这种光称为**自然光**。如图 2-5（a）所示。可以设想将每列光波的光矢量都沿图 2-5（b）中任意取定的两个垂直方向分解，然后将所有各列光波的光矢量的两个分量分别叠加起来，成为总的光波的光矢量的两个分量。由于各列光波的位相和振动方向都是随机分布的，所以这两个分量之间没有固定的位相关系。这样，我们可以把自然光分解为两个相互独立、振幅相等、振动方向相互垂直的线偏振光，其中每个线偏振光的光强各等于自然光光强的一半。因此，自然光可以用图 2-5（c）所示的方法表示，即用短线和点分别表示在纸面内和垂直于纸面的光振动。

注意　由于自然光内各光矢量间无固定的位相关系，因而其中任何两个取向不同的光矢量不能合成为一光矢量。

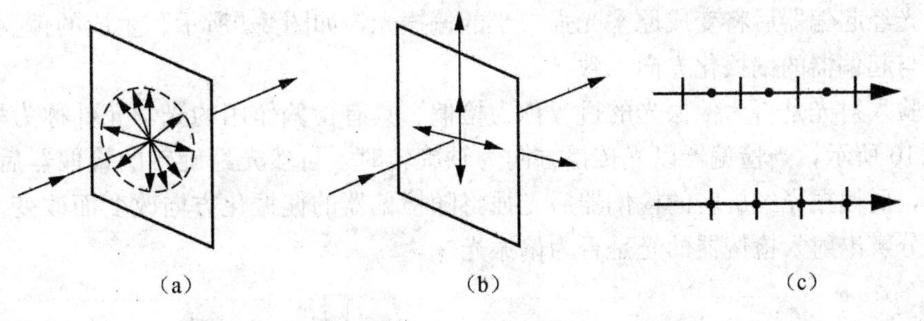

图 2-5　自然光

采用某种方法可以把自然光两个垂直的独立光振动分量中的一个完全消除或移走，只剩下另一个方向的光振动，就获得了线偏振光。如果只是部分地移走一个分量，使得两个独立分量不相等，这样的光叫做**部分偏振光**。线偏振光和部分偏振光的表示方法如图 2-6所示。

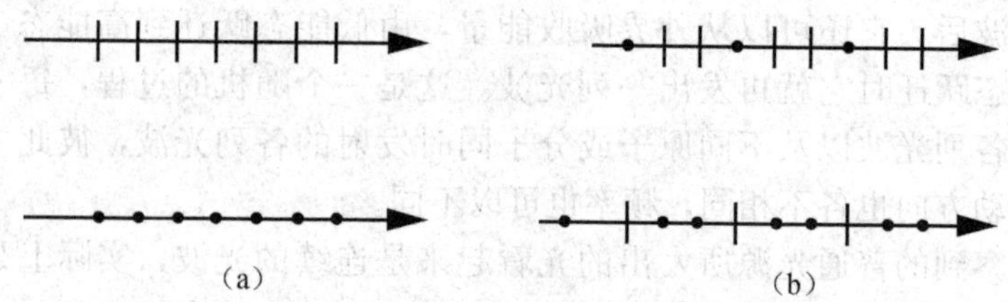

图 2-6　线偏振光和部分偏振光

如果光在传播过程中光矢量的端点不断的左旋或者右旋且光矢量的端点轨迹是一个圆，则称这样的光为**圆偏振光**，如图 2-7所示；如果光矢量的端点轨迹是一个椭圆的，则称这样的光为**椭圆偏振光**，如图 2-8所示。从迎着光的传播方向看时，光矢量顺时针旋转的，称为**右旋椭圆偏振光**或**右旋圆偏振光**；而光矢量逆时针旋转的，称为**左旋椭圆偏振光**或**左旋圆偏振光**。这种左旋或右旋的方向性称为**手征**。

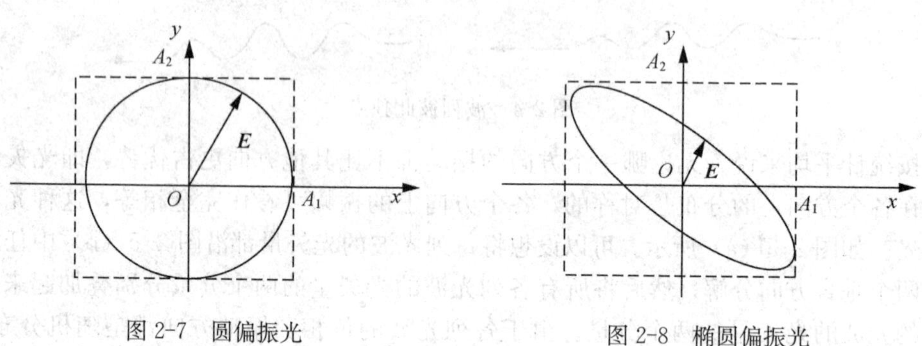

图 2-7　圆偏振光　　　　图 2-8　椭圆偏振光

2.2.2　偏振片的起偏和检偏

在自然光中，由于一切可能的方向都有光振动，因此产生了以传播方向为轴的对称性。为了考虑光振动的本性，我们设法从自然光中分离出沿某一特定方向的光偏振，也就是把自然光变为线偏振光。

从自然光获得偏振光的过程称为**起偏**。产生起偏作用的光学元件称为**起偏器**。一束自然光经起偏器后将变成原来光强一半的偏振光，如图 2-9所示。生成的偏振光的振动方向与起偏器的偏振化方向一致。

检验入射光是否为偏振光的过程称为**检偏**。具有检偏作用的光学元件称为**检偏器**。如图 2-10 所示，当检偏器以光传播方向为轴旋转时，自然光经旋转的检偏器后光强是恒定的，而偏振光经旋转的检偏器后光强将随检偏器的偏振化方向改变而改变。由此，就可以分辨出射入检偏器的光是否为偏振光。

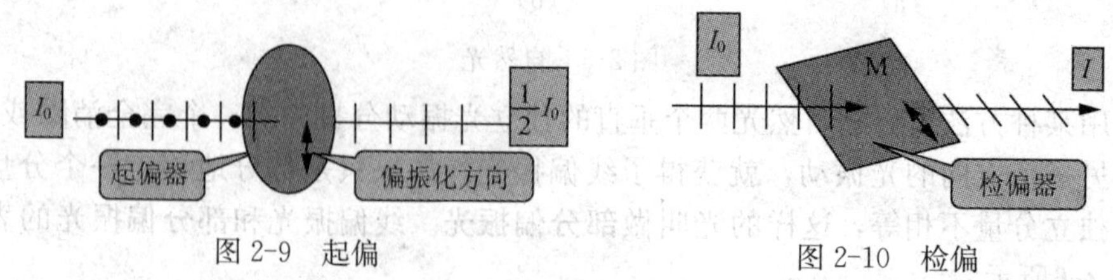

图 2-9　起偏　　　　图 2-10　检偏

起偏器和检偏器都可以用偏振片实现。偏振片是由天然或人造材料制成的，其特点是在这些材料的内部存在一个确定的方向，当光矢量的振动方向与该方向相垂直时，光因为被吸收强烈而不能通过该种材料；当光矢量的振动方向与该方向平行时，则因为光被吸收少而通过该种材料，这种对光振动的方向具有选择性吸收的性质称为**物质的二向色性**。现今在工业生产中广泛使用的是人造偏振片，它利用某种只有二向色性的物质的薄透明体做成，为了便于使用，在所用的偏振片上标出记号"↕"，表示该偏振片允许通过的光振动方向，这个方向称为偏振化方向，也叫做透光轴方向。

如图 2-11 所示，光强为 I_0 的自然光垂直入射到偏振片 P_1 后，透射光是振动方向与 P_1 的偏振化方向平行的线偏振光。以光的传播方向为轴转动 P_1 时，线偏振光的偏振面随之转动，但光强不发生改变，始终为 $I_1=\frac{1}{2}I_0$。因为偏振片只允许与自身偏振化方向相同的光矢量通过或者是其他方向的光矢量在偏振化方向的分量通过。

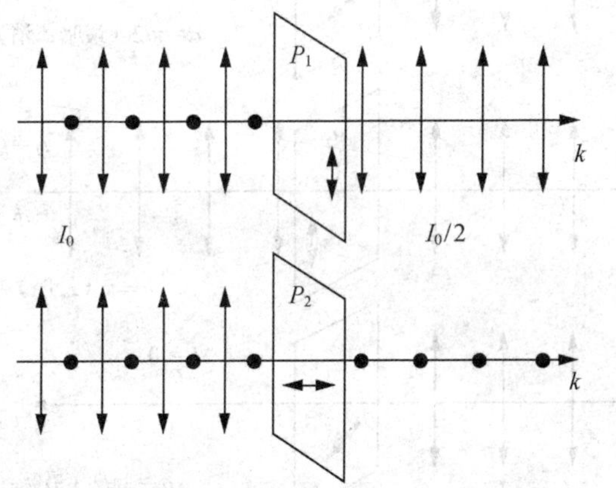

图 2-11　通过偏振片的自然光

如果光强为 I_1 的线偏振光垂直入射到偏振片 P_2，在以光的传播方向为轴转动 P_2 的过程中，透射光的光强明显发生变化。当 P_2 的偏振化方向平行于 I_1 的光矢量时，透射光最强，$I_2=I_1$；随着 P_2 的旋转，I_2 逐渐地减弱，直到 P_2 的偏振化方向与入射光矢量垂直时，I_2 减小到 0，即没有光通过，这称为**消光现象**，继续转动偏振片 P_2，光强开始逐渐地增强，直至出现光强最大现象，此时的偏振化方向与光矢量的方向是平行的，如图 2-12 所示。其中 α 为偏振化方向转过的角度。

由此可以得到如下结论：

1）线偏振光入射到偏振片上后，偏振片以入射光线为轴旋转一周过程中，发现透射光两次最明和两次消光。

2）若自然光入射到偏振片上，则以入射光线为轴转动偏振片一周时透射光光强不变。

3）若部分偏振光入射到偏振片上，当偏振片以入射光线为轴转动一周时，则透射光有两次最明和两次最暗（但不消光）。

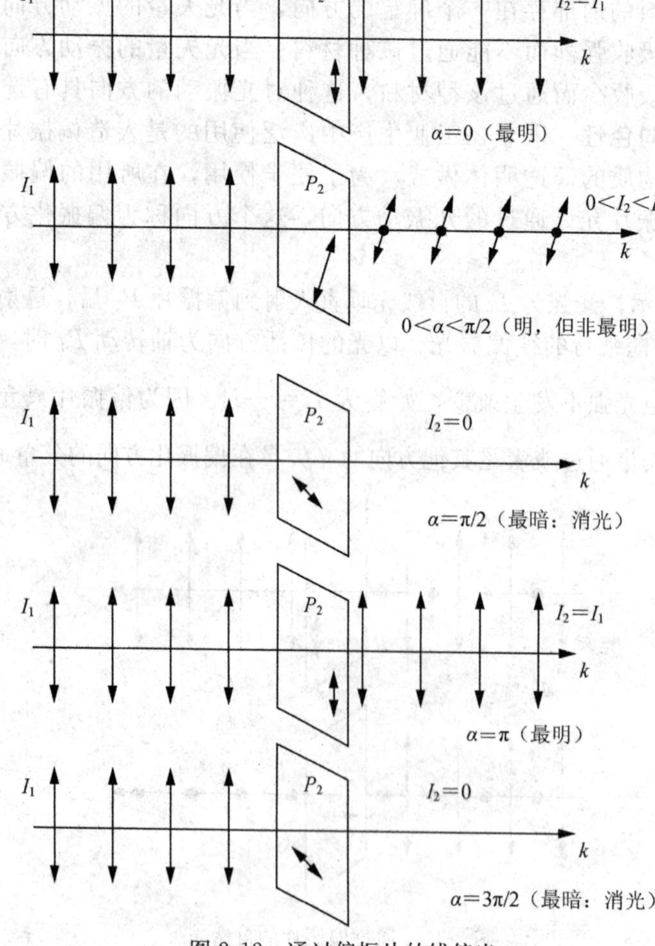

图 2-12　通过偏振片的线偏光

2.3　马吕斯定律

如图 2-13 所示，自然光入射到偏振片 P_1 上，透射光又入射到偏振片 P_2 上，这里 P_1 为起偏器，P_2 相当于检偏器。透过 P_2 的线偏振光其光强的变化规律如何？这就是马吕斯定律要阐述的内容。

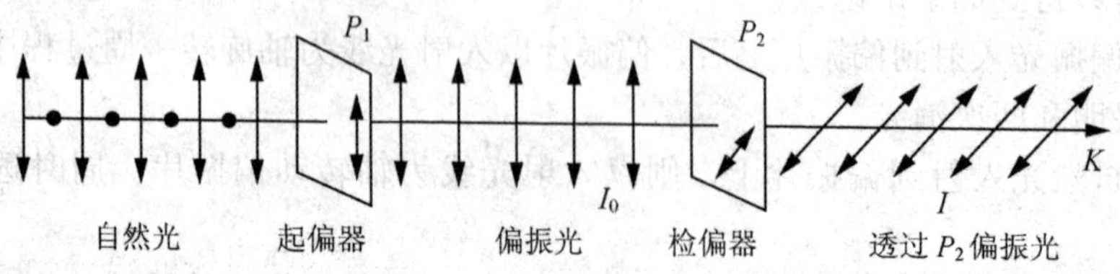

图 2-13　偏振片的起偏与检偏

如图 2-14 所示，设 P_1、P_2 的二偏振化方向为 P_1P_1'、P_2P_2'，夹角为 α，自然光经 P_1 后变成线偏振光，光强为 I_0，光矢量振幅为 $\boldsymbol{A}_0$。光振动振幅 $\boldsymbol{A}_0$ 分解成与 P_2 平行及垂直的两个分矢量，标量形式分量为

$$\begin{cases} A_{/\!/}=A_0\cos\alpha \\ A_{\perp}=A_0\sin\alpha \end{cases}$$

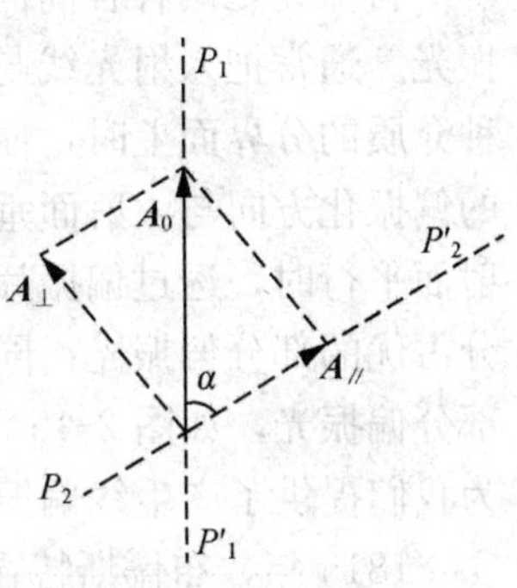

图 2-14　光矢量的分解

显然，只有 $A_{/\!/}$ 能透过 P_2。在无光吸收的条件下，透过 P_2 的光振动振幅为

$$A=A_{/\!/}=A_0\cos\alpha$$

光强正比于光振动振幅的平方，入射光与透射光强之比为

$$\frac{I}{I_0}=\frac{A^2}{A_0^2}=\frac{(A_0\cos\alpha)^2}{A_0^2}=\cos^2\alpha$$

即

$$I=I_0\cos^2\alpha \tag{2-5}$$

这个规律是马吕斯 1809 年由实验发现的，称为**马吕斯定律**。它表明，透过一偏振片的光强等于入射线偏振光光强乘以入射偏振光的光振动方向与偏振片偏振化方向夹角余弦的平方。

讨论　1）$\alpha=0$，$I=I_{\max}=I_0$（最明）。

2）$\alpha=\dfrac{\pi}{2}$或$\dfrac{3\pi}{2}$，$I=0$（消光）。

3）$\alpha\neq0$，$\alpha\neq\dfrac{\pi}{2}$，$\alpha\neq\dfrac{3}{2}\pi$，$0<I<I_0$。

例 2-1　自然光通过两个偏振化方向相交 60°的偏振片，透射光强为 I_1，再在这两个偏振片之间插入另一偏振片，它的方向与前两个偏振片均成 30°角，求透射光强。

分析　设入射自然光强为 I_0，偏振片 1 是起偏振器，透射的偏振光光强恒为 $I_0/2$，而偏振片 2 是检偏振器，满足马吕斯定律。将偏振片 3 插入两块偏振片之间后，偏振片 2、3 为检偏振器，可以两次应用马吕斯定律求出透射光强。

解　根据以上分析，入射光通过偏振片 1 和 2 后，透射光强为

$$I_1=\left(\frac{1}{2}I_0\right)\cos^2 60°$$

插入偏振片 3 后，其透射光强为

$$I_2=\left[\left(\frac{1}{2}I_0\right)\cos^2 30°\right]\cos^2 30°$$

两式相比可得

$$I_2=2.25I_1$$

2.4　布儒斯特定律

除了用偏振片起偏和检偏之外，还可以用玻璃片堆获得偏振光。反射光和折射光

都是部分偏振光。

2.4.1 反射光和折射光的偏振

自然光在两种各向同性介质界面上反射和折射，反射光和折射光一般都是部分偏振光。通常把入射光线与界面法线所构成的平面称为**入射面**。当一束自然光入射到两种介质的分界面上时，便产生了反射和折射，用偏振片检验反射光时，发现当偏振片的偏振化方向与入射面垂直时，透过偏振片的光强最大；当偏振片的偏振化方向与入射面平行时，透过偏振片的光强最小。这个结果说明反射光为偏振方向垂直入射面成分占优的部分偏振光；同样方法可以检测出折射光为偏振方向平行入射面成分占优的部分偏振光，如图 2-15 所示。在特殊情况下，反射光将成为线偏振光，这一偏振现象为我们提供了产生线偏振光的又一种方法。

1815 年，布儒斯特在研究反射光的偏振化程度时发现，当入射角为某一特定的 i_0 时，反射光成为振动方向垂直于入射面的线偏振光，如图 2-16 所示，此时平行入射面的振动完全不被反射。这个特定的入射角 i_0 称为**布儒斯特角或起偏角**，它由式（2-6）决定：

$$\tan i_0=\frac{n_2}{n_1} \tag{2-6}$$

这个规律称为**布儒斯特定律**。式中 n_1，n_2 分别是两个介质的折射率。

当入射角为 i_0 时，折射角为 γ_0，根据折射定律，则有

$$\frac{\sin i_0}{\sin\gamma_0}=\frac{n_2}{n_1} \tag{2-7}$$

再根据布儒斯特定律可得

$$\sin\gamma_0=\cos i_0 \tag{2-8}$$

即

$$\gamma_0=\frac{\pi}{2}-i_0 \tag{2-9}$$

这表明，当入射角为起偏角时，反射光和折射光相互垂直。

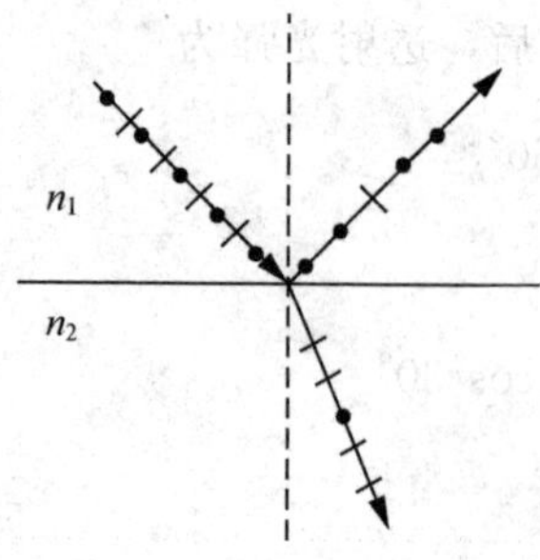

图 2-15 反射和折射的偏振

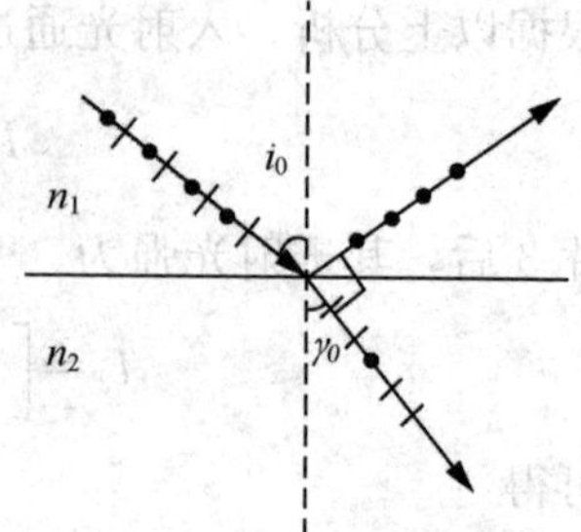

图 2-16 布儒斯特角

由此可知，当自然光以起偏角从一种介质入射到第二种介质的表面上时，若入射角为布儒斯特角，则反射光为垂直于入射面的线偏振光，并且该线偏振光与折射光线垂直，而折射光为部分偏振光，平行入射面振动占优势，此时偏振化程度最高。

若让这样的部分偏振光连续几次做同样的反射和折射，则最后获得的折射光也必定是线偏振光。

例 2-2　某一物质对空气的临界角为 45°，光从该物质向空气入射，求布儒斯特角。

解　设 n_1 为该物质折射率，n_2 为空气折射率，根据折射定律，有

$$\frac{\sin 45^\circ}{\sin 90^\circ}=\frac{n_2}{n_1}$$

又由布儒斯特定律，有

$$\tan i_0=\frac{n_2}{n_1}$$

联立上述两式，得

$$\tan i_0=\frac{\sin 45^\circ}{\sin 90^\circ}=\frac{\sqrt{2}}{2}$$

即

$$i_0\approx 35.3^\circ$$

2.4.2　玻璃片堆法获得偏振光

前面讲过，当 $i=i_0$ 时，折射光的偏振化程度最大（相对 $i\neq i_0$ 而言）。实际上，$i=i_0$ 时，折射光与线偏振光还相差很远。例如，当自然光从空气射向普通玻璃上时，入射光中垂直振动的能量仅有 15％被反射，其余 85％没全部平行振动的能量都折射到玻璃中，可见通过单个玻璃的折射光，其偏振化程度不高。为了获得偏振化程度很高的折射光，可令自然光通过多块平行玻璃（称为玻璃堆）。如图 2-17 所示，使 $i=i_0$ 入射，则射到各玻璃表面的入射角均为起偏角 i_0，入射光中垂直振动的能量有 15％被反射，而平行振动能量全部通过。所以，每通过一个面，折射光的偏振化程度就增加一次，如果玻璃体数目足够多，最后透射出的几乎全部为平行于入射面的光振动。

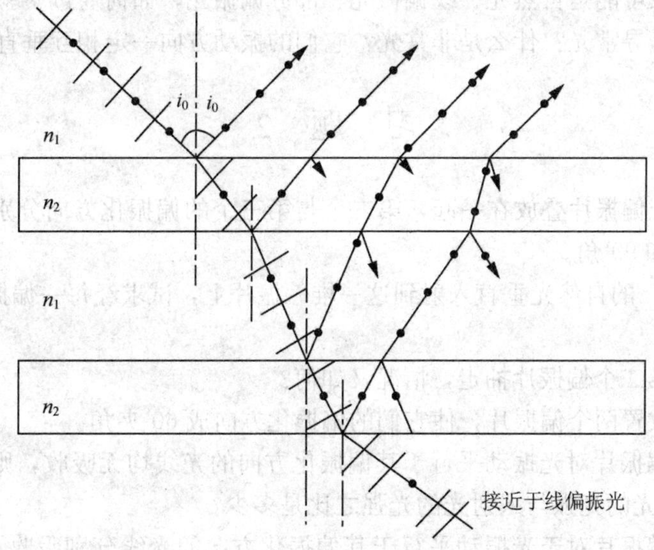

图 2-17　玻璃堆的反射和折射

证明 自然光入射角为 i_0 时，折射角为 γ_0，通过各面入射时，均以起偏角入射，则按布儒斯特定律有

$$\tan\gamma_0=\frac{n_1}{n_2}$$

根据光的折射定律

$$\frac{\sin\gamma_0}{\sin i_0}=\frac{n_1}{n_2}$$

及

$$\sin i_0=\sin\left(\frac{\pi}{2}-\gamma_0\right)=\cos\gamma_0$$

得

$$\frac{\sin\gamma_0}{\sin i_0}=\frac{\sin\gamma_0}{\cos\gamma_0}=\tan\gamma_0=\frac{n_1}{n_2}$$

因此，γ_0 是光从玻璃中向空气界面入射时的起偏角。

思考与讨论

2.1 什么是偏振光？为什么自然光是非偏振的？随着激光技术的发展自然光也成为偏振光的可能性是否存在？

2.2 自然光和圆偏振光都可以看作由两个振幅相等、振动方向互相垂直的线偏振光合成，它们的主要区别是什么？

2.3 自然光射到前后放置的两个偏振片上，这两个偏振片的取向使得光不能透过，如果把第三个偏振片放在这两个偏振片之间，问是否有光可以通过？

2.4 自然光与线偏振光、部分偏振光有何区别？用哪些方法可以获得线偏振光？

2.5 某光束可能是自然光、线偏振光、部分偏振光，如何通过实验加以区分？

2.6 什么是寻常光？什么是非常光？它们的振动方向一定相互垂直吗？

习 题 2

2-1 将三个偏振片叠放在一起，第二个与第三个的偏振化方向分别与第一个的偏振化方向成 45°和 90°角。

1）强度为 I_0 的自然光垂直入射到这一堆偏振片上，试求经每一偏振片后的光强和偏振状态。

2）如果将第二个偏振片抽走，情况又如何？

2-2 平行放置两个偏振片，使它们的偏振化方向成 60°夹角。

1）若两个偏振片对光振动平行于其偏振化方向的光线均无吸收，则让自然光垂直入射后，其透射光的光强与入射光的光强之比是多少？

2）若两个偏振片对于光振动平行于其偏振化方向的光线分别吸收了 10%的能量，则透射光的光强与入射光的光强之比为多少？

3）今在这两偏振片之间再平行地插入另一偏振片，使它的偏振化方向与前两个偏振片均成 30°角。此时，透射光的光强与入射光的光强之比又是多少？

先按各偏振片均无吸收计算，再按各偏振片均吸收 10%的能量计算。

2-3　一束由线偏振光与自然光混合而成的部分偏振光，当通过理想的偏振片时，发现透过的最大光强是最小光强的 3 倍，试问这部分偏振光中，自然光成分占多少？

2-4　一个自然光源，当两偏振片偏振化方向之间的夹角为 30°时，测得其透射光强度为 I_0；当夹角为 60°时，在同一位置换上另一自然光光源，测得透射光的强度仍为 I_0，则来自两自然光光源的光波的强度之比 $I_1:I_2$ 是多少？

2-5　具有平行表面的玻璃板放置在空气中，空气的折射率近似为 1，玻璃的折射率为 1.5。当入射光以布儒斯特角入射到玻璃板的上表面时，折射角是多少？并证明折射光在下表面被反射时，其反射光也是线偏振光。

2-6　一光束由强度相同的自然光和线偏光混合而成，次光束垂直入射到几个叠在一起的偏振片上。

1）欲使最后出射光振动方向垂直于原来入射光中线偏光的振动方向，并且入射光中两种成分的光出射光强相等，则至少需要几个偏振片？它们的偏振化方向应该如何放置？

2）这种情况下最后出射光强与入射光强的比值是多少？

2-7　一束自然光从空气投射到玻璃表面上（空气的折射率为 1），当折射角为 30°时，反射光是完全偏振光，求此玻璃板的折射率。

2-8　水的折射率为 1.33，玻璃的折射率为 1.5。则当光由水中射向玻璃而反射时，起偏角为多少？当光由玻璃射向水面而反射时，起偏角又为多少？

第3章 光的干涉

可见光是波长范围在390～760nm之间的电磁波。在一定的条件下，两束（或多束）光波相遇时产生的光强分布不等于各束光单独产生的光强之和，而出现明暗相间的现象，称为光的干涉。

本章重点讨论光的相干性、杨氏双缝干涉、薄膜的等倾干涉、劈尖的等厚干涉和半波损失的形成条件。

3.1 光的相干性

要认识光的干涉，应首先从光源本身的相干性和光波的相干条件入手。

3.1.1 光波的位相差、波程差和光程差

对于第2章中图2-2所示的光波，我们知道光波在介质中的波长 λ 与位相差 2π 相对应，据此知光波在介质中的波程差 Δr 与位相差 $\Delta\phi$ 的关系为

$$\frac{\Delta r}{\lambda}=\frac{\Delta\phi}{2\pi}$$

即

$$\Delta r=\frac{\lambda}{2\pi}\Delta\phi \tag{3-1}$$

由式（1-5）又知光波在介质中的波程 r、在介质中的波速 v 与真空中光速 c 和光程 L 的关系是

$$\frac{r}{v}=\frac{L}{c}$$

也可以说光波的波程差 Δr 与位相差 $\Delta\phi$ 有以下关系：

$$\Delta r=\frac{v}{c}\Delta L \tag{3-2}$$

将式（3-1）代入式（3-2）有

$$\frac{\lambda}{2\pi}\Delta\phi=\frac{v}{c}\Delta L$$

即光程差与相位差有以下关系：

$$\Delta L=\frac{c\lambda}{2\pi v}\Delta\phi \tag{3-3}$$

利用光波在介质中的波长 λ、波速（光速）v 和周期 T 的关系式（2-2）：

$$\lambda=vT$$

式（3-3）可以改写为

$$\Delta L=\frac{cT}{2\pi}\Delta\phi=\frac{\lambda_0}{2\pi}\Delta\phi \tag{3-4}$$

式中，$\lambda_0=cT$ 是光波在真空中的波长。

显然，光波在真空中的波长 λ_0 与介质中的波长之比 λ 等于光速之比，亦等于介质的折射率，即

$$\frac{\lambda_0}{\lambda}=\frac{c}{v}=n \tag{3-5}$$

换句话说，光波在介质中的波长是真空中波长的$\frac{1}{n}$。

将式（3-5）代入式（3-4），得光程差

$$\Delta L=\frac{n\lambda}{2\pi}\Delta\phi \tag{3-6}$$

相应的波程差

$$\Delta r=\frac{\lambda}{2\pi}\Delta\phi \tag{3-7}$$

式（3-7）和式（3-4）比较，形式完全相同，且在真空中 $\Delta L=\Delta r$，$\lambda=\lambda_0$；在折射率为 n 的介质中 $\Delta L=n\Delta r$，$\lambda=\lambda_0/n$，式（3-7）也归为式（3-4）。因此，采用光程差取代波程差，不管什么介质，光的波长都可以统一用真空中的波长表示。以后为了书写简便，光的波长一律写为 λ，而不必特别区别真空或哪种介质。

3.1.2　光的叠加原理和相干条件

在第1章我们已学过**光的独立传播定律**，即当几列光波在空间传播时，它们都将保持原有的振动方向、频率、位相和传播方向等特性。

光还具有**光的叠加原理**：在真空和线性介质中，当光的强度不是很强时，在几列光波交叠的区域内光矢量将相互叠加。

当如图2-2所示的振动方向相同、频率和波长都相同的两列光波在空间相遇叠加后，总光强为

$$I=\eta A^2 \tag{3-8}$$

式中，A 为合振幅，它不仅与原来的两列光波的振幅有关，而且与它们的位相差 $\Delta\phi$ 或波程差 Δr 有关，一般有如下三种情况：

1）若两列光波同相，即 $\Delta\phi=2k\pi$，对应光程差 $\Delta L=k\lambda$，$k=0$，±1，±2，…，则合振幅有最大值为 $A_{max}=A_1+A_2$，光强也最大，如图3-1所示。

2）若两列光波反相，即 $\Delta\phi=(2k+1)\pi$，对应光程差 $\Delta L=(2k+1)\lambda/2$，$k=0$，±1，±2，…，则合振幅有最小值为 $A_{min}=|A_1-A_2|$，光强也最小，如图3-2所示。

3）当两列光波既不是同相，也不是反相时，合振幅介于最大值 $A_{max}=A_1+A_2$ 与最小值 $A_{min}=|A_1-A_2|$ 之间，光强介于1）和2）两种情况之间。

这样的振幅叠加称为**相干叠加**，它使两列光同时在空间传播时，在相交叠的区域内某些地方光强始终加强，而另一些地方光强始终减弱，这样的现象称为**光的干涉**。

因此，产生干涉的条件如下：

1）两列光波的频率相同。

2）两列光波的振动方向相同且振幅相接近。

3）在交叠区域，两列光波的位相差恒定。

满足这些条件的光源或光波，称为**相干光源或相干光波**。

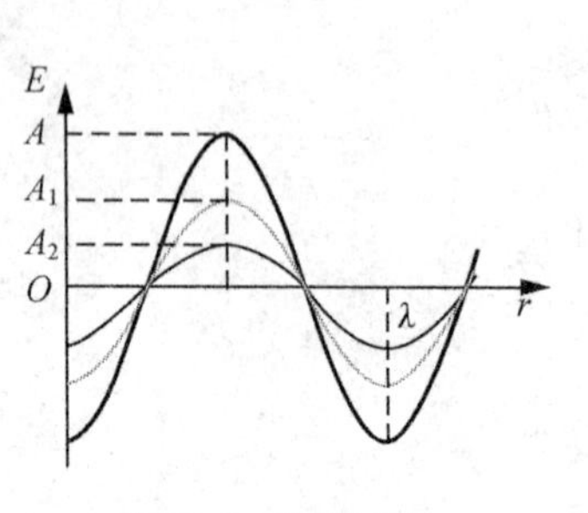

图 3-1　同相叠加

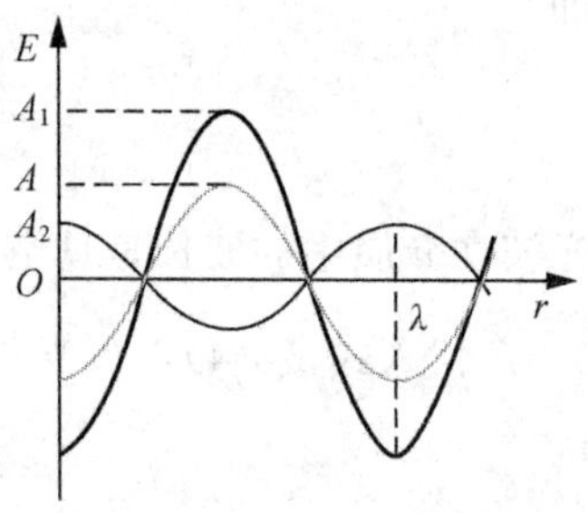

图 3-2　反相叠加

3.1.3　相干光的获得

由第 2 章已讲到，普通光源发出的光是由光源中各个原子或分子发出的许多列光波组成的，每一列光波持续的时间不超过 10^{-8}s，每隔 10^{-8}s 左右，就要被另一列新的光波所代替，各列光波的振动方向、频率和位相是随机变化的，因此，两个普通光源或同一光源的两部分发出的两列光波相互叠加时并不产生干涉现象。因而不是相干光，称为非相干光。两列非相干光叠加后的光强等于两列光波的光强之和，即

$$I=I_1+I_2 \tag{3-9}$$

对于普通的光源，要想得到相干光，只有一种途径，就是设法将同一个原子或分子在同一时刻所发出的一列光波分为几部分，这几部分光波由于来自同一列光波，所以有可能振动方向相同，频率相同，位相也可能满足干涉条件。可以说，干涉是一列光波自己和自己的干涉。可以有两种方法：**分波阵面法和分振幅法**。

1）分波阵面法是从同一波阵面上分出两个或两个以上的部分，使它们继续传播互相叠加而发生干涉。杨氏的双缝干涉、菲涅耳双镜和劳埃德镜属于这一种方法。

2）分振幅法是使一束入射光波在两种光学介质的分界面处一部分发生反射，另一部分发生折射，然后使反射波和折射波在继续传播中相遇而发生干涉。薄膜干涉、牛顿环和迈克耳孙干涉仪属于这一种方法。

对激光光源，所有发光的原子或分子都是步调一致的动作，所发出的光具有高度的相干稳定性。激光束中任意两点的光波都是相干的，可以方便地观察到干涉现象。

3.2　分波阵面干涉

分波阵面法是科学家研究的一种从非相干光源中获得干涉现象的简单方法。

3.2.1　杨氏双缝干涉实验

英国物理学家托马斯·杨在 1801 年首先用实验观察到了光的干涉现象，为光的波

动说的确立奠定了基础。他的实验方法是让日光通过一个针孔，射到相隔很近的两个针孔上，然后从两个针孔射出的光互相叠加就产生了干涉现象。现在实验室中的杨氏实验是用狭缝代替了针孔，这种实验现象叫做**双缝干涉**。双缝干涉实验原理如图 3-3所示。如果用激光器做光源，则可以不用狭缝 S，直接使激光照射到狭缝 S_1 和 S_2 上，在观察屏 E 上就可以看到明暗相间的条纹。

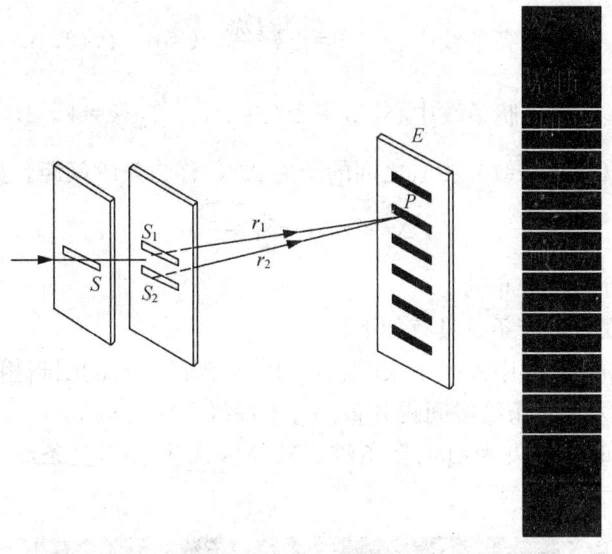

图 3-3　双缝干涉实验

如图 3-4所示，设双缝 S_1 和 S_2 到观察屏上任一点 P 的距离分别为 r_1 和 r_2，介质折射率为 n，如果从 S_1 和 S_2 发出的两列光波到达屏上 P 点的光程差 $\delta=n(r_2-r_1)$ 等于波长 λ 的整数倍，两列光波到达 P 点时的位相相同，叠加后互相加强，P 点就出现亮条纹；如果光程差等于半波长（$\lambda/2$）的奇数倍，两列光波到达 P 点时的位相相反，叠加后互相减弱或抵消，这里就出现暗条纹。

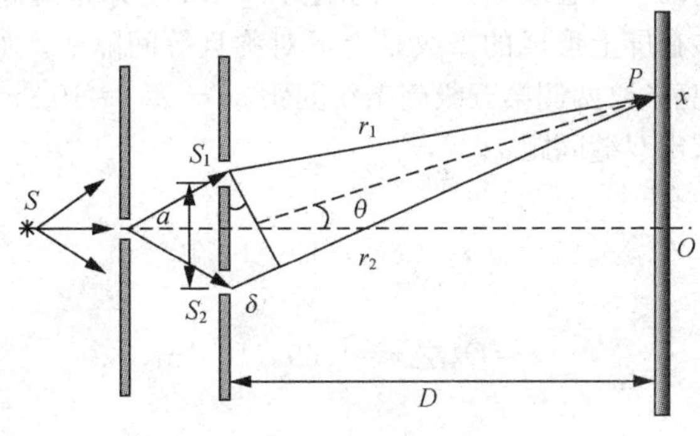

图 3-4　双缝干涉示意图

通常实验装置放在空气中，$n\approx1$，且双缝间距 a 和 P 点离开 O 点的距离 x 远小于观察屏到双缝距离 D，这时 θ 角很小，近似地，有

$$\delta=a\sin\theta\approx a\tan\theta=\frac{ax}{D} \tag{3-10}$$

按前面的分析，亮条纹和暗条纹对应的光程差分别为

$$\text{亮条纹：}\frac{ax}{D}=\pm k\lambda,\ k=0,\ 1,\ 2,\ \cdots \tag{3-11a}$$

$$\text{暗条纹：}\frac{ax}{D}=\pm(2k-1)\frac{\lambda}{2},\ k=1,\ 2,\ \cdots \tag{3-11b}$$

即亮条纹和暗条纹中心分别为

$$\text{亮条纹中心：}x=\pm k\frac{D\lambda}{a},\ k=0,\ 1,\ 2,\ \cdots \tag{3-12a}$$

$$\text{暗条纹中心：}x=\pm(2k-1)\frac{D\lambda}{2a},\ k=1,\ 2,\ \cdots \tag{3-12b}$$

任意相邻亮条纹（或暗条纹）中心之间的距离 Δx，称为**条纹间距**。显然

$$\Delta x=x_{k+1}-x_k=\frac{D}{a}\lambda \tag{3-13}$$

表明干涉条纹是等间距分布的。

综上所述，双缝干涉条纹具有如下特点：

1）以 O 点（$k=0$ 的中央亮条纹中心）对称排列的平行的明暗相间的条纹；

2）在 θ 角不太大时条纹等间距分布，与干涉级 k 无关；

3）白光入射时，中央为白色亮条纹，其他级次出现彩色条纹，有重叠现象，如图 3-5 所示。

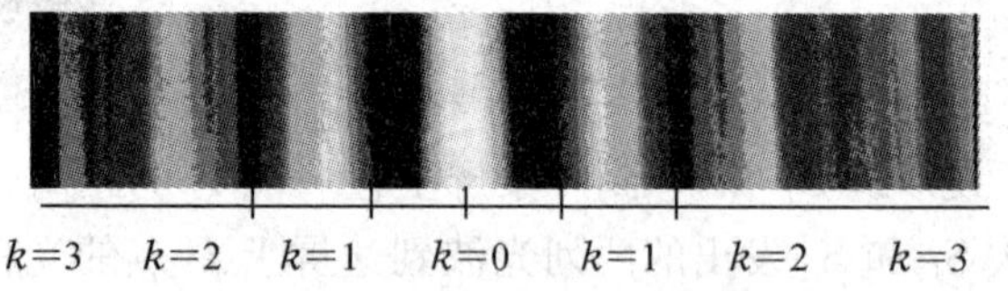

图 3-5　双缝干涉条纹分布

例 3-1　在双缝干涉实验中，用波长 $\lambda=550\text{nm}$ 的绿光照射，双缝与屏的距离 $D=3\text{m}$。测得中央明纹两侧的两个第五级亮条纹的间距为 100mm，求双缝间的距离。

分析　双缝干涉在屏上形成的条纹是上下对称且等间隔的。如果设两个亮条纹间隔为 Δx，则由中央亮条纹两侧第五级亮条纹间距 $x_5-x_{-5}=10\Delta x$ 可求出 Δx。再由公式 $\Delta x=D\lambda/a$ 即可求出双缝间距 a。

解　根据分析，有

$$\Delta x=(x_5-x_{-5})/10=1\times10^{-2}\text{m}$$

双缝间距为

$$a=D\lambda/\Delta x=1.65\times10^{-4}\text{m}$$

3.2.2　半波损失

1834 年，爱尔兰物理学家劳埃德发现了一种更简单的干涉装置。他直接利用一块平面镜（或一面涂黑的玻璃板）从反射光观察到干涉现象。如图 3-6所示，从狭缝 S_1 发出的光，一部分直接射向光屏 E，另一部分掠射到镜面 MN 上，然后反射到光屏 E 上。这两束光在图中阴影区中相互叠加，因光程差不同，在光屏上可以观察到明暗相

间的干涉条纹。

劳埃德平面镜的干涉，相当于光源和它在平面镜中的虚像 S_2 发出的两束光的干涉，与杨氏双缝干涉类似。劳埃德将光屏 E 移到与平面镜接触的 N 处，发现 N 处的光屏上出现的是暗条纹。而此处到 S_1 和 S_2 光程相等，似乎应该出现亮条纹，为什么观察到的却是暗条纹呢？唯一合理的解释就是经平面镜反射的光波的相位改变了 π，相当于多走了半个波长的光程，这种现象称为**半波损失**。进一步研究发现，光从光疏介质（折射率较小的介质）射向光密介质（折射率较大的介质）的分界面时，在反射光中可产生半波损失，而透射光中不产生半波损失。当光从光密介质射向光疏介质的分界面时，在反射光中也没有半波损失。

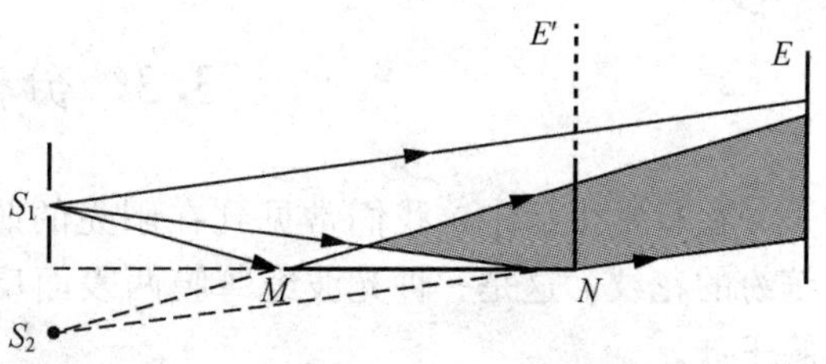

图 3-6 劳埃德平面镜干涉

例 3-2 在杨氏双缝干涉实验中，双缝间距为 0.45mm，用波长为 540nm 的单色光照射。

1）要使光屏 E 上条纹间距为 1.2mm，光屏应离双缝多远？

2）若用折射率为 1.5、厚度为 9.0 μm 的薄玻璃片遮盖狭缝 S_2，光屏上干涉条纹将发生什么变化？

解 1）根据干涉条纹间距的表达式

$$\Delta x=\frac{D\lambda}{a}$$

得

$$D=\frac{a\Delta x}{\lambda}=\frac{0.45\times10^{-3}\times1.2\times10^{-3}}{540\times10^{-9}}\text{m}=1.0\text{m}$$

2）在 S_2 未被玻璃片遮盖时，光程差为

$$\delta=r_2-r_1=\frac{a}{D}x$$

中央亮条纹的中心应处于 $x=0$ 的地方。遮盖厚度为 h 的玻璃片后，透射光中没有半波损失，但是中央亮条纹的光程差变为

$$\delta=(r_2-h+nh)-r_1=h(n-1)+r_2-r_1=h(n-1)+\frac{a}{D}x$$

中央亮条纹应满足 $\delta=0$ 的条件，即

$$h(n-1)+\frac{a}{D}x=0$$

于是可得

$$x=-\frac{h(n-1)D}{a}=-1.0\times10^{-2}\text{m}$$

因此，当遮盖玻璃片后干涉条纹整体向下平移了 1cm。

3.3 分振幅干涉

在日常生活中，我们常见到在阳光的照射下，肥皂膜、水面上的油膜呈现出色彩缤纷的花纹，这是一种光波经薄膜两表面反射后相互叠加所形成的干涉现象，称为**薄膜干涉**。

如图 3-7所示，在薄膜的界面处入射光可分为反射和折射两部分，折射部分再经下界面的反射又从上界面射出。在折射率为 n_1 的介质中，就有 a，b，…，一系列光波。由于这些光都是从同一列光分得的，所以满足相干的条件。而且，这些光是将原入射光的能量（振幅）分为几部分得到的，被称为**分振幅干涉**。实际生活中见到比较多的主要有两种薄膜干涉：一种是薄膜厚度均匀在无限远处形成的等倾干涉条纹，另一种是厚度不均匀薄膜表面上的等厚干涉条纹。

3.3.1 薄膜的等倾干涉

几束光发生干涉时，光的加强或减弱的条件只决定于光束方向的一种干涉现象称为等倾干涉。例如，光通过两面平行的透明介质薄膜时，从上下表面反射的光产生的干涉就属于这种干涉。

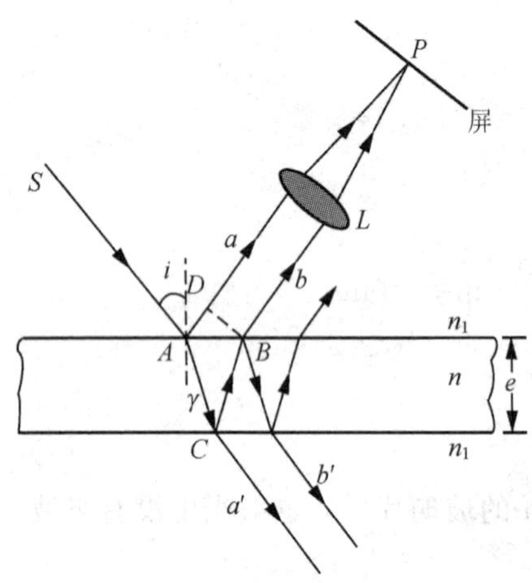

图 3-7 薄膜的等倾干涉

设薄膜的厚度为 e，折射率是 n，薄膜周围介质的折射率是 n_1，光射入薄膜时的入射角是 i，在薄膜中的折射角是 γ，透镜 L 的作用是将 a、b 两束平行光会聚到位于透镜焦平面的观察屏 P 上，使它们相互叠加形成干涉。

如图 3-7所示，由 b 光束向 a 光束作垂线 DB，则 $\overline{AD}=\overline{AB}\sin i$，而 $\overline{AB}=2e\tan\gamma$。注意到当 $n>n_1$ 时在反射光中要考虑半波损失，a、b 两束光的光程差

$$\delta=n(\overline{AC}+\overline{CB})-n_1\overline{AD}+\frac{\lambda}{2},$$

而且 $\overline{AC}=\overline{CB}=e/\cos\gamma$，根据折射定律 $\sin i/\sin\gamma=n/n_1$，不难得到

$$\delta=\frac{2ne}{\cos\gamma}(1-\sin^2\gamma)+\frac{\lambda}{2}=2ne\cos\gamma+\frac{\lambda}{2}=2e\sqrt{n^2-n_1^2\sin^2 i}+\frac{\lambda}{2}$$

按干涉条件，当 $\delta=k\lambda$ 时，干涉加强，从反射光中可观察到亮条纹；当 $\delta=(2k+1)\lambda/2$ 时，干涉相消，从反射光中可观察到暗条纹。因此亮条纹和暗条纹分别对应

$$\text{亮条纹：}2e\sqrt{n^2-n_1^2\sin^2 i}=\left(k-\frac{1}{2}\right)\lambda\quad(k=1,\ 2,\ 3,\ \cdots)\tag{3-14a}$$

$$\text{暗条纹：}2e\sqrt{n^2-n_1^2\sin^2 i}=k\lambda\quad(k=1,\ 2,\ 3,\ \cdots)\tag{3-14b}$$

由此可以看出，对厚度均匀的薄膜，在 n、n_1、n_2 和 e 都确定的情况下，对于某一波长而言，两反射光的光程差只取决于入射角。因此，以同一倾角入射的一切光线，其反

射相干光将有相同的光程差，并产生同一干涉条纹。换句话说，同一条纹都是由来自同一倾角的入射光形成的。这样的条纹称为**等倾干涉条纹**。

在所有的反射光和透射光中，相互平行的光将汇聚在无穷远处，则它们的干涉也将在无穷远处发生。如果用凸透镜观察，则所有相互平行的光将汇聚在凸透镜的焦平面上。在这种干涉装置中，只需要考虑相互平行的光即可。由于物像之间具有等光程性，透镜的使用不会引起附加的光程差。但是，相对于界面法线，入射角相同的各点，在透镜的焦平面上，干涉条纹可以呈现一系列同心圆环。

对于等倾干涉来说，不仅点光源可以产生清晰的干涉条纹，扩展光源也可以产生清晰的干涉条纹，即光源的大小对等倾干涉条纹的形状没有影响。实际上，光源上每一点都会产生一组等倾干涉条纹，而且这些条纹的位置互相重合，因此使干涉条纹更加明亮。

等倾干涉条纹也可以从薄膜的透射光中看到。透射光中没有半波损失，因此透射光干涉中亮条纹对应 $2e\sqrt{n^2-n_1^2\sin^2 i}=k\lambda$，暗条纹对应 $2e\sqrt{n^2-n_1^2\sin^2 i}=(2k+1)\dfrac{\lambda}{2}$，$k=1, 2, 3, \cdots$。

由于直接透射的光比经过两次或更多次反射后透射出的光强大得多，所以透射光的干涉条纹不如反射光的条纹清晰。薄膜的厚度对条纹的影响比较大。厚度越大，相邻亮条纹间的距离越小，即条纹越密，越不易辨认。

3.3.2 劈尖的等厚干涉

光在厚度不同的薄膜表面发生干涉时，光的加强或减弱的条件只决定于膜的厚度的一种干涉现象称为**等厚干涉**。观察等厚干涉现象，通常让光线垂直射到薄膜的表面上（入射角 $i\approx 0$），这时由膜的上下表面反射出的两束相干光的光程差近似等于 $2ne$，n 是膜的折射率，e 是该处膜的厚度。

如图 3-8所示，折射率为 n_1 的两块玻璃片，一端互相叠合，另一端夹一细金属丝或薄金属片，这时，在两玻璃片之间形成的空气薄膜称为空气劈尖。考虑到空气的折射率 $n < n_1$，在下边的玻璃片的上表面反射时有半波损失，而在上边的玻璃片的下表面反射光没有半波损失，则劈尖上下表面反射的两束光的光程差应为

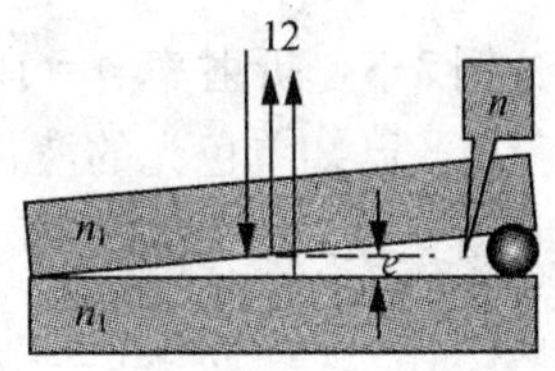

图 3-8 等厚干涉示意图

$$\delta=2ne+\frac{\lambda}{2} \tag{3-15}$$

λ 为入射光的波长。因此，劈尖反射光干涉极大(明纹)的条件为

$$2ne+\frac{\lambda}{2}=k\lambda,\ k=1, 2, 3, \cdots \tag{3-16a}$$

产生反射光干涉极小（暗纹）的条件为

$$2ne+\frac{\lambda}{2}=(2k+1)\frac{\lambda}{2},\ k=0, 1, 2, 3, \cdots \tag{3-16b}$$

厚度 e 相同的各处，产生的干涉条纹的明暗情况相同，因此这种干涉条纹叫做**等厚**

干涉条纹。如果用白光照射，由于各色光产生的干涉条纹的位置不同，互相叠加后就出现不同的颜色。肥皂泡上的彩色花纹就是这样出现的。

等厚干涉在光学测量中有很多应用，例如，测量微小角度、细小的直径、微小的长度，以及检查光学元件表面的不平度，都可以利用光的等厚干涉。

由式（3-16）可得，两相邻明纹和两相邻暗纹之间所对应劈尖的厚度差都等于

$$\Delta e=e_{k+1}-e_k=\frac{1}{2n}(k+1)\lambda-\frac{1}{2n}k\lambda=\frac{\lambda}{2n} \tag{3-17}$$

如图 3-9所示，设 θ 为劈尖夹角，两相邻明纹或两相邻暗纹的间距为 l，则有

$$l\sin\theta=e_{k+1}-e_k=\frac{\lambda}{2n}$$

$$l=\frac{\lambda}{2n\sin\theta}$$

通常 θ 很小，所以 $\sin\theta\approx\theta$，上式可改写为

$$l=\frac{\lambda}{2n\theta} \tag{3-18}$$

可见，对于单色光，劈尖干涉形成的干涉条纹是等间距的，且条纹的间距只与劈尖的夹角 θ 有关。θ 愈小，干涉条纹愈疏；θ 愈大，干涉条纹愈密。当 θ 大到一定程度时，干涉条纹将密得无法分开。所以，一般只有在劈尖夹角很小的情况下，才能观察到劈尖的干涉条纹。

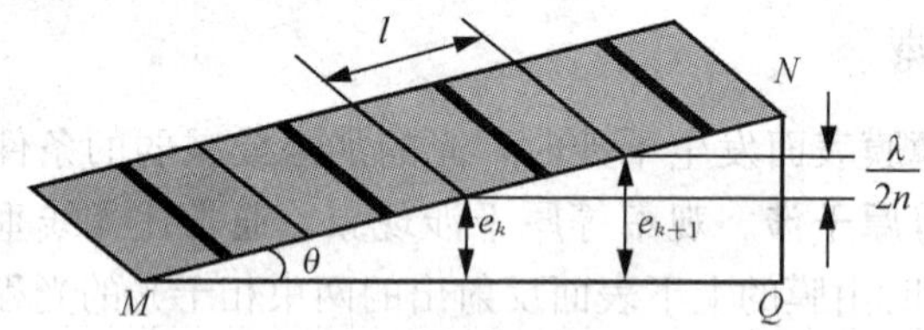

图 3-9　等厚干涉条纹

例 3-3　折射率 $n=1.4$ 的劈尖，在单色光照射下，测得干涉条纹间距 $l=0.25\times10^{-2}$m，已知单色光的波长 $\lambda=700$nm，求劈尖的夹角 θ。

解　由式（3-18）得

$$\theta\approx\sin\theta=\frac{\lambda}{2nl}=\frac{700\times10^{-9}}{2\times1.4\times0.25\times10^{-2}}\text{rad}=1.0\times10^{-4}\text{rad}$$

3.3.3　牛顿环

把一个曲率半径 R 很大的平凸透镜 A 放在一块平面玻璃板 B 上，其间有一厚度逐渐变化的劈尖形空气薄层，如图 3-10（a）所示。用单色光垂直照射，从反射光中可以看到一组明暗相间的圆环，如图 3-10（b）所示，这是光从空气层上下表面反射后产生的等厚干涉条纹。这是牛顿最先详细研究过的一种等厚干涉现象。这些环形的干涉条纹就叫做牛顿环。

由于有半波损失，中心 O 点处是暗点。由图 3-10（a）的几何关系易见，空气薄层厚度 e 处到透镜中心 O 点处的距离为

$$r=\sqrt{R^2-(R-e)^2}=\sqrt{2Re-e^2}$$

一般 $R\gg e$，上式可近似为 $r=\sqrt{2Re}$。该处两相干光的光程差为 $\delta=2e+\frac{\lambda}{2}$，因此从中心计第 k 个暗环的半径为

$$r=\sqrt{kR\lambda},\ k=0,\ 1,\ 2,\ \cdots \tag{3-19}$$

第 k 个亮环的半径为

$$r=\sqrt{\left(k-\frac{1}{2}\right)R\lambda},\ k=1,\ 2,\ \cdots \tag{3-20}$$

显然，随着级数 k 增大，干涉条纹变密。从透射光中也可以看到环形的明暗条纹，但明暗条纹的位置与反射光中的相反，它的中心是亮点。

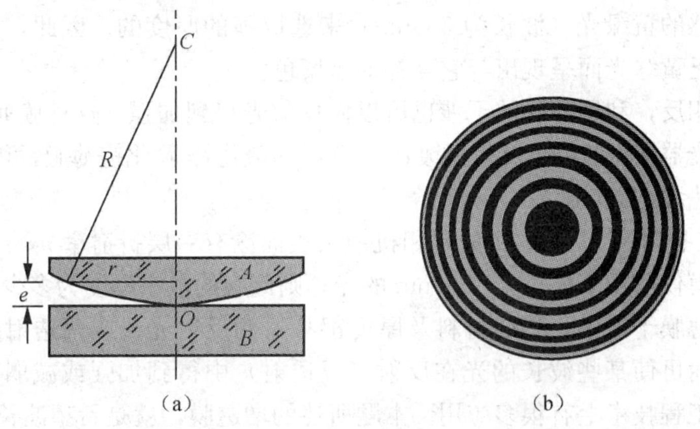

图 3-10 牛顿环

牛顿环可用来检查生产出的光学元件（透镜）表面的曲率是否合格，并能判断应如何进一步研磨使其符合标准。

例 3-4 在牛顿环实验中，用波长为 589.3nm 的钠黄光作光源，测得某级暗环的直径为 11.75mm，此环以外的第 20 个暗环的直径为 14.96mm，试求平凸透镜的曲率半径 R。

解 设第 k 级暗环的直径为 11.75mm，由式（3-20）有

$$r_{k+20}^2-r_k^2=(k+20)R\lambda-kR\lambda=20R\lambda$$

由此得平凸透镜的曲率半径

$$R=\frac{r_{k+20}^2-r_k^2}{20\lambda}=\frac{(14.96/2)^2-(11.75/2)^2}{20\times589.3\times10^{-6}}\text{mm}\approx1.818\text{m}$$

3.3.4 增透膜

光在空气中垂直射到玻璃表面时，反射光能约占入射光能的 5%，反射损失并不大。但在各种光学仪器中为了矫正像差或其他原因，常常要用多个透镜。例如，照相机的物镜有的用 6 个透镜，变焦距物镜有十几个透镜，潜水艇用的潜望镜中约有 20 个透镜。透镜的每个界面上都有反射损失，合计起来损失的光能就很多了，上述照相机物镜损失的光能可达 45%，潜望镜中损失的光能可达 90%。此外，大量的反射光会产

生有害的杂光，影响成像的清晰度。为了减小反射损失，利用薄膜的干涉可使透射光增强而反射光减小的特性，近代光学仪器中采用真空镀膜或化学镀膜的方法，在透镜表面镀上一层透明薄膜，这种膜叫做增透膜，也叫做减反射膜。

膜上方的介质通常是空气（折射率为 n_1），膜下方的介质通常是玻璃（折射率为 n_2），设膜的折射率为 n，且 $n_1<n<n_2$，当膜的厚度 e 满足 $2ne=(k+1/2)\lambda, k=0,1,2,\cdots$时，从膜上下两表面反射出的两束光的相位差是 π，相干后光强最小。从理论上可进一步证明，当 $n=\sqrt{n_1n_2}$ 时从膜的上下表面反射出的两束光波的振幅大致相等，干涉后相消，可使反射光几乎全部消失。

目前常用于增透膜的材料是氟化镁，它的折射率 $n=1.38$。由于减反射膜只能使一定波长的反射光达到极小，通常助视光学仪器或照相机，一般是针对可见光的中部对人眼视觉最敏感的黄绿光（波长为 555nm）来选取膜的厚度的。因此，这种镜头的反射光中由于缺乏黄绿光而呈现出与它互补的蓝紫色。

与增透膜相反，利用薄膜的干涉也可以使反射光得到加强，这种膜叫做高反射膜。例如，氦氖激光器谐振腔的全反射镜镀15～19 层的硫化锌-氟化镁薄膜，可使 632.8nm 的红光的反射率达到 99.6%。

例 3-5 在折射率 $n_3=1.52$ 的照相机镜头表面涂有一层折射率 $n_2=1.38$ 的 MgF_2 增透膜，若此膜仅适用于波长 $\lambda=550$nm 的光，则此膜的最小厚度为多少？

分析 在薄膜干涉中，膜的材料及厚度都将对两反射光（或两透射光）的光程差产生影响，从而可使某些波长的光在反射（或透射）中得到加强或减弱，这种选择性使薄膜干涉在工程技术上有很多应用。本题所述的增透膜，就是希望波长 $\lambda=550$nm 的光在透射中得到加强，从而得到所希望的照相效果（因感光底片对此波长附近的光最为敏感）。具体求解时应注意在 $e>0$ 的前提下，k 取最小的允许值。

解 **方法 1**：由于空气的折射率 $n_1=1$，且有 $n_1<n_2<n_3$，则对透射光而言，两相干光的光程差 $\delta_1=2n_2e+\lambda/2$，由干涉加强条件 $\delta_1=k\lambda$，得

$$e=(2k-1)\frac{\lambda}{4n_2}$$

取 $k=1$，则膜的最小厚度 $e_{\min}=99.6$nm。

方法 2：因干涉的互补性，波长为 550nm 的光在透射中得到加强，则在反射中一定减弱，两反射光的光程差 $\delta_2=2n_2e$，由干涉相消条件 $\delta_2=(2k+1)\lambda/2$，得

$$e=(2k+1)\frac{\lambda}{4n_2}$$

取 $k=0$，则 $e_{\min}=99.6$nm。

思考与讨论

3.1 试证明在杨氏实验中减少两衍射孔的间距只能增加在观察屏上可观察到条纹的范围，而不能增加可见条纹的数目。

3.2 近视眼（不戴眼镜）能否看到等倾条纹？能否看到等厚条纹？为什么？

3.3 从光源相干性讨论出发，说明薄膜干涉对光源的时间相干性和空间相干性有什么要求。

3.4 能否用牛顿环测量双凹透镜的曲率半径？能否用它测量很小的曲率半径？

3.5 在迈克耳孙干涉仪中如果不用补偿板 G'，用白光照明，会看到什么景象？

3.6 为什么多光束干涉会产生细而亮的干涉条纹？是不是只要相干光束多就能产生细而亮的干涉条纹？

习 题 3

3-1 在杨氏实验装置中，光源波长为 0.64μm，两缝间距为 0.4mm，光屏离缝的距离为 50cm。

1）试求光屏上第一亮条纹与中央亮条纹之间的距离。

2）若 P 点离中央亮条纹为 0.1mm，则两束光在 P 点的相位差是多少？

3）求 P 点的光强度和中央点的光强度之比。

3-2 在杨氏实验装置中，两小孔 S_1，S_2 的间距为 0.5mm，光屏离小孔的距离为 50cm。当以折射率为 1.60 的透明薄片贴住小孔 S_2 时，如图 3-11 所示，发现屏上的条纹移动了 1cm，试确定该薄片的厚度。

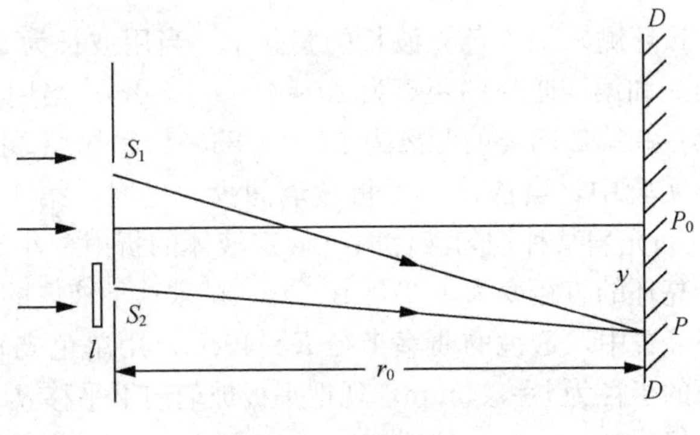

图 3-11 习题 3-2图示

3-3 在双缝实验中，缝间距为 0.45mm，观察屏离缝 115cm，现用读数显微镜测得 10 个干涉条纹（准确说是 11 个亮条纹或暗条纹）之间的距离为 15mm，试求所用波长。用白光实验时，干涉条纹有什么变化？

3-4 一波长为 0.55μm 的绿光入射到间距为 0.2mm 的双缝上，求离双缝 2m 远处的观察屏上干涉条纹的间距。若双缝间距增加到 2mm，条纹间距又是多少？

3-5 在菲涅耳双面镜干涉实验中，光波长为 0.5μm。光源和观察屏到双面镜交线的距离分别为 0.5m 和 1.5m，双面镜夹角为 10^{-3}rad。

1）求观察屏上条纹间距。

2）屏上最多可以看到多少条亮条纹？

3-6 已知肥皂膜的折射率为 1.33，且平行光与法线成 30°角入射。试求能产生红光（λ=0.7μm）的二级反射干涉条纹的肥皂薄膜厚度。

3-7　波长为0.40～0.76μm的可见光正入射在一块厚度为1.2×10^{-6}m、折射率为1.5的薄玻璃片上，试问从玻璃片反射的光中哪些波长的光最强？

3-8　图3-12绘出了测量铝箔厚度D的干涉装置结构，两块薄玻璃板尺寸为75mm×25mm。在钠黄光（$\lambda=0.5893\mu$m）照明下，从劈尖开始数出60个条纹（准确说应为61个亮条纹或暗条纹），相应的距离是30mm，试求铝箔的厚度D。若改用绿光照明，从劈尖开始数出100个条纹，其间距离为46.6mm，试求绿光的波长。

3-9　如图3-13所示的尖劈形薄膜，右端厚度h为0.005cm，折射率$n=1.5$，波长为0.707μm的光以30°角入射到上表面，求在这个面上产生的条纹数。若以两块玻璃片形成的空气劈尖代替，产生多少条条纹？

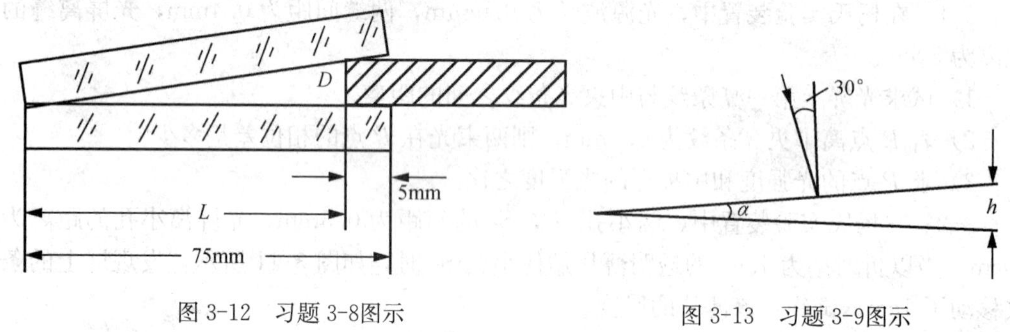

图3-12　习题3-8图示　　　图3-13　习题3-9图示

3-10　在利用牛顿环测未知单色光波长的实验中，当用波长为589.3nm的钠黄光垂直照射时，测得第一和第四暗环的距离为$\Delta l=4.0\times10^{-3}$m；当用波长未知的单色光垂直照射时，测得第一和第四暗环的距离为$\Delta l'=3.85\times10^{-3}$m。试求该单色光的波长。

3-11　在牛顿环实验中，当透镜与平板玻璃间为空气时，第10个亮环的直径为1.4×10^{-2}m；当在其间充满某种均匀液体时（假定液体的折射率小于透镜和平板玻璃的折射率），第10个亮环的直径变为1.27×10^{-2}m，试求这种液体的折射率。

3-12　在牛顿环装置中，透镜的曲率半径$R=40$cm，用单色光垂直照射，在反射光中观察某一级暗环的半径为$r=2.5$mm，现把平板玻璃向下平移$d_0=5.0\mu$m，上述被观察的暗环半径变为何值？

3-13　利用牛顿环装置可测量凹曲面镜的曲率半径，把已知的平凸透镜的凸面放置在待测的凹面上，如图3-14所示，在两镜面之间形成空气层，可观察到环状的干涉条纹。已知入射光的波长$\lambda=589.3$nm，平凸透镜的半径为R，环的半径$R_1=102.3$cm，测得第四暗环的半径$r_4=2.25$cm，求待测凹面镜的曲率半径R_2。

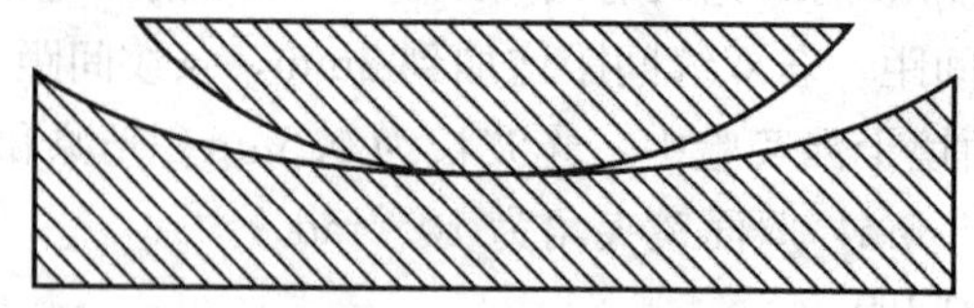

图3-14　习题3-13图示

第 4 章　光的衍射

当光遇到小孔、狭缝或其他的很小障碍物时，传播方向将发生偏转，而绕过障碍物继续前行，并在光屏上形成明暗相间的圆环或条纹。光波的这种现象称为**光的衍射**，也称为光的绕射。

本章将基于惠更斯-菲涅耳原理，利用半波带法，重点分析夫琅禾费单缝衍射和光栅衍射的性质，讨论人眼和光学助视仪器的分辨率。

4.1　光的衍射原理

实验发现，同心光束和平行光束分别入射到小孔或狭缝时，衍射条纹具有不同的特性。光的衍射究竟遵从什么规律呢？

4.1.1　光的衍射及其分类

光源 S 发出的光穿过狭缝 K 射向观察屏 E。当缝宽比光的波长大得多时，屏上出现一条光带，如图 4-1所示，可认为光沿直线传播。若缝宽小于光的波长 100 倍时，在屏上光直线传播的阴影区出现明暗相间的条纹，如图 4-2所示，这就是光的衍射。

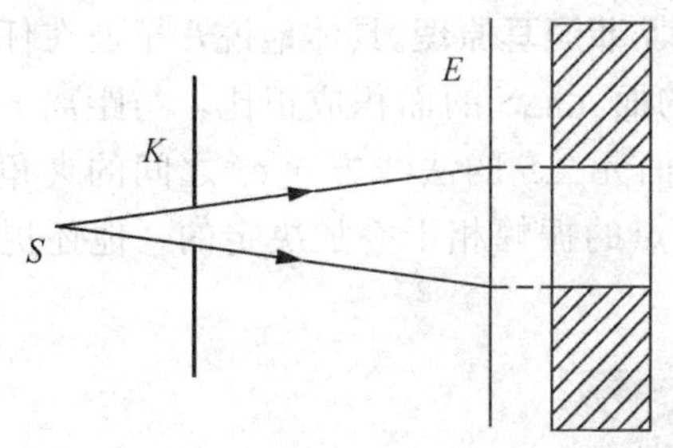

图 4-1　光的直线传播

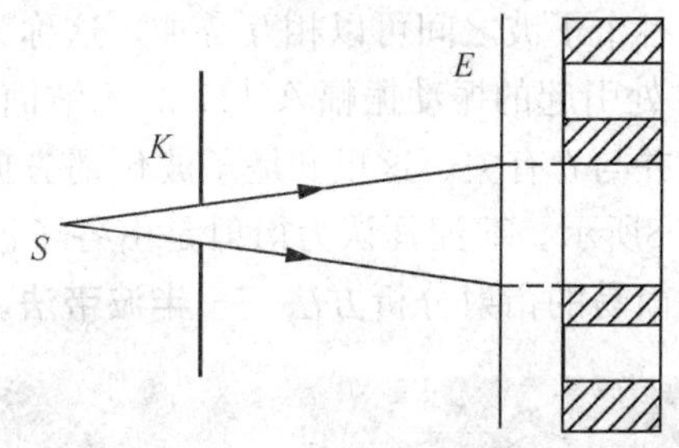

图 4-2　光的衍射现象

光的衍射现象通常分为两类：菲涅耳衍射和夫琅禾费衍射。**菲涅耳衍射**指的是光源 S、观察屏 E（或者是两者之一）到衍射屏 K 的距离是有限的，因而这类衍射又称为**近场衍射**，如图 4-3所示；**夫琅禾费衍射**指的是光源 S、观察屏 E 到衍射屏 K 的距离均为无限远，这类衍射也称为**远场衍射**，如图 4-4所示。夫琅禾费衍射可以利用两个会聚透镜来实现，如图 4-5所示，S 处于透镜 L_1 的焦点上，L_1 使入射到衍射屏 K 上的光为平行光，透镜 L_2 再将通过衍射屏的平行光会聚在焦平面即观察屏 E 上。

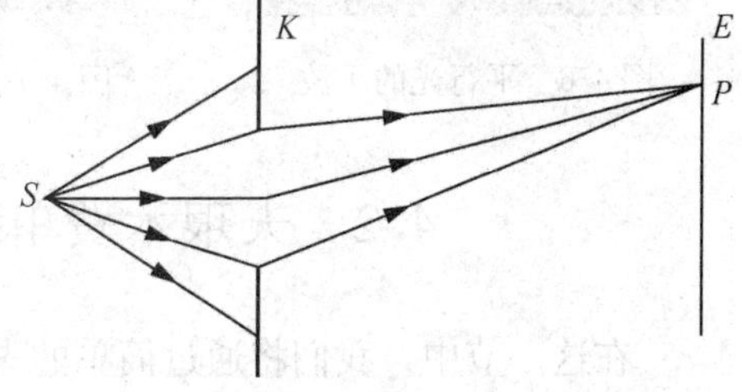

图 4-3　菲涅耳衍射

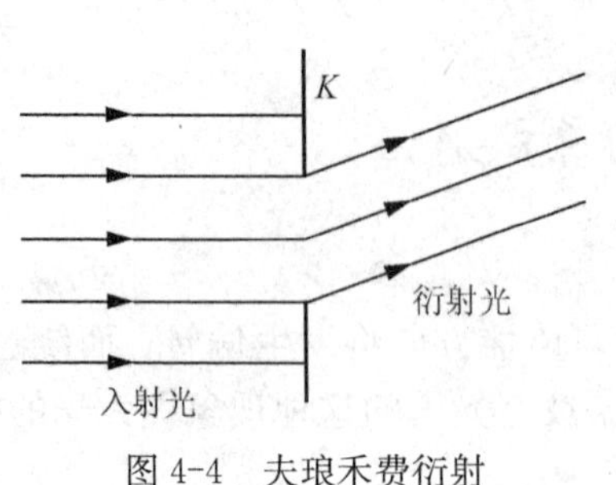

图 4-4 夫琅禾费衍射

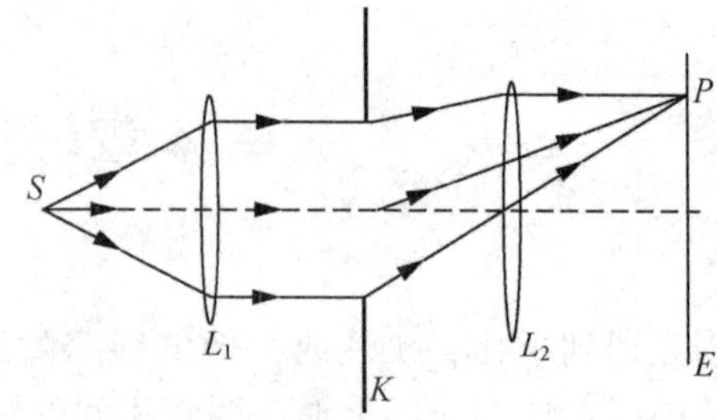

图 4-5 夫琅禾费衍射装置图

4.1.2 惠更斯-菲涅耳原理

究竟是什么原因使光通过狭缝和小孔能偏离直线传播的方向，而进入阴影区形成明暗相间的衍射图样呢?

第 3 章看到光的相干叠加在观察屏上形成明暗相间的干涉条纹。在杨氏双缝干涉等实验中，我们把两个狭缝当成点光源，其实每个狭缝都有一定的尺度，不只是发出一条光线，自身发出的每两条光线在观察屏上也是相干叠加的。

1690 年，惠更斯仿照机械波，认为光波在空间传播到的各点，都可以看作一个子波源，发出新的子波，由此使得光波在更大的范围向前传播，如图 4-6和图 4-7所示，这个观点称为**惠更斯原理**。利用这个原理可以很容易理解为什么会出现光偏离直线传播现象，但是不能解释为什么光的衍射中会出现明暗相间条纹。

直到 1818 年，菲涅耳提出：从同一波面上各点发出的子波，在传播到空间某一点时，各个子波之间可以相互叠加，这称为**惠更斯-菲涅耳原理**。具体地说，子波在任意一点 P 处引起的振动振幅 A 与 t 时刻波面 S 上的面元 ΔS 的面积成正比，与距离 r 成反比，并与 θ 有关。这里 θ 是子波传播方向 $\boldsymbol{r}$ 与面元 ΔS 的法线方向 $\boldsymbol{e}_{\rm n}$ 之间的夹角，如图 4-8所示。菲涅耳认为衍射是由各子波在 P 点的振幅相干叠加决定的。他还提出了一种简易的衍射分析方法——**半波带法**。

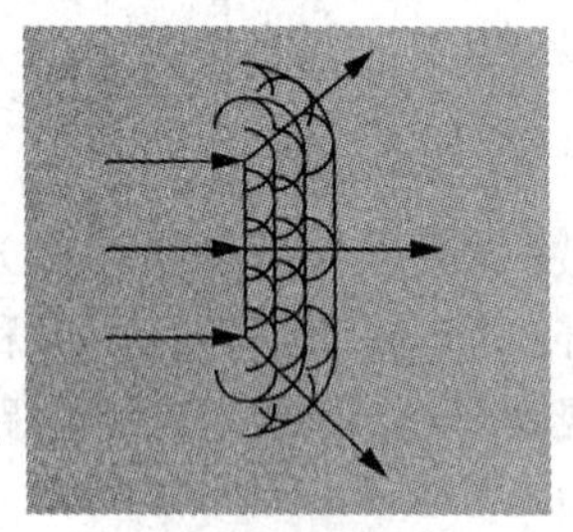

图 4-6 平行光的子波

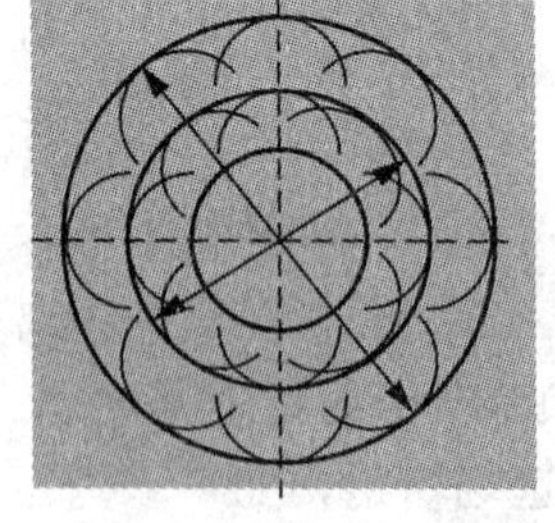

图 4-7 点光源的子波

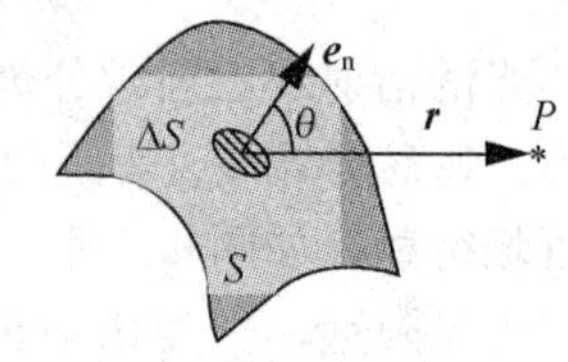

图 4-8 相干的子波

4.2 夫琅禾费单缝衍射和菲涅耳半波带法

在这一节中，我们将通过简单的夫琅禾费单缝衍射的分析，学习菲涅尔半波带法。

4.2.1　单缝夫琅禾费衍射的装置以及光强分布

当光源和观察衍射现象的屏离单缝均为无限远或相当于无限远时，入射光和衍射光均为平行光，这种衍射现象是夫琅禾费首先研究的，故称为**单缝夫琅禾费衍射**。单缝夫琅禾费衍射的实验装置如图 4-9所示。当一束平行光垂直照射到一个单狭缝时，如果狭缝宽度接近光的波长，则这束光会向阴影区衍射。光源 S 位于透镜 L' 的焦平面上，透镜 L' 把光源 S 发出的光变为平行光，相当于光源位于无限远处。透镜 L 的作用是把平行光会聚到置于 L 焦平面的光屏上，相当于观察屏位于无限远处。实验会发现光在观察屏上形成衍射条纹。

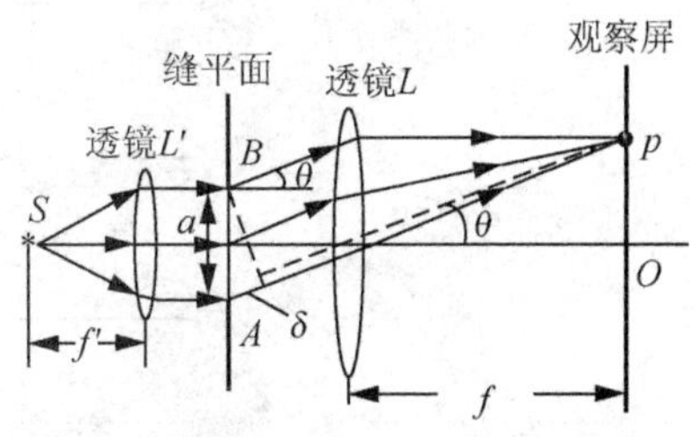

图 4-9　夫琅禾费单缝衍射示意图

如图 4-10 所示，为单缝夫琅禾费衍射的示意图，AB 为单缝的截面，其宽度为 a。当单色平行光垂直照射单缝时，根据惠更斯-菲涅耳原理，AB 上的各点都是子波源。这些子波向前传播，被透镜 L 会聚到屏上时，就会相互叠加，从而形成衍射条纹。图中 θ 为衍射光线与狭缝法线的夹角，称为衍射角。屏上光强的分布规律要通过分析各衍射光线的光程差或位相差来确定。

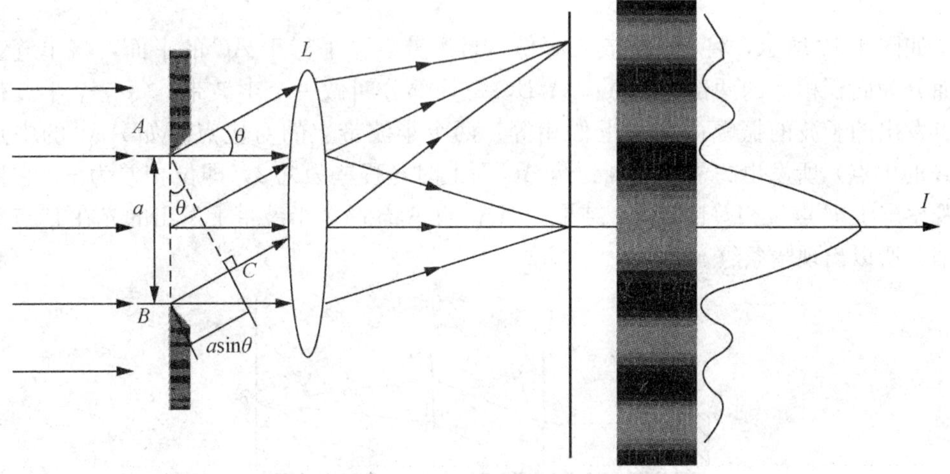

图 4-10　夫琅禾费衍射原理图以及光强分布图

4.2.2　菲涅耳半波带法

如图 4-11 所示，将宽度为 a 的缝 AB 沿着与狭缝平行方向分成一系列宽度相等的窄条，AA_1，A_1A_2，…，A_kB，对于衍射角为 θ 的各条光线，相邻窄条对应点发出的光线到达观察屏的光程差为半个波长，这样等宽的窄条称为**半波带**。这种分析方法称为菲涅耳半波带法。

从图 4-9和图 4-11 可以看出，对应于衍射角为 θ 的屏上 P 点，缝上下边缘两条光线之间的光程差为

$$\delta=a\sin\theta \tag{4-1}$$

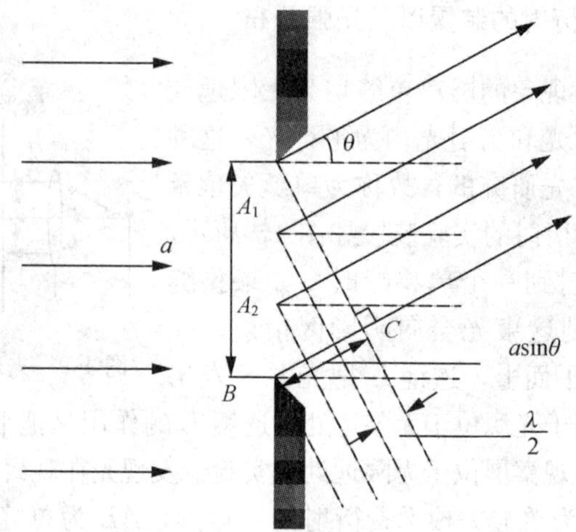

图 4-11　菲涅耳半波带

下面分两种情况用菲涅耳半波带法讨论 P 处是明纹或暗纹。

1）BC 的长度恰等于两个半波长，即

$$a\sin\theta=2\cdot\frac{\lambda}{2}$$

如图 4-12 所示，将 BC 分成二等份，过等分点作平行于 AC 的平面，将单缝上波阵面分为面积相等的两部分 AA_1，A_1B，每一部分叫做一个半波带，每一个半波带上各点发出的子波的振幅可认为近似相等。两个半波带上的对应点（如 AA_1 的中点与 A_1B 的中点）所发出的子波光线到达 AC 面上时光程差为 $\lambda/2$，即位相差为 π，它们到达观察屏上 P 点位相差也是 π。结果由 AA_1 及 A_1B 两个半波带上发出的光在 P 点完全抵消，所以出现暗条纹。

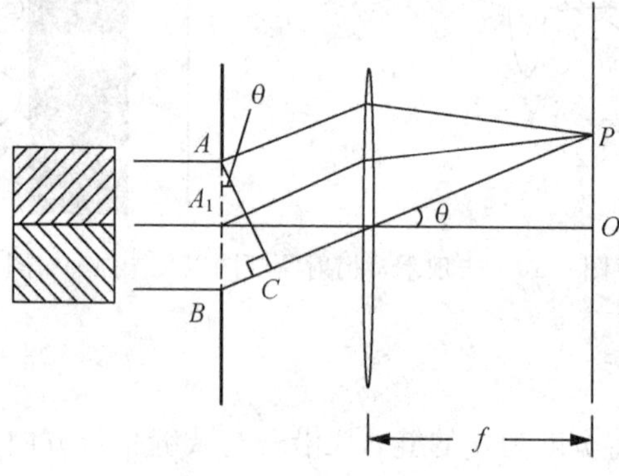

图 4-12　两个半波带叠加

2）BC 的长度恰为三个半波长，即

$$a\sin\theta=3\cdot\frac{\lambda}{2}$$

如图 4-13 所示，将 BC 分成三等份，过等分点作平行于 AC 面的平面，这两个平面将单缝 AB 分成三个半波带 AA_1，A_1A_2，A_2B。依照以上解释，相邻两个波带发出的光在 P 点互相干涉抵消，剩下一个波带发出的光束没有被抵消，所以 P 处出现明纹。

一般地，BC 的长度恰为 n 个半波长，即

$$a\sin\theta=n\cdot\frac{\lambda}{2},\ n=2,\ 3,\ \cdots \tag{4-2}$$

这时可将 AB 分成 n 个半波带，若 n 为偶数，则每个相邻的半波带发出的光在 P 点成对地互相抵消，P 点为暗纹；若 n 为奇数，则有 $(n-1)$ 个半波带发出的光在 P 点成对地相消，剩下的一个波带发出的光未被抵消，P 点为明纹。

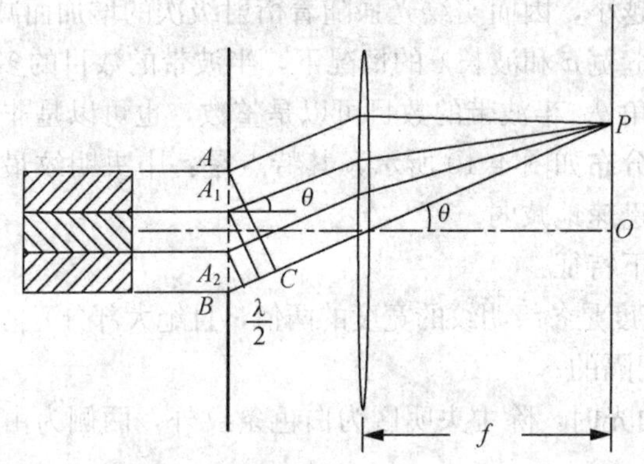

图 4-13　三个半波带叠加

归纳起来，可得如下结论：

$$\text{明纹条件：}a\sin\theta=\pm(2k+1)\frac{\lambda}{2},\ k=1,\ 2,\ \cdots \tag{4-3}$$

$$\text{暗纹条件：}a\sin\theta=\pm k\lambda,\ k=1,\ 2,\ \cdots \tag{4-4}$$

当 $\theta=0$ 时，称为**中央明纹**，$k=1$，2，…分别称为第一、二、……级明纹（或暗纹）。式中 k 为衍射级次，中央明纹是零级明纹。因为所有光波到达中央明纹中心 O 点的光程相同，即光程差为零，所以中央明纹中心 O 处光强最大。明暗条纹以中央明纹为中心两边对称分布，依次为第一级、第二级、……暗纹和明纹，如图 4-10 所示。各级明纹都有一定的宽度，我们把相邻暗纹间的距离称为**明纹宽度**，把相邻暗纹对应的衍射角之差称为**明纹的角宽度**。中央明纹的宽度决定于紧邻中央明纹两侧的暗纹（$k=1$），由中央明纹范围满足的光程差条件是

$$-\lambda<a\sin\theta<\lambda \tag{4-5}$$

在近轴条件下，θ 很小，故

$$\sin\theta\approx\theta \tag{4-6}$$

则第一级暗纹的衍射角为

$$\theta_{\pm1}=\pm\frac{\lambda}{a} \tag{4-7}$$

第一级暗纹离开中心轴的距离为

$$x_{\pm1}=\theta_{\pm1}f=\pm f\frac{\lambda}{a} \tag{4-8}$$

中央明纹的角宽度为

$$\Delta\theta=\theta_1-\theta_{-1}=2\,\frac{\lambda}{a} \tag{4-9}$$

在观察屏上，中央明纹的线宽度为

$$l_0=2f\tan\theta_0\approx f\Delta\theta=2f\,\frac{\lambda}{a} \tag{4-10}$$

式中，f 为透镜的焦距。

还需要指出，当半波带的数目不是整数时，P 点光强介于明暗纹之间。实际上观察屏上光强的分布是连续变化的，因为衍射角 θ 越大，半波带的数目越多，同一缝宽 a 中每个半波带的面积越小，因而明纹光强随着衍射级次的增加而减小。

显然，在给定的缝宽 a 和波长 λ 的情况下，半波带的数目的多少和半波带面积的大小，仅仅取决于衍射角 θ。半波带的数目可以是整数，也可以是非整数。

单缝衍射的**光强分布**如图 4-10 所示，其特点是：中央明纹最宽，而且最亮，两侧的其他级明纹的光强迅速地减弱。

衍射图样具有如下特征：

1）中央明纹的宽度是各级明纹的宽度的两倍，且绝大部分光能都落在中央明纹上；

2）暗条纹是等间隔的；

3）当入射光为白光时，除中央明区为白色条纹外，两侧为由紫到红排列的彩色的衍射光谱；

4）当波长一定时，狭缝的宽度越小，衍射越显著。

例 4-1 在单缝夫琅禾费衍射实验中，波长为 λ_1 的单色光的第三级明纹与波长 $\lambda_2=630\text{nm}$ 的单色光的第二级明纹恰好重合，求前一单色光的波长 λ_1。

分析 采用比较法来确定波长。对应于同一观察点，两次衍射的光程差相同，明纹重合时 θ 相同，由衍射明纹条件 $a\sin\theta=(2k+1)\lambda/2$，有 $(2k_1+1)\lambda_1=(2k_2+1)\lambda_2$，在两明纹级次和其中一种波长已知的情况下，即可求出另一种未知波长。

解 根据题意和分析，将 $k_1=3$，$k_2=2$，$\lambda_2=630\text{nm}$ 代入 $(2k_1+1)\lambda_1=(2k_2+1)\lambda_2$，得

$$\lambda_1=\frac{(2k_2+1)\lambda_2}{2k_1+1}=450\text{nm}$$

4.3 光栅衍射和光谱

杨氏双缝中的每一个狭缝是否都会产生衍射现象呢？衍射条纹和干涉条纹之间有什么关系？如果这样的狭缝再多一些，那么各个狭缝的衍射条纹互相又有什么影响呢？

4.3.1 光栅

在单缝衍射中，若缝较宽，明纹亮度虽较强，但相邻明条纹的间隔很窄而不易分辨；若缝很窄，间隔虽可加宽，但明纹的亮度却显著减小。在这两种情况下，都很难精确地测定条纹宽度，所以用单缝衍射并不能精确地测定光波波长。那么，我们是否

可以使获得的明纹本身既亮又窄，且相邻明纹分得很开呢？利用光栅可以获得这样的衍射条纹。

广义地说，具有周期性空间结构或光学性能（如透射率、反射率和折射率等）的衍射屏，统称为**光栅**。光栅的种类很多，有透射光栅、平面反射光栅和凹面光栅等。构造光栅有许多方法。例如：

1）在一块不透明的平板上刻出一系列等宽又等间隔的平行狭缝，就是一种透射光栅。

2）在一块很平的金属表面上刻上一系列等间隔的平行槽纹，就是一种反射光栅。

3）两束平行光干涉条纹，将其记录在一张感光底片上，就得到一张一维正弦光栅。

4）晶体由于内部原子排列具有空间周期性而成为天然的三维光栅。

光栅是光谱仪、单色仪及许多光学精密测量仪器的重要元件。下面着重介绍透射光栅对光产生的衍射和干涉效应。

4.3.2 光栅衍射

透射光栅是由大量等间距、等宽度的平行狭缝所组成的光学元件。若透光部分的狭缝宽度为 a，挡光部分的宽度为 b，那么每两条狭缝间距离 $d=a+b$ 称为**光栅常数**。一般情况下，光栅常数的值很小，例如，在 1cm 的平板上刻有 1 万条等宽等间距的平行狭缝，那么 $d=10/10000\text{mm}=0.001\text{mm}$。

如图 4-14 所示，平行单色光垂直照射在光栅 G 上，光栅后面的衍射光束通过透镜 L_2 后会聚在透镜焦平面处的屏 E 上，并在屏上产生一组明暗相间的衍射条纹。一般说来，这些衍射条纹与单缝衍射条纹相比有明显的差别，其主要特点是：明纹很亮很细，明纹之间有较暗的背景，并且随着缝数的增加，屏上明纹越来越细，也越来越亮，相应地，这些又细又亮的条纹之间的暗背景也越来越暗。如果入射光由波长不同的成分组成，则每一波长都将产生和它对应的又细又亮的明纹，即光栅有色散分光作用。正是由于光栅衍射条纹这一特点，促使近几十年来光栅刻制技术飞速发展，迄今已能在 1mm 内刻制数千条平行狭缝。

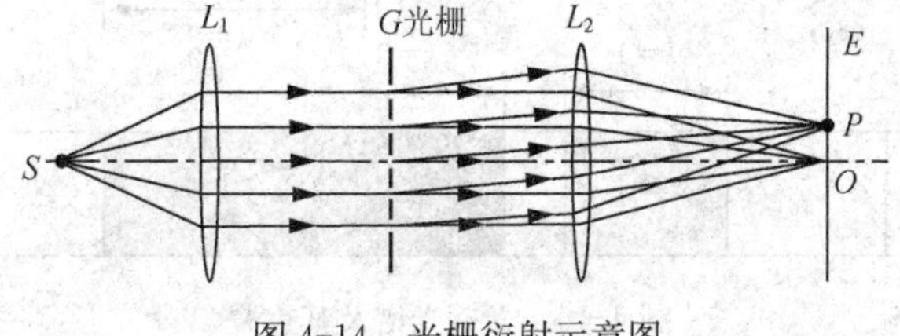

图 4-14 光栅衍射示意图

4.3.3 明纹条件和光栅方程

平行单色光垂直入射到光栅上，使光栅成一波阵面，考虑到所有缝发出的沿与光轴成 θ 角的方向的光线经 L_2 后会聚于 P 处，下面讨论一下在屏上 P 处出现光栅衍射明条纹所应满足的条件。

从图 4-15 可以看出，两相邻狭缝发出的沿 θ 角衍射的平行光，当它们会聚于屏上 P 点时，其光程差为 $\delta=(a+b)\sin\theta$，θ 称为**衍射角**。若光程差恰为入射光波长 λ 的整数倍，则这两束光线为相互加强。显然，其他任意相邻两缝沿 θ 方向的衍射光也将会聚于相同点 P，且光程差亦为 λ 的整数倍，它们的干涉效果也都是相互加强的。所以总起来看，光栅衍射明纹的条件是衍射角 θ 必须满足：

$$(a+b)\sin\theta=\pm k\lambda,\quad k=0,1,2,\cdots \tag{4-11}$$

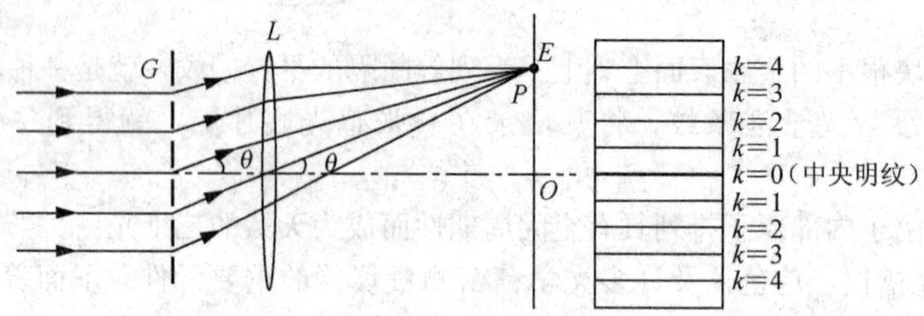

图 4-15　光栅衍射原理图

式（4-11）通常称为**光栅方程**。式中对应于 $k=0$ 的条纹叫做中央明纹，$k=1$，2，…的明纹分别叫做第一级、第二级、……明纹，亦称为各级主极大。正、负号表示各级明纹对称分布在中央明纹两侧。

4.3.4　光栅光谱

对于一个确定的光栅，光栅常数 $a+b$ 确定，于是由光栅方程式（4-11）知，同一级谱线的衍射角 θ 的大小与入射光的波长有关。用白色光照射光栅时，由于白色光中包含的不同波长的单色光产生衍射角各不相同的明纹，因此除了中央明纹外，将形成彩色的光栅条纹，叫做**光栅光谱**。因为各波长的中央明纹的衍射角都为零，是重叠的，所以光栅光谱的中央仍是白色明纹。中央明纹的两侧，对称地排列着第一级光谱、第二级光谱、……如图 4-16 所示（图中只画了中央明纹一侧的光谱）。各级光谱中，都包含了几条波长由小到大的彩色明条纹。由于各谱线间的距离随光谱的级数而增加，所以级数较高的光谱彼此有所重叠。

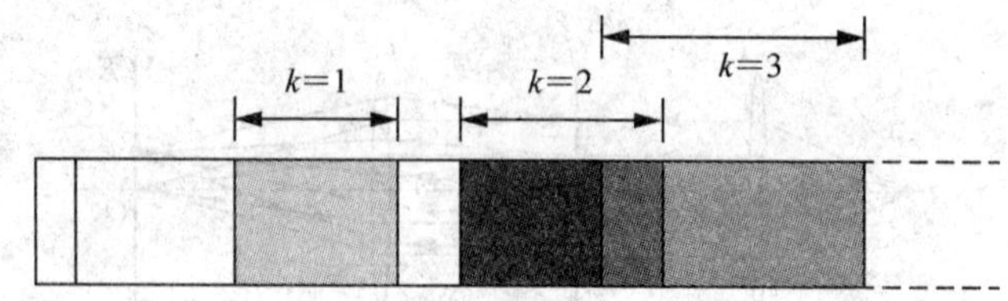

图 4-16　光栅光谱及其重叠

观察光栅光谱的实验装置称为**光栅光谱仪**。探测的结果发现，不同元素的物质有不同的光谱。测定光谱中各谱线的波长和相对强度，可以确定发光物质的成分及其含量。而通过测定物质中原子或分子的光谱，又可以揭示原子或分子的内部结构和运动规律。

4.3.5　缺级问题

如果满足光栅方程$(a+b)\sin\theta=\pm k\lambda$的$\theta$角同时又满足单缝衍射的暗纹公式$a\sin\theta=\pm k'\lambda$（$k'=1，2，\cdots$），则$\theta$角方向既是光栅的某个主极大出现的方向又是单缝衍射的光强为零的方向，亦即屏上光栅衍射的某一级主极大刚好落在单缝的光强为零处，则光栅衍射图样上便缺少这一级明纹，这一现象称为**缺级**。缺级现象产生的原因是光栅上所有缝的衍射图样是彼此重合的（例如，通过L光轴的缝，它有一衍射图样，它上边的缝可看作是由它平移而得到的，因为平移狭缝时并不改变衍射条纹位置，因此各缝都有相同的衍射图样，也就是说它们的衍射图样是重合的），即在某一处一个缝衍射极小时，其他各缝在此也都是衍射极小，这样就造成缺级现象。缺级的条件是

$$\begin{cases}(a+b)\sin\theta=\pm k\lambda\\ a\sin\theta=\pm k'\lambda\end{cases}\tag{4-12}$$

即

$$\frac{a+b}{a}=\frac{k}{k'}\tag{4-13}$$

因此，发生缺级的主极大级次为

$$k=\frac{a+b}{a}k'，k'=1，2，\cdots\tag{4-14}$$

例如，$a+b=2a$时，缺级的级次是$k=2，4，6，\cdots$；$a+b=na$时，缺级的级次是$k=n，2n，4n，\cdots$。

例4-2　白光入射到光栅上，若波长为λ的光波的第三级明纹和橙色光（$\lambda_R=600\text{nm}$）的第二级明纹相重合，求λ。

解　光栅方程为

$$(a+b)\sin\theta=\pm k\lambda$$

由题意，知

$$\begin{cases}(a+b)\sin\theta=\pm 3\lambda\\ (a+b)\sin\theta=\pm 2\lambda_R\end{cases}$$

即

$$3\lambda=2\lambda_R$$

所以

$$\lambda=\frac{2}{3}\lambda_R=\frac{2}{3}\times600\text{nm}=400\text{nm}$$

4.3.6　光栅的衍射光强分布

当一束平行单色光照射到光栅上时，每一狭缝都要产生衍射，而缝与缝之间透过的光又要发生干涉。用透镜把光束会聚到屏幕上，便形成一组光栅衍射花样。该花样是单缝衍射与各单缝的光线相互干涉的总效果，即在单缝衍射的明纹区域内（如图4-17中的虚线所示），光强的分布是不均匀的，存在着干涉条纹，各干涉条纹的光强要受单缝衍射条纹的调制，从而形成如图4-17所示的光栅衍射的光强分布，其中，λ

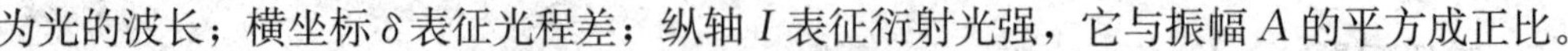

为光的波长；横坐标 δ 表征光程差；纵轴 I 表征衍射光强，它与振幅 A 的平方成正比。

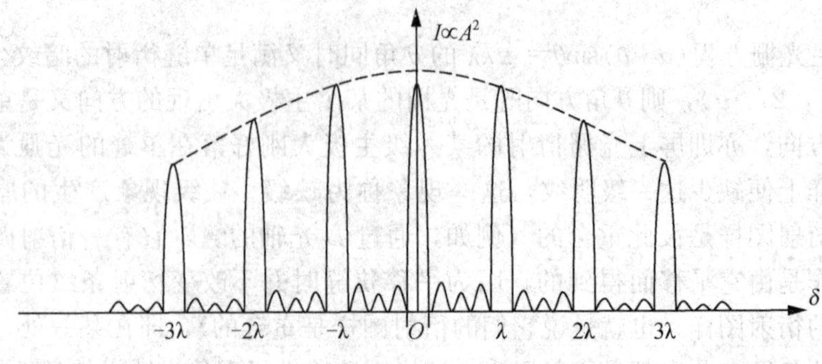

图 4-17　光栅衍射条纹光强分布示意图

4.4　眼睛和光学仪器的分辨率

人的眼睛和望远镜、显微镜等光学仪器的尺度都是有限的，会产生衍射现象，从而影响他们对物体的分辨率。

4.4.1　眼睛视物的基本原理

1. 眼睛的结构、标准眼和简约眼

眼睛是人体视物的重要器官。人眼呈球状，直径约 25mm，眼睛的内部构造如图 4-18 所示。眼球被一层坚韧的膜所包围，前面凸出的透明部分称为**角膜**，其余部分称为**巩膜**。角膜在外层 bb' 处与眼皮相连。角膜后是充满折射率为 1.336 的透明液体的**前室**。前室的后壁为虹膜，其中央部分有一圆孔，称为**瞳孔**，随着外界光亮程度的不同，瞳孔的直径能自主地在 2～8mm 范围内变化，以调节进入眼睛的光能量。虹膜之后是**晶状体**，它是由多层薄膜构成的一个双凸透镜，但各层折射率不同，内层约为 1.41，外层约为 1.38。其前表面的曲率半径比后表面大，并且在与之相连的睫状肌的作用下，前表面的半径可本能地发生改变，使不同距离的物体都能在视网膜上成像。晶状体的后面是**后室**，也称为**眼腔**，内部充满折射率为 1.336 的胶状透明液体，称为**玻状液**。后室的内壁与玻状液紧贴的部分是由视神经末梢组成的膜，称为**视网膜**，是眼睛系统所有成像的接收器。它具有非常复杂的结构，共有 10 层。前 8 层对光透明但不引起刺激，第 9 层是感光层，布满作为感光元素的视神经细胞，第 10 层直接与脉络膜相连。脉络膜是视网膜外面包围着的一层黑色膜，它吸收透过视网膜的光线，使感光器官免受强光的过分刺激。在视神经进入眼腔处 S 点附近的视网膜上，有一个椭圆形区域，这个区域内没有感光细胞，不产生视觉，称为**盲斑**。通常我们感觉不到盲斑的存在，是因为眼球不时在眼窝内转动的缘故。距盲斑中心 15°30′，在太阳穴方向有一椭圆形区域，大小为 1mm(水平方向)×0.8mm（垂直方向)，称为**黄斑**，在黄斑中心有一 0.3mm×0.2mm 的凹部，称为**中心凹**，这里密集了大量的感光细胞，是视网膜上视觉最灵敏的区域。当眼睛观察外界物体时，会本能地转动眼球，使像成在中心凹上，

因而称通过眼睛节点和中心凹的直线为眼睛的视轴。

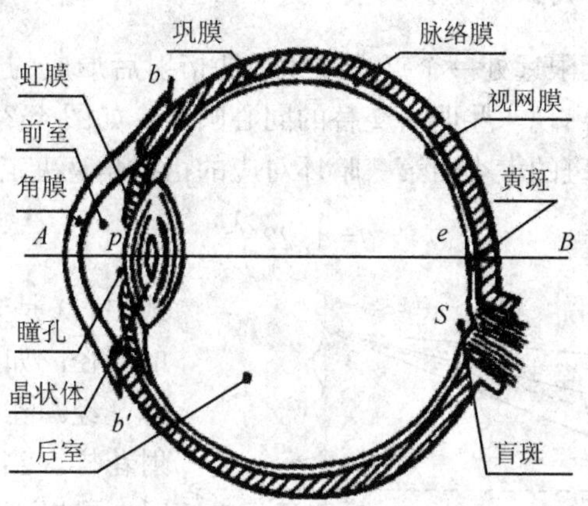

图 4-18　人眼的基本结构

由上所述，整个眼睛犹如一只自动变焦和自动收缩光圈的照相机。眼睛作为一个光学系统，其有关参数可由专门的仪器测出。根据大量的测量结果，定出了眼睛的各项光学常数，包括角膜、水状液、玻状液和晶状体的折射率、各光学表面的曲率半径以及各有关距离，称满足这些光学常数值的眼睛为**标准眼**。

为了方便地做近似计算，可把标准眼简化为一个折射球面的模型，称为**简约眼**，如图 4-19 所示。简约眼的有关参数如下：

折射面的曲率半径为 5.56mm；

像方介质的折射率为 4/3；

视网膜的曲率半径为 9.7mm。

可算得简约眼的物方焦距为 16.70mm；像方焦距为 22.26mm；光焦度为 59.88 屈光度。

例 4-3　求如图 4-20 所示的简约眼的第一、第二焦距。

解

$$D=\frac{n_1}{f_1}=\frac{n_2}{f_2}=\frac{n_2-n_1}{r}$$

$$f_1=\frac{n_1}{n_2-n_1}r=\frac{1}{1.33-1}\times 5\text{mm}\approx 15\text{mm}$$

$$f_2=\frac{n_2}{n_2-n_1}r=\frac{1.33}{1.33-1}\times 5\text{mm}\approx 20\text{mm}$$

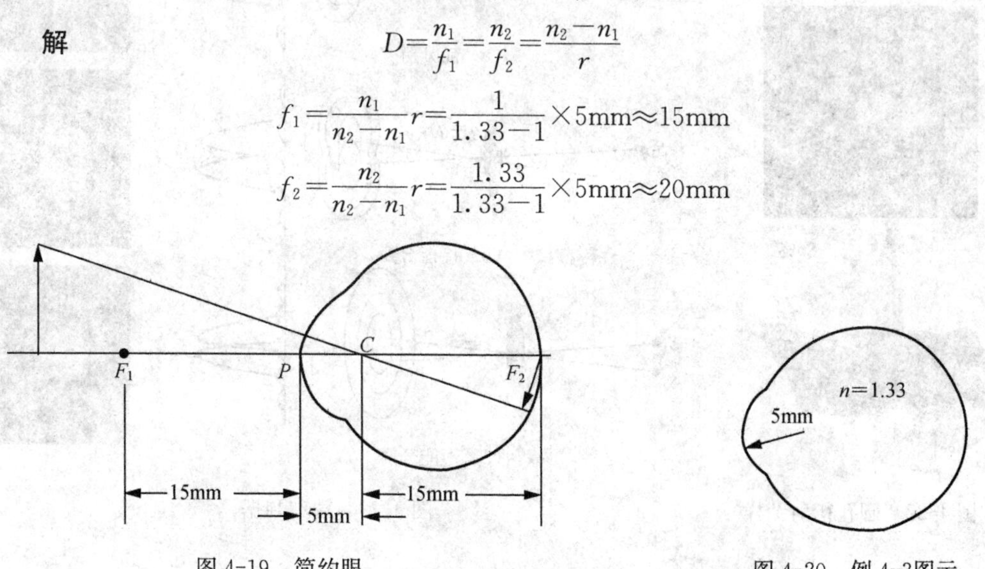

图 4-19　简约眼

图 4-20　例 4-3图示

2．圆孔衍射及瑞利判据

如图 4-21 所示，无限远处一个点光源经圆孔衍射后形成的衍射花样，是在中央亮斑（叫做艾里斑）外面出现一些明暗交替的同心圆环，如图 4-22 所示。光量的 84%集中在中央亮斑。中央亮斑的大小由第一暗环对应的衍射角 θ 决定

$$\theta=1.22\frac{\lambda}{D} \tag{4-15}$$

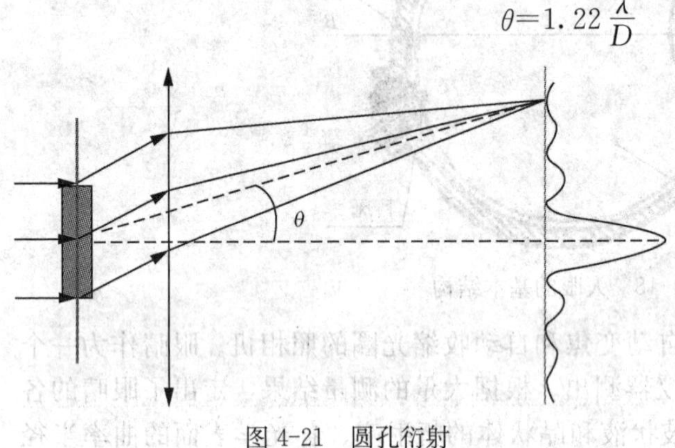

图 4-21 圆孔衍射

式中，λ 是光波的波长，D 是圆孔的直径。如果无限远处有两个点光源，经圆孔衍射后，则形成两个衍射花样。当两个点光源离得较远时，可以毫无困难地判断这是两个点光源的像，即可以完全分辨，如图 4-23（a）所示；当两个点光源离得较近时，两个衍射花样叠加，就难以区分了。英国物理学家瑞利提出，能够区分两点的极限是，一个点的衍射图样的中央极大值与另一点的衍射图样的第一极小值重合，这时由两个衍射图样合成后的光强分布曲线仍有两个极大值，如图 4-23（b）所示，两极大值之间的最小值约为极大值的 80%。大多数人的视觉仍能判断这是两个点的像。两点的距离再小就难以判断了，如图 4-23（c）所示。上述判据叫做**瑞利判据**。

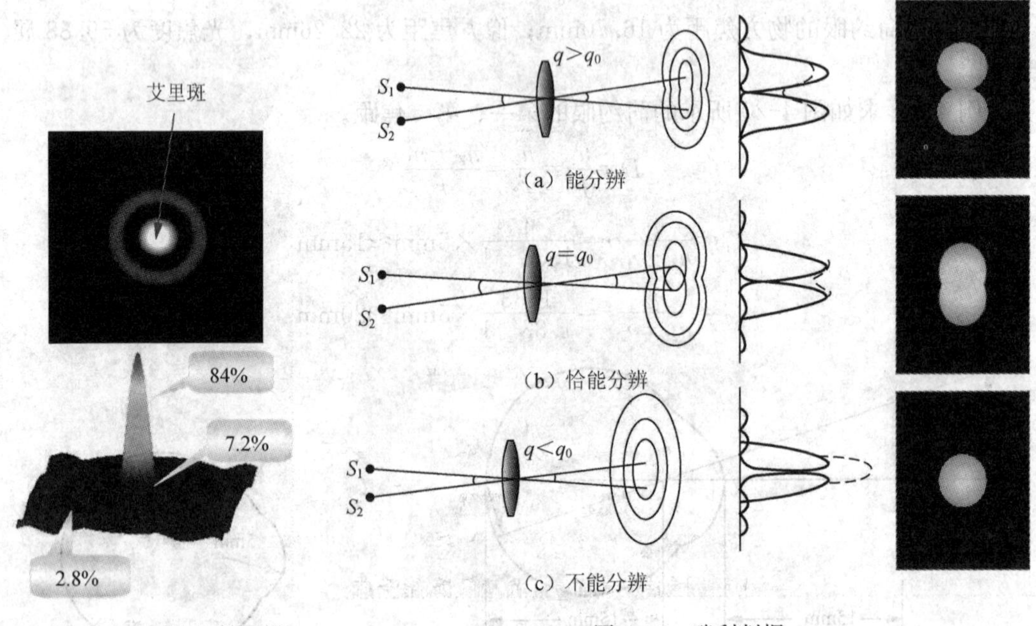

图 4-22 圆孔衍射图样

图 4-23 瑞利判据

3. 眼睛的分辨率

用眼睛观察远处物体时，视网膜上的像是物体各点发出的光经过瞳孔后产生的衍射图样。设瞳孔的直径是 d，光在眼内的波长是 λ'，根据瑞利判据，眼睛的最小分辨角为

$$\theta=1.22\frac{\lambda'}{d}=1.22\frac{\lambda}{nd} \tag{4-16}$$

式中，λ 是光在真空中的波长，n 是眼内物质的折射率。对于远处物体上的两点，如果它们对眼睛的张角大于或等于式（4-16）的 θ，则能够分辨，否则不能分辨。由于人眼的焦距很小（约 20mm），对于明视距离（眼前 250mm）处的物体，也可用式（4-16）估计其最小分辨角。白天，人眼瞳孔的直径约 2mm，折射率可取 1.33，对于绿光 $\lambda\approx5.5\times10^{-4}$ mm，由式（4-16）可得最小分辨角为 2.5×10^{-4} rad。实验表明，人眼的最小分辨角约为 $1'$（为 2.9×10^{-4} rad），与式（4-16）的计算结果基本相符。

眼睛能分辨开两个很靠近的点的能力称为眼睛的**分辨率**。刚能分辨开的两个点对眼睛光心的张角称为眼睛的**极限分辨角**。显然，分辨率与极限分辨角成反比。

根据上述分析，瞳孔为 D 的理想光学系统的极限分辨角为

$$\varphi=\frac{1.22\lambda}{D} \tag{4-17}$$

对 555nm 的黄绿色光而言，若瞳孔单位取毫米，极限分辨角的单位取秒，则有

$$\varphi''=\frac{140}{D} \tag{4-18}$$

当瞳孔直径为 2mm 时，极限分辨角约为 $70''$。当瞳孔直径增大到 3～4mm 时，分辨角还可小些。若瞳孔直径继续增大，则由于眼睛像差的影响，分辨角反而增大。所以一般认为眼睛的极限分辨角为 $60''$，对应于视网膜上的大小为 5～6μm，这个尺寸大于视神经细胞的直径。因此，视网膜的结构不会限制眼睛的分辨率。

眼睛的分辨率随被观察物体的亮度和对比度而异。当对比度一定时，亮度越大则分辨率越高；当对比度不同时，对比度越大则分辨率越高。当背景亮度增大时分辨率与对比度的这一关系十分明显。同时，照明光的光谱成分也是影响分辨率的一个重要因素。由于眼睛有较大的色差，单色光的分辨率要比白光为高，并以 555nm 的黄绿光为最高。此外，视网膜上的成像位置对此也有影响，当成像于黄斑处时分辨率最高。

由于分辨率的限制，当我们看很小或很远的物体时，必须借助显微镜、望远镜等光学仪器。这些目视光学仪器应具有一定的放大率，以使能被仪器分辨的物体像放大到能被眼睛分辨的程度。否则，光学仪器的分辨率就被眼睛所限制而不能充分利用。

4.4.2 光学仪器的分辨率

望远镜、显微镜等助视光学仪器都是由透镜等光学元件组成的，由于光通过透镜等光学元件要产生衍射现象，任何光学仪器都不可能得到无限放大的完全清晰的像，而有一定的分辨率。分辨率一般可通过圆孔衍射的瑞利判据来决定。

1. 望远镜的分辨率

设望远镜物镜的通光孔径的直径为 D，它的最小分辨角由式（4-17）决定。由于望远镜的通光孔径 D 大于人眼的瞳孔 d，所以用望远镜观察远处物体时，提高了对物体的分辨率，提高的倍数等于 D/nd。为了充分利用这个分辨率，望远镜必须有足够的放大率。放大率不足（$<D/nd$），望远镜的分辨率就得不到充分利用；放大率过大（$>D/nd$），并不能提高分辨率，只是使像的形状放大得更大。

2. 显微镜的分辨率

显微镜是用来观察近处小物体的，显微镜的分辨率通常不用角度，而用刚好能分辨开的物体上两点的最小距离 Δy 来表示

$$\Delta y=\frac{0.61\lambda}{n\sin u} \tag{4-19}$$

式中，n 是物体所在空间的折射率（对于油浸镜头为油的折射率，一般为空气的折射率），λ 为光的波长，u 是物点对物镜张角的一半。其中 $n\sin u$ 的值叫做物镜的数值孔径，通常用 NA 表示。显微镜物镜上一般都标出这个数值，如 NA0.1，就表示它的数值孔径是 0.1。

从式（4-19）可以看出，波长 λ 越小，物镜的数值孔径越大，可分辨的两点间距离 Δy 越小，即它的分辨率越大。为了增大数值孔径，应使物体尽量靠近物镜，张角接近 90°时，$\sin u=1$，若物体在空气中，数值孔径 NA 就等于 1，这是最大值。如果用油浸物镜，油的折射率 $n=1.5$，则数值孔径可达 1.5，分辨率也增大到 1.5 倍。如果减小波长，如使用紫外线，由于紫外线的波长（$2\times10^{-4}\sim2.5\times10^{-4}$ mm）比可见光的波长短一半，显微镜的分辨率可增大两倍。但使用紫外线的显微镜不能直接用眼睛观察，可以进行照相。显微镜的分辨率比眼睛的分辨率约大 200 倍。显微镜的目镜只能把物镜所成的像进一步放大，但不能增大分辨率。

例 4-4 照相机物镜的分辨率以底片上每毫米能分辨的线条数 N 来量度。现有一架照相机，其物镜直径 D 为 5.0cm，物镜焦距 f 为 17.5cm，取波长 λ 为 550nm，问这架照相机的分辨率为多少？

解 每毫米能分辨的线条数 N（即照相机的分辨率）为最小距离的倒数，所以

$$N=\frac{1}{\Delta l}=\frac{D}{1.22\lambda f}\approx 425.8\ \text{条/毫米}$$

思考与讨论

4.1 为什么声波、无线电波能绕过山峦和建筑物，而光波却不能？

4.2 在单缝衍射中，为什么衍射角 θ 越大的那些明条纹的光强越小？

4.3 用半波带法定性说明单缝夫琅禾费衍射明条纹中心的光强随条纹级次的增大而单调下降。

4.4 用白光垂直入射单缝时，夫琅禾费衍射条纹分布如何？

4.5　光学仪器的分辨率是如何确定的？纸上两点至少相距多远时我们用 25cm 的明视距离观察时还能将它们区分开来？

4.6　光栅衍射和单缝衍射有何区别？为何光栅衍射的明条纹特别明亮？

4.7　在光栅衍射中，总缝数(N)、光栅常数(d)和缝宽(a)对于衍射条纹各有什么影响？当 $d/a=n$ 为整数时，在单缝衍射中央明纹范围内，共包含多少条光栅衍射主极大明纹？缺级情况怎样？

4.8　在分析光栅衍射明暗条纹分布时，如果把每个缝都用菲涅耳半波带法分成若干波带，再把所有缝的各个半波带发出的光进行叠加，其结果是否与光栅方程算出的结果相同？为什么？

习　题　4

4-1　在单缝夫琅禾费衍射实验中，波长为 λ_1 的单色光的第三级亮纹与 $\lambda_2=630\text{nm}$ 的单色光的第二级亮纹恰好重合，计算 λ_1 的值。

4-2　用波长为 λ 的平行单色光进行单缝夫琅禾费衍射实验，已知缝宽为 $a=5\lambda$，会聚透镜的焦距为 $f=400\text{mm}$，分别求出中央明条纹和第二级明条纹的宽度。

4-3　某种单色平行光垂直入射在单缝上，单缝宽为 $a=0.15\text{mm}$，缝后放一个焦距为 $f=400\text{mm}$ 的凸透镜，在透镜的焦平面上，测得中央明条纹两个第三级暗条纹之间的距离为 8.0mm，求入射光的波长。

4-4　在单缝夫琅禾费衍射实验中，若想将第三级暗纹处变为第一级明纹，不改变实验装置部件和入射光波长，只调整缝宽，则调整后缝宽与原来缝宽之比为多少？

4-5　在圆孔的夫琅禾费衍射中，设圆孔半径为 0.10mm，透镜焦距为 50cm，所用单色光波长为 500nm，求在透镜焦平面处屏幕上呈现的艾里斑半径。

4-6　月球距离地面约 $3.86\times10^5\text{km}$，设月光波长为 $\lambda=550\text{nm}$，问在月球表面距离为多远的两点才能直接被地面上直径为 $D=5\text{m}$ 的天文望远镜所分辨？

4-7　波长为 $\lambda=589\text{nm}$ 的单色光垂直照射到宽度为 0.40mm 的单缝上，紧贴缝后放一个焦距为 $f=1.0\text{m}$ 的凸透镜，使衍射光射于放在透镜焦平面处的光屏上。求：

1）光屏上第一级暗条纹离中心的距离。

2）光屏上第二级明条纹离中心的距离。

3）如果单色光以入射角 $i=30°$ 斜射到单缝上，则第二级明条纹离中央明纹中心距离是多少？（提示：注意 $\sin\theta\approx\tan\theta$ 的条件是否满足。）

4-8　一衍射光栅，每厘米有 200 条透光缝，每条透光缝宽为 $a=2\times10^{-3}\text{cm}$，在光栅后放一个焦距为 $f=1\text{m}$ 的凸透镜。现以 $\lambda=600\text{nm}$ 的单色平行光垂直照射光栅，求：

1）透光缝 a 的单缝衍射中央明纹宽度为多少？

2）在该宽度内，有几个光栅衍射主极大？

4-9　用白光（波长 400～760nm）垂直照射每厘米有 2000 条刻线的光栅，光栅后放一个焦距为 200cm 的凸透镜，求第一、第二级光谱的宽度。

4-10　复色光由波长为 $\lambda_1=600\text{nm}$ 与 $\lambda_2=400\text{nm}$ 的单色光组成，垂直入射到光栅

上，测得屏幕上距离中央明纹中心 5cm 处的 λ_1 的 m 级谱线与 λ_2 的 $m+1$ 级谱线重合，若会聚透镜的焦距 $f=50\text{cm}$，求：

1）m 的值。

2）光栅常数 d。

4-11　波长为 600nm 的单色光垂直入射在一光栅上，第二、第三级明条纹分别出现在衍射角 θ 满足 $\sin\theta=0.2$ 与 $\sin\theta=0.3$ 处，第四级缺级，试问：

1）光栅上相邻两缝的间距是多大？

2）光栅狭缝的最小可能宽度 a 是多大？

3）按上述选定的 a、d 值，试列出屏幕上可能呈现的全部级数。

4-12　用白光 E 入射每厘米中有 6500 条刻线的平面光栅，求第三级光谱张角。（提示：白光波长为 400～760nm。）

第 5 章　量子光学基础

光源是如何发光的？科学家们在几个世纪漫长的岁月中苦苦探索，直到 20 世纪初方见端倪，量子光学理论应运而生。

本章通过揭开热辐射、光电效应、氢原子光谱、康普顿散射等神秘面纱，引出量子化的概念，着重介绍光的波粒二象性的物理思想和爱因斯坦的光子理论，进而洞悉光源发光的物理机理。

5.1　热辐射与普朗克能量子假设

我们在日常生活中都熟知这样的现象：把一根铁棍插在炉火中，它会被烧得通红，起初在温度不太高时，我们看不到它发光，却可感到它辐射出来的热量，当温度达到 500℃左右时，铁棍开始发出可见的辉光。随着温度的升高，不但光的强度逐渐增大，颜色也由暗红转为橙红。这种与温度有关的辐射现象称为**热辐射**，也叫**黑体辐射**，它是物体由于自身温度高于环境温度而产生的向外辐射电磁波的自然现象。实际上，热辐射不一定需要高温，任何温度的物体都能发出一定的热辐射，只不过在低温下辐射不强，其中包含的主要是波长较长的红外线。现在人们利用这个原理设计出了实用的红外夜视仪。

随着温度的升高，辐射的总功率增大，强度在光谱中的分布由长波向短波转移。

一般的热辐射具有的明显特征如下：

1）当温度低于 600℃时，物体的热辐射波长在红外和远红外波段；

2）随着温度的升高，物体热辐射的能量逐渐增强，辐射波长趋向短波段；

3）在 600～700℃范围内，物体呈现暗红色，辐射波段开始进入可见光区域；

4）当物体温度继续升高后，辐射的波长进一步向短波方向移动，物体变得鲜红，甚至白热。

总之，在不同温度下，辐射能量集中的波长范围不同，如图 5-1所示。为了解释这种特征，德国物理学家威廉·维恩于 1893 年首先发现物体所发出的最强的辐射能量对应的波长 λ_{max} 与温度 T 成反比，即

$$\lambda_{max} T = 常数 \tag{5-1}$$

式（5-1）称为**维恩位移定律**。

为了更深入地研究热辐射的规律，维恩设计了只有一个微小开口的空腔。如图 5-2所示，当有光射入这个空腔时，几乎被完全吸收，光线很难再从小口反射出来，这样的物体称为**绝对黑体**，简称**黑体**。他给出了适用于波长不很短的区域的**维恩公式**

$$M_{\lambda_0}(T) = C_1 \lambda^{-5} e^{-C_2/\lambda T} \tag{5-2}$$

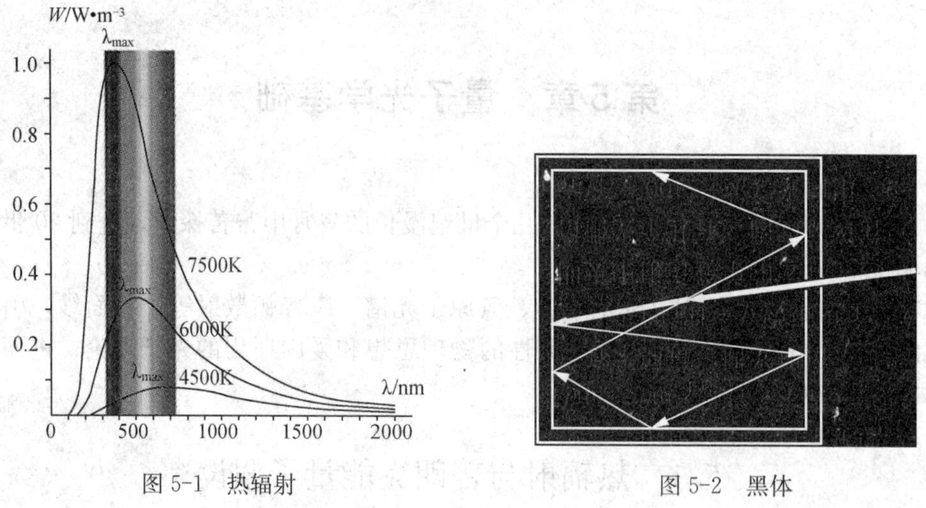

图 5-1　热辐射　　　　图 5-2　黑体

式中，C_1、C_2 是两个常量；$M_{\lambda_0}(T)$ 是在温度 T 下波长为 λ_0 的光的单色辐出度，定义为在单位时间内从物体表面单位面积上所发出的波长在 λ_0 附近的辐射能与波长间隔的比值。

1900～1905 年间，英国物理学家瑞利和金斯又给出了适用于波长很长的区域的**瑞利-金斯公式**

$$M_{\lambda_0}(T)=C\lambda^{-4}T \tag{5-3}$$

式中，C 是常量。

维恩

瑞利

金斯

普朗克

这期间还有许多物理学家对此进行研究，都没有很好地解释在短波的紫外区的实验结果。这在历史上称为“紫外灾难”。

1900 年 12 月 14 日，德国物理学家马克斯·普朗克经过长期深入研究后，终于独辟蹊径，大胆地提出了一个关键的**能量子假设**：对于一定频率 ν 的辐射，物体只能以 $\varepsilon=h\nu$ 为能量单位吸收或发射它，这个能量单位称为**能量子**。说得再具体一些，物体只能吸收或发射能量为 ε 的整数倍（如 ε，2ε，3ε，…）的电磁波。在此基础上，他给出了普适的黑体辐射公式

$$M_{\nu_0}(T)=\frac{2\pi\nu^2}{c^2}\cdot\frac{h\nu}{e^{h\nu/kT}-1} \tag{5-4}$$

称为**普朗克公式**。式中，$h=6.62606896\times10^{-34}\,\mathrm{J\cdot s}$，称为**普朗克常量**。$k$ 为**玻耳兹曼常量**，c 为真空中的光速。相应地，用波长表示的公式为

$$M_{\lambda_0}(T)=\frac{2\pi hc^2}{\lambda^5}\cdot\frac{1}{e^{hc/\lambda kT}-1} \tag{5-5}$$

由式（5-5）绘出普朗克黑体辐射曲线，如图 5-3所示。该图表明，普朗克黑体辐射理论与实验结果符合。从图中也可以看出，由维恩公式和瑞利-金斯公式计算的结果，显然都与实验结果偏差较大。而普朗克理论的成功源自能量量子化的创新理念，这是 20 世纪伟大的科学成果之一，现在人们把 12 月 14 日定为量子理论的诞生日。

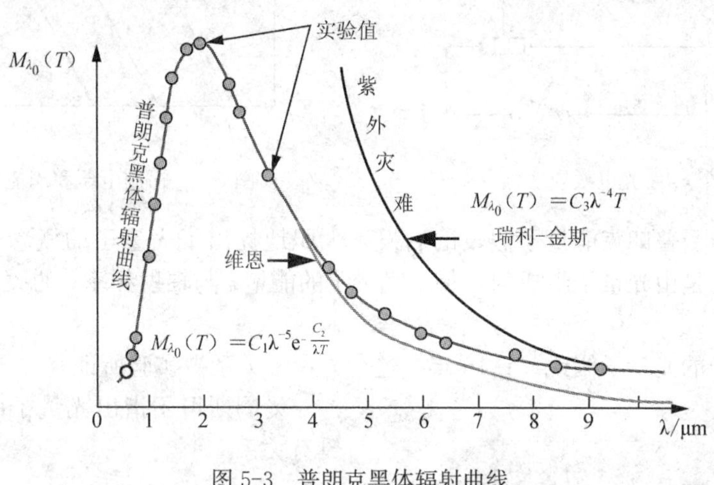

图 5-3　普朗克黑体辐射曲线

5.2　光电效应与爱因斯坦的光子理论

在光的照射下，物体内部的电子会逸出物体表面，这种现象叫做**光电效应**或**光电发射**。

1877 年，H. R. 赫兹通过紫外光对放电影响的实验发现了光电效应。光电效应的实验现象是，当用紫外光照射到某些金属（如钠）的表面上时，立刻就会有电子发射，表现为在电路中立刻有电流通过，如图 5-4所示。

由于电子是由光引发的，故称为**光电子**。实验结果告诉我们：光电子的能量仅依赖于照射光的频率，而光的强度则只决定光电子数目的多少；而且，只有当照射光的频率 ν 高于某个值 ν_0（阈值）时，才有光电子发射；否则，不论光强有多强，也不会引起光电子的发射。图 5-5所示为几种金属的阈值 ν_0。图中 U_0 是遏制电压。按经典理论，无论何种频率的入射光，只要其强度足够大，就能使电子具有足够的能量逸出金属。

其实，要使金属中的电子脱离金属表面，必须使电子具有一个最小的能量，称此最小能量为**脱出功** $\boldsymbol{W_0}$。实验上观察到的光电子是金属中的这样一些电子，它们吸收的光的能量不但足以克服脱出功，而且，还至少具有 1eV 的动能。按经典理论粗略地估算，一个电子由照射光获取 $W_0+1\mathrm{eV}$ 的能量所需要的时间至少为 1 年。但是在实验中，当紫光照到金属钠表面上时，电路中几乎立刻就有电流通过。显然，用经典理论解释光电效应是行不通的。因此，在当时将光电效应和黑体辐射称为笼罩在经典物理

天空中的两片乌云。

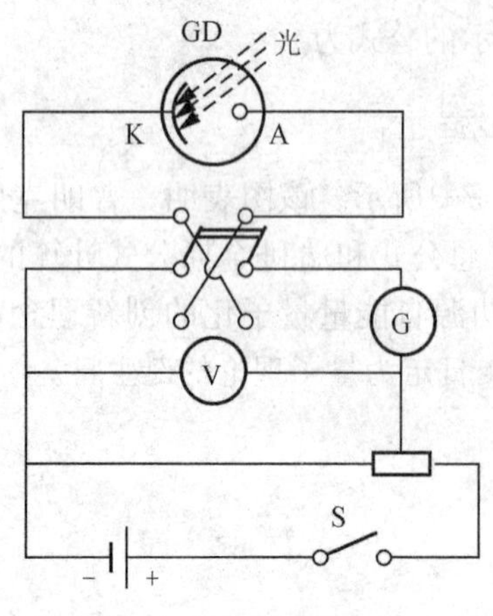

图 5-4 光电效应实验

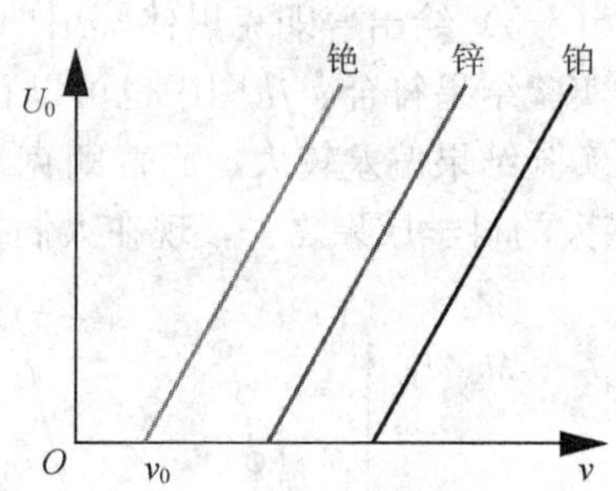

图 5-5 遏制电压和阈值

爱因斯坦受普朗克能量子假设的启发，大胆地提出了**光量子**的概念来解释光电效应。他认为光是由光量子组成的，每个光量子的能量 ε 与辐射频率 ν 的关系是

$$\varepsilon = h\nu \tag{5-6}$$

此即爱因斯坦的光量子假说。1916 年，这个光量子关系被实验所证实。

H. R. 赫兹

爱因斯坦

爱因斯坦还指出光量子的动量和能量具有关系

$$p = \frac{\varepsilon}{c} \tag{5-7}$$

考虑辐射波长与频率的关系

$$\lambda = \frac{c}{\nu} \tag{5-8}$$

将式（5-8）代入式（5-6），有

$$\varepsilon = \frac{hc}{\lambda} \tag{5-9}$$

将式（5-9）再代入式（5-7），得出光量子的动量与辐射波长的关系

$$p = \frac{h}{\lambda} \tag{5-10}$$

1923 年，康普顿散射实验证实了这一设想是正确的。

有了上述能量和动量的关系式，就可以把具有确定频率 ν 与波长 λ 的光量子看作具有确定能量 ε 和动量 p 的一种粒子。后来，人们把它称为**光子**。

利用爱因斯坦提出的光量子的能量和动量的关系式，不难解释在光电效应中出现的疑难。当光照射到金属表面时，一个光子的能量立刻被金属中的电子吸收。但是，只有当光子的能量足够大时，电子才有可能克服脱出功 W_0 而逸出金属表面，成为光电子。光电子的动能为

$$\frac{1}{2}mv^2 = h\nu - W_0 \tag{5-11}$$

式中，v 是光电子的速度，ν 是光子的频率。由上式可以看出，只有当光子的频率 ν 不小于阈值 $\nu_0=\frac{W_0}{h}$ 时，才有光电子的发射，否则，无光电效应发生；光电子的动能只依赖照射光的频率 ν，而与照射光的强度无关。当 $\nu>\nu_0$ 时，光强越大，光子数目越多，即单位时间内产生光电子数目越多，光电流越大，所以出现图 5-5中的线性效应。至此，爱因斯坦的光量子理论克服了经典理论遇到的困难，成功地解释了光电效应中观察到的实验现象。1921 年，爱因斯坦因为正确解释了光电效应获得了诺贝尔物理学奖。

光电效应分为外光电效应和内光电效应。内光电效应是被光激发所产生的载流子仍在物质内部运动，使物质的电导率发生变化或产生光生伏特的现象。外光电效应是被光激发产生的电子逸出物质表面，形成放电的现象。利用光电效应可以制造多种光电器件，如光敏电阻、光电池、光敏二极管、光敏晶体管、光电倍增管、电视摄像管、电光度计等，可以用于自动控制，如自动计数、自动报警、自动跟踪等，尤其在光伏发电方面为人类提供了丰富的绿色能源。

5.3　康普顿散射和光的波粒二象性

光电效应揭示了光的粒子性，又激起了人们对牛顿的光微粒说和惠更斯的光波动说的论辩，究竟光是粒子还是波？康普顿通过光的散射实验论证了光既有波动性又有粒子性。

5.3.1　康普顿散射

光子在介质中和物质微粒相互作用时，可能使得光向任何方向传播，这种现象称为**光的散射**。

1922 年，美国物理学家康普顿在研究石墨中的电子对 X 射线的散射时发现，有些散射波的波长比入射波的波长略大，如图 5-6所示，这种现象称为**康普顿效应**。

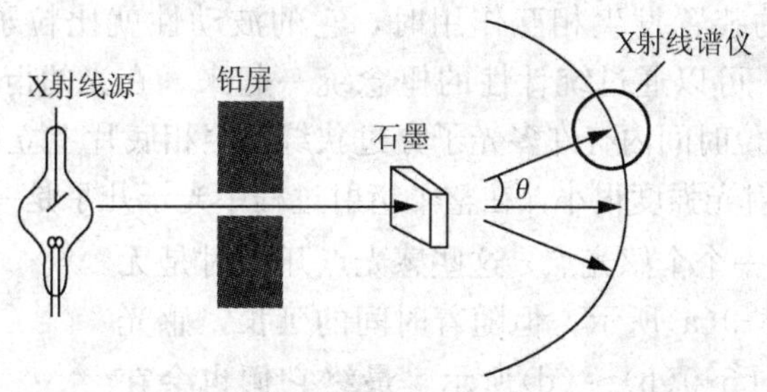

图 5-6　X 射线散射

图 5-7显示散射曲线有以下三个特点：

1）除原波长 λ_0 外出现了移向长波方面的新的散射波长；

2）新波长 λ 随散射角的增大而增大；

3）当散射角增大时，原波长的谱线强度降低，而新波长的谱线强度升高。

根据经典电磁波理论，当电磁波通过散射物质时，物质中带电粒子将做受迫振动，

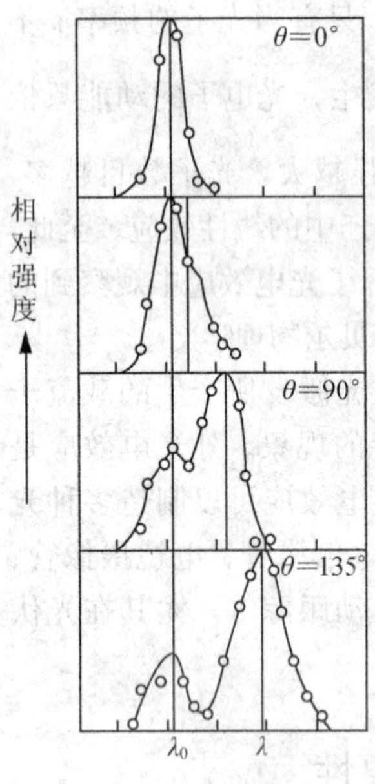

图 5-7　不同角度的散射

其频率等于入射波频率，所以它所发射的散射波波长应等于入射波波长。这无法解释波长改变与散射角的关系。

按爱因斯坦的光子理论，康普顿认为这是光子和电子碰撞时，光子有一部分能量转移给了电子。康普顿假设光子和电子、质子这样的实物粒子一样，不仅具有能量，也具有动量，在碰撞过程中能量守恒，动量也守恒。当光子和被原子核束缚很紧的内层电子相碰撞时，就相当于和整个原子相碰撞，由于光子质量远小于原子质量，碰撞过程中光子传递给原子的能量很少，碰撞前后光子能量几乎不变，故在散射光中仍然保留有波长 λ_0 的成分。因为 X 射线射入物质而被散射后，碰撞中交换的能量和碰撞的角度有关，所以在散射波中，除了原波长的波以外，还出现波长增大的波，且波长改变和散射角有关。按照这个思想列出方程后求出了散射前后的波长差，结果跟实验数据完全符合，这样就证实了他的假设，也第一次从实验上证实了爱因斯坦提出的关于光子具有动量的假设。

5.3.2　光的波粒二象性

从关于光电效应和康普顿散射的解释中可以看出，描述粒子特征的物理量——能量和动量跟描述波动特征的物理量——频率和波长，可由爱因斯坦光子理论公式 $\varepsilon=h\nu$，$p=h/\lambda$ 联系起来。这表明光既具有波动性又具有粒子性，人们把这种属性称为波粒二象性。

应该注意的是，我们不可能同时观测到物质的波动性和粒子性。光子的行为更像波还是更像粒子，不仅取决于光子本身，也部分地取决于光子的周围环境。当光子与一个能指示其位置的装置相互作用时，它的粒子性就比波动性更占优势；当光子与一个能测量其动量的装置发生相互作用时，它的波动性就比粒子性更占优势。波动性和粒子性的矛盾，可以通过统计性的概念统一起来。在光的衍射实验中，如果入射光的强度很大，在单位时间内有许多光子穿过狭缝，照相底片上立即出现衍射图样，如图 5-8所示。如果入射光强度很小，在整个衍射过程中光子几乎是一个一个地穿过狭缝，在照相底片上就出现一个个感光点，这些感光点开始时是无规则分布的，如图 5-9(a)所示，但随着时间的延长，感光点的数目增多，如图 5-9(b)～(d)所示，最终它们也会在底片上形成衍射图样，如图 5-9(e)所示。由此可见，在衍射过程中，每一个光子的行为与其他光子无关，也就是说衍射图样不是光子之间相互作用形成的，而是光子具有波动性的结果。这种波动性表现在，尽管单个光子没有确定的轨迹，出现在什么地方是不确定的，但当我们考察大量光子的运动时，光子的运动就表现出与波动理论结果一致

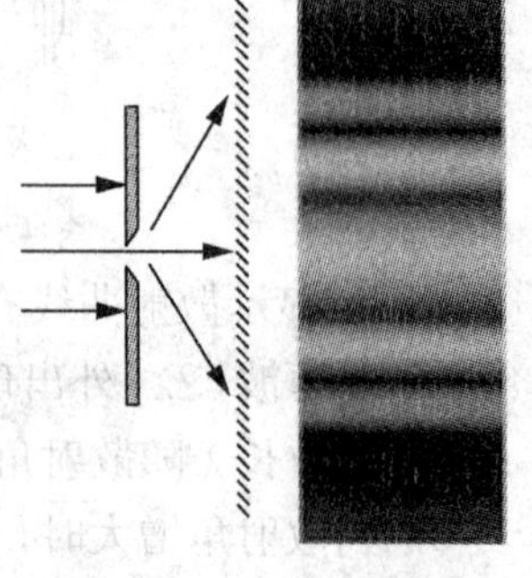
图 5-8　光的衍射图样

的规律性。因此，光的衍射现象表现为许多光子在同一实验中的统计结果，或者表现为一个光子在多次相同实验中的统计结果。从统计的观点看，大量光子衍射和它们一个个地衍射之间的差别，仅在于前一实验是对空间的统计平均，后一实验是对时间的统计平均。在前一种情况下可以说，从空间上看光子在某些地方出现得稠密些；在后一种情况下可以说，从时间上看光子在某些地方出现得频繁些。由此可以得出，波在某一时刻在空间某点的强度就是该时刻在该点出现粒子的概率。

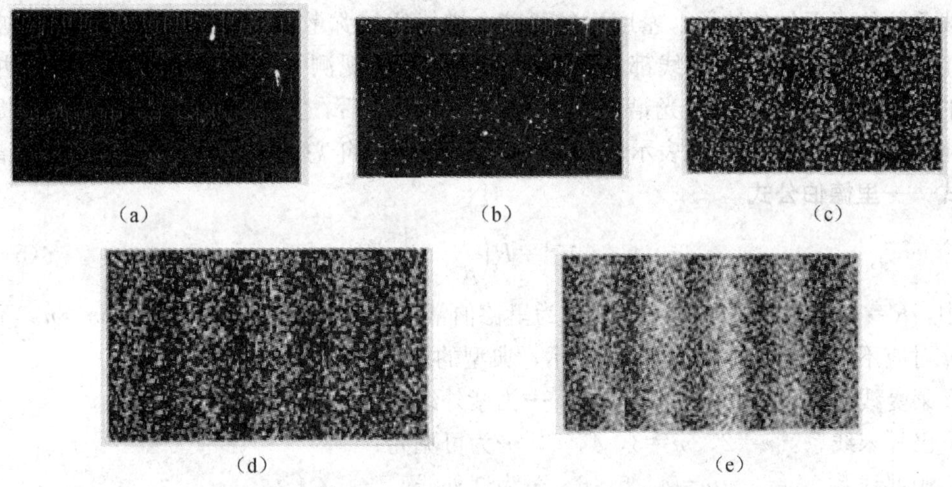

(a)　(b)　(c)　(d)　(e)

图 5-9　光子的衍射图样

5.4　氢原子的玻尔理论

光电效应和光的波粒二象性的发现以及普朗克能量子理论吹响了向微观世界进军的号角，激发了人们揭示原子世界奥秘的欲望。

原子的尺寸大约为 0.1nm，即一米的十亿分之一，相对观测仪器而言，它实在是太小了，很长时期以来，人们不可能直接观察到原子的结构。通常情况下，需要通过实验观察到的原子的光谱来了解原子的结构。

光经过一系列光学透镜及棱镜后，会在底片上留下若干条线，每个线条就是一条光谱线，把所有光谱线的总和称之为光谱。实验发现，原子光谱是由一条条断续的光谱线构成的，即所谓的线状光谱。有趣的是，对于给定的原子而言，在各种激发条件下得到的光谱总是完全一样的。也就是说，它表示了该原子的特征，这样的线状光谱被称为标识线状光谱，相当于原子的身份证。

对原子光谱的研究是从最简单的氢原子开始的。1884 年，瑞士数学家兼物理学家约翰·巴耳末发现氢原子的线光谱在可见光部分的谱线具有如图 5-10 所示的特征。1884 年 6 月 25 日，他在巴塞尔自然科学协会的演讲中公开发表了氢光谱波长的公式

$$\lambda=365.46\times\frac{n^2}{n^2-4},\quad n=3,\ 4,\ 5,\ \cdots \tag{5-12}$$

按此式，当 $n=3$ 时，得到 $\lambda=656.21\text{nm}$，这与图 5-10 中的实验值 H_{α} 的波长 656.28nm 是相当吻合的。其他结果也符合得很好。因此，该式反映了氢原子光谱中可见光范围内谱线按波长分布的规律。这个谱线系叫做巴耳末系。

1889 年，瑞典物理学家约翰尼斯·里德伯开始研究元素的物理、化学性质和结构，发表了题为《化学元素发射光谱结构的研究》的论文。里德伯认为，元素的光谱线是由三种不同类型的线系叠加而成的，它们分别是：位于可见光波段、谱线比较尖锐的锐线系，位于近红外波段、密度比较稀疏、谱线比较弥散的漫线系以及位于紫外波段的主线系。并且大部分谱线都属于主线系。里德伯观测了一系列元素的谱线，并从他的同行方面搜集了大量光谱资料。经过仔细研究后，里德伯采用了前人已经提出的用波数（波长的倒数）表示谱线的方法，于 1890 年总结出具有普遍意义的光谱线公式——**里德伯公式**

$$\lambda^{-1}=R\left(\frac{1}{n^2}-\frac{1}{m^2}\right) \tag{5-13}$$

式中，$R=1.0973731534\times10^{7}\text{m}^{-1}$称为里德伯常量。$m$ 和 n 皆为整数，且 $m>n$。不同的 n 对应不同的谱系。如图 5-11 所示，典型的几条谱线系如下：

莱曼线系：$n=1$，$m=2$，3，4，…为紫外线；

巴耳末线系：$n=2$，$m=3$，4，5，…为可见光；

帕邢线系：$n=3$，$m=4$，5，6，…为红外线。

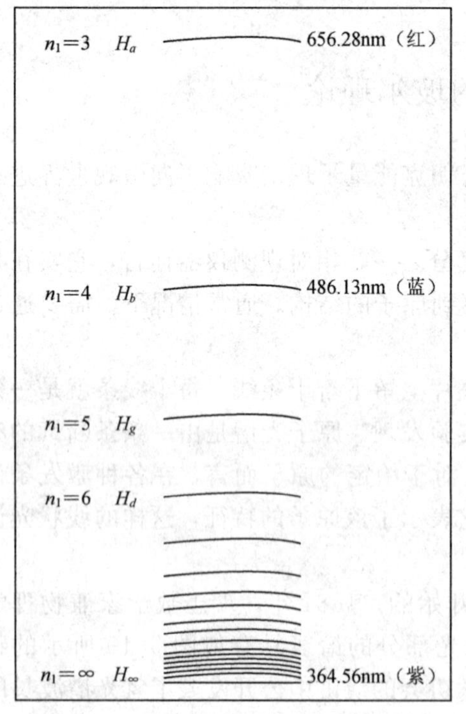

图 5-10　氢原子光谱的巴耳末系

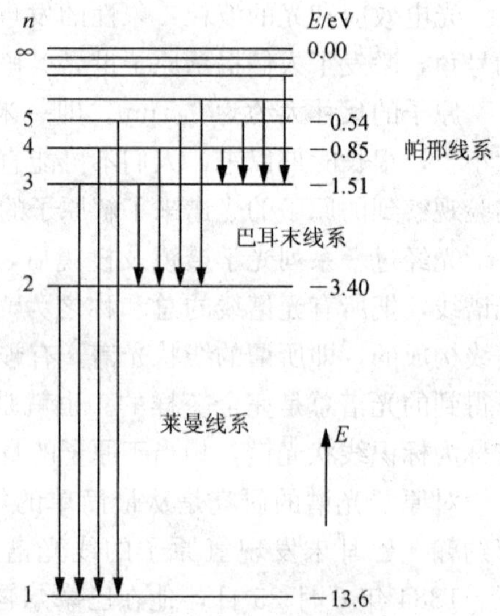

图 5-11　氢原子的光谱系

1908 年，瑞士物理学家瓦尔特·里兹引入一个称为**光谱项的整数函数**

$$T(n)=\frac{cR}{n^2} \tag{5-14}$$

把式（5-13）可以改写成

$$\nu_{nm}=T(n)-T(m) \tag{5-15}$$

该式称为**谱线并合原理**。它的意思是：氢原子的任何一条谱线的频率都等于断续系列中的某两个光谱项之差，由两个已知谱线的加减组合能找到新的谱线。这种奇妙的氢原子谱线的存在意味着在原子内有分立能级之间的跃迁发生。

要考察原子内部的结构，必须寻找一种能射到原子内部的粒子作为探针，这种粒子就是从天然放射性物质中放射出的 α 粒子。1909 年，欧内斯特 · 卢瑟福和他的助手进行了 α 粒子的散射实验。实验装置如图 5-12 所示，在一个铅盒里放有少量的放射性元素钋（Po），它发出的 α 射线从铅盒的小孔 S 射出，形成一束很细的射线射到金箔 F 上。当 α 粒子穿过金箔后，射到荧光屏 P 上产生一个个的闪光点，这些闪光点可用显微镜 T 来观察。为了避免 α 粒子和空气中的原子碰撞而影响实验结果，整个装置放在一个真空容器内，带有荧光屏的显微镜能够围绕金箔在一个圆周上移动。实验发现绝大多数的 α 粒子都径直穿过薄金箔，偏转很小，但有少数 α 粒子发生大角度的偏转，大约有 1/8000 的 α 粒子偏转角大于 90°，甚至观察到偏转角等于 150°的散射，如图 5-13 所示，称为大角散射。

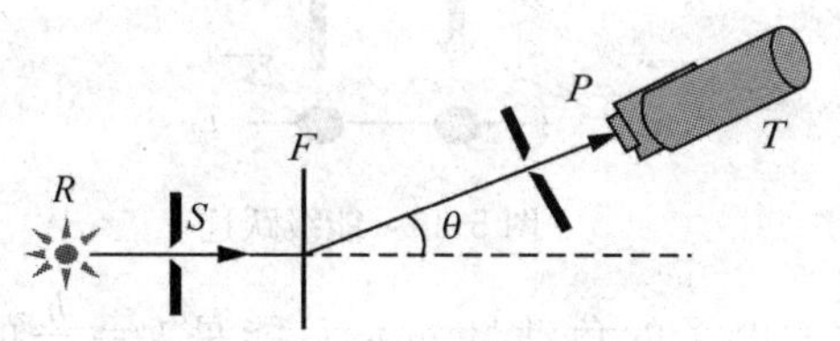

图 5-12　α 粒子散射实验

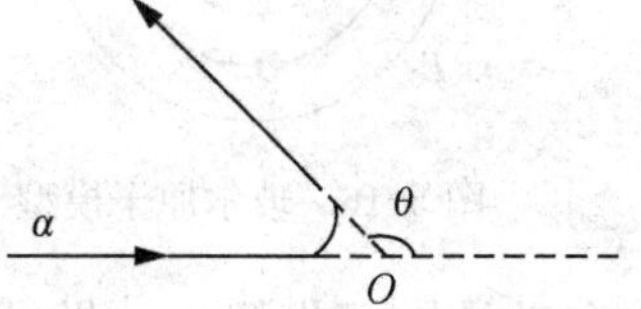

图 5-13　粒子大角度散射

为了正确理解 α 粒子散射实验的结果，卢瑟福于 1911 年提出了原子的核模型，即原子中心是一个重的带正电的核。电子围绕这个核运动，好像行星围绕太阳转动一样，如图 5-14 所示。这个模型不仅能解释 α 粒子散射实验，而且与其他实验符合，所以很快为大家所接受。

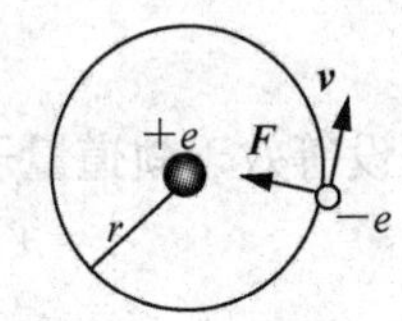

图 5-14　原子的有核模型

根据 α 粒子散射实验，可以估算出原子核的直径为 $10^{-15}\sim10^{-14}$ m，原子直径大约是 10^{-10} m，所以原子核的直径大约是原子直径的万分之一，原子核的体积只相当于原子体积的万亿分之一。

在原子的有核模型基础上，倘若利用经典电磁理论来解释实验上观察到的氢原子光谱，至少将会遇到如下两个困难：①在原子中作加速运动的电子会产生辐射，其辐射频率应该是连续的；②电子通过辐射放出能量后，它的能量要不断减少，会沿着螺旋线不断地向原子核靠近，最终会掉到原子核上去，致使整个原子塌陷，如图 5-15 所示。然而，事实并非如此。自然界的原子是一个稳定的系统，而且，由原子辐射的电磁波（光波）中包含的各种频率成分往往不是连续的，一定的原子辐射具有一定的分立

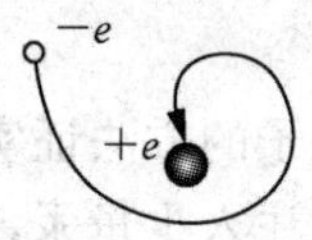

图 5-15　原子塌陷

玻尔

频率成分的电磁波，就像氢原子光谱所揭示的原子能级应是分立的一样。

1912 年，丹麦物理学家尼尔斯·玻尔进入卢瑟福的实验室工作，为了解决上述的困难，玻尔发展了普朗克能量量子化理论，提出了以下三个极为重要的假设。

1）定态假设：原子只能够稳定地存在于与分立的能量相应的一系列状态中，即原子的能量是量子化的，如图 5-16 所示，这些状态称为**定态**。因此，原子能量的任何变化，都只能在两个定态之间以跃迁的方式进行。

2）跃迁假设：每个原子在能量分别为 E_n 和 E_m（$E_n>E_m$）的两个定态之间跃迁时，发射或吸收的电磁波的频率 ν 满足关系式（5-16），如图 5-17 所示。

$$h\nu=E_n-E_m \tag{5-16}$$

其中，$E_n=-\dfrac{me^4}{8\varepsilon_0^2h^2}\cdot\dfrac{1}{n^2}$。最低的能量 $E_1=-\dfrac{me^4}{8\varepsilon_0^2h^2}=-13.6\text{eV}$，对应的定态称为**基态**。$n>1$ 的量子态称为**激发态**。

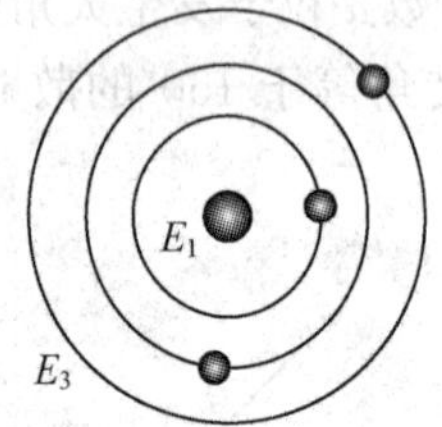

图 5-16　玻尔原子模型

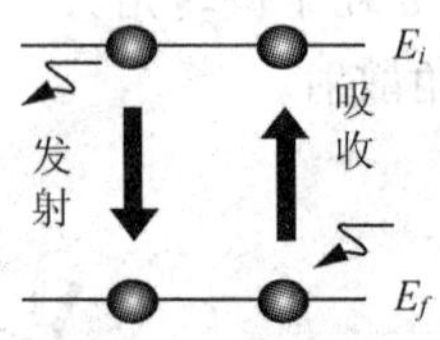

图 5-17　能级跃迁

3）角动量量子化假设：做圆周运动的电子的角动量 mvr 只能是 $\hbar=\dfrac{h}{2\pi}$ 的整数倍，即

$$mvr=n\hbar,\ n=1,\ 2,\ 3,\ \cdots \tag{5-17}$$

这条假设等效于**轨道量子化**假设，如图 5-18 所示。

$$r_n=n^2r_1,\ n=1,\ 2,\ 3,\ \cdots \tag{5-18}$$

式中，$r_1=\dfrac{\varepsilon_0h^2}{\pi me^2}=5.29\times10^{-11}\text{m}$，称为玻尔半径，它是最小的氢原子轨道半径。

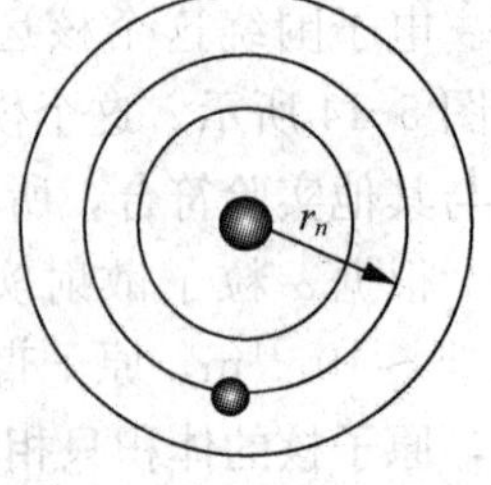

图 5-18　轨道量子化

由式（5-16）与式（5-14）和式（5-15）对比知，光谱项为

$$T(n)=-\frac{E_n}{h} \tag{5-19}$$

它是一个与原子的定态能量相关的函数，这样一来，里兹引入的光谱项的物理意义就十分清楚了。

1914 年，德国物理学家 J. 夫兰克和 G. L. 赫兹用低速电子碰撞原子的方法证实了原子分立能态的存在。他们抽出如图 5-19 所示的玻璃容器内的空气并注入少量汞，维持适当温度，使容器内形成一定气压的汞蒸气。由阴极 K 发出的电子，在 K 与栅极 G

之间的电场作用下加速，获得速度不太大的电子与 KG 间汞原子碰撞。再在栅极 G 与阳极 A 之间加一 0.5V 的反电压。当电子的能量未达到某一临界数值时，与汞原子产生弹性碰撞，不损失能量，到达栅极后还能克服反电压作用到达阳极 A；当电子能量达到临界数值时，就足以影响汞原子的内部能量，电子与汞原子产生非弹性碰撞，将能量传递给汞原子而降低速度，到达栅极后不足以克服反电压的作用，不能再到达阳极。所以，加速电压由零开始上升时，回路电流开始上升；加速电压达到 4.9V 时电流下降；加速电压继续上升时，回路电流再一次上升，到 9.0V 时电流又下降，等等。阳极电流的变化情况如图 5-20 所示。当电子与汞原子产生非弹性碰撞且电子能量的损失正好等于激发能时，在经历一次碰撞以后，可以观察到汞原子从受激态跃迁到基态的发射谱线。夫兰克-赫兹实验不仅成功证明了原子内部能量的量子化，而且改进后的实验装置可直接用来测定两能态之间的能量差，对原子结构的研究有重要意义。现代量子隧道显微镜下看到的实际原子图像确实显示了电子是层状分布的，如图 5-21 所示。

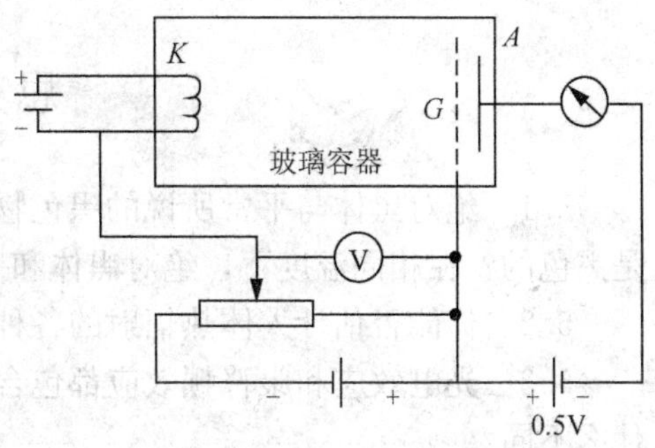

图 5-19　夫兰克-赫兹实验

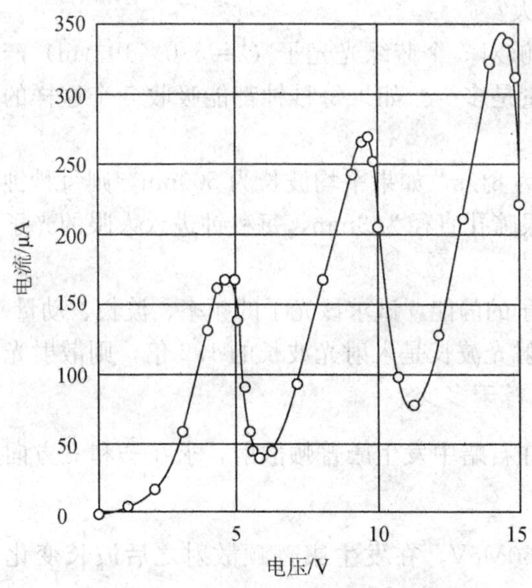

图 5-20　阳极电流与加速电压的关系

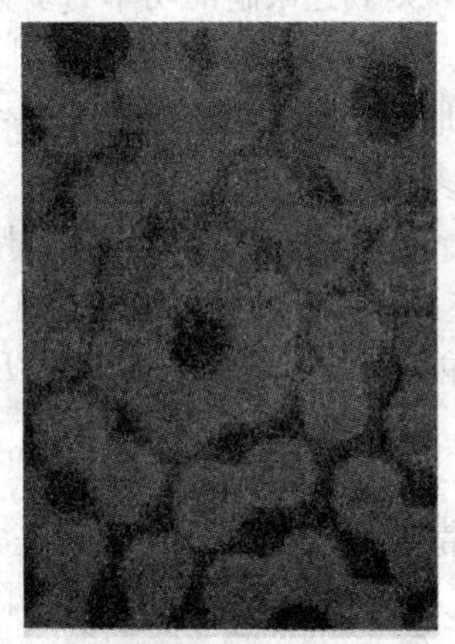

图 5-21　实际原子图像

玻尔的量子论成功地解释了氢原子光谱的规律性，推开了认识原子之门。可是，随着时间的推移，它的局限性和存在的问题也逐渐被人们认识到。玻尔的量子论无法解释复杂原子的光谱结构，也不能计算谱线的相对强度。要更准确地描述原子的行为需要量子力学，本书将在第 19 章进行介绍。

思考与讨论

5.1　绝对黑体与平常所说的黑色物体有何区别？绝对黑体在任何温度下，是否都是黑色的？在相同温度下，绝对黑体和一般黑色物体的辐出度是否一样？

5.2　你能否估计人体热辐射的各种波长中，哪个波长的单色辐出度最大？

5.3　光电效应和康普顿效应都包含了电子和光子的相互作用，试问这两个过程有什么不同？

5.4　用可见光照射能否使基态氢原子受到激发？为什么？

5.5　用玻尔氢原子理论判断，氢原子巴耳末线系（向第一激发态跃迁而发射的谱线系）中最小波长与最大波长之比为多少？

习　题　5

5-1　从铝中移出一个电子需要 4.2eV 的能量，今有波长为 200nm 的光投射到铝表面。

1）由此发射出来的光电子的最大动能是多少？

2）铝的截止波长（红限）波长有多大？

5-2　在一定条件下，人眼视网膜能够对 5 个蓝绿光光子（$\lambda=5.0\times10^{-7}\text{m}$）产生光的感觉，此时视网膜上接收到光的能量是多少？如果每秒钟都能吸收 5 个这样的光子，则到达眼睛的功率为多大？

5-3　设太阳照射到地球上光的强度为 8J/s，如果平均波长为 500nm，则每秒钟落到地面上 1m^2 的光子数量是多少？若人眼瞳孔直径为 3mm，每秒钟进入人眼的光子数是多少？

5-4　若一个光子的能量等于一个电子的静能，试求该光子的频率、波长、动量。

5-5　在康普顿效应的实验中，若散射光波长是入射光波长的 1.2 倍，则散射光子的能量 ε 与反冲电子的动能 E_k 之比 ε/E_k 等于多少？

5-6　波长 $\lambda_0=0.0708\text{nm}$ 的 X 射线在石蜡中发生康普顿散射，求在 $\frac{\pi}{2}$ 和 π 方向上所散射的 X 射线的波长各是多大？

5-7　已知 X 射线光子的能量为 0.60MeV，在发生康普顿散射之后波长变化了 20%，求反冲电子的能量。

5-8　实验发现基态氢原子可吸收能量为 12.75eV 的光子。

1）试问氢原子吸收光子后将被激发到哪个能级？

2）受激发的氢原子向低能级跃迁时，可发出哪几条谱线？

5-9　以动能 12.5eV 的电子通过碰撞使氢原子激发时，最高能激发到哪一能级？当回到基态时能产生哪些谱线？

5-10　当基态氢原子被 12.09eV 的光子激发后，其电子的轨道半径将增加多少倍？

第 6 章　运动的相对性

自然界中一切物质都在一刻不停地运动着。既没有不运动的物质，也没有脱离物质的运动。物质有许多运动形式，其中最简单、最基本的一种运动形式是物体之间或物体各部分之间相对位置的变化，称为机械运动。车辆的行驶、机器的转动、星体的运动都是机械运动的典型例子。

本章将引入描述质点运动的基本物理思想和方法，讨论质点运动学的问题。主要内容有质点的位置矢量、位移、速度、加速度、相对运动和伽利略相对性原理。

为了定量地描述质点空间位置的变化，有必要借助矢量和微积分等数学工具。因此，在本章中要注意学习掌握矢量分析的基本知识和微积分在物理学中的解析方法。

6.1　质点相对运动的描述

李白的著名诗句“朝辞白帝彩云间，千里江陵一日还；两岸猿声啼不住，轻舟已过万重山”就是对物体相对运动的形象化描写，那么如何定量地描述一个物体的运动规律呢？

6.1.1　质点和参考系

1. 质点的概念

在物理学上，为了研究物体运动的基本规律，往往对复杂的运动进行抽象，提出物理模型。这是物理学最常用的研究方法。

质点是一种理想化的物理模型，是进一步研究复杂物体的基础，能否看成质点取决于问题本身而不取决于物体大小。如图 6-1所示，由于地球距太阳 1.50×10^8km，远大于地球本身的直径（$2R\approx1.28\times10^4$km），当研究地球公转时，地球上各点相对于太阳的运动就可看作相同，可以忽略地球的大小和形状，而将其抽象为一个质点。

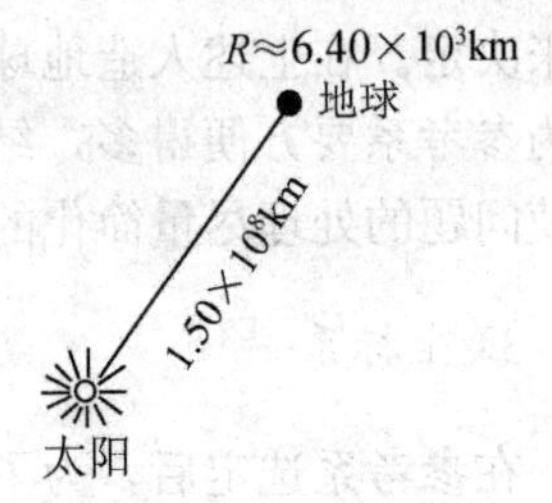

图 6-1　质点模型示意图

如果在运动过程中，物体的大小和形状可以忽略不计，就可以将物体抽象为质点。质点是具有质量而没有大小、形状的几何点。然而，若研究地球本身的自转则不能看作质点。

质点是力学中一个十分重要的概念。力学中的**质点是指没有体积和形状，只具有一定质量的理想物体**。我们知道，任何实际物体，大至宇宙中的天体，小至原子、原子核、电子以及其他微观粒子，都具有一定的体积和形状。如果在所研究的问题中，物体的体积和形状是无关紧要的，我们就可以把它看作质点。例如，地球相对于太阳的运动，由于地球既公转又自转，地球上各点相对于太阳的运动是各不相同的。但是，考虑到地球到太阳的距离约为地球直径的一万多倍，以致在研究地球公转时可以忽略地球的大小和形状对这种运动的影响，认为地球上各点的运动情形基本相同。这时可以把地球看成为一个质点。

另外，对于同一个物体，由于研究的问题不同，有时可以把它看作一个质点，有时则不能。例如，公路上行驶的汽车，如果要研究车身的运动，可以将汽车看作一个质点；而如果要研究汽车轮缘的转动或形变，则不能将汽车视为质点，也不能将车轮抽象为质点。不过，在不能将物体看作质点的时候，却总可以把这个物体看作是由许多质点组成的，对其中的每一个质点都可以运用质点运动的结论，叠加起来就可以得到整个物体的运动规律。可见，研究质点的运动是研究物体复杂运动的基础。

2. 参考系

宇宙中的一切物体都处于永恒的运动之中，绝对静止的物体是不存在的。显然，一个物体的位置及其变更，总是相对于其他物体而言的，否则就没有意义，这便是**机械运动的相对性**。因此，为了描述一个物体的运动情形，必须选择另一个运动物体或几个相互间保持静止的物体群作为参考物。只有先确定了参考物，才能明确地表示被研究物体的运动情形。研究物体运动时被选作参考物的物体或物体群，称为**参考系**，也称**参照系**。例如，研究地球相对于太阳的运动，常选择太阳作为参考系；研究人造地球卫星的运动，常选择地球作为参考系；研究河水的流动，常选择河岸上的树木作为参考系，等等。

在描述质点如何运动的问题中，也仅仅在这样的问题中，参考系原则上是可以任意选择的。对于物体的同一个运动，选择不同的参考系，对运动的描述是不同的。例如，人造地球卫星的运动，若以地球为参考系，运动轨道是圆或椭圆；若以太阳为参考系，运动轨道是以地球公转轨道为轴线的螺旋线。那么，在研究物体运动时，究竟应该选择哪个物体或物体群作为参考系呢？这要根据问题的性质、计算和处理上的方便来决定。在上述人造地球卫星的例子中，显然选择地球中心作为参考系比选择太阳作为参考系要方便得多，结论也要简洁得多。在题意和问题性质允许的情况下，可选择使问题的处理尽量简化的参考系。

3. 坐标系

在参考系选定后，为了定量确定物体相对于参考系的位置，需要在参考系上选定一个固定的坐标系。坐标系的原点一般选在参考系上，并取通过原点标有单位长度的有向直线作为坐标轴。坐标系的选取多种多样，如直角坐标系、平面极坐标系、自然坐标系、球坐标系、柱坐标系等。对于某一问题，选择哪种坐标系具有任意性，坐标系的选择对物体运动的规律没有影响，但是应从研究问题方便的角度来确定。

6.1.2 位置矢量和运动方程

1. 位置矢量

质点在空间的位置可用位置矢量来表示。位置矢量可由直角坐标系中三个坐标来确定。以坐标系原点 O 为起点，以质点的位置 P 为终点的矢量 $\boldsymbol{r}$，叫做质点的**位置矢量**，简称为**位矢**。

如图 6-2中 P 点的位矢可用它在所选的直角坐标系的三个坐标轴上的投影来表示，即可表示为

$$\boldsymbol{r}=x\boldsymbol{i}+y\boldsymbol{j}+z\boldsymbol{k} \tag{6-1}$$

式中，x，y，z 是 P 点的坐标值，$\boldsymbol{i}$，$\boldsymbol{j}$，$\boldsymbol{k}$ 是三个坐标轴的单位矢量。位矢 $\boldsymbol{r}$ 的大小为

$$r=|\boldsymbol{r}|=\sqrt{x^2+y^2+z^2} \tag{6-2}$$

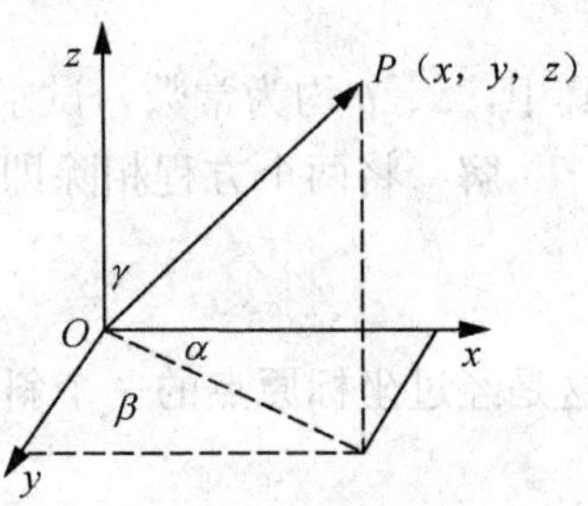

图 6-2　质点位矢

位矢 $\boldsymbol{r}$ 的方向余弦为

$$\cos\alpha=\frac{x}{r},\ \cos\beta=\frac{y}{r},\ \cos\gamma=\frac{z}{r} \tag{6-3}$$

满足

$$\cos^2\alpha+\cos^2\beta+\cos^2\gamma=1 \tag{6-4}$$

位置矢量是定量描述质点某一时刻所在空间位置的物理量。式（6-4）中 α，β，γ 分别是位置矢量与 x，y，z 轴的夹角。

2．运动方程

物体的运动不能脱离空间，也不能脱离时间。因此要定量描述物体的运动，还要建立适当的时间坐标轴。时间轴上的点表示时刻，它与物体的某一位置相对应。两个时刻之间的间隔表示时间，它与物体位置的某一变化过程相对应。当质点运动时，质点的位置随时间而变化，这种变化在直角坐标系中可表示为

$$\boldsymbol{r}(t)=x(t)\boldsymbol{i}+y(t)\boldsymbol{j}+z(t)\boldsymbol{k} \tag{6-5}$$

称为**质点运动方程**，其分量式为

$$x=x(t),\ y=y(t),\ z=z(t) \tag{6-6}$$

它意味着位矢的大小和方向都是时间的函数。知道了运动方程，就能确定任一时刻质点的位置，进而确定质点的运动。运动学的主要任务在于，根据具体条件建立并求解质点的运动方程。在国际单位制中，长度的单位为米（m），时间的单位为秒（s）。

3. 轨迹方程

质点运动时，在空间中描绘的线称为质点运动的轨迹。例如，直线运动的轨迹是直线，曲线运动的轨迹是曲线，圆周运动的轨迹是圆。

轨迹由不显含时间的坐标之间的函数关系表示，称为轨迹方程。从式（6-6）中消去时间参数 t，即得质点的轨迹方程

$$f(x,\ y,\ z)=0 \tag{6-7}$$

如果质点限制在平面内，则可在此平面上建立 xOy 坐标系，于是式（6-6）中的 $z(t)=0$，从中消去时间 t，得

$$y=y(x) \tag{6-8}$$

此即质点在 xOy 平面内运动的轨迹方程。

例 6-1　如图 6-3所示，一质点的运动方程为

$$\begin{cases}x=a\sin t\\ y=b\sin t\end{cases}$$

其中，a、b 均为常数，试求该质点的运动轨迹。

解　将两个方程相除即可消去 t，得到轨迹方程

$$y=\frac{b}{a}x$$

这是经过坐标原点的一个斜率为 b/a 的直线，如图 6-4所示。

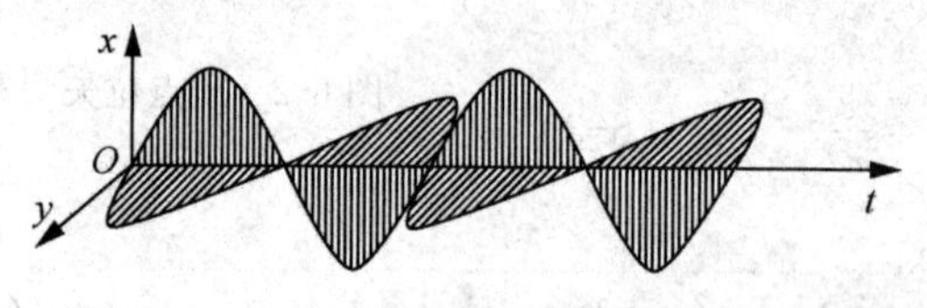

图 6-3　质点的平面运动

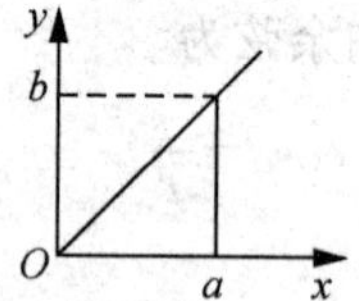

图 6-4　质点的运动轨迹

6.1.3　位移、速度和加速度

1. 位移

描述质点空间位置变化的大小和方向的物理量叫做**位移矢量**，简称**位移**。

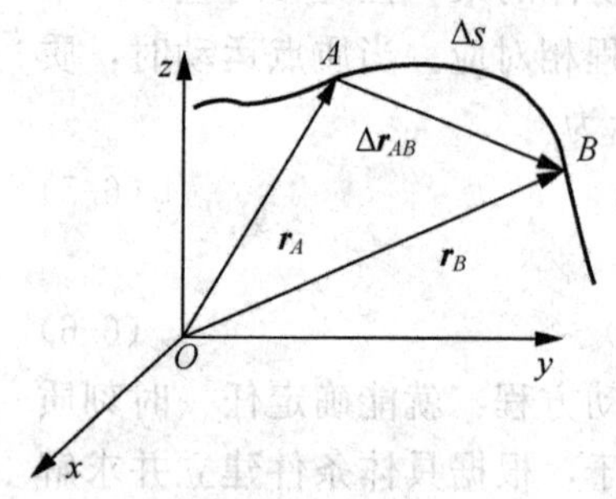

图 6-5　质点的位移

如果一个质点的初位置为 A，末位置为 B，该质点的位移就用从 A 到 B 的有向线段表示，如图 6-5所示，其大小是 AB 的长度，方向由 A 指向 B，位移与一定的时间间隔 Δt 相对应，一般说来，在不同的时间间隔内有不同的量值和方向。

位移不同于路程。运动质点在它的运动轨迹上移动的总长度叫做路程，它是一个没有方向的标量，以 Δs 表示。而位移是矢量，是质点在一段时间内的位置变化，而不是质点所经历的实际路径。位移能够告诉我们运动质点的最后位置，而路程却不能。一般地，有 $\Delta s\geqslant|\Delta\boldsymbol{r}|$。只有质点在做单向直线运动时才有 $\Delta s=|\Delta\boldsymbol{r}|$。但是在 $\Delta t\to 0$ 的极限情况下，$\mathrm{d}s=|\mathrm{d}\boldsymbol{r}|$。其次，还要注意 Δr 与 $\Delta\boldsymbol{r}$ 的区别，一般以 Δr 代表 $|\boldsymbol{r}_2|-|\boldsymbol{r}_1|$，因此总有 $|\Delta\boldsymbol{r}|\geqslant\Delta r$，只有在 $\boldsymbol{r}_2$ 与 $\boldsymbol{r}_1$ 方向相同的情况下才有 $|\Delta\boldsymbol{r}|=\Delta r$。

质点的位移 $\Delta\boldsymbol{r}$，可用位矢的差表示：

$$\Delta\boldsymbol{r}=\overrightarrow{AB}=\boldsymbol{r}_B-\boldsymbol{r}_A=\Delta x\boldsymbol{i}+\Delta y\boldsymbol{j}+\Delta z\boldsymbol{k}\tag{6-9}$$

其中 $\boldsymbol{r}_A$ 和 $\boldsymbol{r}_B$ 分别表示 A、B 点的位矢。其分量的大小为

$$\Delta x=x_B-x_A,\ \Delta y=y_B-y_A,\ \Delta z=z_B-z_A\tag{6-10}$$

位移 $\Delta\boldsymbol{r}$ 的大小为

$$|\Delta\boldsymbol{r}|=\sqrt{\Delta x^2+\Delta y^2+\Delta z^2}\tag{6-11}$$

位移的物理意义在于它确切反映物体在空间位置的变化，与路径无关，只取决于质点的始末位置。位移反映了运动的矢量性和叠加性。

2. 速度

(1) 平均速度

在 Δt 时间内，质点从点 A 运动到点 B，其位移为

$$\Delta \boldsymbol{r}=\boldsymbol{r}(t+\Delta t)-\boldsymbol{r}(t) \tag{6-12}$$

在 Δt 时间内，质点的平均速度为

$$\bar{\boldsymbol{v}}=\frac{\Delta \boldsymbol{r}}{\Delta t}=\frac{\Delta x}{\Delta t}\boldsymbol{i}+\frac{\Delta y}{\Delta t}\boldsymbol{j} \tag{6-13}$$

其方向与位移同向。

(2) 瞬时速度

当 $\Delta t\to 0$ 时平均速度的极限值叫做瞬时速度，简称速度，其表达式为

$$\boldsymbol{v}=\lim_{\Delta t\to 0}\frac{\Delta \boldsymbol{r}}{\Delta t}=\frac{\mathrm{d}\boldsymbol{r}}{\mathrm{d}t} \tag{6-14}$$

它是描述质点在 t 时刻瞬时运动的方向和位置变化快慢的物理量，是个矢量，其值等于质点的位移对时间的变化率。速度也可以表示为

$$\boldsymbol{v}=\frac{\mathrm{d}x}{\mathrm{d}t}\boldsymbol{i}+\frac{\mathrm{d}y}{\mathrm{d}t}\boldsymbol{j}+\frac{\mathrm{d}z}{\mathrm{d}t}\boldsymbol{k} \tag{6-15}$$

当质点做曲线运动时，质点在某一点的速度方向就是沿该点曲线的切线方向，如图 6-6所示。速度的分量式为

$$v_x=\frac{\mathrm{d}x}{\mathrm{d}t},\quad v_y=\frac{\mathrm{d}y}{\mathrm{d}t},\quad v_z=\frac{\mathrm{d}z}{\mathrm{d}t} \tag{6-16}$$

速度的大小为

$$v=|\boldsymbol{v}|=\sqrt{\left(\frac{\mathrm{d}x}{\mathrm{d}t}\right)^2+\left(\frac{\mathrm{d}y}{\mathrm{d}t}\right)^2+\left(\frac{\mathrm{d}z}{\mathrm{d}t}\right)^2} \tag{6-17}$$

称为速率，也叫做**瞬时速率**。速率也可以用路程的导数表示为

$$v=\frac{\mathrm{d}s}{\mathrm{d}t} \tag{6-18}$$

在国际单位制下，速率的单位为米/秒(m/s)。

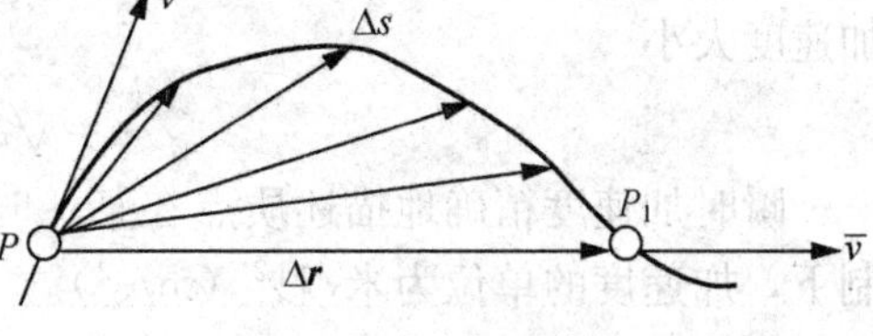

图 6-6　质点的速度

速度的测量不可能也不必按定义去测量满足数学上无穷小时间间隔内的平均速度，只要测出某一“足够小”的时间间隔内的平均速度就可以了。这个“足够小”要小到没有可测出的变化为止（不是越小越好）。实际测量时要根据不同的运动情况和实验精度的要求来确定“足够小”要小到什么程度。对于匀速直线运动，Δt 可以任意大，速度变化越快，Δt 就要越小。对于自由落体运动，如果对速度的测量精确到 1m/s，Δt 要小于 0.1s；若精确到 0.1m/s，Δt 要小于 0.01s，等等。

提高极小时间间隔和极小长度的测量技术，会提高瞬时速度的测量精确程度。随

着科学技术的发展，测量时间的设备精度越来越高，目前已能达到了飞秒（10^{-15} s）量级。

3. 加速度

（1）平均加速度

如图 6-7所示，设质点在 t_1 时刻位于 P_1 点，其速度为 $\boldsymbol{v}_1(t_1)$；在 t_2 时刻移动到 P_2 点，质点的速度变为 $\boldsymbol{v}_2(t_2)$。质点在时间间隔 $\Delta t=t_2-t_1$ 内的速度增量为$\Delta\boldsymbol{v}=\boldsymbol{v}_2(t_2)-\boldsymbol{v}_1(t_1)$，则单位时间内的速度增量与所用时间的比值叫做质点的平均加速度，用$\bar{\boldsymbol{a}}$表示，即

$$\bar{\boldsymbol{a}}=\frac{\Delta\boldsymbol{v}}{\Delta t}=\frac{\boldsymbol{v}_2-\boldsymbol{v}_1}{t_2-t_1} \tag{6-19}$$

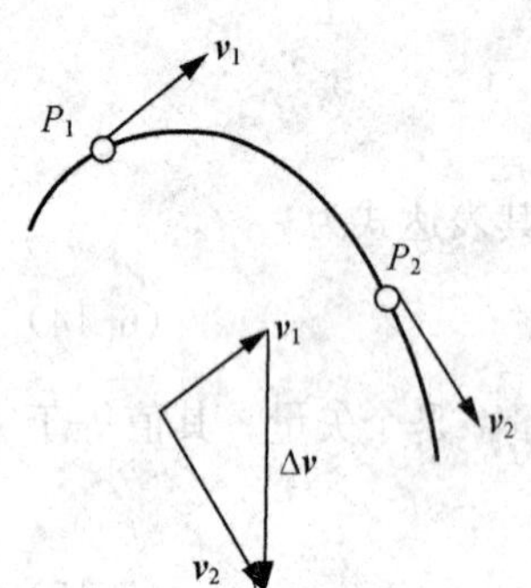

图 6-7　速度的改变

平均加速度是矢量，大小为$|\bar{\boldsymbol{a}}|=\frac{|\Delta\boldsymbol{v}|}{\Delta t}$，表示质点在确定时间间隔内速度改变的快慢程度，方向就是质点在这段时间内速度增量 $\Delta\boldsymbol{v}$ 的方向。

说明　在叙述平均加速度时，必须指明是哪一段时间内或哪一段位移。

（2）瞬时加速度

在无穷小时间间隔内，即 $\Delta t\to 0$ 时，平均加速度$\bar{\boldsymbol{a}}$的极限值

$$\boldsymbol{a}=\lim_{\Delta t\to 0}\frac{\Delta\boldsymbol{v}}{\Delta t}=\frac{\mathrm{d}\boldsymbol{v}}{\mathrm{d}t} \tag{6-20}$$

称为质点在时刻 t 的**瞬时加速度**，简称**加速度**，它等于质点的速度对时间的变化率。

质点做三维运动时，引入直角坐标，加速度为

$$\boldsymbol{a}=\frac{\mathrm{d}v_x}{\mathrm{d}t}\boldsymbol{i}+\frac{\mathrm{d}v_y}{\mathrm{d}t}\boldsymbol{j}+\frac{\mathrm{d}v_z}{\mathrm{d}t}\boldsymbol{k}=a_x\boldsymbol{i}+a_y\boldsymbol{j}+a_z\boldsymbol{k} \tag{6-21}$$

加速度大小

$$a=\sqrt{a_x^2+a_y^2+a_z^2} \tag{6-22}$$

瞬时加速度精确地描述质点在某一时刻或某一位置运动变化的快慢。在国际单位制下，加速度的单位为米/秒^2（m/s^2）。

加速度不仅表示为速度对时间的一阶导数，还可以表示为位置矢量（或位移）对时间的二阶导数，即

$$\boldsymbol{a}=\frac{\mathrm{d}\boldsymbol{v}}{\mathrm{d}t}=\frac{\mathrm{d}^2\boldsymbol{r}}{\mathrm{d}t^2}=\frac{\mathrm{d}^2x}{\mathrm{d}t^2}\boldsymbol{i}+\frac{\mathrm{d}^2y}{\mathrm{d}t^2}\boldsymbol{j}+\frac{\mathrm{d}^2z}{\mathrm{d}t^2}\boldsymbol{k} \tag{6-23}$$

方向由速度增量的极限方向决定。

例 6-2　已知一质点在 xOy 平面内运动，其运动方程为 $\boldsymbol{r}=2t\boldsymbol{i}+(10-t^2)\boldsymbol{j}$，式中 x 和 y 以 m 计，t 以 s 计，试求：

1）质点运动的轨迹方程。

2）$t=1$s 和 $t=2$s 时的位置矢量以及这一秒内质点的位移。

3）$t=1\text{s}$ 时质点的速度和加速度。

4）何时质点的位置矢量与速度矢量恰好垂直？

5）何时质点离原点最近？计算出这一距离。

解　1）由运动方程知

$$x=2t,\ y=10-t^2$$

两式联立，消去 t 即得轨迹方程

$$y=10-\frac{1}{4}x^2,\ x\geqslant 0$$

是一抛物线。

2）$t=1\text{s}$ 和 $t=2\text{s}$ 时的位置矢量分别为

$$\boldsymbol{r}_1=(2\boldsymbol{i}+9\boldsymbol{j})\text{m}$$

$$\boldsymbol{r}_2=(4\boldsymbol{i}+6\boldsymbol{j})\text{m}$$

这一秒内质点的位移为

$$\begin{aligned}\Delta\boldsymbol{r}&=\boldsymbol{r}_2-\boldsymbol{r}_1=(x_2-x_1)\boldsymbol{i}+(y_2-y_1)\boldsymbol{j}\\&=(4-2)\boldsymbol{i}+(6-9)\boldsymbol{j}=(2\boldsymbol{i}-3\boldsymbol{j})\text{m}\end{aligned}$$

3）质点的速度表示式为

$$\boldsymbol{v}=\frac{\mathrm{d}\boldsymbol{r}}{\mathrm{d}t}=\frac{\mathrm{d}x}{\mathrm{d}t}\boldsymbol{i}+\frac{\mathrm{d}y}{\mathrm{d}t}\boldsymbol{j}=2\boldsymbol{i}-2t\boldsymbol{j}$$

$t=1\text{s}$ 时有

$$\boldsymbol{v}_1=(2\boldsymbol{i}-2\boldsymbol{j})\text{m/s}$$

质点的加速度表示式为

$$\boldsymbol{a}=\frac{\mathrm{d}\boldsymbol{v}}{\mathrm{d}t}=-2\boldsymbol{j}\,\text{m/s}^2$$

加速度为常矢量，与 t 无关。

4）当 $\boldsymbol{r}\cdot\boldsymbol{v}=0$ 时，有 $\boldsymbol{r}\perp\boldsymbol{v}$，即由

$$\boldsymbol{r}\cdot\boldsymbol{v}=xv_x+yv_y=2t\times2+(10-t^2)(-2t)=0$$

得 $t=0,\ \pm2\sqrt{2}$（负值舍去），即 $t=0$ 和 $t=2\sqrt{2}\,\text{s}$ 时，位置矢量恰好与速度垂直。

5）在 t 时刻，质点到原点的距离为

$$r=|\boldsymbol{r}|=\sqrt{x^2+y^2}=\sqrt{(2t)^2+(10-t^2)^2}$$

令

$$\frac{\mathrm{d}r}{\mathrm{d}t}=0$$

得

$$2t\ (t^2-8)=0$$

解得

$$t=0,\ \pm2\sqrt{2}\ (\text{负值舍去})$$

$$t=0\ \text{时},\ r_0=\sqrt{10^2}\,\text{m}=10\text{m}$$

$$t=2\sqrt{2}\,\text{s}\ \text{时},\ r_P=\sqrt{(2\times2\sqrt{2})^2+(10-8)^2}\,\text{m}=6\text{m}<r_0$$

因此，当 $t=2\sqrt{2}\,\text{s}$ 时，质点的位置距原点最近，等于 6m。

6.2 匀变速直线运动

加速度的大小和方向保持不变的直线运动叫做**匀加速直线运动**，也叫**匀变速直线运动**。这种运动的基本特点是：在任意相等的时间内，速度的增量都相等。

由加速度定义式 $a=\dfrac{dv}{dt}$，有 $dv=adt$。

设 $t=0$ 时刻，质点的初速度 $v=v_0$，则任意时刻 t 的速度 v 可通过简单的定积分求得，即

$$\int_{v_0}^{v} dv = a\int_0^t dt$$

得匀加速直线运动的速度表达式为

$$v=v_0+at \tag{6-24}$$

将速度的定义式 $v=dx/dt$ 代入上式，并设 $t=0$ 时刻，质点的初始位置 $x=x_0$，则在任意时刻 t 质点的位置 x 也可通过简单的定积分求得，即

$$\int_{x_0}^{x} dx = v_0\int_0^t dt + a\int_0^t t dt$$

因此，沿 Ox 轴方向的匀加速直线运动的方程是

$$x=x_0+v_0t+\frac{1}{2}at^2 \tag{6-25}$$

在时间 t 内的位移

$$\Delta x=x-x_0=v_0t+\frac{1}{2}at^2 \tag{6-26}$$

这里的 x_0 和 x 分别为初始时刻（$t=0$）和 t 时刻质点的位置坐标，v_0 和 v 为初始时刻和 t 时刻质点的速度，a 为质点的加速度。

从式（6-24）和（6-26）中消去 t，可以得到质点在任何时刻的速度和坐标的关系：

$$v^2=v_0^2+2a(x-x_0) \tag{6-27}$$

自由落体运动是初速度为零的典型匀加速直线运动。当空气阻力不存在时，所有物体从地面上方同一地点下落时，不论各个物体的大小、质量、成分如何，下落的加速度都相同，而且只要高度不太大，在整个下落过程中加速度保持不变。这种理想的、空气阻力和加速度随高度的变化都可忽略不计的运动叫做自由落体运动。自由落体的加速度叫做重力加速度，通常用符号 g 来表示。

图 6-8为小球自由下落的频闪照片。其中，s_i 为第 i 秒单位时间内小球下落的高度。显然，

$$s_{\mathrm{I}}<s_{\mathrm{II}}<s_{\mathrm{III}}<s_{\mathrm{IV}}<s_{\mathrm{V}}<s_{\mathrm{VI}}$$

表明小球在加速运动。

取竖直向下的方向为 y 轴的正方向，取自由落体的初始位置为坐标原点，即在 $t=0$ 时，$y=0$，则自由落体运动的方程可以表示为

$$v=gt \tag{6-28}$$

$$y=\frac{1}{2}gt^2 \tag{6-29}$$

从距地面高度为 h 处下落到达地面所需时间 t 和落地速度 v 分别为

$$t=\sqrt{\frac{2h}{g}} \tag{6-30}$$

$$v=\sqrt{2gh} \tag{6-31}$$

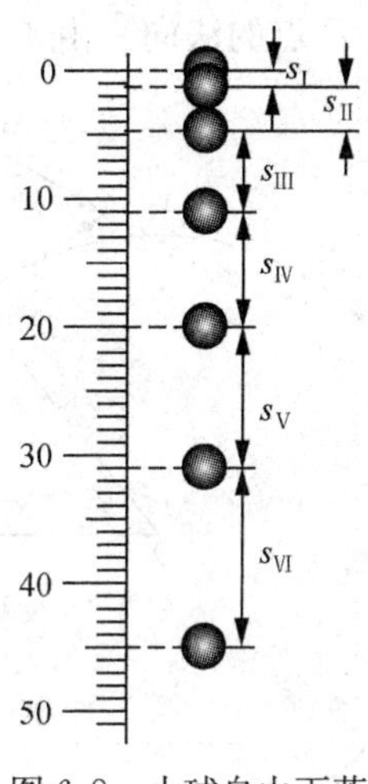

图 6-8　小球自由下落（单位：cm）

地球表面上同一地点的物体，都具有相同的重力加速度。由于地球是个椭球，极半径比赤道半径约小 0.3%，加上地表面附近的物体是随着地球一起转动的，不同地点的重力加速度略有不同。重力加速度可以用专门的仪器进行测量，由地面上各处重力加速度值的异常变化可以间接了解地下矿藏的情况。现已有海洋重力测量，将重力仪放在船上或经密封后放置在海底进行动态或静态观测，可以确定海底地壳各种岩层质量分布的不均匀性。同时还有井中重力测量，采用专用的井中重力仪，沿钻孔测量重力随深度的变化，从而得出钻孔周围一定范围内岩石密度的变化。太阳、月亮或其他星球表面上的物体，也受有重力，自由下落到它们上面的物体也有重力加速度。研究发现，月球表面自由落体的重力加速度 $g=1.62\mathrm{m/s^2}$，太阳表面重力加速度为 $g=274\mathrm{m/s^2}$。

6.3　圆周运动

圆周运动是我们在日常生活和工作中常见的物体运动形式。许多机器的运转都与圆周运动有关。研究圆周运动的特点具有非常重要的现实意义，是运动学研究的重要运动形式之一。圆周运动分为匀速圆周运动和变速圆周运动。在这里我们集中讨论圆周运动中加速度在切向和法向的分解（即切向与法向加速度），从而掌握加速度的方向问题并推广到一般的曲线运动中去。

6.3.1　匀速圆周运动与法向加速度

匀速圆周运动的特点是质点在运动过程中速率保持不变，但是速度的方向是不断变化的（因为是圆周运动）。在加速度定义中我们知道，速度方向的变化也会有加速度。由于质点在固定的圆周上运动，速度方向变化的快慢显然与速率的大小有关。因此，在匀速圆周运动中质点的加速度也是与速率相关的。下面我们详细地讨论它的大小和方向。

如图 6-9所示，质点从 P 点运动到 Q 点有速度增量 $\Delta\boldsymbol{v}$ 存在。根据加速度的定义可得加速度为 $\boldsymbol{a}=\lim\limits_{\Delta t\to 0}\frac{\Delta\boldsymbol{v}}{\Delta t}$。

显然，当 $\Delta t\to 0$ 时 Q 点将无限靠近 P 点，$\Delta\boldsymbol{v}$ 的极限方向为 P 点指向 O 点，即圆

周在 P 点的法向。由于在质点的运动过程中此加速度的方向一直指向 O 点，高中物理将它叫做向心加速度。在大学物理中我们将它称为**法向加速度**。以利于在一般情况下与切向加速度以及总加速度相区分。利用明显的相似三角形关系，我们有

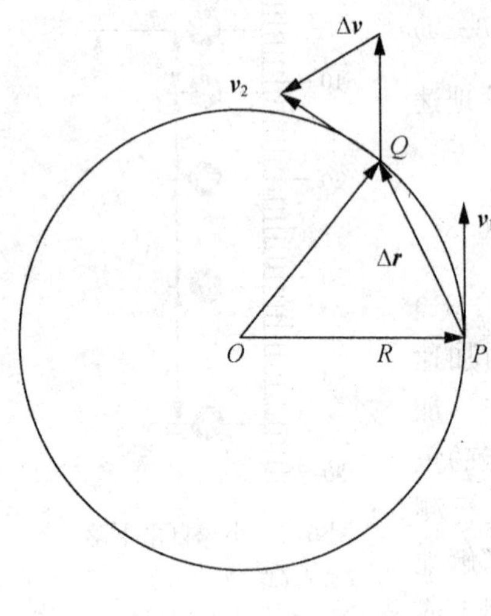

图 6-9　匀速圆周运动

$$\frac{v}{R}=\frac{|\Delta \boldsymbol{v}|}{|\Delta \boldsymbol{r}|}$$

于是加速度的大小为

$$|\boldsymbol{a}|=\left|\lim_{\Delta t\to 0}\frac{\Delta \boldsymbol{v}}{\Delta t}\right|=\lim_{\Delta t\to 0}\frac{|\Delta \boldsymbol{v}|}{\Delta t}=\lim_{\Delta t\to 0}\frac{v}{R}\frac{|\Delta \boldsymbol{r}|}{\Delta t}=\frac{v^2}{R} \tag{6-32}$$

使用矢量可以同时将匀速圆周运动中的法向加速度大小和方向同时表示为

$$\boldsymbol{a}_n=\frac{v^2}{R}\boldsymbol{n} \tag{6-33}$$

式中，$\boldsymbol{n}$ 表示轨迹法向的单位矢量。

6.3.2　变速圆周运动

1. 加速度

如图 6-10（a）所示，一质点沿一圆周运动，圆心在 O，圆半径为 R。为了便于阐述，我们在圆中设立了一个平面极坐标来帮助分析。

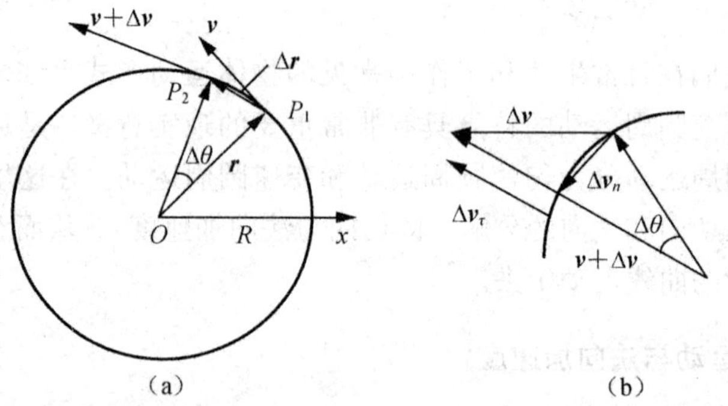

图 6-10　切向加速度

设 t 时刻质点在 P_1 点，位矢为 $\boldsymbol{r}$，速度为 $\boldsymbol{v}$；$t+\Delta t$ 时刻质点在 P_2 点，位矢为 $\boldsymbol{r}+\Delta\boldsymbol{r}$。其中 $\Delta\boldsymbol{r}$ 为时间 Δt 内质点的位移，$\Delta\boldsymbol{v}$ 为速度的增量。速度增量的矢量图如图 6-10（b）所示，我们已经把 $\Delta\boldsymbol{v}$ 分解为两个分矢量 $\Delta\boldsymbol{v}=\Delta\boldsymbol{v}_n+\Delta\boldsymbol{v}_\tau$。其中 $\Delta\boldsymbol{v}_n$ 与初速度 $\boldsymbol{v}$ 构成一个等腰三角形，而 $\Delta\boldsymbol{v}_\tau$ 则沿着末速度 $\boldsymbol{v}+\Delta\boldsymbol{v}$ 的方向，这两个分矢量的含义不同：$\Delta\boldsymbol{v}_n$ 代表速度方向的改变，$\Delta\boldsymbol{v}_\tau$ 代表速度大小的改变。把式 $\Delta\boldsymbol{v}=\Delta\boldsymbol{v}_n+\Delta\boldsymbol{v}_\tau$ 两边同时除以时间间隔 Δt，并令 $\Delta t\to 0$ 有

$$\frac{\mathrm{d}\boldsymbol{v}}{\mathrm{d}t}=\frac{\mathrm{d}\boldsymbol{v}_n}{\mathrm{d}t}+\frac{\mathrm{d}\boldsymbol{v}_\tau}{\mathrm{d}t}$$

记作

$$\boldsymbol{a}=\boldsymbol{a}_n+\boldsymbol{a}_\tau \tag{6-34}$$

式（6-34）的左边 $\boldsymbol{a}=\frac{\mathrm{d}\boldsymbol{v}}{\mathrm{d}t}$ 为质点在 t 时刻的（总）加速度，右边第一项

$$\boldsymbol{a}_n=\frac{\mathrm{d}\boldsymbol{v}_n}{\mathrm{d}t} \tag{6-35}$$

称为法向加速度，第二项

$$\boldsymbol{a}_\tau=\frac{\mathrm{d}\boldsymbol{v}_\tau}{\mathrm{d}t} \tag{6-36}$$

称为切向加速度。式（6-34）的含义是：**质点的加速度为法向加速度和切向加速度的矢量和。**

2．*法向加速度* a_n

与匀速率圆周运动中讨论向心加速度的过程完全相同。图 6-10 中位矢 $\boldsymbol{r}$ 和位移 $\Delta\boldsymbol{r}$ 构成的等腰三角形与速度 $\boldsymbol{v}$ 和速度增量 $\Delta\boldsymbol{v}_n$ 构成的等腰三角形相似，所以有

$$\frac{|\Delta\boldsymbol{v}_n|}{|\boldsymbol{v}|}=\frac{|\Delta\boldsymbol{r}|}{|\boldsymbol{r}|}$$

式中，$|\boldsymbol{v}|$ 为质点在 P_1 处的速率 v，$|\boldsymbol{r}|$ 为位矢大小即圆半径 R，故可记作：

$$\frac{|\Delta\boldsymbol{v}_n|}{v}=\frac{|\Delta\boldsymbol{r}|}{R}$$

将此式两边同除以 Δt，并令 $\Delta t\to 0$，得到：$\frac{1}{v}\left|\frac{\mathrm{d}\boldsymbol{v}_n}{\mathrm{d}t}\right|=\frac{1}{R}\left|\frac{\mathrm{d}\boldsymbol{r}}{\mathrm{d}t}\right|$

按式（6-35），$\left|\frac{\mathrm{d}\boldsymbol{v}_n}{\mathrm{d}t}\right|$ 为法向加速度的大小，记作 a_n，而 $\left|\frac{\mathrm{d}\boldsymbol{r}}{\mathrm{d}t}\right|$ 为速度的大小即速率 v，因而上式简化为 $\frac{a_n}{v}=\frac{v}{R}$。

于是我们得到质点法向加速度的大小为

$$a_n=\frac{v^2}{r} \tag{6-37}$$

法向加速度的方向按式（6-35）应为 $\Delta t\to 0$ 时 $\Delta\boldsymbol{v}_n$ 的极限方向，它显然是与速度 $\boldsymbol{v}$ 垂直而指向圆心的，由于速度 $\boldsymbol{v}$ 是在轨迹的切向，故 $\boldsymbol{a}_n$ 也称为法向加速度。

3．*切向加速度* a_τ

在图 6-10 中可以看到，$\Delta\boldsymbol{v}$ 的分量 $\Delta\boldsymbol{v}_\tau$ 的大小等于速率的增量，记作

$$|\Delta\boldsymbol{v}_\tau|=\Delta v$$

把此式两边同除以 Δt 并令 $\Delta t\to 0$，有 $\left|\frac{\mathrm{d}\boldsymbol{v}_\tau}{\mathrm{d}t}\right|=\frac{\mathrm{d}v}{\mathrm{d}t}$。

按式（6-36），$\left|\frac{\mathrm{d}\boldsymbol{v}_\tau}{\mathrm{d}t}\right|$ 即为切向加速度的大小，记作 a_τ，而 $\frac{\mathrm{d}v}{\mathrm{d}t}$ 为速率的变化率，于是我们有结论：切向加速度的大小等于速率的变化率，即 $a_\tau=\frac{\mathrm{d}v}{\mathrm{d}t}$，切向加速度的方向

应为 $\Delta t\to 0$ 时 $\Delta \boldsymbol{v}_\tau$ 的极限方向，即沿速度 $\boldsymbol{v}$ 的方向，故称为切向加速度。

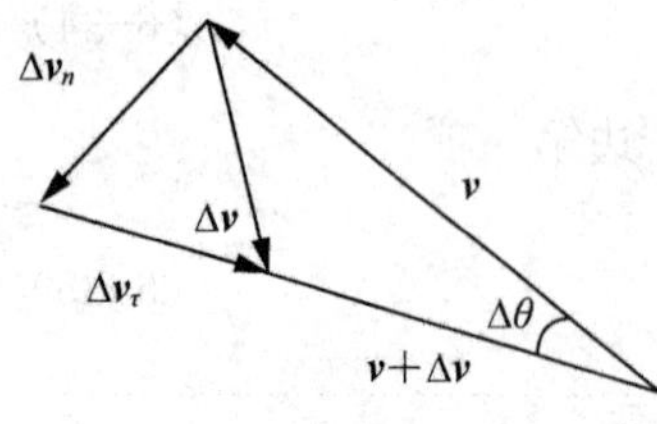

图 6-11　速度增量的分解

以上结论是按质点的速率增加得到的。若质点的速率是在减少，则速度增量的分解应如图 6-11 所示。此时若令 $\Delta t\to 0$ 则 $\Delta \boldsymbol{v}_\tau$ 的极限方向应与速度 $\boldsymbol{v}$ 的方向相反，即切向加速度将逆着速度 $\boldsymbol{v}$ 的方向。

综合以上两种情况，我们可以把切向加速度用一个带符号的量值（标量）来表示，其值为

$$a_\tau=\frac{\mathrm{d}v}{\mathrm{d}t} \tag{6-38}$$

当质点速率增加时，$a_\tau>0$，表示切向加速度 $\boldsymbol{a}_\tau$ 沿速度 $\boldsymbol{v}$ 的方向；当质点速率减小时，$a_\tau<0$，表示切向加速度 $\boldsymbol{a}_\tau$ 逆着速度 $\boldsymbol{v}$ 的方向。

把质点的加速度分解为切向加速度和法向加速度是自然坐标描述的主要特点，这样做的好处是两个分量的物理意义十分清晰：切向加速度描述质点速度大小变化的快慢，而法向加速度则描述质点速度方向变化的快慢。沿切向和法向来分解加速度仍属于正交分解，如图 6-12 所示。故质点加速度的大小为

$$a=\sqrt{a_\tau^2+a_n^2} \tag{6-39}$$

质点加速度与速度的夹角 θ 满足

$$\tan\theta=\frac{a_n}{a_\tau} \tag{6-40}$$

其中，a_n 是法向加速度的大小，而 a_τ 为切向加速度的大小。若质点的速率在增加，$a_\tau>0$，即切向加速度 $\boldsymbol{a}_\tau$ 沿速度 $\boldsymbol{v}$ 的方向，此时 $\tan\theta>0$，即 θ 为锐角。若质点速率在减小，$a_\tau<0$，即 $\boldsymbol{a}_\tau$ 与 $\boldsymbol{v}$ 反向，此时 $\tan\theta<0$，θ 为钝角。但无论速率是增加或减小，从图 6-12 中可以看到，由于法向加速度 $\boldsymbol{a}_n$ 总是指向圆心（轨迹曲线的法向），所以加速度总是指向轨道内的一侧。

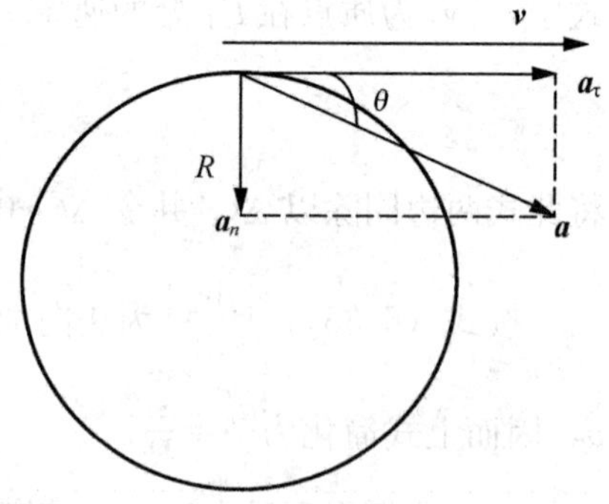

图 6-12　切向加速度与法向加速度

例 6-3　质点沿半径为 R 的圆周按 $s=v_0t-\frac{1}{2}bt^2$ 的规律运动，式中 s 为质点离圆周上某点的弧长，v_0，b 都是常量。求：

1）t 时刻质点的加速度。

2）t 为何值时，加速度在数值上等于 b。

解　1）质点的速率为

$$v=\frac{\mathrm{d}s}{\mathrm{d}t}=v_0-bt$$

切向加速度和法向加速度分别为

$$a_\tau=\frac{\mathrm{d}v}{\mathrm{d}t}=-b$$

$$a_n=\frac{v^2}{R}=\frac{(v_0-bt)^2}{R}$$

则总加速度为

$$a=\sqrt{a_\tau^2+a_n^2}=\sqrt{b^2+\frac{(v_0-bt)^4}{R^2}}$$

加速度与速度的夹角为

$$\varphi=\arctan\frac{a_n}{a_\tau}=-\arctan\frac{(v_0-bt)^2}{Rb}$$

2）由题意应有

$$a=\sqrt{b^2+\frac{(v_0-bt)^4}{R^2}}=b$$

即
$$b^2+\frac{(v_0-bt)^4}{R^2}=b^2$$

得
$$(v_0-bt)^4=0$$

显然，当 $t=\frac{v_0}{b}$ 时，$a=b$。

6.4 平面曲线运动

质点做平面曲线运动时，经常改变运动方向，速度和加速度等物理量的矢量性更突出，所以如何选择坐标系的问题更加重要。

6.4.1 运动叠加原理

速度是矢量，而矢量一般遵从平行四边形合成法则。如图 6-13 所示，设两个独立的运动速度分别为 $\boldsymbol{v}_1$ 和 $\boldsymbol{v}_2$，它们的合速度为 $\boldsymbol{v}_{合}=\boldsymbol{v}_1+\boldsymbol{v}_2$。

事实上，任意一个复杂的运动总可以看成是几个简单独立运动的叠加，且不产生相互影响，称为运动的叠加原理或运动的独立性原理。例如，平抛运动可以看成是水平方向的匀速直线运动和竖直方向的自由落体运动的叠加。

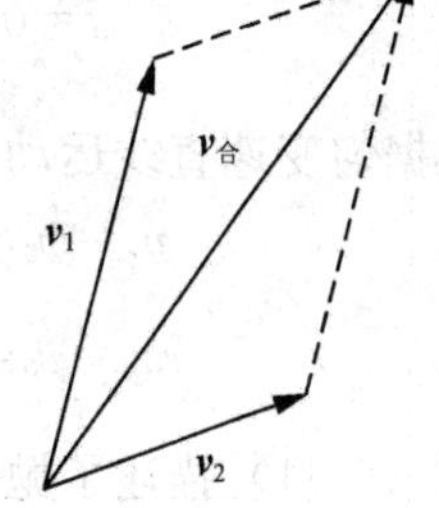

图 6-13　速度的合成

例 6-4　飞机以 100m/s 的速度沿水平直线飞行，在离地面高为 100m 时，驾驶员要把救灾物资空投到前方某一地面目标处。问：

1）此时目标在飞机正下方位置的前面多远的地方？

2）投放物资时，驾驶员看目标的视线和水平线成何角度？

3）在任意时刻物资的速度与水平轴的夹角为多少？

分析　物资空投后做平抛运动，忽略空气阻力的条件下，由运动叠加原理知，物资在空中沿水平方向做匀速直线运动，在竖直方向做自由落体运动。到达地面目标时，两方向上运动时间是相同的。因此，分别列出其运动方程，运用时间相等的条件，即可求解。

解　1）取如图 6-14 所示的坐标，物资下落时在水平和竖直方向的运动方程分别为

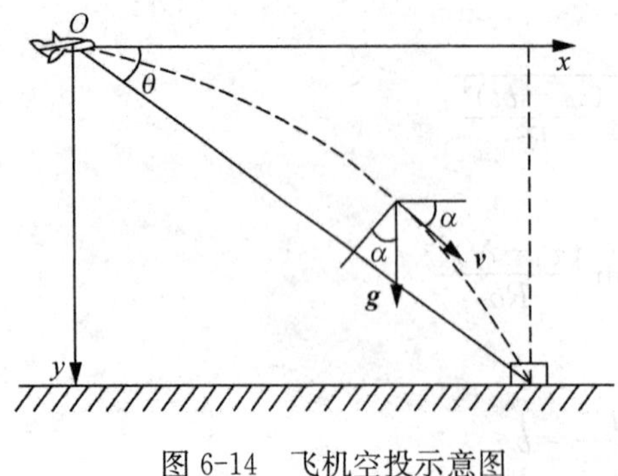

图 6-14 飞机空投示意图

$$x=vt,\ y=\frac{1}{2}gt^2$$

飞机水平飞行速度大小为 $v=100\text{m/s}$，飞机离地面的高度 $y=100\text{m}$，由上述两式可得目标在飞机正下方前的距离

$$x=v\sqrt{\frac{2y}{g}}\approx 452\text{m}$$

2）视线和水平线的夹角为

$$\theta=\arctan\frac{y}{x}\approx 12.5°$$

3）在任意时刻物资的速度与水平轴的夹角为

$$\alpha=\arctan\frac{v_y}{v_x}=\arctan\frac{gt}{v}$$

同一高度的平抛运动和自由落体运动同时落地的实验事实说明平抛运动中水平运动不影响竖直方向的运动，即平抛运动是竖直方向的自由落体运动和水平方向的匀速运动的叠加。进一步推广可知，一个运动可以看成几个各自独立进行的运动的叠加。

根据类似的无数客观事实，可得到这样一个结论：一个运动可以看成几个各自独立进行的运动的叠加。这个结论称为**运动的叠加原理**。

6.4.2 斜抛运动

在质点做斜抛运动时，水平方向为匀速，竖直方向为匀变速。坐标系如图 6-15 所示，则

$$a_x=0,\ a_y=-g$$

$$t=0\text{ 时},\begin{cases}x_0=0,\ v_{x_0}=v_0\cos\theta\\ y_0=0,\ v_{y_0}=v_0\sin\theta\end{cases}$$

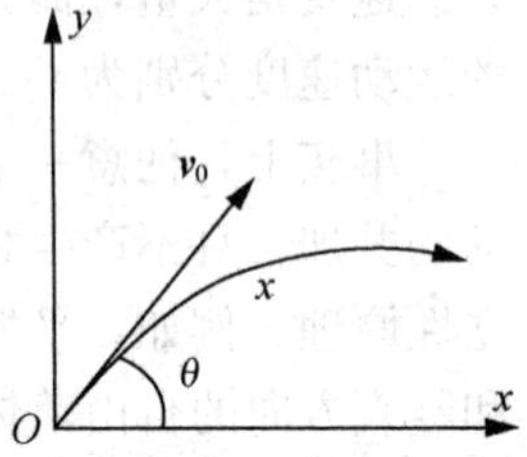

根据匀变速直线运动公式得

$$\left.\begin{aligned}&v_x=v_0\cos\theta,\ x=(v_0\cos\theta)\ t\\&v_y=v_0\sin\theta-gt,\ y=v_0\sin\theta t-\frac{1}{2}gt^2\end{aligned}\right\}\quad(6\text{-}41)$$

图 6-15 斜抛运动

式（6-41）描述了抛体在任意时刻的速度和位置，称为**抛体运动方程式**。

由 x 和 y 的表达式消去时间 t 可得轨迹方程为

$$y=x\tan\theta-\frac{gx^2}{2v_0^2\cos^2\theta}$$

是一个抛物线。

由抛体的运动方程式和轨迹方程可知，抛体的轨迹和在任一时刻的运动状态取决于 v_0 和 θ。在 v_0 一定的情况下，$\theta=\pi/2$，对应于上抛运动；$0<\theta<\pi/2$，对应于斜上抛运动；$\theta=0$，对应于平抛运动。

根据抛体运动方程（或轨迹方程）可得出体现抛体运动特征的三个重要物理量：射高 H，射程 R（落地点与抛出点在同一水平面上的水平距离）和飞行时间 T，分别为

$$\left.\begin{aligned} &\text{射高}\ H=\frac{v_0^2}{2g}\sin^2\theta \\ &\text{射程}\ R=\frac{v_0^2}{g}\sin 2\theta \\ &\text{飞行时间}\ T=\frac{2v_0\sin\theta}{g} \end{aligned}\right\} \tag{6-42}$$

显然相同的速率而以不同的抛射角 θ 抛出时，其射程一般不同。当 $\theta=45°$ 抛出时，抛体取得最大射程 $R=\dfrac{v_0^2}{g}$。

例 6-5　一气球以速率 v_0 从地面上升，由于风的影响，随着高度的上升，气球的水平速度按 $v_x=by$ 增大，其中，b 是正的常量，y 是从地面算起的高度，x 轴取水平向右的方向。

1）计算气球的运动学方程。

2）求气球水平飘移的距离与高度的关系。

3）求气球沿轨道运动的切向加速度和轨道的曲率与高度的关系。

解　1）取平面直角坐标系 xOy，令 $t=0$ 时气球位于坐标原点（地面），那么

$$y=v_0t$$

而

$$\frac{\mathrm{d}x}{\mathrm{d}t}=by=bv_0t$$

或

$$\mathrm{d}x=bv_0t\mathrm{d}t$$

对上式两边取定积分，得

$$x=\frac{bv_0t^2}{2}$$

气球的运动方程为

$$\boldsymbol{r}=\frac{bv_0t^2}{2}\boldsymbol{i}+v_0t\boldsymbol{j}$$

2）由运动方程式消去 t 得到轨道方程为

$$x=\frac{b}{2v_0}y^2$$

此即气球水平飘移的距离与高度的关系，如图 6-16 所示。

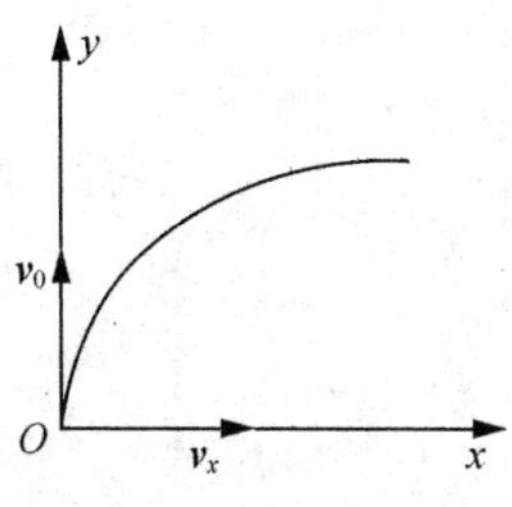

图 6-16　气球轨迹

3）因气球的运动速率为

$$v=\sqrt{v_x^2+v_y^2}=\sqrt{b^2v_0^2t^2+v_0^2}=\sqrt{b^2y^2+v_0^2}$$

所以气球的切向加速度大小为

$$a_\tau=\frac{\mathrm{d}v}{\mathrm{d}t}=\frac{b^2v_0y}{\sqrt{b^2y^2+v_0^2}}$$

而由

$$a_{\mathrm{n}}=\sqrt{a^2-a_\tau^2}$$

和

$$a^2=a_x^2+a_y^2=\left(\frac{\mathrm{d}v_x}{\mathrm{d}t}\right)^2+\left(\frac{\mathrm{d}v_y}{\mathrm{d}t}\right)^2=b^2v_0^2$$

可算出

$$a_{\mathrm{n}}=\frac{bv_0^2}{\sqrt{b^2y^2+v_0^2}}$$

再由$\frac{v^2}{\rho}=a_n$ 求得轨道曲率与高度的关系为

$$\rho=\frac{v^2}{a_{\mathrm{n}}}=\frac{(b^2y^2+v_0^2)^{3/2}}{bv_0^2}$$

例 6-6 某点运动方程为 $r=\mathrm{e}^{ct}$，$\theta=bt$，式中 b 和 c 都是常数，试求其速度和加速度的大小。

解

$$v_r=\frac{\mathrm{d}r}{\mathrm{d}t}=c\mathrm{e}^{ct}=cr,\quad v_\theta=r\frac{\mathrm{d}\theta}{\mathrm{d}t}=br$$

$$v=\sqrt{v_r^2+v_\theta^2}=r\sqrt{b^2+c^2}$$

$$a_r=\frac{\mathrm{d}^2r}{\mathrm{d}t^2}-r\left(\frac{\mathrm{d}\theta}{\mathrm{d}t}\right)^2=(c^2-b^2)r$$

$$a_\theta=r\frac{\mathrm{d}^2\theta}{\mathrm{d}t^2}+2\frac{\mathrm{d}r}{\mathrm{d}t}\frac{\mathrm{d}\theta}{\mathrm{d}t}=2bcr$$

$$a=\sqrt{a_r^2+a_\theta^2}=r\sqrt{(c^2-b^2)^2+(2bc)^2}$$

由此可以看出，在本问题中速度和加速度的计算用极坐标比较方便。

6.5 伽利略相对性原理与伽利略变换

对于 6.1 节提出的如何定量描述一个物体的运动问题，伽利略给出了一种明确的答案。

6.5.1 相对运动

我们可能都有这样的生活体验，在匀速直线运动的车上竖直向上抛出一个小球，车上的人看到小球如图 6-17 所示竖直上升到最高点后再竖直下落，车外的人则看到小球的运动轨迹是一个如图 6-18 所示的抛物线。

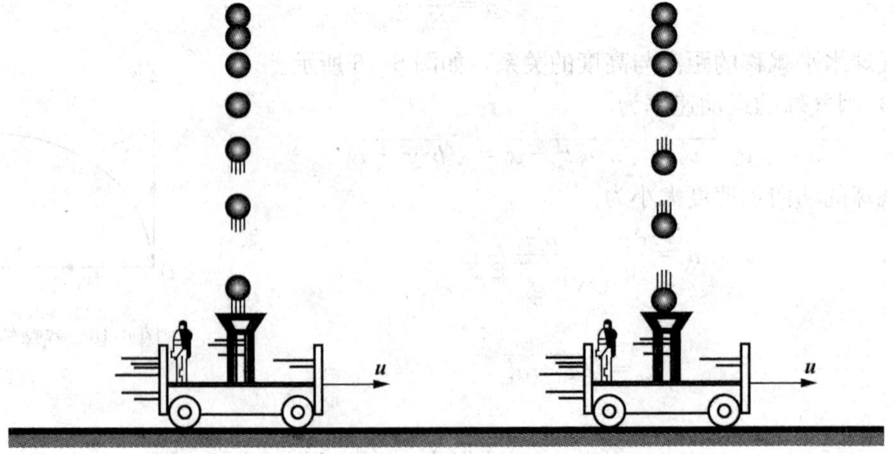

图 6-17 做匀速直线运动的车上的人看到小球的运动

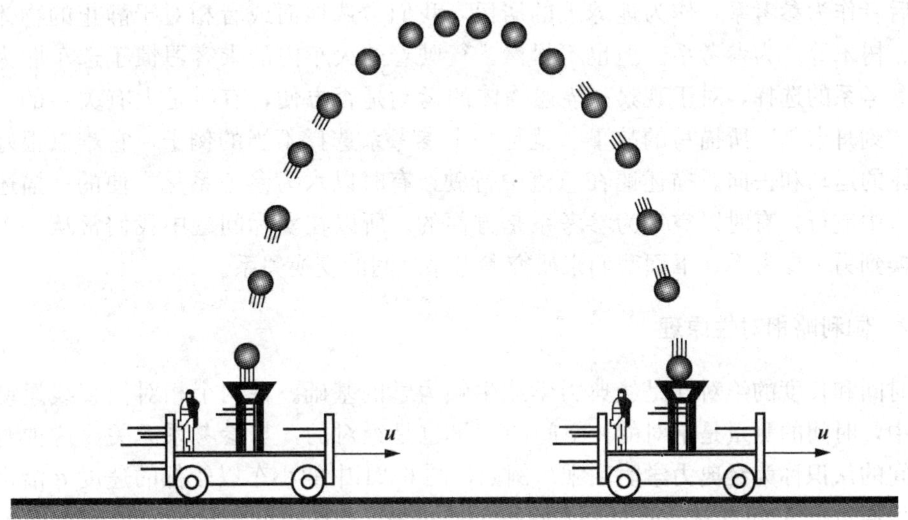

图 6-18　车外的人看到做匀速直线运动的车上小球的运动

当一个质点相对于某个参考系运动，而这个参考系又相对于静止参考系运动时，质点对于静止参考系的运动叫做**绝对运动**，质点相对运动参考系的运动叫做**相对运动**，任一瞬间，质点在运动参考系中所占的位置相对于静止参考系的运动称为该质点的**牵连运动**。在运动参考系只做平动时，牵连运动就是运动参考系对于静止参考系的运动。质点绝对运动的速度和加速度分别叫做**绝对速度**和**绝对加速度**，用 $\boldsymbol{v}$ 和 $\boldsymbol{a}$ 表示；质点相对运动的速度和加速度分别叫做**相对速度**和**相对加速度**，用 $\boldsymbol{v}'$ 和 $\boldsymbol{a}'$ 表示；运动参考系对于静止参考系运动的速度和加速度分别叫做**牵连速度**和**牵连加速度**，用 $\boldsymbol{u}$ 和 $\boldsymbol{a}_0$ 表示，如图 6-19 所示。

在运动参考系只做匀速直线运动的情况下，$\boldsymbol{a}_0=0$，$\boldsymbol{a}=\boldsymbol{a}'$，这样的参考系称为惯性系。根据上一节学习的运动叠加原理，绝对速度等于相对速度与牵连速度之和，即 $\boldsymbol{v}=\boldsymbol{v}'+\boldsymbol{u}$。

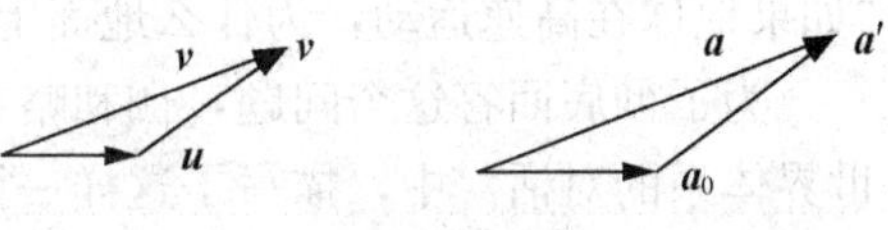

图 6-19　相对运动速度和加速度的图示

例 6-7　无风的下雨天，一火车以 20m/s 的速度前进，车内旅客看见玻璃窗上的雨滴和铅垂线呈 75°角下降，求雨滴下落的速度(设下降的雨滴做匀速运动)。

解　以地面为参考系，火车相对地面运动的速度为 $\boldsymbol{v}_1$，雨滴相对于地面的运动速度为 $\boldsymbol{v}_2$，旅客看到雨滴下落的速度为雨滴相对于火车的运动速度 $\boldsymbol{v}_2'$。则如图 6-20 所示，有

$$\boldsymbol{v}_2=\boldsymbol{v}_1+\boldsymbol{v}_2'$$

$$\tan 75^\circ=\frac{v_1}{v_2}$$

$$v_2=\frac{v_1}{\tan 75^\circ}=\frac{20}{\tan 75^\circ}\text{m/s}\approx 5.36\text{m/s}$$

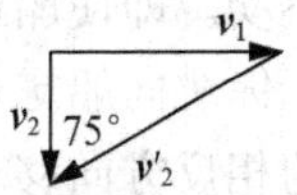

图 6-20　雨滴相对运动示意图

我们观察和描述物体的运动，总是相对于另一物体或物体群而言的，或者说，我

们以后者作为参考系。作为地球上的居民，我们常选地面或者相对于静止的物体（如房屋、树木等）为参考系。但也不尽然，行驶着的火车内的乘客习惯于选车厢为参考系。参考系的选择，对于观察和描述物体的运动是否方便，有时是大有关系的。中国成语“刻舟求剑”所描写的故事，就是一个参考系选择不当的例子，它难以很好地描述物体的运动和去向。描述船在急流中行驶，有时以水为参考系是方便的；描述飞机在劲风中航行，有时以空气为参考系是方便的。所以在实际问题中我们常从一个参考系变换到另一参考系。下面我们来研究参考系之间的变换关系。

6.5.2 伽利略相对性原理

时间和长度的绝对性是经典力学或牛顿力学的基础。在两个相对做直线运动的参考系中，时间的测量是绝对的，空间的测量也是绝对的，与参考系无关。这种对时间和空间的认识称为**经典力学时空观**。例如，图 6-21 中的小车以较低的速度 $\boldsymbol{u}$ 沿水平轨道先后通过点 A 和点 B。地面上人测得车通过 A、B 两点间的距离和时间与车上人的测量结果相同。

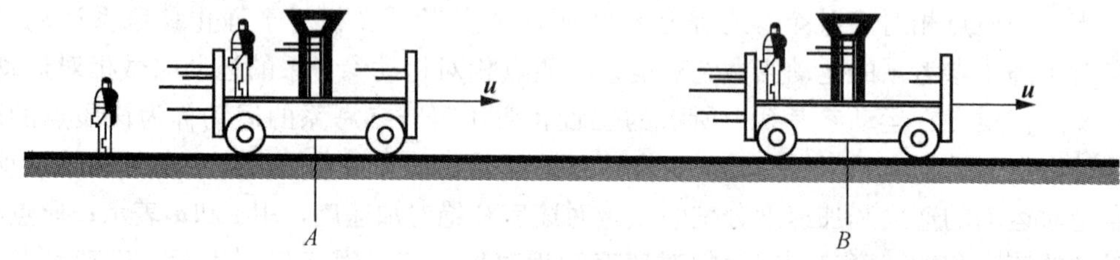

图 6-21 低速运动的小车

当哥白尼提出日心说后，就遭到了很多教会的反对，他们提出了一个尖锐的问题：“如果地球在高速运动，为什么地面上的人一点也感觉不出来呢?”

为了彻底回答这个问题，伽利略在 1632 年出版的名著《关于托勒密和哥白尼两大世界体系的对话》中，描写了这样一段情景：“把你和一些朋友关在一条大船甲板下的主舱里，再让你们带几只苍蝇、蝴蝶和其他小飞虫。船内放一只大水碗，其中放几条鱼。然后，挂上一个水瓶，让水一滴一滴地滴到下面的一个宽口罐里，船停着不动时，你留神观察，小虫都以等速向舱内各方向飞行，鱼向各个方面随便游动，水滴滴进下面的罐子中。你把任何东西扔给你的朋友时，只要距离相等，向这一方向不必比另一方向用更多的力，你双脚齐跳，无论向哪个方向跳过的距离都相等。当你仔细地观察这些事情后，再使船以任何速度前进，只要运动是匀速的，也不忽左忽右地摆动，你将发现，所有上述现象丝毫没有变化，你也无法从其中任一现象来确定船是在运动还是停着不动。即使船运动得相当快，在跳跃时你将和以前一样，在船底板上跳过相同的距离，你跳向船尾也不会比跳向船头来得远，虽然你跳到空中时，脚下的船底板向着你跳的相反方向移动。你把任何东西扔给你的同伴时，不论他在船头还是船尾，只要你自己站在对面，你也不需要用更多的力。水滴照样滴进下面的罐子，一滴也不会滴向船尾。鱼在水中游向碗的前部所用的力，不比游向水碗后部来得大，它们一样悠闲地游向放在水碗边缘任何地方的食饵。最后，蝴蝶和苍蝇继续随便地到处飞行，它们也决不会向船尾集中，并不会因为它们脱离了船的运动，为赶上船的运动显出累的样子。”由此伽利略得出结论：在船里所做的任何观察和实验都不可能判断船究竟是在运动还是停止不动，这就是**伽利略的相对性原理**。相对性原理是伽利略为了答复地心说对哥白尼体系的责难而提出的。这个原理的意义远不止此，它第一次提出惯性参考系的概念。

伽利略相对性原理可表述为：一个对于惯性系做匀速直线运动的其他参考系，其内部所发生的一切物理过程，都不受到系统作为整体的匀速直线运动的影响。或者说，不可能在惯性系内部进行任何物理实验来确定该系统做匀速直线运动的速度。

既然相对于惯性系做匀速直线运动的系统内遵从同样的物理学规律，由此可以得出结论：相对于一惯性系做匀速直线运动的一切参考系都是惯性系。亦可以说，**对于物理学规律来说，一切惯性系都是等价的。**

值得提出的是，中国人对相对性原理的认识，实际上比伽利略要早 1600 年，东汉（公元 25～220 年）时期的《尚书纬·考灵曜》记载：“地恒动而人不知，譬如人在大舟中闭牖而坐，舟行而不觉。”这里的“牖”即窗。“舟行而人不觉”充分说明了我国古代已具有了相对运动的思想。如果用现代的物理语言来描述就是：在一个惯性系统内不能以任何力学实验来确定该系统是处在静止还是匀速直线运动状态。

6.5.3 伽利略变换

设 K'系相对 K 系以速度 $\boldsymbol{u}$ 沿 Ox 轴方向做匀速直线运动，这两个参照系都是惯性系。如图 6-22 所示，在两个参照系上建立直角坐标系，当两个坐标系的原点 O 与 O'重合时，$t=t'=0$ 作为记时的起点。对任一个质点 P 在 K'系和 K 系中的坐标分别为（x'，y'，z'，t'）和（x，y，z，t），在经典力学时空观下它们遵从如下关系：

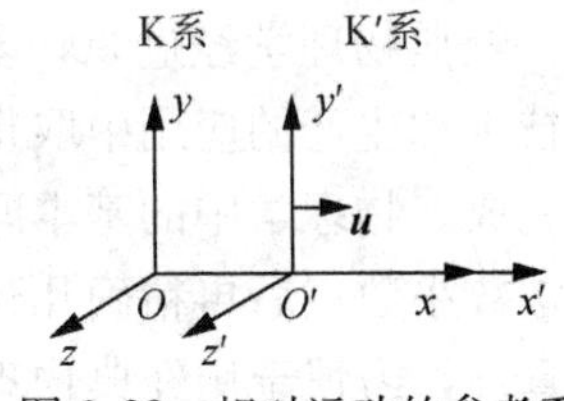

图 6-22　相对运动的参考系

$$x'=x-ut \tag{6-43a}$$

$$y'=y \tag{6-43b}$$

$$z'=z \tag{6-43c}$$

$$t'=t \tag{6-43d}$$

或

$$x=x'+ut \tag{6-44a}$$

$$y=y' \tag{6-44b}$$

$$z=z' \tag{6-44c}$$

$$t=t' \tag{6-44d}$$

相应的速度关系式

$$v'_x=v_x-u \tag{6-45a}$$

$$v'_y=v_y \tag{6-45b}$$

$$v'_z=v_z \tag{6-45c}$$

或

$$v_x = v'_x + u \tag{6-46a}$$

$$v_y = v'_y \tag{6-46b}$$

$$v_z = v'_z \tag{6-46c}$$

式中，$v_x=\dfrac{dx}{dt}$，$v_y=\dfrac{dy}{dt}$，$v_z=\dfrac{dz}{dt}$；$v'_x=\dfrac{dx'}{dt'}$，$v'_y=\dfrac{dy'}{dt'}$，$v'_z=\dfrac{dz'}{dt'}$，$dt'=dt$。不难看出，坐标变换关系和速度变换关系都是相对的，表明两个惯性系是等价的。这些变换关系是伽利略相对性原理的数学表述，它是经典力学时空观的核心。

经典力学时空观的本质之一在于时间间隔的绝对性与同时的绝对性，即 $\Delta t'=\Delta t$，$t'=t$，认为时间是与所选参考系无关的量。

经典力学时空观的本质之二在于空间间隔的绝对性。若有一把尺子，两端 P_1 和 P_2 在 K 系和 K' 系的坐标分别为 P_1（x_1，y_1，z_1，t），P_2（x_2，y_2，z_2，t）；P'_1(x'_1，y'_1，z'_1，t')，P'_2(x'_2，y'_2，z'_2，t')。两端之间的距离 $\Delta r=\sqrt{\Delta x^2+\Delta y^2+\Delta z^2}$，$\Delta r'=\sqrt{\Delta x'^2+\Delta y'^2+\Delta z'^2}$。由 $t'=t$，得 $\Delta r=\Delta r'$，表明长度（空间间隔）是与参考系无关的量。

总之，经典力学时空观的核心价值体系是存在独立于运动之外的绝对时空。因此，这类时空观也称为绝对时空观。该时空观还认为质量、加速度和力也是与惯性参考系无关的量，即 $m'=m$，$\boldsymbol{a}'=\boldsymbol{a}$，$\boldsymbol{F}'=\boldsymbol{F}$。因此，运动定律在所有惯性系都具有相同的表述形式，即运动定律在伽利略变换下是协变的。

经典物理学经过 300 多年的发展，到 19 世纪末已建立起比较完整的理论体系，并在技术和生产的应用中取得巨大成功。在这些成就面前，有些人认为物理学理论已接近完成。物理学中的基本问题在牛顿力学的基础上都已解决，后人的工作不过是在物理常数小数点后再精确几位。这样，许多人就把经典物理学看成是万能的体系和终极的真理，习惯于用经典物理学的观点去解释一切自然现象。但是，绝对静止的参考系在哪里，谁也没有找到。

6.5.4　伽利略相对性原理的局限性

如图 6-23 所示，一个人 A 手中拿着一个发光的球，由于光的传播速度 c 是有限的，相距为 S 的另一人 B 在时间 $t=S/c$ 之后才能看到这个球。如果 A 将球以较高的速度 v 投向 B，按运动叠加原理，这时球发出的光的速度是 $c+v$。因而，B 看到球从 A 手中投出的时间要比 A 做这个动作的时间晚 $t'=S/(c+v)$。因为 $c+v>c$，所以 $t'<t$。意思是说，B 先看到 A 已将球投出，随后才看到 A 即将投球。更形象地说，A 将先看到球飞出，而后才看到 A 的投球动作。这意味着，我们先看到后发生的事，后看到先发生的事。

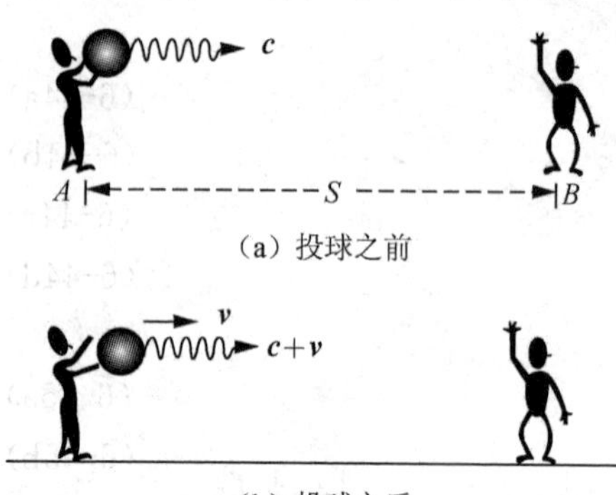

图 6-23　发光的球投出前后

据史书记载，九百多年前发生了一次超新星爆发事件。爆发出现在 1054 年，在开始的 23

天中这颗超新星非常亮，白天也能在天空中看得到它，随后逐渐变暗，直到 1056 年 3 月，历时 22 个月。这次爆发的残骸就形成了金牛座中的蟹状星云。

当一颗恒星发生超新星爆发时，它向四面八方飞散，有些爆发物向着地球运动，如图 6-24 所示的 A 处。有些运动方向则在垂直方向，如图 6-24 中所示的 B 处。如果光线服从运动叠加原理，那么，A 点向我们发出的光的速度是 $c+v$，而 B 点向地球发来的光的速度则仍是 $\boldsymbol{c}$，由 A 点发的光到达地球的时间是 $t=L/(c+v)$，而由 B 点发的光到达地球的时间是 $t'\approx L/c$。蟹状星云与地球的距离 L 大约是 5 千光年，爆发速度是每秒 1500 千米左右。用这些数据来计算，很容易得到 $t'-t\approx 25$ 年。也就是说，我们至少在 25 年里都可以看到开始爆发时所产生的强光。这明显与事实不符。这说明从 A 点或 B 点向我们发射的光，速度是一样的，即光速与发光物体本身的速度无关，无论光源速度多么大，向我们发来的光的速度都是一样的。光速并不遵从经典的运动叠加原理。这些事例说明伽利略变换和伽利略相对性原理在质点的速度接近光速时不适用。

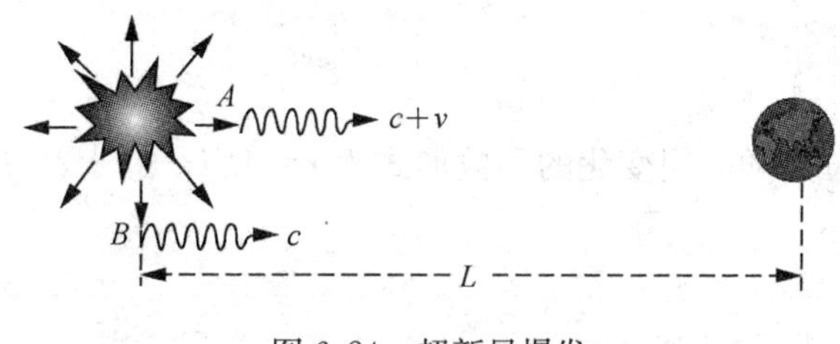

图 6-24　超新星爆发

思考与讨论

6.1　质点做曲线运动，其瞬时速度为 $\boldsymbol{v}$，瞬时速率为 v，平均速度为 $\bar{\boldsymbol{v}}$，平均速率为 $\bar{v}$，则它们之间的下列四种关系中正确的是（　　）。

(A) $|\boldsymbol{v}|=v$，$|\bar{\boldsymbol{v}}|=\bar{v}$　　(B) $|\boldsymbol{v}|\neq v$，$|\bar{\boldsymbol{v}}|=\bar{v}$

(C) $|\boldsymbol{v}|=v$，$|\bar{\boldsymbol{v}}|\neq\bar{v}$　　(D) $|\boldsymbol{v}|\neq v$，$|\bar{\boldsymbol{v}}|\neq\bar{v}$

6.2　运动物体的加速度随时间减小，速度能随时间增加吗？

6.3　若质点仅限于在平面上运动，试指出符合下列条件的各应是什么样的运动？

1) $\dfrac{\mathrm{d}r}{\mathrm{d}t}=0$，$\dfrac{\mathrm{d}\boldsymbol{r}}{\mathrm{d}t}\neq 0$。

2) $\dfrac{\mathrm{d}v}{\mathrm{d}t}=0$，$\dfrac{\mathrm{d}\boldsymbol{v}}{\mathrm{d}t}\neq 0$。

3) $\dfrac{\mathrm{d}a}{\mathrm{d}t}=0$，$\dfrac{\mathrm{d}\boldsymbol{a}}{\mathrm{d}t}=0$。

6.4　设质点的运动方程为 $x=x(t)$，$y=y(t)$，在计算质点的速度和加速度时，有人先求出 $r=\sqrt{x^2+y^2}$，然后根据 $v=\dfrac{\mathrm{d}r}{\mathrm{d}t}$ 及 $\dfrac{\mathrm{d}^2r}{\mathrm{d}t^2}$ 而求得结果；又有人先计算速度和加速度的分量，再合成求得结果，即

$$v=\sqrt{\left(\frac{\mathrm{d}x}{\mathrm{d}t}\right)^2+\left(\frac{\mathrm{d}y}{\mathrm{d}t}\right)^2},\quad a=\sqrt{\left(\frac{\mathrm{d}^2x}{\mathrm{d}t^2}\right)^2+\left(\frac{\mathrm{d}^2y}{\mathrm{d}t^2}\right)^2}$$

这两种方法哪一种正确？为什么？两者差别何在？

6.5　一质点做斜抛运动，用 t_1 代表落地时刻。

1）说明下面三个积分的意义：

$$\int_0^{t_1} v_x \mathrm{d}t, \quad \int_0^{t_1} v_y \mathrm{d}t, \quad \int_0^{t_1} v \mathrm{d}t$$

2）用 A 和 B 代表抛出点和落地点位置，说明下面三个积分的意义：

$$\int_A^B \mathrm{d}\boldsymbol{r}, \quad \int_A^B |\mathrm{d}\boldsymbol{r}|, \quad \int_A^B \mathrm{d}r$$

习　题　6

6-1　已知质点位矢随时间变化的函数形式为 $\boldsymbol{r}=R(\cos\omega t\boldsymbol{i}+\sin\omega t\boldsymbol{j})$，其中，$\omega$ 为常量。求：

1）质点的轨道。

2）速度和速率。

6-2　已知质点位矢随时间变化的函数形式为 $\boldsymbol{r}=4t^2\boldsymbol{i}+(3+2t)\boldsymbol{j}$，式中 $\boldsymbol{r}$ 的单位为 m，t 的单位为 s。求：

1）质点的轨道。

2）从 $t=0$ 到 $t=1\text{s}$ 的位移。

3）$t=0$ 和 $t=1\text{s}$ 两时刻的速度。

6-3　已知质点位矢随时间变化的函数形式为 $\boldsymbol{r}=t^2\boldsymbol{i}+2t\boldsymbol{j}$，式中 $\boldsymbol{r}$ 的单位为 m，t 的单位为 s。求：

1）任一时刻的速度和加速度。

2）任一时刻的切向加速度和法向加速度。

6-4　在离水面高 hm 的岸上，有人用绳子拉船靠岸，船在离岸 S 处，如图 6-25 所示。当人以 v_0m/s 的速率收绳时，试求船运动的速度和加速度的大小。

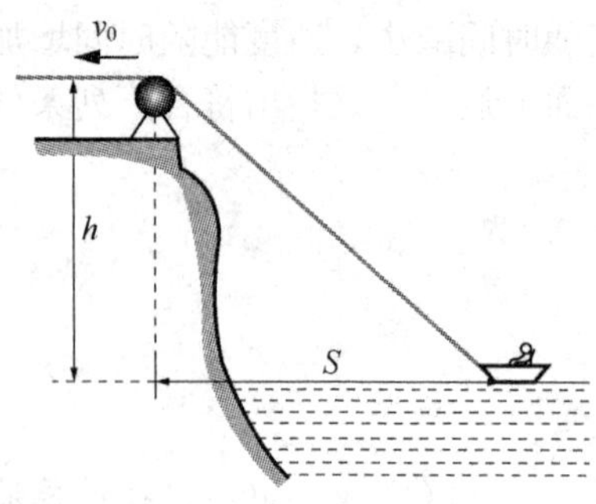

图 6-25　习题 6-4图示

6-5　质点沿 x 轴运动，其加速度和位置的关系为 $a=2+6x^2$，a 的单位为 m/s^2，x 的单位为 m。质点在 $x=0$ 处，速度为 10m/s，试求质点在任何坐标处的速度值。

6-6　已知一质点做直线运动，其加速度 $a=(4+3t)\text{m/s}^2$。开始运动时，$x=5\text{m}$，$v=$

0，求该质点在 $t=10\text{s}$ 时的速度和位置。

6-7　一质点沿半径为 1m 的圆周运动，运动方程为 $\theta=2+3t^3$，式中 θ 以 rad 计，t 以 s 计，求：

1）$t=2\text{s}$ 时，质点的切向加速度和法向加速度。

2）当加速度的方向和半径成 45°角时，其角位移是多少？

6-8　以初速度 $v_0=20\text{m/s}$ 抛出小球，抛出方向与水平面成 $\alpha=60°$ 的夹角。求：

1）球轨道最高点的曲率半径 R_1。

2）落地处的曲率半径 R_2。

（提示：利用曲率半径与法向加速度之间的关系。）

6-9　飞轮半径为 0.4m，自静止启动，其角加速度 $\beta=0.2\text{rad/s}^2$，求 $t=2\text{s}$ 时边缘上各点的速度、法向加速度、切向加速度和合加速度。

6-10　一船以速率 $v_1=30\text{km/h}$ 沿直线向东行驶，另一小艇在其前方以速率 $v_2=40\text{km/h}$ 沿直线向北行驶，问在船上看小艇的速度为何？在艇上看船的速度又为何？

第 7 章　狭义相对论时空观

第 6 章已论证了在质点做高速运动时伽利略相对性原理失效，经典物理的绝对时间和绝对空间的观念受到了严峻的挑战。

本章将围绕光速不变性重点学习爱因斯坦的相对性原理和狭义相对论时空观。主要内容有：狭义相对论的两个基本假设、洛伦兹坐标变换和速度变换、同时性的相对性、长度收缩和时间延缓。

7.1　狭义相对论的两个基本假设

19 世纪末 20 世纪初的一系列物理实验和理论探索，为建立新的时空理论和物质运动理论准备了条件。担当这一重任的是爱因斯坦。

爱因斯坦

1896 年，爱因斯坦考取了苏黎世联邦工业大学。在大学期间，他的大部分时间花在实验中并自学了著名物理学家基尔霍夫、亥姆霍茨、赫兹、马赫和麦克斯韦等人的著作。爱因斯坦熟知经典物理学所遇到的困难和洛仑兹、彭家勒等人为摆脱困境所作的努力，他坚持不懈地进行研究探索，终于取得了具有历史意义的伟大成就。

1905 年 9 月，年仅 26 岁的爱因斯坦发表了题为《论运动物体中的电动力学》的论文，提出了狭义相对论的两条基本假设——相对性原理和光速不变原理。

1）**相对性原理**：所有惯性参考系中的物理规律是相同的。物体的位移、速度等物理量有可能因为所选择参考系的不同而不同，但是它们所遵从的物理规律却是同样的。也就是说，在一切惯性系中物理定律的数学形式完全相同。

2）**光速不变原理**：真空中的光速相对任何观察者来说都是相同的。光速与光源、观测者间的相对运动没有关系。

他认为，同时性是相对的而不是绝对的，只能在物体的相对运动中来度量时间和空间。所以，时间、空间、质量等物理量的量度，取决于测量者与被测量者的相对运动状态。

7.2　洛伦兹坐标变换和速度变换

按爱因斯坦狭义相对论的两条基本假设，两个相对运动的惯性参考系之间的伽利略的坐标变换和速度变换不再成立，应代之以洛伦兹坐标变换和速度变换。

7.2.1　洛伦兹坐标变换

由两个基本原理，可以得出彼此相对运动的两个惯性坐标系之间的变换关系，这种变换关系通常叫做**洛伦兹变换**。

为简单起见，如图7-1所示，设惯性系K'（O'-$x'y'z'$）以速度$\boldsymbol{v}$相对于惯性系K（O-xyz）沿x（x'）轴正向做匀速直线运动，x'轴与x轴重合，y'和z'轴分别与y和z轴平行，K系原点O与K'系原点O'重合时两惯性坐标系在原点处的时钟都指示零点。设P为观察的某一事件，在K系观察者看来，它是在t时刻发生在（x，y，z）处的，而在K'系观察者看来，它却在t'时刻发生在（x'，y'，z'）处。下面我们就来推导这同一事件在这两个惯性系之间的时空坐标变换关系。

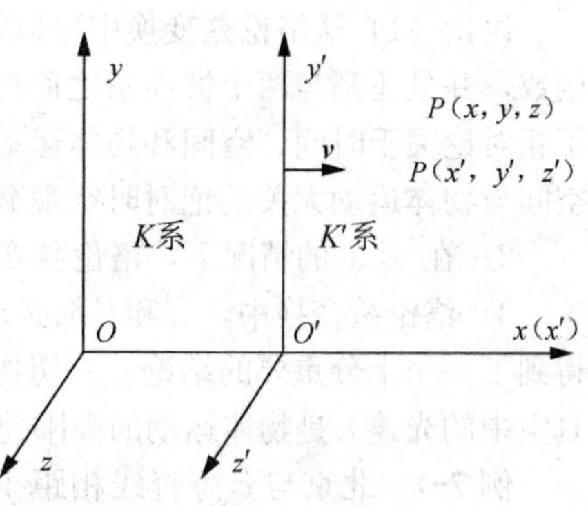

图7-1　惯性系之间的关系

在y（y'）方向和z（z'）方向上，K系和K'系没有相对运动，则有：$y'=y$，$z'=z$，下面仅考察和（x'，t'）之间的变换。由于时间和空间的均匀性，变换应是线性的，在考虑$t=t'=0$时两个坐标系的原点重合，则x和$x'+vt'$只能相差一个常数因子，即

$$x=\gamma(x'+vt') \tag{7-1}$$

由相对性原理知，所有惯性系都是等价的，对K'系来说，K系是以速度v沿x'的负方向运动，因此，x'和（$x-vt$）也只能相差一个常数因子，且应该是相同的常数，即有

$$x'=\gamma(x-vt) \tag{7-2}$$

为确定常数γ，考虑在两惯性系原点重合时（$t=t'=0$），在共同的原点处有一点光源发出一光脉冲，在K系和K'系都观察到光脉冲以速率c向各个方向传播。所以有

$$x=ct,\ x'=ct' \tag{7-3}$$

将式（7-3）代入式（7-1）和式（7-2），并消去t和t'后得

$$\gamma=\frac{1}{\sqrt{1-v^2/c^2}} \tag{7-4}$$

将上式中的γ代入式（7-2），得

$$x'=\frac{x-vt}{\sqrt{1-v^2/c^2}} \tag{7-5}$$

另由式（7-1）和式（7-2）求出t'并代入γ的值，得

$$t'=\gamma t+\left(\frac{1-\gamma^2}{\gamma v}\right)x=\frac{t-vx/c^2}{\sqrt{1-v^2/c^2}}$$

于是得到如下的坐标变换关系：

$$\begin{cases}x'=\dfrac{x-vt}{\sqrt{1-v^2/c^2}}\\ y'=y\\ z'=z\\ t'=\dfrac{t-vx/c^2}{\sqrt{1-v^2/c^2}}\end{cases}\xrightarrow[\text{逆变换}]{x'\leftrightarrow x,\ t'\leftrightarrow t,\ v\rightarrow -v}\begin{cases}x=\dfrac{x'+vt'}{\sqrt{1-v^2/c^2}}\\ y=y'\\ z=z'\\ t=\dfrac{t'+vx'/c^2}{\sqrt{1-v^2/c^2}}\end{cases} \tag{7-6}$$

这种新的坐标变换关系称为洛伦兹变换。

讨论 1）从洛伦兹变换中可以看出，不仅 x' 是 x、t 的函数，而且 t' 也是 x、t 的函数，并且还都与两个惯性系之间的相对运动速度有关，这样洛伦兹变换就集中反映了相对论关于时间、空间和物体运动三者紧密联系的新观念。这是与牛顿理论的时间、空间与物体运动无关的绝对时空观截然不同的。

2）在 $v \ll c$ 的情况下，洛伦兹变换就过渡到伽利略变换。

3）洛伦兹变换中，x' 和 t' 都必须是实数，所以速率 v 必须满足 $v \leqslant c$。于是我们就得到了一个十分重要的结论：一切物体的运动速度都不能超过真空中的光速 c，或者说真空中的光速 c 是物体运动的极限速度。

例 7-1 北京与上海直线相距 1000km，在某一时刻从两地同时各开出一列火车。现有一艘飞船沿从北京到上海的方向在高空掠过，速率恒为 $v=9\text{km/s}$。求宇航员测得的两列火车开出时刻的间隔，哪一列先开出？

解 取地面为 K 系，坐标原点在北京，以北京到上海的方向为 x 轴正方向，北京和上海的位置坐标分别为 x_1 和 x_2，取飞船为 K' 系。

现已知在 K 系，两地距离为

$$\Delta x = x_2 - x_1 = 10^6\,\text{m}$$

而两列火车开出时刻的间隔是

$$\Delta t = t_2 - t_1 = 0$$

由洛伦兹变换可得

$$t_2' - t_1' = \frac{(t_2 - t_1) - \dfrac{v}{c^2}(x_2 - x_1)}{\sqrt{1 - v^2/c^2}} = \frac{-\dfrac{9\times10^3}{(3\times10^8)^2}\times10^6}{\sqrt{1-(9\times10^3)^2/(3\times10^8)^2}}\,\text{s} \approx -10^{-7}\,\text{s}$$

这一负的结果表示：宇航员发现从上海发车的时刻比从北京发车的时刻早10^{-7}s。

7.2.2 洛伦兹速度变换关系

洛伦兹速度变换关系讨论的是同一运动质点在 K 系和 K' 系中速度的变换关系。在 K 系的观察者测得该物体速度的三个分量为

$$u_x = \frac{\mathrm{d}x}{\mathrm{d}t},\quad u_y = \frac{\mathrm{d}y}{\mathrm{d}t},\quad u_z = \frac{\mathrm{d}z}{\mathrm{d}t} \tag{7-7}$$

在 K' 系的观察者测得该物体速度的三个分量为

$$u_x' = \frac{\mathrm{d}x'}{\mathrm{d}t'},\quad u_y' = \frac{\mathrm{d}y'}{\mathrm{d}t'},\quad u_z' = \frac{\mathrm{d}z'}{\mathrm{d}t'} \tag{7-8}$$

为了求得上列不同惯性系速度各分量之间的变化关系，我们对洛伦兹变换式中各式求微分，得

$$\begin{cases} \mathrm{d}x' = \dfrac{\mathrm{d}x - v\mathrm{d}t}{\sqrt{1-v^2/c^2}} \\ \mathrm{d}y' = \mathrm{d}y \\ \mathrm{d}z' = \mathrm{d}z \\ \mathrm{d}t' = \dfrac{\mathrm{d}t - v\mathrm{d}x/c^2}{\sqrt{1-v^2/c^2}} \end{cases} \tag{7-9}$$

由上式中的第一、第二和第三各式分别除以第四式便可得到从 K 惯性系到 K' 惯性系的速度变换公式为

$$\begin{cases} u'_x=\dfrac{u_x-v}{1-vu_x/c^2} \\ u'_y=\dfrac{u_y\sqrt{1-v^2/c^2}}{1-vu_x/c^2} \\ u'_z=\dfrac{u_z\sqrt{1-v^2/c^2}}{1-vu_x/c^2} \end{cases} \tag{7-10}$$

这便是**洛伦兹速度变换关系**。根据相对性原理，在式（7-10）中将带撇的量与不带撇的量互换，并将 v 换成 $-v$，就得到速度变换的逆变换

$$\xrightarrow[v\to -v]{\text{带撇量与不带撇量对调}} \begin{cases} u_x=\dfrac{u'_x+v}{1+vu'_x/c^2} \\ u_y=\dfrac{u'_y\sqrt{1-v^2/c^2}}{1+vu'_x/c^2} \\ u_x=\dfrac{u'_z\sqrt{1-v^2/c^2}}{1+vu'_x/c^2} \end{cases} \tag{7-11}$$

例 7-2　π 介子在高速运动中衰变，衰变时辐射出光子，如果 π 介子的运动速度大小为 $0.99975c$，求它向运动的正前方辐射的光子的速度。

解　设实验室参考系为 K 系，随同 π 介子一起运动的惯性系为 K'系，取 π 介子和光子运动的方向为 x 轴，由题意，$v=0.99975c$，$u'_x=c$。据相对论速度变换的逆变换公式得

$$u_x=\frac{u'_x+v}{1+vu'_x/c^2}=\frac{c+v}{1+v/c}=c$$

可见光子的速度仍为 c，这已为实验所证实，洛伦兹速度变换关系能够保证光速不变性。若按照伽利略变换，光子相对于实验室参考系的速度是 $1.99975c$，这显然是错误的。光速是物质运动的极限速度。在任何惯性系中，物体的运动速度都不能超过光速。

7.3　同时性的相对性、时间延缓和长度收缩

爱因斯坦狭义相对论的核心是废弃牛顿的绝对时空观，当参考系以接近光速做相对运动时，时间和空间将相互制约、相互影响。

7.3.1　同时的相对性

如果两个独立事件在惯性系 K 中是同一时刻但不在同一地点发生，那么在相对于 K 以匀速度 $\boldsymbol{u}$ 运动的惯性系 K'中测量，则它们就不是同时发生的。或简单说同时性并不是绝对的。如何判断两事件是否同时？

我们要判断 A、B 两地发生的两事件是否同时，可在 AB 联线的中点 C 处设一光信号接收站。当 C 点同时接收到从 A、B 两地发来的光信号时，我们就可断定 A、B 两事

件是同时发生的。由于光速有限，根据光速不变原理，不同地点发生的两事件的同时性是相对的。例如，设想有一列火车相对于站台以匀速 $\boldsymbol{v}$ 向右运动，如图 7-2所示。当列车的首、尾两点 A'、B' 与站台上的 A、B 两点重合时，站台上同时在这两点发出闪光，两闪光同时传到站台的中点 C，站在车上的中点 C' 的人必然先接到来自车头 A 点的闪光，后接到来自车尾 B 的闪光。于是，对于车上的人来说，A 的闪光早于 B。这就是说，站台上的人认为是同时发生的事件，对于列车上的人来说不是同时的。这就是同时性的相对性。

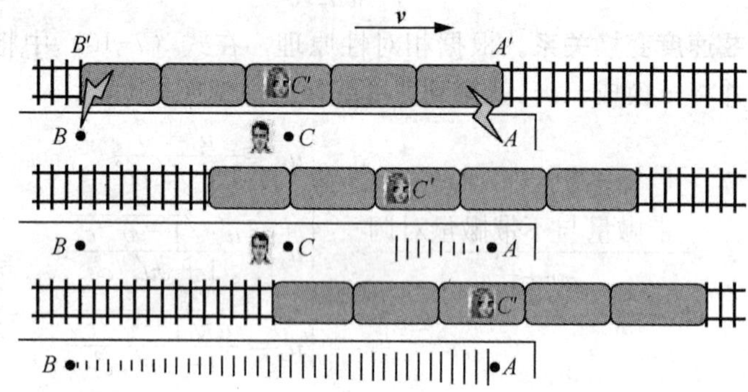

图 7-2　同时的相对性

按照洛伦兹变换，时间是与参考系有关的，而不是绝对的。下面就来讨论两个事件的时间间隔在不同惯性系间的关系，假设这两个惯性系仍然是上节所取的 K 系和 K' 系。如果在 K 系的两个不同地点同时分别发出一光脉冲信号 A 和 B，它们的时空坐标为 A（x_1，y_1，z_1，t_1）和 B（x_2，y_2，z_2，t_2），因为是同时发生的，所以 $t_1=t_2$。为了确保这两个光脉冲是同时发出的，可以在这两个地点连线的中点处安放一光脉冲接收装置，如图 7-3所示，若该接收装置同时接收到两光脉冲信号，就表示这两个信号是同时发出的。而在 K' 系观察，这两个光脉冲信号发出的时间分别是

$$t_1'=\frac{t_1-vx_1/c^2}{\sqrt{1-v^2/c^2}}\text{和 }t_2'=\frac{t_2-vx_2/c^2}{\sqrt{1-v^2/c^2}}$$

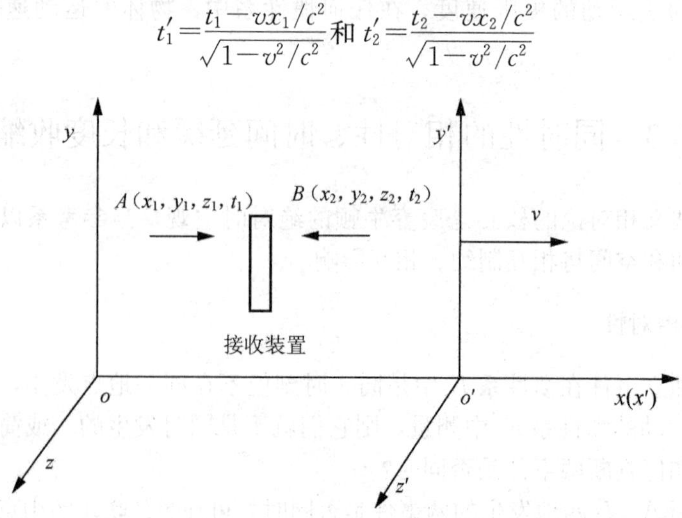

图 7-3　同时性的相对性

若 $t_2=t_1$，则

$$t_2'-t_1'=-\frac{v(x_2-x_1)/c^2}{\sqrt{1-v^2/c^2}}\neq 0 \tag{7-12}$$

上式表明，在 K 系中两个不同地点同时发生的事件，在 K' 系看来不是同时发生的，这就是同时性的相对性。因为运动是相对的，所以这种效应是互逆的，即在 K' 系中两个不同地点同时发生的事件，在 K 系看来也不是同时发生的。当 $x_1=x_2$ 时，即两个事件发生在同一地点，则同时发生的事件在不同的惯性系看来才是同时的。从这里也可以得到，在狭义相对论中，时间和空间是相互联系的。

7.3.2　时间延缓效应

若在一惯性系中，某两个事件发生在同一地点，则在该惯性系中测得它们的时间间隔称为固有时，用 τ 表示。现在讨论在其他惯性系中所测得的这两个事件的时间间隔 Δt 与固有时 τ 的关系。

某两个事件在 K 系中的时空坐标分别为（x_1，t_1）和（x_2，t_2），在 K' 系中分别为（x_1'，t_1'）和（x_2'，t_2'）。假设在 K' 系中观测，这两个事件发生在同一地点，即 $x_1'=x_2'$，则 $\tau=t_2'-t_1'$ 即为固有时，据洛伦兹变换得

$$\Delta t=t_2-t_1=\frac{t_2'-t_1'+v(x_2'-x_1')/c^2}{\sqrt{1-v^2/c^2}}=\frac{\tau}{\sqrt{1-v^2/c^2}}$$

即

$$\Delta t=\frac{\tau}{\sqrt{1-v^2/c^2}} \tag{7-13}$$

这个结果表明，如果在 K' 系中同一地点相继发生的两个事件的时间间隔是 τ，那么在 K 系中测得同样这两个事件的时间间隔 Δt 总是比 τ 长，或者说运动时钟变慢了，这就是狭义相对论的时间延缓效应。由于运动是相对的，所以时间延缓效应是可逆的，即如果在 K 系中同一地点相继发生的两个事件的时间间隔为 Δt，那么在 K' 系中测得的 $\Delta t'$ 总比 Δt 长。

为了论证这个结论，爱因斯坦设计了一个“光钟”。将两面平行的镜子面对面放着，相距 150000km，一束光在它们之间跳上跳下，来回一次的时间刚好是 1s。

设想在地球上和经过地球向东高速飞行的飞船里各有一个相同的光钟。在飞船里的人看来，光束直上直下地来回跳，150000km 向上，150000km 向下。但是，在地球上的人看来，飞船里的光束不是向上和向下运动，而是沿着如图 7-4所示的一条对角线路径运动。一条对角线的距离显然大于 150000km。考虑光速不变，在地球上的人看来，飞船里的光束来回一次所需的时间应超过 1s。因此，在地球上的人认为飞船里的钟走得慢。反过来看，由于运动是相对的，在飞船里的人则认为地球上的人在向西高速运动，地球上的钟走慢了。

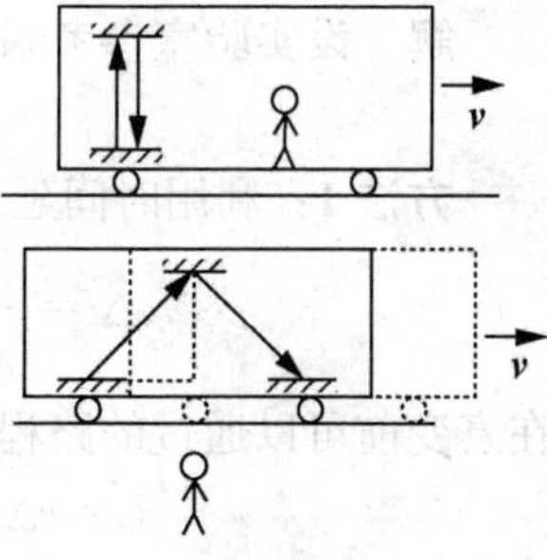

图 7-4　爱因斯坦的光钟

7.3.3 长度收缩效应

在 K' 系沿 x' 轴放置一长杆，其两边的坐标分别为 x_1' 和 x_2'，它的静止长度为 $\Delta L_0=\Delta L'=x_2'-x_1'$，静止长度也称为固有长度。当在 K 系中测量这同一杆的长度时，则必须同时测出杆两端的坐标 x_1 和 x_2，才能得到杆长的正确值 $\Delta L=x_2-x_1$。根据洛伦兹变换，应有

$$x_1'=\frac{x_1-vt_1}{\sqrt{1-v^2/c^2}},\quad x_2'=\frac{x_2-vt_2}{\sqrt{1-v^2/c^2}}$$

考虑到 K 系要同时测量，即 $t_1=t_2$，则

$$\Delta L_0=\frac{(x_2-x_1)-v(t_2-t_1)}{\sqrt{1-v^2/c^2}}=\frac{\Delta L}{\sqrt{1-v^2/c^2}}$$

即

$$\Delta L=\Delta L_0\sqrt{1-v^2/c^2} \tag{7-14}$$

这结果表明，在 K 系观察到运动着的杆的长度比它的静止长度缩短了，这就是狭义相对论的长度收缩效应。例如，高速列车上有一张桌子，车上的人在运动方向上测出它的长度为 1m，这个长度叫桌子的固有长度。桌子相对于地面是运动的，在地面上的人测量出来桌子的长度小于 1m，这个效应叫长度收缩。收缩的程度决定于桌子相对于地面的运动速度，并且这个收缩仅发生在运动方向上，在垂直于桌子运动方向的方向上没有长度收缩。

如果物体运动速度远远小于光速，即 $u\ll c$，则效应因子 $\gamma\approx1$。这时，洛伦兹变换就变为伽利略变换，狭义相对论就过渡到牛顿经典力学。因此也可以说狭义相对论是对牛顿经典力学的发展。

例 7-3 固有长度为 5m 的飞船以 $u=9000\text{m/s}$ 相对地面匀速飞行时，在地面上测得飞船的长度为多少？

解 根据相对论尺缩关系，得

$$l=l_0\sqrt{1-u^2/c^2}\approx4.999999998\text{m}$$

这说明在远小于光速时相对论尺缩效应不明显。

例 7-4 $\pi^{\pm}$ 介子是不稳定的粒子，其固有寿命为 2.603×10^{-8}s。如果 $\pi^{\pm}$ 介子产生后立即以 $0.9200c$ 的速度做匀速直线运动，问它能否在衰变前通过 17m 路程？

解 设实验室参考系为 K 系，随同 $\pi^{\pm}$ 介子一起运动的惯性系为 K' 系，据题意有

$$v=0.9200c,\quad \tau=2.603\times10^{-8}\text{s}$$

方法 1： 利用时间延缓效应得从实验室坐标系观测 $\pi^{\pm}$ 介子的寿命为

$$\Delta t=\frac{\tau}{\sqrt{1-v^2/c^2}}=\frac{2.603\times10^{-8}}{\sqrt{1-(0.9200)^2}}\approx6.642\times10^{-8}\text{s}$$

在衰变前可以通过的路程为

$$L=v\Delta t=0.9200c\times6.642\times10^{-8}\text{m}\approx18.32\text{m}>17\text{m}$$

所以 $\pi^{\pm}$ 介子在衰变前可以通过 17m 的路程。

方法 2： 利用长度收缩效应，在 $\pi^{\pm}$ 介子参考系（K' 系）观测，介子在固有寿命期

间实验室运动的距离为

$$l'=v\tau=0.9200c\times2.603\times10^{-8}\text{m}\approx7.179\text{m}$$

但由长度收缩效应得空间路程要收缩为

$$l=l_0\sqrt{1-v^2/c^2}\approx6.663\text{m}$$

实验室运动的距离 l'（=7.179m）大于 6.663m，所以介子在衰变前可以通过 17m 的路程，与方法一的结论一致。

从上述讨论可见，相对论时间延缓总是与长度收缩密切联系在一起的。它们都是由时空的基本属性所决定的，相对论的时间和空间与物体的运动有关，这与牛顿的绝对时空观是完全不相容的。但在低速情况（$v\ll c$）下，相对论的时空转变为牛顿的绝对时空。

思考与讨论

7.1　两飞船 A、B 均沿静止参照系的 x 轴方向运动，速度分别为 $\boldsymbol{v}_1$ 和 $\boldsymbol{v}_2$。由飞船 A 向飞船 B 发射一束光，相对于飞船 A 的速度为 c，则该光束相对于飞船 B 的速度为多少?

7.2　在惯性系 S 和 S'，分别观测同一个空间曲面。如果在 S 系观测该曲面是球面，在 S' 系观测必定是椭球面。反过来，如果在 S' 系观测是球面，则在 S 系观测定是椭球面，这一结论是否正确?

7.3　一列以速度 $\boldsymbol{v}$ 行驶的火车，其中点 C' 与站台中点 C 对准时，从站台首尾两端同时发出闪光。从 C' 点的观察者看来，这两次闪光是否同时? 何处在先?

7.4　一高速列车穿过一山底隧道，列车和隧道静止时有相同的长度 l_0，山顶上有人看到当列车完全进入隧道中时，在隧道的进口和出口处同时发生了雷击，但并未击中列车。试按相对论理论定性分析列车上的旅客应观察到什么现象? 这种现象是如何发生的?

7.5　假设在海拔 9000m 高山处产生的 μ 子，静止时的平均寿命为 $\tau_0=2\mu s$，以速度 $\boldsymbol{v}=0.998c$ 向山下运动。在下述两参考系中估计在山脚下能否测到 μ 子?

1）在地面参考系中观测。

2）在 μ 子参考系中观测。

习　题　7

7-1　从加速器中以速度 $\boldsymbol{v}=0.8c$ 飞出的离子在它的运动方向上又发射出光子。求此光子相对于加速器的速度。

7-2　两个宇宙飞船相对于恒星参考系以 $0.8c$ 的速度沿相反方向飞行，求两飞船的相对速度。

7-3　从 S 系观察到有一粒子在 $t_1=0$ 时由 $x_1=100\text{m}$ 处以速度 $\boldsymbol{v}=0.98c$ 沿 x 方向运动，10s 后到达 x_2 点，如在 S' 系（相对 S 系以速度 $\boldsymbol{u}=0.96c$ 沿 x 方向运动）观察，

粒子出发和到达的时空坐标 t_1'，x_1'，t_2'，x_2'各为多少？（$t=t'=0$ 时，S'与 S 的原点重合），并算出粒子相对 S'系的速度。

7-4　一飞船静长 l_0，以速度 $\boldsymbol{u}$ 相对于恒星系作匀速直线飞行，飞船内一小球从尾部运动到头部，宇航员测得小球运动速度为 $\boldsymbol{v}$，试算出恒星系观察者测得小球的运动时间。

7-5　一个静止的 K^0 介子能衰变成一个 π^+ 介子和一个 π^- 介子，这两个 π 介子的速率均为 $0.85c$。现有一个以速率 $0.90c$ 相对于实验室运动的 K^0 介子发生上述衰变。以实验室为参考系，两个 π 介子可能有的最大速率和最小速率是多少？

7-6　1000m 的高空大气层中产生了一个 π 介子，以速度 $v=0.8c$ 飞向地球，假定该 π 介子在其自身的静止参照系中的寿命等于其平均寿命 2.4×10^{-6}s，试分别从下面两个角度，即地面上观测者和相对 π 介子静止系中的观测者来判断该 π 介子能否到达地球表面。

7-7　长度 $l_0=1$m 的米尺静止于 S'系中，与 x'轴的夹角 $\theta'=30°$，S'系相对 S 系沿 x 轴运动，在 S 系中观测者测得米尺与 x 轴夹角为 $\theta=45°$。试求：

1）S'系和 S 系的相对运动速度。

2）S 系中测得的米尺长度。

7-8　一门宽为 a，今有一固有长度 l_0（$l_0>a$）的水平细杆，在门外贴近门的平面内沿其长度方向匀速运动。若站在门外的观察者认为此杆的两端可同时被拉进此门，则该杆相对于门的运动速率 u 至少为多少？

7-9　两个惯性系中的观察者 O 和 O'以 $0.6c$ 的相对速度相互接近，如果 O 测得两者的初始距离是 20m，则 O'测得两者经过多少时间相遇？

7-10　一宇航员要到离地球为 5 光年的星球去旅行。如果宇航员希望把这路程缩短为 3 光年，则他所乘的火箭相对于地球的速度是多少？

第 8 章　质点动力学基础

质点为什么会改变运动状态，质点遵从哪些运动规律？以牛顿为代表的经典物理学鼻祖创立了质点动力学，揭示出质点运动的内在本质和宏观低速物体的运动规律。

本章将首先介绍牛顿运动三定律，在此基础上相继讨论质点和质点系的动量定理、动量守恒定律、动能定理、机械能守恒定律、功能原理，引领读者逐步解决质点碰撞问题、做功问题，并且用相对论的观点重新审视经典力学的适用条件，讨论相对论质量和动量、狭义相对论质能关系。

8.1　牛顿运动定律及其应用

牛顿在《自然哲学的数学原理》中提出了著名的运动三定律，以及力的合成和分解法则、运动叠加性原理、动量守恒原理、伽利略相对性原理等。

8.1.1　牛顿第一运动定律

我们站在公交车上常常发生这样的现象：车启动时，人会后仰；刹车时，人会向前倾。为什么会发生这样的现象呢？

早在 300 年前，伽利略就设计了如图 8-1 所示的斜面实验。为了保证每次小球到达水平面时有相同的速度，让同一小球从同一斜面上的同一位置由静止开始运动。第一次在水平面上铺上毛巾，小球在毛巾上移动很短的距离就停下了；第二次在水平面上铺上较光滑的棉布，小球在棉布上移动的距离较远；第三次是在光滑的木板上，小球移动的距离最远。

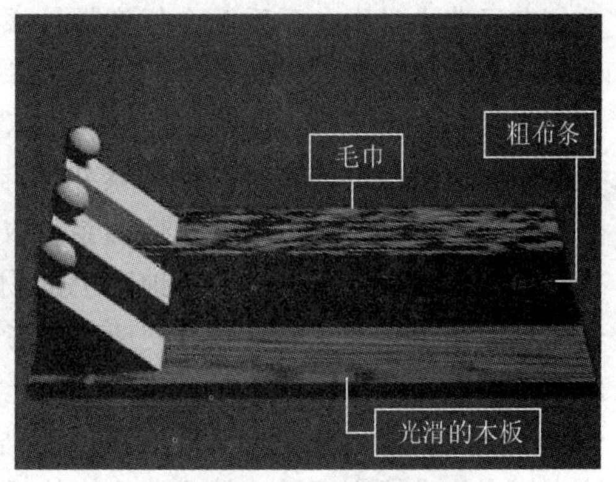

图 8-1　伽利略的斜面实验

伽利略认为，是平面对小球的阻力使小球停下，平面越光滑，阻力越小，小球移动得就越远。伽利略科学地想象：要是能找到一块十分光滑的平面，阻力为零，小球的速度将不会减慢。

伽利略根据这个实验提出了惯性的概念。笛卡儿等人又进行了更深入的研究。笛卡儿在《哲学原理》第二章中以第一和第二自然定律的形式第一次比较完整地表述了惯性定律：只要物体开始运动，就将继续以同一速度并沿着同一直线方向运动，直到遇到某种外来原因造成的阻碍或偏离为止。这里他强调了伽利略没有明确表述的惯性运动的直线性。

牛顿总结并发展了伽利略、笛卡儿等人的工作，在他所著的《自然哲学的数学原理》一书中指出：“任何物体，都保持其静止状态，或匀速直线运动状态，除非施加外力迫使其改变这种状态。”这个结论称为**牛顿第一运动定律**。这个定律揭示了两个重要的概念：惯性和力。任何物体都具有的保持其原有的静止或匀速直线运动状态的性质称为**惯性**，这是物质的普遍的本质属性。维持物体原有的运动状态并不需要力，要改变物体的运动状态才需要力的作用，或者说，力是改变物体运动状态的原因。

图 8-2　冰壶运动

如图 8-2所示，我们在冬奥会上见到的冰壶在光滑的冰面上以运动员松手时刻的初速度沿直线匀速滑行很远，就是物体的惯性使然。

牛顿第一运动定律还揭示了：存在着一种惯性参考系，相对于这种参考系，不受其他物体作用的物体，运动速度是恒定的，永远保持原来静止或匀速直线运动状态。所以牛顿第一运动定律也称为**惯性定律**。

惯性参考系简称**惯性系**，就是惯性定律成立的参考系，也是整个牛顿运动定律成立的参考系。相对于每一个惯性系，做匀速直线运动的参考系都是惯性系；相对于某一惯性系，做变速运动的参考系，称为**非惯性系**。所有的惯性系都是等效的，即在不同的惯性系中，描述自然现象的定律具有相同的形式。在一个封闭系统中，不可能通过力学实验来判断惯性参考系是静止的或是在做匀速直线运动。试想：一个人处在一个车窗被完全遮挡住的匀速直线运动的车内，如何能判断车不是处于静止的状态？

在经典力学中，联系两个任意惯性系之间的坐标变换是伽利略变换；在狭义相对论中任意两个惯性系之间的坐标变换是洛伦兹变换。

实际上，由于引力是不可屏蔽的，不可能有一个完全不受外力作用的系统。因此，在宏观低速条件下，绝对的惯性系并不存在，只存在着不同程度上近似的惯性系。一个给定的参考系是否可以看作惯性系，取决于这个参考系的微小加速度效应是否可以被忽略。在一般情况下，分析地面上的物体相对于地球的运动时，可以把地球当作惯性系。但是由于地球的自转，使地球参考系本身有微小的加速度。例如，地球赤道上的质点，有一个指向地心的约 0.034m/s^2 的加速度。因此，对于有些问题，特别是天体物理问题，以地球作为惯性系得出的结论就不正确了，历史上的“地心说”就犯了这类错误。在研究行星、彗星等天体的运动时，可选择以太阳中心为坐标原点，坐标轴指向其他恒星的日心－恒星参考系。这是更精确的惯性系，在这个参考系中，地球在绕太阳运动轨道上的加速度约为 $6\times10^{-3}\text{m/s}^2$。因此，人们一直认为哥白尼的“日心说”是正确的。

由于真空中的光速是恒定的，光线是一个典型的高速惯性系。

公认的自然定律在惯性系中成立，而在非惯性系中不成立，这是经典力学的一个缺陷。爱因斯坦广义相对论解决了这个问题，使人们对惯性系获得了更深刻的认识。作为广义相对论基础的“等效原理”告诉我们：参考系的加速运动等效于某种引力场。在引力场中自由下落的电梯内，一切力学现象与在一个没有引力场的惯性系中是一样的。这就是说，在局部范围内，我们可以实现把引力的动力学效应从一切现象中消除掉的参考系。这里所说的局部范围，就是引力场可以看作均匀场的范围。这种消除了引力效应的参考系，就称为**局部惯性系**。在这种参考系中，一切不受外力（引力以外的其他力）作用的质点，都做匀速直线运动，它符合惯性系的定义。由于引力场的不均匀性，致使光束都会弯曲，因此大范围的、甚至全空间统一的惯性系是不存在的，惯性系只存在于有限范围之中。

8.1.2　牛顿第二运动定律

牛顿在《自然哲学的数学原理》一书中还指出："运动的变化永远跟所加的外力成正比，而且是沿着外力作用的直线方向发生的。"用现代的术语，可陈述为：物体动量对时间的变化率与物体所受的外力成正比，并和力的方向相同。其表达式为

$$F=k\frac{\mathrm{d}(mv)}{\mathrm{d}t} \tag{8-1}$$

选择适当的力、质量、速度和时间的单位，可使比例系数 $k=1$，式（8-1）可表示为

$$F=\frac{\mathrm{d}(mv)}{\mathrm{d}t} \tag{8-2}$$

如果物体的质量 m 不随时间改变，牛顿第二运动定律可写作

$$F=ma \tag{8-3a}$$

或

$$a=\frac{F}{m} \tag{8-3b}$$

即物体的加速度大小 a 与作用于该物体上的力的大小 F 成正比，与物体的质量 m 成反比，力与加速度的方向相同。因此，这条定律也称为**加速度定律**。显然，质量是

牛顿

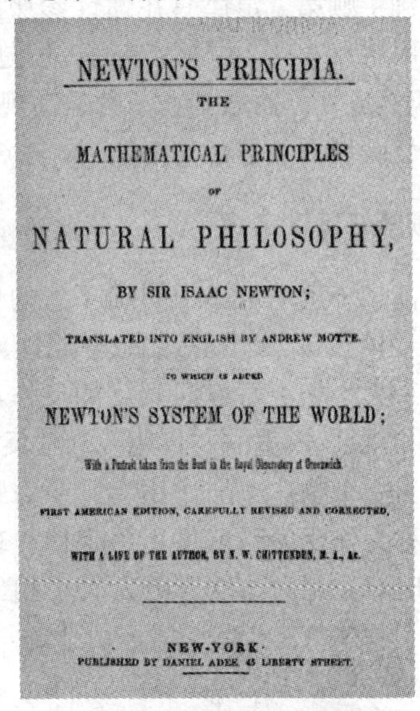
NEWTON'S PRINCIPIA.
THE
MATHEMATICAL PRINCIPLES
OF
NATURAL PHILOSOPHY,
BY SIR ISAAC NEWTON;
TRANSLATED INTO ENGLISH BY ANDREW MOTTE.
TO WHICH IS ADDED
NEWTON'S SYSTEM OF THE WORLD;
With a Portrait taken from the Bust in the Royal Observatory at Greenwich.
FIRST AMERICAN EDITION, CAREFULLY REVISED AND CORRECTED,
WITH A LIFE OF THE AUTHOR, BY N. W. CHITTENDEN, M. A., &c.
NEW-YORK:
PUBLISHED BY DANIEL ADEE, 45 LIBERTY STREET.

《自然哲学的数学原理》

物体对力的一种“阻抗”，类似于导体回路中的电阻。当有外力作用在物体上时，质量表现为外力改变物体运动状态的难易程度，历史上称为**惯性质量**；在同样的外力作用下，质量较大的物体的加速度较小，物体运动状态不容易改变，而质量较小的物体的加速度较大，物体运动状态容易改变。

在国际单位制下质量的单位为千克，长度的单位为米，时间的单位为秒，速度的单位为米/秒，加速度的单位为米/秒^2，力的单位为牛顿，1 牛顿＝1 千克·米/秒^2。

加速度的概念是伽利略提出的。伽利略把它同作用力联系起来，但是未能进一步弄清楚力和加速度的关系。牛顿第二运动定律解决了这个问题，并定量地揭示了力是如何改变物体的运动状态的，也揭示了力的独立性和力的叠加性。

我们都熟悉的自由落体运动之所以是加速度为 g 的匀加速直线运动，就是因为地面附近的所有物体都受到地心引力的作用。本章前面提到的伽利略斜面实验中的小球和冬奥会上的冰壶之所以能停下来是因为接触面上有摩擦阻力。为了减小轴承的摩擦，人们在轴承间加注润滑油。为了克服摩擦阻力，设计了气垫船和磁悬浮列车，如图 8-3 和图 8-4所示。有时则需要通过某种措施防止路面打滑，诸如在轮胎上刻出花纹或加防滑链，如图 8-5和图 8-6所示。

图 8-3　气垫船

图 8-4　磁悬浮列车

图 8-5　轮胎

图 8-6　防滑链

必须明确牛顿第二定律只在惯性参照系中成立，且当物体的质量不变或运动速度远小于光速时式（8-3）才是适用的。但是，当物体的速度接近光速时，式（8-1）和式（8-2）仍然成立。而微观粒子的运动规律一般要用量子力学来描述。只有在粒子所处的势场变化缓慢而且平稳的情况下，牛顿第二定律才可以应用。

8.1.3　牛顿第三运动定律

虽然在前二个运动定律中明确了力的作用，但是力的本质是什么还需要进一步说明。为此，牛顿在《自然哲学的数学原理》这部著作中又提出了牛顿第三定律：“每个作用总有一个大小相等而方向相反的反作用，或者说，两个物体的相互作用总是大小相等而方向相反。”这里的“作用”和“反作用”指的是两个物体间相互作用的力，即一个物体对另一个物体施加作用力，受力物体也必然对施力物体施加反作用力。因此第三定律又称为**作用力和反作用力定律**。现在，这个定律一般表述为：两个物体间发生相互作用时，作用力与反作用力大小相等，方向相反，作用于同一直线上，而且分别作用在两个物体上。用数学式子，牛顿第三定律可表示为

$$F_{12}=-F_{21} \tag{8-4}$$

式（8-4）中脚标 1，2 或 2，1 分别表示施力物体和受力物体。等号左边的是第二个物

体对第一个物体的作用力，等号右边表示第一个物体对第二个物体的反作用力。负号表示二力方向相反。

这个定律说明力是物体间的相互作用，作用力和反作用力的性质是相同的，同时产生、同时存在、同时消失，并非原因与效果。

图 8-7中两个弹簧测力计勾在一起，在水平方向上 A 对 B 的作用力的大小 F 总是等于 B 对 A 的作用力的大小 F'。

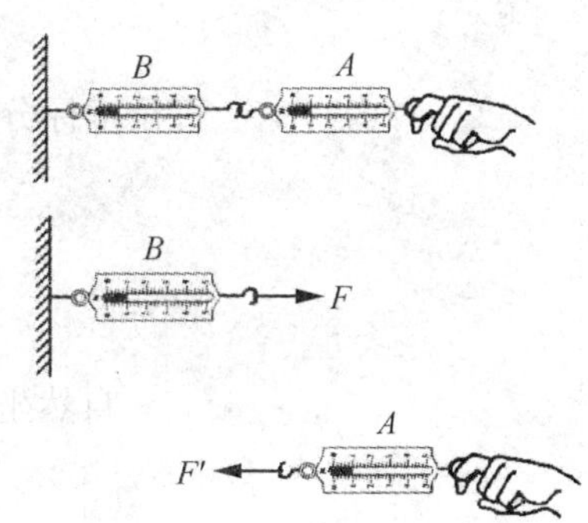

图 8-7　弹簧测力计之间的作用力

事实上，在一个连续体内或质点组内总存在这样的系统的内力。

应该明确，作用力和反作用力定律是由英国瓦里斯、雷恩、惠更斯等人发现的，并在英国皇家学会用实验分别做过证明。牛顿的贡献是做了进一步的概括，并把上述三条运动基本定律联结为一个整体，作为动力学的基石，建立了经典力学的理论体系。因此，牛顿一再声明自己是站在巨人的肩上。牛顿善于发现各种理论之间的本质联系，这种科学的思维方法是很值得我们学习的。

8.1.4　牛顿运动定律的综合应用

上述牛顿运动三定律互为补充，构成了经典力学的理论基础，是一个完整的系统理论。既可以用于单个质点系统也可以用于质点组和质量连续分布的系统。当系统或质点的质量和所受的合外力为已知时，应用牛顿运动定律可以直接求解出加速度，再应用加速度和速度及位移的关系可以进一步得到系统或质点的速度、位移和运动方程以及运动轨迹；当已知系统或质点的质量和运动方程或速度、加速度时，应用牛顿运动定律可以直接求解出系统或质点所受的合外力；当已知系统或质点运动方程或速度、加速度和所受的合外力时，应用牛顿运动定律可以直接求出系统或质点的质量。

应用牛顿运动定律应注意如下几个问题：

1）牛顿运动定律只适用于惯性系，而且只能应用于宏观运动问题。在讨论地面附近的问题时，一般选取地球为参考系，当然也可以选择其他惯性系，但不可以选取与加速运动的物体相对静止或相对做匀速直线运动的物体作为参考系。

2）牛顿第二定律表示的是瞬时关系。力和加速度是对应同一时刻的，并且二者互为依存，共生共长。只要有外力作用速度就会改变，同样只要速度改变就一定有外力作用。外力是改变质点或系统运动状态的根本原因。在分析实际运动问题时，首先要明确研究对象，只找出作用在质点或系统上的力，而不考虑所研究的质点或系统施加于其他物体的力。这称为隔离法。将所研究的对象与其相关的物体隔离出来，作为隔离体。

3）$\boldsymbol{F}=m\boldsymbol{a}$ 蕴涵着力的独立性。几个力同时作用在一个物体上所产生的加速度，等于各个力单独作用时的矢量和。这就是力的叠加原理。在明确隔离体之后，最关键的是受力分析，要将所有作用在隔离体上的外力全部无一疏漏地找出来，按原作用的方向和作用点画出受力图，而不要画力的分解图。

4）$\boldsymbol{F}=m\boldsymbol{a}$ 是矢量式，实际应用时，经常使用分量式。在前两步的基础上要建立便于应用的坐标系，根据牛顿定律的分量式列出各分量方程。例如：

$$\text{直角坐标分量}\quad\begin{cases}F_x=ma_x=m\dfrac{\mathrm{d}v_x}{\mathrm{d}t}=m\dfrac{\mathrm{d}^2x}{\mathrm{d}t^2}\\F_y=ma_y=m\dfrac{\mathrm{d}v_y}{\mathrm{d}t}=m\dfrac{\mathrm{d}^2y}{\mathrm{d}t^2}\\F_z=ma_z=m\dfrac{\mathrm{d}v_z}{\mathrm{d}t}=m\dfrac{\mathrm{d}^2z}{\mathrm{d}t^2}\end{cases}$$

$$\text{自然坐标分量}\quad\begin{cases}F_n=ma_n=m\dfrac{v^2}{R}\\F_t=ma_t=m\dfrac{\mathrm{d}v}{\mathrm{d}t}\end{cases}$$

5）$\boldsymbol{F}=m\boldsymbol{a}$ 中，$\boldsymbol{F}$ 是合外力，在作受力图时应特别注意隔离体的约束关系，找出所有的约束反力。要利用约束条件列出补充方程。

总之，使用隔离体法解题的一般步骤可以归纳如下：

第一步，分析题意，确定研究对象；

第二步，分析研究对象的受力情况和约束条件；

第三步，选择适当的坐标系，利用牛顿第二定律列出质点运动的矢量方程或分量式方程；

第四步，解方程或方程组；

第五步，讨论所得结果，正确分析结果的物理意义，去掉不符合实际的非物理解。

例 8-1 一个质量为 m 的人站在电梯中，当电梯以加速度 $\boldsymbol{a}$ 上升时，人对电梯底板的压力多大？

分析 以人为研究对象。设人对电梯底板的压力大小为 N，其方向竖直向下。根据牛顿第三定律，电梯底板对人的支持力大小也是 N，其方向垂直向上。人还受到竖直向下的重力，其大小为 $G=mg$。人也受到电梯底板在水平方向对人的静摩擦力，此力在电梯运动方向上没有分量，故与本问题无关。

解 经过受力分析和运动分析之后，画出如图 8-8所示的垂直方向的受力图。以地面为参考系，取坐标轴与电梯运动方向相平行。应用牛顿第二定律建立方程

$$N-mg=ma$$

由此可得电梯底板对人的支持力大小为

$$N=mg+ma=m(a+g)$$

而人对电梯底板的压力大小即为 $m(a+g)$，方向竖直向下。

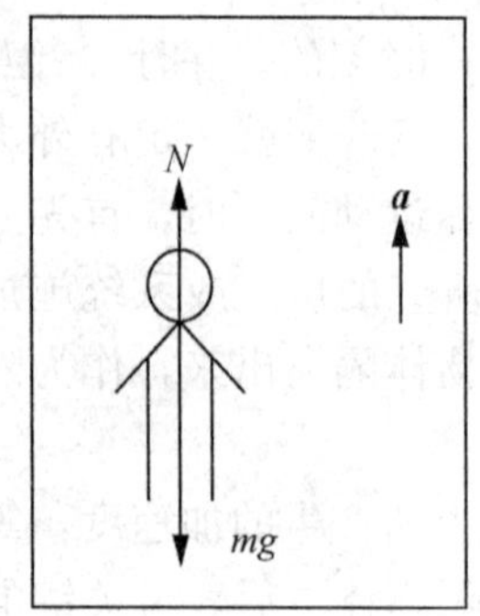

图 8-8 电梯中的人

讨论 1）当 $a=0$ 时，人和电梯匀速运动，人对电梯底板的压力大小等于人受到的重力 mg。

2）当 $a>0$ 时，人和电梯加速上升，$m(a+g)>mg$，此时人对电梯底板的压力大于人受到的重力，称为超重。

3）当 $a<0$ 时，人和电梯一起加速下降，$m(g-a)<mg$，此时人对电梯底板的压力小于人受到的重力，称为失重。宇航员在宇宙飞船中遨游天穹时就是处于失重状态，那是因为人脱离了地球的引力范围。

想一想：在失重的状态下，人还能站在电梯底板上吗？

8.2　质点与质点系的动量定理和动量守恒定律

式（8-2）表明合外力 $\boldsymbol{F}$ 与质点的质量 m 和速度 $\boldsymbol{v}$ 的乘积有密切的关系，实际上也定义了一个新的物理量，即动量。牛顿第二定律可以衍生出质点和质点系的动量定理和动量守恒定律。

8.2.1　质点的动量和动量定理

1. 动量

定义：质点的质量和它的速度的乘积称为该质点的**动量**。动量是个矢量，它的方向与质点速度的方向相同。用 m 表示质点的质量，$\boldsymbol{v}$ 表示质点的速度，$\boldsymbol{p}$ 表示质点的动量，则有

$$\boldsymbol{p}=m\boldsymbol{v} \tag{8-5}$$

该定义表明：

1）动量是描述物体运动状态的物理量；

2）动量与参照系的选择有关；

3）对高速运动物体的运动状态的描述仍然有效；

4）动量具有叠加性，多个质点组成的系统的总动量是各个质点动量的矢量之和。

2. 动量定理

动量定理是作用于质点或质点系的外力与该质点或质点系的动量之间关系的定理。

（1）动量定理的微分形式

牛顿第二定律实际上就是动量定理的微分形式。即

$$\boldsymbol{F}=\frac{\mathrm{d}\boldsymbol{p}}{\mathrm{d}t}=\frac{\mathrm{d}m\boldsymbol{v}}{\mathrm{d}t} \tag{8-6}$$

（2）动量定理的积分形式

将式（8-6）变形为 $\boldsymbol{F}\mathrm{d}t=\mathrm{d}\boldsymbol{p}$，两边从 $t_1\sim t_2$，$p_1\sim p_2$ 分别积分，可得

$$\int_{t_1}^{t_2}\boldsymbol{F}\mathrm{d}t=\int_{p_1}^{p_2}\mathrm{d}\boldsymbol{p}=\boldsymbol{p}_2-\boldsymbol{p}_1 \tag{8-7}$$

定义：$\boldsymbol{I}=\int_{t_1}^{t_2}\boldsymbol{F}\mathrm{d}t$ 称为在时间 $\Delta t=t_2-t_1$ 内力对物体的**冲量**。按此定义，式（8-7）可理解为：在给定的时间内，外力作用在质点上的冲量等于质点在此时间内动量的增量。这就是**动量定理的积分形式**。式（8-7）也可表为

$$\boldsymbol{I}=\int_{t_1}^{t_2}\boldsymbol{F}\mathrm{d}t=\boldsymbol{p}_2-\boldsymbol{p}_1=m\boldsymbol{v}_2-m\boldsymbol{v}_1 \tag{8-8}$$

其直角坐标分量形式为

$$I_x=\int_{t_1}^{t_2} F_x \mathrm{d}t=p_{2x}-p_{1x}=mv_{2x}-mv_{1x} \tag{8-9a}$$

$$I_y=\int_{t_1}^{t_2} F_y \mathrm{d}t=p_{2y}-p_{1y}=mv_{2y}-mv_{1y} \tag{8-9b}$$

$$I_z=\int_{t_1}^{t_2} F_z \mathrm{d}t=p_{2z}-p_{1z}=mv_{2z}-mv_{1z} \tag{8-9c}$$

动量定理常应用于碰撞问题。例如，人从高处跳下、飞机与鸟相撞、打桩等碰撞事件中，作用时间很短，冲力很大。

图 8-9　鸡蛋的动量如何改变

例 8-2　为什么迅速地把图 8-9中盖在杯子上的薄板从侧面打去，鸡蛋就掉在杯中；而慢慢地将薄板拉开，鸡蛋就会和薄板一起移动？

答　因为鸡蛋和薄板间的摩擦力有限，若棒打击时间很短，鸡蛋的动量改变很小，所以鸡蛋就掉在杯中。而慢慢地将薄板拉开，作用时间很长，鸡蛋的动量改变较大，鸡蛋就会和薄板一起移动。

例 8-3　一个小球在距离地面为 h_1 处静止下落，与地面发生碰撞后反弹，经时间为 t 后，上升到距离地面为 h_2 的地方，求地面对小球的弹力。

解　以小球为研究对象，由匀变速直线运动关系式可知小球与地面碰撞前后的速度分别为

$$v_1=\sqrt{2gh_1}\text{，}v_2=\sqrt{2gh_2}$$

v_1 方向竖直向下。v_2 方向则竖直向上，与 v_1 方向相反。

设地面对小球的弹力为 N，其方向与小球重力方向相反。根据动量定理式（8-8）可得

$$I=(N-mg)t=m[v_2-(-v_1)]=m(\sqrt{2gh_2}+\sqrt{2gh_1})$$

因此

$$N=\frac{m}{t}(\sqrt{2gh_2}+\sqrt{2gh_1})+mg$$

讨论　如果地面比较坚硬，t 极小，则 N 很大，一般远大于小球重力，此时 mg 可以忽略；如果地面比较软，t 较大，则 N 的第一项较小。

8.2.2　质点系的动量定理

1. 质点系

彼此互相影响的若干个质点的集合称为**质点系**，也称力学体系。所谓相互影响指的是质点系中任一质点的位置或运动都与所有其余质点的位置或运动有关。毫无联系的一些质点，由于它们的运动是相互独立的，不必把它们作为质点系来研究。

质点系的例子很多。一个物体就是一个质点系，爆炸物分裂成的一群碎片也可以看成质点系。就整个宇宙来说，太阳系也是一个质点系。在一些质点系中，各个质点间的距离是可以改变的，就称为**可变质点系**；也有一些质点系，各个质点间的距离可以看作是不变的，就称为**不变质点系**。刚体就是理想的不变质点系。

2．内力和外力

同一质点系中各个质点之间的相互作用力，称为**内力**。作用于质点系中某一质点的力，不来自质点系中其他质点的，称为**外力**。例如，图8-10中虚线所围的两个质点 m_1 和 m_2 组成一个质点系，它们之间的相互作用力 $\boldsymbol{F}_{12}$ 和 $\boldsymbol{F}_{21}$ 就是内力，而 $\boldsymbol{F}_1$ 和 $\boldsymbol{F}_2$ 是外力。质点系内力和外力的区别是相对的，要根据被考察的体系来确定。就整个太阳系而言，太阳和地球之间的引力是内力；但是，如果只考察地球绕太阳的运动，作用于地球的太阳引力就是外力了。

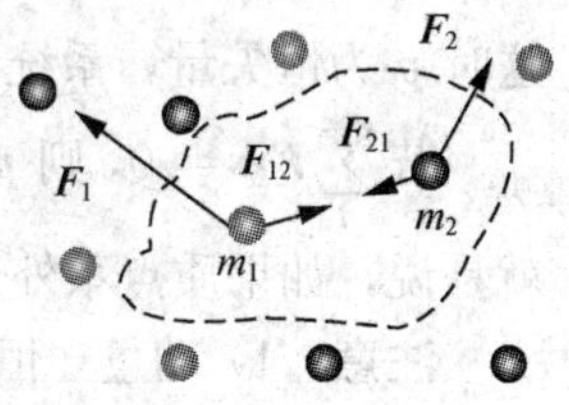

图8-10　内力和外力

根据牛顿第三定律，两个质点间的内力是一对作用力与反作用力，即作用在两个质点连线的方向上，而且大小相等、方向相反。因此，质点系的内力具有如下两个性质：

1）质点系中所有内力的矢量和恒等于零；

2）质点系中所有内力对任一定点（或定轴）的力矩之和恒等于零。

对于不变质点系（如刚体），内力是一个平衡力系，内力不改变质点系的运动状态；对于可变质点系，内力可以使质点间发生相对位移，从而改变质点系的运动状态。

3. 质点系的动量定理

设质点系内第 i 个质点，外力用 $\boldsymbol{F}_i$ 表示，$\boldsymbol{f}_{ij}$ 表示第 j 个质点对第 i 个质点的作用力，则对第 i 个质点应用动量定理可得

$$\boldsymbol{I}_i = \int_{t_1}^{t_2} \Big(\boldsymbol{F}_i + \sum_{j\neq i} \boldsymbol{f}_{ij}\Big)\mathrm{d}t = \int_{p_{1i}}^{p_{2i}} \mathrm{d}\boldsymbol{p}_i$$

考虑到 $\boldsymbol{f}_{ij}$ 为内力，则质点系内的内力总和为 $\sum\limits_i \boldsymbol{f}_{ij} = 0$，使系统总冲量等于

$$\sum_i \boldsymbol{I}_i = \int_{t_1}^{t_2} \Big(\sum_i \boldsymbol{F}_i\Big)\mathrm{d}t = \sum_i \int_{p_{1i}}^{p_{2i}} \mathrm{d}\boldsymbol{p}_i = \boldsymbol{p}_2 - \boldsymbol{p}_1$$

上式也可以写作

$$\boldsymbol{p}_2 - \boldsymbol{p}_1 = \int_{t_1}^{t_2} \Big(\sum_i \boldsymbol{F}_i\Big)\mathrm{d}t \tag{8-10}$$

即质点系动量的改变量等于合外力对整个质点系的总冲量。称为**质点系的动量定理**。

注意　1）内力对质点系的总动量没有贡献，但内力使得动量在质点系内各个质点间相互传递，重新分配。

2）牛顿第二定律主要体现力的瞬时性，针对单个质点；而动量定理主要体现力对时间的积累效果，适用于质点系。

3）动量定理和牛顿运动定律一样只适用于惯性系。

4）对于碰撞、爆炸、变质量等问题，使用动量定理比较方便。

8.2.3 动量守恒定律

若$\sum_i \boldsymbol{F}_i = 0$，合外力为0，或内力远大于外力，或作用时间极短，由式（8-10），得

$$\boldsymbol{p}_2 = \boldsymbol{p}_1 = \boldsymbol{p} \tag{8-11}$$

这时 $\boldsymbol{p}$ 为恒矢量，系统动量守恒，称为**动量守恒定律**。

若$\sum_i \boldsymbol{F}_{ix} = 0$，则 $\boldsymbol{p}_{2x} = \boldsymbol{p}_{1x}$；若$\sum_i \boldsymbol{F}_{iy} = 0$，则 $\boldsymbol{p}_{2y} = \boldsymbol{p}_{1y}$；若$\sum_i \boldsymbol{F}_{iz} = 0$，则 $\boldsymbol{p}_{2z} = \boldsymbol{p}_{1z}$。就是说，如果质点系外力在某个坐标轴投影为零，则总动量在这个坐标轴的分量守恒。

注意 1）动量守恒是对于系统而言的，是动量总量不变而在系统的各个物体间重新分配。

2）守恒条件为合外力为零，各个分量的合外力为零满足动量分量守恒条件。

3）像爆炸、碰撞等特殊过程，虽然体系合外力不为零，但与内力的冲量相比可以忽略不计，可用动量守恒定律来研究系统内各部分之间的动量再分配问题。

4）动量守恒是自然界中最基本的守恒定律之一，是空间对称性的体现。

例 8-4 一个做斜抛运动的物体，在最高点炸裂为质量相等的两块，最高点距离地面为19.6m。爆炸1.00s后，第一块落到爆炸点正下方的地面上，此处距抛出点的水平距离为1.00×10^2m。问在不计空气的阻力的条件下第二块落在距抛出点多远的地面上。

分析 由于爆炸力属内力，且远大于重力，因此，重力的冲量可忽略，物体爆炸过程中应满足动量守恒。根据抛体运动规律，容易求出物体炸裂前在最高点处的位置坐标和速度。炸裂后第一块碎片抛出的速度可由落体运动求出，由动量守恒定律可得炸裂后第二块碎片抛出的速度和落地位置。

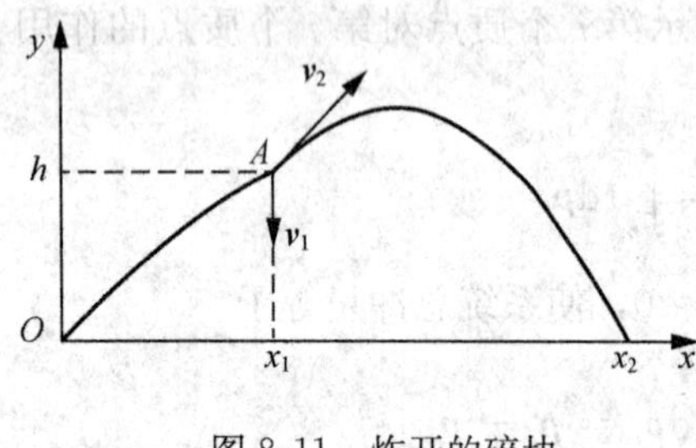

图 8-11 炸开的碎块

解 取图8-11所示的坐标系，根据抛体运动的规律，爆炸前，物体在最高点 A 的速度的水平分量大小为

$$v_{0x} = \frac{x_1}{t_0} = x_1\sqrt{\frac{g}{2h}} \tag{1}$$

物体爆炸后，第一块碎片竖直落下的运动方程为

$$y_1 = h - v_1 t - \frac{1}{2}gt^2$$

当该碎片落地时，有 $y_1 = 0$，$t = t_1 = 1.00\text{s}$，则由上式得爆炸后第一块碎片抛出的速度的大小为

$$v_1 = \frac{h - \frac{1}{2}gt^2}{t_1} \tag{2}$$

又根据动量守恒定律，在最高点处有

$$mv_{0x} = \frac{1}{2}mv_{2x} \tag{3}$$

$$0=-\frac{1}{2}mv_1+\frac{1}{2}mv_{2y} \tag{4}$$

联立方程 (1)、(2)、(3) 和 (4)，可得爆炸后第二块碎片抛出时的速度分量分别为

$$v_{2x}=2v_{0x}=2x_1\sqrt{\frac{g}{2h}}\approx 100\text{m/s}$$

$$v_{2y}=v_1=\frac{h-\frac{1}{2}gt_1^2}{t_1}=14.7\text{m/s}$$

爆炸后，第二块碎片做斜抛运动，其运动方程为

$$x_2=x_1+v_{2x}t_2 \tag{5}$$

$$y_2=h+v_{2y}t_2-\frac{1}{2}gt_2^2 \tag{6}$$

落地时，$y_2=0$，由式 (5) 和式 (6) 可解得第二块碎片落地点的水平位置

$$x_2\approx 500\text{m}$$

8.3　功和动能定理

动量定理反映了力 $\boldsymbol{F}$ 的时间积累效应，相应地力 $\boldsymbol{F}$ 的空间积累效应将导致做功、动能的变化。

8.3.1　功

恒力 $\boldsymbol{F}$ 作用在某一物体上，且物体做直线运动，如果力的作用点的位移为 $\boldsymbol{x}$，则力 $\boldsymbol{F}$ 与位移 $\boldsymbol{x}$ 的标积叫做力 $\boldsymbol{F}$ 在这段位移上对物体所做的**功**，用 W 表示：

$$W=\boldsymbol{F}\cdot\boldsymbol{x}=Fx\cos\theta \tag{8-12}$$

式中的 θ 为图 8-12 中力 $\boldsymbol{F}$ 与位移 $\boldsymbol{x}$ 之间的夹角。当 $\theta=0$，即力 $\boldsymbol{F}$ 与位移 $\boldsymbol{x}$ 同方向时，$W=Fx$，力 $\boldsymbol{F}$ 对物体做**最大功**；当 $\theta=\pi/2$，即力 $\boldsymbol{F}$ 与位移 $\boldsymbol{x}$ 互相垂直时，$W=0$，力 $\boldsymbol{F}$ 不对物体做功；当 $\pi/2<\theta\leqslant\pi$ 时，$W<0$，即力 $\boldsymbol{F}$ 对物体做负功，这种情形也叫做物体克服阻力做功。

当作用力 $\boldsymbol{F}$ 是变力时，则须考虑力的作用点的微小位移 $\mathrm{d}\boldsymbol{r}$，如图 8-13 所示，并认为在这一位移过程中力是不变的，$\mathrm{d}\boldsymbol{r}$ 称为**元位移**。在元位移 $\mathrm{d}\boldsymbol{r}$ 上，力 $\boldsymbol{F}$ 所做的功称为**元功**，用 $\mathrm{d}W$ 表示：

$$\mathrm{d}W=\boldsymbol{F}\cdot\mathrm{d}\boldsymbol{r}=F\cos\theta\mathrm{d}r \tag{8-13}$$

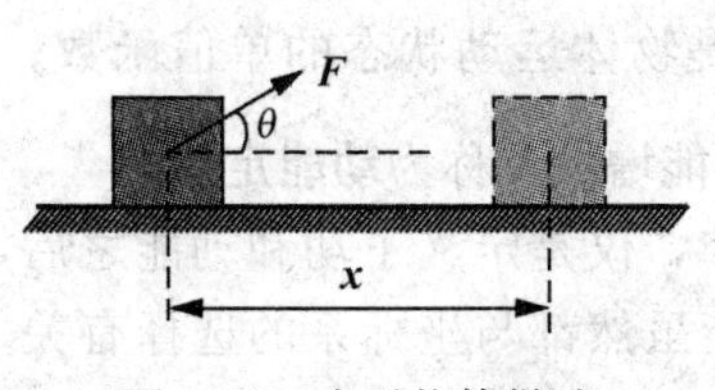

图 8-12　力对物体做功

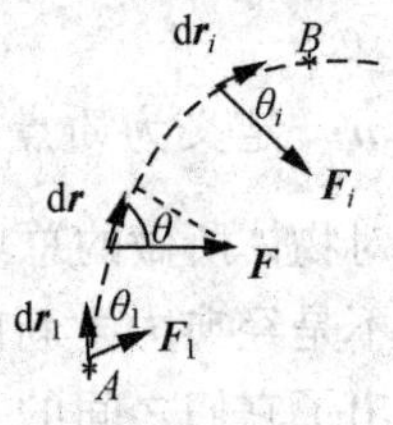

图 8-13　变力做功

此时式中的 θ 为力 $\boldsymbol{F}$ 与元位移 $\mathrm{d}\boldsymbol{r}$ 之间的夹角。当 $\theta=0$，即力 $\boldsymbol{F}$ 与元位移 $\mathrm{d}\boldsymbol{r}$ 同方向时，$W=F\mathrm{d}r$；当 $\theta=\pi/2$，即力 $\boldsymbol{F}$ 与元位移 $\mathrm{d}\boldsymbol{r}$ 互相垂直时，$W=0$，力 $\boldsymbol{F}$ 不对物体做功；当 $\pi/2<\theta\leqslant\pi$ 时，$W<0$，即力 $\boldsymbol{F}$ 对物体做负功。

如果变力 $\boldsymbol{F}$ 的作用点从 A 移到 B 的过程中，变力 $\boldsymbol{F}$ 所做的总功可用积分表示为

$$W=\int_{r_A}^{r_B}F\cos\theta\mathrm{d}r \tag{8-14}$$

式中积分下限 r_A 和上限 r_B 分别是 A 点和 B 点的位矢的大小。

由功的定义可知，只有力的作用点有位移，而且在位移方向上有力作用，才谈得上做功。物体受力而无位移，例如，木块静置在桌面上，虽然桌面对木块有作用力，这个力并不做功。物体受力并有位移，但力和位移垂直，这个力也不做功，例如，在水平路面上推车，作用在车上的重力不做功，曲线运动中的向心力也不做功。有时，物体在外力的方向上虽有位移，但力的作用点没有位移，外力也不做功，例如，在地面上做纯滚动的轮子，轮缘与地面接触处无滑动，轮缘与地面间的静摩擦力不做功。以上讨论的都是与物体的机械运动状态变化相联系的功，可以称为机械功。

功是标量，是能量转化的一种量度。外界对物体或系统做功，或者物体或系统对外界做功，都能使物体或系统的状态发生变化，它们的能量也相应地有所增加或减少。

当几个力同时作用于一个物体上时，由于合力等于各个分力的矢量和，合力所做的功为

$$W=\int_{r_A}^{r_B}\boldsymbol{F}\cdot\mathrm{d}\boldsymbol{r}=\int_{r_A}^{r_B}\sum_i\boldsymbol{F}_i\cdot\mathrm{d}\boldsymbol{r}=\sum_i\int_{r_A}^{r_B}\boldsymbol{F}_i\cdot\mathrm{d}\boldsymbol{r}=\sum_i W_i \tag{8-15}$$

表明合外力所做的总功等于各个分力所做的功之和。

8.3.2 动能和动能定理

设质点在变力 $\boldsymbol{F}$ 的作用下，从 a 到 b 做曲线运动，由牛顿第二定律的自然坐标形式可得

$$F_{\mathrm{t}}=ma_{\mathrm{t}}=m\frac{\mathrm{d}v}{\mathrm{d}t} \tag{8-16}$$

由元功的定义式（8-13）可得

$$\mathrm{d}W=\boldsymbol{F}\cdot\mathrm{d}\boldsymbol{r}=\boldsymbol{F}_{\mathrm{t}}\,|\,\mathrm{d}\boldsymbol{r}\,|=m\frac{\mathrm{d}v}{\mathrm{d}t}v\mathrm{d}t=mv\mathrm{d}v \tag{8-17}$$

两边积分可得

$$W=\int_a^b\mathrm{d}W=\int_{v_a}^{v_b}mv\mathrm{d}v=\frac{1}{2}mv_b^2-\frac{1}{2}mv_a^2=E_{\mathrm{k2}}-E_{\mathrm{k1}} \tag{8-18}$$

式中，$E_{\mathrm{k}}=\dfrac{1}{2}mv^2$ 定义为质点的**动能**。动能是物体运动状态的单值函数。式（8-18）表明：合外力对物体所做的总功等于物体的动能增量，称为**动能定理**。

动能定理不是经典力学新的、独立的定律，仅是定义了功和动能之后，直接由牛顿第二定律导出了它们之间的关系，功与动能虽然都与坐标系的选择有关，但只要是惯性系，动能定理均成立。

质点系的动能定理可表述为：质点系动能的增量等于作用在质点系中各个质点的所有内力和外力所做功的代数和。用公式表示就是

$$E_{k2}-E_{k1}=W_e+W_i \tag{8-19}$$

式中，W_e 和 W_i 为外力所做总功和质点系中各个质点的所有内力的功。表明应用质点系的动能定理时，必须考虑内力的功。这是因为，在可变质点系中，由于质点间相对距离的变化，作用力和反作用力作用点的位移可以不同，内力功的代数和不为零。例如，在汽车和车厢内装载的物体组成的系统中，当汽车紧急刹车时，物体在车厢内滑动一段距离。在此过程中，物体和车厢地板间的一对摩擦力虽然等值而反向，但这两个力所做的功却反号而不等值，它们的代数和不等于零。

在某些情况下，动能定理比第二定律解决问题方便，它不必考虑物体复杂的运动过程。在物理学中，动能定理是将功和能这两个概念进行全面推广的起点，这个事实或许意义更为重大。具有动能的物体，可以对外界做功，以改变其他物体的机械运动状态，或者使其他物体发热、发光、发声、产生电磁效应，把动能转化为其他形式的能量。

例 8-5　劲度系数为 k 的轻弹簧竖直放置，下端悬一小球，球的质量为 m，开始时弹簧为原长而小球恰好与地接触。今将弹簧上端缓慢提起，直到小球能脱离地面为止，求此过程中外力的功。

解　由于小球缓慢被提起，所以每时刻都可看成外力的大小与弹性力的大小相等，即外力的大小 $F=kx$，选向上为 x 轴正向。

当小球刚脱离地面时，$mg=kx_{max}$，有

$$x_{max}=\frac{mg}{k}$$

由做功的定义可知外力的功为

$$A=\int_0^{x_{max}}kx\,dx=\frac{1}{2}kx^2\Big|_0^{\frac{mg}{k}}=\frac{m^2g^2}{2k}$$

例 8-6　如图 8-14 所示，一质量为 m 的质点，在半径为 R 的半球形容器中，由静止开始自边缘上的 A 点滑下，到达最低点 B 时，它对容器的正压力数值为 N，求质点自 A 滑到 B 的过程中，摩擦力对其做的功。

分析　直接求解摩擦力做的功 A_f 很困难，应用动能定理，需要知道它的末速度的情况。

解　B 点的速度满足：

$$N-G=m\frac{v^2}{R}$$

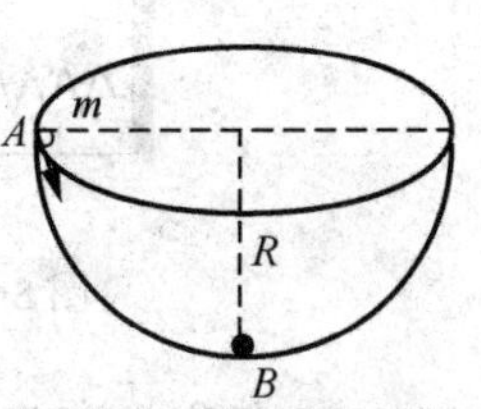

图 8-14　例 8-6图示

可得质点的动能为

$$\frac{1}{2}mv^2=\frac{1}{2}(N-G)R$$

由质点的动能定理：

$$mgR+A_f=\frac{1}{2}mv^2-0$$

得

$$A_f=\frac{1}{2}(N-G)R-mgR=\frac{1}{2}(N-3mg)R$$

8.4　质点系的势能

有一种力在任意一个循环过程中所做的功都等于零，或者说这一种力做功与路径无关，这种力叫做**保守力**。

8.4.1　保守力的功

当质点运动时，力所做的功仅由质点的初位置和末位置决定，而与质点的运动路径无关，这样的力称为**保守力**。重力、万有引力、弹力、静电力做功都有这样的性质，都是保守力。

1. 重力的功

一个质点从高为 h_1 的 a 点在重力作用下落到高为 h_2 的 b 点，则重力做功为

$$W=\int_a^b \mathrm{d}W=\int_{h_1}^{h_2}-mg\,\mathrm{d}h=mgh_1-mgh_2 \tag{8-20}$$

2. 弹力的功

胡克定律指出弹性体所受的弹性力与位移成正比，即

$$F=-kx \tag{8-21}$$

式中 k 为弹性体的劲度系数。负号表示弹性力的方向与位移相反。

如图 8-15 所示，在外力 $\boldsymbol{F}'$ 作用下，滑块从位移为 x_A 的 A 点移到位移为 x_B 的 B 点，这时弹簧施加于滑块的弹性力 $\boldsymbol{F}$ 作功为

$$W=\int_A^B \mathrm{d}W=\int_{x_A}^{x_B}-kx\,\mathrm{d}x=\frac{1}{2}kx_A^2-\frac{1}{2}kx_B^2 \tag{8-22}$$

这个积分可以通过图 8-16 的梯形面积得出。

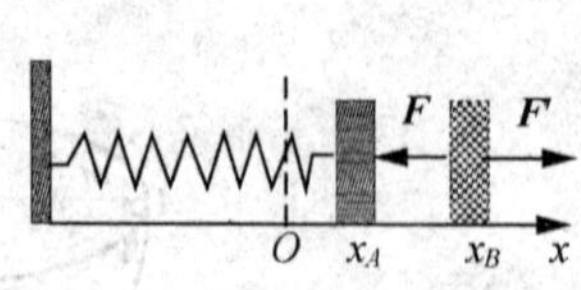

图 8-15　弹性力作用

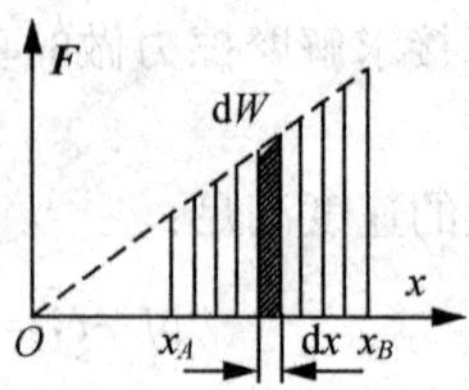

图 8-16　弹性力做功

3. 万有引力的功

如图 8-17 所示，在万有引力

$$\boldsymbol{F}=-G\frac{mM}{r^3}\boldsymbol{r}$$

作用下，质点从相距为 r_a 的 A 点变到相距为 r_b 的 B 点时，引力对其做功为

$$W=\int_A^B \mathrm{d}W=\int_{r_a}^{r_b}-G\frac{Mm}{r^2}\mathrm{d}r=-GMm\left(\frac{1}{r_a}-\frac{1}{r_b}\right) \tag{8-23}$$

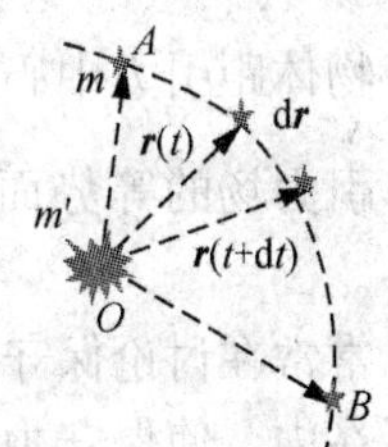

图 8-17　万有引力做功

8.4.2　质点系的势能

从重力、弹性力和万有引力做功的结果可见它们有一个共同的特点，功的表达式右边都是一个相同物理量起点值与终点值之差，这个由质点系间的相对位置和相互作用来决定的能量，称为**势能**，也叫**位能**。这些功的表达式表明势能的增量等于保守力做功的负值，即

$$\Delta E_{\mathrm{p}}=-W_{\text{保守力}} \tag{8-24}$$

势能定义为将该物体由某一位置移动到零势能面的过程中保守力所做的功。势能是系统的状态函数，与零势能面的选择有关。

1. 重力势能

质点在重力场中具有的势能叫做重力势能，也叫做重力位能。如果取 z 轴竖直向上，用 $\boldsymbol{k}$ 表示 z 轴方向上的单位矢量，用 g 表示重力场强（即重力加速度）的大小，则质量为 m 的质点在重力场中所受的重力为 $\boldsymbol{G}=-mg\boldsymbol{k}$。把物体从 $z=0$ 处移到 $z=h$ 时，重力所做的功为 $W=-mgh$。根据势能的性质，重力对质点所做的功等于质点重力势能增量的负值，如果选定 $z=0$ 处为零势能面，则 $z=h$ 处的重力势能为 $E_{\mathrm{p}}=mgh$。

通常取地面为零势能面，h 就是距地面的高度。重力场的等势面就是不同高度的水平面，力线方向竖直向下。当质点所在处低于零势能面时，h 取负值。

2. 弹性势能

质点在弹性力场中的势能。以弹簧为例，取弹簧的固定端为原点，劲度系数为 k、自然长度为 x_0 的弹簧产生的弹力为 $F=-k(x-x_0)$。根据势能的性质，弹力对质点所做的元功等于弹性势能增量的负值，如果以弹簧的自然状态弹性势能为零，则质点伸长到长度为 x 时弹簧的弹性势能为 $E_{\mathrm{p}}=\frac{1}{2}k(x-x_0)^2$。

3. 引力势能

质点在万有引力场中具有的势能，称为引力势能。取引力中心的位置为坐标原点，设引力源的质量为 M，则距引力中心为 r、质量为 m 的物体所受引力的大小为 $F=-G\frac{mM}{r^2}$，其方向指向引力中心。这里，M 和 m 通常称为**引力质量**。在爱因斯坦的广义相对论中，引力质量与惯性质量等价。

取无穷远处（$r\to\infty$）的引力势能为零，由于引力所做的功等于引力势能增量的负

值，物体距引力中心为 r 时，它的引力势能为 $E_{\mathrm{p}}=-G\dfrac{mM}{r}$。

引力场的等势面是以引力中心为球心的不同半径的球面，力线沿球面半径指向球心。

常常在讨论保守力做功及系统势能的变化时，将所研究的系统扩大，把施力者也包括在内，使保守力成为系统的内力，使势能成为系统内部的能量，这种处理方法，在处理实际问题时得到的结果与上面讲的处理方法是相同的。

在保守力场中引入势能的概念，可以把比较复杂的力的矢量场的计算用比较简单的势能的标量场来代替，使某些问题的处理得到简化。根据势能的值，还可以做出保守力场的等势面。质点从同一等势面上的任意一点移到另外一点不做功，因此保守力场的力线处处与等势面正交。利用力线和等势面可以对力场进行比较形象的描述，给力场提供一个比较完整的图景。

根据保守力做功的特点，当将一个质点在保守力场中从任意一点经任意路径移动到某一处后再经任意路径回到原来的位置时，保守力所做的总功等于零。简而言之，在一个循环过程中保守力做功等于零，即

$$\oint_l \boldsymbol{F}\cdot\mathrm{d}\boldsymbol{r}=0 \tag{8-25}$$

式中 l 为任意闭合路径。式（8-25）是判断 $\boldsymbol{F}$ 是否为保守力的充分必要条件。

例 8-7 一弹簧的弹力与形变的关系为 $\boldsymbol{F}=(-52.8x-38.4x^2)\boldsymbol{i}$，其中 $\boldsymbol{F}$ 和 x 的单位分别为 N 和 m。$\boldsymbol{i}$ 是 x 轴的单位矢量。

1）计算当将弹簧由 $x_1=0.522\mathrm{m}$ 拉伸至 $x_2=1.34\mathrm{m}$ 过程中，外力所做的功。

2）此弹力是否为保守力？

解 1）由做功的定义可知

$$\begin{aligned}A&=\int_{x_1}^{x_2}\boldsymbol{F}\cdot\mathrm{d}\boldsymbol{x}=\int_{0.522}^{1.34}(-52.8x-38.4x^2)\mathrm{d}x\\&=-26.4(x_2^2-x_1^2)-12.6(x_2^3-x_1^3)\approx 69.2\mathrm{J}\end{aligned}$$

2）因为

$$\boldsymbol{F}(x)=F(x)\boldsymbol{i}$$

则

$$\begin{aligned}\oint_l\boldsymbol{F}(x)\cdot\mathrm{d}\boldsymbol{r}&=\oint_l(-52.8x-38.4x^2)\boldsymbol{i}\cdot(\mathrm{d}x\boldsymbol{i}+\mathrm{d}y\boldsymbol{j}+\mathrm{d}z\boldsymbol{k})\\&=\oint_l(-52.8x-38.4x^2)\mathrm{d}x=0\end{aligned}$$

所以按判别式（8-25）可判断该弹力为保守力。

例 8-8 如图 8-18 所示，轻弹簧 AB 的上端 A 固定，下端 B 悬挂质量为 m 的重物。已知弹簧原长为 l_0，劲度系数为 k，重物在 O 点达到平衡，此时弹簧伸长了 x_0。取 x 轴向下为正，且坐标原点位于弹簧原长位置 O'；力的平衡位置 O。若取原点为重力势能和弹性势能的势能零点，试分别计算重物在任一位置 P 时系统的总势能。

解 1）取弹簧原长位置 O' 为重力势能和弹性势能的势能零点，则重物在任一位置 P 时系统的总势能为

$$E_p=-mg(x+x_0)+\frac{1}{2}k(x+x_0)^2$$

2）取力的平衡位置 O 为重力势能和弹性势能的势能零点，则重物在任一位置 P 时系统的总势能为

$$E_p=-mgx+\frac{1}{2}k(x+x_0)^2-\frac{1}{2}kx_0^2$$

而 $mg=kx_0$，所以

$$E_p=-mgx+\frac{1}{2}k(x+x_0)^2-\frac{1}{2}kx_0^2=\frac{1}{2}kx^2$$

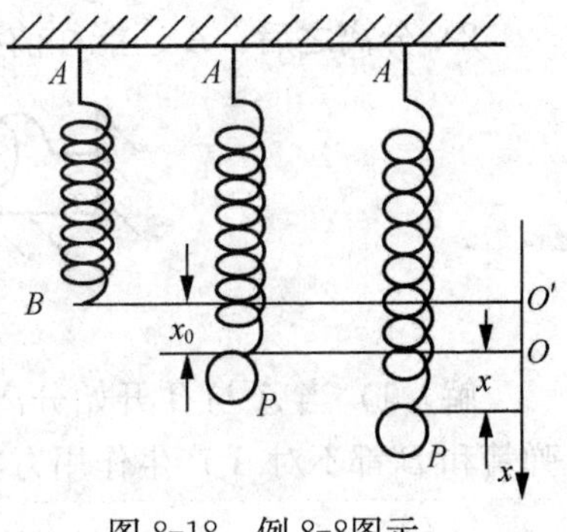

图 8-18　例 8-8图示

8.5　机械能守恒定律和功能原理

质点系除了受外力作用之外，质点系内部任意两个质点之间还存在内力作用。外力和内力做功对动能、势能的影响有什么不同呢？

8.5.1　机械能守恒定律

定义质点或质点系动能和势能的总和叫做**机械能**。

如果只有保守力（重力和弹力）对质点做功，则质点的机械能保持不变，称为**机械能守恒定律**。这一定律可简单地推证如下。

设在保守力场中运动的某一质点，在位置 1 时的动能和势能分别为 E_{k1} 和 E_{p1}，在位置 2 时的动能和势能分别为 E_{k2} 和 E_{p2}，质点由位置 1 移到位置 2 的过程中，保守力所做的功为 W_{12}。根据质点的动能定理，有 $E_{k2}-E_{k1}=W_{12}$。根据势能的性质，有 $W_{12}=E_{p1}-E_{p2}$，由此可得 $E_{k2}-E_{k1}=E_{p1}-E_{p2}$，即 $E_{k2}+E_{p2}=E_{k1}+E_{p1}=$ 常量。

质点系的机械能守恒定律可表述为：如果质点系所受的外力和内力中，只有保守力（重力和弹力）做功，非保守力都不做功，则质点系的动能和势能（包括外势能和内势能）的总和保持不变。

如果把保守力看成系统的内力，势能是系统内部的能量，机械能守恒定律可表述为：如果质点系内只有保守力（重力和弹力）做功，非保守内力和一切外力都不做功。系统内动能和势能的总和保持不变。

机械能守恒定律是与时间平移对称性相联系的。所谓**时间平移对称性**，就是物理规律不随时间的变化而改变。例如，万有引力定律、静电力的库仑定律，在今天和古代是一样的。要测量某些物理常量，例如，电子的电荷或引力常量，前天测得的结果跟今天测得的结果是一样的。这就是说，把计算时间的起点从 t_1 移到 t_2，或者反过来由 t_2 移到 t_1，物理规律的形式不会改变。

不难看出，在满足机械能守恒定律的条件下，动能和势能可以等值的相互转化。

例 8-9　如图 8-19 所示，在光滑水平面上，平放一轻弹簧，弹簧一端固定，另一端连一物体，A 紧靠着一物体 B，它们的质量分别为 m_A 和 m_B，弹簧劲度系数为 k，原长为 l。用力推 B，使弹簧压缩 x_0，然后释放。求：

1）当 A 与 B 开始分离时，它们的位置和速度。

2）分离之后，A 还能往前移动多远？

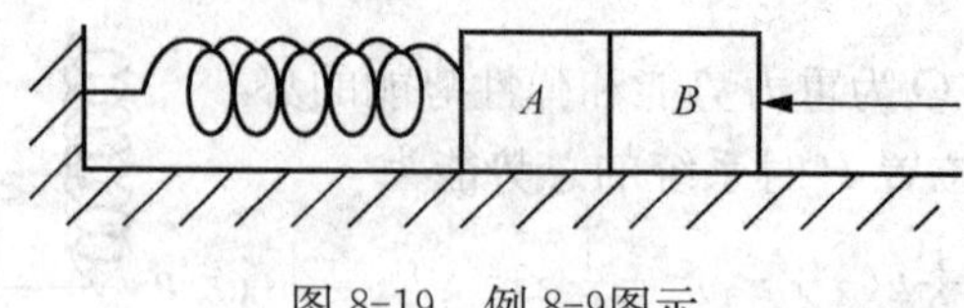

图 8-19　例 8-9图示

解　1）当 A 与 B 开始分离时，两者具有相同的速度，但 A 的加速度为零，此时弹簧和 B 都不对 A 产生作用力，即为弹簧原长位置时刻，根据机械能守恒定律，有

$$\frac{1}{2}(m_A+m_B)v^2=\frac{1}{2}kx_0^2$$

可得到

$$v=\sqrt{\frac{k}{m_A+m_B}}x_0,\quad x=l$$

2）分离之后，A 的动能又将逐渐的转化为弹性势能，所以

$$\frac{1}{2}m_Av^2=\frac{1}{2}kx_A^2$$

则

$$x_A=\sqrt{\frac{m_A}{m_A+m_B}}x_0$$

8.5.2　非保守力的功

如果一个力对运动质点所做的功不仅与质点的初位置和末位置有关，而且与质点运动的路径有关，这个力就是非保守力。也可以说，非保守力对质点沿着任何闭合路径运动一周所做的功不等于零。汽车的牵引力就是一种非保守力，从甲地到乙地，走远路比走近路牵引力做的功要多。在电子感应加速器中，涡旋电场对运动电子的作用力也是非保守力。电子每绕环形真空室转一周，动能都会增加。滑动摩擦力和流体的阻力也是非保守力，它总是对运动的物体做负功，使系统的机械能不断减少，在始末两位置间经过的路径越长，机械能减少得越多。因此，物体在受到非保守力的作用时，它的机械能不再守恒。对运动物体做负功并使系统的机械能减少的非保守力，也叫做耗散力。

8.5.3　功能原理

如果作用在质点系上的外力和内力，除保守力外还有非保守力，而且非保守力也做功，质点系的机械能就会发生变化。质点系机械能的增量等于外力和非保守内力做功的代数和，称为**质点系的功能原理**。

功能原理可简要推证如下。

根据动能定理，质点系所受外力和内力做功的代数和等于质点系动能的增量。把内力分为保守力和非保守力，则

$$\Delta E_{\mathrm{k}}=W_{\mathrm{e}}+W_{\mathrm{ci}}+W_{\mathrm{nci}}\tag{8-26}$$

式中，$\Delta E_k = E_{k2} - E_{k1}$为质点系动能的增量。$W_e$，$W_{ci}$，$W_{nci}$依次为外力做的功、保守内力做的功、非保守内力做的功。

由于保守外力和保守内力做功的代数和等于系统势能增量的负值，即

$$W_{ce} + W_{ci} = -\Delta E_p \tag{8-27}$$

因此，非保守力做功等于质点系总机械能的增量。

$$W_{nc} = W_{nce} + W_{nci} = \Delta E_k + \Delta E_p \tag{8-28}$$

当非保守外力和非保守内力所做的总功等于零时，质点系总机械能的增量也等于零。这就得到机械能守恒定律。

例 8-10 若在近似圆形轨道上运行的卫星受到尘埃的微弱空气阻力 f 的作用，设阻力与速度的大小成正比，比例系数 k 为常数，即 $\boldsymbol{f} = -k\boldsymbol{v}$，试求质量为 m 的卫星，开始在离地心 $r_0 = 4R$（R 为地球半径）陨落到地面所需的时间。

解 该卫星在任何时刻的总机械能为

$$E = \frac{1}{2}mv^2 - G\frac{mM}{r} \tag{1}$$

又由于

$$G\frac{mM}{r^2} = m\frac{v^2}{r}$$

引力势能为

$$G\frac{mM}{r} = mv^2 \tag{2}$$

联立（1）、（2）两式，得

$$E = -G\frac{mM}{2r}$$

两边微分，得

$$\mathrm{d}E = G\frac{mM}{2r^2}\mathrm{d}r$$

由功能原理，得

$$f\mathrm{d}s = \mathrm{d}E$$

即

$$(-kv)\mathrm{d}s = G\frac{mM}{2r^2}\mathrm{d}r$$

或

$$-kv\frac{\mathrm{d}s}{\mathrm{d}t} = \frac{GmM}{2r \cdot r} \cdot \frac{\mathrm{d}r}{\mathrm{d}t}$$

有

$$-kv^2 = mv^2\frac{1}{2r} \cdot \frac{\mathrm{d}r}{\mathrm{d}t}$$

得

$$\frac{2k}{m}\mathrm{d}t = -\frac{\mathrm{d}r}{r}$$

考虑已知条件，将上式两边积分，有

$$\int_0^t \frac{2k}{m}\mathrm{d}t = -\int_{4R}^{R} \frac{\mathrm{d}r}{r}$$

因此卫星陨落到地面所需的时间为

$$t = \frac{m}{k}\ln 2$$

8.6　相对论质量和动量

根据动量的定义 $\boldsymbol{p}=m\boldsymbol{v}$ 和牛顿第二运动定律 $\boldsymbol{F}=\mathrm{d}(m\boldsymbol{v})/\mathrm{d}t$，如果力 $\boldsymbol{F}$ 持续作用则动量 $\boldsymbol{p}$ 不断增大，甚至可以达∞。然而，按照狭义相对论，质点的速率值有上限，即 $v<c$，故只能质量 m 随速率 v 而增大，且当 $v\to c$ 时，应有 $m\to\infty$。

1906 年，爱因斯坦发表了一篇短文——《物质所含的惯性同它们所含的质量有关吗》，给出了运动的物体质量随速度的变化关系式

$$m=\frac{m_0}{\sqrt{1-\frac{v^2}{c^2}}} \tag{8-29}$$

式中，m_0 为物体静止时的质量；v 为物体运动的速率；c 为真空中的光速。式（8-29）表明运动时质量增大。这意味着物体的质量与时间和空间一样都具有相对性。这个效应在运动速度接近光速的宇宙射线和基本粒子中能明显测出来。

下面我们以碰撞问题为例来导出式（8-28）。

如图 8-20 所示，有两个静止质量都为 m_0 的粒子 A、B，在实验室参考系 S 观察到粒子 A 以速度 $\boldsymbol{v}_1$ 与静止的粒子 B 发生对心碰撞，碰后复合为一整体。设粒子 A 运动质量为 m，碰撞后粒子 A、B 共同速度为 $\boldsymbol{v}_2$，碰撞前后应动量守恒，即

$$m\boldsymbol{v}_1=(m_0+m)\boldsymbol{v}_2 \tag{8-30}$$

而在随粒子 A 以速度 $\boldsymbol{u}=\boldsymbol{v}_1$ 运动的参考系 S' 则观察到：质量为 m 的粒子 B 以速度 $-\boldsymbol{v}_1$ 与静止的粒子 A 发生对心碰撞，碰后整体运动速度为 $\boldsymbol{v}_2'$，如图 8-21 所示。按洛伦兹速度变换关系式（7-10），碰撞前两粒子速度分别为

$$\boldsymbol{v}_A'=\frac{\boldsymbol{v}_1-\boldsymbol{v}_1}{1-v_1^2/c^2}=0 \tag{8-31}$$

$$\boldsymbol{v}_B'=\frac{0-\boldsymbol{v}_1}{1-0/c^2}=-\boldsymbol{v}_1 \tag{8-32}$$

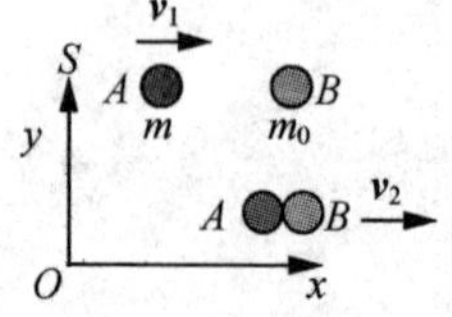

图 8-20　两粒子在 S 系中对心碰撞

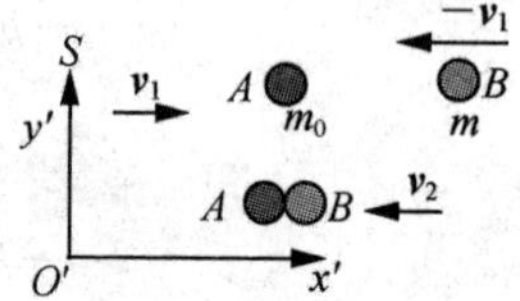

图 8-21　两粒子在 S' 系中对心碰撞

碰撞后两粒子共同速度为

$$\boldsymbol{v}_2'=\frac{\boldsymbol{v}_2-\boldsymbol{v}_1}{1-v_1v_2/c^2} \tag{8-33}$$

在 S' 系中观察同样有动量守恒，即

$$-m\boldsymbol{v}_1=(m_0+m)\boldsymbol{v}_2' \tag{8-34}$$

联立式（8-30）和式（8-34），得

$$\boldsymbol{v}_2'=-\boldsymbol{v}_2 \tag{8-35}$$

将式（8-35）代入式（8-33），得

$$-\boldsymbol{v}_2=\frac{\boldsymbol{v}_2-\boldsymbol{v}_1}{1-v_1v_2/c^2} \tag{8-36}$$

即

$$1-\frac{\boldsymbol{v}_2}{v_1}\frac{\boldsymbol{v}_1^2}{c^2}=\frac{\boldsymbol{v}_1}{v_2}-1$$

代入式（8-34）可得

$$m=\frac{m_0}{\sqrt{1-v_1^2/c^2}} \tag{8-37}$$

由此证明式（8-29）是正确的。相应地，相对论动量应为

$$\boldsymbol{p}=m\boldsymbol{v}=\frac{m_0\boldsymbol{v}}{\sqrt{1-v^2/c^2}} \tag{8-38}$$

在 $\boldsymbol{v}\ll c$ 的条件下，由式（8-37）和式（8-38）可见，质点的质量不再随速度改变，动量仍保持原定义。

注意　虽然式（8-29）和式（8-37）类似于时空的洛伦兹变换，但是应明确这里的 $\boldsymbol{v}$ 是质点的速度，不局限于惯性参考系的恒速，是可以随时间变化的。

8.7　狭义相对论质能关系

因为相对论质量是速率的函数，亦即随时间变化，牛顿第二定律应修正为

$$\boldsymbol{F}=\frac{\mathrm{d}\boldsymbol{p}}{\mathrm{d}t}=\frac{m\mathrm{d}\boldsymbol{v}}{\mathrm{d}t}+\frac{\boldsymbol{v}\mathrm{d}m}{\mathrm{d}t}=m\boldsymbol{a}+\boldsymbol{v}\frac{\mathrm{d}m}{\mathrm{d}t} \tag{8-39}$$

显然，一般情况下 $\boldsymbol{a}\neq\boldsymbol{F}/m$，质量不再是惯性的量度。

按照质点的动能定理

$$\mathrm{d}E_\mathrm{k}=\boldsymbol{F}\cdot\mathrm{d}\boldsymbol{r} \tag{8-40}$$

将式（8-39）代入式（8-40），有

$$\mathrm{d}E_\mathrm{k}=\frac{m\mathrm{d}\boldsymbol{v}}{\mathrm{d}t}\cdot\mathrm{d}\boldsymbol{r}+\frac{\mathrm{d}m}{\mathrm{d}t}\boldsymbol{v}\cdot\mathrm{d}\boldsymbol{r}=m\boldsymbol{v}\cdot\mathrm{d}\boldsymbol{v}+\boldsymbol{v}^2\mathrm{d}m \tag{8-41}$$

对式（8-29）两边平方，得

$$m^2c^2-m^2\boldsymbol{v}^2=m_0^2c^2 \tag{8-42}$$

取微分可得

$$(c^2-\boldsymbol{v}^2)\mathrm{d}m=m\boldsymbol{v}\mathrm{d}v \tag{8-43}$$

比较式（8-41）和式（8-43），可见

$$dE_k = c^2 dm \tag{8-44}$$

对式（8-44）两边积分得

$$\int_0^{E_k} dE_k = c^2 \int_{m_0}^{m} dm$$

由此得到相对论动能为

$$E_k = mc^2 - m_0 c^2 \tag{8-45}$$

式中，$m_0 c^2$ 是物体静止不动时自身具有的能量，它是物质内部结构各层次粒子的能量的总和。而物体总能量为

$$E = mc^2 \tag{8-46}$$

这就是爱因斯坦的**相对论质能关系**。它表明质量和能量是有内在联系的，相对论质量可以认为是能量的量度。当物体的质量减少时，相应的能量成比例减小。

例 8-11 某种热核反应 ${}_1^2\text{H} + {}_1^3\text{H} \rightarrow {}_2^4\text{He} + {}_0^1\text{n}$ 中各粒子的静质量为

氘核 ${}_1^2\text{H}$ 的静质量 $m_D = 3.3437 \times 10^{-27}$ kg

氚核 ${}_1^3\text{H}$ 的静质量 $m_T = 5.0049 \times 10^{-27}$ kg

氦核 ${}_2^4\text{H}$ 的静质量 $m_{He} = 6.6425 \times 10^{-27}$ kg

中子 ${}_0^1\text{n}$ 的静质量 $m_n = 1.6749 \times 10^{-27}$ kg

求这一热核反应释放的能量是多少？

解 热核反应造成的质量亏损为

$$\Delta m = (m_D + m_T) - (m_{He} + m_n) = 0.0311 \times 10^{-27} \text{ kg}$$

相应释放的能量为

$$\Delta E = \Delta m \cdot c^2 \approx 2.799 \times 10^{-12} \text{ J}$$

而 1kg 的这种核燃料所释放的能量为

$$\frac{\Delta E}{m_D + m_T} = \frac{2.799 \times 10^{-12}}{8.3486 \times 10^{-27}} \text{ J/kg} \approx 3.35 \times 10^{14} \text{ J/kg}$$

为 1kg 优质煤燃烧所释放热量的 1 千多万倍。

图 8-22 秦山核电站

这类由于原子核内部结构发生变化而释放出的巨大能量，称为**核能**。爱因斯坦的狭义相对论为核能利用奠定了基础。

核电站只需消耗很少的核燃料，就可以产生大量的电能，每千瓦时电能的成本比火电站要低 20%以上。核电站还可以大大减少燃料的运输量。例如，一座 100 万千瓦的火电站每年耗煤三四百万吨，而相同功率的核电站每年仅需铀燃料三四十吨。图 8-22 是我国自主开发的秦山核电站。

狭义相对论的建立是物理学发展史上的革命，它改变了经典力学的许多基本概念和基本观点，既把空间、时间和物质的运动联系起来，又将能量、质量和运动联系起来。

当然，狭义相对论也有它的局限性。它没有解决惯性

系何以优于其他参考系之谜，也没有进一步揭示时空与物质分布的关系。狭义相对论只有在引力场比较弱、引力的影响可以忽略的情况下，其结论才是正确的。狭义相对论建立以后，爱因斯坦看到了它的局限性，但他没有停滞不前，而是继续探求一种更普遍的理论。经过前后共 10 年的潜心研究，他终于在 1915 年把狭义相对论推广为广义相对论。1916 年初，他发表了《广义相对论基础》，并进行了系统的理论总结。在爱因斯坦本人看来，这是他一生中最重要的科学发现，也是他一生中最愉快的事情。

思考与讨论

8.1　如图 8-23 所示，假设物体沿着竖直面上圆弧形轨道下滑，轨道是光滑的，在从 A 至 C 的下滑过程中，下列说法正确的是（　　）。

(A) 它的加速度大小不变，方向永远指向圆心

(B) 它的速率均匀增加

(C) 它的合外力大小变化，方向永远指向圆心

(D) 它的合外力大小不变

(E) 轨道支持力的大小不断增加

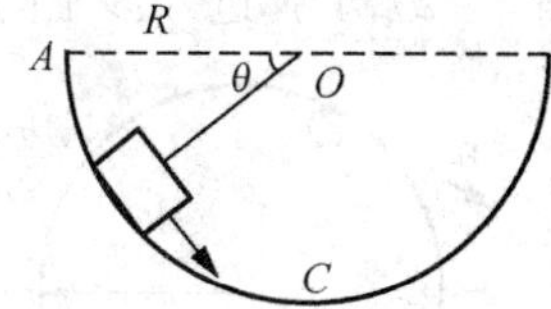

图 8-23　题 8.1 图示

8.2　一 α 粒子开始时沿 x 轴负向以速度 $\boldsymbol{v}$ 运动，后被位于坐标原点的金核所散射，使其沿与 x 轴成 120°的方向运动（速度大小不变）。试用矢量在图上表出 α 粒子所受到的冲量 $\boldsymbol{I}$ 的大小和方向。

8.3　试用所学的力学原理解释逆风行舟的现象。

8.4　在水平冰面上以一定速度向东行驶的炮车，向东南（斜向上）方向发射一炮弹，对于炮车和炮弹这一系统，在此过程中（忽略冰面摩擦力及空气阻力）哪些量守恒？

8.5　体重相同的甲乙两人，分别用双手握住跨过无摩擦滑轮的绳子两端，当他们由同一高度向上爬时，相对于绳子，甲的速度是乙的两倍，则到达顶点情况是（　　）。

(A) 甲先到达　(B) 乙先到达　(C) 同时到达　(D) 谁先到达不能确定

8.6　A 和 B 两物体放在水平面上，它们受到的水平恒力 $\boldsymbol{F}$ 一样，位移 $\boldsymbol{s}$ 也一样，但一个接触面光滑，另一个粗糙。$\boldsymbol{F}$ 力做的功是否一样？两物体动能增量是否一样？

8.7　设在 S' 系中有一粒子，原来静止于原点 O'，在某一时刻粒子分裂为相等的两半 A 和 B，分别以速率 u 沿 x' 轴的正向和反向运动。设另一参考系 S 以速率 u 沿 $-x'$ 方向运动。

1）S 系中测得 B 的速度多大？

2）S 系中测得 A 和 B 的质量比 $\left(\frac{m_A}{m_B}\right)$ 多大？

习　题　8

8-1　质量为 16kg 的质点在 xOy 平面内运动，受一恒力作用，力的分量为 $f_x=6\text{N}$，$f_y=7\text{N}$，当 $t=0$ 时，$x=y=0$，$v_x=-2\text{m/s}$，$v_y=0$。当 $t=2\text{s}$ 时，求：

1）质点的位矢。

2）质点的速度。

8-2　摩托快艇以速率 v_0 行驶，它受到的摩擦阻力与速率平方成正比，可表示为 $F=-kv^2$（k 为正值常量）。设摩托快艇的质量为 m，当摩托快艇发动机关闭后，求：

1）求速率 v 随时间 t 的变化规律。

2）求路程 x 随时间 t 的变化规律。

3）证明速度 v 与路程 x 之间的关系为 $v=v_0\mathrm{e}^{-k'x}$，其中 $k'=k/m$。

8-3　质量为 m 的子弹以速度 $\boldsymbol{v}_0$ 水平射入沙土中，设子弹所受阻力与速度反向，大小与速度成正比，比例系数为 k，忽略子弹的重力，求：

1）子弹射入沙土后，速度随时间变化的函数式。

2）子弹进入沙土的最大深度。

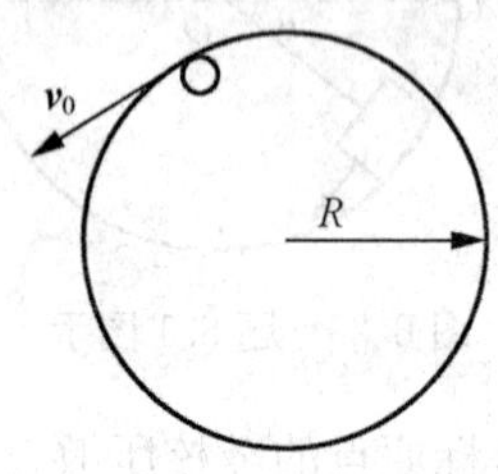

图 8-24　习题 8-4图示

8-4　如图 8-24 所示，在光滑的水平面上设置一竖直的圆筒，半径为 R，一小球紧靠圆筒内壁运动，摩擦系数为 μ，在 $t=0$ 时，球的速率为 v_0，求任一时刻球的速率和运动路程。

8-5　设飞机降落时的着地速度大小为 v_0，方向与地面平行，飞机与地面间的摩擦系数 μ，如果飞机受到的迎面空气阻力与速率平方成正比为 K_xv^2，升力为 K_yv^2（K_x 和 K_y 均为常量），已知飞机的升阻比为 $C=\frac{K_y}{K_x}$，求从着地到停止这段时间所滑行的距离（设飞机刚着地时对地面无压力）。

8-6　质量为 $M=2.0\text{kg}$ 的物体（不考虑体积），用一根长为 $l=1.0\text{m}$ 的细绳悬挂在天花板上。今有一质量为 $m=20\text{g}$ 的子弹以 $v_0=600\text{m/s}$ 的水平速度射穿物体。刚射出物体时子弹的速度大小 $v=30\text{m/s}$，设穿透时间极短。求：

1）子弹刚穿出时绳中张力的大小。

2）子弹在穿透过程中所受的冲量。

8-7　一静止的原子核经放射性衰变产生出一个电子和一个中微子，已知电子的动量为 $1.2\times10^{-22}\text{ kg}\cdot\text{m/s}$，中微子的动量为 $6.4\times10^{-23}\text{ kg}\cdot\text{m/s}$，两动量方向彼此垂直。

1）求核反冲动量的大小和方向。

2）已知衰变后原子核的质量为 $5.8\times10^{-26}\text{kg}$，求其反冲动能。

8-8　一颗子弹在枪筒里前进时所受的合力大小为 $F=\left(400-\frac{4}{3}\times10^5t\right)\text{N}$，子弹从枪口射出时的速率为 300m/s。设子弹离开枪口处合力刚好为零。求：

1）子弹走完枪筒全长所用的时间 t。

2）子弹在枪筒中所受力的冲量 $\boldsymbol{I}$。

3）子弹的质量。

8-9　两质量相同的小球，一个静止，一个以速度 $\boldsymbol{v}_0$ 与另一个小球作对心碰撞，求碰撞后两球的速度。

1）假设碰撞是完全非弹性的。

2）假设碰撞是完全弹性的。

3）假设碰撞的恢复系数 $e=0.5$。

8-10　一质量为 M 千克的木块，系在一固定于墙壁的弹簧的末端，静止在光滑水平面上，弹簧的劲度系数为 k。一质量为 m 的子弹射入木块后，弹簧长度被压缩了 L。

1）求子弹的速度。

2）若子弹射入木块的深度为 s，求子弹所受的平均阻力。

8-11　质量为 $m=0.5\text{kg}$ 的质点，在 xOy 坐标平面内运动，其运动方程为 $x=5t^2(\text{m})$，$y=0.5(\text{m})$，从 $t=2\text{s}$ 到 $t=4\text{s}$ 这段时间内，外力对质点的功为多少？

8-12　劲度系数为 k 的轻巧弹簧竖直放置，下端悬一小球，球的质量为 m，开始时弹簧为原长而小球恰好与地接触。今将弹簧上端缓慢提起，直到小球能脱离地面为止，求此过程中外力的功。

8-13　已知地球对一个质量为 m 的质点的引力大小为 $F=-\dfrac{Gm_e m}{r^3}r$（m_e，r 分别为地球的质量和地球中心到质点的距离）。

1）若选取无穷远处势能为零，计算地面处的势能。

2）若选取地面处势能为零，计算无穷远处的势能。比较两种情况下的势能差。

8-14　试证明在离地球表面高度为 h（$h \ll R_e$）处，质量为 m 的质点所具有的引力势能近似可表示为 mgh。

8-15　μ 子的静止质量是电子静止质量的 207 倍，静止时的平均寿命 $\tau_0=2\times10^{-6}\text{s}$，若它在实验室参考系中的平均寿命 $\tau=7\times10^{-6}\text{s}$，试问其质量是电子静止质量的多少倍？

8-16　1）如果将电子由静止加速到速率为 $0.1c$，需对它做多少功？

2）如果将电子由速率为 $0.8c$ 加速到 $0.9c$，又需对它做多少功？

8-17　有两个中子 A 和 B，沿同一直线相向运动，在实验室中测得每个中子的速率为 βc. 试证明相对中子 A 静止的参考系中测得的中子 B 的总能量为 $E=\dfrac{1+\beta^2}{1-\beta^2}m_0c^2$，其中 m_0 为中子的静质量。

8-18　一电子在电场中从静止开始加速，电子的静止质量为 $9.11\times10^{-31}\text{kg}$。

1）问电子应通过多大的电势差才能使其质量增加 0.4%？

2）此时电子的速率是多少？

8-19　已知一粒子的动能等于其静止能量的 n 倍，求粒子的速率。

8-20　太阳的辐射能来源于内部一系列核反应，其中之一是氢核（${}_1^1\text{H}$）和氘核（${}_1^2\text{H}$）聚变为氦核（${}_2^3\text{He}$），同时放出 γ 光子，反应方程为

$${}_1^1\text{H}+{}_1^2\text{H}\rightarrow{}_2^3\text{He}+\gamma$$

已知氢、氘和 ${}^3\text{He}$ 的原子质量依次为 1.007825u、2.014102u 和 3.016029u。原子质量单位 $1\text{u}=1.66\times10^{-27}\text{kg}$。试估算 γ 光子的能量。

第 9 章　刚 体 转 动

实际的物体是有其形状和大小的，它可以做平动、转动，甚至于做更为复杂性的运动。而且在运动中，物体的形状也可能发生变化。只有物体平动、大小和形状均可忽略时，才可以用质点来研究机械运动。如果物体的大小和形状不可忽略，但在外力作用下物体的形状和大小以及内部各点相对位置均保持不变，这样的物体就称为**刚体**。例如，转动的风扇，在转动过程中其形变很小，可不予考虑。为此在研究风扇转动的问题时，可将其当作刚体。

刚体仍然是一种**理想模型**。一般情况，刚体可视为一个由许许多多质点组成的质量连续分布且各质点间的距离保持不变的特殊的质点系。刚体的运动可分为平动和转动（转动又可分为定轴转动和非定轴转动），其他较复杂的运动可以看成是这两种基本运动的叠加，或一种转动与另外一种转动的叠加。

本章将采用比较法，通过刚体与质点相对比，系统地讨论刚体的质心运动定律、刚体的定轴转动、刚体的力矩做功、刚体的转动定律、刚体绕定轴转动的动能定理、刚体的角动量定理和角动量守恒定律。

9.1　质心和质心运动定理

刚体可以看作是由许多不同的质点组成的，各个质点可以具有不同的质量。然而，我们能够找到这样一个点，将所有质量都集中在这一点，其运动等效于整个刚体的运动，这一点叫做质心。我们将从认识刚体的质心入手来探究刚体的运动特性。

9.1.1　质心与刚体的平动

1. 刚体的平动

如图 9-1所示，在运动过程中，若刚体上任意一条直线在各个时刻的位置始终彼此平行，或者说刚体中所有点的运动轨迹都保持完全相同时，则这种运动叫做**平动**。

刚体平动的明显特征是：刚体平动时各点的运动情况相同。刚体作平动时，体内各点的运动轨道都是一样的，各点在任意一段时间内的位移以及任意时刻的速度和加速度都分别相等。刚体内任一点的运动都能代表整个刚体的运动。其运动规律和一个质点相当，因此，平动的刚体可以抽象为质点。该质点的质量与刚体的质量相等，所受的力等于刚体所受外力的矢量和，遵从质点的运

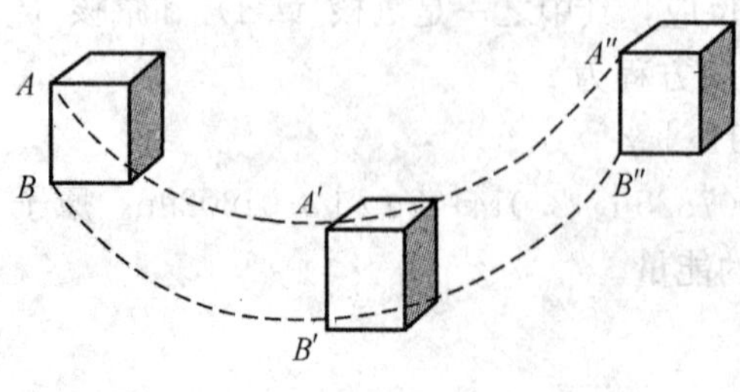

图 9-1　刚体平动

动定律。常用刚体的质心来研究刚体的平动。

2. 质心的位矢

定义系统质量的中心称为**质心**。

为了便于理解，我们先从两个质点组成的系统入手来讨论系统质心的位矢。

如图 9-2所示，设两个质点的质量为 m_1 和 m_2，它们的位矢分别为 $\boldsymbol{r}_1$ 和 $\boldsymbol{r}_2$。如果这个系统不受外力作用，则系统的动量守恒，即

$$\boldsymbol{p}=m_1\boldsymbol{v}_1+m_2\boldsymbol{v}_2=\text{常量} \tag{9-1}$$

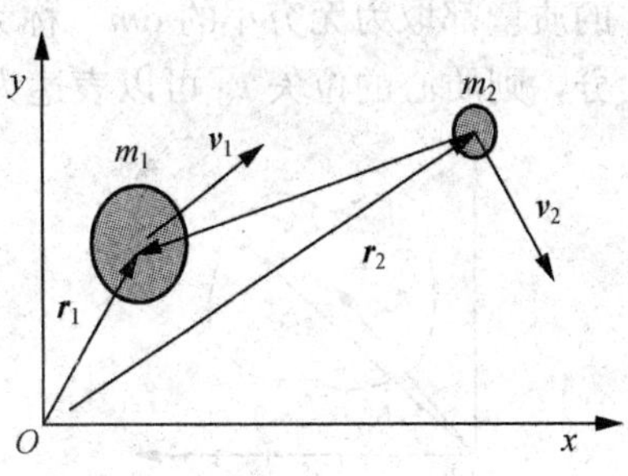

图 9-2　两个质点组成的系统

而动量

$$\boldsymbol{p}=m_1\frac{\mathrm{d}\boldsymbol{r}_1}{\mathrm{d}t}+m_2\frac{\mathrm{d}\boldsymbol{r}_2}{\mathrm{d}t}$$

由于各质点的质量不变，系统的动量表达式可以改写为

$$\boldsymbol{p}=\frac{\mathrm{d}}{\mathrm{d}t}(m_1\boldsymbol{r}_1+m_2\boldsymbol{r}_2)$$

或

$$\boldsymbol{p}=(m_1+m_2)\frac{\mathrm{d}}{\mathrm{d}t}\left(\frac{m_1\boldsymbol{r}_1+m_2\boldsymbol{r}_2}{m_1+m_2}\right)$$

显然，系统的总质量为 $m=m_1+m_2$，按动量的定义，上式右边最后一个括号内的分式相当于“刚体的位矢”。因此，定义质心的位矢为

$$\boldsymbol{r}_\mathrm{C}\equiv\frac{m_1\boldsymbol{r}_1+m_2\boldsymbol{r}_2}{m_1+m_2} \tag{9-2}$$

相应地，质心的动量为

$$\boldsymbol{p}_\mathrm{C}\equiv m\frac{\mathrm{d}\boldsymbol{r}_\mathrm{C}}{\mathrm{d}t} \tag{9-3}$$

表明两质点系统可看作一个质量集中在质心的一个质点，质点系的运动等同于位于质心的一个质点的运动。该系统的动量就等于质心的动量；系统的动量守恒就等同于质心的动量守恒。

一般地，对于质量离散分布的物体，其质心的位矢 $\boldsymbol{r}_\mathrm{C}$ 为

$$\boldsymbol{r}_\mathrm{C}=\frac{\sum\limits_i m_i\boldsymbol{r}_i}{\sum\limits_i m_i} \tag{9-4}$$

其直角坐标的分量式为

$$x_\mathrm{C}=\frac{\sum\limits_i m_i x_i}{\sum\limits_i m_i} \tag{9-5a}$$

$$y_\mathrm{C}=\frac{\sum\limits_i m_i y_i}{\sum\limits_i m_i} \tag{9-5b}$$

$$z_C = \frac{\sum_i m_i z_i}{\sum_i m_i} \tag{9-5c}$$

各式中分母为系统的总质量，m_i 为任意第 i 个质点的质量，该质点所处的位置为

$$\boldsymbol{r}_i(x_i, y_i, z_i), \quad i=1, 2, \cdots$$

质量连续分布的刚体可以分成无数个小质元，每个质元相当于一个质点。设任意第 i 个质元的质量为 Δm_i，其位矢为 $\boldsymbol{r}_i(x_i, y_i, z_i)$，如图 9-3所示。可以将各个质元的质量都取为无穷小的 $\mathrm{d}m$，称为元质量。式（9-4）和式（9-5）中求和相应替换为积分，则质心的位矢 $\boldsymbol{r}_C$ 可以表达为

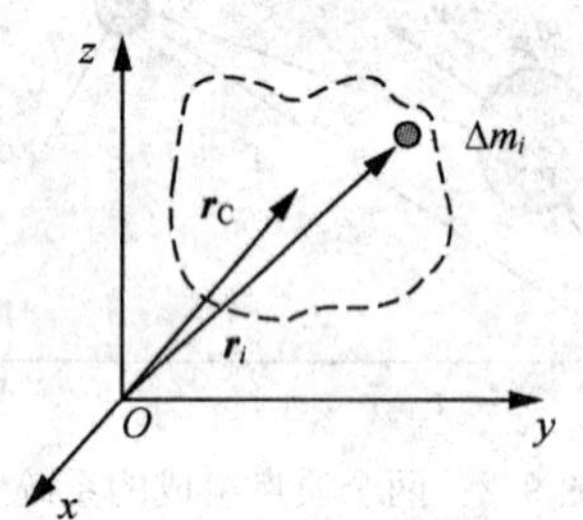

图 9-3　刚体质量连续分布

$$\boldsymbol{r}_C = \frac{\int \boldsymbol{r}\mathrm{d}m}{\int \mathrm{d}m} \tag{9-6}$$

其直角坐标的分量式为

$$x_C = \frac{\int x\mathrm{d}m}{\int \mathrm{d}m} \tag{9-7a}$$

$$y_C = \frac{\int y\mathrm{d}m}{\int \mathrm{d}m} \tag{9-7b}$$

$$z_C = \frac{\int z\mathrm{d}m}{\int \mathrm{d}m} \tag{9-7c}$$

不难看出，几何对称且质量均匀分布的刚体的质心就是几何对称中心。例如，均质的球体的质心位于球心；均质的圆环的质心位于圆心。

例 9-1　求半径为 R 的均质半圆环的质心。

分析　如图 9-4所示，半圆环对称于 x 轴，其质心一定处于 x 轴上。

解　在半圆环上任取一质元，其弧长为 $\mathrm{d}l$，对应圆心角为 $\mathrm{d}\theta$，设单位长度质量为 λ=常量，则该质元的质量

$$\mathrm{d}m=\lambda\mathrm{d}l=\lambda R\mathrm{d}\theta$$

按式（9-7a），半圆环的质心应为

$$x_C = \frac{\int x\mathrm{d}m}{\int \mathrm{d}m}$$

式中，$m=\lambda\pi R$ 为半圆环的质量。按几何关系，有

$$x=R\sin\theta$$

积分，得

$$x_C = \int_0^{\pi} \frac{R\sin\theta \cdot \lambda R\mathrm{d}\theta}{\lambda\pi R} = \frac{R}{\pi}\int_0^{\pi}\sin\theta\mathrm{d}\theta = \frac{2R}{\pi}$$

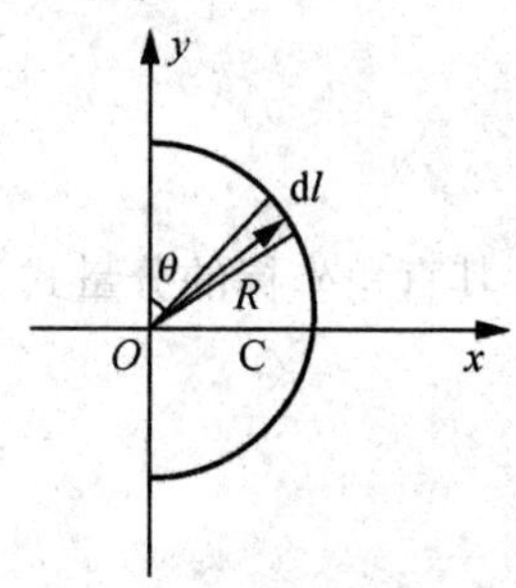

图 9-4　半圆环的质心 C

3. 质心的速度

按质点速度的定义，刚体质心的速度为

$$\boldsymbol{v}_{\mathrm{C}}=\frac{\mathrm{d}\boldsymbol{r}_{\mathrm{C}}}{\mathrm{d}t} \tag{9-8}$$

其分量式可以分别表示为

$$v_{\mathrm{C}x}=\frac{\mathrm{d}x_{\mathrm{C}}}{\mathrm{d}t} \tag{9-9a}$$

$$v_{\mathrm{C}y}=\frac{\mathrm{d}y_{\mathrm{C}}}{\mathrm{d}t} \tag{9-9b}$$

$$v_{\mathrm{C}z}=\frac{\mathrm{d}z_{\mathrm{C}}}{\mathrm{d}t} \tag{9-9c}$$

4. 质心的加速度

按质点加速度的定义，刚体质心的加速度为

$$\boldsymbol{a}_{\mathrm{C}}=\frac{\mathrm{d}\boldsymbol{v}_{\mathrm{C}}}{\mathrm{d}t}=\frac{\mathrm{d}^2\boldsymbol{r}_{\mathrm{C}}}{\mathrm{d}t^2} \tag{9-10}$$

相应的各分量式分别为

$$a_{\mathrm{C}x}=\frac{\mathrm{d}v_{\mathrm{C}x}}{\mathrm{d}t}=\frac{\mathrm{d}^2x_{\mathrm{C}}}{\mathrm{d}t^2} \tag{9-11a}$$

$$a_{\mathrm{C}y}=\frac{\mathrm{d}v_{\mathrm{C}y}}{\mathrm{d}t}=\frac{\mathrm{d}^2y_{\mathrm{C}}}{\mathrm{d}t^2} \tag{9-11b}$$

$$a_{\mathrm{C}z}=\frac{\mathrm{d}v_{\mathrm{C}z}}{\mathrm{d}t}=\frac{\mathrm{d}^2z_{\mathrm{C}}}{\mathrm{d}t^2} \tag{9-11c}$$

显然，质心的位置、速度、加速度与物体的大小、形状、质量分布有关，而且与坐标系的选取有关。

9.1.2 质心运动定律

由质点系的牛顿第二运动定律

$$\sum\boldsymbol{F}_i=\frac{\mathrm{d}\left(\sum\boldsymbol{p}_i\right)}{\mathrm{d}t}=\frac{\mathrm{d}\left(\sum m_i\boldsymbol{v}_i\right)}{\mathrm{d}t}$$

考虑质点系的总质量不随时间改变，有

$$\sum\boldsymbol{F}_i=\left(\sum m_i\right)\frac{\mathrm{d}}{\mathrm{d}t}\left(\frac{\sum m_i\boldsymbol{v}_i}{\sum m_i}\right)=\left(\sum m_i\right)\frac{\mathrm{d}\boldsymbol{v}_{\mathrm{C}}}{\mathrm{d}t}=\left(\sum m_i\right)\frac{\mathrm{d}^2\boldsymbol{r}_{\mathrm{C}}}{\mathrm{d}t^2}$$

由此得

$$\sum\boldsymbol{F}_i=\left(\sum m_i\right)\boldsymbol{a}_{\mathrm{C}}=\left(\sum m_i\right)\frac{\mathrm{d}\boldsymbol{v}_{\mathrm{C}}}{\mathrm{d}t}=\left(\sum m_i\right)\frac{\mathrm{d}^2\boldsymbol{r}_{\mathrm{C}}}{\mathrm{d}t^2} \tag{9-12}$$

称为**刚体的质心运动定律**。式中，$\sum\boldsymbol{F}_i$ 为外力的矢量和；$\sum m_i$ 为刚体的总质量。

注意 1）质心的位矢并不是各个质点的位矢的几何平均值，而是它们的加权平均值。质心的性质只有在刚体的运动与外力的关系中才体现出来，故质心并不是一个几何学或运动学概念，而是动力学的概念。

2）刚体的质心的坐标与坐标原点的选取有关，但质心与各个质点的相对位置和原点的选取无关。

3）作用在刚体上的各个外力一般作用在不同的质点上，就其作用效果而言，显然不能等效为一个合力。故在质心运动定理中，只提外力矢量和，不提合外力，但对质心而言，这些外力犹如都集中作用在质心上。

4）将坐标原点取在质心上，坐标轴与某惯性系平行的平动参考系称为**质心坐标系**或**质心系**。对于外力的矢量和为零或不受外力作用的体系，其质心系为惯性系，否则为非惯性系。

例 9-2 从地面斜抛一个质量为 $2m$ 的弹丸，它的落地点为 x_C。如果它被抛到最高点处爆炸成质量相等的两碎片。其中一碎片铅直自由下落，另一碎片水平抛出，它们同时落地，问第二块碎片落在何处。

解 利用质心运动定律，在爆炸的前后，质心始终只受重力的作用，因此，质心的轨迹为一抛物线，它的落地点为 x_C，如图 9-5所示。由式（9-5a），质心坐标为

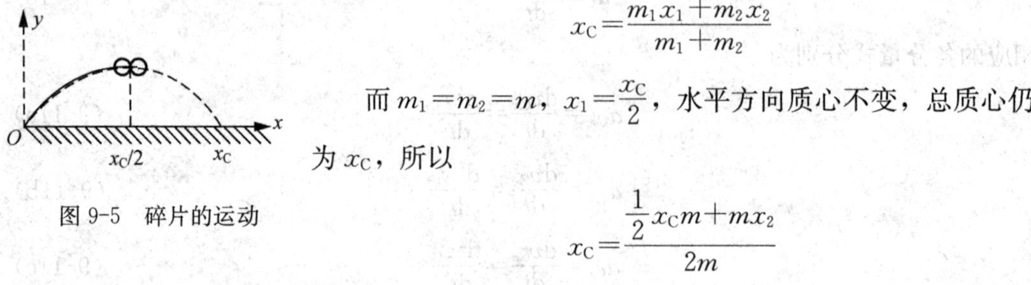

图 9-5 碎片的运动

$$x_C=\frac{m_1x_1+m_2x_2}{m_1+m_2}$$

而 $m_1=m_2=m$，$x_1=\frac{x_C}{2}$，水平方向质心不变，总质心仍为 x_C，所以

$$x_C=\frac{\frac{1}{2}x_Cm+mx_2}{2m}$$

最后得第二块碎片落地位置为

$$x_2=\frac{3}{2}x_C$$

9.2 刚体定轴转动

刚体运动时，如果刚体内各个质元都绕同一直线做平面圆周运动，这种运动称为刚体的转动。这一直线称为轴。如机床飞轮的转动，电动机的转子绕轴旋转，旋转式门窗的开、关，地球自转等都是转动。如果轴相对于我们所取的参考系（如地面）是固定不动的，就称为**刚体绕固定轴的转动**，简称**定轴转动**。

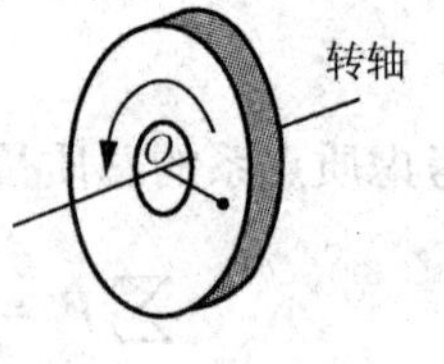

图 9-6 刚体定轴转动

如图 9-6所示，刚体做定轴转动时，具有如下特征：

1）刚体内轴上所有各点都保持固定不动；

2）刚体内不在轴上的其他各点，都在通过该点并垂直于轴的平面内绕轴做圆周运动，圆心就是该平面与轴的交点，半径就是该点与轴的垂直距离；

3）刚体内各点在同一时间内转过的圆弧长度不同，但是各点在同一时间内绕轴转

过的角度是相等的。且各点的角速度和角加速度也相同。因为刚体内各点之间的相对位置是不随刚体转动变化的。因此，刚体定轴转动用角位移、角速度、角加速度来描述比较方便。这时只需要一个角坐标就可以，如图 9-7所示。定轴转动的运动学问题与质点的圆周运动相似。

若用 $\mathrm{d}\theta\boldsymbol{k}$ 表示刚体在 $\mathrm{d}t$ 时间内转过的角位移，其角速度矢量为

$$\boldsymbol{\omega}=\frac{\mathrm{d}\theta}{\mathrm{d}t}\boldsymbol{k},$$

其大小为 $|\boldsymbol{\omega}|=\left|\frac{\mathrm{d}\boldsymbol{\theta}}{\mathrm{d}t}\right|$，它的方向与直观的转动方向构成右手螺旋关系：当我们伸直大拇指并弯曲其余的四个手指，使四个手指指向直观的转动方向时，大拇指所指的方向即为角速度矢量的方向，如图 9-8所示。在图 9-8中，刚体的转动是逆时针方向的，按右手螺旋法则，我们说它的角速度沿 z 轴向上。

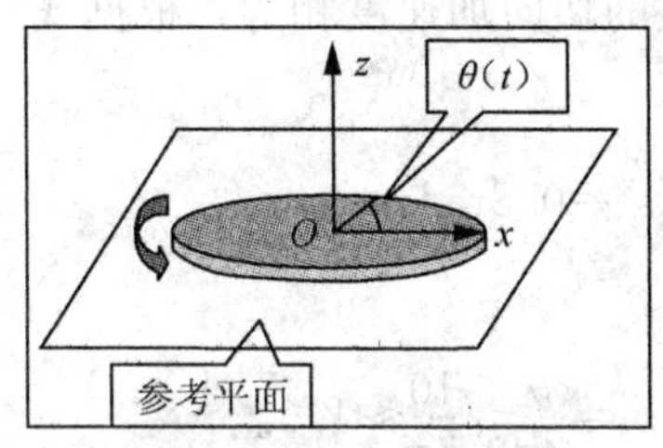

图 9-7　转动角位移

图 9-8　角速度的方向

刚体定轴转动的角速度实际上是其在转轴方向上的分量，所以可以简化为标量，即

$$\omega=\frac{\mathrm{d}\theta}{\mathrm{d}t} \tag{9-13}$$

角加速度为

$$\beta=\frac{\mathrm{d}\omega}{\mathrm{d}t}=\frac{\mathrm{d}^2\theta}{\mathrm{d}t^2} \tag{9-14}$$

离转轴的距离为 r 的质元的线速度和刚体的角速度的关系为

$$\boldsymbol{v}=\boldsymbol{\omega}\times\boldsymbol{r}=\omega\boldsymbol{k}\times(x\boldsymbol{i}+y\boldsymbol{j}+z\boldsymbol{k}) \tag{9-15}$$

其切向加速度和法向加速度与刚体的角加速度的关系为

$$a_{\mathrm{t}}=r\beta \tag{9-16}$$

$$a_{\mathrm{n}}=r\omega \tag{9-17}$$

刚体转动的一种简单的情况是匀加速转动，在这一转动过程中，刚体的角加速度保持不变。以 ω_0 表示刚体在 $t=0$ 时的角速度，以 ω 表示刚体在 t 时刻的角速度，以 θ 表示刚体在 0 到 t 时刻的角位移，类比匀加速直线运动，可推导出相应的公式：

$$\omega=\omega_0+\beta t \tag{9-18}$$

$$\omega^2-\omega_0^2=2\beta\theta \tag{9-19}$$

$$\theta=\theta_0+\omega_0 t+\frac{1}{2}\beta t^2 \tag{9-20}$$

例 9-3　一刚体以每分钟 60 转绕 z 轴做匀速转动（$\boldsymbol{\omega}$ 沿 z 轴正方向）。设某时刻刚

体上一点 P 的位置矢量为 $\boldsymbol{r}=3\boldsymbol{i}+4\boldsymbol{j}$，其单位为“$10^{-2}$m”，以“$10^{-2}$m/s”为速度单位，求该时刻 P 点的速度。

解 $$\boldsymbol{\omega}=\frac{60\times2\pi}{60}\boldsymbol{k}=2\pi\boldsymbol{k}(\text{rad/s}),\boldsymbol{r}=3\boldsymbol{i}+4\boldsymbol{j}$$

$$\boldsymbol{v}=\boldsymbol{\omega}\times\boldsymbol{r}=2\pi\boldsymbol{k}\times(x\boldsymbol{i}+y\boldsymbol{j}+z\boldsymbol{k})\times\omega\boldsymbol{k}=x\omega\boldsymbol{j}-y\omega\boldsymbol{i}$$

$$\boldsymbol{v}=2\pi\times3\boldsymbol{j}-2\pi\times4\boldsymbol{i}\approx-25.1\boldsymbol{i}+18.8\boldsymbol{j}$$

例 9-4 一条缆索绕过一定滑轮拉动一升降机，如图 9-9所示。滑轮半径 $r=0.5$m，如果升降机从静止开始以加速度 $a=0.4\text{m/s}^2$ 匀加速度上升，求：

1）滑轮的角加速度。

2）开始上升后，$t=5$s 末滑轮的角加速度。

3）在 5s 内滑轮转过的圈数。

4）开始上升后，$t'=1$s 末滑轮边缘上一点的加速度（假设缆索和滑轮之间不打滑）。

解 1）由于升降机的加速度和轮缘上一点的切向加速度相等，根据式（9-16）得滑轮的角加速度

$$\beta=\frac{a_t}{r}=\frac{a}{r}=\frac{0.4}{0.5}\text{rad/s}^2=0.8\text{rad/s}^2$$

2）$\omega=\beta t$，$\omega=0.8\times5\text{rad/s}=4\text{rad/s}$。

3）$\theta=\dfrac{1}{2}\beta t^2$，$\theta=\dfrac{1}{2}\times0.8\times5^2\text{rad}=10\text{rad}$，$n=\dfrac{\theta}{2\pi}=\dfrac{10}{2\pi}\approx1.6$。

4）如图 9-10 所示，已知 $a_t=a=0.4\text{m/s}^2$，又

$$\omega'=\beta t'=0.8\times1\text{rad/s}=0.8\text{rad/s}$$

$$a_n=r\omega'^2=0.5\times0.8^2\text{m/s}^2=0.32\text{m/s}^2$$

故 $$a'=\sqrt{a_n^2+a_t^2}=\sqrt{0.32^2+0.4^2}\text{m/s}^2\approx0.51\text{m/s}^2$$

这个加速度的方向与轮缘切线方向的夹角

$$\alpha=\arctan\frac{a_n}{a_t}=\arctan\frac{0.32}{0.4}\approx38.7°$$

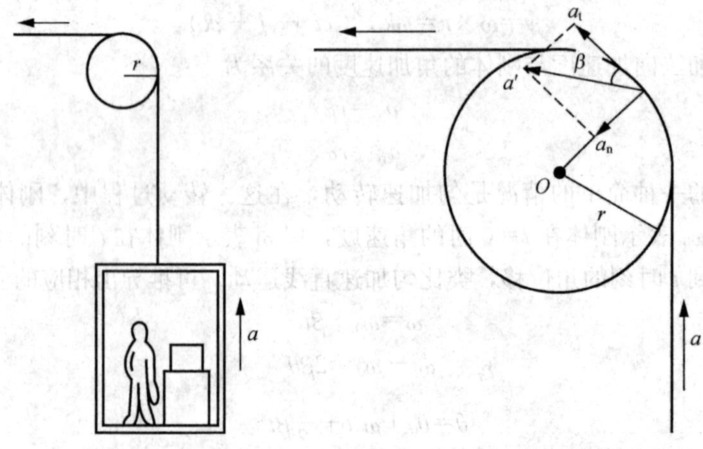

图 9-9 例 9-4图示　　图 9-10 加速度图

9.3 力矩、转动定律和转动惯量

牛顿运动定律揭示了质点的运动规律，刚体的质心和刚体平动也遵从牛顿运动定律，那么刚体转动是由什么驱动的呢？

9.3.1 力矩

如图 9-11 所示，刚体绕 Oz 轴旋转，力 $\boldsymbol{F}$ 在转动平面内，作用在刚体上点 P，$\boldsymbol{r}$ 为由点 O 到力的作用点 P 的径矢，定义力 $\boldsymbol{F}$ 对 Oz 轴的力矩为

$$\boldsymbol{M}=\boldsymbol{r}\times\boldsymbol{F} \tag{9-21}$$

其方向遵从右手螺旋法则，与 Oz 轴同向。其大小为

$$M=Fr\sin\theta=Fd \tag{9-22}$$

式中 θ 为 $\boldsymbol{r}$ 与 $\boldsymbol{F}$ 之间的夹角，$d=r\sin\theta$ 称为力臂。

在国际单位制中，力矩的单位为牛顿·米，符号为 N·m。

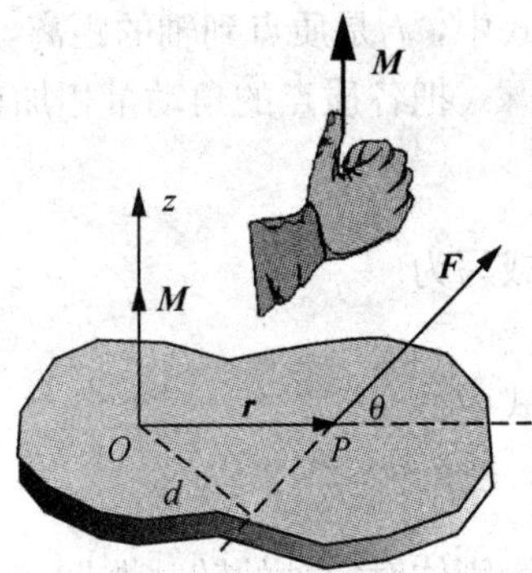

图 9-11 刚体力矩

9.3.2 刚体定轴转动的角动量

在刚体的定轴转动中，刚体对定轴的角动量是一个很重要的物理量，在很多问题的分析中都要用到这个概念，下面来讨论这个问题。

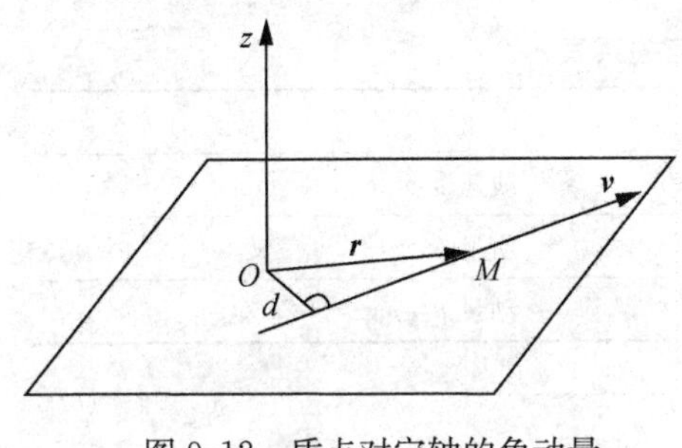

图 9-12 质点对定轴的角动量

刚体绕定轴转动时，它的每一个质点都在与轴垂直的平面上运动。下面先分析质点对定轴的角动量，而且只考虑质点在轴的垂面上运动的情况。如图 9-12 所示，有一质点在 z 轴的垂面 M 内运动，质点的质量为 m，对 z 轴的矢径为 $\boldsymbol{r}$，速度为 $\boldsymbol{v}$，动量为 $\boldsymbol{p}=m\boldsymbol{v}$。

定义质点对定轴的角动量为

$$\boldsymbol{L}=\boldsymbol{r}\times\boldsymbol{p}=\boldsymbol{r}\times m\boldsymbol{v} \tag{9-23}$$

它的大小为

$$L=mvr\sin\varphi \tag{9-24}$$

由式（9-23）可知，角动量的方向是矢径 $\boldsymbol{r}$ 和动量 $\boldsymbol{p}$ 矢积的方向。

在刚体的定轴转动中，质点的角动量的方向只有沿着 z 轴和逆着 z 轴两个方向。我们把沿 z 轴方向的叫做正角动量，逆着 z 轴方向的叫做负角动量，这是角动量的标量表述。可以证明，质点对定轴 z 的角动量是质点对 z 轴上任一定点的角动量在 z 轴方向的分量。可以看出，质点对定轴的角动量的定义和力对定轴的力矩定义在结构上相同。

定轴转动刚体对轴的角动量定义为刚体各质点对轴的角动量的矢量和，即

$$\boldsymbol{L}=\sum_i \boldsymbol{L}_i$$

式中，$\boldsymbol{L}_i$ 为第 i 个质点的角动量。设第 i 个质点质量为 m_i，速度为 $\boldsymbol{v}_i$，对 z 轴的径矢为 $\boldsymbol{r}_i$，则

$$\boldsymbol{L}_i=\boldsymbol{r}_i\times m_i\boldsymbol{v}_i$$

由于定轴转动时刚体中每一个质点都在进行圆周运动。质点的速度和矢径垂直，考虑到质点圆运动时角动量矢量的方向和角速度矢量的方向始终相同，所以质点对 Z 轴的角动量的大小为

$$L_i=m_iv_ir_i=m_i\omega r_i^2$$

式中，r_i是质点到轴的距离，ω 为刚体转动的角速度。

把各质点的角动量相加得到刚体对定轴的角动量

$$\boldsymbol{L}=\sum_i\boldsymbol{L}_i=\boldsymbol{\omega}\sum_i m_ir_i^2$$

或写为

$$\boldsymbol{L}=J\boldsymbol{\omega} \tag{9-25}$$

式中

$$J=\sum_i m_ir_i^2 \tag{9-26}$$

为刚体对定轴的转动惯量，其大小取决于刚体的质量、形状及转轴的位置。

9.3.3 转动惯量

刚体的角动量定义式（9-25）与质点的动量 $\boldsymbol{p}=m\boldsymbol{v}$ 比较，有对应关系，如表 9-1所示。

表 9-1 线量与角量对应关系表

角　量	线　量
角速度 $\boldsymbol{\omega}$	线速度 $\boldsymbol{v}$
转动惯量 J	质量 m
角动量 $\boldsymbol{L}=J\boldsymbol{\omega}$	动量 $\boldsymbol{p}=m\boldsymbol{v}$

可见，转动惯量是度量刚体转动惯性的物理量。

对于质量连续分布的物体，定义式（9-26）中的求和要通过积分来进行。可在刚体中取一质元，若质元质量为 $\mathrm{d}m$，到转轴的距离为 r，则质元对轴的转动惯量 $\mathrm{d}J=r^2\mathrm{d}m$，而刚体的转动惯量应为各质元转动惯量之和，即

$$J=\int_m r^2\mathrm{d}m \tag{9-27}$$

积分对于所有质量分布进行。转动惯量恒为正值，它的单位是 $\mathrm{kg\cdot m^2}$。质量分布通常用质量密度来描述。

如果质量在空间构成体分布，则空间任一点的质量体密度定义为该点附近单位体积内的质量，即

$$\rho=\frac{\mathrm{d}m}{\mathrm{d}V} \tag{9-28}$$

如果所取质元的体积为 $\mathrm{d}V$，而该点的质量体密度为 ρ，则质元的质量为

$$\mathrm{d}m=\rho\mathrm{d}V \tag{9-29}$$

把此式代入式（9-27），积分即为体积分。

如果质量构成面分布，则质量面密度定义为该处单位面积内的质量，即

$$\sigma=\frac{\mathrm{d}m}{\mathrm{d}S} \tag{9-30}$$

如果所取质元的面积为 dS，而该点的质量面密度为 σ，则质元的质量为

$$\mathrm{d}m=\sigma\mathrm{d}S \tag{9-31}$$

把式（9-31）代入式（9-27），积分即为面积分。

如果质量构成线分布，则质量线密度定义为单位长度内的质量，即

$$\lambda=\frac{\mathrm{d}m}{\mathrm{d}l} \tag{9-32}$$

如果所取质元的长度为 $\mathrm{d}l$，而该点的质量线密度为 λ，则质元的质量为

$$\mathrm{d}m=\lambda\mathrm{d}l \tag{9-33}$$

把此式代入式（9-27），积分即为线积分。

例 9-5 有一质量均匀分布的细圆环，半径为 R，质量为 m，求圆环对过圆心并与环面垂直的转轴的转动惯量。

解 如图 9-13 所示，圆环半径 R 为常量，应用式（9-27），得

$$J=\int R^2\mathrm{d}m=R^2\int\mathrm{d}m=mR^2$$

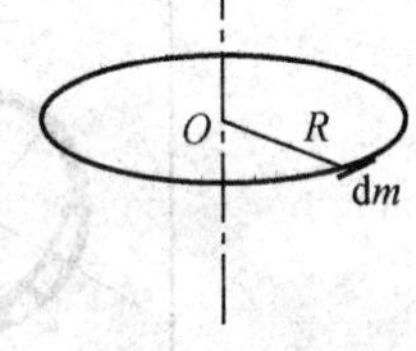

图 9-13 均匀圆环

例 9-6 有一质量均匀分布的圆盘，半径为 R，质量为 m，求圆盘对过圆心并与圆盘垂直的转轴的转动惯量。

解 圆盘的质量面密度为

$$\sigma=\frac{m}{\pi R^2}$$

如图 9-14 所示，取半径为 r 宽为 $\mathrm{d}r$ 的薄圆环，其元质量为

$$\mathrm{d}m=\sigma\cdot 2\pi r\mathrm{d}r$$

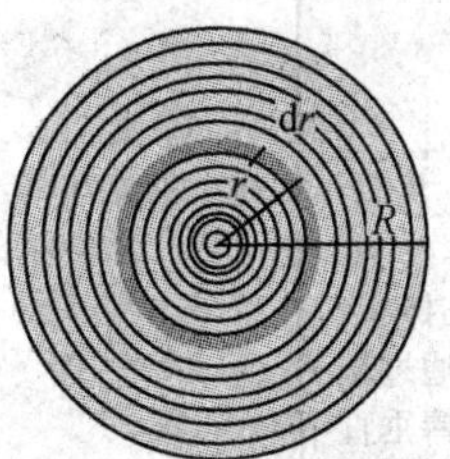

图 9-14 均匀圆盘

质元对轴的转动惯量为

$$\mathrm{d}J=r^2\mathrm{d}m=\sigma\cdot 2\pi r^3\mathrm{d}r$$

积分，得

$$J=\int\mathrm{d}J=\int_0^R\sigma\cdot 2\pi r^3\mathrm{d}r=\frac{1}{2}\sigma\pi R^4$$

即

$$J=\frac{1}{2}mR^2$$

例 9-7 有一匀质细杆长度为 L，质量为 m。求细杆对于与杆垂直的转轴的转动惯量。

1）轴在杆的一端。

2）轴在杆的中心。

解 细杆的质量线密度 $\lambda=m/L$。

如图 9-15 所示，在距轴 x 处取一线元 $\mathrm{d}x$。线元的质量为 $\mathrm{d}m=\lambda\mathrm{d}x$，线元的转动惯量

$$\mathrm{d}J=x^2\mathrm{d}m=\lambda x^2\mathrm{d}x$$

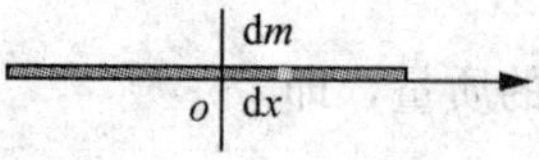

图 9-15　匀质细杆

1）对于轴在杆的一端的情况，细杆的转动惯量为

$$J=\lambda\int_0^L x^2\mathrm{d}x=\frac{\lambda}{3}L^3=\frac{1}{3}mL^2$$

2）对于轴在杆的中心的情况，细杆的转动惯量为

$$J_\mathrm{C}=\lambda\int_{-L/2}^{L/2} x^2\mathrm{d}x=\frac{\lambda}{12}L^3=\frac{1}{12}mL^2$$

讨论　比较两种情况下转动惯量的结果，不难看出，二者相差

$$J-J_\mathrm{C}=\frac{1}{3}mL^2-\frac{1}{12}mL^2=m\left(\frac{L}{2}\right)^2$$

可以证明，若刚体对过质心 C 的轴 z_C 的转动惯量为 J_C，则刚体对另一与 z_C 平行且相距为 d 的轴 z 的转动惯量为

$$J=J_\mathrm{C}+md^2$$

这个结论称为**转动惯量的平行轴定理**。

为了使用方便，图 9-16 列出了常用的几种刚体的转动惯量。

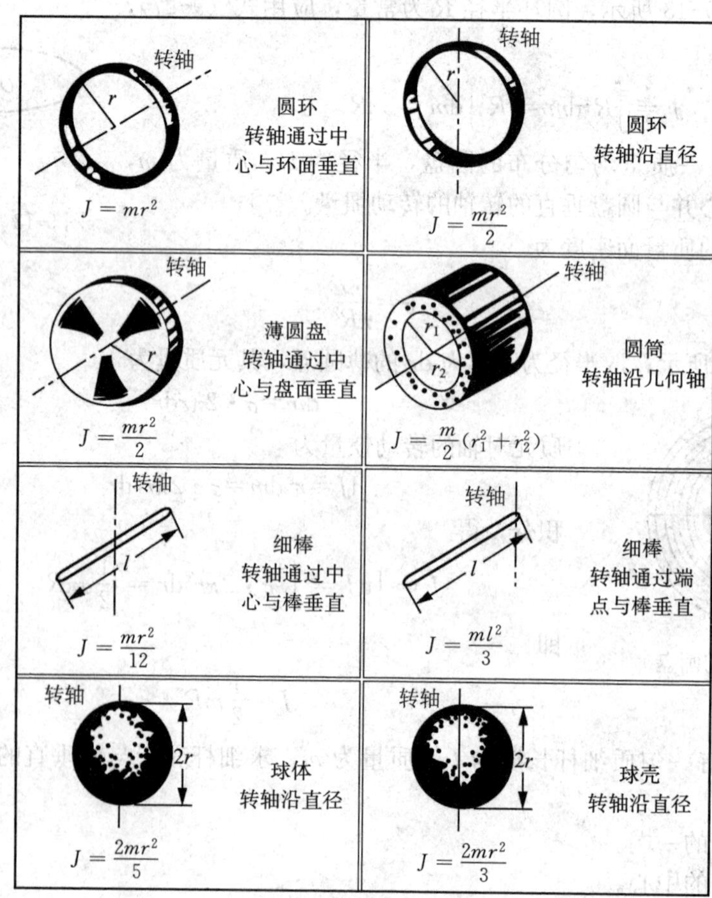

图 9-16　几种刚体的转动惯量

9.3.4　刚体定轴转动定律

实验发现，在外力矩作用下，刚体将整体以角加速度$\boldsymbol{\beta}$绕Oz轴转动，遵从规律

$$\boldsymbol{M}=J\boldsymbol{\beta} \tag{9-34}$$

称为**刚体定轴转动定律**。该定律表明：刚体定轴转动的角加速度与它所受的合外力矩成正比，与刚体的转动惯量成反比。

与牛顿第二定律类比，刚体的转动惯量相当于质点的质量，角加速度对应质点加速度，外力矩取代合外力。

刚体的转动定律与质点的牛顿运动定律类似，描述的是刚体在合外力矩作用下绕定轴转动的瞬时效应，即某时刻的合外力矩将引起该时刻刚体转动状态的改变，使刚体获得角加速度。当合外力矩为零时，角加速度也为零，则刚体处于静止或匀角速转动状态；若合外力矩为一恒量，则刚体做匀角加速转动。

刚体定轴转动定律的应用与牛顿运动定律的应用相似。牛顿运动定律应用的基础是受力分析，而对于转动定律的应用，则不仅要进行受力分析，还要进行力矩分析。按力矩分析可用转动定律列出刚体定轴转动的动力学方程并求解出结果。

例 9-8　如图 9-17 所示，一轻杆（不计质量）长度为 $2l$，两端各固定一小球，A 球质量为 $2m$，B 球质量为 m，杆可绕过中心的水平轴 O 在铅垂面内自由转动，求杆与竖直方向成 θ 角时的角加速度。

解　轻杆连接两个小球构成一个简单的刚性质点系统。系统运动形式为绕 O 轴的转动，应该用转动定律求解。

先分析系统所受的合外力矩。系统受外力有三个，即 A、B 受到的重力和轴的支撑作用力。轴的作用力对轴的力臂为零，故力矩为零，系统只受两个重力矩作用。以顺时针方向作为运动的正方向，则 A 球受力矩为正，B 球受力矩为负，两个重力的力臂相等，合力矩为

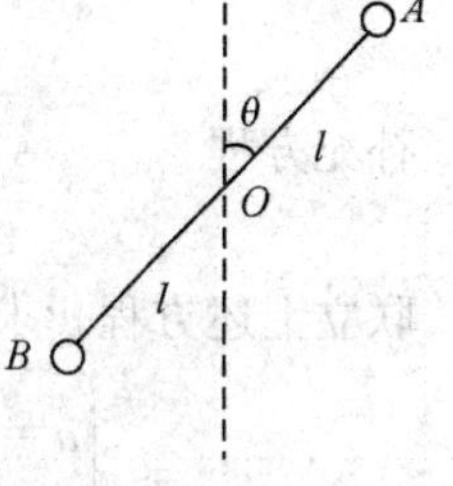

图 9-17　例 9-8图示

$$M=2mgl\sin\theta-mgl\sin\theta=mgl\sin\theta$$

系统的转动惯量为两个小球（可看作质点）的转动惯量之和

$$J=2ml^2+ml^2=3ml^2$$

代入式（9-34），有

$$mgl\sin\theta=3ml^2\beta$$

解得角速度为

$$\beta=\frac{g\sin\theta}{3l}$$

例 9-9　如图 9-18 所示，有一匀质细杆长度为 l，质量为 m，可绕其一端的水平轴 O 在铅垂面内自由转动。当它自水平位置自由下摆到角位置 θ 时角加速度有多大？

解　杆受到两个力的作用，一个是重力，一个是 O 轴作用的支撑力。O 轴的作用力的力臂为零，故只有重力提供力矩。

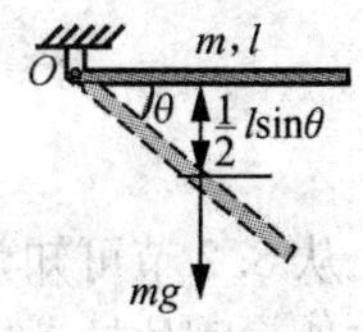

图 9-18　例 9-9图示

重力是作用在物体的各个质点上的，但对于刚体，可以看作是合力作用于重心，即杆的中心。

由例 9-7，已求出杆对 O 轴的转动惯量为

$$J=\frac{1}{3}ml^2$$

应用转动定律（9-34），有

$$mg\cdot\frac{l}{2}\cos\theta=\frac{1}{3}ml^2\beta$$

解得

$$\beta=\frac{3g}{2l}\cos\theta$$

例 9-10　如图 9-19 所示，质量为 m_A 和 m_B 的两个物体跨在定滑轮上，m_A 放在光滑的桌面上，滑轮半径为 R，质量为 m_C。求 m_B 下落的加速度和绳子的张力。

解　受力分析如图 9-20 所示。

以 m_A 为研究对象

$$F_{T1}=m_Aa$$

以 m_B 为研究对象

$$m_Bg-F'_{T2}=m_Ba$$

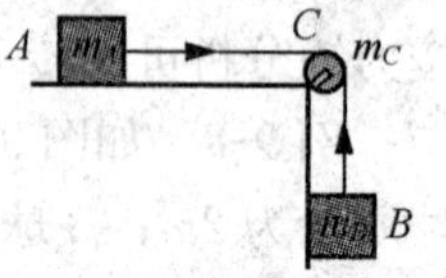

图 9-19　例 9-10 图示

以 m_C 为研究对象

$$(F_{T2}-F'_{T1})\ R=J\beta$$

滑轮可看作均质圆盘，其转动惯量为

$$J=\frac{1}{2}m_CR^2$$

补充方程

$$a=R\beta$$

联立上述方程，求解得

$$\begin{cases}a=\dfrac{m_Bg}{m_A+m_B+m_C/2}\\[2ex]F_{T1}=\dfrac{m_Am_Bg}{m_A+m_B+m_C/2}\\[2ex]F_{T2}=\dfrac{(m_A+m_C/2)\ m_Bg}{m_A+m_B+m_C/2}\end{cases}$$

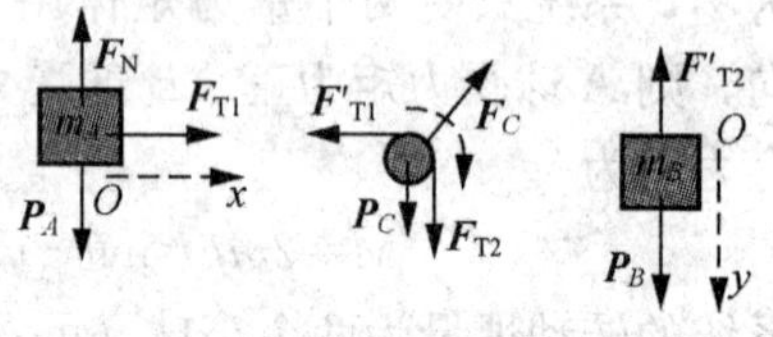

图 9-20　受力分析图

讨论　当 $m_C=0$ 时（忽略滑轮质量），$F_{T2}=F_{T1}=\dfrac{m_Am_Bg}{m_A+m_B}$。

9.4　角动量定理和角动量守恒定律

从 8.2 节可知，牛顿第二定律衍生出了质点和质点系的动量定理和动量守恒定律。相应地，刚体转动定律也可以衍生出刚体的角动量定理和角动量守恒定律。

9.4.1 刚体定轴转动的角动量定理

考虑角加速度和角速度的关系，转动定律（9-34）可以改写为

$$\boldsymbol{M}=J\ \frac{\mathrm{d}\boldsymbol{\omega}}{\mathrm{d}t}=\frac{\mathrm{d}\boldsymbol{L}}{\mathrm{d}t}$$

或

$$\boldsymbol{M}\mathrm{d}t=\mathrm{d}\boldsymbol{L}$$

$M\mathrm{d}t$ 为力矩和作用时间的乘积，称为冲量矩。对上式积分得

$$\int_{t_1}^{t_2}\boldsymbol{M}\mathrm{d}t=\boldsymbol{L}_2-\boldsymbol{L}_1 \tag{9-35}$$

式中，$\boldsymbol{L}_1$ 和 $\boldsymbol{L}_2$ 分别为质点在时刻 t_1 和 t_2 的角动量，$\int_{t_1}^{t_2}\boldsymbol{M}\mathrm{d}t$ 为质点在时间间隔 t_2-t_1 内所受的冲量矩。式（9-35）称为刚体定轴转动的**角动量定理**。表明：刚体绕某定轴转动时，作用于刚体的冲量矩等于刚体绕此定轴的角动量的增量。

9.4.2 刚体定轴转动的角动量守恒定律

刚体绕定轴转动时所受的合外力矩为零，根据刚体定轴转动的角动量定理，有

$$\boldsymbol{L}=J\boldsymbol{\omega}=\text{恒量}$$

表明在刚体做定轴转动时，如果它所受外力对轴的合外力为零（或不受外力矩作用），则刚体对同轴的角动量保持不变。这称为刚体定轴转动的角动量守恒定律。

讨论 1）单个刚体对定轴的转动惯量 J 保持不变，若所受外力对同轴的合外力矩 $\boldsymbol{M}$ 为零，则该刚体对同轴的角动量是守恒的，即任一时刻的角动量应等于初始时刻的角动量，亦即 $J\boldsymbol{\omega}=J\boldsymbol{\omega}_0$，因而 $\boldsymbol{\omega}=\boldsymbol{\omega}_0$。这时，物体绕定轴做匀角速转动。

2）当物体绕定轴转动时，如果它对轴的转动惯量是可变的，则在满足角动量守恒的条件下，物体的角速度 $\boldsymbol{\omega}$ 随转动惯量 J 的改变而变，但两者之乘积 $J\boldsymbol{\omega}$ 却保持不变，因而当 J 变大时，$\boldsymbol{\omega}$ 变小；J 变小时，$\boldsymbol{\omega}$ 变大。

图 9-21 所示的冰上芭蕾和图 9-22 所示的高空平衡都利用了角动量守恒定律。

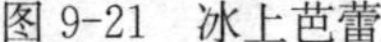

图 9-21 冰上芭蕾

图 9-22 高空平衡

例 9-11 如图 9-23 所示，一个质量为 20.0kg 的小孩，站在一半径为 3.00m、转动惯量为 450kg · m^2 的静止水平转台的边缘上，此转台可绕通过转台中心的竖直轴转动，

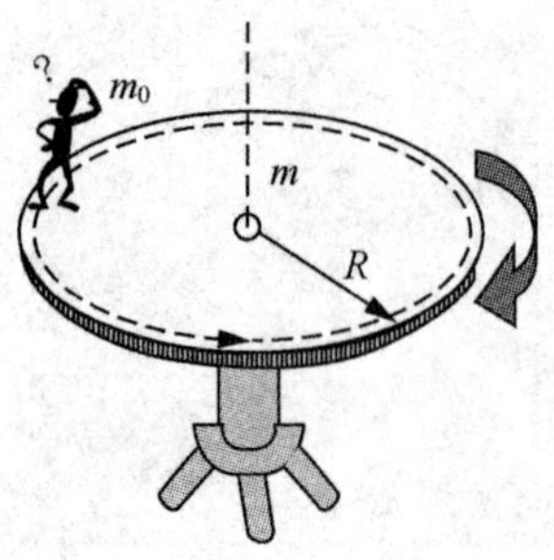

图 9-23 转台上的小孩

转台与轴间的摩擦不计。如果此小孩相对转台以 1.00m/s 的速率沿转台边缘行走，问转台的角速度有多大?

分析 小孩与转台作为一个定轴转动系统，小孩与转台之间的相互作用力为内力，沿竖直轴方向不受外力矩作用，系统的角动量守恒。在应用角动量守恒时，必须注意人和转台的角速度 ω、ω_0 都是相对于地面而言的，而人相对于转台的角速度 ω_1 应满足相对角速度的关系式 $\omega=\omega_0+\omega_1$。

解 由相对角速度的关系，人相对地面的角速度为

$$\omega=\omega_0+\omega_1=\omega_0+\frac{v}{R}$$

由于系统初始是静止的，根据系统的角动量守恒定律，有

$$J_0\omega_0+J_1(\omega_0+\omega_1)=0$$

式中，J_0、$J_1=mR^2$ 分别为转台、人对转台中心轴的转动惯量。由此可得转台的角速度为

$$\omega_0=-\frac{mR^2}{J_0+mR^2}\frac{v}{R}\approx-9.52\times10^{-2}\mathrm{s}^{-1}$$

式中，负号表示转台转动的方向与人对地面的转动方向相反。

9.5 力矩的功和刚体绕定轴转动的动能定理

质点和刚体平动时具有动能，同样刚体转动时也具有转动动能，它与力矩做功有什么关系呢?

9.5.1 力矩的功

当一个刚体在外力的作用下绕定轴转动而发生角位移 $\mathrm{d}\theta$ 时，我们就说力矩对刚体做了功，即

$$\mathrm{d}A=\boldsymbol{M}\cdot\mathrm{d}\boldsymbol{\theta} \tag{9-36}$$

当刚体在力矩作用下转过 θ 角时，合外力矩对刚体所做的功为

$$A=\int_0^\theta\boldsymbol{M}\cdot\mathrm{d}\boldsymbol{\theta} \tag{9-37}$$

如果 $\boldsymbol{M}$ 为恒力矩，则上式中 $\boldsymbol{M}$ 可从积分号内提出，即

$$A=\boldsymbol{M}\cdot\int_0^\theta\mathrm{d}\boldsymbol{\theta}=\boldsymbol{M}\cdot\boldsymbol{\theta} \tag{9-38}$$

9.5.2 刚体绕定轴转动的动能定理

当外力矩对刚体做功时，刚体的转动动能发生变化。下面求力矩的功与刚体的转动动能的变化之间的关系。将转动定律 (9-34) 代入式 (9-36)，得

$$\mathrm{d}A=\boldsymbol{M}\cdot\mathrm{d}\boldsymbol{\theta}=J\boldsymbol{\beta}\cdot\mathrm{d}\boldsymbol{\theta}=J\frac{\mathrm{d}\boldsymbol{\omega}}{\mathrm{d}t}\cdot\mathrm{d}\boldsymbol{\theta}=J\boldsymbol{\omega}\cdot\mathrm{d}\boldsymbol{\omega}$$

当角速度由 $\boldsymbol{\omega}_1$ 变成 $\boldsymbol{\omega}_2$ 时，外力矩对刚体做的功为

$$A=\int_{\omega_0}^{\omega}J\boldsymbol{\omega}\mathrm{d}\omega=\frac{1}{2}J\boldsymbol{\omega}^2-\frac{1}{2}J\boldsymbol{\omega}_0^2 \tag{9-39}$$

此式表明，刚体绕定轴转动时，刚体所受外力矩所做的功等于刚体转动动能的增量，称为**刚体定轴转动的动能定理**。

例 9-12　一细杆质量为 m，长度为 l，一端固定在轴上，静止从水平位置摆下，如图 9-24 所示。求细杆摆到铅直位置时的角速度。

解　以杆为研究对象，只有重力产生力矩，且重力矩随摆角变化而变化，有重力矩做功为

$$A_{重}=\int_0^{90^\circ}M\mathrm{d}\theta$$

$$=\int_0^{90^\circ}mg\ \frac{l}{2}\cos\theta\mathrm{d}\theta=\frac{1}{2}mgl$$

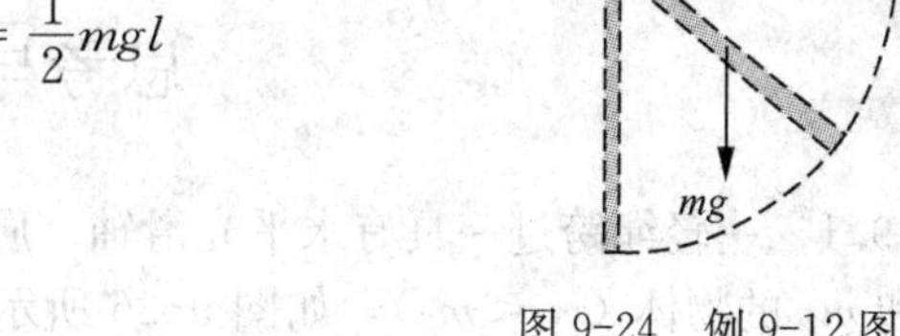

图 9-24　例 9-12 图示

始末两态动能为

$$E_k=\frac{1}{2}J\omega^2,\ E_{k0}=0$$

由刚体定轴转动的动能定理式（9-39），得

$$\frac{1}{2}mgl=\frac{1}{2}J\omega^2-0$$

将转动惯量 $J=\frac{1}{3}ml^2$ 代入，得

$$\frac{1}{2}mgl=\frac{1}{2}\left(\frac{1}{3}ml^2\right)\omega^2$$

所以

$$\omega=\sqrt{\frac{3g}{l}}$$

例 9-13　如图 9-25 所示，在一个质量为 M，半径为 R 的定滑轮上面绕有细绳。绳的一端固定在滑轮边上，另一端挂一质量为 m 的物体而下垂。忽略轴处摩擦，求物体 m 由静止下落 h 高度时的速度和此刻滑轮的角速度。

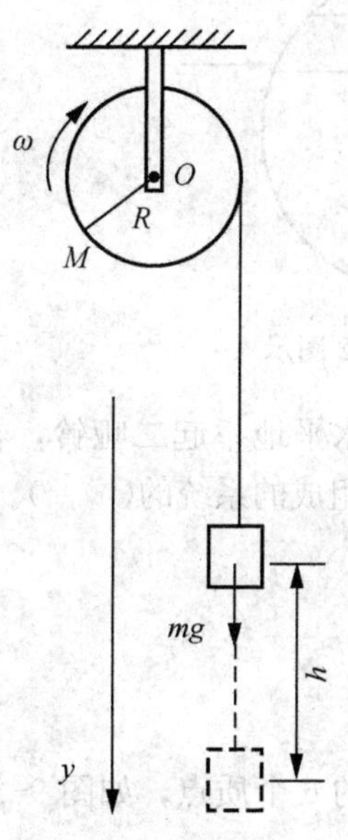

图 9-25　例 9-13 图示

解　选取滑轮、物体和地球为研究系统，在质量为 m 的物体下降的过程中，滑轮轴对滑轮的作用力（外力）的功为零（无位移）。因此，系统只有重力（保守力）做功，所以机械能守恒。

滑轮的重力势能不变，可以不考虑。取物体的初始位置为零势能点，则系统的初态的机械能为零，末态的机械能为

$$\frac{1}{2}J\omega^2+\frac{1}{2}mv^2+mg(-h)$$

由机械能守恒

$$\frac{1}{2}J\omega^2+\frac{1}{2}mv^2+mg\ (-h)\ =0$$

将滑轮的转动惯量 $J=\frac{1}{2}MR^2$ 和角速度 $\omega=\frac{v}{R}$ 代入上式，可得

$$\frac{1}{4}MR^2\left(\frac{v}{R}\right)^2+\frac{1}{2}mv^2=mgh$$

即

$$v=\sqrt{\frac{4mgh}{2m+M}}$$

因此，滑轮的角速度为

$$\omega=\frac{v}{R}=\sqrt{\frac{4mgh}{(2m+M)\ R^2}}$$

思考与讨论

9.1 一轻绳跨过一具有水平光滑轴、质量为 M 的定滑轮，绳的两端分别悬有质量 m_1 和 m_2 的物体（$m_1<m_2$），如图 9-26 所示，绳与轮之间无相对滑动，某时刻滑轮沿逆时针方向转动，则哪边绳的张力较大？

9.2 一圆盘绕过盘心且与盘面垂直的轴 O 以角速度 ω 按图 9-27 所示的方向转动，若如图所示的情况那样，将两个大小相等方向相反但不在同一条直线的力 F 沿盘面方向同时作用到盘上，则盘的角速度 ω 怎样变化？

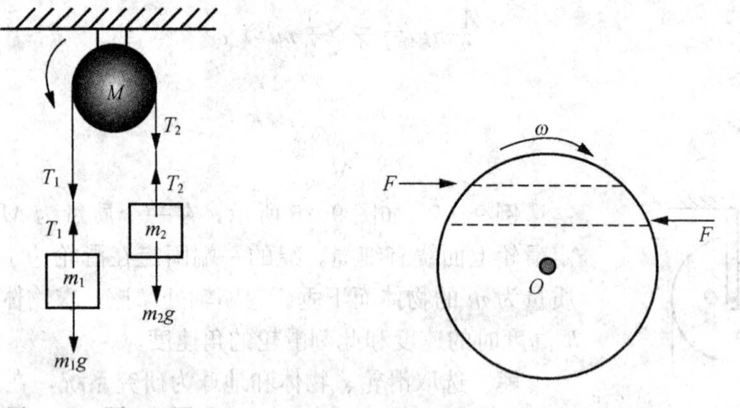

图 9-26 题 9.1 图示　　图 9-27 题 9.2 图示

9.3 一个人站在有光滑固定转轴的转动平台上，双臂伸直水平地举起二哑铃，在该人把此二哑铃水平收缩到胸前的过程中，人、哑铃与转动平台组成的系统的(　　)。

(A) 机械能守恒，角动量守恒

(B) 机械能守恒，角动量不守恒

(C) 机械能不守恒，角动量守恒

(D) 机械能不守恒，角动量不守恒

9.4 在边长为 a 的六边形顶点上，分别固定有质量都是 m 的 6 个质点，如图 9-28 所示。试求此系统绕下列转轴的转动惯量。

1) 设转轴Ⅰ、Ⅱ在质点所在的平面内，如图 9-28 (a) 所示。

2）设转轴Ⅲ垂直于质点所在的平面，如图 9-28（b）所示。

9.5 如图 9-29（a）所示，半径分别是 R_1 和 R_2、转动惯量分别是 J_1 和 J_2 的两个圆柱体，可绕垂直于图面的轴转动，最初大圆柱体的角速度为 ω_0，现在将小圆柱体向左靠近，直到它碰到大圆柱体为止，如图 9-29（b）所示。由于相互间的摩擦力，小圆柱体被带着转动，最后，当相对滑动停止时，两圆柱体各以恒定角速度沿相反方向转动。试问这种情况角动量是否守恒？为什么？小圆柱的最终角速度多大？

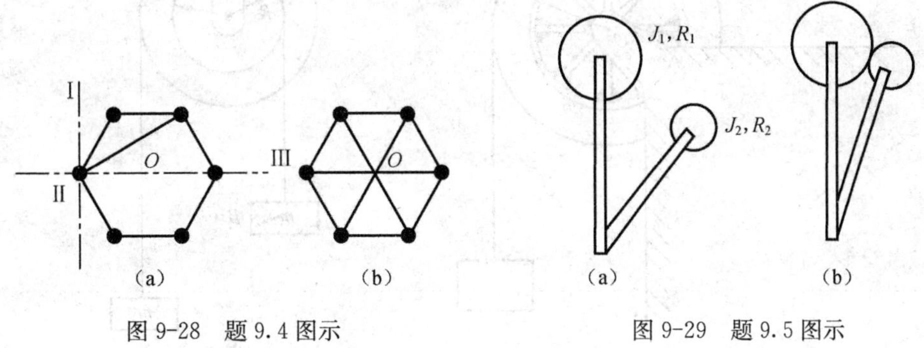

图 9-28 题 9.4 图示　　图 9-29 题 9.5 图示

9.6 如图 9-30 所示，均质细棒的质量为 M，长为 L，开始时处于水平方位，静止于支点 O 上。一球沿竖直方向在 $x=d$ 处撞击细棒，给棒的冲量为 $I_0\boldsymbol{j}$。试讨论细棒被球撞击后的运动情况。

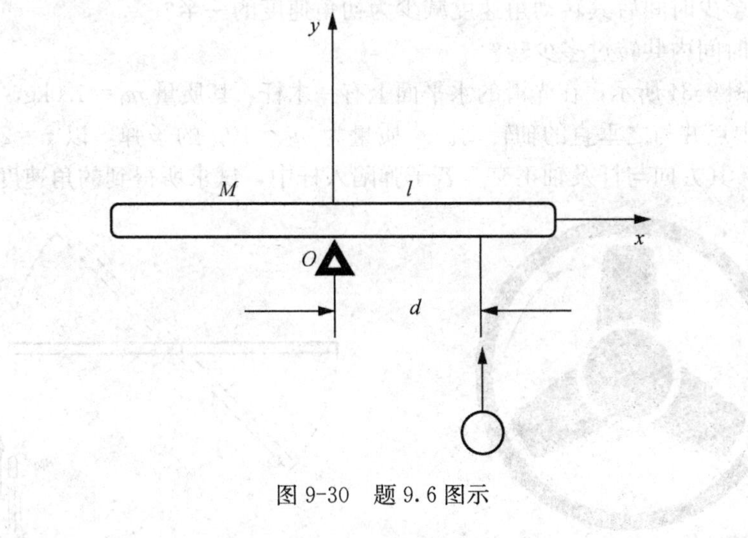

图 9-30 题 9.6 图示

习 题 9

9-1 用落体观察法测定飞轮的转动惯量，是将半径为 R 的飞轮支承在 O 点上，然后在绕过飞轮的绳子的一端挂一质量为 m 的重物，令重物以初速度为零下落，带动飞轮转动，如图 9-31 所示。记下重物下落的距离和时间，就可算出飞轮的转动惯量。试写出它的计算式（假设轴承间无摩擦）。

9-2　质量为 m_1 和 m_2 的两物体 A、B 分别悬挂在图 9-32 所示的组合轮两端。设两轮的半径分别为 R 和 r，两轮的转动惯量分别为 J_1 和 J_2，轮与轴承间、绳索与轮间的摩擦力均略去不计，绳的质量也略去不计。试求两物体的加速度和绳的张力。

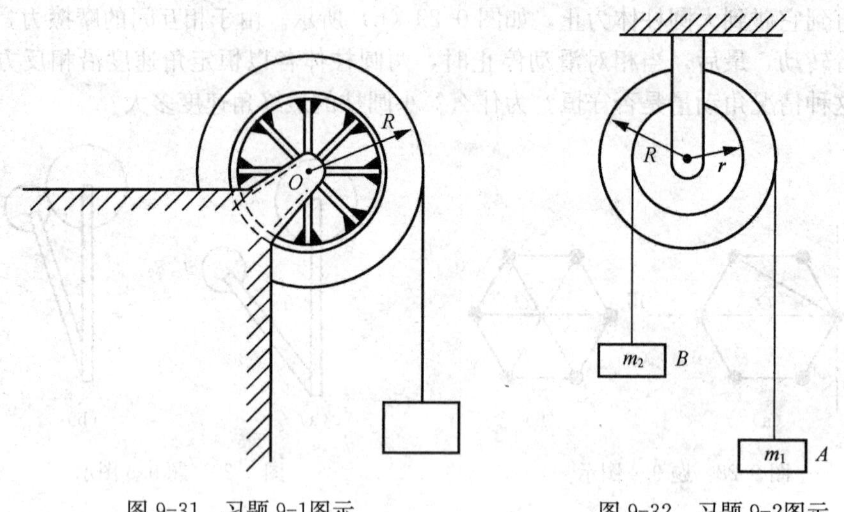

图 9-31　习题 9-1图示　　图 9-32　习题 9-2图示

9-3　如图 9-33 所示，一通风机的转动部分以初角速度 ω_0 绕其轴转动，空气的阻力矩与角速度成正比，比例系数 C 为一常量。若转动部分对其轴的转动惯量为 J，问：

1）经过多少时间后其转动角速度减少为初角速度的一半？

2）在此时间内共转过多少转？

9-4　如图 9-34 所示，在光滑的水平面上有一木杆，其质量 $m_1=1.0\text{kg}$，长 $l=40\text{cm}$，可绕通过其中点并与之垂直的轴转动。一质量为 $m_2=10\text{g}$ 的子弹，以 $v=200\text{m/s}$ 的速度射入杆端，其方向与杆及轴正交。若子弹陷入杆中，试求所得到的角速度。

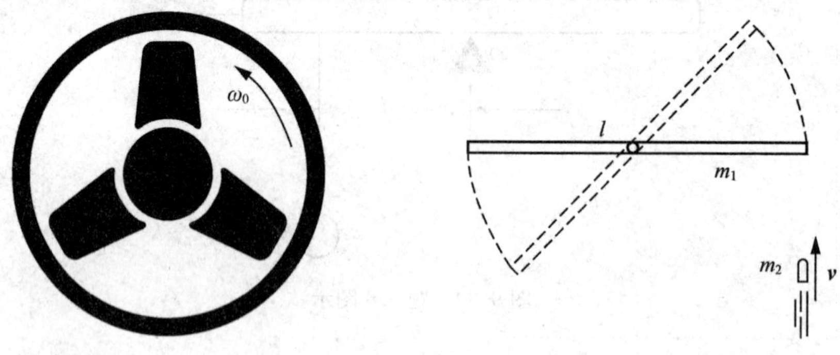

图 9-33　习题 9-3图示　　图 9-34　习题 9-4图示

9-5　一质量为 20.0kg 的小孩，站在一半径为 3.00m、转动惯量为 $450\text{kg}\cdot\text{m}^2$ 的静止水平转台的边缘上，此转台可绕通过转台中心的竖直轴转动，转台与轴间的摩擦不计。如果此小孩相对转台以 1.00m/s 的速率沿转台边缘行走，问转台的角速率有多大？

9-6　一转台绕其中心的竖直轴以角速度 $\omega_0=\pi s^{-1}$ 转动，转台对转轴的转动惯量为 $J_0=4.0\times10^{-3}\text{kg}\cdot\text{m}^2$。今有砂粒以 $Q=2t\ \text{g}\cdot\text{s}^{-1}$ 的流量竖直落至转台，并粘附于台

面形成一圆环，若环的半径为 $r=0.10\text{m}$，求砂粒下落 $t=10\text{s}$ 时，转台的角速度。

9-7　一半径为 R、质量为 m 的匀质圆盘，以角速度 ω 绕其中心轴转动，现将它平放在一水平板上，盘与板表面的摩擦因数为 μ。

1）求圆盘所受的摩擦力矩。

2）问经多少时间后，圆盘转动才能停止？

9-8　如图 9-35 所示，一质量为 1.12kg，长为 1.0m 的均匀细棒，支点在棒的上端点，开始时棒自由悬挂。以 100N 的力打击它的下端点，打击时间为 0.02s。

1）若打击前棒是静止的，求打击时其角动量的变化。

2）求棒的最大偏转角。

9-9　如图 9-36 所示，一质量为 m 的小球由一绳索系着，以角速度 ω_0 在无摩擦的水平面上，作半径为 r_0 的圆周运动。如果在绳的另一端作用一竖直向下的拉力，使小球作半径为 $r_0/2$ 的圆周运动。试求：

1）小球新的角速度。

2）拉力所做的功。

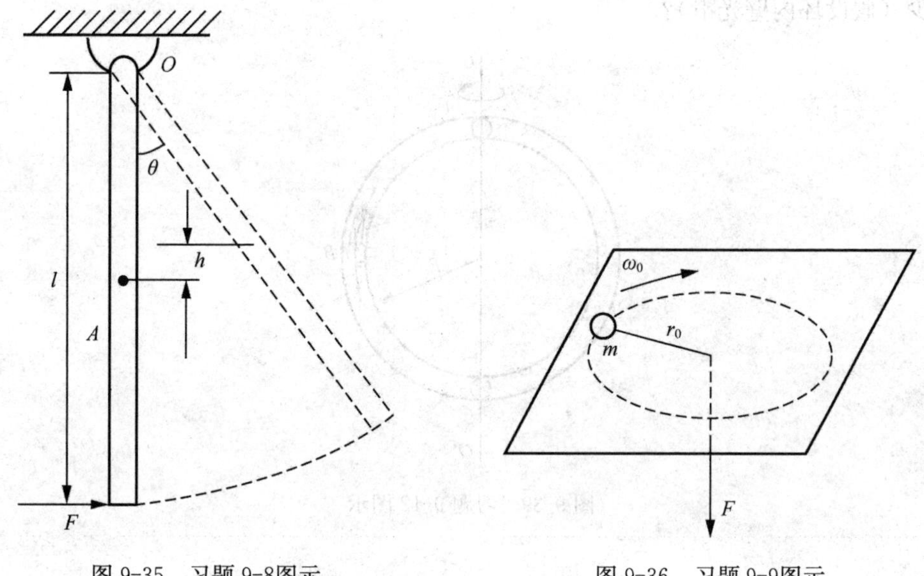

图 9-35　习题 9-8图示　　图 9-36　习题 9-9图示

9-10　如图 9-37 所示，质量为 0.50kg，长为 0.40m 的均匀细棒，可绕垂直于棒的一端的水平轴转动。如将此棒放在水平位置，然后任其落下，求：

1）当棒转过 60°时的角加速度和角速度。

2）下落到竖直位置时的动能。

3）下落到竖直位置时的角速度。

9-11　如图 9-38 所示，A 与 B 两飞轮的轴杆由摩擦啮合器连接，A 轮的转动惯量 $J_1=10.0\text{kg}\cdot\text{m}^2$，开始时 B 轮静止，A 轮以 $n_1=600\text{r/min}$ 的转速转动，然后使 A 与 B 连接，因而 B 轮得到加速而 A 轮减速，直到两轮的转速都等于 $n=200\text{r/min}$ 为止。求：

1）B 轮的转动惯量。

2）在啮合过程中损失的机械能。

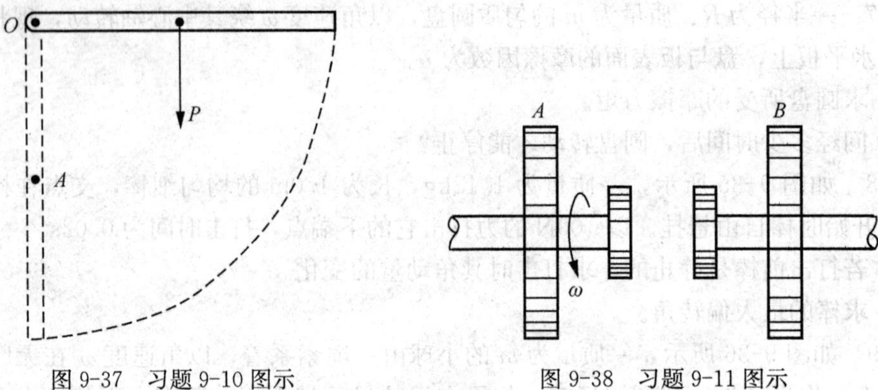

图 9-37　习题 9-10 图示　　　　图 9-38　习题 9-11 图示

9-12　如图 9-39 所示，有一空心圆环可绕竖直轴 OO' 自由转动，转动惯量为 J_0，环的半径为 R，初始的角速度为 ω_0，今有一质量为 m 的小球静止在环内 A 点，由于微小扰动使小球向下滑动。问小球到达 B、C 点时，环的角速度与小球相对于环的速度各为多少（假设环内壁光滑）？

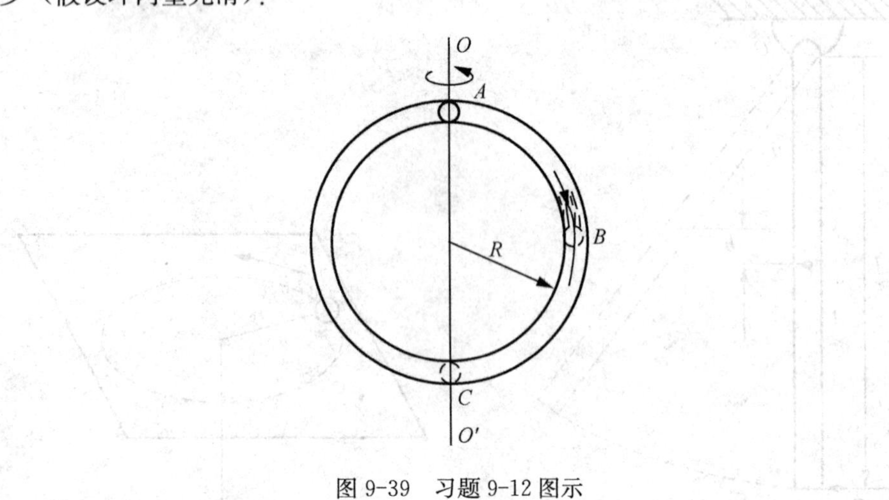

图 9-39　习题 9-12 图示

第 10 章　机械振动和机械波

振动是自然界中一种十分普遍的运动形式，是许多基础学科和应用技术的基础。物体在平衡位置附近的往复运动叫做机械振动。广义地说，任何一个物理量随时间的周期性变化都可以称为振动。如电压、电流、温度等在某一量值附近的往复变化，电磁波中电场和磁场的周期性变化等，都可称该物理量在振动。

机械波是机械振动在弹性介质中的传播过程，如声波、水波、地震波等。交变电场在空间中的传播形成的波，称为电磁波，如无线电波、光波、X 射线等。尽管各类波的本质不同，但它们都有波动的共同特征，如都具有一定的传播速度，都能产生反射、折射、干涉和衍射等现象。由于机械波具有直观性，其特性又具有普遍意义，所以我们先在本章讨论。

本章着重研究简谐振动的规律、简谐振动的合成、机械波的基本规律、波的能量。

10.1　简谐振动

简谐振动是一种最简单、最基本的振动，任何复杂的振动都可以看成是若干个简谐振动的合成。

10.1.1　简谐振动方程

如图 10-1所示，在一个光滑的水平面上，有一个一端被固定的轻弹簧（质量不计），弹簧的另一端连接着一个小球。当弹簧呈自由状态时，小球在水平方向不受力的作用，此时，处于 O 点，该点即为**平衡位置**。若将小球向右移至 M 点，弹簧伸长 x，此时小球受到弹簧所施加的、方向指向 O 点的弹性力 $\boldsymbol{F}$ 的作用。若将小球释放，则小球在弹性力 $\boldsymbol{F}$ 的作用下左右往复振动起来，并一直振动下去。这个系统称为弹簧振子。

为了描述小球的运动规律，我们设小球的平衡位置 O 为坐标原点，取通过点 O 的水平线为 x 轴。如果小球的位移为 $\boldsymbol{x}$，则由胡克定律可知，弹簧振子受到的弹性力 $\boldsymbol{F}$ 的大小可以表示为

$$F=-kx \tag{10-1}$$

这种大小与位移大小成正比而且方向与位移方向相反的力称为**线性回复力**。上式中的 k 为**弹簧的劲度系数**，负号表示线性回复力 $\boldsymbol{F}$ 与位移 $\boldsymbol{x}$ 的方向相反。如果小球的质量为 m，根据牛顿第二定律，小球的运动方程可以表示为

$$m\frac{\mathrm{d}^2x}{\mathrm{d}t^2}=-kx \tag{10-2}$$

令 $\omega=\sqrt{\dfrac{k}{m}}$，上式可改写为

$$\frac{d^2x}{dt^2}+\omega^2x=0 \tag{10-3}$$

这是弹簧振子**振动的动力学方程**，其解可表示为

$$x=A\cos(\omega t+\varphi) \tag{10-4}$$

式中，A 为**振幅**，φ 为**初相位**。这种用时间的余弦（或正弦）函数来描述的运动，称为**简谐振动**。式（10-4）称为**简谐振动的运动学方程**。

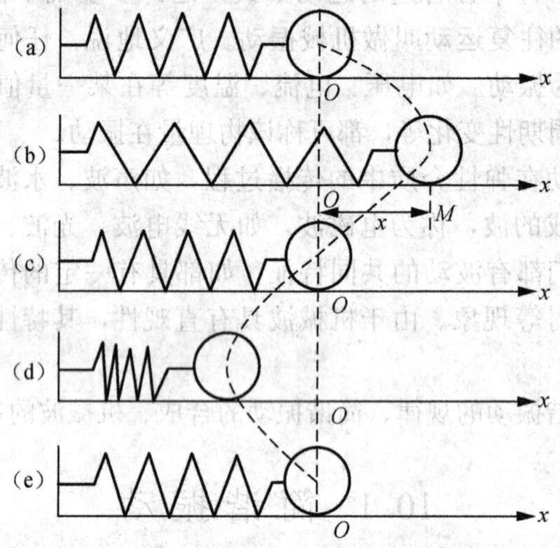

图 10-1 弹簧振子模型

振动物体完成一次完整振动所经历的时间 T，称为**周期**，单位是秒（s）。周期的倒数 ν 表示振动物体在单位时间内完整振动的次数，称为振动的**频率**，单位是赫兹（Hz）。ω 表示振动物体在 2π 秒内所完成的完整振动的次数，称为**角频率**，单位是弧度/秒（rad/s）。它们之间的关系是

$$T=\frac{2\pi}{\omega}=\frac{1}{\nu} \tag{10-5}$$

A、ω（或 T、ν）和 φ 是描述简谐振动特征的三个参量，称为简谐振动的**特征量**，由它们可以把一个简谐振动完全确定下来。其中 ω、T 和 ν 是只与系统本身性质有关的参量，分别称为系统的**固有角频率**、**固有周期**和**固有频率**。

将式（10-4）中的位移 $\boldsymbol{x}$ 对时间求一阶、二阶导数，可分别得简谐振动物体的速度和加速度的大小为

$$v=\frac{dx}{dt}=-\omega A\sin(\omega t+\varphi)=\omega A\cos\left(\omega t+\varphi+\frac{\pi}{2}\right) \tag{10-6}$$

$$a=\frac{d^2x}{dt^2}=-\omega^2A\cos(\omega t+\varphi)=-\omega^2x=\omega^2A\cos(\omega t+\varphi+\pi) \tag{10-7}$$

可见，做简谐振动的物体的速度和加速度也随时间做周期性变化。简谐振动的位移、速度、加速度的随时间变化如图 10-2所示（图中取 $\varphi=0$）。

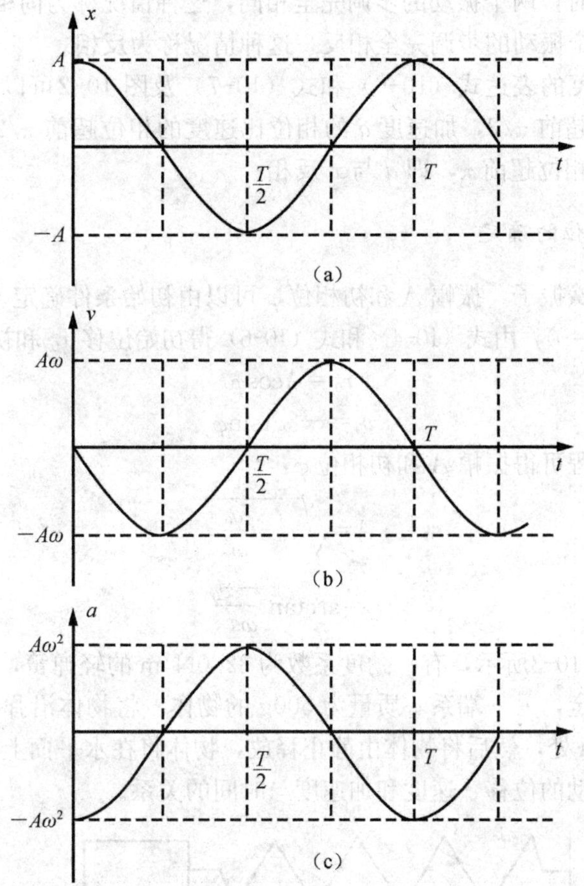

图 10-2　简谐振动的位移、速度、加速度与时间的关系

10.1.2　振幅和相位

1. 振幅

由图 10-2可知，振幅 A 表示振动物体离开平衡位置的最大位移的绝对值。

2. 相位、初相位、相位差

运动学方程（10-4）中（$\omega t+\varphi$）是决定简谐振动状态的物理量，称为在 t 时刻振动的**相位**，单位是弧度（rad）。**初相位** φ 是 $t=0$ 时刻的相位，相位之差称为**相位差**。

设角频率相同的两个简谐振动 $x_1=A_1\cos(\omega t+\varphi_1)$ 和 $x_2=A_2\cos(\omega t+\varphi_2)$，它们的相位差为

$$\Delta\varphi=(\omega t+\varphi_2)-(\omega t+\varphi_1)=\varphi_2-\varphi_1$$

即它们在任意时刻的相位差都等于初相位之差而与时间无关。

当 $\Delta\varphi>0$ 时，则到达同一运动状态，x_2 比 x_1 需要的时间少，称振动 2 的相位比振动 1 的相位超前 $\Delta\varphi$；反之，当 $\Delta\varphi<0$ 时，称振动 2 比振动 1 的相位落后 $\Delta\varphi$。当 $\Delta\varphi=0$

（或 2π 的整数倍）时，两个振动的步调完全相同，这种情况称为**同相**；当 $\Delta\varphi=\pi$（或 π 的奇数倍）时，两个振动的步调完全相反，这种情况称为**反相**。

由速度与加速度的表达式（10-6）和式（10-7）及图 10-2可以看出，速度 v 的相位比位移 x 的相位超前 $\pi/2$，加速度 a 的相位比速度的相位超前 $\pi/2$，因此，加速度 a 的相位比位移 x 的相位超前 π，即 a 与 x 反相。

3. 振幅和初相位的确定

对于确定的弹簧振子，振幅 A 和初相位 φ 可以由初始条件确定。

在初始时刻（$t=0$），由式（10-4）和式（10-6）得初始位移 x_0 和初始速度 v_0 分别为

$$x_0=A\cos\varphi \tag{10-8}$$

$$v_0=-\omega A\sin\varphi \tag{10-9}$$

联立这两个方程可得振幅 A 和初相位 φ：

$$A=\sqrt{x_0^2+\frac{v_0^2}{\omega^2}} \tag{10-10}$$

$$\varphi=\arctan\frac{-v_0}{\omega x_0} \tag{10-11}$$

例 10-1　如图 10-3所示，有一劲度系数为 32.0N/m 的轻弹簧，放置在光滑的水平面上，其一端被固定，另一端系一质量为 500g 的物体。将物体沿弹簧长度方向拉伸至距平衡位置 10.0cm 处，然后将物体由静止释放，物体将在水平面上沿一条直线做简谐振动。分别写出振动的位移、速度和加速度与时间的关系。

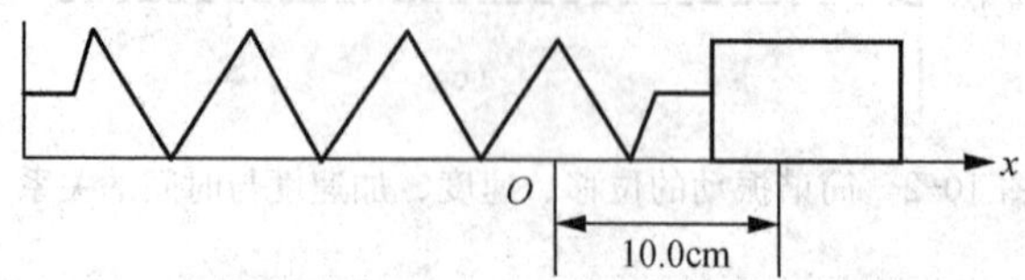

图 10-3　例 10-1图示

解　设平衡位置 O 为坐标原点，物体沿 x 轴作简谐振动。按题意，在初始时刻 $t=0$ 时，物体处在最大位移处，所以振幅为

$$A=10.0\text{cm}=0.1\text{m}$$

由式（10-4）$x=A\cos(\omega t+\varphi)$，知

$$x_0=A\cos\varphi=A$$

即 $\cos\varphi=1$，所以初相位 $\varphi=0$。

振动角频率为

$$\omega=\sqrt{\frac{k}{m}}=\sqrt{\frac{32}{0.5}}\text{rad/s}=8\text{rad/s}$$

因此，位移与时间的关系为

$$x=0.1\cos(8t)\text{m}$$

速度和加速度的最大值分别为

$$v_{\max}=\omega A=0.8\text{m/s}$$

$$a_{max}=\omega^2A=6.4\text{m/s}^2$$

速度和加速度与时间的关系分别为

$$v=-0.8\sin(8t)\text{m/s}$$

$$a=-6.4\cos(8t)\text{m/s}^2$$

10.1.3　简谐振动的旋转矢量法

简谐振动还可以用旋转矢量法来描绘。如图 10-4所示，以简谐振动的平衡位置 O 作为 x 轴的坐标原点，自 O 点出发作一矢量 $\boldsymbol{A}$（其长度等于简谐振动振幅 A），设 $t=0$ 时刻，矢量 $\boldsymbol{A}$ 与 x 轴所成的角等于初相位 φ。若矢量 $\boldsymbol{A}$ 以角速度 ω（其大小等于简谐振动角频率 ω）匀速绕 O 点逆时针旋转，则在任一时刻矢量 $\boldsymbol{A}$ 末端在 x 轴上的投影点 P 相对原点的位移大小为 $x=A\cos(\omega t+\varphi)$，显然，$P$ 在 x 轴上做简谐振动。这种用一个旋转矢量末端在一条轴线上的投影点的运动来表示简谐振动的方法称为简谐振动的**旋转矢量法**。

例 10-2　一个质点沿 x 轴做简谐运动，振幅 $A=0.06\text{m}$，周期 $T=2\text{s}$，初始时刻质点位于 $x_0=0.03\text{m}$ 处且向 x 轴正方向运动。求：

1）初相位。

2）在 $x=-0.03\text{m}$ 处且向 x 轴负方向运动时物体的速度和加速度以及质点从这一位置回到平衡位置所需要的最短时间。

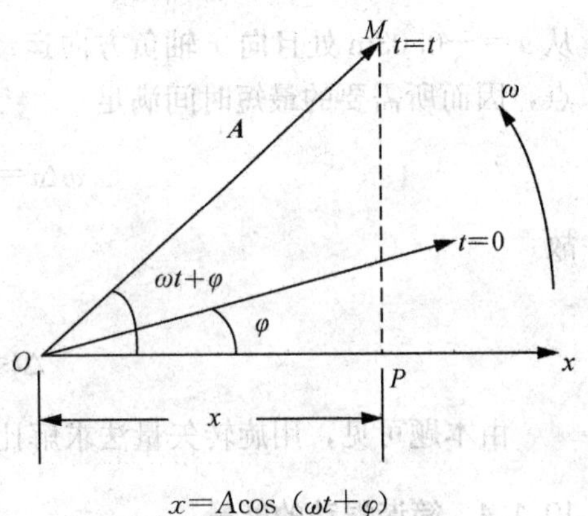

图 10-4　简谐振动的旋转矢量法

解　1）**解析法**：取平衡位置为坐标原点，质点的运动方程可写为

$$x=A\cos(\omega t+\varphi)$$

依题意，有 $A=0.06\text{m}$，$T=2\text{s}$，则

$$\omega=\frac{2\pi}{T}=\frac{2\pi}{2}=\pi\text{rad/s}$$

在 $t=0$ 时，

$$x_0=A\cos\varphi=0.06\cos\varphi=0.03\text{m}$$

$$v_0=-A\omega\sin\varphi>0$$

因而解得　$\varphi=-\dfrac{\pi}{3}$

故振动方程为

$$x=0.06\cos\left(\pi t-\frac{\pi}{3}\right)\text{m}$$

旋转矢量法：按题意，因初始位移 $x_0=0.03\text{m}=A/2$，且向 x 轴正方向运动，故初相位在第四象限，如图 10-5所示。

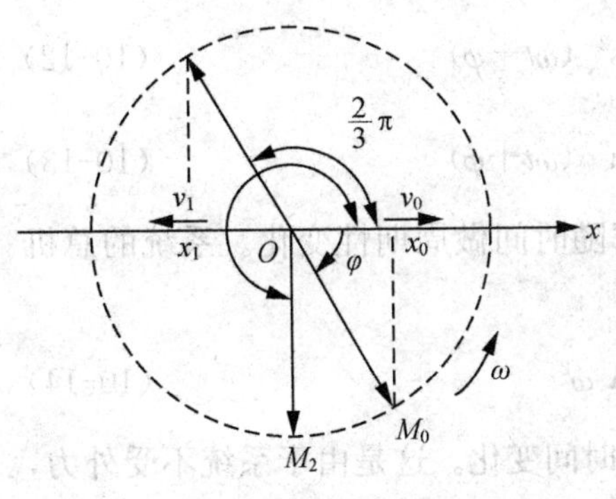

图 10-5　旋转矢量图

由 $x_0=A\cos\varphi=\dfrac{A}{2}$，有

$$\cos\varphi=\frac{1}{2}$$

故 $\varphi=-\frac{\pi}{3}$。

2）设 $t=t_1$ 时，$x_1=0.06\cos\left(\pi t_1-\frac{\pi}{3}\right)=-0.03$（m），则

$$\cos\left(\pi t_1-\frac{\pi}{3}\right)=-\frac{1}{2}$$

且$\left(\pi t_1-\frac{\pi}{3}\right)$为第二象限角，故 $\pi t_1-\frac{\pi}{3}=\pi-\frac{\pi}{3}$，解得 $t_1=1\text{s}$，因而速度和加速度的大小分别为

$$v=\left.\frac{\mathrm{d}x}{\mathrm{d}t}\right|_{t=1\text{s}}=-0.06\pi\sin\left(\pi t_1-\frac{\pi}{3}\right)=-0.16\text{m/s}$$

$$a=\left.\frac{\mathrm{d}^2x}{\mathrm{d}t^2}\right|_{t=1\text{s}}=-0.06\pi^2\cos\left(\pi t_1-\frac{\pi}{3}\right)=0.30\text{m/s}^2$$

从 $x=-0.03\text{m}$ 处且向 x 轴负方向运动到平衡位置，意味着旋转矢量从 M_1 点转到 M_2 点，因而所需要的最短时间满足

$$\omega\Delta t=\frac{3}{2}\pi-\frac{2}{3}\pi=\frac{5}{6}\pi$$

故

$$\Delta t=\frac{\frac{5}{6}\pi}{\pi}=0.83\text{s}$$

由本题可见，用旋转矢量法求解比解析法简单明了。

10.1.4 简谐振动的能量

弹簧振子在做简谐振动的过程中，系统的能量会是怎样呢？

弹簧振子在任意时刻的位移 $\boldsymbol{x}$ 和速度 $\boldsymbol{v}$ 的大小已经由式（10-4）和式（10-6）给出，那么系统的弹性势能 E_p 和动能 E_k 分别为

$$E_\text{p}=\frac{1}{2}kx^2=\frac{1}{2}mA^2\omega^2\cos^2(\omega t+\varphi) \tag{10-12}$$

$$E_\text{k}=\frac{1}{2}mv^2=\frac{1}{2}mA^2\omega^2\sin^2(\omega t+\varphi) \tag{10-13}$$

可见弹簧振子在做简谐振动过程中，势能和动能都随时间做周期性变化。系统的总机械能为

$$E=E_\text{p}+E_\text{k}=\frac{1}{2}mA^2\omega^2 \tag{10-14}$$

表明总机械能 E 的大小与振幅的平方成正比，不随时间变化。这是由于系统不受外力，所以势能和动能相互转化，而机械能总量保持不变。该结论对任一简谐振动系统都是正确的。

简谐振动的动能、势能和总的机械能随时间的变化关系如图 10-6所示，该图中还

对比地画出了位移随时间的变化关系，可以看出不同位移对应的动能、势能不同，但总的机械能都相同，与位移无关。

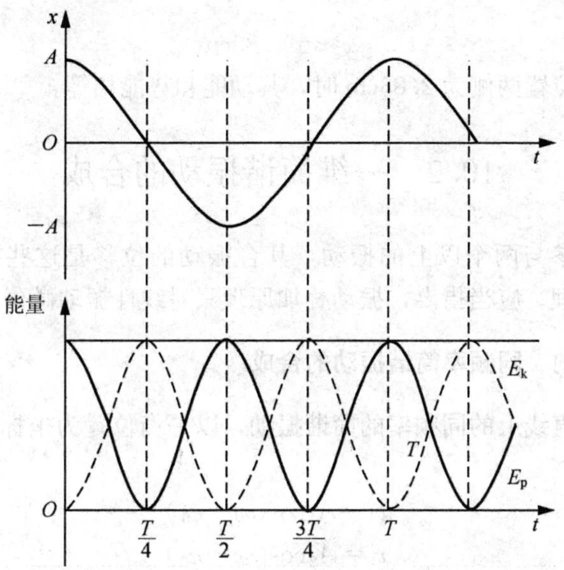

图 10-6　简谐振动的能量

例 10-3　质量为 0.10kg 的物体，以振幅 4.0×10^{-2}m 做简谐振动，其最大加速度为 $a_{max}=4.0$m/s，试求：

1）振动的周期。

2）通过平衡位置的动能。

3）总机械能。

4）物体在何处其动能和势能相等？

解　1）加速度的振幅为 $a_{max}=A\omega^2$，所以角频率为 $\omega=\sqrt{\frac{a_{max}}{A}}=10\text{s}^{-1}$，由此可得振动周期 $T=\frac{2\pi}{\omega}\approx0.628$s。

2）物体通过平衡位置时速度最大，所以此时的动能也最大为

$$E_{k,max}=\frac{1}{2}mv_{max}^2=\frac{1}{2}m\omega^2A^2=8.0\times10^{-3}\text{J}$$

3）由机械能守恒定律得，动能最大时势能为零，即总机械能就等于最大动能，即

$$E=E_{k,max}=8.0\times10^{-3}\text{J}$$

4）当 $E_k=E_p$ 时，

$$E_p=\frac{1}{2}E=4.0\times10^{-3}\text{J}$$

由

$$E_p=\frac{1}{2}kx^2=\frac{1}{2}m\omega^2x^2$$

得

$$x^2=\frac{2E_p}{m\omega^2}=8.0\times10^{-4}\,\text{m}^2$$

故

$$x\approx\pm2.83\text{cm}$$

即物体在距离平衡位置两侧为 2.83cm 时，其动能和势能相等。

10.2　一维简谐振动的合成

一个质点同时参与两个以上的振动，其合振动的位移是这些振动位移的矢量和。这就是振动叠加原理。应当指出，振动叠加原理只对线性振动微分方程成立。

10.2.1　两个同方向、同频率简谐振动的合成

设两个在同一直线上的同频率的简谐振动，以平衡位置为坐标原点，在任一时刻 t 的位移分别为

$$x_1=A_1\cos(\omega t+\varphi_1)$$
$$x_2=A_2\cos(\omega t+\varphi_2)$$

由于两振动在同一直线上，其合振动的位移为两分振动位移的代数和

$$x=x_1+x_2=A_1\cos(\omega t+\varphi_1)+A_2\cos(\omega t+\varphi_2)$$

我们可以应用三角函数公式进一步求 x 的表达式，还可以用旋转矢量图法简洁直观地表示出合位移。

如图 10-7所示，在 x 轴上任取一点 O，作两个长度分别等于振幅 A_1、A_2 的旋转矢量，与 x 轴夹角分别为 φ_1、φ_2，以相同的角速度 ω 逆时针同步旋转，它们的夹角不变，合矢量 $\boldsymbol{A}$ 的大小也不变，$\boldsymbol{A}$ 在 x 轴上的投影等于该时刻两矢量 $\boldsymbol{A}_1$、$\boldsymbol{A}_2$ 在 x 轴上投影的代数和，所以合矢量 $\boldsymbol{A}$ 就是合振动的振幅矢量，它与 x 轴的夹角即为

$$x=A\cos(\omega t+\varphi)$$

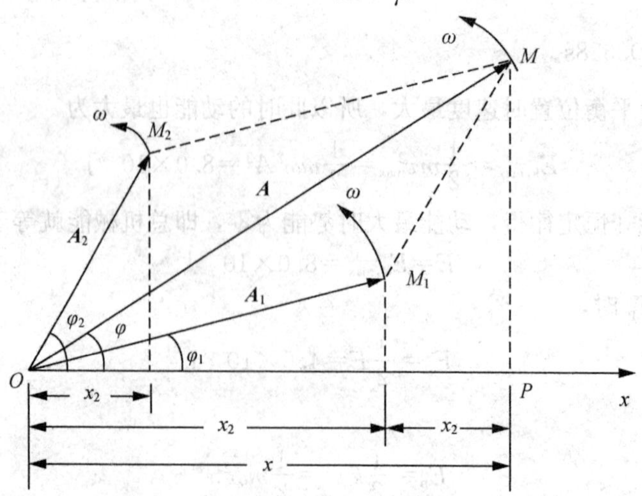

图 10-7　同方向同频率简谐振动的矢量图法

合振动的振幅 A 和初相位 φ 可根据矢量合成的几何关系求得

$$A=\sqrt{A_1^2+A_2^2+2A_1A_2\cos(\varphi_2-\varphi_1)} \tag{10-15}$$

$$\tan\varphi=\frac{A_1\sin\varphi_1+A_2\sin\varphi_2}{A_1\cos\varphi_1+A_2\cos\varphi_2} \tag{10-16}$$

由式（10-16）可以看出，合振动的振幅 A 不仅与两分振动的振幅有关，而且还与它们的相位差 $\Delta\varphi=\varphi_2-\varphi_1$ 有关，例如：

1）当两个分振动同相时，即 $\varphi_2-\varphi_1=2k\pi$，$k=0$，$\pm1$，$\pm2$，…则合振动的振幅有最大值为 $A_{\max}=A_1+A_2$。

2）当两个分振动反相时，即 $\varphi_2-\varphi_1=(2k+1)\pi$，$k=0$，$\pm1$，$\pm2$，…则合振动的振幅有最小值为 $A_{\min}=|A_1-A_2|$。

3）当两个分振动既不是同相，也不是反相时，合振动的振幅介于最大值 $A_{\max}=A_1+A_2$ 与最小值 $A_{\min}=|A_1-A_2|$ 之间，即其取值范围为 $A_1+A_2\geqslant A\geqslant|A_1-A_2|$。

多个同方向同频率简谐振动合成依照此法也可求得合振动方程。

例 10-4　N 个同方向、同频率的简谐振动，它们的振幅都相等，初相位分别为 0，δ，2δ，3δ，…依次增加一个 δ，振动的表达式依次可写成

$$x_1=A_0\cos\omega t$$
$$x_2=A_0\cos(\omega t+\delta)$$
$$x_3=A_0\cos(\omega t+2\delta)$$
$$\cdots$$
$$x_N=A_0\cos[\omega t+(N-1)\delta]$$

求它们的合振动的振动表达式。

解　由题意可得，利用矢量合成法，将各个分振动的旋转矢量相加如图 10-8所示，即各分振动振幅大小相等而且依次转过相同的角度 δ，所以各分振幅可以看成是正多边形的一条边。设这个正多边形的外接圆的半径为 R，圆心为 C，则 C 点到各个分振幅的两端距离都相等。各个分振动的振幅对应的圆心角为 δ。合振幅对应的圆心角为 $N\delta$。所以有

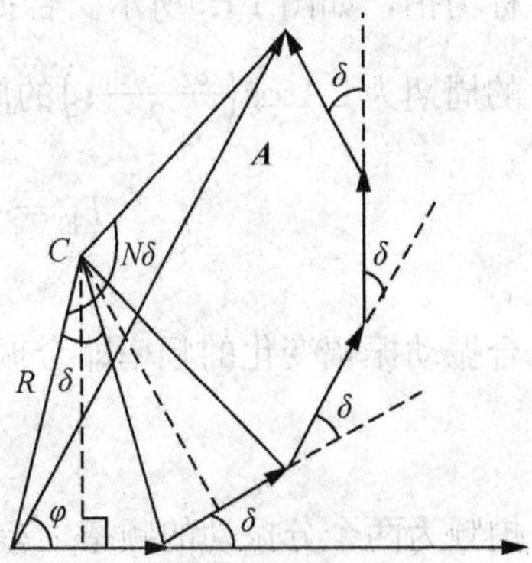

$$R=\frac{A_0}{2\sin(\delta/2)}$$

因此，合振动的振幅 A 和初相位 φ 的大小分别为

$$A=2R\sin(N\delta/2)=A_0\frac{\sin(N\delta/2)}{\sin(\delta/2)}$$

$$\varphi=\frac{\pi-\delta}{2}-\frac{\pi-N\delta}{2}=\frac{N-1}{2}\delta$$

即合振动的表达式为

$$x=A_0\frac{\sin(N\delta/2)}{\sin(\delta/2)}\cos\left(\omega t+\frac{N-1}{2}\delta\right)$$

图 10-8　旋转矢量合成图

下面讨论两种特殊情况。

1）当各个分振动同相，即 $\delta=2k\pi$，$k=\pm0$，±1，±2，…时，合振动的振幅

$$A=\lim_{\delta\to0}A_0\frac{\sin(N\delta/2)}{\sin(\delta/2)}=NA_0$$

为最大值。在振动矢量图中，此时各分振动矢量相同，因此也可以得到最大振幅。

2）当各个分振动的初相位差$\delta=\frac{2k'\pi}{N}$，k'为不等于Nk 的整数。此时

$$A=A_0\frac{\sin(k'\pi)}{\sin(k'\pi/N)}=0$$

在振动矢量图中，各个分振幅矢量依次相接构成一个闭合的正多边形，合振幅当然为零。

10.2.2　两个同方向、不同频率简谐振动的合成

为讨论简单起见，考虑振幅和初相位相同，但角频率不同的两个振动合成的问题。设角频率 ω_1 和 ω_2 非常接近，振动方程分别为

$$x_1=A\cos(\omega_1 t+\varphi)$$

和

$$x_2=A\cos(\omega_2 t+\varphi)$$

合振动为

$$\begin{aligned}x&=x_1+x_2=A\cos(\omega_1 t+\varphi)+A\cos(\omega_2 t+\varphi)\\&=2A\cos\frac{\omega_2-\omega_1}{2}t\cos\left(\frac{\omega_2+\omega_1}{2}t+\varphi\right)\end{aligned}\tag{10-17}$$

由于$\left|\frac{\omega_2-\omega_1}{2}\right|\ll\frac{\omega_2+\omega_1}{2}$，上式中第一项随时间做缓慢变化，因此合振动可以近似看成是角频率为$\frac{\omega_2+\omega_1}{2}$，振幅为$\left|2A\cos\frac{\omega_2-\omega_1}{2}t\right|$的简谐振动。注意到简谐振动的振幅是不随时间变化的，所以这种振幅缓慢变化的振动并不是真正的简谐振动。

由于合振动振幅是周期性缓慢变化的，所以出现振幅时强时弱的现象，这种现象称为拍，如图 10-9所示。合振动振幅变化的周期称为拍的周期，从图 10-9可以看出拍的周期为 $2A\cos\left(\frac{\omega_2-\omega_1}{2}t\right)$的周期的一半，为

$$T_{拍}=\frac{1}{2}\frac{2\pi}{\left|\frac{\omega_2-\omega_1}{2}\right|}=\frac{2\pi}{|\omega_2-\omega_1|}=\frac{1}{|\nu_2-\nu_1|}\tag{10-18}$$

合振动振幅变化的频率即合振动振幅在单位时间内加强或减弱的次数称为**拍频**，为

$$\nu=\frac{1}{T_{拍}}=|\nu_2-\nu_1|\tag{10-19}$$

拍频为两个分振动的频率之差。

拍现象在声振动、无线电技术中有着广泛的应用。例如，矫正钢琴时，就是把待校准的钢琴与标准钢琴作比较，当敲击同一个音键时，细听有无拍现象产生。如果产生拍现象，则说明尚未校准，反之则说明已校准。还可以利用拍现象来测量频率，如果已知一个高频振动频率，另一个为未知的高频振动频率，通过测量两个振动的合振动的拍频即可计算得到未知的频率。

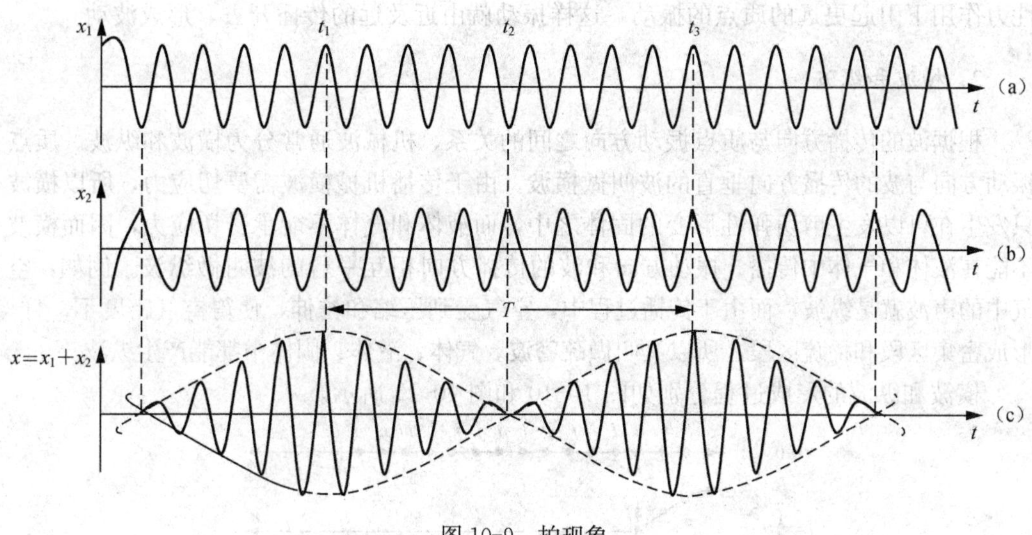

图 10-9　拍现象

10.3　机　械　波

波动是振动在空间的传播，机械波、声波、脉搏波、温度波和电磁波等都是波。不同形式的波虽然在产生机制、传播方式、与物质的相互作用等方面存在很大差别，但在传播时却表现出多方面的共性，可用相同的方法描述和处理。本节主要讨论简谐波的特征和基本规律。

10.3.1　机械波的基本特征

在弹性介质中，由于弹性力的联系，某个质点因外界扰动而引起的振动将带动邻近质点振动，并由近及远地传播出去，形成波。机械振动在弹性介质中的传播过程，称为**机械波**。

1. 机械波的形成和传播

机械波起因于介质中的机械振动，并借助于介质的弹性力作用而传播，因此它形成的首要条件是要有作为初始振动物体的**波源**；其次要有能够传播这种机械振动的**媒质**。只有通过媒质各部分间的相互作用，才能把机械振动传播出去。

由连续不断的无穷多个质点构成的，且具有弹性恢复力的媒质，称为**弹性媒质**，它可以是固体、液体或气体。当研究弹性媒质内部的运动时，通常把媒质看成是有许多质点组成的，各质点之间都有弹性力作用着。就像我们拿着绳子一端并做上下振动，绳子就会形成一个接着一个的凸起和凹陷，并沿着绳子传播出去。我们研究绳子中的每一质点 P，当它受到外力离开原来平衡位置时，由于 P 点附近的质点的弹性恢复力作用，使它回到平衡位置，并在平衡位置附近振动起来。与此同时，P 点也会对附近质点施加作用力，使得邻近的质点也离开各自的平衡位置振动起来。这些质点又在弹性力作用下引起更远的质点的振动，这样振动就由近及远的传播开去，形成波动。

2．横波和纵波

根据波的传播方向与质点振动方向之间的关系，机械波通常分为横波和纵波。质点振动方向与波的传播方向垂直的波叫做**横波**。由于传播机械横波需要切应力，所以横波只发生在可以发生剪切弹性形变的固体之中，而液体和气体不能承受切应力，因而横波不能在液体和气体中传播。振动方向和波的传播方向相互平行的波叫做**纵波**。例如，空气中的声波就是纵波，而由于传播过程中，空气受到压缩和拉伸，使得空气密度不一样，形成密集区段和稀疏区段，所以又叫做**疏密波**。气体、液体、固体中都能产生纵波。

横波和纵波的形成过程分别如图 10-10 和图 10-11 所示。

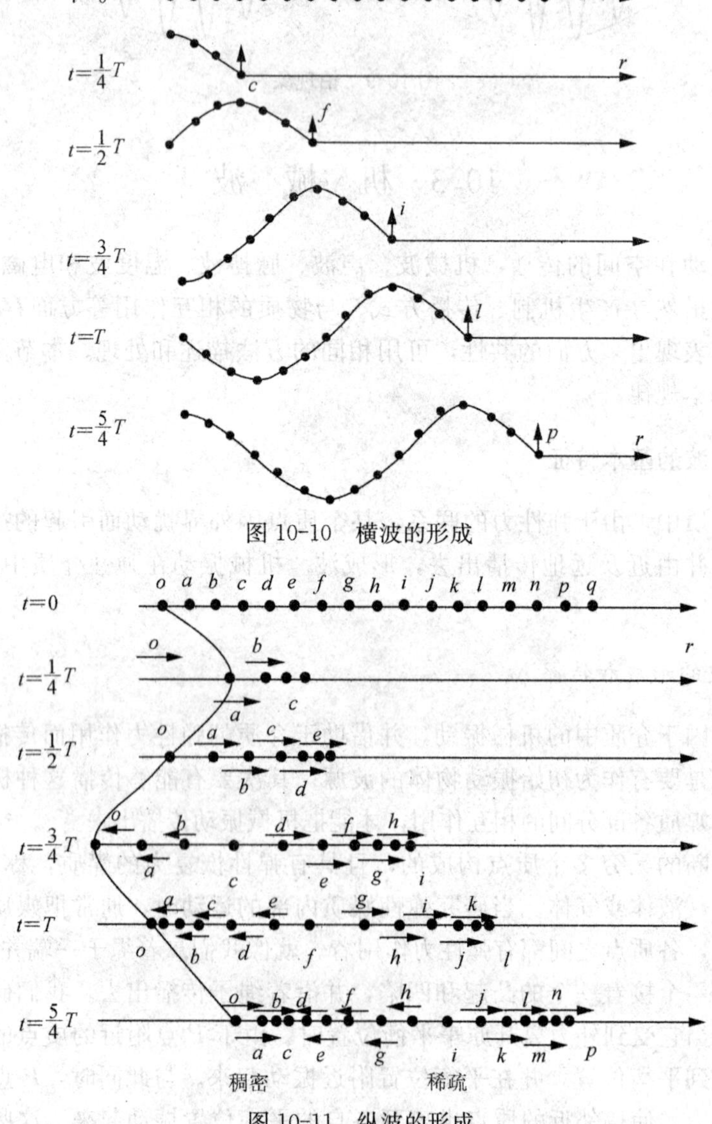

图 10-10　横波的形成

图 10-11　纵波的形成

3．波线和波阵面、平面波和球面波

波在传播过程中，为了更形象地描述传播情况，通常采用几何图形来表示波的传播方向和各质点振动的相位。波沿着某一方向传播所画的射线叫做**波线**。在传播过程中任一时刻相位相同的点所组成的面称为**波面**（也叫做**波阵面**或**同相面**）。波源开始振动后，离波源最远的波面称为**波前**。在某一时刻，波前只有一个。在各向同性介质中，波线与波面垂直。

按波面的形状可以将波分成平面波和球面波。波阵面是球面的波叫做**球面波**，如图 10-12（a）所示。球面波的波线是由点波源发出的辐射状直线。波阵面是平面的波叫做**平面波**，如图 10-12（b）所示。平面波的波线是一组垂直于波阵面的平行直线。

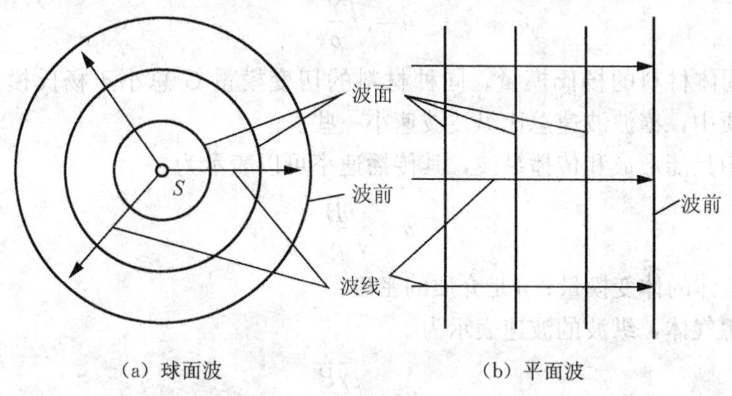

（a）球面波　　（b）平面波

图 10-12　波线和波阵面

4．波速、波长、频率及其相互之间的关系

波速是振动状态在介质中的传播速度，即某一振动状态（振动相位）在单位时间内传播的距离，用 u 表示，单位是 m/s。在标准状态下，声速在空气中传播的速度是 331m/s，而在氢气中传播速度为 1263m/s。

波长是波在传播过程中，沿同一波射线上相位差为 2π 的两个相邻质点的距离。用 λ 表示，单位是 m。从波的外观上看，横波的一个波长中有一个波峰和一个波谷，纵波的一个波长内有一个疏部和一个密部。横波中的一峰一谷和纵波中的一疏一密构成一个完整波，在 2π 的长度内含有的完整波的数目叫做**波数**，记作 k，所以有 $k=\frac{2\pi}{\lambda}$。可以看出，波源每完成一次完全振动，振动就在介质中向前传播一个波长的距离。

周期是波前进一个波长距离所需要的时间，用 T 来表示，单位是 s。波动的周期等于波源振动的周期。周期的倒数是波的**频率**，用 ν 表示，单位是 Hz。频率等于在单位时间内波动所传播的完整波的数目。

波长、频率（或周期）和波速是描述波动基本特性的物理量。波长反映了波的空间周期性，频率（或周期）反映了波的时间周期性，波速则反应了波在不同介质中传播的快慢。它们之间有着密切的联系。这种联系表现为：在一个周期的时间内，每一

确定的振动状态，或者说某一确定的相，所传播的距离正好是一个波长。则有

$$u=\frac{\lambda}{T}=\lambda\nu \tag{10-20}$$

式中，u 为波速；λ 为波长；ν 为频率；T 为周期。

波速的大小取决于媒质的惯性和弹性，不同的媒质波速不同。

在固体中横波的波速为

$$u=\sqrt{\frac{G}{\rho}} \tag{10-21}$$

式中，G 是固体材料的剪切模量；ρ 是固体材料的密度。

纵波在固体中的传播速率为

$$u=\sqrt{\frac{Y}{\rho}} \tag{10-22}$$

式中，Y 是固体材料的杨氏模量。同种材料的切变模量 G 总小于杨氏模量 Y，因此，在同一种介质中，横波波速总比纵波波速小一些。

在流体中只能形成和传播纵波，其传播速率可以表示为

$$u=\sqrt{\frac{B}{\rho}} \tag{10-23}$$

式中，B 是流体的体变模量；ρ 是介质的密度。

对于理想气体，纵波的波速表示为

$$u=\sqrt{\frac{\gamma P}{\rho}} \tag{10-24}$$

式中，P 是气体的压力；ρ 是气体的密度；γ 是气体的比热容比。

10.3.2 平面简谐波的波函数

如果媒质中的各质点都是做简谐振动，那么所形成的波叫做**简谐波**。波阵面是平面的简谐波就是**平面简谐波**。简谐波是最简单最基本的波，任何复杂的波都可以看作多个简谐波的合成，所以，研究简谐波的规律具有很重要的意义。

为简单起见，我们假定波在均匀、不吸收能量的无限大媒质中传播。

要描述传播中的波，我们要知道任意时刻 t，任意位置 x 处质点的位移 y，这样就有了一个关于 y 函数的方程，我们把它叫做**波函数**。假定一平面波沿着 x 轴方向传播，如图 10-13 所示。由于平面波在 x 坐标值相同的平面上有相同的振动状态，就意味着他们有相同的位移 y。我们选取波线上任意一点 O 作为坐标原点，设波沿着 x 轴正方向传播，则原点处质点的振动方程为

$$y_0=A\cos(\omega t+\varphi) \tag{10-25}$$

式中，y_0 表示原点处质点离开平衡位置的位移，A 是振幅，ω 是角频率，φ 为初相位。

若在传播过程中，各点的振幅不变，则当振动沿 x 轴从 O 点到 P 点传播时，P 点处振幅和频率与 O 点处相同，而相位要落后于 O 点。振动从 O 点到 P 点所需要的时间是 $\Delta t=\frac{x}{u}$，也就是说，如果 O 点振动 t 时间的话，P 点只振动了 $t-\frac{x}{u}$ 时间。因此，P

点在任意时刻 t 的波函数为

$$y=A\cos\left[\omega\left(t-\frac{x}{u}\right)+\varphi\right] \tag{10-26}$$

因 P 点在波线上任意取，所以式（10-26）就是波沿 x 轴正方向传播的**平面简谐波的波函数**。

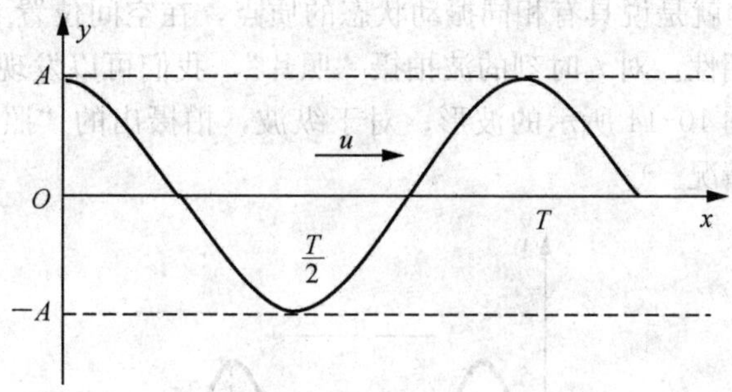

图 10-13　平面简谐波

因为 $\omega=\dfrac{2\pi}{T}=2\pi\nu$，$u=\lambda\nu=\dfrac{\lambda}{T}$，$k=\dfrac{2\pi}{\lambda}=\dfrac{\omega}{u}$，所以平面简谐波函数还可以表示为下面几种形式：

$$y=A\cos[(\omega t-kx)+\varphi] \tag{10-27}$$

$$y=A\cos\left[2\pi\left(\frac{t}{T}-\frac{x}{\lambda}\right)+\varphi\right] \tag{10-28}$$

$$y=A\cos[k(ut-x)+\varphi] \tag{10-29}$$

如果波沿图 10-13 中的 x 轴负方向传播，则 P 点的振动比 O 点的振动早 $\dfrac{x}{u}$，也就是说，O 点的相位是 ωt 时，P 点的相位是 $\omega\left(t+\dfrac{x}{u}\right)$，所以，沿 x 轴负方向传播的波函数是

$$y=A\cos\left[\omega\left(t+\frac{x}{u}\right)+\varphi\right] \tag{10-30}$$

下面进一步讨论**波函数的物理意义**。

1）当确定一个任意给定的质点，其坐标 $x=x_0$ 时，由式（10-26）给出 x_0 处质点的振动方程

$$\begin{aligned} y&=A\cos\left(\omega t-\frac{\omega x_0}{u}+\varphi\right)\\ &=A\cos\left(\omega t-2\pi\frac{x_0}{\lambda}+\varphi\right)\\ &=A\cos(\omega t+\varphi') \end{aligned}$$

式中，$\varphi'=\varphi-2\pi\dfrac{x_0}{\lambda}$ 是 x_0 处质点振动的初相位。从中可以看出，x_0 越大，相位落后越多。但当 $x_0=\lambda$ 时，$\varphi'=\varphi-2\pi$，表明此时给定质点的振动情况和原点处完全相同，说明波长确实表征了波的周期性。

2）若是任意给定时间 $t=t_0$，由式（10-7）给出

$$y=A\cos\left[\omega\left(t_0-\frac{x}{u}\right)+\varphi\right]$$

此时说明在给定的某一时刻，波线上各质点位移随他们的平衡位置坐标做余弦式变化。做出 t_0时刻的 y-x 曲线就叫做波形曲线，如图 10-14 所示。从上式中我们还可以看出，y 是 x 的周期函数，就是说具有相同振动状态的质点，在空间位置上是周期性分布的，体现了波的空间周期性。对 t_0时刻的波拍摄“照片”，我们可以发现，对于横波，拍摄到的“照片”就如图 10-14 所示的波形；对于纵波，拍摄出的“照片”就显示出此时稠密和稀疏的分布情况。

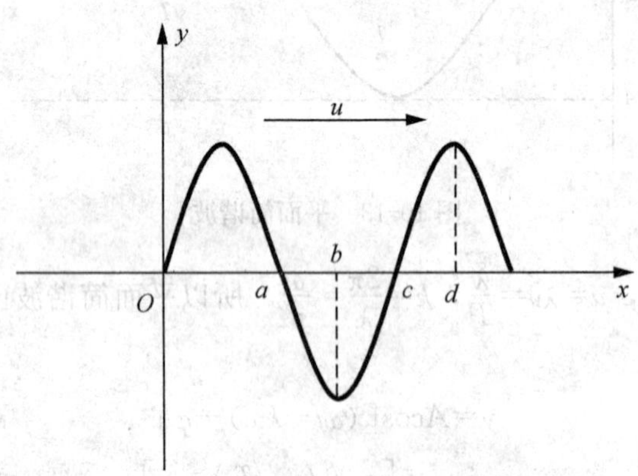

图 10-14　给定 t_0 时刻各质点的位移分布

3）如果 x 和 t 都发生变化，则波函数表示波线上任意 x 处的质点在不同时刻 t 的位移分布情况，即 y（t，x）。如图 10-15 所示的是 t 时刻和 $t+\Delta t$ 时刻的两个波形图。我们可以给出，在 $t+\Delta t$ 时刻，平衡位置在 $x+\Delta x$ 处的质点的振动位移是

$$\begin{aligned}y(t+\Delta t,\ x+\Delta x)&=A\cos\left[\omega(t+\Delta t)-\frac{2\pi(x+\Delta x)}{\lambda}+\varphi\right]\\&=A\cos\left[\omega t-\frac{2\pi}{\lambda}x+\frac{2\pi}{\lambda}(u\Delta t-\Delta x)+\varphi\right]\end{aligned}$$

如果 Δt 时间内，波传播的距离 $\Delta x=u\Delta t$，则上式刚好为

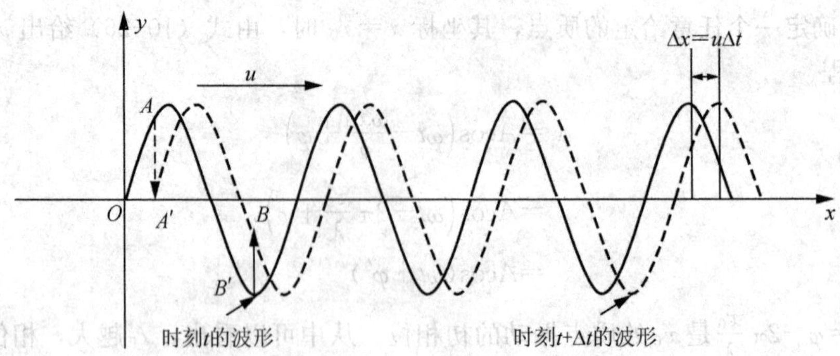

图 10-15　波的传播

$$y(t+\Delta t,\ x+\Delta x)=A\cos\left[\omega t-\frac{2\pi}{\lambda}x+\varphi\right]=y(t,\ x)$$

所以这种波也称为**行波**。我们可以从这一个结果中得出，在 x 点处的质点的振动状态和前方与它相差 $\Delta x=u\Delta t$ 距离处的质点在其后相隔 Δt 时间的振动状态相同。也就是说在 Δt 时间内，波向前传播了 Δx 的距离，其速度为 $u=\frac{\Delta x}{\Delta t}$，而 $u=\frac{\omega}{k}=\lambda\nu$ 表示**相速度**。

例 10-5　一波源以 $y=0.04\cos 2.5\pi t$（m）的形式做简谐振动，并以 100m/s 的速度在某介质中传播。试求：

1）波函数。

2）在波源起振后 1.0s、距波源 20m 处质点的位移和速度。

解　1）根据题意，波函数为

$$y=0.04\cos 2.5\pi\left(t-\frac{x}{100}\right)\text{m}$$

2）根据波函数，在 $x=20\text{m}$ 处质点的振动为

$$y=0.04\cos 2.5\pi\left(t-\frac{20}{100}\right)\text{m}=0.04\cos 2.5\pi\ (t-0.2)\ \text{m}$$

在波源起振后 1.0s，该处质点的位移为

$$y=0.04\cos 2.5\pi\ (1.0-0.2)\ \text{m}=0.04\cos 2.0\pi\text{m}=0.04\text{m}$$

该处质点的速度为

$$v=\frac{\mathrm{d}y}{\mathrm{d}t}=-2.5\pi\times 0.04\sin 2.5\pi\ (t-0.2)\ =-2.5\pi\times 0.04\sin 2.0\pi\text{m/s}=0$$

10.4　波的能量

一般来说，波携带着信息和能量，随着波的传播，某地的信息和能量就传到了波所到达的另一地。例如，声音能传递信息，也能传递能量。

10.4.1　波的能量传输特性

前面曾指出，波在介质中传播时，质点在平衡位置附近振动，由于各质点有振动速度，所以他们具有振动动能，同时，该处介质发生了形变，使得波也具有了势能。从中可以看出，初始时刻，质点没有能量，当波传播到该处质点时，质点发生振动，才有了能量，而能量显然来源于波源。因此可以说，波的传播过程伴随着能量的传播，这是波动过程的一个重要特征。我们以棒中传播的平面简谐纵波为例，说明波传播过程中能量的传输特性。

设有一纵波沿着固体细长棒传播，如图 10-16 所示，介质密度为 ρ，取一体积元为 ΔV 的质元，当平面简谐波

$$y=A\cos\left[\omega\left(t-\frac{x}{u}\right)+\varphi\right]$$

在介质中传播时，此质元在时刻 t 的振动速度的大小为

$$v=\frac{\mathrm{d}y}{\mathrm{d}t}=-\omega A\sin\left[\omega\left(t-\frac{x}{u}\right)+\varphi\right]$$

此时，质元的振动动能

$$E_{\mathrm{k}}=\frac{1}{2}\rho\Delta V v^2=\frac{1}{2}\rho\Delta V\omega^2 A^2\sin^2\left[\omega\left(t-\frac{x}{u}\right)+\varphi\right] \tag{10-31}$$

接着求此处质元由于发生形变而产生的弹性势能。如图 10-16 所示，质元发生的相对形变为

$$\frac{\Delta y}{\Delta x}=\frac{\omega A}{u}\sin\left[\omega\left(t-\frac{x}{u}\right)+\varphi\right]$$

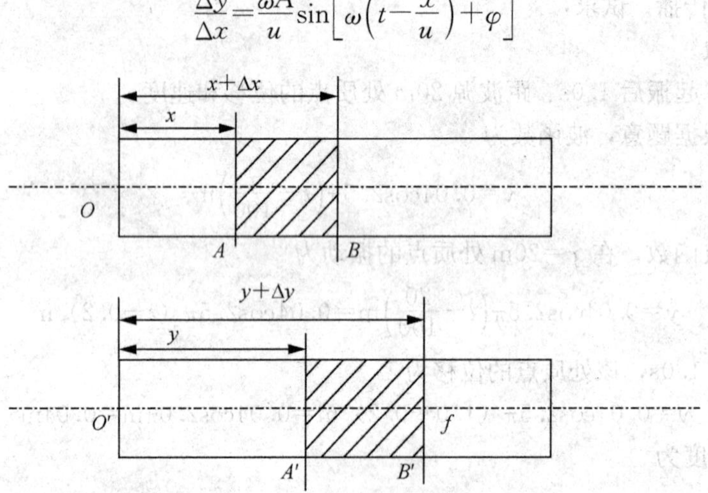

图 10-16　纵波在固体细棒中传播

根据杨氏弹性模量的定义和胡克定律，这质元由于形变产生的弹性力的大小为

$$F=YS\frac{\Delta y}{\Delta x}=k\Delta y$$

式中，$k=\dfrac{YS}{\Delta x}$是细棒的劲度系数。

因

$$\Delta V=S\Delta x,\quad u=\sqrt{\frac{Y}{\rho}}$$

或

$$Y=\rho u^2$$

该质元的弹性势能则可表示为

$$E_{\mathrm{p}}=\frac{1}{2}k(\Delta y)^2=\frac{1}{2}Y(S\Delta x)\left(\frac{\partial y}{\partial x}\right)^2=\frac{1}{2}\rho u^2(S\Delta x)\left[A\frac{\omega}{u}\sin\left(\omega\left(t-\frac{x}{u}\right)+\varphi\right)\right]^2$$

$$=\frac{1}{2}\rho A^2\omega^2(S\Delta x)\sin^2\left[\omega\left(t-\frac{x}{u}\right)+\varphi\right] \tag{10-32}$$

比较式（10-31）和式（10-32），质元的弹性势能的表示式与振动动能的表示式完全相同，都是时间的周期函数，并且大小相等，相位相同。将式（10-31）和式（10-32）相加，可得该处质元的总机械能为

$$E=E_k+E_p=\rho A^2\omega^2(S\Delta x)\sin^2\left[\omega\left(t-\frac{x}{u}\right)+\varphi\right]$$

从上式中可以看出，波在介质传播过程中，给定质元的总机械能不是个守恒量，它总是随着时间的变化而周期性地增大或者减小。这表明，质元在参与波动过程中不断地接受来自波源的能量，同时又不断地把能量释放出去。在这方面波动与振动的情况是完全不同的，对于振动系统，质元的总机械能是恒定的，总是在动能达到最大时势能为零，反之亦然，因而不传播能量。而振动能量的辐射，实际上是依靠波动把能量传播出去的。

10.4.2　能量密度

波在介质中传播时，单位体积内的能量叫做**波的能量密度**。用 w 来表示，则介质中 x 处在 t 时刻的能量密度是

$$w=\frac{E}{\Delta V}=\rho A^2\omega^2\sin^2\left[\omega\left(t-\frac{x}{u}\right)+\varphi\right] \tag{10-33}$$

在一个周期内能量密度的平均值叫做**平均能量密度**，用 $\overline{w}$ 表示，有

$$\overline{w}=\frac{1}{T}\int_0^T w\mathrm{d}t=\frac{1}{T}\int_0^T\rho A^2\omega^2\sin^2\left[\omega\left(t-\frac{x}{u}\right)+\varphi\right]\mathrm{d}t=\frac{1}{2}\rho A^2\omega^2 \tag{10-34}$$

上式表明，介质中波的平均能量密度与振幅的平方、频率的平方和介质密度的乘积成正比。这个公式虽然是从平面简谐纵波在棒中的传播导出的，但是对于横波也适用。

10.4.3　能流密度

能量随着波的传播在介质中流动，但是能量和能量密度没有反映出波动传播过程中能量流动的特性，因此我们引入能流和能流密度的概念。

波动能量在介质中传播，我们可以假设能量沿着波速方向流动。则单位时间内通过某一面积的能量叫做通过该面积的**能流**，用 P 表示，单位为 W（瓦特）。如图10-17所示，在介质中取垂直于波速 $\boldsymbol{u}$ 的面积 S，则在单位时间内通过 S 面的能量等于体积 uS 内的能量，于是有

$$P=wSu \tag{10-35}$$

显然，P 和 w 一样，是随时间周期性变化的，取其时间平均值，则

$$\overline{P}=\overline{w}Su=\frac{1}{2}\rho A^2\omega^2 Su$$

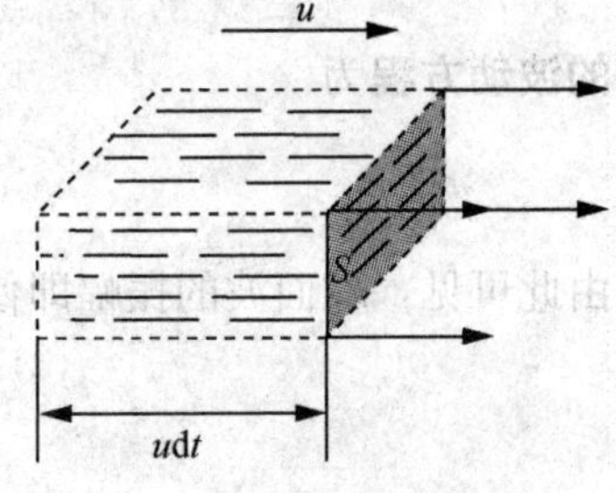

图 10-17　通过 S 面的能流

垂直于通过单位面积的平均能流叫做**能流密度**，用 I 表示，单位是 $\mathrm{W/m^2}$，即

$$I=\frac{\overline{P}}{S}=\overline{w}u=\frac{1}{2}\rho A^2\omega^2 u \tag{10-36}$$

可以看出，能流密度是单位时间流过垂直于波速方向的单位面积的能量。能流密度 I 又称为**波的强度**。

在现实中，波在介质中传播时，不可能没有损耗，总会有一部分能量被介质吸收

转变为热能。因此，波的强度和振幅都会随着传播距离的增大而逐渐减小，这种现象称为**波的吸收**。实验表明，在有吸收的情况下，波的强度随距离按指数规律衰减，即

$$I=I_0 e^{-2\alpha x} \tag{10-37}$$

式中 I_0 和 I 分别表示为 $x=0$ 和 x 处波的强度，α 为介质的吸收系数。

例 10-6 试证明：如果没有能量损失，在均匀介质中传播的平面波的振幅保持不变，球面波的振幅与离波源的距离成反比，并求球面简谐波的波函数。

证明 有一平面波在均匀介质中沿 x 轴方向以速度 u 传播。设通过垂直于相同波线上的两个面积相等的平面 S_1 和 S_2 的平均能流为 $\bar{P}_1$ 和 $\bar{P}_2$，两平面上波的振幅分别为 A_1 和 A_2，若介质不吸收能量，则有 $\bar{P}_1=\bar{P}_2$，而

$$\bar{P}_1=\bar{w}_1 S_1 u=\frac{1}{2}\rho A_1^2\omega^2 S_1 u$$

$$\bar{P}_2=\bar{w}_2 S_2 u=\frac{1}{2}\rho A_2^2\omega^2 S_2 u$$

比较，有 $A_1=A_2$，这表明在均匀的不吸收能量的介质中传播的平面波的振幅保持不变。

若有一球面波，波源在球心 O。在离波源为 r_1 和 r_2 处取两个球面 S_1 和 S_2，两球面上波的振幅分别为 A_1 和 A_2，若介质不吸收能量，则通过两球面的能流应相等，即 $\bar{P}_1=\bar{P}_2$，则

$$\frac{1}{2}\rho A_1^2\omega^2 u 4\pi r_1^2=\frac{1}{2}\rho A_2^2\omega^2 u 4\pi r_2^2$$

因此，有

$$\frac{A_1}{A_2}=\frac{r_2}{r_1}$$

这表明在均匀无吸收的各向同性介质中传播的球面波的振幅与离波源的距离成反比。以 A_0 表示离波源的距离为单位长度处的振幅，则在离波源任意距离 r 处的振幅为 $A=\frac{A_0}{r}$。由于振动的相位随 r 的增加而落后的关系与平面简谐波类似，所以**球面简谐波的波动方程**为

$$y=\frac{A_0}{r}\cos\left[\omega\left(t-\frac{r}{u}\right)+\varphi\right]$$

由此可见，球面波的振幅即使在介质中不吸收能量的情况下，也要随 r 的增加而减小。

思考与讨论

10.1 简谐振动的速度和加速度在什么情况下是同号的？在什么情况下是异号的？加速度为正值时，振动质点的速率是否一定在增加？反之，加速度为负值时，速率是否一定在减小？

10.2 分析下列表述是否正确，为什么？

1) 若物体受到一个总是指向平衡位置的合力，则物体必然做振动，但不一定是简

谐振动。

2）简谐振动过程是能量守恒的过程，凡是能量守恒的过程就是简谐振动。

10.3　用两种方法使某一弹簧振子作简谐振动。

方法 1：使其从平衡位置压缩 Δl，由静止开始释放。

方法 2：使其从平衡位置压缩 $2\Delta l$，由静止开始释放。

若两次振动的周期和总能量分别用 T_1、T_2 和 E_1、E_2 表示，则它们满足下面关系中的（　　）。

(A) $T_1=T_2$，$E_1=E_2$　　　(B) $T_1=T_2$，$E_1\neq E_2$

(C) $T_1\neq T_2$，$E_1=E_2$　　　(D) $T_1\neq T_2$，$E_1\neq E_2$

10.4　图 10-18（a）表示沿 x 轴正向传播的平面简谐波在 $t=0$ 时刻的波形图，则图 10-18（b）表示的是（　　）。

(A) 质点 m 的振动曲线　　　(B) 质点 n 的振动曲线

(C) 质点 p 的振动曲线　　　(D) 质点 q 的振动曲线

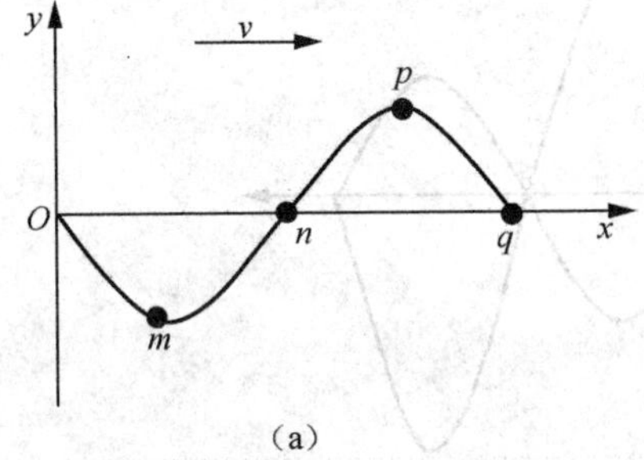

(a)

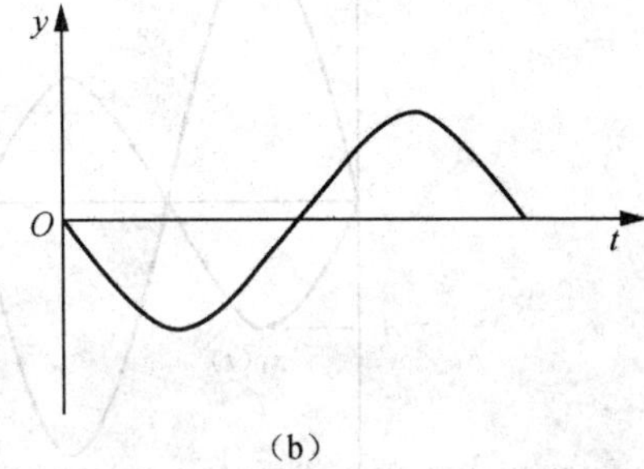

(b)

图 10-18　题 10.4 图示

10.5　从能量的角度讨论振动和波动的联系和区别。

10.6　设线性波源发射柱面波，在无阻尼、各向同性的均匀媒质中传播。试问波的强度及振幅与离开波源的距离有何关系？

习　题　10

10-1　原长为 0.5m 的弹簧，上端固定，下端挂一质量为 0.1kg 的物体，当物体静止时，弹簧长为 0.6m。现将物体上推，使弹簧缩回到原长，然后放手，以放手时开始计时，取竖直向下为正向，写出振动式。(g 取 9.8m/s^2)

10-2　一竖直悬挂的弹簧下端挂一物体，最初用手将物体在弹簧原长处托住，然后放手，此系统便上下振动起来，已知物体最低位置是初始位置下方 10.0cm 处，求：

1）振动频率。

2）物体在初始位置下方 8.0cm 处的速度大小。

10-3　一质点沿 x 轴作简谐振动，振幅为 12cm，周期为 2s。当 $t=0$ 时，位移为 6cm，且向 x 轴正方向运动。求：

1）振动表达式。

2）$t=0.5\text{s}$ 时，质点的位置、速度和加速度。

3）如果在某时刻质点位于 $x=-6\text{cm}$，且向 x 轴负方向运动，求从该位置回到平衡位置所需要的时间。

10-4　两质点作同方向、同频率的简谐振动，振幅相等。当质点 1 在 $x_1=A/2$ 处，且向左运动时，另一个质点 2 在 $x_2=-A/2$ 处，且向右运动。求这两个质点的位相差。

10-5　当简谐振动的位移为振幅的一半时，其动能和势能各占总能量的多少？物体在什么位置时其动能和势能各占总能量的一半？

10-6　对图 10-19 中两个同方向的简谐振动曲线，

1）求合振动的振幅。

2）求合振动的振动表达式。

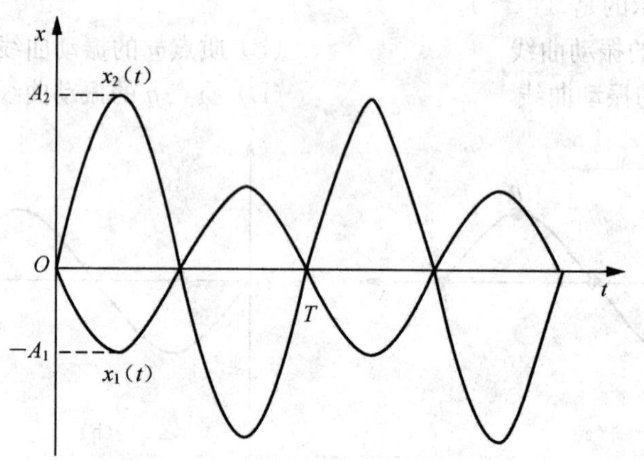

图 10-19　习题 10-6图示

10-7　两个同方向，同频率的简谐振动，其合振动的振幅为 20cm，与第一个振动的位相差为$\frac{\pi}{6}$。若第一个振动的振幅为 $10\sqrt{3}\,\text{cm}$。则

1）第二个振动的振幅为多少？

2）两简谐振动的位相差为多少？

10-8　沿一平面简谐波的波线上，有相距 2.0m 的两质点 A 与 B，B 点振动相位比 A 点落后$\frac{\pi}{6}$，已知振动周期为 2.0s，求波长和波速。

10-9　已知一平面波沿 x 轴正向传播，距坐标原点 O 为 x_1 处 P 点的振动式为 $y=A\cos(\omega t+\varphi)$，波速为 u，求：

1）平面波的波动式。

2）若波沿 x 轴负向传播，波动式又如何？

10-10　一平面简谐波在空间传播，如图 10-20 所示，已知 A 点的振动规律为

$$y=A\cos(2\pi\nu t+\varphi)$$

试写出：

1）该平面简谐波的表达式。

2) B 点的振动表达式（B 点位于 A 点右方 d 处）。

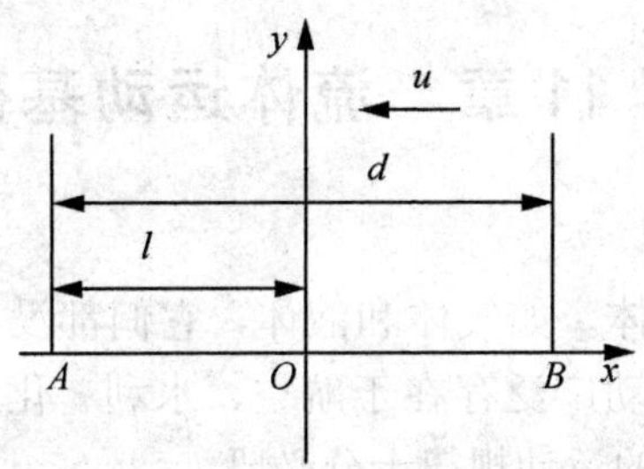

图 10-20　习题 10-10 图示

10-11　一平面简谐波沿 x 轴正方向传播，频率为 0.125Hz，振幅为 0.001m，波速为 380m/s，设波源位于 $x=0$ 处，且开始振动时位移为正向最大。试求：

1) 波动方程。

2) $x=\frac{3\lambda}{4}$处质点的振动方程。

3) $t=\frac{T}{4}$时，$x=\frac{\lambda}{4}$处质点的振动位移，以及$\frac{\lambda}{2}$，$\frac{3\lambda}{4}$两处质点的振动相位差。

4) $t=\frac{T}{2}$时，$x=\frac{3\lambda}{4}$处质点的振动速度。

10-12　一正弦形式空气波沿直径为 14cm 的圆柱形管行进，波的平均强度为 9.0×10^{-3} J/(s·m)，频率为 300Hz，波速为 300m/s。问波中的平均能量密度和最大能量密度各是多少？每两个相邻同相面间的波段中含有多少能量？

10-13　一弹性波在媒质中传播的速度 $u=10^3$ m/s，振幅 $A=1.0\times10^{-4}$ m，频率 $\nu=10^3$ Hz。若该媒质的密度为 800kg/m^3，求：

1) 该波的平均能流密度。

2) 1 分钟内垂直通过面积 $S=4.0\times10^{-4}$ m^2 的总能量。

第 11 章　流体运动基础

流体指具有流动性的物体。如气体和液体，它们都没有固定的形状，各部分之间容易发生相对运动。流体运动广泛存在于航空、水利、化工、制药、生物体内、农业生产等许多领域，掌握流体的运动规律十分必要。

本章主要研究理想流体的稳定流动规律、伯努利方程及其应用、黏性流体的黏性和液体表面性质。

11.1　理想流体的稳定流动

在前面讨论机械运动时，为了简便而不失一般性，我们引入了质点和刚体等理想模型。同样地，为了简化流体运动分析，也需要引入理想流体模型。

11.1.1　理想流体

实际流体的运动十分复杂，体积会随着压强的不同而改变，称为流体的**可压缩性**；速度不同的流体层之间存在内摩擦力，称为流体具有**黏性**。实际的气体都具有可压缩性，但由于很小的压强差会使气体迅速流动起来而使各部分密度趋于均匀而可近似看作不可压缩。实际液体的可压缩性很小，如水每增加 1000 个大气压，体积仅会减小 5%左右，因此，液体的可压缩性常可忽略。实际液体（如水、酒精等）的黏性很小，气体更小，常可忽略黏性的影响。在一些实际问题中，流体的流动性是影响流体的主要因素，而可压缩性和黏性是影响其运动的次要因素，故常常采用理想流体的模型来分析问题，所谓**理想流体**，就是绝对不可压缩，完全没有黏性的流体。

11.1.2　稳定流动

一般对于运动着的流体而言，同一时刻，流体在所占据空间的每一点流速不同；不同时刻，流体在所占据空间的同一点流速也不同，即流速是空间坐标和时间的函数，即

$$v=f(x, y, z, t)$$

若流体在流动空间各点的流速不随时间变化，称为**稳定流动**。此时流速仅仅是坐标的函数。做稳定流动的流体，在空间各点的速度可以相同，也可以各不相同，但在空间同一点，流速是相同的，不随时间发生改变。如图 11-1（a）中的 A、B、C 三点速度大小分别为 v_1、v_2、v_3，在任一时刻，经过这三点的速度都是不变的。

为了形象描述流体的运动，可以设想在流体空间存在一系列曲线，曲线上任意一点的切线方向都与流体通过该点时速度方向一致，这些曲线叫做**流线**，如图 11-1（a）所示。由于任一时刻流体占据的空间只能有一个流速，故任何两条流线不能相交。当流体

做稳定流动时，流线在空间的位置和形状保持不变，与流体粒子轨迹重合。图 11-1 (b) 为流线图。

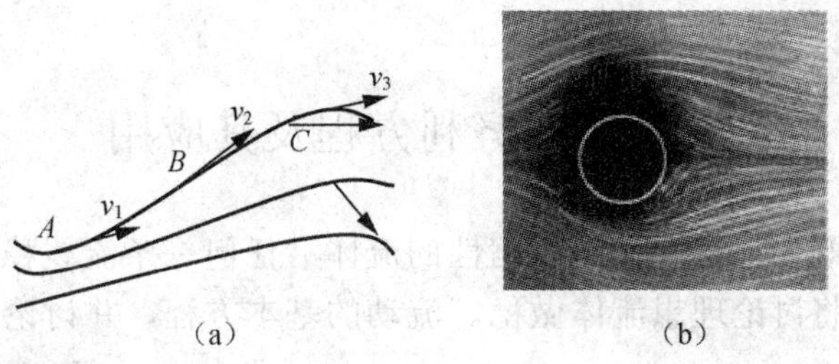

图 11-1　流线与流线图

11.1.3　连续性方程

在稳定流动的流体中任意取一个由流线围成的管状微元，称为**流管**，如图 11-2所示。由于流线不可能相交，所以流管内外的流体都不会穿越管壁。流管是任意一小段细的流体微元，任一截面上的各个物理量都可以看成是均匀的，在流管中任意取与流线垂直的截面 S_1 和 S_2，两截面处流体密度分别是 ρ_1 和 ρ_2，穿过这两个截面的流速大小分别为 v_1 和 v_2，经过一微小时间段 Δt，流过两截面的流体质量相等，则

$$\rho_1 S_1 v_1 \Delta t = \rho_2 S_2 v_2 \Delta t$$

即

$$\rho_1 S_1 v_1 = \rho_2 S_2 v_2 \tag{11-1}$$

式 (11-1) 对流管中的任意两个和该流管垂直的截面都是正确的，故可以写作

$$\rho S v = \text{恒量} \tag{11-2}$$

式 (11-2) 表明，流体做稳定流动时，同一流管中任一与流管垂直的截面处的流体密度 ρ、截面积 S 和流速 v 的乘积是一恒量，这个方程称为稳定流动的**连续性方程**。ρSv 表示单位时间内通过任一截面的流体质量，称为**质量流量**，故式 (11-2) 也称为**质量流量守恒定律**。

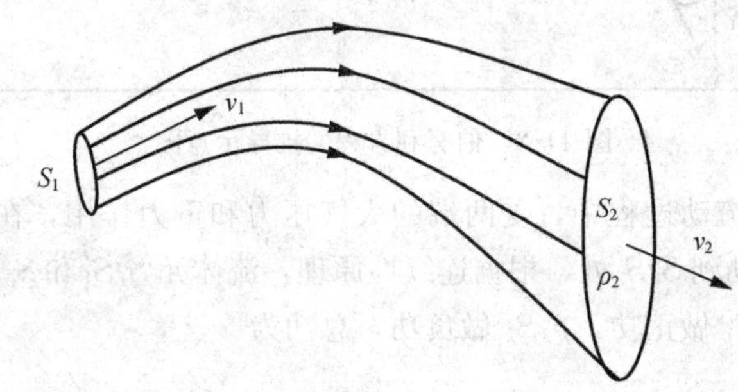

图 11-2　流管

若研究的流体不可压缩，则流体密度处处相等，式 (11-2) 又可写为

$$S v = \text{恒量} \tag{11-3}$$

式 (11-3) 表明，不可压缩的流体做稳定流动时，流速与横截面积成反比，截面积大

的地方流速小，截面积小的地方流速大，称为**理想流体做稳定流动的连续性方程**。Sv 表示单位时间内通过任一截面的流体体积，称为**体积流量**，故式（11-3）也称为**体积流量守恒定律**。

11.2　伯努利方程及其应用

在重力场中，既无粘滞性又无压缩性的流体沿任何一条流线稳定流动时，将遵从什么规律呢？本节将讨论理想流体做稳定流动的基本方程，并讨论流量计和流速计的原理。

11.2.1　伯努利方程

博学的荷兰科学家丹尼尔·伯努利在研究流体运动时，提出了理想流体做稳定流动时遵循的基本方程——伯努利方程，下面我们从功能原理的角度进行推导。

假设理想流体在重力场中做稳定流动，任取一小段流管，如图 11-3所示。在流管中任意取与流线垂直的截面 S_1 和 S_2，选两截面之间的流体元 S_1S_2 作为研究对象，流体密度为 ρ，穿过这两个截面的流速大小分别为 v_1 和 v_2，压强分别为 p_1 和 p_2，距离水平参考面分别为 h_1 和 h_2。经过一微小时间段 Δt，截面 S_1 流动至 S_1'，S_2 流动至 S_2'，Δt 时间足够短以致 S_1、S_1'和 S_2、S_2'处的截面积、压强、流速、高度等都保持不变。

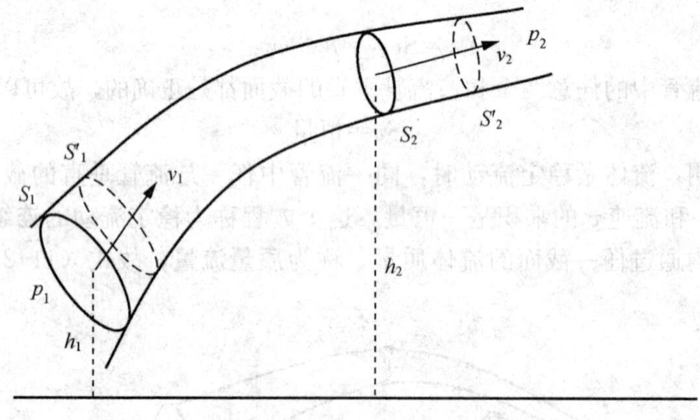

图 11-3　伯努利方程的推导示意图

流体元 S_1S_2 在流动过程中，受两端的大气压力和重力作用，在 Δt 时间段内，相当于流体元 S_1S_1'流动到 S_2S_2'处，根据连续性原理，流体元 S_1S_1'和 S_2S_2'的质量相等，设为 m，大气压力 p_1S_1 做正功，p_2S_2 做负功，总功为

$$W = p_1S_1v_1\Delta t - p_2S_2v_2\Delta t = (p_1 - p_2)\Delta V = (p_1 - p_2)\frac{m}{\rho} \tag{11-4}$$

机械能增量为

$$\Delta E = \left(mgh_2 + \frac{1}{2}mv_2^2\right) - \left(mgh_1 + \frac{1}{2}mv_1^2\right) \tag{11-5}$$

根据功能原理 $W = \Delta E$，整理得

$$p_1+\rho g h_1+\frac{1}{2}\rho v_1^2=p_2+\rho g h_2+\frac{1}{2}\rho v_2^2 \tag{11-6}$$

因为 S_1 和 S_2 是任取的两个截面，所以对任一截面都满足

$$p+\rho g h+\frac{1}{2}\rho v^2=\text{恒量} \tag{11-7}$$

式（11-6）或式（11-7）称为理想流体的**伯努利方程**，表明理想流体做稳定流动时，单位体积的势能、动能及该点压强之和是一恒量。

例 11-1　水在粗细不均匀的水平管中做稳定流动，已知截面 S_A 的面积为 100cm^2，截面 S_B 的面积为 60cm^2，$p_B=1.0\times10^5\text{Pa}$，流量为 $Q=0.12\text{m}^3/\text{s}$，求两截面的流速和截面 S_A 的压强（忽略水的可压缩性和黏性）。

解　根据连续性方程 $S_Av_A=S_Bv_B=Q$，得

$$v_A=\frac{Q}{S_A}=\frac{0.12}{100\times10^{-4}}\text{m/s}=12\text{m/s}$$

$$v_B=\frac{Q}{S_B}=\frac{0.12}{60\times10^{-4}}\text{m/s}=20\text{m/s}$$

因为在水平管中流动，$h_1=h_2$，再根据理想流体的伯努利方程可知

$$p_A+\frac{1}{2}\rho v_A^2=p_B+\frac{1}{2}\rho v_B^2$$

即

$$\begin{aligned}p_A&=p_B+\frac{1}{2}\rho\,(v_B^2-v_A^2)\\&=1.0\times10^5+\frac{1}{2}\times10^3\times(20^2-12^2)\text{ Pa}=2.28\times10^5\text{Pa}\end{aligned}$$

11.2.2　伯努利方程的应用

1. 流量计

流量计是测量流体流量的装置。图 11-4是汾丘里流量计的示意图，在两端粗、中间细的水平管上，粗细处分别竖直连接一根毛细管，设理想流体在管内做稳定流动，在水平粗、细管等高点处的截面积、压强、流速分别为 S_A、p_A、v_A 和 S_B、p_B、v_B，竖直毛细管内液面高度差为 h。将流量计水平连接到被测管路中，应用伯努利方程得

$$p_A+\frac{1}{2}\rho v_A^2=p_B+\frac{1}{2}\rho v_B^2$$

再根据连续性方程 $S_Av_A=S_Bv_B=Q$，可得 A 点的流速

$$v_A=S_B\sqrt{\frac{2\,(p_A-p_B)}{\rho\,(S_A^2-S_B^2)}}$$

考虑到两竖直毛细管液面高度差为 h，则 $p_A-p_B=\rho g h$，代入上式可求 v_A，进而可求流量

$$Q=S_Av_A=S_AS_B\sqrt{\frac{2gh}{S_A^2-S_B^2}} \tag{11-8}$$

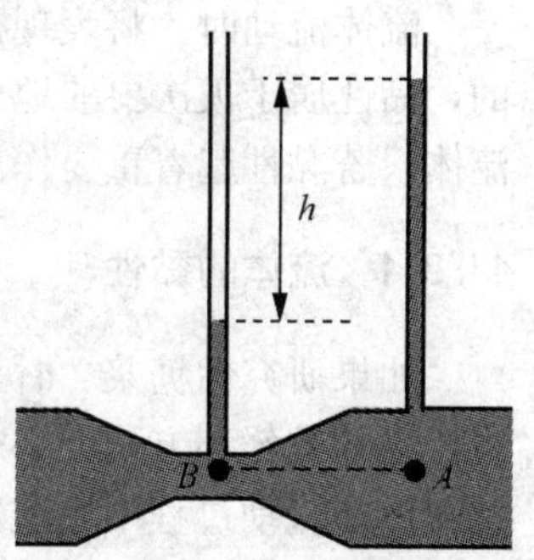

图 11-4　汾丘里流量计

因为流量计的粗细水平管截面积已知，所以只要测出

两竖直毛细管内液面的高度差 h，就可以分别求出粗细管中流体的流速及流量。

2．流速计

流速计是测量液体或气体流速的装置。图 11-5是一种流速计（皮托管）的基本原理图。在横截面积相同的管道中，有液体自左向右流动，在管道中竖起两根毛细管 1 和 2（通常将管 1 和 2 的组合称为皮托管），管 1 为直管，下端管口截面 A 与流速方向平行；管 2 为直角弯管，弯管管口下端截面 B 迎着液流并与流速方向垂直，这样液流在 B 处受阻，流速 $v_B=0$。A、B 等高，若想知道 A 处的流速 v_A，根据伯努利方程得

$$p_A+\frac{1}{2}\rho v_A^2=p_B$$

而 A、B 两处的压强差取决于两竖直毛细管 1、2 的液面高度差 h，即

$$p_B-p_A=\rho gh$$

所以，A 处的流速

$$v_A=\sqrt{2gh} \tag{11-9}$$

可见，若要测 A 处的流速，只需插入皮托管测出两管内液面的高度差即可。

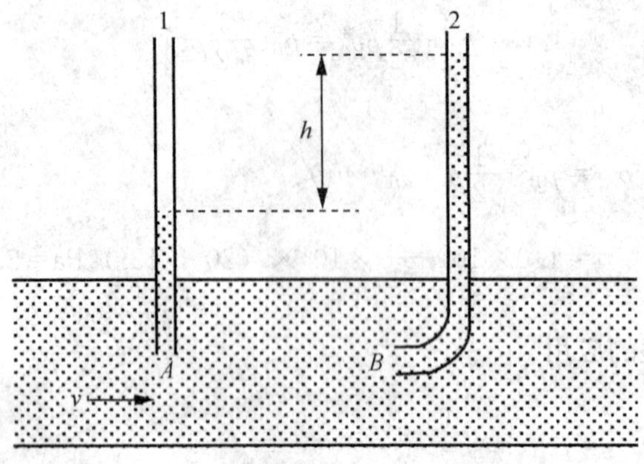

图 11-5　流速计

11.3　黏性流体的运动规律

流体流动时，将表现出或多或少的黏性。在某些问题中，若流体的流动性是主要的，黏性居于极次要的地位，可认为流体完全没有黏性。这样的理想模型叫做非黏性流体，若黏性起着重要作用，则需看作黏性流体。

11.3.1　流体的黏性

如果研究像糖浆、甘油、血液、植物油等许多实际流体的流动，不能直接应用理想流体的伯努利方程，必须要考虑它们的黏性，这样的流体称为黏性流体。所谓**黏性**，是流体在流动过程中，速度不同的流体层之间存在内摩擦力，也称为**黏性力**。实验表明，黏性力 f 的大小与两速度不同的流体层的接触面积 S 及接触处的速度梯度 $\frac{\mathrm{d}v}{\mathrm{d}x}$ 成正

比，即

$$f=\eta S\frac{\mathrm{d}v}{\mathrm{d}x} \tag{11-10}$$

上式称为**牛顿黏滞定律**，比例系数 η 称为流体的**黏滞系数**或**黏度**。η 值的大小取决于流体本身的性质，并和温度有关，单位是 $\mathrm{N\cdot s/m^2}$ 或 $\mathrm{Pa\cdot s}$。表 11-1列出了几种常见流体的黏度，从中可以看出，一般液体的黏度大于气体；黏度与温度有关，同种液体的黏度随温度的升高而减小，同种气体的黏度随温度的升高而增大。

表 11-1　几种流体的黏度

流体	温度/℃	η/Pa·s	流体	温度/℃	η/Pa·s
水	0 20 37 100	1.79×10^{-3} 1.005×10^{-3} 0.691×10^{-3} 0.284×10^{-3}	空气	0 20 100	17.1×10^{-6} 18.1×10^{-6} 21.8×10^{-6}
蓖麻油	7.5 20 50 60	12.25×10^{-1} 9.86×10^{-1} 1.22×10^{-1} 0.80×10^{-1}	氢气	−1 251	8.3×10^{-6} 13×10^{-6}
血液	37	$(2.5\sim3.5)\times10^{-3}$	二氧化碳	0 300	14×10^{-6} 27×10^{-6}

黏滞系数是描述流体性质的重要参数，测定黏滞系数在工业制造、水利工程、桥梁设计、医学、生物工程等许多领域都有重大意义。例如，分析血液的黏性，可以为诊断心肌梗塞、脑缺血、高血压、脑血栓等疾病提供重要依据。

黏性流体的流动状态可分为层流、湍流和过渡流动。流体分层流动的状态叫做**层流**，层流的流体，相邻两层之间只做相对滑动，没有横向混杂。当流体流速超过某一数值时，流体不再保持分层流动，而可能向各个方向运动，有垂直于管轴方向的分速度，各流层将混淆起来，并有可能出现涡旋，这种流动状态叫**湍流**。湍流消耗能量多，流动时会发出湍流声。介于层流和湍流之间的流动状态称为过渡流动，此时流动状态很不稳定，可由层流向湍流流动，也可相反。

黏性流体的流动状态不仅取决于流速 v，还与流体密度 ρ、黏度 η 和流管半径 r 有关，据此，英国物理学家雷诺通过大量实验研究，提出一个无量纲的数——**雷诺数**，可作为黏性流体流动状态的判据，即

$$R_e=\frac{\rho v r}{\eta} \tag{11-11}$$

实验表明 $R_e<1000$，为层流；$1000<R_e<1500$，为过渡流动；$R_e>1500$，为湍流。判断黏性流体的流动状态，在水利工程、飞机飞船制造研究、生物体循环研究、临床诊断等方面都发挥着积极作用。

11.3.2　泊肃叶定律

黏性流体流动时，流体必须克服黏性力做功，因而会消耗流体运动的部分机械能

(转化为热能)。也就是说，黏性流体流动过程会导致总机械能减少，对于图 11-3所示的流管，假设单位体积流体因黏性力引起的能量损耗为 ΔE，由理想流体的伯努利方程可推出**黏性流体的伯努利方程**

$$p_1+\rho g h_1+\frac{1}{2}\rho v_1^2=p_2+\rho g h_2+\frac{1}{2}\rho v_2^2+\Delta E \tag{11-12}$$

如果黏性流体在均匀水平管中稳定流动，由于 $h_1=h_2$，$v_1=v_2$，则式 (11-12) 变为

$$p_1=p_2+\Delta E \tag{11-13}$$

可见，水平管两端必须存在压强差才能使黏性流体在其中稳定流动。

如果黏性流体在开放的粗细均匀管道中稳定流动，由于

$$p_1=p_2=p_0\text{（大气压）}$$

$$v_1=v_2$$

故有

$$\rho g h_1-\rho g h_2=\Delta E \tag{11-14}$$

可见，管道中的流体必须存在高度差才能稳定流动。

下面以在等截面的水平管中做层流的黏性流体为例，讨论黏性流体的流动规律。设水平管半径 R，长度 L，管道两端压强差 p_1-p_2（$p_1>p_2$），流体自左向右流动，如图 11-6所示。在管中取半径 r，与管共轴的流体元为研究对象，流速为 v，所受到的压力差为

$$\Delta F=(p_1-p_2)\pi r^2 \tag{11-15}$$

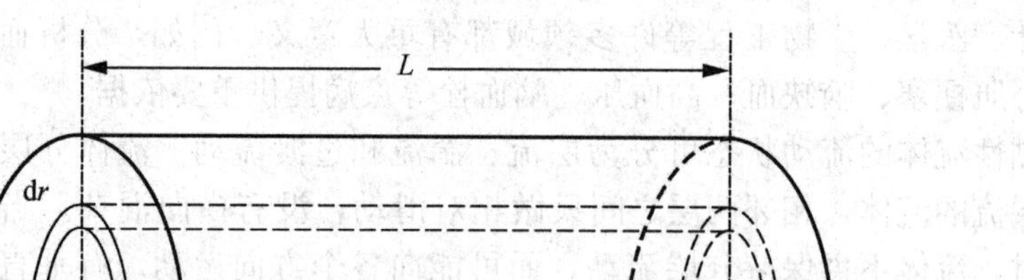

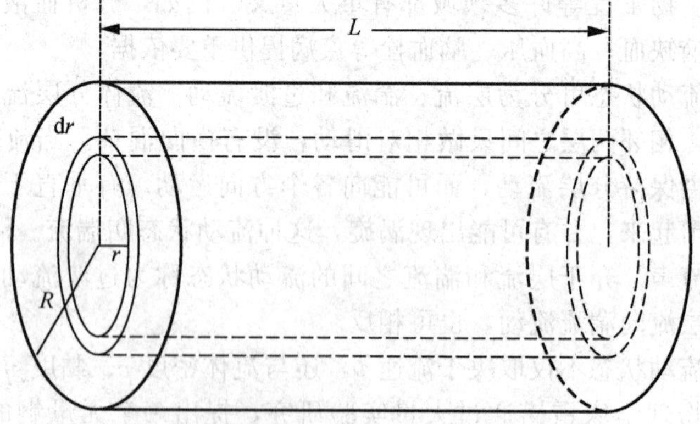

图 11-6　泊肃叶定律推导示意图

周围流体作用在该流体元表面的黏滞力为

$$f=-\eta 2\pi r L\frac{\mathrm{d}v}{\mathrm{d}r} \tag{11-16}$$

式中负号表示 v 随 r 的增大而减小，$\frac{\mathrm{d}v}{\mathrm{d}r}$是流体在半径 r 处的速度梯度。

由于管内流体做稳定流动，所以合力为零，即

$$(p_1-p_2)\pi r^2=-\eta 2\pi r L\frac{\mathrm{d}v}{\mathrm{d}r} \tag{11-17}$$

由上式可得

$$dv=-\frac{p_1-p_2}{2\eta L}r\mathrm{d}r \tag{11-18}$$

积分得

$$v=-\frac{p_1-p_2}{4\eta L}r^2+C \tag{11-19}$$

当 $r=R$ 时，$v=0$，可求得 $C=\frac{p_1-p_2}{4\eta L}R^2$，代入式（11-19）得

$$v=\frac{p_1-p_2}{4\eta L}(R^2-r^2) \tag{11-20}$$

式（11-20）给出了流体在等截面水平管中稳定流动时，流速随半径的变化关系，可以看出管轴 $r=0$ 处，流速 $v=\frac{p_1-p_2}{4\eta L}R^2$，其值最大；当 $r=R$ 时，流速 $v=0$，其值最小，流速 v 沿管径 r 方向呈抛物线分布。

为计算通过水平管道横截面的流量，在管中取半径 r、厚度为 $\mathrm{d}r$ 的圆管状流体元，该体元截面积为 $2\pi r\mathrm{d}r$，流体通过该体元的流量为 $\mathrm{d}Q=v2\pi r\mathrm{d}r$，将式（11-20）代入并积分可得通过整个管道截面的流量为

$$\begin{aligned}Q&=\int\mathrm{d}Q=\int\pi\frac{p_1-p_2}{2\eta L}(R^2-r^2)r\mathrm{d}r\\&=\pi\frac{p_1-p_2}{2\eta L}\int_0^R(R^2-r^2)r\mathrm{d}r\\&=\frac{\pi R^4(p_1-p_2)}{8\eta L}\end{aligned} \tag{11-21}$$

式（11-21）是法国生理学家泊肃叶在 1841 年研究动物毛细血管内的血液流动得到的，故称为**泊肃叶定律**。若令 $R_f=8\eta L/\pi R^4$，泊肃叶定律可写为

$$Q=\frac{p_1-p_2}{R_f} \tag{11-22}$$

当管道长度、半径以及流体的黏度确定时，R_f 是定值。式（11-22）表明黏性流体在等截面水平管中稳定流动时，流量 Q 与管道两端的压强差成正比，与 R_f 成反比。这与电学中的欧姆定律相似，因此把 R_f 称为流阻。由于流阻与管道半径的 4 次方成正比，所以半径的微小变化都会对流阻造成较大影响，从而对流量产生较大影响。

例 11-2　20℃的水在半径为 1×10^{-2} m 的水平均匀圆管内流动，如果在管轴处的流速为 0.1m/s，则由于黏滞性，水沿管子流动 10m 后，压强降落了多少？

解　流体在水平管中稳定流动时，流速随半径的变化关系为 $v=\frac{\Delta p}{4\eta L}(R^2-r^2)$，在管轴（$r=0$）处流速为 $v=\frac{\Delta p}{4\eta L}R^2=0.1\mathrm{m/s}$，$R=1\times10^{-2}\mathrm{m}$，$L=10\mathrm{m}$，压强降落

$$\Delta p=\frac{4\eta Lv}{R^2}=\frac{4\times1.0\times10^{-3}\times10\times0.1}{(1\times10^{-2})^2}\mathrm{Pa}=40\mathrm{Pa}$$

11.3.3　斯托克斯定律

物体在黏滞流体中运动时，除受自身重力和流体对它产生的浮力作用外，还有一

层流体附着在物体表面随物体一起运动，这层流体与周围流层之间存在黏性力，所以物体在运动过程中还会受到流体的黏滞阻力作用。1851 年，斯托克斯从理论上推证了球形物体在黏性流体中运动受到的黏滞阻力为

$$f=6\pi\eta vR \tag{11-23}$$

式中，η 是流体的黏滞系数，v 是球体相对流体的速度，R 是球体半径。式（11-23）称为斯托克斯定律。

设有一半径为 R 的小球，球体密度 ρ，在黏性流体中下沉，黏性流体密度 σ。小球所受合力

$$F=\frac{4}{3}\pi R^3\rho g-\frac{4}{3}\pi R^3\sigma g-6\pi\eta vR \tag{11-24}$$

在此合力作用下，小球加速下沉，但是随着速度 v 的增大，阻力越来越大，最后当合力 $F=0$ 时，小球以最大速度 $v_{\rm m}$ 匀速下降。此时有

$$\frac{4}{3}\pi R^3(\rho-\sigma)g=6\pi\eta v_{\rm m}R \tag{11-25}$$

所以

$$v_{\rm m}=\frac{2}{9\eta}R^2(\rho-\sigma)g \tag{11-26}$$

$v_{\rm m}$ 称为沉降速度或收尾速度。由式（11-26）可知，小球（空气中的尘埃颗粒、细胞、大分子等）在黏性流体中下沉时，沉降速度与小球大小、密度差、重力加速度成正比，与黏度呈反比。如果测出 $v_{\rm m}$、R、ρ、σ 可以算出 η；反之，如果黏度已知，利用此法可算出小球半径。这种方法在土壤分析和生物样品分离中经常用到。另外，对于很小的颗粒，可以利用高速离心机增加有效加速度，从而加快沉降速度。

11.4　液体表面性质

液体与气体的最大区别在于其分子间距缩短，分子力作用增强。液体分子间的相互吸引力，称为**内聚力**，这种引力使液体具有明确的表面。液体和气体的接触面称为表面层，液体和固体的接触面称为附着层。两种不相溶液体也会有分界面，这些分界层内的分子各个方向的物理性质不同，表现为各向异性（液体内部分子紊乱无序，表现为各向同性），可以观察到一些特殊的液体表面现象，与液体内部性质完全不同。其中的一些特性与生物体和工农业生产关系密切。

11.4.1　液体的表面张力

生活中我们经常会看到树叶上的水珠、昆虫落在水面、一分硬币漂浮在水面上等许多现象，透过这些现象我们看到液体表面犹如张紧的弹性薄膜，并具有收缩的趋势，如图 11-7所示。根据几何学可知，相同体积的各种形状中，球形的表面积最小，所以，液体表面具有的收缩的趋势是使其表面积收缩到最小的趋势，换句话说，就是液体表面层内具有促使表面收缩的力，称为**表面张力**。

如图 11-8所示，假设在液面上任意取长为 L 的线段，把液面分为 A 和 B 两部分，

则两侧液面互以大小相等、方向相反的拉力作用对方，这种相互拉力就是液体的表面张力。实验表明，表面张力的方向与分界线垂直，并与液面相切。如果液面是平面，表面张力就在平面内，如果是曲面，表面张力就在这个曲面的切面上。表面张力大小与分界线长度 L 成正比。若用 F 表示作用在分界线 L 上的表面张力，则

$$F=\alpha L \tag{11-27}$$

式中，α 称为液体的表面张力系数，在数值上等于单位长度线段两侧液面相互作用的表面张力，单位是 N/m。

(a)　(b)

图 11-7　液体的表面

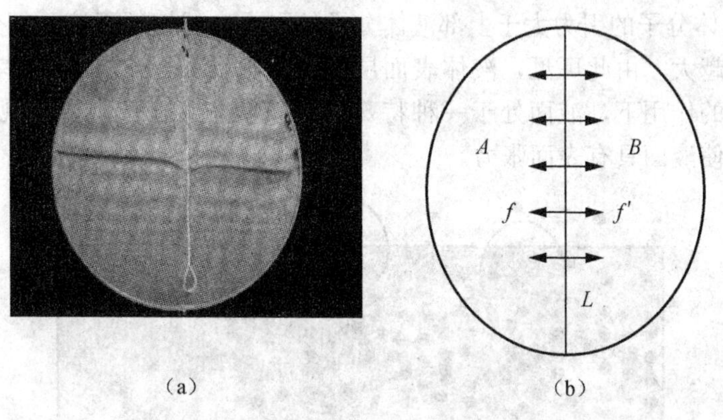

(a)　(b)

图 11-8　表面张力

表面张力系数的大小与液体种类有关。表 11-2列出几种液体与空气接触时的表面张力系数。可见，各种不同液体的表面张力系数相差很大，并且与温度、纯度及相邻介质有密切关系。一般说来，同种液体，温度越高，表面张力系数越小。

当液体掺入某种物质时，其溶液的表面张力系数可能减小，也可能增大，使表面张力系数减小的物质叫做表面活性物质；反之，称为表面非活性物质。水的表面活性物质常见的有胆盐、蛋黄素、有机酸、酚醛、肥皂等，水的表面非活性物质常见的有食盐、糖类、淀粉等。同种液体与不同种物质接触时，表面张力系数不同，如 20℃时，水与苯接触时表面张力系数是 0.0336N/m，与乙醚接触时的表面张力系数则是 0.0122N/m。

表 11-2　几种液体与空气接触时的表面张力系数

液体	温度/℃	α/（N/m）	液体	温度/℃	α/（N/m）
水	0	0.0756	甘油	20	0.0634
水	20	0.0728	氯仿	20	0.0271
水	60	0.0671	苯	20	0.0228
水	100	0.0589	甲醇	20	0.0226
血浆	20	0.060	丙酮	20	0.0237
尿液	20	0.066	酒精	20	0.022
肥皂液	20	0.025	牛奶	20	0.050
溴化钠	熔点	0.103	水银	20	0.470

表面张力产生的原因可以用分子力解释。分子间的平衡距离 r_0 的数量级约为 10^{-10}m，当 $r>r_0$ 且在 $10^{-10}\sim10^{-9}$m 时，分子力表现为引力，$r>10^{-9}$m 时，分子引力趋于零。所以，可以认为分子力的有效作用范围是以10^{-9}m 为半径的球面，称为分子作用球，球半径称为分子作用半径。在液体表面取厚度等于分子作用半径的一层，称为液体表面层，如图 11-9所示。在液体内部任意取分子 A，在液体表面层任意取分子 B 和 C，并分别以它们为中心，以分子有效作用距离为半径做出相应的分子作用球。分子 A 受周围液体分子的引力在各个方向上大小相等，合力为零。而液体表面层的分子 B 受下部液体分子的引力大于上部液体分子的引力，越接近于液面（分子 C），分子所受下部合力越大。由此可见，液体表面层的分子都受到一个指向液体内部的力的作用，在这些力的作用下，液面处于一种特殊的张紧状态，在宏观上表现为一个被拉紧的弹性薄膜，使液面具有表面张力。

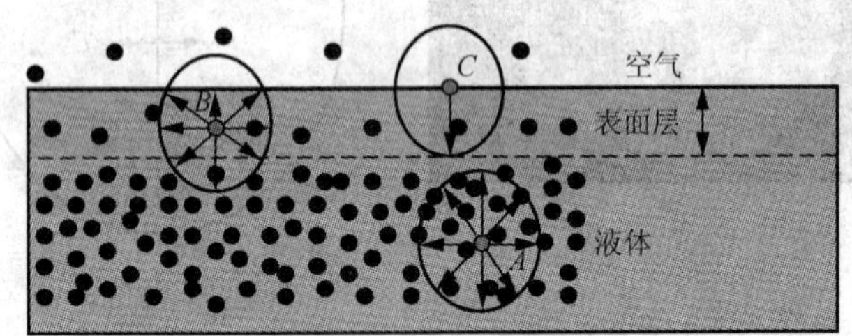

图 11-9　用分子作用球解释液体表面张力

液体内部分子若要进入液体表面层，必须克服表面层下面的分子对它的引力做功，外力做功会增加表面层内分子的势能，这部分势能称为**液体表面能**。可见，表面层内的分子比液体内部的分子具有更多的势能，由于系统势能有减到最小的趋势，所以表面层的分子有往液体内部迁移而使液体表面积缩小的趋势。

下面从外力做功的角度考察表面张力系数与液体表面能的关系。如图 11-10 所示的 U 形金属框 $ABCD$，上面附有一层液体薄膜，金属框的一边 BC 长度为 L，可自由滑动。由于表面张力作用，液膜收缩，BC 边向 AD 边滑动，为使 BC 边匀速向右滑动，必须施加一个与表面张力大小相等，方向相反的力 F。假设 BC 边在外力 F 作用下向右移动距离 Δx 至 $B'C'$，所做的功为 $\Delta A=F\Delta x$，因为液膜有上下两个面，所以外力 $F=$

$2\alpha L$，增加的液膜面积为 $\Delta S=2L\Delta x$，增加单位液体表面积所做的功（J/m^2）为

$$\frac{\Delta A}{\Delta S}=\frac{F\Delta x}{2L\Delta x}=\frac{2\alpha L}{2L}=\alpha \tag{11-28}$$

式（11-28）说明，表面张力系数在数值上等于增加单位表面积时外力所做的功。

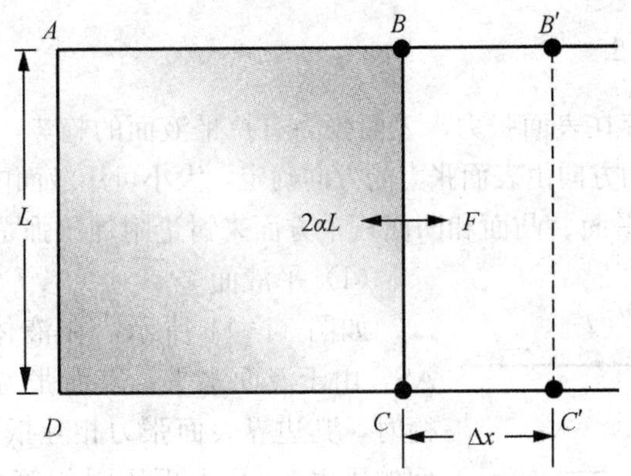

图 11-10　表面张力系数与表面能

应该指出，液体表面张力与弹性膜张力在本质上是不一样的。弹性膜张力随面积的增加而增加，而液面的张力却不受面积变化的影响。这是因为弹性膜分子间的距离随膜面积的增大而变大，而液膜分子间距离不会随着膜面积增大而改变，因为液体内部分子不断补充液膜以维持分子间距不变。

例 11-3　水和油边界表面张力系数 $\alpha=1.8\times10^{-2}\,N/m$，为使质量等于 $1.0\times10^{-3}\,kg$ 的油在水内散布成半径为 $r=10^{-6}\,m$ 的小油滴（质量密度为 $\rho=90kg/m^3$），需要做多少功？

解　等温条件下，外界做功全部转化为表面能，设 ΔS 为增加的表面积，小油滴数目为 n，大油滴的数目为 N，大油滴的半径为 R，一个大油滴散布成小油滴时外界做功

$$W=\alpha\Delta S$$

其中

$$\Delta S=n4\pi r^2-4\pi R^2=4\pi(nr^2-R^2)$$

大油滴的质量为

$$m=\rho\frac{4}{3}\pi R^3=n\rho\frac{4}{3}\pi r^3$$

小油滴的数目为

$$n=\left(\frac{R}{r}\right)^3=\frac{3m}{4\rho\pi r^3}$$

这样

$$\Delta S=4\pi(nr^2-n^{\frac{2}{3}}r^2)=4\pi n^{\frac{2}{3}}r^2(n^{\frac{1}{3}}-1)$$

由于小油滴的数目 $n\gg1$，后一项可忽略，得

$$W=4\pi\alpha nr^2=\frac{3m\alpha}{\rho r}$$

11.4.2　弯曲液面的附加压强

生活中很多液面是平面，但有些时候还能见到液面是曲面，例如，荷叶上的水珠、用细管吹出的肥皂泡，还有固体与液体的接触面等。

1．附加压强的产生

由于弯曲的液面存在表面张力，表面张力有拉平液面的趋势，从而对液体产生一个附加压强。附加压强的方向由表面张力的方向确定，大小可用液面内外压强差来表示。

下面我们分别从平面、凸面和凹面三个方面来讨论附加压强是如何产生的。

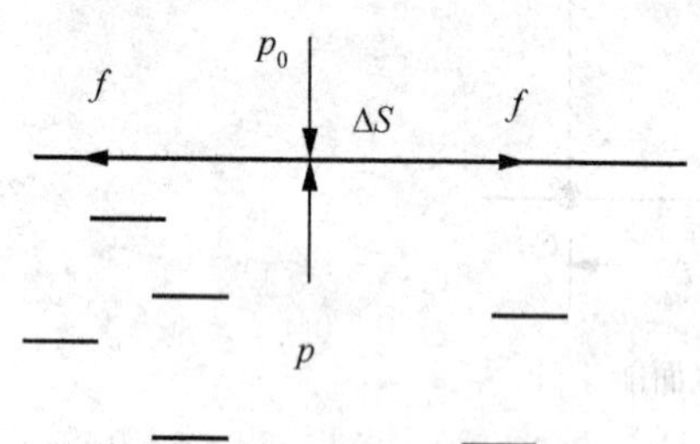

图 11-11　平液面

(1) 平液面

如图 11-11 所示，在液体表面上取一小面积 ΔS，由于液面水平，表面张力沿水平方向，ΔS 平衡时，其边界表面张力相互抵消，不产生垂直于液面的压力，ΔS 上下压强相等：$p=p_0$，$p_s=0$，不产生附加压强。

(2) 凸液面

如图 11-12 所示，仍在液体表面上取一小面积 ΔS，ΔS 周界上表面张力沿切线方向，合力指向液面内，ΔS 好像紧压在液体上，使液体受一附加压强 p_s，由力平衡条件，液面下液体的压强：$p=p_0+p_s$，如果我们规定附加压强与外部压强相同为正，相反为负。则此时，p_s 为正。

(3) 凹液面

如图 11-13 所示，ΔS 周界上表面张力的合力指向外部，ΔS 好像被拉出，液面内部压强小于外部压强，液面下压强：$p=p_0-p_s$，p_s 为负。

总之，附加压强的**产生原因**是由于表面张力存在。附加压强使弯曲液面内外**压强不等**，与液面曲率中心同侧的压强恒**大于另一侧**，附加压强**方向恒指向曲率中心**。对凸液面来说，液体表面内的压强大于液体表面外的压强，附加压强取正值；对凹液面来说，液体表面内的压强小于液体表面外的压强，附加压强取负值。

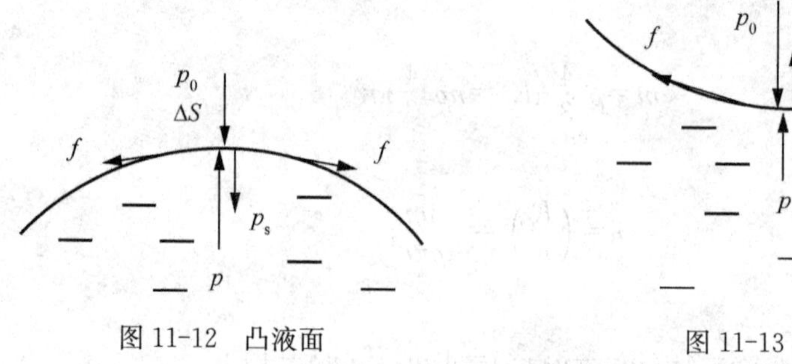

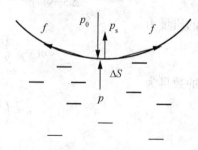

图 11-12　凸液面　　图 11-13　凹液面

2．附加压强的实验证明

用橡皮管将一开口细玻璃管 A 和广口容器 B 相连，然后注入清水，先让 A 的顶端与 B 中的水面在同一水平面上，这时 A 中的水面是平面，如图 11-14（a）所示；然后慢慢降低 A 管，可使 A 管内水面低于 B 容器中的水面而又不流出来，这时 A 管内的水面变成了凸面如图 11-14（b）所示。反之若慢慢升高 A 管，则 A 管中的水面变成了凹面如图 11-14（c）所示。这一实验足以说明弯曲液面附加压强的存在，而且凸液面内的压强大于液面外的压强；凹液面内的压强小于液面外的压强。

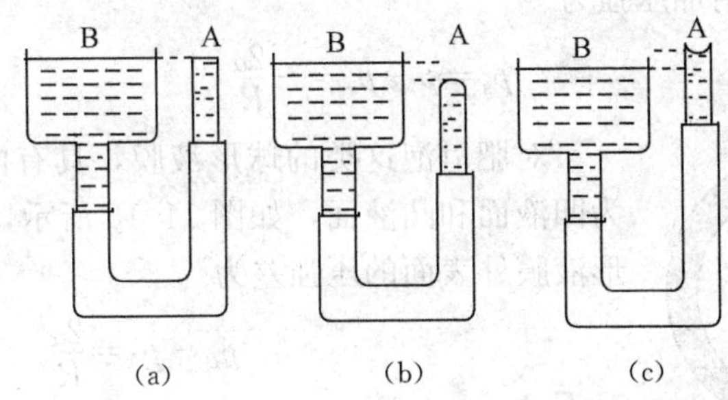

图 11-14 附加压强的实验

3. 附加压强的计算

如图 11-15 所示，在液面处 A 点附近隔离出一个球冠状小液块，现通过力的平衡讨论小液块的附加压强。

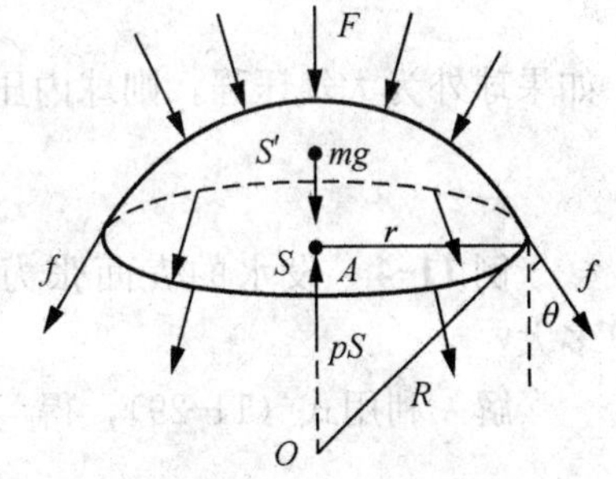

图 11-15 小液块球冠

小液块受到如下作用力。

1）大气压力作用 F。大气压力处处垂直液面，其合力竖直向下，有

$$F=p_0S$$

式中，p_0 是大气压强，S 是小液块球冠底面的面积。

2）表面张力作用 f。表面张力的方向与液面相切，由对称性可判定，表面张力的合力也竖直向下，按表面张力表达式（11-27），小液块表面的张力合力沿竖直方向的分量为

$$f=\alpha L\cos\theta=2\pi r^2\,\frac{\alpha}{R}$$

式中，$L=2\pi r$ 是球冠底面的周长，r 是球冠底面的半径，R 是球冠的曲率半径，θ 是表面张力方向沿竖直方向的夹角。

3）重力 mg。

4）液块受下部向上的液体压力 pS。

根据力学平衡条件，有

$$pS=p_0S+mg+f$$

由于液块很小，重力 mg 可以忽略不计，则液块受下部向上的液体压强为

$$p=p_0+\frac{f}{S}=p_0+\frac{f}{\pi r^2}=p_0+\frac{2\pi r^2}{\pi r^2}\frac{\alpha}{R}=p_0+2\,\frac{\alpha}{R}$$

于是凸液面附加压强为

$$p_s = p - p_0 = \frac{2\alpha}{R} \tag{11-29}$$

可见，球形液面下液体的附加压强与液体的表面张力系数**成正比**，**与液面的曲率半径成反比**。半径越小，附加压强越大；半径越大，附加压强越小；半径无限大时，附加压强等于零，这正是水平液面的情况。

同样可得凹液面附加压强为

$$p_s = p - p_0 = -\frac{2\alpha}{R} \tag{11-30}$$

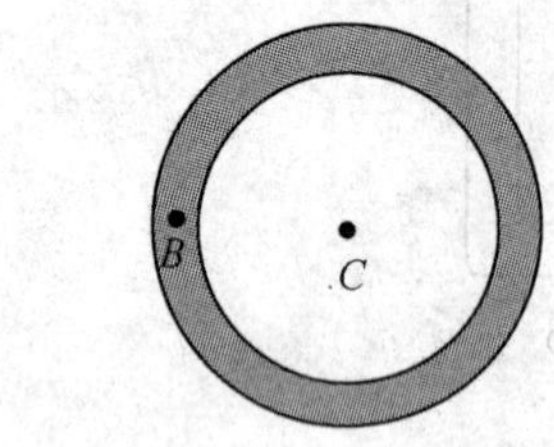

图 11-16　球形液膜

对肥皂泡这类的球形液膜，具有内外两个液面，分别为凹液面和凸液面，如图 11-16 所示，因此半径为 R 的球形液膜外表面的压强差为

$$p_B - p_A = \frac{2\alpha}{R}$$

内表面的压强差为

$$p_B - p_C = -\frac{2\alpha}{R}$$

球形液膜内外的压强差为

$$p_C - p_A = \frac{4\alpha}{R}$$

如果球外为大气压强，则球内压强为

$$p_C = p_0 + \frac{4\alpha}{R} \tag{11-31}$$

例 11-4　设水的表面张力系数为 0.073N/m，若液滴半径为 1cm，则附加压强多大?

解　利用式 (11-29)，得

$$p_{附} = \frac{2\alpha}{R} = \frac{2\times 0.073}{0.01}\text{Pa} = 14.6\text{Pa}$$

说明只有半径非常小的曲面，才有较明显的附加压强。

11.4.3　毛细现象和气体栓塞现象

1. 润湿和不润湿

生活中我们常常见到，一滴水滴在水平的玻璃板上时，水滴会附着在玻璃板上，在玻璃表面延展分布，如图 11-17 所示，这种现象称为**润湿**，或称**浸润**。而当水银滴在水平的玻璃板上时，它会聚成一个球立在玻璃板上，如图 11-18 所示，这种现象称为**不润湿**。润湿和不润湿取决于液体和固体的性质。水能润湿清洁的玻璃但不能润湿涂有油脂的玻璃；水不能润湿荷花叶，因而小水滴在荷叶上形成晶莹的球形水珠。

产生这些现象的原因是什么呢？原来，在液体和固体接触处，有一薄层液体称为**附着层**，附着层内液体分子受到的液体内部分子的吸引力和固体分子的吸引力不相同。

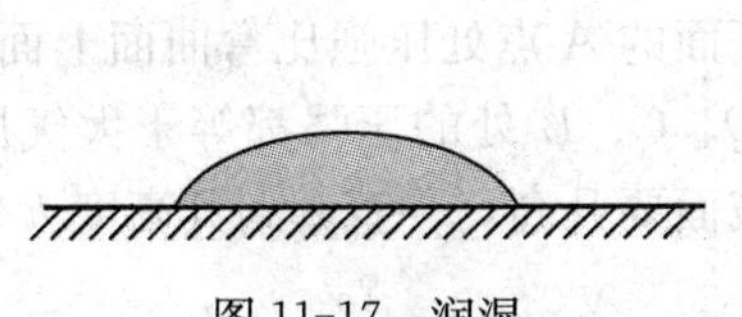
图 11-17　润湿

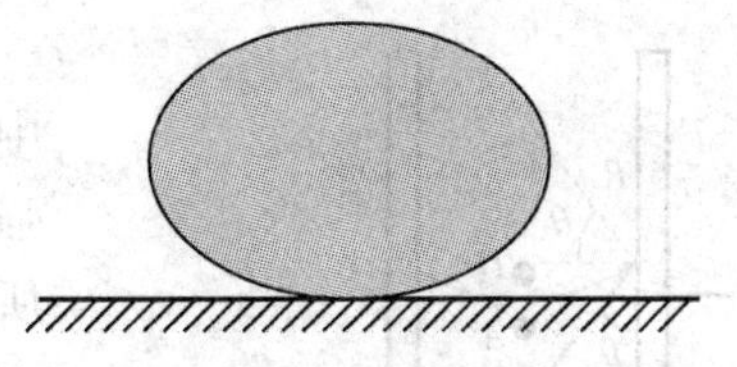
图 11-18　不润湿

如图 11-19 所示，附着层内液体分子的运动主要受到两个力影响：一个是固体分子对液体分子的吸引力，称为**附着力**，用 $f_{附}$ 表示；另一个是液体分子对液体分子的吸引力，称为**内聚力**，用 $f_{内}$ 表示。当 $f_{附}>f_{内}$ 时，液体与固体界面有尽量扩大的趋势，固体上的液滴将展开成薄膜，这时液体润湿固体。当 $f_{附}<f_{内}$ 时，液体与固体界面有尽量缩小的趋势，固体上的液滴不会展开，这时液体就不润湿固体。

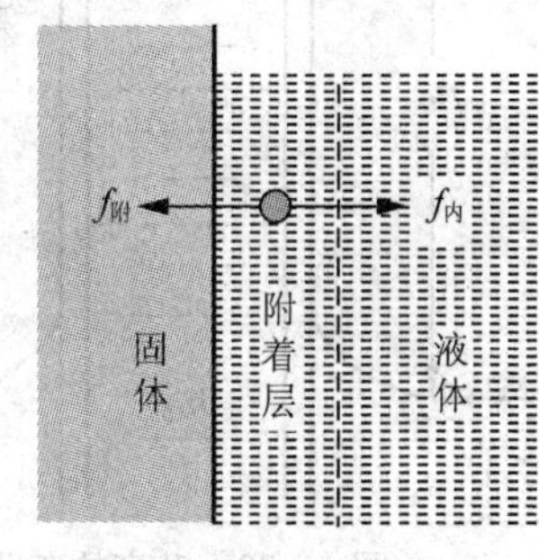

图 11-19　附着层

2．接触角

润湿与不润湿只能说明弯曲面向上、向下，不能表示弯向上或弯向下的程度。为了判别润湿与不润湿的程度，引入液体自由表面与固体接触表面间接触角 θ。

接触角 θ 定义：在固、液、气三者共同相互接触点处分别作液体表面切线与固体表面的切线（该切线指向固—液接触面这一侧），两切线通过液体内部所成的夹角 θ 称为**接触角**。

如图 11-20 所示，当 θ 为锐角时，液体在固体表面上扩展，即液体润湿固体；当 $\theta=0$ 时，叫做完全润湿；当 θ 为钝角时，液体表面收缩而不扩展，液体不润湿固体，简称不润湿；当 $\theta=\pi$ 时，称为完全不润湿。

3. 毛细现象

内径很细的管称为**毛细管**。如图 11-21 所示，将毛细管插入液体内，管内外的液面将出现高度差。当毛细管插入水中时，液体能润湿管壁，管内液面会升高，如图 11-21（a）所示；当毛细管插入水银中时，液体不能润湿管壁，管内液面将降低，如图 11-21（b）所示。这种现象称为**毛细现象**。

毛细现象是表面张力现象产生的另一重要效应。

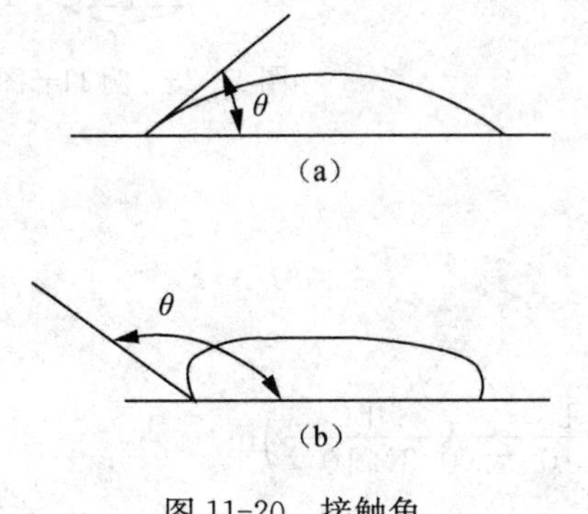

图 11-20　接触角

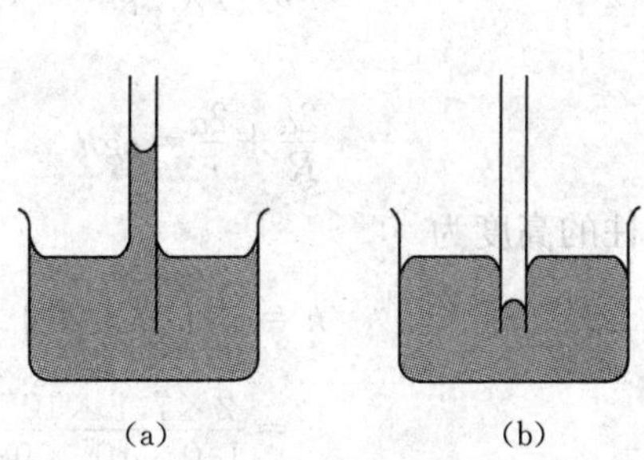

图 11-21　毛细现象

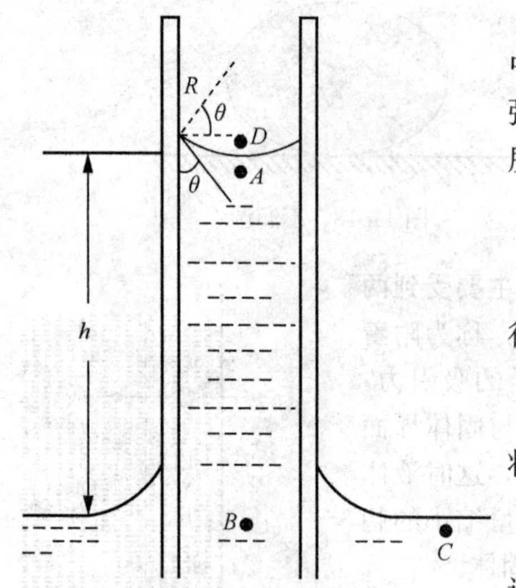

图 11-22　升高的弯曲液面

以毛细管插入水中为例，附加压强使图 11-22 中弯曲面下面的 A 点处压强比弯曲面上面 D 点压强低，而 D、C、B 处的压强都等于大气压强 p_0。所以弯曲液面要升高，一直升到其高度 h 满足

$$p_0-p_A=\frac{2\alpha}{R}=\rho gh \tag{11-32}$$

由图 11-22 可见，毛细管半径 r、液面曲率半径 R 及接触角 θ 间有关系

$$R=\frac{r}{\cos\theta}$$

将它代入式（11-32），可得

$$h=\frac{2\alpha\cos\theta}{\rho gr} \tag{11-33}$$

该式表明，毛细管越细，液体上升的高度越高，实验上可用此关系式测定液体的表面张力系数。

如果液体不润湿管壁，同理可导出液体在毛细管中下降的距离 h 仍为式（11-33）。不过，此时接触角 θ 为钝角，$\cos\theta<0$，h 也为负值，表示液体沿毛细管下降的高度。

总之，毛细管内上升（下降）的高度与表面张力系数、接触角的余弦值成正比，而与液体的密度及毛细管半径成反比。

例 11-5　在内半径为 0.3mm 的毛细管中注水。在管的下端形成一水柱，其下表面可以看作是半径为 3mm 的球面的一部分，其上表面可以看作是半径为 0.3mm 的球的一部分，如图 11-23 所示。若已知水与毛细管壁的接触角为零，水的表面张力系数为 0.073N/m，求管中水柱的高度。

解　设上表面半径为 r，下表面半径为 R，上表面与下表面高度差为 h，则根据附加压强公式（11-29）得上表面附加压强

$$p_s=p_0-p_A=\frac{2\alpha}{r}$$

下表面附加压强

$$p_s=p_B-p_0=\frac{2\alpha}{R}$$

而

$$p_B-p_A=\rho gh$$

故有

$$\frac{2\alpha}{R}+\frac{2\alpha}{r}=\rho gh$$

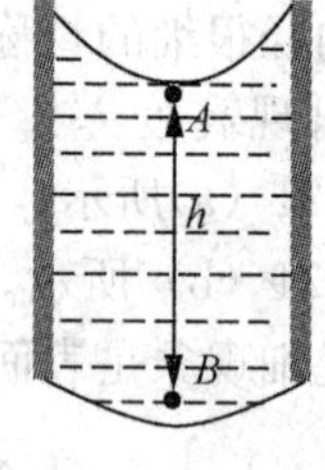

图 11-23　例 11-5图示

所以水柱的高度为

$$\begin{aligned}h&=\frac{1}{\rho g}\left(\frac{2\alpha}{R}+\frac{2\alpha}{r}\right)\\&=\frac{2\times7.3\times10^{-2}}{1.0\times10^{3}\times9.8}\left(\frac{1}{3\times10^{-3}}-\frac{1}{0.3\times10^{-3}}\right)\text{m}\\&=5.5\times10^{-2}\text{m}\end{aligned}$$

4. 气体栓塞现象

如图 11-24（a）所示，一根均匀的毛细管中有一段润湿性液柱，中间有一个气泡，在左右两边压强相等时，气泡左右两端是两个对称的弯月面，曲率半径相等，因表面张力而出现的附加压强大小相等方向相反，此时液柱不流动。如果在毛细管左端增大压强，使左边的压强比右边大 Δp，这时气泡左边的弯月面曲率半径将变大，右边的弯月面曲率半径将变小，使左端弯曲液面所产生的附加压强 $p_{左}$ 比右端弯曲液面所产生的附加压强 $p_{右}$ 小，如果它们的差值正好等于 Δp，即 $\Delta p = p_{右} - p_{左}$，则系统仍处于平衡状态，液柱不会向右移动，如图 11-24（b）所示。只有当两端的压强差 Δp 超过某一临界值 δ 时，气泡才能移动。δ 值与液体和管壁的性质以及管的半径有关。当管中有 n 个气泡时，则只有当 $\Delta p \geqslant n\delta$ 时液体才能带着气泡移动，如图 11-24（c）所示。因此，液体在一根毛细管中流动时，如果毛细管中部有气泡，液体的流动将受到阻碍，气泡多时可发生阻塞，这种现象称为**气体栓塞**。

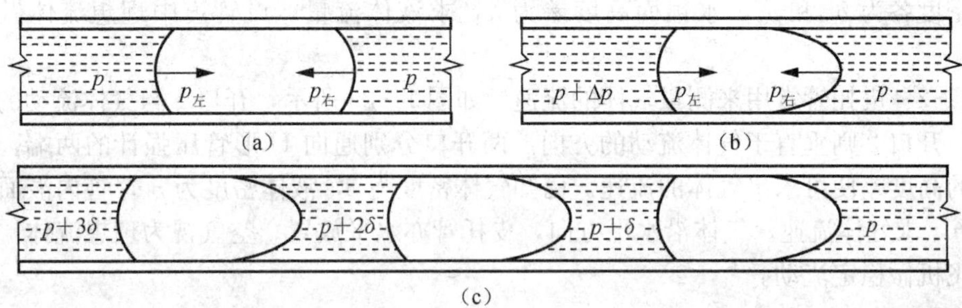

图 11-24　气体栓塞图示

对于人体，气体栓塞易发生在头颈、胸壁和肺部大静脉，一旦这些血管遭受创伤，外界空气就有可能快速进入血管。若在短时间内进入血管的空气量过多，由于心脏搏动，空气与血液可在右心房和右心室中混合形成泡沫状血液，这种泡沫状血液在心脏收缩时无法排出，易阻塞于右心室和肺动脉，严重时可导致血液循环中断而危及生命。如是少量气体进入血管，虽不会形成泡沫状血液，但仍有可能形成气泡而阻塞局部细小血管。护士在为病人输液、输血时，必须排除管路中的气体，就是基于这个道理。

思考与讨论

11.1　通过船舱的一个不大的洞涌进一股水。小王想用木板堵住洞，但无力克服水流的力量。可是，在小张的帮助下将木板堵上了。这时，小王自己就能推住木板。为什么？

11.2　在平坦的水平面上，放着一个盛着水的宽口容器。容器里的水的高度为 h，盛水容器的质量为 m。靠近容器底的侧壁上，有一个面积为 S 的塞着的小孔。问如果打开塞子，容器底和平面之间的摩擦系数为多大时容器开始运动？

11.3　一根截面积为 S 的直角弯管。气体以速度 v 在管里通过，气体的密度为 ρ。

气体对管的压力多大?

11.4 直径为 D 的圆柱形容器的底上，有一直径为 d 的小圆孔。容器中水面下降的速度 v_1 与水面的高度 h 间有什么关系?

11.5 已知水在两块玻璃间形成凹液面，而在两块石蜡板间形成凸液面。试解释为什么两块玻璃间放一点水后很难拉开，而两块石蜡板间放一点水后很容易拉开。

11.6 一内径为 0.10mm 的毛细管铅直地浸入装水的玻璃杯中，则管内的水柱高度可上升多高?

习 题 11

11-1 文特利管常用于测量液体的流量或流速。如图 11-25 所示，在变截面管的下方，装有 U 形管，内装水银。测量水平管道内的流速时，可将流量计串联于管道内，根据水银表面的高度差，即可求出流量或流速。已知管道横截面为 S_1 和 S_2，水银与液体的密度各为 ρ_g 和 ρ_y，水银面高度差为 h，求液体流量。设管道中理想流体做稳定流动。

11-2 皮托管常用来测量气体的流速。如图 11-26 所示，开口 1 与气体流动的方向平行，开口 2 则垂直于气体流动的方向。两开口分别通向 U 形管压强计的两端，根据液体的高度差便可求出气体的流速。已知气体密度为 ρ，液体密度为 ρ_1，管内液面高度差为 h，求气体流速。气体沿水平方向，皮托管亦水平放置。空气视为理想流体，并相对于飞机做稳定流动。

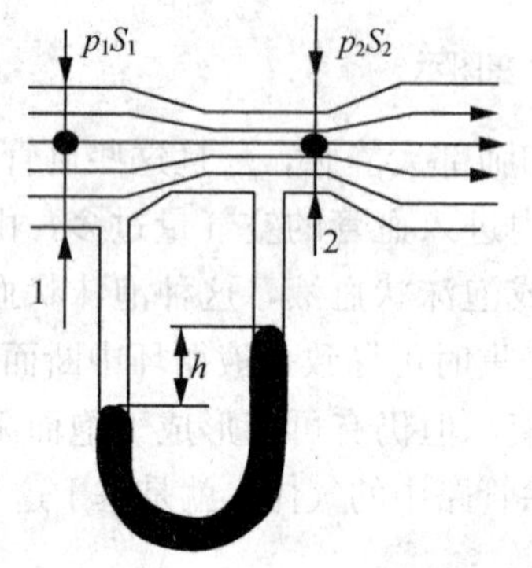

图 11-25 习题 11-1图示

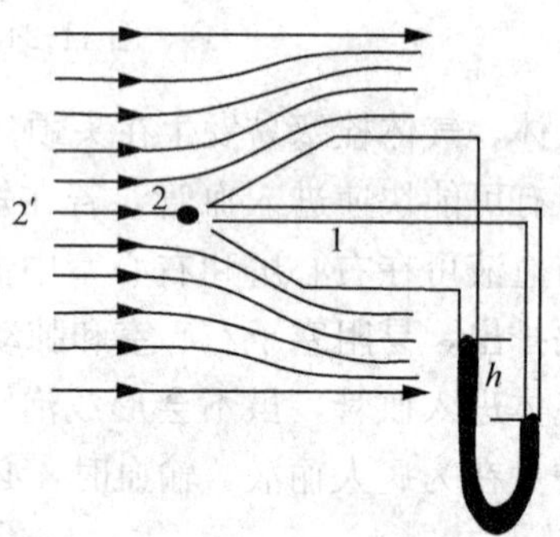

图 11-26 习题 11-2图示

11-3 水库放水，水塔经管道向城市输水以及挂瓶为病人输液等，其共同特点是液体自大容器经小孔流出。由此得下面研究的理想模型：大容器下部有一小孔。小孔的线度与容器内液体自由表面至小孔处的高度 h 相比很小。求在重力场中液体从小孔流出的速度。液体视为理想流体。

11-4 一个由旋转对称表面组成的水壶，其对称轴沿竖直方向，壶底开有一个半径为 r 的小孔，为使液体从底部小孔流出的过程中壶内液面下降的速率保持不变，壶应做成什么形状?

11-5 设人体主动脉的内半径为 0.01m，血液的流速、黏度、密度分别为

$v=0.25\text{m/s}$，$\eta=3.0\times10^{-3}\text{Pa}\cdot\text{s}$，$\rho=1.05\times10^{3}\text{kg/m}^{3}$，求雷诺数并判断血液以何种状态流动。

11-6　成人主动脉的半径约为 $1.3\times10^{-2}\text{m}$，问在一段 0.2m 距离内的流阻 R_f 和压强降落 Δp 是多少？设血流量为 $1.00\times10^{-4}\text{m}^3/\text{s}$，黏度为 $\eta=3.0\times10^{-3}\text{Pa}\cdot\text{s}$。

11-7　如图 11-27 所示，一滴管滴下 50 滴液体的总质量为 1.65g，滴管的管口内径为 1.35mm，试求此液体的表面张力。

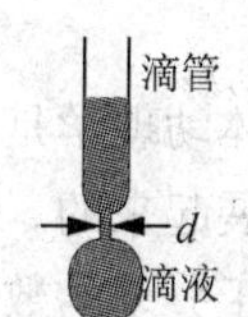

图 11-27　习题 11-7图示

11-8　用毛细管上升法测定某液体表面张力。已知液体密度为 790kg/m^3，在半径 $2.46\times10^{-4}\text{m}$ 的玻璃毛细管中上升高度 $2.50\times10^{-2}\text{m}$，假设该液体能很好地润湿玻璃。求此液体的表面张力。

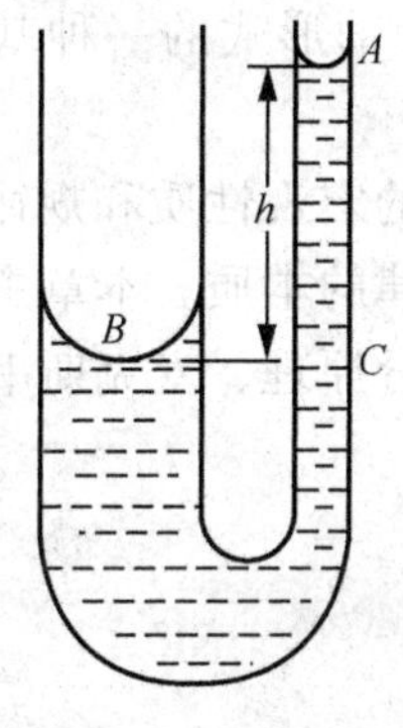

图 11-28　习题 11-10 图示

11-9　两块平行且竖直放置的玻璃板，部分地浸入水中，使两板间保持距离 $d=0.1\text{mm}$。试求每块玻璃板内外两侧所受压力的合力。已知板宽 $l=15\text{cm}$，水的表面张力系数为 0.07N/m，接触角 $\theta=0°$。

11-10　如图 11-28 所示的 U 形玻璃管，两臂的内直径分别为 1.0mm 和 3.0mm。若水与管壁完全润湿，求两臂的水面高度差。

11-11　吹成一个直径为 10cm 的肥皂泡，设皂液的表面张力系数为 $40\times10^{-3}\text{N/m}$，需要做多少功?

11-12　已知液体的表面张力系数为 α，用此液体吹成半径为 R 的液泡，求液泡内压强（大气压为 p_0）。

11-13　如图 11-29 所示，玻璃毛细管直径为 1mm，水在毛细管里上升了 30mm，如果管子慢慢地竖直下降，直到管子顶端离烧杯里的水面 20mm 时，求此时管中液面的曲率半径。

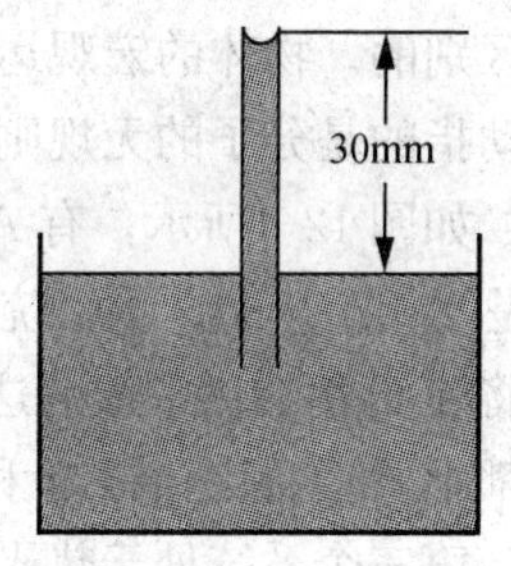

图 11-29　习题 11-13 图示

11-14　将一个半径为 R 的球形液珠分散成 8 个半径相同的小液滴需做功多少（设表面张力系数为 α）?

11-15　试求当半径 $r=2\times10^{-3}\text{mm}$ 的许多小水滴融合成一个半径 $R=2\text{mm}$ 的大水滴时，所减少的表面能。

11-16　一个肥皂泡的直径为圆形水珠的 2 倍，设肥皂泡的 α 是水的 3 倍，求水滴和肥皂泡的内外压强差之比。

第 12 章 气体动理学基础

气体动理学是在物质结构的分子学说的基础上，为说明气体的物理性质和气态现象而发展起来的。与力学研究的机械运动不同，气体动理学的研究对象是**分子的热运动**。

由于分子的数目十分巨大和运动的情况十分混乱，分子热运动具有明显的无序性和统计性。就单个分子来说，由于它受到其他分子的复杂作用，其具体运动情况瞬息万变，显得杂乱无章，具有很大的偶然性，这就是无序性的表现。但就大量分子的集体表现来看，却存在一定的规律性。这种大量的偶然事件所显示的规律性称为**统计规律性**。正是由于这些特点，才使热运动成为有别于其他运动形式的一种基本运动形式。

本章将根据气体分子模型，运用统计方法，重点研究气体的宏观性质和规律、它们与分子微观量的平均值之间的关系，从而揭示这些性质和规律的本质。本章主要学习平衡态、状态参量、理想气体模型、理想气体内能、能量均分原理、麦克斯韦气体分子速率分布律、气体分子的平均碰撞频率和平均自由程。

12.1 平衡态和状态参量

一定量的气体，在不受外界的影响下，经过一定的时间，系统能够达到一个稳定的宏观性质不随时间变化的状态，称为**平衡态**。注意，分子热运动与宏观运动是有本质区别的。物体的宏观运动是其中所有分子的一种有规则运动的整体表现；而分子热运动指的是分子的无规则运动，和物体的整体运动无关。

如图 12-1所示，有 A、B、C 三个处于任意确定的平衡态的系统，而系统 A 和系统 B 是互相绝热的。将系统 C 同时与 A 和 B 相互热接触，经过足够长的时间后，A 和 B 都将与 C 达到热平衡。这时使 A 和 B 不再绝热而直接热接触。实验证明，A 和 B 的状态都不发生变化，即 A 和 B 也是处于热平衡的。这个实验事实说明，如果两个系统各自与第三个系统处于热平衡，则它们彼此也必处于热平衡。这一实验结论叫做**热平衡的传递性**，或叫做**热平衡定律**。这个定律告诉我们，互为热平衡态的所有热力学系统具有一个数值相等的态函数，这个态函数定义为**温度**。

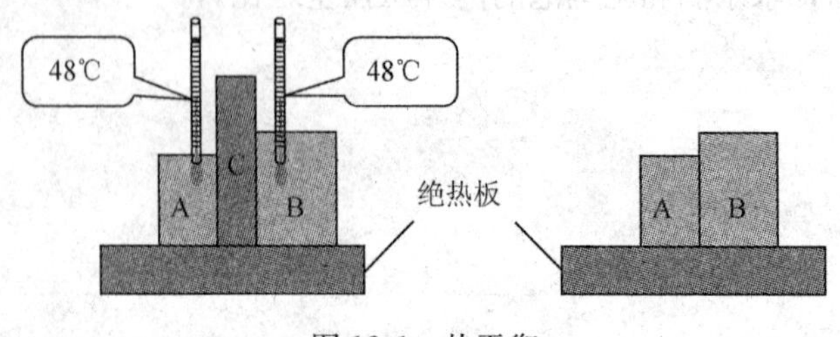

图 12-1 热平衡

温度也可以说是描述物体冷热程度的物理量。热的物体温度高，冷的物体温度低。若将两个冷热不同的物体相互接触，它们之间必然要产生热交换，最后达到热平衡，具有相同的温度。这为测量温度提供了依据。

热运动平衡态是热学性质相对稳定的状态，在没有外界影响的情况下，系统的宏观性质在长时间内不发生任何变化。这里说的不受外界影响，指的是与外界没有功和能量的交换。平衡态下系统的宏观性质不变，但是系统内大量的分子始终在做着无规则的热运动，只是这些分子运动的平均效果（统计平均）不变。所以，平衡态是一种热动平衡。

其实，即使在平衡态下，系统宏观物理量的数值也会发生偏离统计平均值的变化——**涨落**，这种涨落在适当的条件下可以观察到，这是统计平均的必然结果。例如，向两杯清水中各滴入一小滴墨汁，我们将会发现这两杯中墨汁稀释后的图形是不一样的，这是由墨汁中的碳粒分子在水中的无规则运动造成的。温度越高，两杯的图形差别越大，说明微粒分子的无规运动越剧烈。这种随机涨落现象反映了周围流体内部分子运动的无规则性。不过，一般情况下涨落很小，所以热力学中不考虑这种变化，而认为平衡态下，系统的宏观性质不变。

平衡态是一种理想的状态，实际中并不存在。因为实际上没有完全不受外界影响的系统，说系统的宏观性质长时间内不变也只是相对的。但是，实际中有许多状态非常接近平衡态，因此平衡态的概念具有很重要的理论和现实意义。

对于由一定量气体组成的系统，当系统达到平衡态时，可以用压强 p、体积 V、温度 T 来描述它们的状态，这些描述平衡态的物理量称为**状态参量**。

气体的**体积**是气体分子所能到达的空间，与气体分子本身体积的总和是完全不同的。在国际单位制下，气体体积的单位为 m^3。

气体的**压强**是气体作用在容器壁单位面积上的指向器壁的垂直作用力，是气体分子对器壁碰撞的宏观表现。压强的单位用 Pa（帕斯卡），即 N/m^2。过去常用 atm（标准大气压）作为压强的单位，工程上则多用 mmHg 来表示压强的大小，它们之间的等值关系是

$$1\text{atm}=101325\text{Pa}=760\text{mmHg}$$

气体的**温度**反映气体内部分子运动的剧烈程度。温度的分度方法即**温标**，在物理学中常用的有三种：一种是**热力学温标** T，单位是开尔文（符号为 K）；第二种是**摄氏温标** t，单位是摄氏度（符号为℃）；第三种是**华氏温标** t_F，单位是华氏度（符号为℉）。

热力学温度 T 和摄氏温度 t 的关系是

$$t=T-273.15$$

华氏温标 t_F 和摄氏温度 t 的关系是

$$t_F=32+9t/5$$

12.2　理想气体模型

在气体中，由于分子的分布相当稀疏，分子与分子间的相互作用力，除了在碰撞

的瞬间以外，极其微小。在连续两次碰撞之间分子所经历的路程，平均约为 10^{-7} m，而分子的平均速率很大，约为 500m/s。因此，平均大约经过 10^{-10} s，分子与分子之间碰撞一次，即在 1s 内，一个分子将遇到 10^{10} 次碰撞。分子碰撞的瞬间大约为 10^{-13} s，这一时间远比分子自由运动所经历的平均时间（10^{-10} s）要小。因此，在分子的连续两次碰撞之间，分子的运动可看作由其惯性支配的自由运动。每个分子由于不断地经受碰撞，速度的大小跳跃地改变着，运动的方向也或前或后，忽左忽右，不断地无定向地改变着，在连续两次碰撞之间所自由运行的路程也或长或短，参差不齐。因此，分子热运动的基本特征是分子的永恒运动和频繁的相互碰撞。显然，具有这种特征的分子热运动是一种比较复杂的物质运动形式，它与物质的机械运动有本质上的区别。

从气体分子热运动的基本特征出发，理想气体的微观模型可以描述如下：

1）同类气体分子性质相同，质量相同，单个分子可看作质点。气体分子的大小（本身线度 10^{-10} m）与气体分子间的平均距离（约为 10^{-7} m）相比较，可以忽略不计。所以气体分子可看作为不计大小的小球（质点），它们的运动则遵守牛顿运动定律。

2）分子之间及分子与器壁之间发生完全弹性碰撞。气体分子的运动服从经典力学规律。在碰撞中，每个分子都可看作完全弹性的小球。它们相撞或与器壁相撞时，遵守能量守恒定律和动量守恒定律。

3）分子与分子或器壁不发生碰撞时可忽略分子之间的作用力。气体分子之间的平均距离相当大，所以除碰撞的瞬间外，分子间的相互作用可以忽略不计，分子自由地做匀速直线运动。除非研究气体分子在重力场中的分布情况，否则，因分子的动能平均说来远比它在重力场中的势能为大，所以这时分子所受重力也可忽略。

这样气体就可看作是大量自由地、无规则地运动着的弹性球分子的集合，这种模型便是**理想气体分子热运动模型**。

1. 理想气体压强

气体的压强就是大量气体分子对器壁持续不断碰撞的宏观表现。

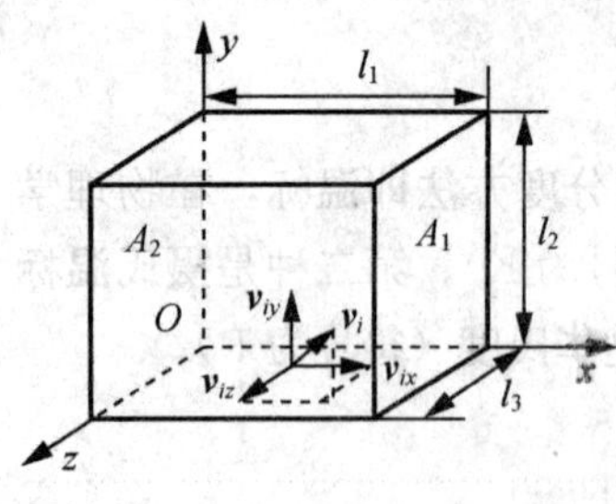

图 12-2　压强公式的推导

假设体积为 V 的方形容器内装有 N 个同类气体分子的理想气体，每个分子的质量为 m，分子数密度为 $n=\dfrac{N}{V}$，如图 12-2所示。

由于气体分子不停地与容器碰撞，使得容器中每个器壁受到一个持续作用力，同时又因气体分子沿各个方向运动几率相等，所以容器壁单位面积受分子的碰撞而产生的压强相等。因此，只要计算容器中任一器壁就可以了。

下面计算与 x 轴垂直的壁面 A_1 所受的压强。

设某一分子速度为 $\boldsymbol{v}=v_x\boldsymbol{i}+v_y\boldsymbol{j}+v_z\boldsymbol{k}$，沿 x 轴方向分子与容器壁碰撞的动量增量为 $(-mv_x)-mv_x=-2mv_x$。根据质点的动量定理，这一增量等于容器壁作用于该分子上的冲量，力的方向沿 $-x$ 轴方向，再据牛顿第三定律，该分子给予容器壁 A_1 大小相等方向相反的作用力为 $2mv_x$。该分子每经过 $2x/v_x$ 的时间与壁面 A_1 碰撞一次，则单位时间内，该分子与容器壁 A_1 碰撞次数为 $v_x/2x$，所以单位时间内，该分子作用于 A_1 的力为

$$F=\frac{v_x}{2x}\cdot 2mv_x=\frac{mv_x^2}{x}$$

根据理想气体模型，分子之间碰撞是完全弹性碰撞，由此可得 N 个分子作用于容器壁 A_1 面上总的力为

$$F=\frac{mv_{1x}^2}{x}+\frac{mv_{2x}^2}{x}+\cdots+\frac{mv_{Nx}^2}{x} \tag{12-1}$$

式中，v_{1x}，v_{2x}，…，v_{Nx} 分别为 v_1，v_2，…，v_N 在 x 轴的分量。由压强定义，有

$$p=\frac{F}{S}=\frac{F}{yz}=\frac{m}{yz}\left(\frac{v_{1x}^2}{x}+\frac{v_{2x}^2}{x}+\cdots+\frac{v_{Nx}^2}{x}\right)$$
$$=\frac{Nm}{xyz}\left(\frac{v_{1x}^2+v_{2x}^2+\cdots+v_{Nx}^2}{N}\right) \tag{12-2}$$

括号内物理量表示容器内 N 个分子沿 x 轴的速率分量平方的平均值。对每个分子的速度应有

$$v_1^2=v_{1x}^2+v_{1y}^2+v_{1z}^2$$
$$v_2^2=v_{2x}^2+v_{2y}^2+v_{2z}^2$$
$$\vdots$$
$$v_N^2=v_{Nx}^2+v_{Ny}^2+v_{Nz}^2$$

那么

$$\frac{v_1^2+v_2^2+\cdots+v_N^2}{N}=\frac{v_{1x}^2+v_{2x}^2+\cdots+v_{Nx}^2}{N}+\frac{v_{1y}^2+v_{2y}^2+\cdots+v_{Ny}^2}{N}+\frac{v_{1z}^2+v_{2z}^2+\cdots+v_{Nz}^2}{N} \tag{12-3}$$

式（12-3）等号右边三项表示沿 x、y、z 轴方向速率的平方的平均值，左边表示所有分子速率平方的平均值，即

$$\overline{v^2}=\overline{v_x^2}+\overline{v_y^2}+\overline{v_z^2} \tag{12-4}$$

则式（12-2）可以表示为

$$p=\frac{Nm}{xyz}\overline{v_x^2}=nm\overline{v_x^2} \tag{12-5}$$

在平衡态下，气体分子沿各方向运动速率相等，即分子速率在各方向的分量

$$\overline{v_x^2}=\overline{v_y^2}=\overline{v_z^2}=\frac{1}{3}\overline{v^2}$$

所以式（12-5）可写成

$$p=\frac{1}{3}nm\overline{v^2}=\frac{2}{3}n\left(\frac{1}{2}m\overline{v^2}\right)=\frac{2}{3}n\bar{\varepsilon}_k \tag{12-6}$$

式中，$\bar{\varepsilon}_k=\frac{1}{2}m\overline{v^2}$ 称为**气体分子的平均平动动能**。式（12-6）称为**理想气体压强公式**，是气体热运动基本公式。由此可见，气体作用在器壁上的压强，是大量分子碰撞器壁单位面积作用力的统计平均值，决定于单位体积内的分子数和分子的平均平动动能。

众所周知，我们周围的空气不是单一的气体，而是氧气、氮气、氢气、二氧化碳气体等多种气体的混合体。设单位体积含各种气体的分子数分别为 n_1，n_2，…则单位体积总分子数 $n=n_1+n_2+\cdots$，在平衡状态下各种气体的温度相同，由式（12-6）可得混合气体压强为

$$p=\frac{2}{3}(n_1+n_2+\cdots)\bar{\varepsilon}_k=\frac{2}{3}n_1\bar{\varepsilon}_k+\frac{2}{3}n_2\bar{\varepsilon}_k+\cdots \tag{12-7}$$

即

$$p=p_1+p_2+\cdots=\sum_i p_i \tag{12-8}$$

式中，$p_1=\frac{2}{3}n_1\bar{\varepsilon}_k$，$p_2=\frac{2}{3}n_2\bar{\varepsilon}_k$，…为各种气体的分压强。这个结果表明，混合气体的压强等于组成混合气体的各成分的分压强之和，称为**道尔顿分压定律**。

由于分子对器壁的碰撞是断续的、随机的，碰撞地点是偶然的，分子给器壁的冲力也是断续的、不均匀的，所以压强是大量分子碰撞器壁作用的统计平均值，对于单个气体分子来说，压强是没有意义的。

2. 理想气体物态方程

1808 年，法国化学家盖·吕萨克研究各种气体在化学反应中体积变化的关系时发现：参加同一反应的各种气体，在同温同压下，其体积成简单的整数比。这就是著名的**盖·吕萨克定律**。

在盖·吕萨克实验基础上，意大利科学家阿伏伽德罗于 1811 年写了一篇题为《原子相对质量的测定方法及原子进入化合物的数目比例的确定》的论文，他在文中提出：在相同的温度与压强下，相等体积的任何气体所含分子数（或物质的量）相等。这就是著名的**阿伏伽德罗定律**。

美国实验物理学家密立根通过油滴实验方法测定 1mol（摩尔）任何物质内所含分子的个数 $N_A=6.0221367\times10^{23}\text{mol}^{-1}$，叫做**阿伏伽德罗常量**。在标准状态下，单位体积气体的分子数为 $n_0=2.6867732\times10^{25}\text{m}^{-3}$，与气体性质无关，是一个普适常量，称为**洛喜米脱常量**。阿伏伽德罗常量和洛喜米脱常量是宏观量与微观量相联系的桥梁。

1mol 任何物质的质量 M 叫做该物质的**摩尔质量**。摩尔质量等于组成该物质的一个分子的质量 m 乘以阿伏伽德罗常量 N_A，即 $M=m\cdot N_A$。由阿伏伽德罗定律可知，在相同的温度与压强下，1mol 任何气体所占的体积相等，称为**摩尔体积**。在标准状态下，理想气体的摩尔体积已由实验测得：$V_m=22.41410\times10^{-3}\text{m}^3/\text{mol}$。

这里所谓标准状态，指的是在纬度为 45°的海平面处，环境温度为 0℃，气体大气压为 1.01325×10^5Pa 的状态。在气体质量一定的条件下，根据阿伏伽德罗定律可以得出气体温度 T 与压强 p 和体积 V 的关系为 $pV\propto T$。引入**摩尔气体常量** $R=8.31\text{J}/(\text{mol}\cdot\text{K})$，上式可以表示为

$$pV=\nu RT=\frac{m'}{M}RT \tag{12-9}$$

式中，M 为摩尔质量，m' 为气体总质量，ν 为气体的摩尔数。式（12-9）称为**理想气体**

的物态方程。要求体积的单位为立方米（m^3），压强的单位为帕斯卡（Pa），温度的单位为开（K）。

理想气体的物态方程还可表示为

$$p=nkT \tag{12-10}$$

式中，$n=N/V$ 为气体分子数密度，$k=R/N_A=1.38\times10^{-23}$（J/K）称为**玻耳兹曼常量**。

例 12-1　实际测得气体温度为 27℃。问：

1）气体压强为 1.013×10^5 Pa 时，在 $1m^3$ 中有多少个分子？

2）在压强为 1.33×10^{-5} Pa 的高真空条件下，在 $1m^3$ 中有多少个分子？

解　按公式（12-10），有

1）$n=\dfrac{p}{kT}=\dfrac{1.013\times10^5}{1.38\times10^{-23}\times300}m^{-3}\approx2.45\times10^{25}m^{-3}$。

2）$n=\dfrac{p}{kT}=\dfrac{1.33\times10^{-5}}{1.38\times10^{-23}\times300}m^{-3}\approx3.21\times10^{15}m^{-3}$。

可以看出，两者相差 10^{10} 倍。

3. 理想气体温度

根据理想气体的压强公式和理想气体状态方程，可推导出气体的温度与分子的平均平动动能之间的关系，从而可以阐明温度这一概念的微观实质。

由式（12-10）与式（12-6）相比较可得

$$\bar{\varepsilon}_k=\frac{1}{2}m\overline{v^2}=\frac{3}{2}kT \tag{12-11}$$

式（12-11）说明，气体分子的平均平动动能只与温度有关，并与温度成正比，从而阐明了温度的实质，即温度标志着物体内部分子无规则运动的剧烈程度。温度越高，气体热运动动能越大，说明了温度是气体分子热运动的度量。必须强调的是，温度是表征大量分子热运动剧烈程度的宏观物理量，是大量分子热运动的集体表现。如同压强一样，温度也是一个统计量。对于单个分子来说，它的温度是没有意义的。

例 12-2　分别计算在温度为 1000℃、0℃和 −150℃时氮气分子的平均平动动能和方均根速率。

解　1）温度为 $t=1000$℃时，

$$\bar{\varepsilon}_k=\frac{3}{2}kT=\frac{3}{2}\times1.38\times10^{-23}\times1273J\approx2.63\times10^{-20}J$$

$$\sqrt{\overline{v^2}}=\sqrt{\frac{3kT}{M}}=\sqrt{\frac{3RT}{M}}=\sqrt{\frac{3\times8.31\times1273}{28\times10^{-3}}}m/s\approx1.06\times10^3m/s$$

2）同理，在温度 $t=0$℃时，

$$\bar{\varepsilon}_k=\frac{3}{2}kT=\frac{3}{2}\times1.38\times10^{-23}\times273J\approx5.65\times10^{-21}J$$

$$\sqrt{\overline{v^2}}=\sqrt{\frac{3RT}{M}}=\sqrt{\frac{3\times8.31\times273}{28\times10^{-3}}}m/s\approx493m/s$$

3）在温度 $t=-150℃$时，

$$\bar{\varepsilon}_k=\frac{3}{2}kT=\frac{3}{2}\times 1.38\times 10^{-23}\times 123\text{J}\approx 2.55\times 10^{-21}\text{J}$$

$$\sqrt{\overline{v^2}}=\sqrt{\frac{3RT}{M}}=\sqrt{\frac{3\times 8.31\times 123}{28\times 10^{-3}}}\text{m/s}\approx 331\text{m/s}$$

12.3 理想气体内能和能量均分原理

式（12-11）是气体分子在三个方向上的平均平动动能，那么在任何一个独立运动的方向上的动能是否都等于 $kT/2$ 呢？

1. 分子自由度

所谓**自由度**，就是确定一物体在空间位置所需的独立坐标数。

1）自由运动的质点有 3 个自由度（X、Y、Z）称为平动自由度。单个分子的平动自由度等于 3。

2）自由运动的刚体质心也有 3 个平动自由度，但是由于转轴的方位角 α、β、γ 满足$\cos^2\alpha+\cos^2\beta+\cos^2\gamma=1$，因此 3 个方位角只有 2 个是独立变化的，转动自由度等于 2。

3）分子的自由度：

① 单原子分子只有 3 个平动自由度；

② 刚性双原子分子，有 3 个平动自由度、2 个转动自由度，共 5 个自由度；

③ 非刚性双原子分子，组成分子的 2 个原子之间有微振动，因此除 3 个平动自由度和 2 个转动自由度之外还有 1 个振动自由度，共 6 个自由度。

在三原子或多原子的气体分子中，如果这些原子之间的相互位置保持不变，整个分子就可看作是自由刚体，因此共有 6 个自由度，其中 3 个平动自由度，3 个转动自由度。

一般情况下，n 个原子组成的分子，最多有 $3n$ 个自由度，其中 3 个是平动自由度，3 个是转动自由度，其余 $3n-6$ 是振动自由度。但在常温下，大多数分子的振动自由度可以不予考虑。当运动受限制时，自由度减少。

2. 能量均分定理

实验发现，气体处于平衡态时，分子任何一个自由度的平均能量都等于$\bar{\varepsilon}_1=\frac{1}{2}kT$，这称为**能量按自由度均分定理**。这个定理既适用于气体，也适用于液体和固体。

由于分子只有 3 个平动自由度 X、Y、Z，因此式（12-11）是能量均分定理的必然结果。

如果气体分子总自由度为 i，则每个分子的平均总动能为

$$\bar{\varepsilon}=\frac{i}{2}kT \tag{12-12}$$

式（12-12）表明：每个自由度上的平均动能相等，每个分子平均总动能相等，1mol 分子平均总动能为

$$\bar{E}_{mol}=N_A\bar{\varepsilon}=\frac{i}{2}RT \tag{12-13}$$

3. 理想气体内能

气体所有分子的动能、势能之和，称为气体的**内能**。理想气体中分子之间相互作用可以忽略，分子间势能可以视为零，因而理想气体的内能就是指气体分子热运动能，即分子的各种运动的动能（平动、转动、振动）的总和。

1 个分子的平均能量式（12-9）可写为

$$\bar{\varepsilon}=\frac{1}{2}(t+r+s)kT \tag{12-14}$$

式中，t 为分子的平动自由度，r 为分子的转动自由度，s 为分子的振动自由度。

由第 10 章知，振动在一个周期内的平均动能等于平均势能，所以每个振动自由度除$\frac{1}{2}kT$ 平均动能外，还有$\frac{1}{2}kT$ 平均势能。1mol 分子的平均能量应为

$$\bar{E}_{mol}=N_A\,\frac{1}{2}(t+r+2s)kT=\frac{1}{2}(t+r+2s)RT \tag{12-15}$$

式（12-15）与式（12-13）等价。1mol 分子的自由度

$$i=t+r+2s \tag{12-16}$$

理想气体内能等于 νmol 分子的平均能量，即

$$E=\nu\bar{E}_{mol}=\frac{1}{2}\frac{m'}{M}(t+r+2s)RT \tag{12-17}$$

或

$$E=\nu\,\frac{i}{2}RT \tag{12-18}$$

式（12-18）表明，一定量的理想气体内能仅与自由度和温度有关，或者说理想气体的内能只是温度的单值函数。当系统温度改变时内能也改变。内能的增量为

$$\Delta E=E_2-E_1=\nu\,\frac{i}{2}R(T_2-T_1) \tag{12-19}$$

例 12-3　当温度为 0℃时，分别求氦、氢、氧、氨、氯和二氧化碳各种气体 1mol 的内能。温度升高 1K 时，内能各增加多少?（双原子以上分子均视为刚性分子）

解　按题意，对单原子气体的分子按 3 个平动自由度计算分子的平均动能，对双原子按 5 个自由度，对三原子以上气体按 6 个自由度计算分子平均动能。按式（12-15），1mol 理想气体的内能为

$$E_{mol}=\frac{1}{2}(t+r+2s)RT$$

可算出 0℃，即 273K 时，1mol 理想气体的内能分别为

单原子气体（氦气）：

$$E_{mol}=\frac{3}{2}\times 8.31\times 273\,\mathrm{J}\approx 3.41\times 10^3\,\mathrm{J}$$

双原子气体（氢气、氧气、氯气）：

$$E_{\text{mol}}=\frac{5}{2}\times 8.31\times 273\text{J}\approx 5.68\times 10^3\text{J}$$

三原子以上气体（氨气、二氧化碳）：

$$E_{\text{mol}}=\frac{6}{2}\times 8.31\times 273\text{J}\approx 6.81\times 10^3\text{J}$$

由式（11-12）可看到，当温度从 T 增加到 $T+\Delta T$ 时，1mol 理想气体的内能增加

$$\Delta E_{\text{mol}}=\frac{1}{2}(t+r+2s)R\Delta T$$

所以温度每升高 1K 时，1mol 理想气体的内能增加 $\frac{1}{2}(t+r+2s)R$，称为**定体摩尔热容量**。

单原子气体：

$$\Delta E_{\text{mol}}=\frac{3}{2}\times 8.31\times 1\text{J}\approx 12.5\text{J}$$

双原子气体：

$$\Delta E_{\text{mol}}=\frac{5}{2}\times 8.31\times 1\text{J}\approx 20.8\text{J}$$

三原子气体以上气体：

$$\Delta E_{\text{mol}}=\frac{6}{2}\times 8.31\times 1\text{J}\approx 24.9\text{J}$$

12.4 麦克斯韦气体分子速率分布律

处于平衡态下，气体分子的运动是杂乱无章的，分子之间频繁的碰撞使得每一个分子运动速度的大小和方向不断变化，各个分子的速度大小和方向千差万别，不尽相同。这种分子运动的无规律性和偶然性，使得我们不可能详细了解每一个分子的速度情况。但是，若从大量分子的整体来看，仍有可能找出一些关于分子速率的统计性规律。

1859 年，麦克斯韦在概率论基础上导出了分子速度的统计分布规律。如果不考虑速度的方向，则可得到相应的速率分布律，称为**麦克斯韦速率分布律**。

我们首先介绍速率分布概念和测量气体分子速率分布的实验等有关基本内容。

12.4.1 气体分子速率的实验测定

分子速率的分布可以在实验中直接测定。斯特恩在 1920 年首先设计了直接测定分子速率的分布的实验，我国葛正权于 1934 年做了改进。如图 12-3所示，金属银在小炉中熔化并蒸发，银原子束通过炉上小孔逸出，又通过狭缝 S_1 和 S_2 准直后进入抽空区域。圆筒口可绕中心轴旋转。通过狭缝 S_3 进入圆筒的分子束将投射并粘附在弯曲状玻璃板 G 上。取下玻璃板，用自动记录的测微光度计测定玻璃板上变黑的程度，就可以确定到达玻璃板任一部位的分子数。当圆盘以角速度 ω 转动时，圆盘每转一周，分子

射线通过 B 的狭缝一次。

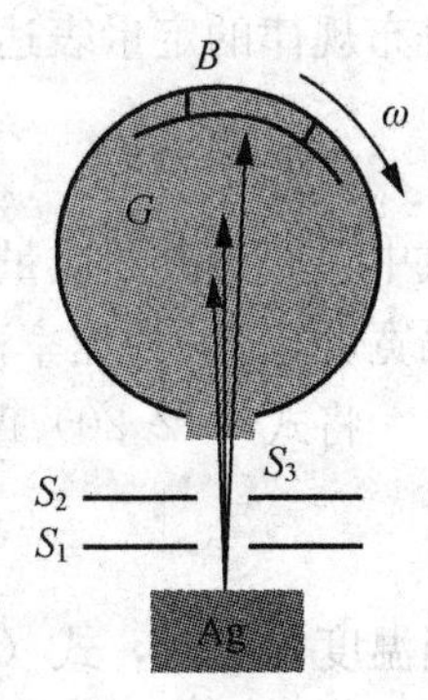

图 12-3　测定分子速率分布

以 l 表示狭缝和弯曲状玻璃板 G 之间的距离，θ 表示两狭缝所成的角度。设分子速度为 v，分子从 S_3 到 G 所需的时间为 t，则只有同时满足 $vt=l$ 和 $\omega t=\theta$ 关系的分子才能通过狭缝射到屏 G 上。因为穿越时间为 $t=l/v=\theta/\omega$，所以 $v=\omega l/\theta$。由于狭缝都有一定的宽度，所以实际当角速度 ω 一定时，能射到 G 上的分子的速度大小并不严格相同，而是分布在一个区间 v—$v+\Delta v$ 内的。

实验时，令圆盘先后以各种不同的角速度 ω_1，ω_2，…转动，用光度学的方法测量各次在胶片上所沉积的金属层的厚度，从而可以比较分布在不同间隔（如 $v_1\sim v_1+\Delta v_1$，$v_2\sim v_2+\Delta v_2$，…）内分子数的相对比值。

例 12-4　如图 12-3所示，设圆筒直径为 $D=10\text{cm}$，转速 ω 为 $200\pi\text{r/s}$，求撞击点在 B 点左方 $l=12\text{mm}$ 处的分子的原始速率。

解　速率为 v 的分子从狭缝 S_3 处进入圆筒，当它穿越直径而撞击玻璃板，该撞击点 P 恰好转到 B 点原先的位置上，它穿越直径的时间为 $\Delta t=D/v$，P 点在 $\mathrm{d}t$ 时间内的角位移 $\Delta\theta=\omega\Delta t$，弧的长度为 $l=D\Delta\theta/2=D\omega\Delta t/2=\omega D^2/2v$。由此得

$$v=\frac{\omega D^2}{2l}=\frac{200\pi\times0.10^2}{2\times12\times10^{-3}}\text{m/s}\approx262\text{m/s}$$

讨论　显然，D 和 ω 一定时，v 愈小，l 愈大，即撞击点愈偏左。

12.4.2　分子速率分布

处于平衡状态下，气体中各个分子各以不同的速率沿各个方向运动着，有的分子速率较大，有的较小；而且由于相互碰撞，对每一个分子来说，速度的大小和方向也不断地改变。因此，个别分子的运动情况完全是偶然的，是不容易而且也不必要掌握的。然而从大量分子的整体来看，在平衡状态下，分子的速率却遵循着一个完全确定的统计性分布规律，这又是必然的。研究这个规律对于进一步理解分子运动的性质是很重要的。把速率分成若干相等的区间，如从 0～100m/s 为第一个区间，100～200m/s 为第二区间，200～300m/s 为第三区间等。所谓研究分子速率的分布情况，就是要知道，气体在平衡状态下，分布在各个速率区间之内的分子数，各占气体分子总数的百分率为多少，以及大部分分子分布在哪一个区间之内，等等。

为了便于比较，可以把各区间取得相等，从而突出分布的意义。所取区间越小，对分布情况的描述也就越精确。

假设某一理想气体的分子总数为 N，将分子速率划分为若干个相等的速率区间 $v\to v+\Delta v$，在一定温度下，速率落入各个速率区间内的分子数 ΔN 占分子总数 N 的百分比（$\Delta N/N$）将服从一定的统计规律。

12.4.3　麦克斯韦分子速率分布律

1860 年，英国物理学家麦克斯韦应用概率论和统计力学导出了关于气体分子速率

分布规律的定量表达式

$$\frac{\mathrm{d}N}{N}=4\pi\left(\frac{m}{2\pi kT}\right)^{3/2}v^2\mathrm{e}^{-\frac{mv^2}{2kT}}\mathrm{d}v \tag{12-20}$$

式中，m 为分子质量，T 为热力学温度，v 为分子速率，$\mathrm{d}v$ 为速率区间 $v\to v+\mathrm{d}v$ 的间隔宽度，$\mathrm{d}N$ 为速率落入速率区间 $v\to v+\mathrm{d}v$ 内的分子数。

将式（12-20）改写为

$$\frac{\mathrm{d}N}{N\mathrm{d}v}=4\pi\left(\frac{m}{2\pi kT}\right)^{3/2}v^2\mathrm{e}^{-\frac{mv^2}{2kT}} \tag{12-21}$$

当温度一定时，式（12-21）右侧仅为 v 的函数，令其为 $f(v)$，则

$$f(v)=4\pi\left(\frac{m}{2\pi kT}\right)^{3/2}v^2\mathrm{e}^{-\frac{mv^2}{2kT}} \tag{12-22}$$

$f(v)$称为**麦克斯韦速率分布函数**。由麦克斯韦速率分布函数所确定的速率分布的统计规律，称为**麦克斯韦速率分布律**。

为了更直观地表明麦克斯韦速率分布函数的特点，以 v 为横轴，以 $f(v)$为纵轴，画出的曲线叫做麦克斯韦速率分布曲线，如图 12-4所示。

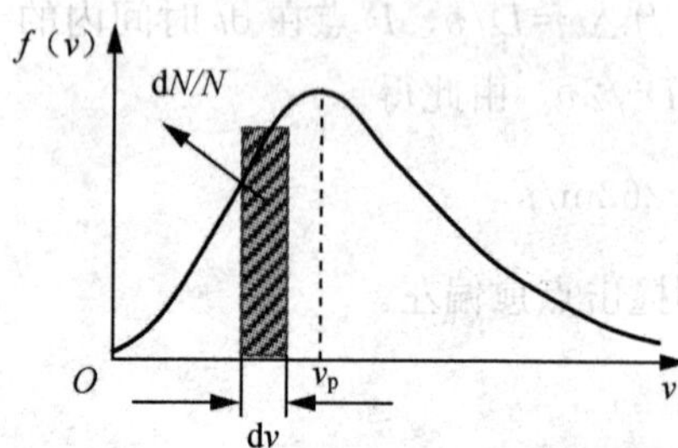

图 12-4　麦克斯韦速率分布曲线

在任一 $\mathrm{d}v$ 曲线下面积为

$$f(v)\mathrm{d}v=\frac{\mathrm{d}N}{N} \tag{12-23}$$

式（12-23）表示，在速率 v 附近 $\mathrm{d}v$ 速率间隔内的分子数占总分子数的百分率。对从 0～∞的整个速率区间进行积分为

$$\int_0^\infty f(v)\mathrm{d}v=\int\frac{\mathrm{d}N}{N}=1 \tag{12-24}$$

式（12-24）称为速率分布函数的**归一化条件**。

从图 12-4所示的函数 $f(v)$ 的图线可以看到，麦克斯韦速率分布具有如下明显的特征：

1）$0<v<v_{\mathrm{p}}$，v 增加，$f(v)$ 增加；$v_{\mathrm{p}}<v<\infty$，v 增加，$f(v)$ 减小；

2）v 取 v_{p} 附近值的概率最大。

12.4.4　统计速率

1．最概然速率 v_{p}

在图 12-4所示的麦克斯韦速率分布曲线中，最基本的特征是存在一个峰值速率 v_{p}，这表明气体分子速率并非从小到大平均分配，速率太大或太小的分子数很少，速率在 v_{p} 附近的分子数最多。v_{p} 称为**最概然速率**，其大小可以通过$\frac{\mathrm{d}f(v)}{\mathrm{d}v}=0$ 得

$$v_{\mathrm{p}}=\sqrt{\frac{2kT}{m}}=\sqrt{\frac{2RT}{M}}\approx 1.41\sqrt{\frac{RT}{M}} \tag{12-25}$$

值得注意的是，最概然速率绝不是气体分子中最大的速率。

2．平均速率 $\overline{v}$

大量气体分子速率的算术平均值称为平均速率 $\overline{v}$，即

$$\overline{v}=\frac{\int v\,\mathrm{d}N}{N} \tag{12-26}$$

将式（12-23）代入式（12-26），并考虑分子速率分布在 0～∞的范围内，式（12-26）可以表示为

$$\overline{v}=\int_0^\infty vf(v)\mathrm{d}v=\sqrt{\frac{8kT}{\pi m}}=\sqrt{\frac{8RT}{\pi M}}\approx 1.61\sqrt{\frac{RT}{M}} \tag{12-27}$$

3．方均根速率 $\sqrt{\overline{v^2}}$

按照求平均速率类似的方法计算分子速率平方的平均值为

$$\overline{v^2}=\int_0^\infty v^2 f(v)\mathrm{d}v \tag{12-28}$$

则方均根速率为

$$\sqrt{\overline{v^2}}=\sqrt{\int_0^\infty v^2 f(v)\mathrm{d}v}=\sqrt{\frac{3kT}{m}}=\sqrt{\frac{3RT}{M}}\approx 1.73\sqrt{\frac{RT}{M}} \tag{12-29}$$

三种速率都与温度的平方根 $\sqrt{T}$ 成正比，与气体摩尔质量的平方根 $\sqrt{M}$ 成反比。对同种理想气体分子在相同温度下，最概然速率最小，平均速率次之，方均根速率最大，即 $\sqrt{\overline{v^2}}>\overline{v}>v_p$。

式（12-29）与式（12-11）完全一致，两种方法相互印证，即麦克斯韦速率分布律与理想气体模型是相容的。

例 12-5　已知空气分子的摩尔质量为 $M=29\times10^{-3}\,\mathrm{kg/mol}$，计算空气分子在标准状态下的平均速率。

解　由式（12-27）得

$$\overline{v}=1.61\sqrt{\frac{RT}{M}}=1.61\sqrt{\frac{8.31\times273}{29\times10^{-3}}}\,\mathrm{m/s}=448\mathrm{m/s}$$

12.5　气体分子的平均碰撞频率和平均自由程

由于分子力的作用，当气体分子相互靠近时，它们将互相散射。在初级理论中，可以把这个过程看成是刚性球间的完全弹性碰撞。

12.5.1　气体分子的平均碰撞频率

在常温下，气体分子以每秒几百米的平均速率运动。这样看来，气体中的一切过程好像都应该在一瞬间完成。但实际情况并不如此，气体的扩散过程进行得很慢。例如，打开一瓶香水，距离几米远的人并不能立刻闻到香水的气味。这是因为气体分子在运动过程中不断地与其他分子发生碰撞，使气体分子沿着迂回的折线前进。

一个分子在单位时间内与其他分子碰撞的平均次数，称为**平均碰撞频率**，用 $\overline{Z}$ 表示。

为了计算 $\overline{Z}$，我们跟踪一个分子，假设只有一个分子 A 以相对速率 $\overline{u}$ 运动，其他分子均静止不动。分子运动的轨迹是一条折线，以分子有效直径 d 为半径作一曲折的圆柱体，如图 12-5所示。显然只有分子中心到 A 的距离小于分子有效作用半径的那些分子才能与 A 相碰撞。

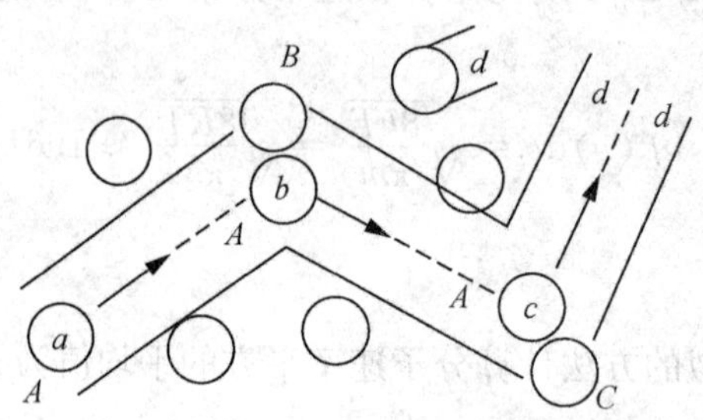

图 12-5 分子的碰撞

在 Δt 时间内分子运动的相对距离为 $\overline{u}\Delta t$，相应的圆柱体的体积为 $\pi d^2\overline{u}\Delta t$。以 n 表示分子数密度，Δt 时间内与分子 A 相碰撞的分子数就等于该圆柱体内的分子数，由此可得

$$\overline{Z}=\frac{nV}{\Delta t}=\pi d^2\overline{u} \tag{12-30}$$

考虑其他分子的运动时，用麦克斯韦速率分布律可以证明平均速率 $\overline{v}$ 和相对速率 $\overline{u}$ 有如下关系：

$$\overline{u}=\sqrt{2}\,\overline{v} \tag{12-31}$$

代入式（12-30），可得

$$\overline{Z}=\sqrt{2}\,\pi d^2\overline{v}n \tag{12-32}$$

式（12-32）表明，分子的平均碰撞次数与分子的直径、分子数密度及平均速率有关。

12.5.2 气体分子的平均自由程

每两次连续碰撞同一个分子自由运动路程的平均值，用 $\overline{\lambda}$ 表示。

$$\overline{\lambda}=\frac{\overline{v}}{\overline{Z}}=\frac{1}{\sqrt{2}\,\pi nd^2} \tag{12-33}$$

由 $p=nkT$ 得

$$\overline{\lambda}=\frac{kT}{\sqrt{2}\,\pi d^2 p} \tag{12-34}$$

由式（12-34）可知，当温度一定时，平均自由程 $\overline{\lambda}$ 与压强 p 成反比，压强越小，则平均自由程越长。

例 12-6 求氢分子在标准状态下的平均自由程和平均碰撞频率（氢分子的有效直径为 2.0×10^{-10}m）。

解 氢分子的平均速率为

$$\bar{v}=\sqrt{\frac{8RT}{\pi M}}=1.70\times10^3\,\mathrm{m/s}$$

平均自由程为

$$\bar{\lambda}=\frac{kT}{\sqrt{2}\pi d^2 p}=2.10\times10^{-7}\,\mathrm{m}$$

平均碰撞频率为

$$\bar{Z}=\frac{\bar{v}}{\bar{\lambda}}=8.10\times10^9\,\mathrm{s^{-1}}$$

从计算结果看，分子的碰撞是非常频繁的，在标准状态下，1s 内 1 个分子平均碰撞 80 亿次左右。

思考与讨论

12.1　气体在平衡态时有何特征？气体的平衡态与力学中的平衡态有何不同？

12.2　气体动理论的研究对象是什么？理想气体的宏观模型和微观模型各如何？

12.3　温度概念的适用条件是什么？温度微观本质是什么？

12.4　对一定量的气体来说，当温度不变时，气体的压强随体积的减小而增大；当体积不变时，压强随温度的升高而增大。从宏观来看，这两种变化同样使压强增大；从微观来看，它们是否有区别？

12.5　在推导理想气体压强公式的过程中，什么地方用到了理想气体的分子模型？什么地方用到了平衡态的概念？什么地方用到了统计平均的概念？压强的微观统计意义是什么？

12.6　速率分布函数 $f(v)$ 的物理意义是什么？试说明下列各量的物理意义（n 为分子密度，N 为系统总分子数）。

①$f(v)\mathrm{d}v$；②$nf(v)\mathrm{d}v$；③$Nf(v)\mathrm{d}v$；④$\int_0^v f(v)\mathrm{d}v$；⑤$\int_0^\infty f(v)\mathrm{d}v$；⑥$\int_{v_1}^{v_2} Nf(v)\mathrm{d}v$。

12.7　图 12-6（a）是氢和氧在同一温度下的两条麦克斯韦速率分布曲线，哪一条代表氢？图 12-6（b）是某种气体在不同温度下的两条麦克斯韦速率分布曲线，哪一条的温度较高？

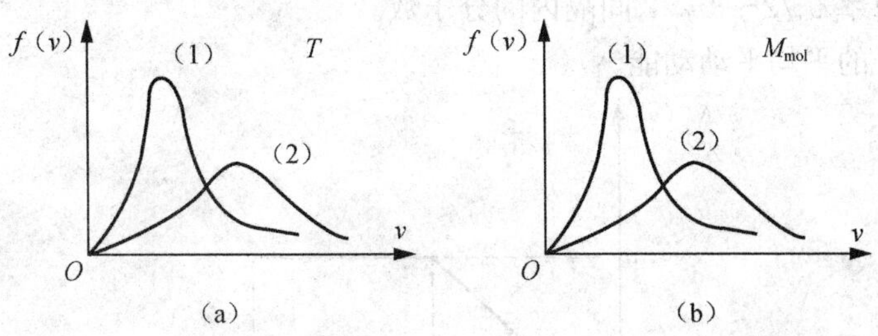

图 12-6　题 12.7 图示

12.8　试说明下列各量的物理意义。

①$\frac{1}{2}kT$；②$\frac{3}{2}kT$；③$\frac{i}{2}kT$；④$\frac{M}{M_{\mathrm{mol}}}\frac{i}{2}RT$；⑤$\frac{i}{2}RT$；⑥$\frac{3}{2}RT$。

习　题　12

12-1　一打足气的自行车内胎，在 $t_1=7.0$℃时，轮胎中空气的压强为 $p_1=4.0\times10^5$ Pa，则当温度变为 $t_2=37.0$℃时，轮胎内空气的压强 p_2 为多少（设内胎容积不变）?

12-2　氧气瓶的容积为 3.2×10^{-2} m^3，其中氧气的压强为 1.3×10^7 Pa，氧气厂规定压强降到 1.0×10^6 Pa 时，就应重新充气，以免经常洗瓶。某小型吹玻璃车间，平均每天用去 0.40m^3 压强为 1.01×10^5 Pa 的氧气，问一瓶氧气能用多少天（设使用过程中温度不变)?

12-3　一容器内储有氧气，其压强为 1.01×10^5 Pa，温度为 27℃，求：

1）气体分子的数密度。

2）氧气的密度。

3）分子的平均平动动能。

4）分子间的平均距离（设分子间均匀等距排列)。

12-4　温度为 0℃和 100℃时理想气体分子的平均平动动能各为多少？欲使分子的平均平动动能等于 1eV，气体的温度需多高?

12-5　试求温度为 300.0K 和 2.7K（星际空间温度）的氢分子的平均速率、方均根速率及最概然速率。

12-6　日冕的温度为 2.0×10^6 K，所喷出的电子气可视为理想气体。试求其中电子的方均根速率和热运动平均动能。

12-7　温度相同的氢气和氧气，若氢气分子的平均平动动能为 6.21×10^{-21} J，试求：

1）氧气分子的平均平动动能及温度。

2）氧气分子的最概然速率。

12-8　有 N 个质量均为 m 的同种气体分子，它们的速率分布如图 12-7所示。

1）说明曲线与横坐标所包围的面积的含义。

2）由 N 和 v_0 求 a 值。

3）求在速率 $v_0/2\sim3v_0/2$ 间隔内的分子数。

4）求分子的平均平动动能。

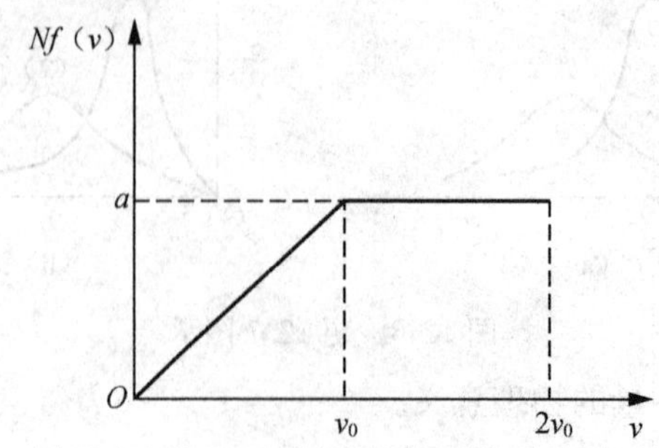

图 12-7　习题 12-8图示

12-9　某些恒星的温度可达到约 1.0×10^{8} K，这是发生聚变反应（也称热核反应）所需的温度。通常在此温度下恒星可视为由质子组成。求：

1）质子的平均动能是多少？

2）质子的方均根速率为多大？

12-10　容积为 1m^3 的容器储有 1mol 氧气，以 $v=10\text{m/s}$ 的速度运动，设容器突然停止，其中氧气的 80％的机械运动动能转化为气体分子热运动动能。试求气体的温度和压强各升高了多少？

12-11　目前实验室获得的极限真空约为 1.33×10^{-11} Pa，这与距地球表面 1.0×10^{4} km 处的压强大致相等。而电视机显像管的真空度为 1.33×10^{-3} Pa，试求在 27℃时这两种不同压强下单位体积中的分子数及分子的平均自由程（设气体分子的有效直径 $d=3.0\times10^{-8}$ cm）。

12-12　在一定的压强下，温度为 20℃时，氩气和氮气分子的平均自由程分别为 9.9×10^{-8} m 和 27.5×10^{-8} m。试求：

1）氩气和氮气分子的有效直径之比。

2）当温度不变且压强为原值的一半时，氮气分子的平均自由程和平均碰撞频率。

第13章　热学基础

热学主要研究的是自然界中物质与冷热有关的性质及其变化规律，一般以大量的分子或原子组成的体系作为研究对象。热学并不涉及物质的微观结构，而是以观察和实验为依据，从能量观点出发，用严密的逻辑推理方法，总结和概括宏观热现象的普遍规律。

本章着重讨论热力学第一定律、理想气体的等值过程的应用、循环过程、热力学第二定律、熵与熵增加原理。

13.1　准静态过程

遵从热运动规律的一个物体（气体、液体、固体）或一组物体称为**热力学系统**，简称系统。热力学系统的状态随时间的变化过程称为**热力学过程**。

13.1.1　准静态过程与弛豫时间

如果一个热力学过程所经历的每一状态都可以看作是平衡态，则称这种过程为**准静态过程**。准静态过程是热力学中一种理想化的状态变化过程。实际上，在任意两个平衡态之间的变化过程中的状态都是非平衡态，但是如果过程进行得足够缓慢，就可以将此过程近似地看作准静态过程。如图13-1所示，带有活塞的圆筒中的气体处于平衡态，若在活塞上边缓慢地一粒一粒加砂子，则活塞缓慢下降，气体的体积压缩 $\Delta V \to 0$，这样在体积缓慢变化的过程中，气体便有足够的时间来恢复平衡，这个过程就可以看作准静态过程。

平衡态下系统具有确定的状态参量（p，V，T），而准静态过程中的每一状态都是平衡态，所以准静态的变化过程可在 p-V 图中用曲线表示出来，如图13-2所示。

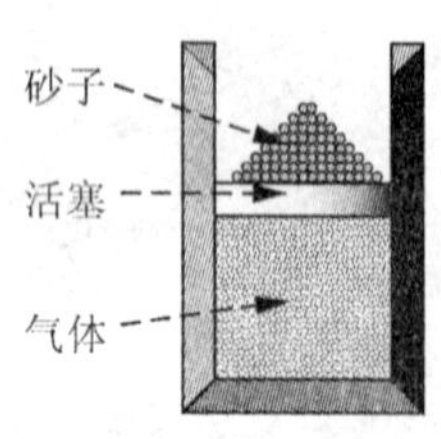

图13-1　准静态过程

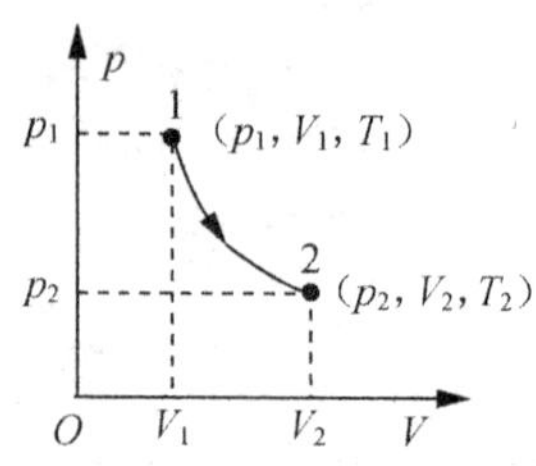

图13-2　p-V 图

要使系统达到新的平衡态需要一定的时间，称为**弛豫时间**。这个时间的长短由促成平衡的过程性质决定。例如，在气体中压强趋于平衡是分子碰撞、互相交换动量的结果，弛豫时间约为 10^{-16} s；而气体中浓度的均匀化需要分子做大距离的位移，弛豫时间可延长至几分钟。当热力学过程进行的时间比弛豫时间长得多时，它的每一个中间态都非常接近平衡态；当过程进行得无限缓慢时，其中间状态便无限接近平衡态。因此，准静态过程是实际过程的极限，这种极限情况虽然不可能完全实现，但可以无限接近。凡是同弛豫时间相比进行得足够缓慢的过程，都可以当作准静态过程来处理。例如，一个转速 $n=1500\text{r/min}$ 的四冲程内燃机的整个压缩冲程的时间为 $2\times10^{-2}\text{s}$，与压强的弛豫时间相比，可认为这一过程进行得足够缓慢，因而可以近似地将它当作准静态过程来处理。

13.1.2 准静态过程的功

首先考虑由气体组成的系统在发生体积变化时外界对它所做的功。如果忽略摩擦力，由于是准静态过程，所以外界压强必然等于系统内的压强。这样外界对系统所做的功就可以用系统自身的内参量 p 和 ΔV 来表示。例如，如图 13-3所示的一个带有活塞的气缸中储有某种气体，在准静态过程中活塞移动微小位移 Δl，外界对系统做功为 $\Delta W=pS\Delta l$。式中 p 为外界压强，等于系统内部压强，S 为活塞面积。由于在外力作用下气体压缩，圆筒中气体体积的变化$\Delta V=-S\Delta l$，所以外界对系统所做的功可以表示为

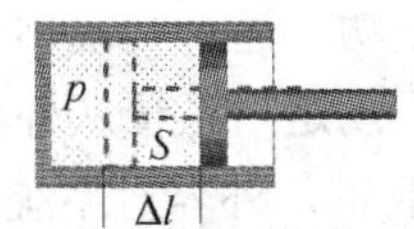

图 13-3 活塞微小移动

$$\Delta W=-p\Delta V \tag{13-1}$$

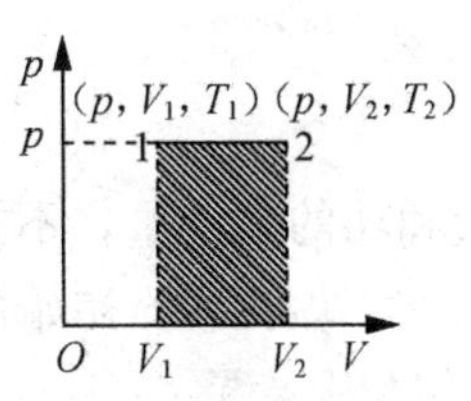

图 13-4 等压过程

式中，负号表示 ΔW 与 ΔV 符号相反。当系统被压缩时，$\Delta V<0$，外界做正功，$\Delta W>0$；当系统膨胀时，$\Delta V>0$，外界做负功，$\Delta W<0$。系统对外界所做的功，则为$-\Delta W$。如果系统的变化过程是有限的，如体积由 V_1 变至 V_2，则外界对系统所做的功为p-V图中热力学准静态过程曲线与 V 轴所围面积，如图 13-4所示。如果准静态过程是等压变化，则外界对系统做的总功为 $W=-p(V_2-V_1)$。

如果活塞仅移动一无穷小距离 $\mathrm{d}l$ 时，体积改变为 $\mathrm{d}V=S\mathrm{d}l$，式（13-1）可改写为

$$\mathrm{d}W=-p\mathrm{d}V \tag{13-2}$$

式（13-2）不限于等压变化的情况，即使压强变化仍然适用。

13.2 热力学第一定律

热学的主要任务是从能量的观点出发，研究系统在状态变化过程中有关热功转换的关系和条件等问题，因此必须首先正确认识内能、功和热量的概念以及它们之间的关系。

大量的实验证明：如果外界对系统做功，则系统的内能增加；如果系统对外界做功，则系统的内能减少。实验还说明，除做功能改变系统的内能外，加热也可以增大系统的内能。

功和热量是能量交换的两种不同形式，都可作为系统能量变化的度量。但是二者有本质的区别：做功是通过物体做宏观位移完成的，它所引起的作用是将物体的有规

律运动转化为分子无规则运动；传递热量是通过微观分子的相互作用完成的，所起的作用是将分子无规则运动，由一个物体转移到另一个物体，或由系统的一部分转移到另一部分。热、功和系统的内能应遵从能量转化和守恒定律。

一般情况下，当一个热力学系统的状态发生变化时，做功和传递热量往往是同时进行的，系统内能的改变将是做功和传递热量的共同结果。如果系统从外界吸收的热量为 Q，系统从状态 1 变到状态 2 时，内能增量为 $\Delta E=E_2-E_1$，系统对外做功为 W，则热量表示为

$$Q=\Delta E+W \tag{13-3}$$

式（13-3）表明，系统吸收的热量，一部分使系统的内能增加，另一部分驱动系统对外做功。这个结论称为**热力学第一定律**。

规定 系统从外界吸收热量时 Q 取正，向外界放热时 Q 取负；系统对外界做功时 W 取正，外界对系统做功时 W 取负；内能增加时 ΔE 取正，内能减少时 ΔE 取负。如表 13-1所示。

表 13-1 Q、ΔE、W 之间的关系

正或负	Q	ΔE	W
+	系统吸热	内能增加	系统对外界做功
−	系统放热	内能减少	外界对系统做功

对系统的微小变化过程，热力学第一定律可以表示为

$$\mathrm{d}Q=\mathrm{d}E+\mathrm{d}W \tag{13-4}$$

式中，$\mathrm{d}E$ 是内能的微分，反映系统状态的变化；$\mathrm{d}Q$ 和 $\mathrm{d}W$ 是热量和功的元增量，不是微分。因为内能是系统的状态函数，与具体的热力学过程无关，只取决于系统初始的状态 A 和末态 B。然而，功和热量是过程量，依赖于具体的热力学过程。

应该注意，热与功的相互转换是通过物质系统来完成的，不可能直接转换，例如，热转换为功是系统吸热后内能增加，再由系统内能的减少而对外做功。

13.3 理想气体的等体过程和等压过程

热力学第一定律中的热量和功都是依赖于热力学过程的，因此有必要具体讨论气体的体积或压强保持不变的条件下，气体的内能与传递的热量和外界做功之间的关系。

13.3.1 理想气体的等体过程

系统的体积始终保持不变的过程，称为**等体过程**。等体过程在 p-V 图上对应一条与 p 轴平行的线段，如图 13-5 所示。

在等体过程中，由于体积不变，为一常数，由 $W=\int_{V_1}^{V_2}p\mathrm{d}V$ 可知系统不做功，$W=0$。则热力学第一定律可表示为

$$Q_V=E_2-E_1$$

上式表明，等体过程中，系统吸收的热量全部用来增加系统内能。若系统对外放热，则放出的热量等于系统内能的减少。无论吸热还是放热，系统都不对外做功。

由理想气体内能公式（12-18），即 $E=\nu\frac{i}{2}RT$ 可得其在等体过程中吸收的热量为

$$Q_V=E_2-E_1=\nu\frac{i}{2}R(T_2-T_1)=\nu C_V(T_2-T_1) \tag{13-5}$$

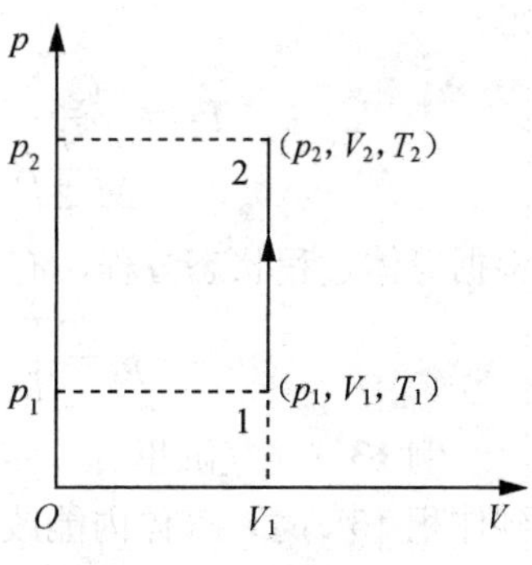

图 13-5　等体过程

式（13-5）中的 $C_V=\frac{i}{2}R$ 表示 1mol 气体经过等体过程，温度升高 1K 时，吸收或放出的热量，称为**等体摩尔热容**。单原子分子理想气体，自由度 $i=3$，$C_V=12.5\text{J}/(\text{mol}\cdot\text{K})$；刚性双原子分子，自由度 $i=5$，$C_V=20.8\text{J}/(\text{mol}\cdot\text{K})$；刚性多原子分子，自由度 $i=6$，$C_V=24.9\text{J}/(\text{mol}\cdot\text{K})$。

13.3.2　理想气体的等压过程

系统压强保持不变的过程称为等压过程。13.1.3 中已求出在准静态等压过程中外界对系统做的功为 $W=-p(V_2-V_1)$，相应地，系统对外界做的功为 $W=p(V_2-V_1)$。

按式（13-2），系统对外界做的功为 $\text{d}W=p\text{d}V$，理想气体对外所做的总功为

$$W_p=\int_{V_1}^{V_2}p\text{d}V=p(V_2-V_1)=\nu R(T_2-T_1) \tag{13-6}$$

气体内能的增量为

$$E_2-E_1=\nu\frac{i}{2}R(T_2-T_1)=\nu C_V(T_2-T_1) \tag{13-7}$$

则等压过程气体吸收的热量为

$$Q_p=\nu C_V(T_2-T_1)+\nu R(T_2-T_1)=\nu C_p(T_2-T_1) \tag{13-8}$$

式中，$C_p=\frac{i}{2}R+R$ 表示 1mol 气体经过等压过程，温度升高 1K 时，吸收或放出的热量，称为**等压摩尔热容**。式（13-8）表明，等压过程中系统吸收的热量，一部分增加系统内能，一部分用来对外做功。

等压摩尔热容与等体摩尔热容之比

$$\gamma=\frac{C_p}{C_V}=\frac{i+2}{i} \tag{13-9}$$

显然，热容比只与自由度有关。对于单原子分子理想气体，自由度 $i=3$，$C_p=20.81\text{J}/(\text{mol}\cdot\text{K})$，$\gamma=1.67$；刚性双原子分子理想气体，自由度 $i=5$，$C_p=29.11\text{J}/(\text{mol}\cdot\text{K})$，$\gamma=1.40$；刚性多原子分子理想气体，自由度 $i=6$，$C_p=33.21\text{J}/(\text{mol}\cdot\text{K})$，$\gamma=1.33$。

例 13-1　有 5g 氢气处于标准状态，在体积不变情况下，吸收了 418.6J 热量，求末态温度和压强。

解　由等体过程热力学第一定律

$$Q_V=\nu\frac{i}{2}R(T_2-T_1)=\frac{m'}{M}\frac{i}{2}R(T_2-T_1)$$

得

$$T_2=\frac{Q_V}{\frac{m'}{M}\frac{i}{2}R}+T_1=\frac{418.6}{\frac{5\times10^{-3}}{2\times10^{-3}}\times\frac{5}{2}\times8.31}\text{K}+273\text{K}\approx281\text{K}$$

根据等体过程状态方程，有

$$p_2=\frac{T_2}{T_1}p_1=\frac{281}{273}\times1.013\times10^5\,\text{Pa}\approx1.04\times10^5\,\text{Pa}$$

例 13-2　气缸里有一定量的氮气，压强为一个大气压时体积为 10L，则等压膨胀到体积 15L 时，气体内能改变量、系统对外做功和吸收热量各是多少？

解　内能变化为

$$E_2-E_1=\frac{m'}{M}\frac{i}{2}R(T_2-T_1)$$

由理想气体状态方程（12-9），即 $pV=\frac{m'}{M}RT$，得内能改变量为

$$(E_2-E_1)=\frac{m'}{M}\frac{i}{2}R(T_2-T_1)=\frac{i}{2}p(V_2-V_1)\approx1.26\times10^3\,\text{J}$$

对外做功为

$$W_p=p(V_2-V_1)\approx5.06\times10^2\,\text{J}$$

吸收热量

$$Q_p=(E_2-E_1)+W\approx1.77\times10^3\,\text{J}$$

13.4　理想气体的等温过程和绝热过程

如果气体温度不变或与外界没有热量交换，那么气体的内能与传递的热量和外界做功之间有什么关系呢？

13.4.1　理想气体的等温过程

系统状态变化，温度保持不变的过程称为等温过程。等温过程在 p-V 图上对应一条双曲线，如图 13-6所示。等温过程的特征是 $T=$常量，$\mathrm{d}T=0$。由于理想气体的内能仅仅是温度的函数，则 $\mathrm{d}E=0$。如果气体从状态 1 等温变化到状态 2，那么气体所做的功为

$$W=\int_{V_1}^{V_2}p\mathrm{d}V=\frac{m'}{M}RT\int_{V_1}^{V_2}\frac{\mathrm{d}V}{V}=\frac{m'}{M}RT\ln\frac{V_2}{V_1}\tag{13-10}$$

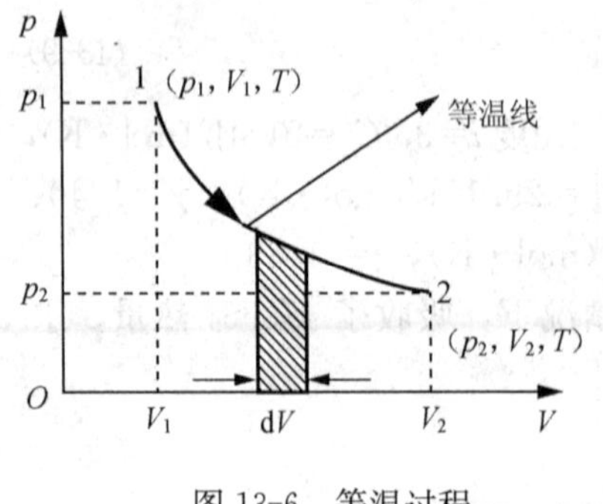

图 13-6　等温过程

根据等温状态方程 $p_1V_1=p_2V_2$，式（13-10）可表示为

$$W=\frac{m'}{M}RT\ln\frac{p_1}{p_2}\tag{13-11}$$

等温过程吸收热量可以表示为

$$Q_T = W_T = \frac{m'}{M} RT \ln \frac{V_2}{V_1} = \frac{m'}{M} RT \ln \frac{p_1}{p_2} = p_1 V_1 \ln \frac{p_1}{p_2} \tag{13-12}$$

式（13-12）说明在等温过程中，气体吸收的热量全部转化为对外做功；反之，等温过程中外界对系统做功，全部变为系统放出的热量。

13.4.2 绝热过程

在系统状态变化过程中，与外界没有热量交换的过程称为**绝热过程**。其特征是 $dQ=0$。在 p-V 图上，绝热过程的曲线称为绝热线，如图 13-7所示。

系统从状态 1 变化到状态 2，热力学第一定律为

$$0 = (E_2 - E_1) + W \tag{13-13}$$

式（13-13）说明在绝热过程中，系统对外做功是以减少内能为代价；外界对系统做功，全部转为系统内能，使内能增加。

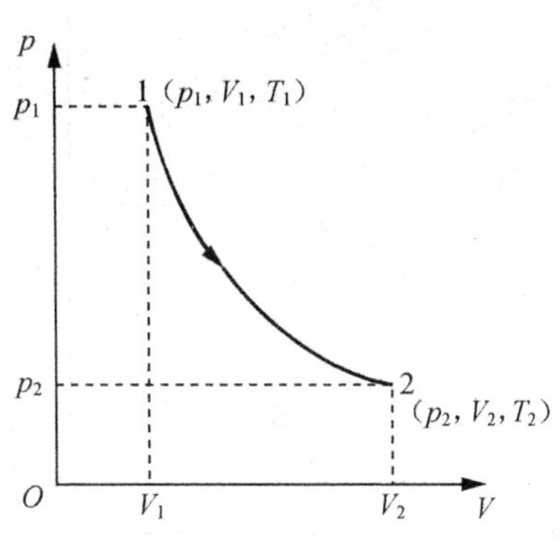

图 13-7　绝热过程

对于理想气体来说，由内能 $E = \nu \frac{i}{2} RT$，绝热过程做功为

$$\begin{aligned} W &= -(E_2 - E_1) = -\nu \frac{i}{2} R(T_2 - T_1) \\ &= \nu C_V (T_1 - T_2) \end{aligned} \tag{13-14}$$

下面推导理想气体绝热过程方程。

首先，理想气体在准静态绝热过程任意时刻都满足物态方程，即

$$PV = \nu RT$$

其中 P，V，T 皆为变量，对上式微分可得：

$$P\mathrm{d}V + V\mathrm{d}P = \nu R\mathrm{d}T \tag{13-15}$$

其次，由式（13-14），元功

$$-P\mathrm{d}V = \nu C_V \mathrm{d}T \tag{13-16}$$

联立式（13-15）和式（13-16）消去 dT，得

$$(C_V + R)\ P\mathrm{d}V + C_V V\mathrm{d}P = 0$$

即

$$\frac{\mathrm{d}P}{P} + \gamma \frac{\mathrm{d}V}{V} = 0 \tag{13-17}$$

式中 $\gamma = \frac{C_P}{C_V}$ 是式（13-9）表示的热容比。假定 γ 保持不变，积分上式，有

$$\ln P + \gamma \ln V = \text{恒量}$$

由此得到

$$PV^{\gamma} = \text{恒量} \tag{13-18}$$

式（13-18）即为理想气体绝热过程 $p-V$ 函数关系式，称为泊松公式。应用理想气体物态方程，理想气体绝热过程方程也可表示为

$$TV^{\gamma-1}=\text{恒量}$$

或

$$T^{-\gamma}P^{\gamma-1}=\text{恒量}$$

例 13-3 如图 13-8所示，1mol 氧气经下列两个过程：

1）由状态 a 等温变化到状态 b。

2）由状态 a 等体变到状态 c，再由状态 c 等压变到状态 b。

求上述两个过程中氧气内能变化、做功和吸收的热量。

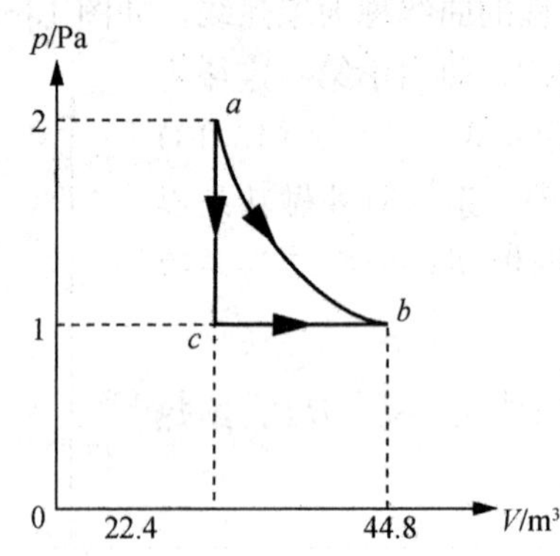

图 13-8 例 13-3图示

解 1）$a\to b$ 过程是等温过程，由 $E_2-E_1=\nu\dfrac{i}{2}R(T_2-T_1)$ 可得

$$E_2-E_1=0$$

等温过程系统对外做功

$$W_T=\nu RT\ln\frac{V_2}{V_1}$$

由图 13-8，得

$$p_aV_a=p_bV_b=\nu RT$$

所以做功为

$$W_T=\nu RT\ln\frac{V_b}{V_a}=p_bV_b\ln\frac{V_b}{V_a}=44.8\ln2\approx31.05\text{J}$$

吸收热量

$$Q_T=\Delta E+W_T=W_T\approx31.05\text{J}$$

2）$a\to c\to b$ 过程：

内能改变

$$\Delta E=0$$

对外做功

$$W_{acb}=W_{ac}+W_{cb}=0+W_{cb}=p_b(V_b-V_c)=22.4\text{J}$$

吸收热量

$$Q_{acb}=\Delta E+W=(0+22.4)\text{ J}=22.4\text{J}$$

例 13-4 质量为 8.0×10^{-3}kg 的氢气，初始体积为 $0.41\times10^{-3}\text{m}^3$，温度为 300K，

若使氢气做绝热膨胀，膨胀后的体积为4.10×10^{-3}m^3，求气体做功多少。

解　由绝热方程得

$$T_2=\left(\frac{V_1}{V_2}\right)^{\gamma-1}T_1$$

$$\gamma=\frac{C_p}{C_V}=\frac{\left(\frac{i}{2}+1\right)R}{\frac{i}{2}R}=\frac{\frac{7}{2}}{\frac{5}{2}}=1.4$$

$$T_2=\left(\frac{0.41\times10^{-3}}{4.10\times10^{-3}}\right)^{1.4-1}\times300\text{K}\approx119\text{K}$$

做功为

$$W=-\frac{m'}{M}\frac{i}{2}R(T_2-T_1)\approx1075.6\text{J}$$

应该明确，绝热过程是一种理想化过程。在实际热力学过程中，如果器壁导热性较差，过程进行得又很快，以致来不及和外界进行显著的热量交换，这种过程就可以近似地看作是绝热过程。例如，汽油机压缩冲程和做功冲程中，气缸内燃气的变化过程就可以近似地看作绝热过程。

13.5　循环过程与热机效率

在历史上，热学理论的每一项成果都适时地在热动力工程中得到应用。在应用过程中，人们总是期望以较小的能量获取尽可能大的功。本节将讨论制约效率的诸因素，探究提高热机效率的途径。

13.5.1　循环过程

系统经历一系列的变化过程又回到初始状态，这样的周而复始的变化过程称为循环过程。在p-V图上，循环过程用一个闭合的曲线来表示，如图13-9所示。由于内能是状态的单值函数，所以经历一个循环回到初始状态时，内能没有改变，这是循环过程的重要特征。

在p-V图中，沿顺时针方向进行的循环称为正循环，与此相应的机械称为热机；沿逆时针方向进行的循环称为逆循环，与此对应的机械称为制冷机。

由热力学第一定律可知，在循环过程中，$\Delta E=0$，$W=Q_1-Q_2$。由此可见，对于正循环，系统对外界做正功，整个循环中，系统吸收的热量Q_1一定大于放出的热量Q_2，二者之差等于系统对外界所做的功；对于逆循环，由于外界对系统做正功，所以整个循环中，系统放出的热量一定大于吸收的热量，二者之差等于外界对系统所做的功。

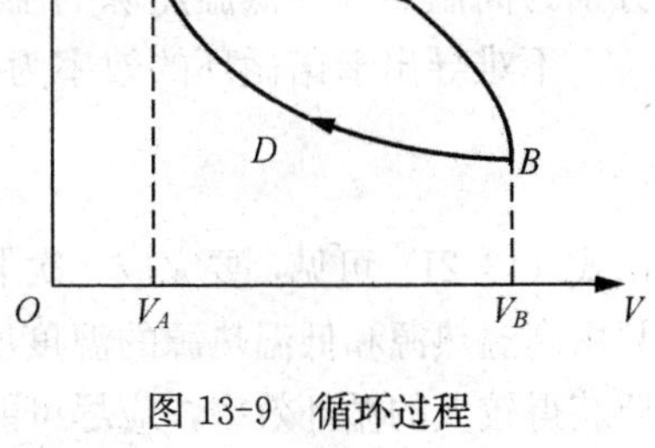

图13-9　循环过程

热机的工作过程就是个正循环过程。工作物质从高温热源吸收的热量 Q_1，一部分用来对外做功，另一部分向低温热源传递，然后回到原来的状态。这就是热机所实现的热功转换过程。热机效率可表示为

$$\eta=\frac{W}{Q_1}=\frac{Q_1-Q_2}{Q_1}=1-\frac{Q_2}{Q_1} \tag{13-19}$$

同理，逆循环的循环效率 η'（制冷系数）为

$$\eta'=\frac{Q_2}{W}=\frac{Q_2}{Q_1-Q_2} \tag{13-20}$$

13.5.2 卡诺循环

1698 年萨维利和 1705 年纽可门先后发明了蒸汽机，当时蒸汽机的效率极低。1765 年，瓦特对蒸汽机进行了重大改进，大大提高了其效率。许多科学家和工程师一直都致力于提高热机的效率，从理论上研究热机效率问题，这一方面指明了提高效率的方向，另一方面也推动了热学理论的发展。

1824 年，法国的年轻工程师卡诺提出一个工作在两热源之间的理想循环——由两个等温过程和两个绝热过程组成的循环，它只与两个恒温热源交换能量，即只从一个高温热源吸热，只向一个低温热源放热。这种循环过程称为**卡诺循环**，其 p-V 曲线如图13-10 所示。相应的热机称为**卡诺热机**，如图 13-11 所示。

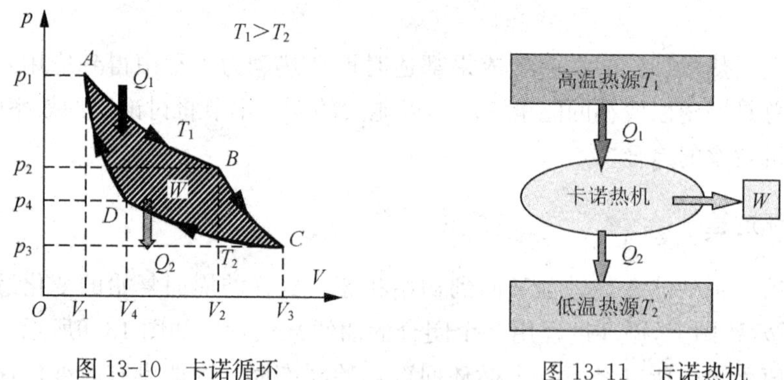

图 13-10　卡诺循环　　图 13-11　卡诺热机

卡诺循环中的 $A\rightarrow B$ 段表示系统由状态 A 等温膨胀至状态 B，这一过程中系统从高温热源吸取热量 Q_1；$B\rightarrow C$ 段表示系统由状态 B 绝热膨胀至状态 C，温度由 T_1 降到 T_2；$C\rightarrow D$ 段表示系统由状态 C 等温压缩至状态 D，系统向低温热源释放热量 Q_2；$D\rightarrow A$ 段表示系统由状态 D 绝热压缩回原状态 A，温度由 T_2 又升到 T_1。这里 T_1 和 T_2 分别为高温热源和低温热源的温度。

不难导出卡诺循环的效率为

$$\eta=1-\frac{T_2}{T_1} \tag{13-21}$$

由式（13-21）可见，要完成一次卡诺循环，必须有高温和低温两个热源；卡诺循环的效率只由高温热源和低温热源的温度所决定，与工作物质无关；卡诺循环的效率总是小于 1；要获得较大的循环效率，应尽可能地提升高温热源的温度，降低低温热源的温度。

13.5.3 卡诺定理

卡诺循环中每个过程都是平衡过程，所以卡诺循环是理想的可逆循环。研究发现，在相同的高温热源与相同的低温热源之间工作的一切可逆热机，不论用什么工作物质，其效率都相等，都等于卡诺热机效率，即

$$\eta_{可逆}=\eta_{卡}=1-\frac{T_2}{T_1} \tag{13-22}$$

研究还发现，在相同的高温热源与相同的低温热源之间工作的一切不可逆热机效率，不可能大于可逆热机的效率，即

$$\eta_{不可逆}\leqslant\eta_{可逆}=1-\frac{T_2}{T_1} \tag{13-23}$$

式（13-22）和式（13-23）称为**卡诺定理**。

长期以来，人们受卡诺循环和卡诺定理的启发，研究了大量的其他形式的循环，至今没有发现高于可逆卡诺循环效率的热机。

例 13-5 0.32kg 的氧气做如图 13-12 所示的 *ABCDA* 循环，$V_2=2V_1$，$T_1=300\text{K}$，$T_2=200\text{K}$，求循环效率。

分析 该循环是正循环。循环效率可根据定义式（13-19）来求出，其中 W 表示一个循环过程系统做的净功，Q 为循环过程中系统吸收的总热量。

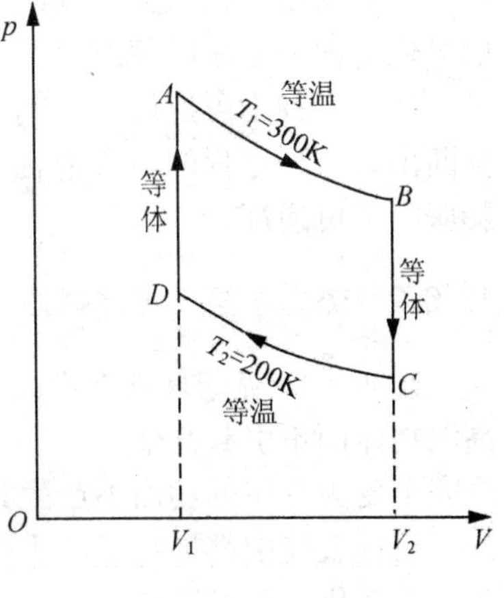

图 13-12 例 13-5图示

解 根据分析，因 $A\rightarrow B$ 段和 $C\rightarrow D$ 段为等温过程，循环过程中系统做的净功为

$$W=W_{AB}+W_{CD}=\frac{m}{M}RT_1\ln(V_2/V_1)+\frac{m}{M}RT_2\ln(V_1/V_2)$$

$$=\frac{m}{M}R(T_1-T_2)\ln(V_2/V_1)=5.76\times10^3\text{J}$$

由于吸热过程仅在等温膨胀（对应于 $A\rightarrow B$ 段）和等体升压（对应于 $D\rightarrow A$ 段）中发生，而等温过程中 $\Delta E=0$，则 $Q_{AB}=W_{AB}$。等体升压过程中 $W=0$，则 $Q_{DA}=\Delta E_{DA}$，所以，循环过程中系统吸热的总量为

$$Q=Q_{AB}+Q_{DA}=W_{AB}+\Delta E_{DA}=\frac{m}{M}RT_1\ln(V_2/V_1)+\frac{m}{M}C_{V,\text{m}}(T_1-T_2)$$

$$=\frac{m}{M}RT_1\ln(V_2/V_1)+\frac{m}{M}\frac{5}{2}R(T_1-T_2)\approx3.81\times10^4\text{J}$$

由此得到该循环的效率为

$$\eta=W/Q\approx15\%$$

13.6 热力学第二定律和熵增加原理

热力学第零定律定义了温度，热力学第一定律联系着内能，热力学第二定律揭示出什么热力学状态函数呢?

13.6.1 可逆过程与不可逆过程

设一热力学系统由某一状态 A 经过一准静态过程变化到另一状态 B，如果系统逆向变化由状态 B 回复到原来过程中的每一状态直到状态 A，而不引起其他变化，这样的过程称为**可逆过程**。反之，在不引起其他变化的条件下，逆向过程不能恢复正过程的每一状态，这样的过程称为**不可逆过程**。

可逆过程具有如下特点：

1）可逆过程是以无限小的变化进行的，整个过程是由一连串无限接近平衡的状态所组成的。因此，可逆过程进行的速度无限缓慢；

2）只要沿着原来的反方向，按同样的条件和方式进行，可使系统和环境都完全恢复到原来状态，在系统和环境中均不留下任何其他痕迹；

3）在可逆过程中，系统对环境做功的绝对值为最大功；环境对系统做的功为最小功。二者数值相等，符号相反；

4）可逆过程是一种理想的极限过程。客观世界中并不存在真正的可逆过程，但有些实际过程接近于可逆过程。例如，液体在其沸点时的蒸发，固体在其熔点时的熔化，等等。可逆过程的概念非常重要，它是实际过程的理论极限。

一般来说，在热力学系统内部与环境之间，在无限接近热力学平衡状态时所进行的可逆过程一定是准静态过程，但是准静态过程不一定是可逆过程。不可逆过程有多种多样，各种不可逆过程之间存在着内在的联系，由其中一种过程的不可逆性就可以推断出另一种过程的不可逆性。例如，可以由功变热过程的不可逆性推断出气体自由膨胀的不可逆性。

13.6.2 热力学第二定律概述

1850 年，克劳修斯在卡诺研究成果的基础上提出“不可能把热量从低温物体传到高温物体而不引起其他变化”。翌年，开尔文接着提出“不可能从单一热源吸取热量使之完全变为有用的功而不产生其他影响”。这两个表述称为热力学第二定律。

两种表述中都提到了“不引起其他变化”，这是很重要的条件。因为，如果允许引起其他变化，就可以从单一热源吸热，使之完全变成有用的功；也可以使热量从低温物体传到高温物体。例如，理想气体的等温膨胀就是从单一热源吸热，并完全变成对外所做的功，但是它引起了气体体积膨胀的变化，如制冷机就可以使热量从低温物体传到高温物体，但是它引起了做功的变化。

热力学第二定律还可以表述为第二类永动机不可能实现。历史上曾有人试图设计一种热机，它能从海洋或空气中吸取热量，并且完全转变为功，不向低温热源放热。这是一种从单一热源吸热使之完全变成有用的功而不产生其他影响的永动机。它并不违背热力学第一定律，但是却违背热力学第二定律。

热力学第二定律的开尔文表述实质是说，功变热是一个不可逆过程；克劳修斯表述实质是说，热传导是一个不可逆过程。两种说法是等价的。这种等价性表明自然界的不可逆过程有内在联系。一个过程是否可逆实际上是由初态和终态的相互关系决定的，因此可以预期存在一个态函数，它的变化与过程的方向之间有着确定的关系，由这个态函数在初态和终态的数值可判断出过程的性质和方向。

这个态函数首先由克劳修斯于 1854 年提出，称作熵，记作 S。克劳修斯通过深刻分析卡诺循环效率公式（13-21）之后，得到了他的等式和不等式，进而引出了“熵”概念，并用熵这个物理量来对热力学第二定律进行数学表述。

13.6.3 熵与熵增加原理

由热机效率定义公式（13-19）和卡诺定理公式（13-23）联立，可得

$$\frac{Q_1}{T_1}+\frac{Q_2}{T_2}\leqslant 0 \tag{13-24}$$

式中，Q_1/T_1 和 Q_2/T_2 分别为气体在等温膨胀过程和等温压缩过程中吸收的热量和热源温度之比，简称热温比。可以证明，系统经历任意循环过程中热温比之和满足

$$\oint \frac{\mathrm{d}Q}{T}\leqslant 0 \tag{13-25}$$

其中，“$=$”适用于可逆过程，“$<$”适用于不可逆过程。式（13-25）称为**克劳修斯不等式**。

根据克劳修斯不等式可知，在可逆过程中，系统从状态 1 改变到状态 2，其热温比的积分只取决于始末状态，而与过程无关。由此可知热温比的积分是一态函数的增量，此态函数定义为熵，其**熵差定义**为

$$S_2-S_1=\int_1^2 \frac{\mathrm{d}Q}{T} \tag{13-26}$$

考虑不可逆过程，不难证明

$$S_2-S_1>\int_1^2 \frac{\mathrm{d}Q}{T} \tag{13-27}$$

合并式（13-26）与式（13-27）可得

$$S_2-S_1\geqslant\int_1^2 \frac{\mathrm{d}Q}{T} \tag{13-28}$$

式中，“$>$”表示不可逆过程，“$=$”表示可逆过程。

对于绝热过程或孤立过程，系统与外界没有热交换，式（12-27）中的 $\mathrm{d}Q=0$，有

$$S_2-S_1\geqslant 0 \tag{13-29}$$

若过程是绝热的或系统是孤立的，熵变等于零（$\Delta S=0$），过程是可逆过程；若熵增加（$\Delta S>0$），则过程是不可逆过程。总之，孤立系统中的熵永不减少。这结论称为**熵增加原理**。它给出了自发过程进行方向的判断依据，指出了一切自发过程总是向着熵增加的方向进行。

计算熵时应注意：①熵是状态函数，系统处于某给定状态，其熵也确定；②系统若由几部分组成，各部分的熵变之和为系统的熵变。

例 13-6 物质的量为 ν 的理想气体，其等体摩尔热容 $C_{V,\mathrm{m}}=3R/2$，从状态 A（p_A，V_A，T_A）分别经如图 13-13 所示的 ADB 过程和 ACB 过程，到达状态 B（p_B，V_B，T_B）。试问在这两个过程中气体的熵变各为多少？图中 AD 为等温线。

分析 熵是热力学的状态函数，状态 A 与 B 之间的熵变 ΔS_{AB} 不会因路径的不同而改变。此外，ADB 与 ACB 过程均由两个子过程组成。总的熵变应等于各子过程熵变之和，即 $\Delta S_{AB}=\Delta S_{AD}+\Delta S_{DB}$ 或 $\Delta S_{AB}=\Delta S_{AC}+\Delta S_{CB}$。

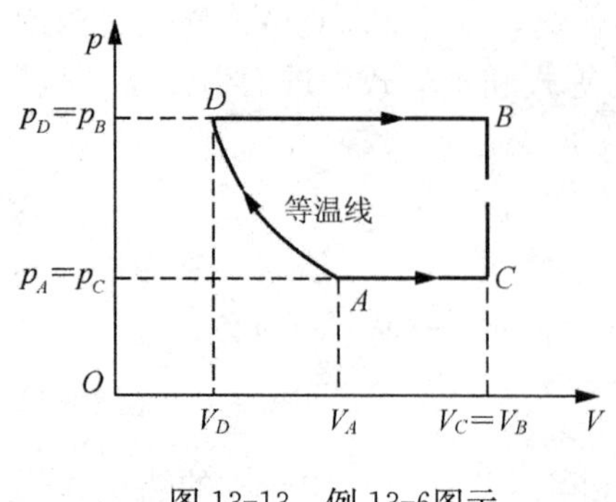

图 13-13　例 13-6图示

解　1）ADB 过程的熵变为

$$\Delta S_{AB}=\Delta S_{AD}+\Delta S_{DB}$$
$$=\int_A^D \mathrm{d}Q_T/T+\int_D^B \mathrm{d}Q_P/T$$
$$=\int_A^D \mathrm{d}W_T/T+\int_D^B vC_{p,\mathrm{m}}\mathrm{d}T/T$$
$$=vR\ln(V_D/V_A)+vC_{p,\mathrm{m}}\ln(T_B/T_D)\quad\text{(a)}$$

在等温过程 AD 中，有 $T_D=T_A$；等压过程 DB 中，有 $V_B/T_B=V_D/T_D$；而

$$C_{p,\mathrm{m}}=C_{V,\mathrm{m}}+R$$

故式（a）可改写为

$$\Delta S_{ADB}=vR\ln(T_DV_B/T_BV_A)+vC_{p,\mathrm{m}}\ln(T_B/V_A)$$
$$=vR\ln(V_B/V_A)+\frac{3}{2}vR\ln(T_B/V_A)$$

2）ACB 过程的熵变为

$$\Delta S_{ACB}=\int_A^B \mathrm{d}Q/T=\Delta S_{AC}+\Delta S_{CB}$$
$$=vC_{p,\mathrm{m}}\ln(T_C/V_A)+vC_{V,\mathrm{m}}\ln(T_B/T_C)\quad\text{(b)}$$

利用 $V_C=V_B$、$p_C=p_A$、$T_C/V_C=T_A/V_A$ 及 $T_B/p_B=T_C/p_C$，则式（b）可写为

$$\Delta S_{ACB}=v(C_{V,\mathrm{m}}+R)\ln(V_B/V_A)+v\ln(p_B/p_A)$$
$$=vR\ln(V_B/V_A)+vC_{V,\mathrm{m}}\ln(p_BV_B/p_AV_A)$$
$$=vR\ln(V_B/V_A)+\frac{3}{2}vR\ln(T_B/V_A)$$

通过上述计算可看出，虽然 ADB 及 ACB 两过程不同，但熵变相同。因此，在计算熵变时，可选取比较容易计算的途径进行。

13.7　玻尔兹曼关系

熵的概念提出后，引出了一系列新的问题，诸如，熵的本质是什么？微观上如何定义？

研究发现，孤立系统内的自发过程总是从热力学概率小的宏观状态向热力学概率大的宏观状态进行，这表示系统内部的自发过程进行的方向与系统状态的热力学概率有关。1887 年，玻尔兹曼在概率论的基础上，用统计方法将熵 S 与系统的热力学概率联系起来，建立了著名的**玻尔兹曼关系**

$$S=k\ln\Omega\tag{13-30}$$

式中，k 为玻耳兹曼常量，Ω 代表系统的热力学概率。由玻尔兹曼关系所建立的熵称为玻尔兹曼熵。

玻尔兹曼关系式连接宏观和微观的桥梁，使热力学中神秘抽象的熵有了更直接更具体的物理意义。它表明**熵是热力学系统内分子热运动无序程度的量度**。

从熵的统计意义上看，熵增加原理的实质是孤立系统的热力学过程总是从有序到无序，非平衡、非均匀系统一定向着平衡、均匀方向发展，概率小的状态势必转向概率大的状态。这样，玻耳兹曼创造性地将概率引入热力学第二定律，建立了熵与概率之间的联系，这在物理学发展史上具有突破性的意义。

统计熵的提出为熵的发展和进一步深化，以至推广到其他领域起了关键性作用，它已成为沟通物理学与其他自然科学、社会科学的桥梁和纽带。

13.8　热力学第三定律

1912年，德国物理化学家能斯脱（1864～1941）在研究化学反应的低温性质时发现了热力学第三定律，并明确断言：“不可能用有限的手段使一个物体冷却到绝对温度的零度。”这个定理又称为**绝对零度不可能达到原理**。直到目前还不能用实验加以直接验证热力学第三定律，但其正确性是由它所得到的一切推论都与实验观测的结果相符合而获得保证的。也可利用量子态的不连续概念，从量子统计理论导出它的结论。

人类对探求更加接近绝对零度的努力始终没有停止过，特别是20世纪50年代以来，人们利用核绝热去磁和稀释制冷等各种先进的方法于1956年已能达10^{-5}K的低温，近年来更进一步达10^{-8}K的极低温，但仍未能突破热力学第三定律所规定的极限。

思考与讨论

13.1　一定量的理想气体，开始时处于压强、体积、温度分别为p_1、V_1、T_1的平衡态，后来变到压强、体积、温度分别为p_2、V_2、T_2的终态。若已知$V_2>V_1$，且$T_2=T_1$，则以下各种说法中正确的是（　　）。

(A) 不论经历的是什么过程，气体对外净做的功一定为正值

(B) 不论经历的是什么过程，气体从外界净吸的热一定为正值

(C) 若气体从始态变到终态经历的是等温过程，则气体吸收的热量最少

(D) 若不给定气体所经历的是什么过程，则气体在过程中对外净做功和从外界净吸热的正负皆无法判断

13.2　一定量理想气体，从同一状态开始把其体积由V_0压缩到$\frac{1}{2}V_0$，分别经历等压、等温、绝热三种过程，如图13-14所示，则

1）什么过程外界对气体做功最多?

2）什么过程气体内能减小最多?

3）什么过程气体放热最多?

13.3　一定量的理想气体，从图13-15所示的p-V图上初态a经历①或②过程到达末态b,已知a、b两态处于同一条绝热线上（图中虚线是绝热线），则气体在（　　）。

(A) ①过程中吸热，②过程中放热　　(B) ①过程中放热，②过程中吸热

(C) 两种过程中都吸热　　(D) 两种过程中都放热

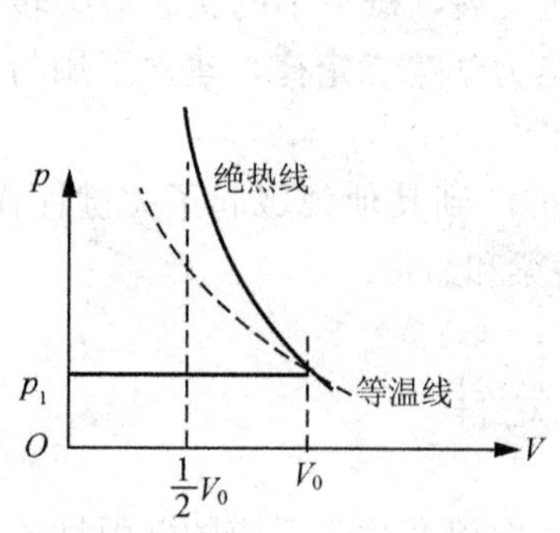

图 13-14　题 13.2 图示

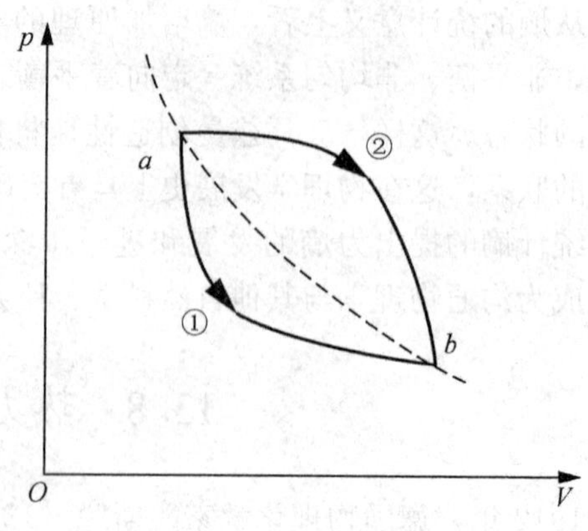

图 13-15　题 13.3 图示

13.4　试说明为什么气体热容的数值可以有无穷多个？什么情况下气体的热容为零？什么情况下气体的热容是无穷大？什么情况下是正值？什么情况下是负值？

13.5　某理想气体按 pV^2＝恒量的规律膨胀，问此理想气体的温度是升高了，还是降低了？

13.6　一卡诺机，将它当作热机使用时，若工作的两热源的温度差愈大，则对做功就愈有利；如将它当作制冷机使用时，若两热源的温度差愈大，对于制冷机是否也愈有利？为什么？

13.7　卡诺循环 1、2 如图 13-16 所示。若包围面积相同，则功、效率是否相同？

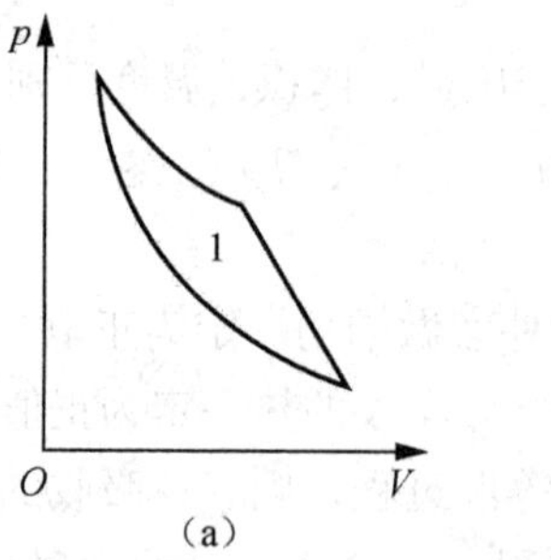

（a）

p
2
O
V

（b）

图 13-16　卡诺循环

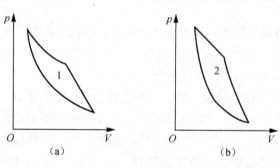

13.8　一条等温线和一条绝热线有可能相交两次吗？为什么？

13.9　两条绝热线和一条等温线是否可能构成一个循环？为什么？

习　题　13

13-1　如图 13-17 所示，一系统由状态 a 沿 acb 到达状态 b 的过程中，有 350J 热量传入系统，而系统做功 126J。

1）若沿 adb 时，系统做功 42J，问有多少热量传入系统？

2）若系统由状态 b 沿曲线 ba 返回状态 a 时，外界对系统做功为 84J，试问系统是吸热还是放热？热量传递是多少？

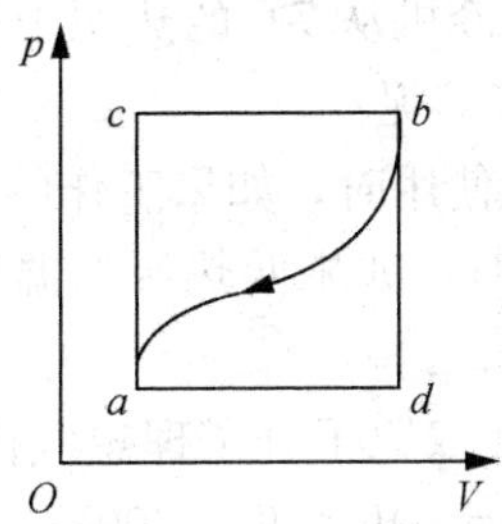

图 13-17 习题 13-1图示

13-2 1mol 单原子理想气体从 300K 加热到 350K，问在下列两个过程中吸收了多少热量？增加了多少内能？对外做了多少功？

1）容积保持不变。

2）压力保持不变。

13-3 0.01m^3氮气在温度为 300K 时，由 1MPa 压缩到 10MPa。试分别求氮气经等温及绝热压缩后的体积、温度以及对外所做的功。

13-4 1mol 的理想气体的 T-V 图如图13-18 所示，ab 为直线，延长线通过原点 O。求 ab 过程气体对外做的功。

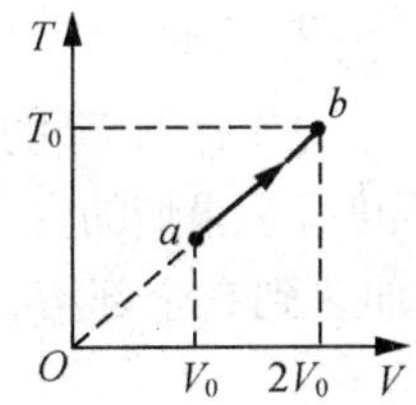

图 13-18 习题 13-4图示

13-5 一卡诺热机在 1000K 和 300K 的两热源之间工作，试计算：

1）热机效率。

2）若低温热源不变，要使热机效率提高到 80%，则高温热源温度需提高多少？

3）若高温热源不变，要使热机效率提高到 80%，则低温热源温度需降低多少？

13-6 如图 13-19 所示是一理想气体所经历的循环过程，其中 AB 和 CD 是等压过程，BC 和 DA 为绝热过程，已知 B 点和 C 点的温度分别为 T_2 和 T_3。求此循环效率。这是卡诺循环吗？

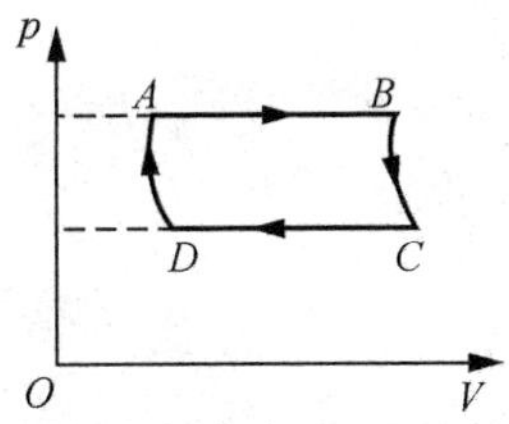

图 13-19 习题 13-6图示

13-7　1）用一卡诺循环的制冷机从7℃的热源中提取1000J的热量传向27℃的热源，需要多少功？从−173℃向27℃呢？

2）一可逆的卡诺机作为热机使用时，如果工作的两热源的温度差愈大，则对于做功就愈有利。当作为制冷机使用时，如果两热源的温度差愈大，对于制冷是否也愈有利？为什么？

13-8　如图13-20所示，1mol双原子分子理想气体，从初态$V_1=20\text{L}$，$T_1=300\text{K}$，经历三种不同的过程到达末态$V_2=40\text{L}$，$T_2=300\text{K}$。图中1→2为等温线，1→4为绝热线，4→2为等压线，1→3为等压线，3→2为等容线。试分别沿这三种过程计算气体的熵变。

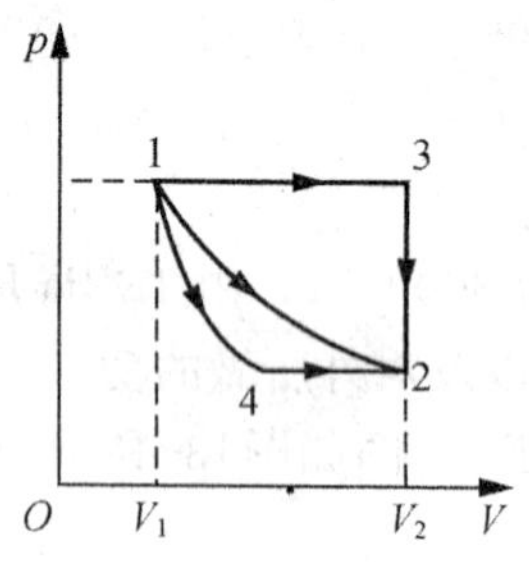

图13-20　习题13-8图示

13-9　有两个相同体积的容器，分别装有1mol的水，初始温度分别为T_1和T_2（$T_1>T_2$），令其进行接触，最后达到相同温度T。求熵的变化。（设水的摩尔热容为C_m）

13-10　把0℃的0.5kg的冰块加热到它全部溶化成0℃的水，问：

1）水的熵变如何？

2）若热源是温度为20℃的庞大物体，那么热源的熵变化多大？

3）水和热源的总熵变多大？增加还是减少？（水的溶解热$\lambda=334\text{J/g}$）

第 14 章　真空中的静电场

电磁学是研究电磁现象规律的学科。关于电磁现象的定量的理论研究，最早可以从库仑 1785 年研究电荷之间的相互作用算起。其后通过泊松、高斯等人的研究形成了静电场的理论。在带电体周围存在着电场。由电量不变的静止电荷产生的场称为**静电场**。

本章首先介绍静止电荷相互作用的规律，着重介绍点电荷的库仑定律、电场的概念以及电场强度和电势、场强叠加原理、高斯定理和场强环路定理、场强与电势的关系等基本概念和原理。

14.1　电荷守恒定律和库仑定律

在中学已经学过电荷守恒定律和点电荷的库仑定律，本节将应用现代科学研究成果深入认识电荷的本性。

14.1.1　电荷与电荷守恒定律

1. 电荷和电量的单位

我们知道，物质由分子组成，分子由原子组成，原子由带正电的原子核和绕核运动的电子组成；原子核中有质子和中子，质子带正电，中子不带电，而电子带负电，质子所带的正电量和电子所带的负电量总是相等的，通常情况下，原子对外呈现电中性，因而由原子构成的物质对外呈现电中性而表现为不带电。但是，采取某些措施（如摩擦起电、感应起电等），使物体失去电子或得到电子，那么物体的电中性就被破坏，原来中性的物体就带了电。带了电的物体叫带电体，带电体所带电荷的多少叫电量，通常用 Q 或 q 表示。

在国际单位制中，电量的单位是库仑（用 C 表示）。根据实验测定，电子和质子各带电量 $e=1.60217733\ (49)\ \times 10^{-19}$C，因此，1C 的电量相当于 6.25×10^{18} 个电子或质子所带的电量。一个物体所带电荷的多少只能是基元电荷量 e 的整数倍，即

$$q=ne,\ n=0,\ \pm 1,\ \pm 2,\ \cdots$$

这说明物体所带电荷是不连续的，或者说电荷是量子化的。

1913 年密立根设计了著名的油滴实验，首先直接测定了此基元电荷的量值。现在已经知道了许多基本粒子都带有正的或负的基元电荷。质子所带电量用 e 表示，电子的电量为 $-e$，微观粒子所带的基元电荷数常叫做它们各自的电荷数。近代物理从理论上预言基本粒子由若干种夸克或反夸克组成，每一个夸克或反夸克可能带有 $\pm e/3$ 或 $\pm 2e/3$ 的电量。然而至今单独存在的夸克尚未在实验中发现。即使发现了夸克，也不

过是将基元电荷的大小缩小到目前的 1/3，电荷的量子性仍然成立。

在实际研究宏观电现象时，所涉及的电荷常常是基元电荷的许多倍。在这种情况下，可以不考虑电荷的量子化，而从平均效果上考虑，认为电荷连续地分布在带电体上。

2. 电荷守恒定律

物体在带电过程中，总是伴随有电荷的转移。在摩擦起电过程中，电荷从一个物体转移到了另一个物体，结果使两个物体带上了等量异号电荷；在感应起电过程中，电荷从物体的一个部分转移到了物体的另一个部分，结果使物体的两个不同部分出现了等量异号电荷。相反，当两种等量异号电荷相遇时，它们互相中和，物体就不带电了，两个物体上的电荷将同时消失。大量实验表明：电荷既不能被创造，也不能被消灭，它们只能从一个物体转移到另一个物体，或从物体的一部分转移到另一部分，在任何物理过程中电荷的代数和总是守恒的，这个结论叫**电荷守恒定律**。它不仅在一切宏观过程中成立，而且在一切微观过程中也是成立的，它是物理学中的普适守恒定律之一。

现代物理研究表明，在粒子的相互作用过程中，电荷是可以产生和消失的，然而电荷守恒并未因此而遭到破坏。例如，一个高能光子与一个重原子核作用时，该光子可以转化为一个正电子和一个负电子（叫做电子对的“产生”）；而一个正电子和一个负电子在一定条件下相遇，又会同时消失而产生两个或三个光子（叫做电子对的“湮灭”）。在已观察到的各种过程中，正、负电荷总是成对出现或消失。由于光子不带电，正、负电子又各带有等量异号电荷，所以这种电荷的产生和消失并不改变系统中电荷数的代数和，因而电荷守恒定律依然保持有效。

3. 电荷的相对论性不变性

大量实验表明，一切带电体的电量不因其运动而改变。

较为直接的实验是比较氢分子和氦原子的电中性。氢分子和氦原子都有两个核外电子，这些电子的运动状态相差不大。氢分子还有两个质子，它们是作为两个原子核在保持相对距离约为 0.07nm 的情况下转动的。氦原子中也有两个质子，但它们组成一个原子核，两个质子紧密地束缚在一起运动。氦原子的两个质子的能量比氢分子中两个质子的能量大得多（10^6 数量级），因而两者的运动状态有显著的区别。如果电荷的电量与运动状态有关，氢分子中质子的电量就应该和氦原子中质子的电量不同，但两个电子的电量是相同的，因此，两者就不可能都是电中性的。但是实验证实，氢分子和氦原子都是精确的电中性，它们内部正、负电荷在量值上的相对差异都小于 $1/10^{20}$。这就说明，质子的电量是与其运动状态无关的。另外根据这一结论导出的大量结果都与实验结果相符，也反证了这一结果的正确性。

由于在不同的参考系中观察，同一个电荷的运动状态不同，所以电荷的电量与其运动状态无关，也可以说成是，在不同的参考系内观察，同一带电粒子的电量不变。这一性质叫做电荷的相对论性不变性。

14.1.2　点电荷的概念与库仑定律

所谓点电荷，从理论上讲就是只有电量而没有大小形状的带电体，由于实际带电体都不可能小到一个点，所以点电荷像质点力学中的质点一样是一种理想化模型。实际上，当带电体的线度比起带电体间的距离小得多时，带电体就可看作是点电荷。虽然有时不能把一个带电体看成为点电荷，但总可以把它看作许多点电荷的集合体，从而能够由点电荷所遵从的规律出发，研究带电体的作用。研究静止电荷之间的相互作用的理论叫做**静电学**。

1785 年，法国科学家库仑设计了著名的库仑扭称实验，总结出两个点电荷之间相互作用力的规律：真空中两个静止的点电荷之间的作用力与这两个电荷所带电量的乘积成正比，与它们之间距离的平方成反比，作用力的方向沿着这两个点电荷的连线，同号电荷相斥，异号电荷相吸。这个结论称为**库仑定律**。其数学表达式为

$$\boldsymbol{F}_{21}=k\frac{q_1q_2}{\boldsymbol{r}_{21}^2}\boldsymbol{r}_0 \tag{14-1}$$

式中，q_1和q_2分别表示两个点电荷的电量（带正、负号），r_{21}表示两个点电荷之间的距离，$\boldsymbol{r}_0$则表示从电荷 q_1 指向 q_2 电荷的单位矢量，如图 14-1所示，$\boldsymbol{F}_{21}$表示电荷 q_2受电荷 q_1的作用力；k 为比例系数，依公式中各量所取的单位而定。

图 14-1　库仑定律

在有理化方程系中，通常将 k 写成

$$k=\frac{1}{4\pi\varepsilon_0} \tag{14-2}$$

其中，$\varepsilon_0=8.854187818\ (71)\ \times10^{-12}\approx8.85\times10^{-12}\mathrm{C^2N^{-1}m^{-2}}$，称为**真空电容率**，也称**真空介电常数**，是一个基本物理常数，是国际单位制引入的两个常量之一。引入 ε_0 后，库仑定律可以写成

$$\boldsymbol{F}_{12}=\frac{1}{4\pi\varepsilon_0}\frac{q_1q_2}{r_{12}^2}\boldsymbol{r}_0 \tag{14-3}$$

也常表示为

$$\boldsymbol{F}_{21}=\frac{1}{4\pi\varepsilon_0}\frac{q_1q_2}{r_{21}^3}\boldsymbol{r}_{21} \tag{14-4}$$

在库仑定律表达式中引入“4π”因子的做法，称为单位制的有理化。这样做的结果虽然使库仑定律的形式变得复杂，但却使以后经常用到的电磁学规律的表达式中不出现“4π”因子而变得简单。

当两个点电荷 q_1与 q_2同号时 $\boldsymbol{F}_{21}$与 $\boldsymbol{r}_{21}$同方向，表明电荷 q_2受 q_1的斥力；当 q_1与 q_2反号时，$\boldsymbol{F}_{21}$与 $\boldsymbol{r}_{21}$的方向相反，表示 q_2受 q_1的引力。由式（14-4）还可以看出，两个静止的点电荷之间作用力符合牛顿第三定律，即

$$\boldsymbol{F}_{21}=-\boldsymbol{F}_{12} \tag{14-5}$$

库仑定律是直接由宏观实验总结出来的，是静电场理论的基础。这个定律只适用于描述真空中两个静止点电荷之间的相互作用，但对处于空气中的点电荷也可以适用，

因为在通常大气压下，空气对电荷之间的相互作用的影响很小，只使作用力的大小偏离其真空中数值的 1/2000 左右。库仑定律还可以推广到一个静止的元电荷对运动电荷的作用，但不能推广到运动的元电荷对静止电荷或运动电荷的作用。

库仑定律实际上反映了自由空间的各向同性，也就是空间对于转动的对称性。验证库仑定律的一种方法是假设定律分母中 r 的指数为 $2+\alpha$。人们曾设计了各种实验来确定 α 的上限。1772 年，卡文迪许的静电实验给出 $|\alpha|\leqslant 0.02$；大约 100 年后，麦克斯韦的类似实验给出 $|\alpha|\leqslant 5\times10^{-5}$；1971 年威廉斯等人改进该实验得出 $|\alpha|\leqslant|2.7\pm3.1|\times10^{-16}$。这些都是在实验室范围（$10^{-3}\sim10^{-1}$ m）内得出的结果。对于很小的范围，1910 年，卢瑟福的 α 粒子散射实验证实小到 10^{-15} m 的范围，现代高能电子散射实验更证实小到 10^{-17} m 的范围，库仑定律仍然精确地成立。大范围的结果是通过人造地球卫星研究地球磁场时得到的。它给出库仑定律精确地适用于大到 10^{7} m 的范围，因此一般就认为在更大的范围内库仑定律仍然有效。

自然界存在四种基本力，即强力、弱力、电磁力和万有引力，若把在 10^{-15} m 的尺度上两个质子之间的强力的强度规定为 1，那么其他各力的强度依次是：电磁力为 10^{-2}，弱力为 10^{-9}，万有引力为 10^{-39}。强力和弱力只在 10^{-15} m 的范围之内起作用。于是我们可以得出这样的结论：在原子的构成、原子结合成分子以及固体的形成和液体的凝聚等方面，库仑力都起着主要作用。

14.1.3 库仑定律和万有引力定律的主要异同

1）相同点：两者都是有心力（指向两者的连线）；都是长程力（相互作用范围很长，为无限远）；其大小都与距离平方成反比，与质点的质量乘积或点电荷的电量乘积成正比。

2）不同点：①静电力既有引力也有斥力，而万有引力至少到目前为止只发现有引力，没有斥力；②两种力的作用强度不同，电磁力作用远远大于万有引力的强度。

例 14-1 计算氢原子内电子和原子核之间的静电作用力和万有引力，并比较两者大小。已知电子和原子核之间的距离 $r=0.529\times10^{-10}$ m，电子质量 $m=9.11\times10^{-31}$ kg，氢原子核质量 $M=1.67\times10^{-27}$ kg，电子和原子核所带电量 $q_1=q_2=1.6\times10^{-19}$ C，万有引力恒量 $G_0=6.67\times10^{-11}\,\mathrm{N\cdot m^2/kg^2}$。

解 根据库仑定律表达式（14-4），电子和原子核间静电力的大小为

$$f_{\mathrm{e}}=\frac{q_1q_2}{4\pi\varepsilon_0r^2}\approx8.23\times10^{-8}\,\mathrm{N}$$

电子和原子核间万有引力的大小为

$$f_{\mathrm{m}}=G_0\frac{mM}{r^2}\approx3.36\times10^{-47}\,\mathrm{N}$$

$$\text{比值 } f_{\mathrm{e}}/f_{\mathrm{m}}\approx2.45\times10^{39}$$

可见在原子内，电子和原子核之间的静电力比万有引力大得多。在处理电子和原子核之间的相互作用时，常常只考虑静电力而忽略万有引力。

14.1.4　氢核聚变的困难所在

较轻的原子核结合成为较大的原子核的过程称为轻核聚变。聚变时会放出大量的能量，例如，四个质子结合成一个氦原子核时会放出 26.7MeV 的能量。太阳所放出的能量就是由这种聚变产生的。要使氢核发生聚变，必须使它们互相接近到核力起作用的距离，实际上就是要接近到互相接触的地步。但由于原子核都带正电，它们遵从库仑定律，互相排斥，距离越近，排斥力就越大。我们可以用库仑定律估算一下，这个排斥力有多大。

当两个质子达到相互接触时，它们之间的排斥力为

$$f=\frac{1}{4\pi\varepsilon_0}\cdot\frac{e^2}{r^2}=9.0\times10^9\times\left(\frac{1.6\times10^{-19}}{2\times1.2\times10^{-15}}\right)^2\mathrm{N}\approx40\mathrm{N}$$

对于微观粒子来说，这是个非常大的力。为了得到这个力有多么大的印象，设想 $1\mathrm{m}^3$ 的水里每个氢原子核都受到这么大的力，并且它们的方向都相同，则这点水所受的总力将为

$$F=2f\times6.0\times10^{23}/18\approx2.7\times10^{24}\mathrm{N}$$

这个力等于太阳与地球之间的万有引力（$3.6\times10^{22}\mathrm{N}$）的 75 倍！由此可见原子核在互相接近时，它们之间的库仑排斥力是多么的巨大。

由于有巨大的库仑排斥力，使得轻核在一般情况下不可能互相接近而发生聚变。这有两方面的后果。第一是保证了我们这个世界的稳定性，否则的话，要是轻核很容易发生聚变，我们的世界就不可能以今天这样的面貌稳定地存在。第二是使得我们难以获得轻核聚变时所放出的巨大能量。我们知道，1939 年发现重核裂变，1942 年就利用它的链式反应建成了反应堆。可是几十年来，尽管各国都花了很大力量研究轻核聚变，除了破坏性的氢弹外，迄今还无法和平利用氢核聚变的能量。

14.2　静止电荷的电场强度

当两个静止电荷之间相距很远时，其相互作用力是如何发生的呢？又具有什么样的本质属性？

14.2.1　静电场和电场强度

库仑定律给出了两个静止电荷间的相互作用力，但没有说明这种作用是通过什么途径发生的。一个物体对另一个物体的作用力，若不是通过直接接触来传递，就是借助于它们之间的其他物质来传递。两个电荷相隔一定距离，虽无任何由原子、分子所组成的物质媒介，却可以发生相互作用。20 世纪 30 年代，法拉第发现，一个电荷对另一个电荷的作用是通过空间某种中间物为媒介，以一定的有限的速度传递过去的，这种媒介称为**电场**。凡是有电荷的地方，周围就存在电场，即电荷在自己的周围激发电场，电场对处在场内的其他电荷有力作用。电荷受到电场的作用力仅由该电荷所在处的电场决定，与其他地方的电场无关，这就是场的观点。场具有能量、质量和动量等

物质的基本属性，可以脱离电荷和电流单独存在。静止电荷产生的电场称为**静电场**，静电场对其他静止电荷的作用力就是静电力。

描述电场的一个基本物理量是电场强度，它是一个矢量。位于电场中某一点的试探电荷 q_0 所受到的力 $\boldsymbol{F}$ 与其电荷量的比值，称为该点的**电场强度**，用 $\boldsymbol{E}$ 来表示，即

$$\boldsymbol{E}=\frac{\boldsymbol{F}}{q_0} \tag{14-6}$$

试探电荷要满足以下条件：①它所带的电荷量必须很小，引入电场后，在实验精确度的范围内，不会对原有电场有显著的影响；②它的线度必须充分小，可以把它看作点电荷。这样才可以用它来探测场内每一点的性质。

由库仑定律（14-4）可知，在真空中点电荷 Q 产生的电场中，距离 Q 为 r 的一点 P 的电场强度大小为

$$E=\frac{1}{4\pi\varepsilon_0}\frac{Q}{r^2} \tag{14-7}$$

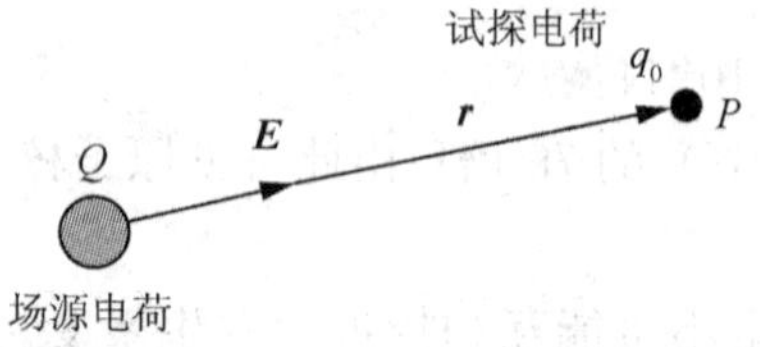

图 14-2 场源电荷与试探电荷

如图 14-2所示，对于正电荷，电场强度的方向沿着由场源电荷 Q 指向 P 点；对于负电荷，电场强度方向为由 P 点指向 Q。

电场强度描述电场的强弱。一般讲来，空间不同点的场强的大小和方向都是不同的，即电场强度是空间位置的函数。电场中任一点，都有一个大小和方向确定的电场强度，场点和场强有一一对应的关系，即电场强度是空间坐标的矢量点函数。若空间各点场强的大小和方向都相同，则称之为均匀电场或匀强电场。

电场强度的单位可根据式（14-6）确定，在国际单位制中为 N/C（牛顿/库仑）。以后我们会知道电场强度还可以用 V/m（伏特/米）为单位表示。

14.2.2 静电场的叠加原理和点电荷系的电场强度

库仑定律只讨论两个静止的点电荷间的作用力，当考虑两个以上的静止的点电荷之间的作用时，就必须补充另一个实验事实：两个点电荷之间的作用力并不因第三个点电荷的存在而有所改变。因此，两个以上的点电荷对一个点电荷的作用力等于各个点电荷单独存在时对该点电荷的作用力的矢量和，这个结论叫**静电力的叠加原理**。

考虑两个点电荷对第三个点电荷 q_0 的作用力的叠加情况。电荷 q_1 和 q_2 作用在电荷 q_0 上的力分别为 $\boldsymbol{F}_{01}$ 和 $\boldsymbol{F}_{02}$，因而 q_0 受到的合力为

$$\boldsymbol{F}=\boldsymbol{F}_{01}+\boldsymbol{F}_{02}=\frac{1}{4\pi\varepsilon_0}\frac{q_0q_1}{r_{01}^3}\boldsymbol{r}_{01}+\frac{1}{4\pi\varepsilon_0}\frac{q_0q_2}{r_{02}^3}\boldsymbol{r}_{02} \tag{14-8}$$

式中，$\boldsymbol{r}_{01}$ 和 $\boldsymbol{r}_{02}$ 分别表示从点电荷 q_1 和 q_2 指向点电荷 q_0 的矢量。

对于由 n 个静止的点电荷 q_1，q_2，…，q_n 组成的电荷系，若以 $\boldsymbol{F}_1$，$\boldsymbol{F}_2$，…，$\boldsymbol{F}_n$ 分别表示它们单独存在时施于另一静止的点电荷 q_0 上的静电力，则由静电力的叠加原理可知，q_0 受到的总静电力应为

$$\boldsymbol{F}=\boldsymbol{F}_1+\boldsymbol{F}_2+\cdots+\boldsymbol{F}_n=\sum_{i=1}^{n}\boldsymbol{F}_i \tag{14-9}$$

由库仑定律表达式（14-4），可得

$$\boldsymbol{F}=\sum_{i=1}^{n}\frac{1}{4\pi\varepsilon_0}\frac{q_0q_i}{r_{0i}^3}\boldsymbol{r}_{0i} \tag{14-10}$$

式中，r_{0i}为q_0与q_i之间的距离，$\boldsymbol{r}_{0i}$为从点电荷q_i指向q_0的矢量。

由电场强度的定义，图 14-3中点 P 的电场强度应表示为

$$\boldsymbol{E}=\frac{\boldsymbol{F}}{q_0}=\sum_{i=1}^{n}\frac{1}{4\pi\varepsilon_0}\frac{q_i}{r_{0i}^3}\boldsymbol{r}_{0i}=\sum_{i=1}^{n}\boldsymbol{E}_i \tag{14-11}$$

这表明，点 P 的电场强度等于各个点电荷单独在点 P 产生的电场强度的矢量和。式（14-11）称为**电场强度的叠加原理**。

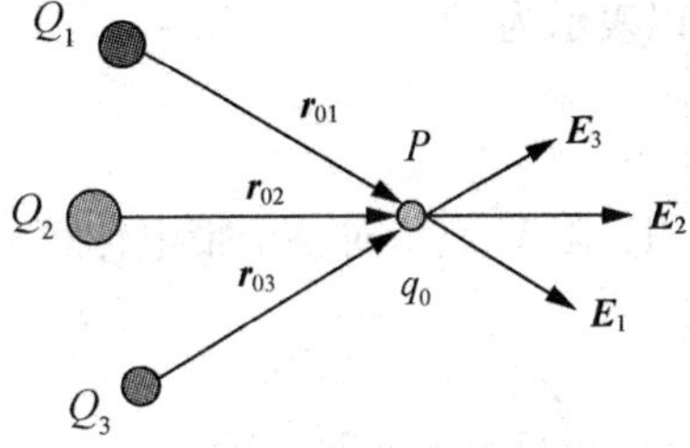

图 14-3　点电荷系的电场强度

14.2.3　连续带电体电场中的场强

我们可以把一个带电体所带的电荷看成是很多电荷元 dq 的集合，如图 14-4所示，每一个电荷元 dq 在空间任意一点 P 所产生的电场强度与点电荷在同一点产生的电场强度相同，即遵从式（14-7）。整个带电体在点 P 产生的电场强度则等于所有电荷元在该点产生的电场强度的矢量和。如果点 P 相对于电荷元 dq 的位置矢量为 $\boldsymbol{r}$，则 dq 在点 P 产生的电场强度应表示为

$$\mathrm{d}\boldsymbol{E}=\frac{1}{4\pi\varepsilon_0}\frac{\mathrm{d}q}{r^3}\boldsymbol{r} \tag{14-12}$$

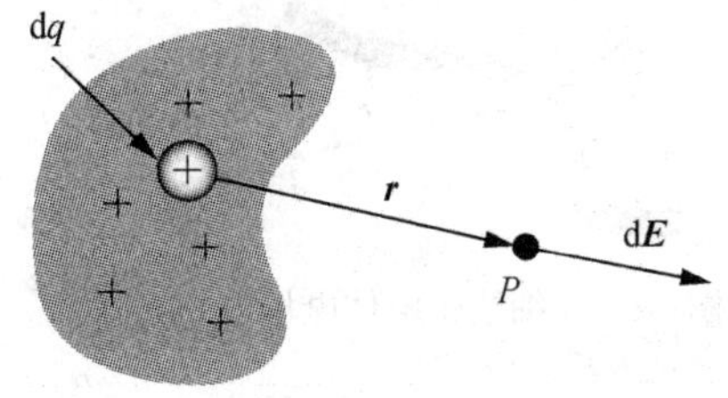

图 14-4　带电体电场中的场强

由叠加原理，整个带电体在点 P 产生的电场强度为

$$\boldsymbol{E}=\int\frac{1}{4\pi\varepsilon_0}\frac{\mathrm{d}q}{r^3}\boldsymbol{r} \tag{14-13}$$

式（14-13）虽然表示成积分的形式，但实际上仍是矢量和，要写出 d$\boldsymbol{E}$ 在 x、y 和 z 三个方向的分量，分别进行积分运算。

为了用式（14-13）处理具体问题，必须引入电荷密度的概念。如果电荷散布在一个具有一定体积的物体之中，我们可以在物体内任取一点，围绕该点做体元 $\Delta\tau$，其中包含的电量若为 Δq，则不断缩小 $\Delta\tau$，比值 $\Delta q/\Delta\tau$ 的极限就定义为该点的**体电荷密度**，即

$$\rho=\lim_{\Delta\tau\to0}\frac{\Delta q}{\Delta\tau}=\frac{\mathrm{d}q}{\mathrm{d}\tau} \tag{14-14}$$

值得注意的是，在上面的数学表示式中，$\Delta\tau$ 趋于零，从物理上说是不适宜的。因为电荷都是由电子和质子这样一些微观粒子所携带，如果 $\Delta\tau$ 缩为一点正好落在这样的带电粒子上，ρ 将为很大的值，而如果落在电子或质子以外的空旷区域，ρ 将为零。所以，$\Delta\tau$ 应该趋于某个小区域，这个小区域在宏观上看是非常小的，而在微观上看仍然

是很大的，包含了大量微观带电粒子。这样的小区域可称为物理无限小，由式（14-14）所确定的电荷密度则是物理无限小区域内的平均值。

如果对电荷进行体分布，我们可以把带电体分割为很多很小的体元 $\Delta\tau$，体元内包含的电荷可视为点电荷，根据式（14-14）可表示为

$$dq=\rho d\tau \tag{14-15}$$

将式（14-15）代入式（14-13），整个带电体在空间任意一点产生的电场强度就可以表示为

$$\boldsymbol{E}=\frac{1}{4\pi\varepsilon_0}\iiint_V \frac{\rho d\tau}{r^3}\boldsymbol{r} \tag{14-16}$$

积分限 V 表示对整个带电体积分。

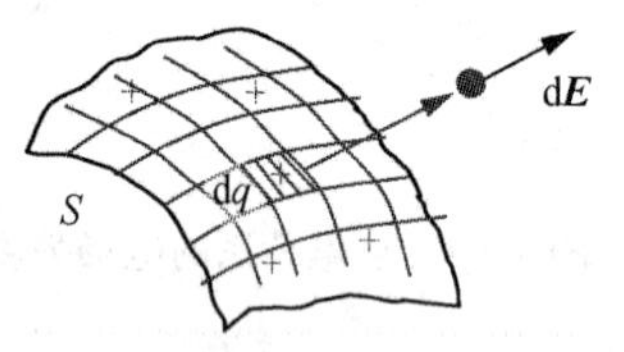

图 14-5　曲面带电体电场中的场强

如果电荷沿平面或曲面分布，即带电体是一平面或曲面，如图 14-5所示。这时可仿照体电荷密度表达式（14-14），定义**面电荷密度**

$$\sigma=\frac{dq}{dS} \tag{14-17}$$

式中，dq 是面元 dS 上的电量。对于这样的带电体，式（14-13）可以写为

$$\boldsymbol{E}=\frac{1}{4\pi\varepsilon_0}\iint_S \frac{\sigma dS}{r^3}\boldsymbol{r} \tag{14-18}$$

式（14-18）积分针对整个带电面进行。

如图 14-6所示，如果电荷沿直线或曲线分布，即带电体是一细线，这时可引入**线电荷密度**

$$\rho=\frac{dq}{dl} \tag{14-19}$$

式中，dq 是线元 dl 上的电量。对于这样的带电体，式（14-13）可以写为

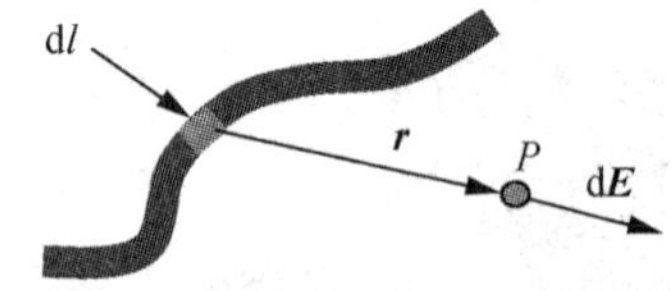

图 14-6　细线带电体电场中的场强

$$\boldsymbol{E}=\frac{1}{4\pi\varepsilon_0}\int_L \frac{\lambda dl}{r^3}\boldsymbol{r} \tag{14-20}$$

式（14-20）积分沿整个带电细线进行。

14.3　静电场的高斯定理

在上一节已明确，任何一个带电体，无论大小和形状怎样，无论所带电荷量多少，在其周围空间总是存在着电场。那么应如何形象地描述电场的空间分布呢？

14.3.1　电通量

为了形象地描述电场的分布，在电场中画出一系列从正电荷出发到负电荷终止的曲线，使曲线上每一点的切线方向都跟该点的电场强度的方向一致，这些曲线就叫做**电场线**，也叫**电力线**。电场线的疏密程度可表示电场强度的大小。在点电荷的电场中，

电场线是以点电荷为中心的对称分布的辐射状射线，如图 14-7所示。正的点电荷的电场线发散，负的点电荷的电场线收敛。在两个等量异号的点电荷形成的电场中，电场线从正电荷出发，终止于负电荷，而且是对称分布的，如图 14-8所示；在两个等量的正点电荷形成的电场中，电场线从正电荷出发，延伸至无限远，也是对称分布的，如图 14-9所示。

在静电场中，电场线不会形成闭合曲线，也不会在没有电荷的地方中断。由于每一点只有一个电场方向，所以任何两条电场线不能相交。电场线表示正电荷在电场中各点所受电场力的方向，不能看成是正电荷在电场中的运动轨迹。

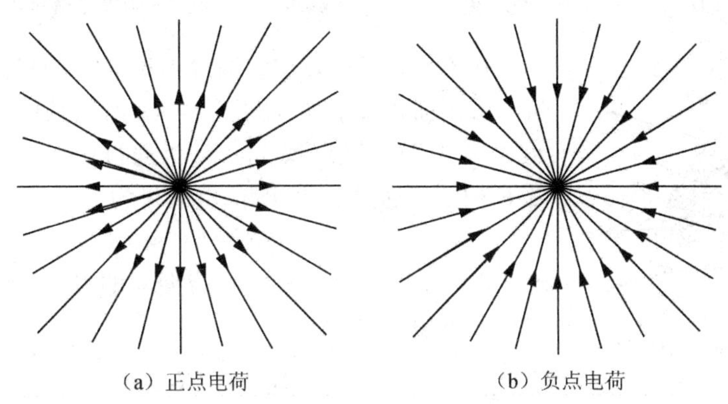

（a）正点电荷　　（b）负点电荷

图 14-7　点电荷的电场线

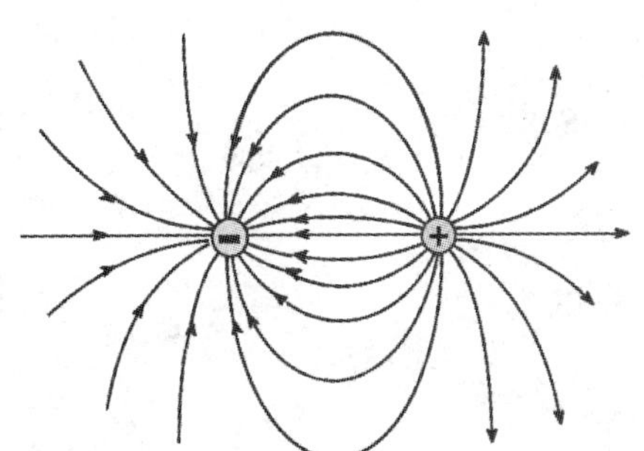

图 14-8　两个等量异号点电荷的电场线

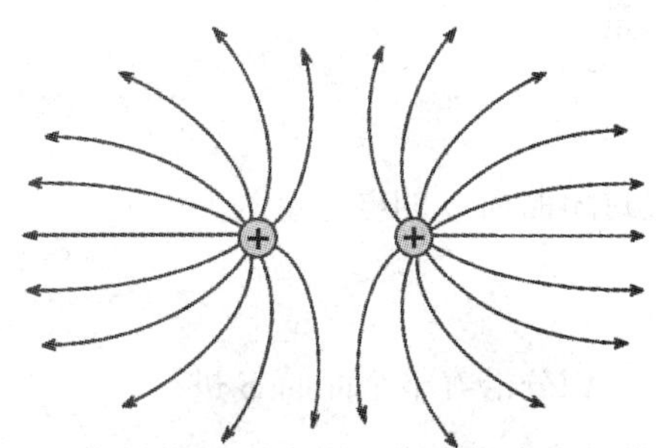

图 14-9　两个等量正点电荷的电场线

如果在均匀电场中，有一与电场强度方向垂直的平面，如图 14-10 所示，就把电场强度 $\boldsymbol{E}$ 的大小和平面的面积 S 的乘积称为通过这个平面的**电通量**。用 Φ_E 表示电通量，则

$$\Phi_E = ES \tag{14-21}$$

如果平面不与电场强度方向垂直，平面法线 $\boldsymbol{e}_n$ 的方向与电场强度 $\boldsymbol{E}$ 之间有一夹角 θ 如图 14-11 所示，则电场强度 $\boldsymbol{E}$ 在平面的法线方向上的分量 $E\cos\theta$ 与平面面积 S 的乘积为通过该平面的电通量，即

$$\Phi_E = ES\cos\theta \tag{14-22}$$

由于在作电场线图时，垂直于电场强度方向的单位面积中所通过的电场线条数和该处的电场强度的大小成正比，所以电场强度也可用垂直于电场强度方向的单位面积

上所通过的电场线的条数来表示。根据电通量的定义，可以用通过一个面的电场线的条数来形象地表示通过该面的电通量。

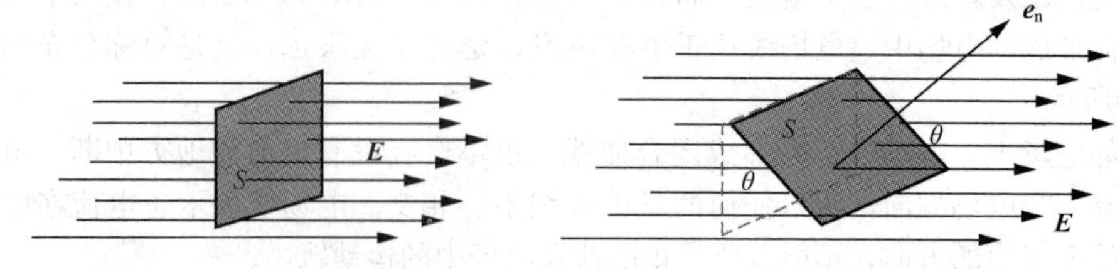

图 14-10　平面垂直于电场强度　　图 14-11　平面不垂直于电场强度

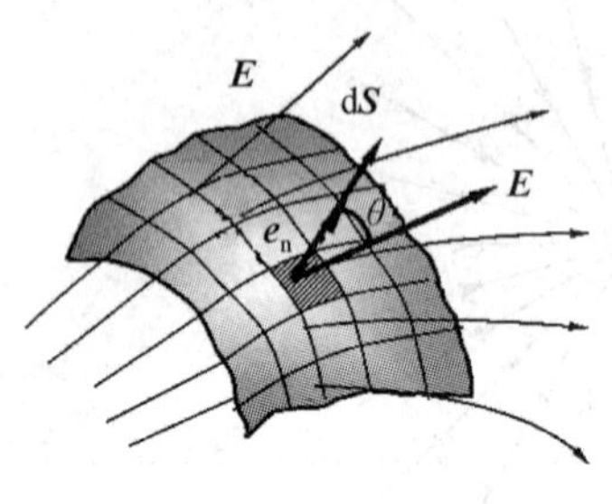

图 14-12　非均匀电场

在不均匀的电场中，通过面积为 S 的任意曲面的电通量，可用面积分求得。在图 14-12 所示的曲面上任取一面元 $\mathrm{d}S$，由于 $\mathrm{d}S$ 很小，可以认为通过面元上各点的电场强度 $\boldsymbol{E}$ 相同，通过面元 $\mathrm{d}S$ 的电通量为

$$\mathrm{d}\Phi_{\mathrm{E}}=E\cos\theta\mathrm{d}S \tag{14-23}$$

式中，θ 为 $\boldsymbol{E}$ 与面元法线 $\boldsymbol{e}_{\mathrm{n}}$ 方向间的夹角。由此可得通过曲面 S 的电通量为

$$\Phi_{\mathrm{E}}=\iint_S E\cos\theta\mathrm{d}S \tag{14-24}$$

如果把面元写成矢量形式 $\mathrm{d}\boldsymbol{S}$，其方向为面元法线方向，其大小为 $\mathrm{d}S$，则通过曲面 S 的电通量为

$$\Phi_{\mathrm{E}}=\iint_S \boldsymbol{E}\cdot\mathrm{d}\boldsymbol{S} \tag{14-25}$$

穿过封闭曲面 S 的电通量为

$$\Phi_{\mathrm{E}}=\oiint_S \boldsymbol{E}\cdot\mathrm{d}\boldsymbol{S} \tag{14-26}$$

式中，积分沿着整个曲面 S 进行。

14.3.2　真空中静电场的高斯定理

德国物理学家、数学家卡尔·弗里德里希·高斯研究了通过闭合曲面的电通量与自由电荷分布的相互关系，发现：通过电场中任一闭合曲面的电通量等于该曲面包围的所有电荷量的代数和除以 ε_0，而与闭合曲面外的电荷无关。这个结论称为**静电场的高斯定理**，其数学表达式为

$$\Phi_{\mathrm{E}}=\oiint_S \boldsymbol{E}\cdot\mathrm{d}\boldsymbol{S}=\frac{1}{\varepsilon_0}\sum_{i=1}^{n}q_i \tag{14-27}$$

高斯定理表明通过不包含自由电荷的任一闭合曲面的电通量等于零。当闭合曲面所包围的自由电荷的代数和为正时，$\Phi_{\mathrm{E}}>0$，表示有电场线穿出闭合曲面；当闭合曲面所包围的自由电荷的代数和为负时，$\Phi_{\mathrm{E}}<0$，表示有电场线穿进闭合曲面，如图 14-13 所示。

因此，高斯定理说明电场线始于正电荷，终于负电荷，即静电场是有源场。电荷所在处即电场线的始点或终点，称为电场的源头。下面我们来证明这个定理。

1）点电荷 q 被半径为 r 的球面所包围，并且 q 处于球心的情况，如图 14-14 所示。

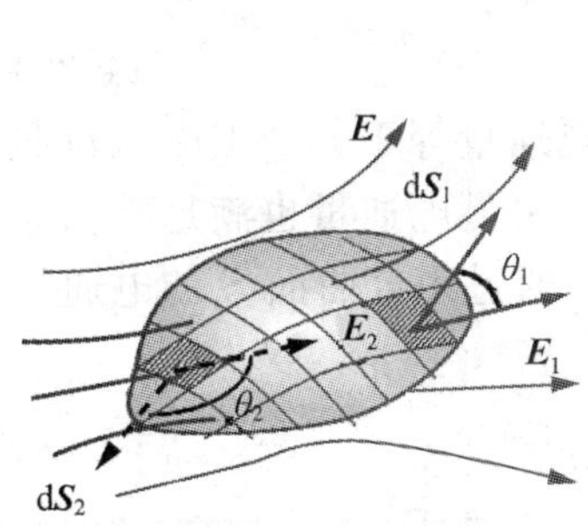

图 14-13　闭合曲面

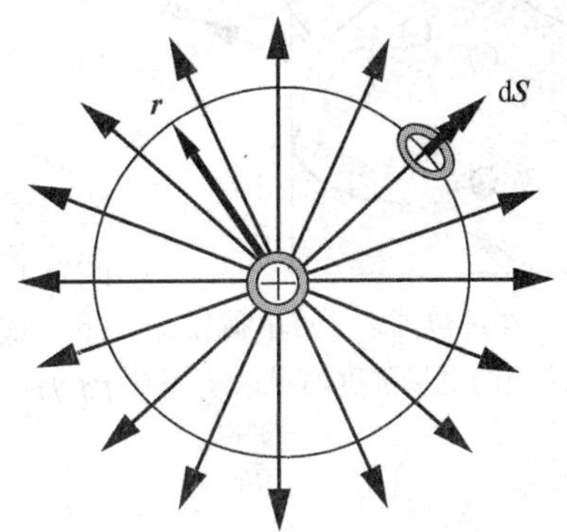

图 14-14　穿过包围点电荷球面的电场强度通量

显然，在这样的球面上任意一点，$\boldsymbol{E}$ 和 $\mathrm{d}\boldsymbol{S}$ 的方向一致，都沿着半径向外。通过整个球面的电通量应为

$$\oiint_S \boldsymbol{E}\cdot\mathrm{d}\boldsymbol{S}=\oiint_S \frac{q}{4\pi\varepsilon_0 r^3}\boldsymbol{r}\cdot\mathrm{d}\boldsymbol{S}=\frac{q}{4\pi\varepsilon_0 r^2}4\pi r^2=\frac{q}{\varepsilon_0} \tag{14-28}$$

与高斯定理给出的结果一致。上面的计算过程和结果向我们表明：第一，高斯定理的成立与库仑定律密切相关；第二，点电荷 q 对于包围它的球面的电通量只与该点电荷的电量有关，而与包围它的球面的半径 r 无关，这就是说，点电荷 q 发出的电场线总条数是$\frac{q}{\varepsilon_0}$，无论用多大的球面去包围它，总有全部电场线无一遗漏地从球面内穿出。这也表明，电场线不会在没有电荷的地方中断或闭合，而一直延伸到无限远。

2）任意闭合曲面 S 包围点电荷 q 的情况。

以 q 所在点为中心，分别作两个同心球面 S_1 和 S_2，并使 S_1 和 S_2 分别处于闭合曲面 S 的内部和外部，如图 14-15 所示。

根据上面的讨论，穿过球面 S_1 和 S_2 的电场线的条数都为 q/ε_0，穿过球面 S_1 又穿过球面 S_2 的电场线，必定也穿过闭合曲面 S。所以穿过任意闭合曲面 S 的电场线条数，即电通量必然为 q/ε_0，即

$$\oiint_S \boldsymbol{E}\cdot\mathrm{d}\boldsymbol{S}=\frac{q}{\varepsilon_0} \tag{14-29}$$

可见，对于包围着一个点电荷的任意闭合曲面，高斯定理是成立的。

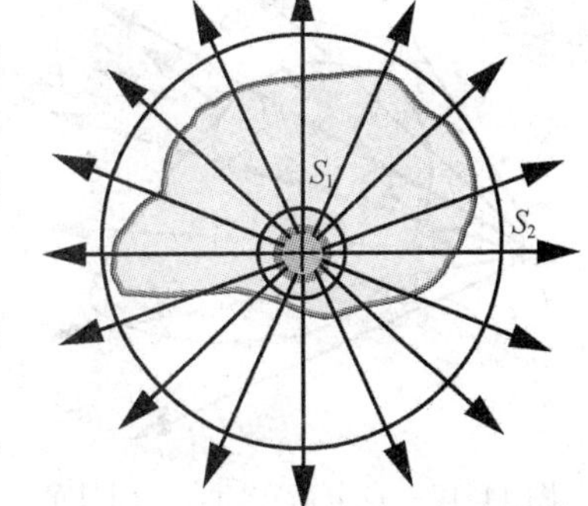

图 14-15　穿过包围点电荷任意曲面的电场强度通量

3）任意闭合曲面 S 包围多个点电荷 q_1，q_2，…，q_n 的情况。

如图 14-16 所示，根据电通量的定义和电场强度的叠加原理，通过闭合曲面 S 的电通量可以表示为

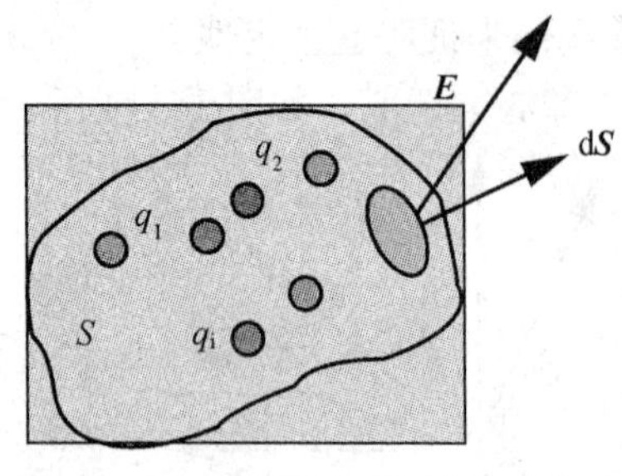

图 14-16　穿过包围多个点电荷任意曲面的电场强度通量

$$\oint\!\!\!\oint_S \boldsymbol{E}\cdot \mathrm{d}\boldsymbol{S} = \oint\!\!\!\oint_S (\boldsymbol{E}_1+\boldsymbol{E}_2+\cdots+\boldsymbol{E}_n)\cdot \mathrm{d}\boldsymbol{S} = \oint\!\!\!\oint_S \boldsymbol{E}_1\cdot \mathrm{d}\boldsymbol{S}+\oint\!\!\!\oint_S \boldsymbol{E}_2\cdot \mathrm{d}\boldsymbol{S}+\cdots+\oint\!\!\!\oint_S \boldsymbol{E}_n\cdot \mathrm{d}\boldsymbol{S} \tag{14-30}$$

这表示，闭合曲面 S 的电通量等于各个点电荷对曲面 S 的电通量的代数和。可见电通量也满足叠加原理。根据上一条的结论，通过闭合曲面 S 的电通量应为

$$\Phi_{\mathrm{E}} = \frac{q_1}{\varepsilon_0}+\frac{q_2}{\varepsilon_0}+\cdots+\frac{q_n}{\varepsilon_0} = \frac{1}{\varepsilon_0}\sum_{i=1}^{n} q_i \tag{14-31}$$

这表示，对于包围多个点电荷的任意闭合曲面，高斯定理是正确的。

4）任意闭合曲面 S 不包围电荷，点电荷 q 处于 S 之外的情况。

在前面的讨论中已经得出结论，电场线不在没有电荷的地方中断，而一直延伸到无限远。所以由 q 发出的电场线，凡是穿入 S 面的，必定又从 S 面穿出，如图 14-17 所示。于是穿过 S 面的电场线净条数必定等于零，即曲面 S 的电通量必定等于零，与高斯定理的结论一致。

5）多个点电荷 q_1，q_2，…，q_n，其中 k 个被任意闭合曲面 S 所包围，另外 $n-k$ 个处于 S 面之外的情况。

根据上一条的证明，如图 14-18 闭合曲面 S 外的 $n-k$ 个电荷对 S 面的电通量无贡献，S 面的电通量只决定于其内部的 k 个电荷，并应表示为

$$\oint\!\!\!\oint_S \boldsymbol{E}\cdot \mathrm{d}\boldsymbol{S} = \frac{1}{\varepsilon_0}\sum_{i=1}^{k} q_i \tag{14-32}$$

可见，对于这种情形，高斯定理也是成立的。

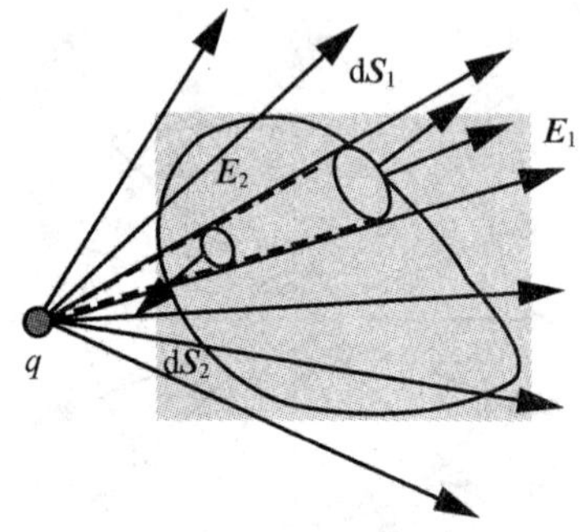

图 14-17　点电荷在闭合曲面外的电场强度通量

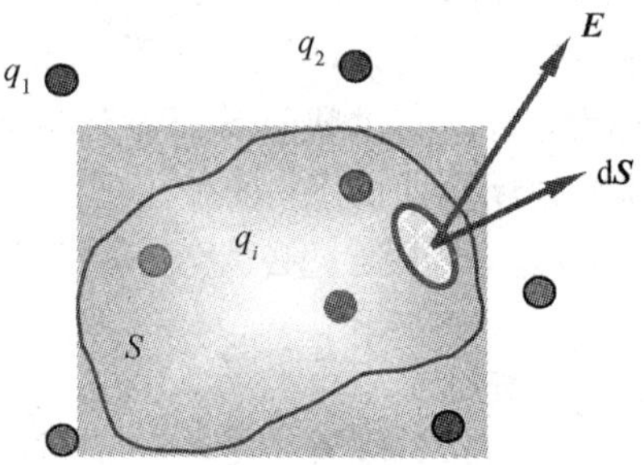

图 14-18　部分点电荷在闭合曲面内的电场强度通量

若点电荷恰好位于闭合面上，它对这个闭合面的 $\boldsymbol{E}$ 通量有没有贡献呢？

点电荷是一个简化的模型，当场点与带电体之间的距离远大于带电体的线度时才能把带电体看成点电荷，即实际带电体都有一定大小，当带电体与闭合面相交时，带电体不能被看成点电荷。实际上，闭合面把带电体 A 分成两部分 A_1 和 A_2，如图 14-19 所

示，根据高斯定理，只有位于闭合面内的那部分 A_2 才对整个闭合面的电通量有贡献。

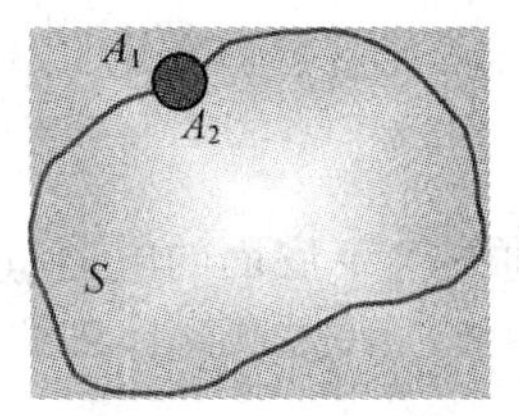

图 14-19　带电体位于闭合面上

高斯定理是静电场的基本定理之一，揭示了场和场源的内在联系，它说明静电场是有源场。这种联系是场强对封闭曲面的通量与场源间的联系，并非场强本身与源的联系。高斯面以外的电荷只对高斯面上的电场强度有贡献，而对高斯面的电通量无贡献。由此可以断定，高斯面内若无电荷，高斯面上的电场强度不一定处处为零，而若高斯面上的电场强度处处为零，高斯面内必定不包围电荷。

14.3.3　用高斯定理求电场强度

当电荷分布具有某种对称性时，可以应用高斯定理求场强分布。这种方法一般包含两步：首先，根据电荷分布的对称性分析电场分布的对称性；然后应用高斯定理计算场强数值。这一方法的决定性的技巧是选取合适的封闭积分曲面（常叫**高斯面**），以便使积分中的电场强度能够以标量形式从积分号中提出，因此，待求场强的场点，必须在高斯面上并且高斯面必须是便于计算通量的规则的几何面。下面举例说明。

例 14-2　一均匀带正电的无限长细棒的线电荷密度为 λ，求电场分布。

分析　细棒无限长，其上任一点都可视为中点，图 14-20 中取 O 点为中点，在 O 点上下的对称位置，取任一对等量的电荷元：$dq_1=\lambda dl_1$ 和 $dq_2=\lambda dl_2$，它们在 P 点产生的场强 $d\boldsymbol{E}_1$ 和 $d\boldsymbol{E}_2$ 大小相等，方向不同，合矢量 $d\boldsymbol{E}=d\boldsymbol{E}_1+d\boldsymbol{E}_2$ 的方向，必然垂直于棒而离开棒。整个棒上的电荷，可分为对 O 是一对对的对称电荷元，由叠加原理，P 点的总场强也必然垂直于棒而离开棒。在距棒等远的点场强大小相等。也就是说在垂直于棒的任一切面上，以棒与切面的交点为圆心，同一圆周上场强大小相等，方向沿半径向外，呈辐射状分布，场强具有轴对称性，如图 14-21 所示。

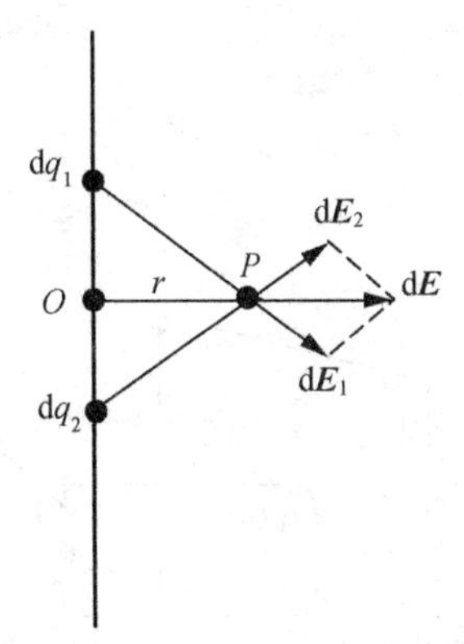

图 14-20　均匀带正电的无限长细棒

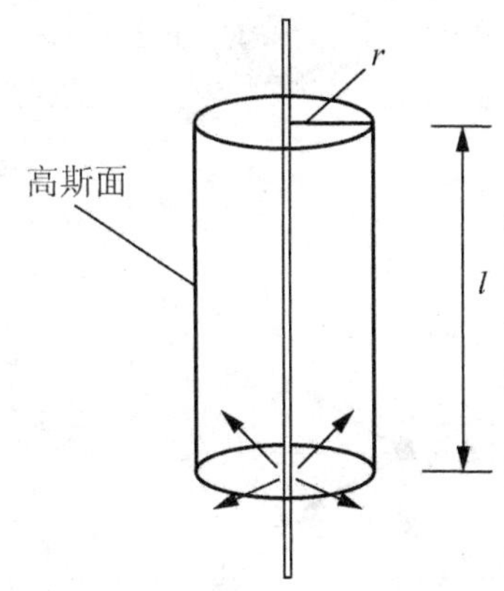

图 14-21　无限长细棒高斯面选取

解　根据场强具有轴对称性的特点，选取与细棒同轴的半径为 r 的封闭圆柱面为高斯面，设柱面高 l，通过高斯面的电通量为

$$\Phi_{\mathrm{E}}=\oint\!\!\!\oint \boldsymbol{E}\cdot \mathrm{d}\boldsymbol{S}=\underset{\substack{\text{侧面}\\ \boldsymbol{E}/\!/\boldsymbol{n}}}{\iint}\boldsymbol{E}\cdot \mathrm{d}\boldsymbol{S}+\underset{\substack{\text{上底}\\ \boldsymbol{E}\perp \mathrm{d}\boldsymbol{S}}}{\iint}\boldsymbol{E}\cdot \mathrm{d}\boldsymbol{S}+\underset{\substack{\text{下底}\\ \boldsymbol{E}\perp \mathrm{d}\boldsymbol{S}}}{\iint}\boldsymbol{E}\cdot \mathrm{d}\boldsymbol{S}$$

通过上下底面的电通量为零，在侧面上，$\boldsymbol{E}$ 与面法线方向 $\boldsymbol{n}$ 的夹角 $\alpha=0°$，$\cos\alpha=\cos0°=1$，而且侧面上 $\boldsymbol{E}$ 的大小处处相等，故有

$$\varphi_{\mathrm{E}}=\iint_{\text{侧面}}\boldsymbol{E}\cdot \mathrm{d}\boldsymbol{S}=E\iint_{\text{侧面}}\mathrm{d}S=2\pi rlE$$

高斯面内的净电荷量为

$$\sum_{(S内)}q_i=\lambda l$$

根据高斯定理列方程

$$2\pi rlE=\lambda l/\varepsilon_0$$

所以无限长细棒外任一点 P 的总场强为

$$E=\frac{\lambda}{2\pi\varepsilon_0 r}\quad(\text{和前面的结果一样})$$

其方向垂直于棒而离开棒。式中，r 是任意的，且 $\boldsymbol{E}$ 具有轴对称性，所以上式就是无限长带电细棒的电场在空间的分布。

例 14-3 电荷以面密度 σ 均匀分布于一个无限大平面上，求其激发的场强。

解 在场中取一点 P，由电荷分布的对称性可知其 $\boldsymbol{E}$ 与带电面垂直。从例 14-2中无限长带电直线外场强的方向可以推断无限大带电平面外场强的方向垂直于平面，如图 14-22 所示。

场强方向确定好后，就可取高斯面。在平面外任取一点 P（求 P 点场强），过 P 点作一个与带电面平行的小平面 S_1，以 S_1 为底作一个与带电面垂直的柱体，其长度等于 P 点到带电面距离的两倍。高斯面如图 14-23 所示。

根据高斯定理，得

$$\underset{\substack{\text{底}S_1\\ \boldsymbol{E}/\!/\boldsymbol{n}}}{\iint}\boldsymbol{E}\cdot \mathrm{d}\boldsymbol{S}+\underset{\substack{\text{底}S_2\\ \boldsymbol{E}/\!/\boldsymbol{n}}}{\iint}\boldsymbol{E}\cdot \mathrm{d}\boldsymbol{S}+\underset{\substack{\text{侧面}_1\\ \boldsymbol{E}\perp\boldsymbol{n}}}{\iint}\boldsymbol{E}\cdot \mathrm{d}\boldsymbol{S}=\frac{\sigma S}{\varepsilon_0}$$

所以

$$\boldsymbol{E}\cdot\boldsymbol{S}+\boldsymbol{E}\cdot\boldsymbol{S}=\sigma S/\varepsilon_0$$

$$E=\sigma/2\varepsilon_0$$

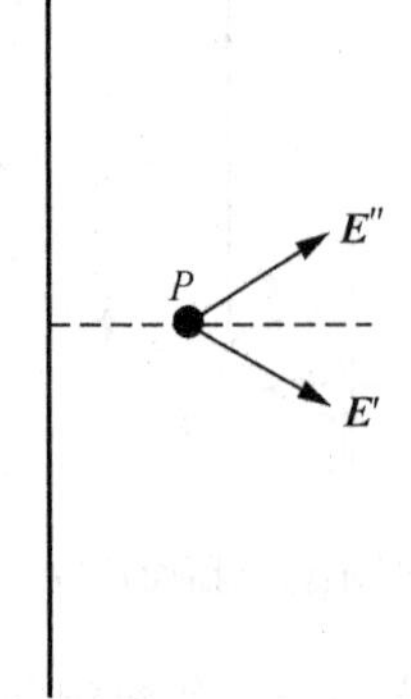

图 14-22 无限大均匀带电平面

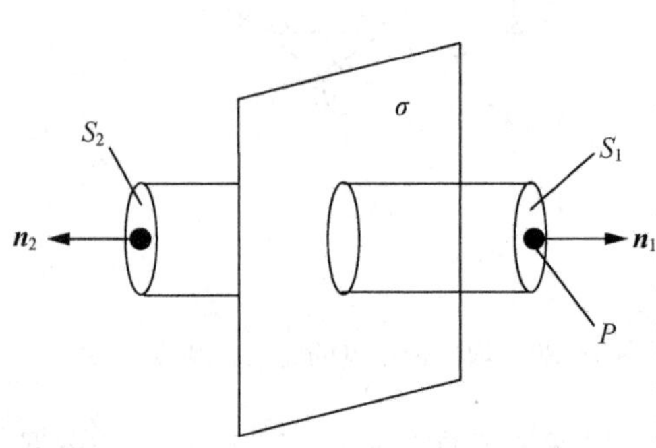

图 14-23 无限大带电平面高斯面选取

写成矢量：$\boldsymbol{E}=\sigma/2\varepsilon_0\boldsymbol{n}$（$\boldsymbol{n}$ 为背离带电平面的单位矢量）。

① 若 $\sigma>0$，$\boldsymbol{E}$ 与 $\boldsymbol{n}$ 同方向，场强背离带电面；若 $\sigma<0$，$\boldsymbol{E}$ 与 $\boldsymbol{n}$ 反方向，场强背离带电面。

② 上式说明：无限大均匀带电平面的电场中，各点的场强与场点的位置无关，带电平面外任一点场强数值都相等，带电平面的两边各形成一个均匀电场。

③ 利用上述结果，容易得到：

a. 两个带等量同号电荷的无限大平行平面的场强分布：

两无限大带电平面之间任一点，$E=0$。

两无限大带电平面之外任一点，$E=\sigma/\varepsilon_0$。

b. 两个带等量异号电荷的无限大平行平面的电场分布：

两无限大带电平面之间任一点，$E=\sigma/\varepsilon_0$

两无限大带电平面之外任一点，$E=0$

例 14-4　求无限长均匀带电圆柱面的电场。柱面半径 R，电荷面密度 σ。

解　由于电荷分布的轴对称性，可以确定电场的分布也具有轴对称性，即离开圆柱面轴线等距离各点的场强大小相等，方向都垂直于圆柱面而向外，如图 14-24 所示。

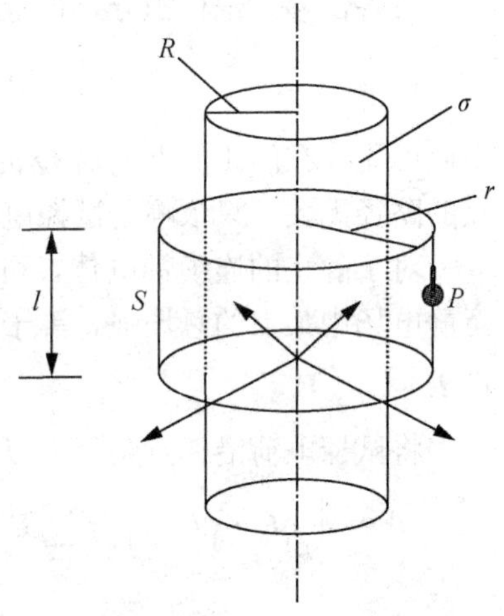

图 14-24　无限长均匀带电圆柱面

为求柱外任一点 P 的场强，过 P 点作与圆柱面同轴的高为 l，半径为 r 的封闭圆柱面为高斯面，圆柱面的侧面上各点电场强度大小相等，方向处处与曲面正交，所以通过圆柱面侧面的电通量为 $2\pi rlE$，通过圆柱面两底面的电通量为零，高斯面包围的电荷为 $2\pi Rl\sigma$，由高斯定理，得

$$2\pi rlE=2\pi Rl\sigma/\varepsilon_0,\quad E=\sigma R/\varepsilon_0 r$$

令 $\eta=2\pi R\sigma$ 表示圆柱面每单位长度上的电荷，则上式化为

$$E=\eta/2\pi\varepsilon_0 r$$　（和前面例 14-2无限长带电直线的结果一样）

可见，无限长均匀带电圆柱面，对柱外各点的作用，正像其所带电荷全部集中在其轴线上的均匀线分布电荷一样。

同理可知，带电圆柱面内部的场强等于零。

14.4　静电场的环路定理

在第 8 章中我们曾经阐明，凡是保守力都具有这样的特点，即它所做的功只与运动物体的始、末位置有关，而与物体运动的路径无关。如果静电力是保守力，或者说如果静电场是保守场，那么静电力所做的功必定只与运动电荷的始、末位置有关，而与电荷运动的路径无关。本节从库仑定律出发，从功能的角度研究静电场的性质。

如图 14-25 所示，设空间某固定位置处有一个带正电的点电荷 Q，在 Q 产生的电

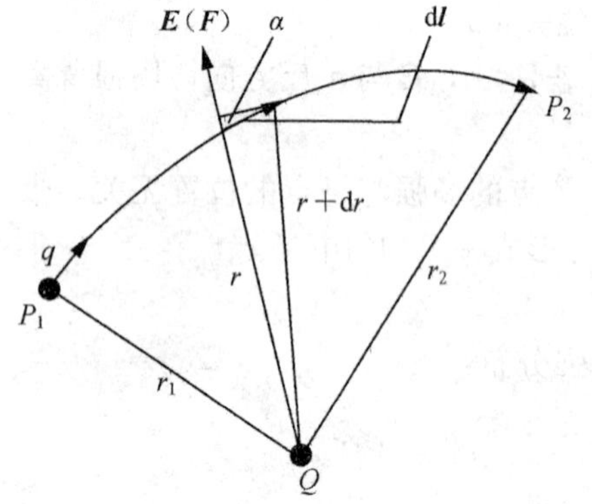

图 14-25 电荷运动时电场力所做的功

场中，电场力将试探电荷 q 从 P_1点沿某一路径移到 P_2点，在路径上各点电场强度 $\boldsymbol{E}$ 不同，电荷 q 在路径上各点受到的电场力也不同。在路径上取一无限小位移元 $\mathrm{d}l$，其上场强 $\boldsymbol{E}$ 的大小和方向可视为不变，在此位移元上，电场力对 q 所做的元功为

$$\mathrm{d}A=\boldsymbol{F}\cdot\mathrm{d}\boldsymbol{l}=F\mathrm{d}l\cos\alpha=qE\cos\alpha\mathrm{d}l=q\boldsymbol{E}\cdot\mathrm{d}\boldsymbol{l} \tag{14-33}$$

由 Q 点到 $\mathrm{d}\boldsymbol{l}$ 始、末端的距离分别为 r 和 $r+\mathrm{d}r$，由图 14-25 可知

$$\mathrm{d}l\cos\alpha=\mathrm{d}r \tag{14-34}$$

所以

$$\mathrm{d}A=qE\mathrm{d}r=\frac{qQ}{4\pi\varepsilon_0 r^2}\mathrm{d}r \tag{14-35}$$

对各位移元进行积分，得电场力所做的总功为

$$A=\int_{r_1}^{r_2}\mathrm{d}A=\int_{r_1}^{r_2}\frac{qQ}{4\pi\varepsilon_0 r^2}\mathrm{d}r=\frac{qQ}{4\pi\varepsilon_0}\left(\frac{1}{r_1}-\frac{1}{r_2}\right) \tag{14-36}$$

由此可见，在静止的点电荷 Q 的电场中，电场力对试探电荷所做的功与连接起点、终点的路径无关，只依赖于试探电荷的大小和起点、终点的位置。

对于静止的连续带电体，可将其看作无数电荷元的集合，据场强叠加原理，在任意静电场中某点的总场强，等于各个点电荷单独存在时，在该点产生的场强的矢量和，即 $\boldsymbol{E}=\sum\boldsymbol{E}_i$ 。

将试探电荷沿任意路径 L 从 a 移到 b 时，电场力所做的总功为

$$A=\int_L q\boldsymbol{E}\cdot\mathrm{d}\boldsymbol{l}=\int_L q\sum\boldsymbol{E}_i\cdot\mathrm{d}\boldsymbol{l}=\int_L q\boldsymbol{E}_1\cdot\mathrm{d}\boldsymbol{l}+\int_L q\boldsymbol{E}_2\cdot\mathrm{d}\boldsymbol{l}+\cdots+\int_L q\boldsymbol{E}_n\cdot\mathrm{d}\boldsymbol{l} \tag{14-37}$$

上式中每一项代表一个点电荷单独存在时，电场力将试探电荷 q 沿路径 L 从 a 移到 b 所做的功，且根据前面的证明，每一项的线积分都与路径无关，故各项之和（总功）也与路径无关，只与试探电荷大小和始末位置有关。

因此可以得出结论：试探电荷在任何静电场中移动时，电场力所做的功，只与这试探电荷电荷量的大小以及路径的起点和终点的位置有关，而与路径无关，静电场的这一特性称为**静电场的保守性**。这种性质的场叫做**势场**或**位场**。

静电场的保守性还可以表述成另一种形式。

设在静电场中有一闭合曲线 L，考虑场强 $\boldsymbol{E}$ 沿此闭合路径的线积分。如图 14-26 所示，a、b 两点将 L 分成两部分，电场力将试探电荷 q 沿 l_1和 l_2从 a 点移到 b 点时，电场力所做的功相等，即

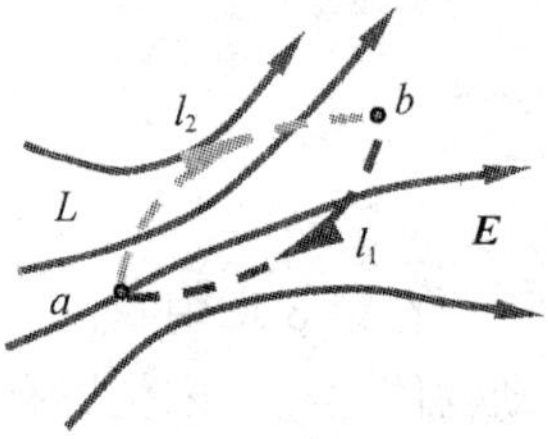

图 14-26 闭合路径积分

$$\int_{(l_2)a}^{b} q\boldsymbol{E}\cdot\mathrm{d}\boldsymbol{l}=-\int_{(l_1)b}^{a} q\boldsymbol{E}\cdot\mathrm{d}\boldsymbol{l}=\int_{(l_1)a}^{b} q\boldsymbol{E}\cdot\mathrm{d}\boldsymbol{l} \tag{14-38}$$

这说明

$$\int_{(l_1)a}^{b} q\boldsymbol{E}\cdot\mathrm{d}\boldsymbol{l}+\int_{(l_2)b}^{a} q\boldsymbol{E}\cdot\mathrm{d}\boldsymbol{l}=0 \tag{14-39}$$

或者说

$$\oint_{(l_1+l_2)} q\boldsymbol{E}\cdot\mathrm{d}\boldsymbol{l}=0 \tag{14-40}$$

式（14-40）表明，在任意静电场中，电场力将试探电荷沿任意闭合路径移动一周，所做的总功为零，若令 $L=l_1+l_2$，则有

$$\oint_L \boldsymbol{E}\cdot\mathrm{d}\boldsymbol{l}=0 \tag{14-41}$$

式（14-41）左边是场强 $\boldsymbol{E}$ 沿闭合路径 L 的线积分，称为**场强 $\boldsymbol{E}$ 的环流**。场强 $\boldsymbol{E}$ 沿任一闭合曲线的环路积分为零，称为**静电场的环路定理**。这就是静电场的保守性的另一种说法。运动电荷的电场不是保守场，这里我们不做详细讨论。

环路定理表明，静电场对任意闭合路径的环流恒等于零，它反映了静电场是保守场这一特性，是可用标量函数电势来描写电场的根据。环流为零的场又称**无旋场**。环路定理和高斯定理各从一个方面反映了静电场的性质。环路定理反映了电荷之间的作用力是有心力（方向沿两电荷的连线，作用力仅是相对距离的函数），根据环路定理，可以引入电势，但要确定电势的具体形式还得依赖于相互作用力的具体形式。高斯定理则主要反映了电荷之间的作用力满足平方反比律这一事实，根据高斯定理可以求得电场对任意封闭曲面的通量，但除了少数几种对称性问题外一般不能求得场强分布。两条定理结合起来，就能完整地给出静电场的基本性质。

14.5　电势能与电势

静电场的环路定理揭示出静电场是一种保守场。本节将利用比较法，通过与万有引力的比较，引入电势和电势能。

14.5.1　电势能

对于保守场，总可以引入一个与位置有关的势能函数，当物体从一个位置移动到另一个位置时，保守力所做的功等于这个势能函数增量的负值。对于静电场，可以引入电势能的概念。如果用 W_p 和 W_q 分别表示试探电荷 q_0 在静电场的点 p 和点 q 的电势能，那么从点 p 移到点 q 电场力对试探电荷 q_0 所做的功可以表示为

$$A_{pq}=\int_p^q q_0\boldsymbol{E}\cdot\mathrm{d}\boldsymbol{l}=-(W_q-W_p) \tag{14-42}$$

在试探电荷 q_0 的移动过程中，如果电场力做正功，$A_{pq}>0$，则 $W_p>W_q$，表示 q_0 从点 p 移到点 q 电势能是减小的；如果电场力做负功，即外力克服电场力做功，$A_{pq}<0$，则 $W_p<W_q$，表示 q_0 从点 p 移到点 q 电势能是增加的。

关于电势能还必须指出，式（14-42）只确定了试探电荷在电场中 p、q 两点的电势能之差，而没给出 q_0 在某一点上的电势能的数值。要确定 q_0 在电场中一点的电势能，

必须选择一个电势能为零的参考点，这与力学中的情形很相似。

14.5.2 电势差和电势

反映静电场电场线不闭合这一性质的定理，可表述如下：静电场 $\boldsymbol{E}$ 沿任一闭合环路 L 的线积分等于零。环路定理的数学表达式为

$$\oint_l \boldsymbol{E} \cdot \mathrm{d}\boldsymbol{l} = 0 \tag{14-43}$$

表明在静电场中，试探电荷 q_0 绕任一环路运动一周，电场力对它所做的功恒等于零。也可以说，在静电场中移动某一试探电荷从 A 点到 B 点，电场力所做的功 $\int_A^B F \cdot \mathrm{d}\boldsymbol{l} = q_0\int_A^B \boldsymbol{E} \cdot \mathrm{d}\boldsymbol{l}$ 只与试探电荷移动的始点 A 和终点 B 的位置有关，而与试探电荷移动的路径无关。表明静电力是像重力一样的保守力。因此，在静电场中可以引入一个只与位置有关的标量函数 V，称为电势，使 A、B 两点间的电势差等于电场力对单位试探电荷所做的功

$$V_A - V_B = \int_A^B \boldsymbol{E} \cdot \mathrm{d}\boldsymbol{l} \tag{14-44}$$

在处理某个问题时，必须采用同一个电势零点。但在不同的问题里，可以选用不同的电势零点。例如，当激发电场的电荷分布在空间有限的范围内时，在理论计算中常取无穷远处作为电势的零点。这时，电场中任意一点的电势，在数值上就等于单位正电荷从该点移到无限远时电场力所做的功。一般用电器都接有地线，取地球表面作为电势零点，研究问题比较方便。改变所选取的电势零点，各点的电势将随之改变，但两点间的电势差与电势零点的选取无关。

由式（14-42）可知，q_0在移动过程中，电势能的减小（$W_p - W_q$）与试探电荷的电量 q_0成正比，但是它们的比值

$$\frac{W_p - W_q}{q_0} = \int_p^q \boldsymbol{E} \cdot \mathrm{d}\boldsymbol{l} \tag{14-45}$$

却与试探电荷的电量 q_0无关，完全由电场在 p、q 两点的状况所决定。我们把$\frac{W_p}{q_0} - \frac{W_q}{q_0}$称为电场中 p、q 两点的**电势差**，并用 $V_p - V_q$来表示，于是有

$$V_p - V_q = \int_p^q \boldsymbol{E} \cdot \mathrm{d}\boldsymbol{l} \tag{14-46}$$

上式就是电势差的定义式，它表示，电场中 p、q 两点间的电势差就是单位正电荷在这两点的电势能之差，等于单位正电荷从点 p 移到点 q 电场力所做的功。电势差也称**电压**，是标量函数，与参考点的选取无关。

我们把 V_p和 V_q分别称为电场中点 p 的电势和点 q 的电势，显然它们分别等于单位正电荷在点 p 和点 q 的电势能。式（14-46）给出的只是电场中两点的电势差，而不是各点的电势。为了确定某点的电势，必须选择一个电势为零的参考点。在理论上，如果电荷分布在有限空间内，则可选择无限远处的电势为零。当电荷分布在无限远处时，如无限长带电线、无限大带电平面、无限长带电圆柱面等，这时不能选无限远为参考

点，否则电势值为无穷大或不确定。电荷分布在无限远处时，参考点应选在有限区域，一般选在无限长带电线上，无限长圆柱面上或轴线上。实际应用中，常选择大地的电势为零。电势能零点的选择与电势零点的选择是一致的，电荷处于电场中电势为零的地方，其电势能也必定为零。如果选择无限远处的电势为零，根据式（14-46），电场中任意一点 p 的**电势**可以表示为

$$V_p = V_p - V_\infty = \int_p^\infty \boldsymbol{E} \cdot \mathrm{d}\boldsymbol{l} \tag{14-47}$$

上式表示，电场中某点的电势，等于把单位正电荷从该点经任意路径移到无限远处电场力所做的功。如果知道电场的分布，则可由式（14-47）求得电场中各点的电势。

电势是一个标量点函数，参考点确定后，场中每一点都有确定的电势值，电势具有相对性，即与参考点的选择有关。在国际单位制中，电势的单位是 V（伏特，简称伏），根据电势的定义，应有

$$1\mathrm{V} = 1\mathrm{J/C}$$

14.6　电势叠加原理

虽然电势不是矢量，但是静电场电势是通过电场强度的积分定义的，而电场强度遵从叠加原理，因此静电场电势也表现出间接的叠加性。

14.6.1　在单个点电荷产生的电场中任意一点的电势

如图 14-27 所示，空间有一点电荷 q，求与它相距 r 的点 p 的电势。根据式（14-47），点 p 的电势应为

$$V_p = \int_p^\infty \boldsymbol{E} \cdot \mathrm{d}\boldsymbol{l} \tag{14-48}$$

因为上面的积分与路径无关，我们选择从点电荷 q 到点 p 的连线 r 的延长线作为积分路径，所以

$$V_p = \int_r^\infty \boldsymbol{E} \cdot \mathrm{d}\boldsymbol{r} = \int_r^\infty E\mathrm{d}r = \int_r^\infty \frac{1}{4\pi\varepsilon_0}\frac{q}{r^2}\mathrm{d}r = \frac{1}{4\pi\varepsilon_0}\frac{q}{r} \tag{14-49}$$

式（14-49）表示，在点电荷电场中任意一点的电势，与点电荷的电量 q 成正比，与该点到点电荷的距离 r 成反比。当点电荷 q 为正号时，V_p 为正值；当点电荷 q 为负号时，V_p 为负值。这就是说，当选择无限远处为电势零点时，正点电荷电场的电势恒为正值，负点电荷电场的电势恒为负值。

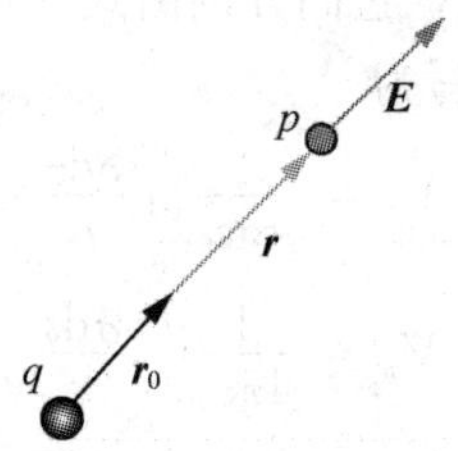

图 14-27　点电荷电场中任意一点的电势

14.6.2 在多个点电荷产生的电场中任意一点的电势

空间有 n 个点电荷 q_1，q_2，…，q_n，求任意一点 p 的电势。这时点 p 的电场强度 $\boldsymbol{E}$ 等于各个点电荷单独在点 p 产生的电场强度 $\boldsymbol{E}_1$，$\boldsymbol{E}_2$，…，$\boldsymbol{E}_n$ 的矢量之和。所以点 p 的电势可以表示为

$$\begin{aligned}V_p &= \int_p^{\infty}\boldsymbol{E}\cdot\mathrm{d}\boldsymbol{l} = \int_p^{\infty}(\boldsymbol{E}_1+\boldsymbol{E}_2+\cdots+\boldsymbol{E}_n)\cdot\mathrm{d}l \\ &= \int_p^{\infty}\boldsymbol{E}_1\cdot\mathrm{d}l+\int_p^{\infty}\boldsymbol{E}_2\cdot\mathrm{d}l+\cdots+\int_p^{\infty}\boldsymbol{E}_n\cdot\mathrm{d}l \\ &= \sum_{i=1}^{n}\int_p^{\infty}\boldsymbol{E}_i\cdot\mathrm{d}\boldsymbol{l} \\ &= \sum_{i=1}^{n}V_i\end{aligned}$$

式中，$\boldsymbol{E}_i$ 和 V_i 分别是第 i 个点电荷 q_i 单独在点 p 产生的电场强度和电势。因此上式表示，在由多个点电荷产生的电场中，任意一点的电势等于各个点电荷在该点产生的电势的代数和。电势的这种性质，称为电势的叠加原理。如果第 i 个点电荷到点 p 的距离为 r_i，那么

$$V_i = \int_p^{\infty}\boldsymbol{E}_i\cdot\mathrm{d}l = \frac{1}{4\pi\varepsilon_0}\frac{q_i}{r_i} \tag{14-50}$$

所以点 p 的电势为

$$V_p = \sum_{i=1}^{n}V_i = \frac{1}{4\pi\varepsilon_0}\sum_{i=1}^{n}\frac{q_i}{r_i} \tag{14-51}$$

14.6.3 在任意带电体产生的电场中任意一点的电势

在任意带电体产生的电场中，我们仍然可以把带电体看为很多很小电荷元的集合体。每个电荷元在空间某点产生的电势，与相同电量的点电荷在该点产生的电势相等。整个带电体在空间某点产生的电势，等于各个电荷元在同一点产生电势的代数和。所以，式（14-51）中的求和号可用积分号代替，即

$$V_p = \frac{1}{4\pi\varepsilon_0}\int\frac{\mathrm{d}q}{r} \tag{14-52}$$

式中 r 是电荷元 $\mathrm{d}q$ 到所讨论的点 p 的距离。

在处理具体问题时，我们可以根据电荷在带电体上的分布情况，分别引入体电荷密度 ρ、面电荷密度 σ 和线电荷密度 λ，它们分别由式（14-14）、式（14-17）和式（14-19）所表示。这时式（14-52）可分别写为

$$V_p = \frac{1}{4\pi\varepsilon_0}\iiint_v\frac{\rho\mathrm{d}\tau}{r} \tag{14-53}$$

$$V_p = \frac{1}{4\pi\varepsilon_0}\iint_S\frac{\sigma\mathrm{d}s}{r} \tag{14-54}$$

$$V_p = \frac{1}{4\pi\varepsilon_0}\int_L\frac{\lambda\mathrm{d}l}{r} \tag{14-55}$$

在计算电势时，有两种方法：①如果已知电荷的分布，尚不知电场强度的分布，总可以利用式（14-53）～式（14-55）直接计算电势；②对于电荷分布具有一定对称性的问题，往往先利用高斯定理求出电场的分布，然后通过式（14-47）来计算电势。

例 14-5　求图 14-28 中均匀带电圆环轴线上任一点 P 的电势。圆环半径为 R，所带电荷总量为 q。电荷线密度为 η，参考点在无限远。

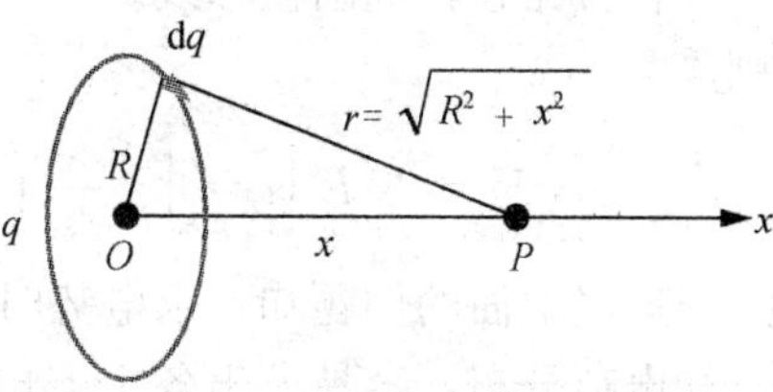

图 14-28　均匀带电圆环的电势

解　因参考点选在无穷远处，所以用第 1 种方法求解。在圆环上取一长为 $\mathrm{d}l$ 的电荷元，其所带电荷量为 $\mathrm{d}q=\eta\mathrm{d}l$，电荷元 $\mathrm{d}q$ 在圆环轴线上 P 点产生的电势为

$$\mathrm{d}V=\frac{\mathrm{d}q}{4\pi\varepsilon_0 r}=\frac{\eta\mathrm{d}l}{4\pi\varepsilon_0 r}=\frac{q\mathrm{d}l}{8\pi^2\varepsilon_0 rR}=\frac{q\mathrm{d}l}{8\pi^2\varepsilon_0 R\sqrt{R^2+x^2}}$$

整个带电圆环产生在 P 点的电势为

$$V=\int\mathrm{d}V=\int_0^{2\pi R}\frac{q\mathrm{d}l}{8\pi^2\varepsilon_0 R\sqrt{R^2+x^2}}=\frac{q}{4\pi\varepsilon_0\sqrt{R^2+x^2}}$$

① 当 P 点位于轴线上相当远处，即 $x\gg R$ 时，则有 $V=\dfrac{q}{4\pi\varepsilon_0 x}$；

② 当 $x=0$ 时（待求点 P 位于环心），则有

$$V_0=\frac{q}{4\pi\varepsilon_0 R}\qquad（说明：电势最高点在球心处）$$

例 14-6　求图 14-29 中带电圆盘轴线上任一点的电势。

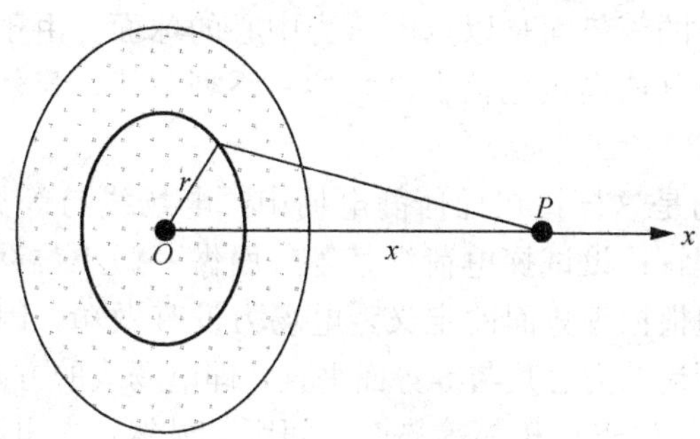

图 14-29　均匀带电圆盘的电势

解　取宽度为 $\mathrm{d}r$ 的某一带电圆环，则 $\mathrm{d}q=2\pi r\cdot\mathrm{d}r\cdot\sigma$，$\mathrm{d}q$ 在轴线上任一点 P 产生的电势为

$$\mathrm{d}V=\frac{\mathrm{d}q}{4\pi\varepsilon_0\sqrt{r^2+x^2}}=\frac{\sigma 2\pi r\cdot\mathrm{d}r}{4\pi\varepsilon_0\sqrt{r^2+x^2}}$$

整个圆盘产生的场中 P 点的电势为

$$V=\int\mathrm{d}V=\int_0^R\frac{\sigma 2\pi r\cdot\mathrm{d}r}{4\pi\varepsilon_0\sqrt{r^2+x^2}}=\frac{\sigma}{2\varepsilon_0}(\sqrt{R^2+Z^2}-Z)$$

此题也可利用已求出带电圆盘轴线上的场强，用电势和场强的积分关系得轴线上 P 点的电势：

$$V=\int_P^{参}\boldsymbol{E}\cdot \mathrm{d}\boldsymbol{l}=\int_P^{参}E\mathrm{d}l=\int_P^{参}E\mathrm{d}Z$$

参考点：无限远；

积分路径：选圆盘轴线。

则

$$V=\int_P^{\infty}E\mathrm{d}z=\int_R^{\infty}\frac{\sigma}{2\varepsilon_0}\left(1-\frac{Z}{\sqrt{R^2+Z^2}}\right)\mathrm{d}Z=\frac{\sigma}{2\varepsilon_0}(\sqrt{R^2+Z^2}-Z)$$

通过上面的例题知：求电势时究意利用哪种方法应视问题而定，没有绝对的含义。已知电荷分布，容易求出各个点电荷或电荷元在场点的电势时，用方法①；容易求出场强 $\boldsymbol{E}$ 时用方法②。

14.7 电场强度和电势的关系

静电场电势的定义反映了电势与电场强度的积分关系，即通过电场强度可以计算出电势。反过来，如果已知空间两点间的电势差，能定量地得出对应的电场强度吗?

14.7.1 等势面

一般说来，静电场内不同的点具有不同的电势值，但也有一些点的电势值是相同的，而且这些点总是在一个曲面上。静电场内电势相等的各点构成的曲面称为等势面。在点电荷所产生的电场中，与电荷 q 相距为 r 的各点的电势均为 $V=\frac{1}{4\pi\varepsilon_0}\frac{q}{r}$。这说明一个点电荷产生的静电场的等势面是以点电荷为中心的球面。由于点电荷的电场线是由正电荷沿半径方向发出（或向负电荷会聚）的一系列射线，显然，这些电场线与等势面处处正交，如图 14-30 所示。

不仅点电荷的电场是这样，在任何静电场中，电场线与等势面都是处处正交的。这个问题可以这样来理解：设试探电荷沿某等势面做一微小位移，这时虽然电场对试探电荷有力的作用，但根据等势面的定义，电场力没有做功。因此，可以肯定试探电荷在等势面上任一点所受的力总是与等势面垂直，即电场线的方向总是与等势面正交。

图 14-30 中 $\mathrm{d}l_1$ 和 $\mathrm{d}l_2$ 表示相邻等势面的间距。显然，点电荷附近电场强度较大，等势面较密；离点电荷越远，电场强度越小，等势面越疏。从等势面的疏密分布情况，也可以判断电场的强弱。

电荷沿等势面移动，电场力是不做功的，这是等势面的一个性质。如果试探电荷 q_0 在电场中做位移 $\mathrm{d}\boldsymbol{l}$，对应于此位移的电势增量为 $\mathrm{d}V$，则电场力做的功可以表示为

$$\mathrm{d}A=-q_0\mathrm{d}V \tag{14-56}$$

如果位移 $\mathrm{d}\boldsymbol{l}$ 沿等势面，那么 $\mathrm{d}V=0$，所以电场力做的功也必定为零。

等势面处处与电场线正交，这是等势面的另一个性质。当试探电荷 q_0 在电场强度为 $\boldsymbol{E}$ 的电场中不沿等势面做位移 $\mathrm{d}\boldsymbol{l}$，电场力做的功还可以表示为另一形式，即

$$\mathrm{d}A=q_0\boldsymbol{E}\cdot\mathrm{d}\boldsymbol{l}=q_0E\cos\theta\mathrm{d}l \tag{14-57}$$

式中 θ 是位移 $\mathrm{d}\boldsymbol{l}$ 与该处电场强度 $\boldsymbol{E}$ 之间的夹角，如图 14-31 所示。上面已经证明，电

荷沿等势面移动电场力不做功，$\mathrm{d}A=0$，必定有 $\cos\theta=0$，$\theta=\pi/2$，即 $\mathrm{d}\boldsymbol{l}$ 与 $\boldsymbol{E}$ 相垂直。因为 $\mathrm{d}\boldsymbol{l}$ 是处于等势面上的任意微小位移，所以 $\boldsymbol{E}$ 必定与该处的等势面相垂直。

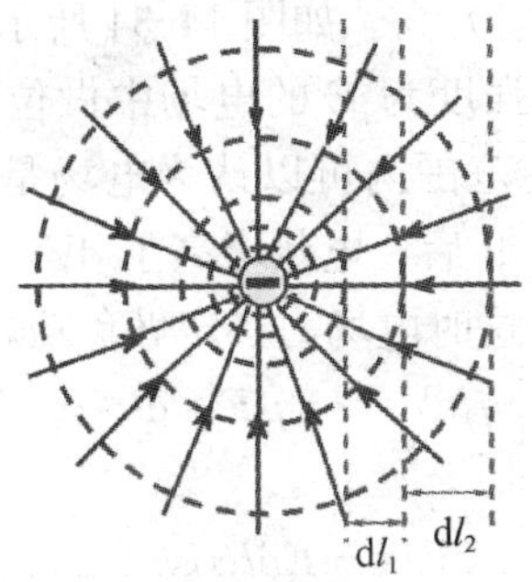

图 14-30　点电荷的等势面

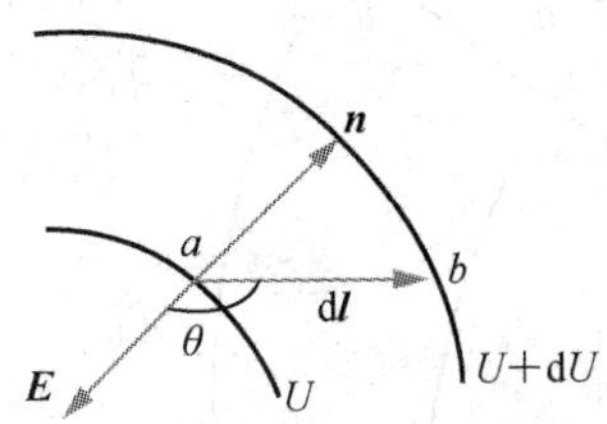

图 14-31　电场强度与等势面垂直

等势面在实际工作中具有重要意义。这是因为电势比电场强度容易计算，即使在没有计算出电场中各点电势的情况下，也可以用实验方法精确地描绘出等势面。所以在实际工作中往往需要由等势面的分布得知各点的电场强度的大小和方向。

图 14-32 和图 14-33 列举两种常见的等势面。

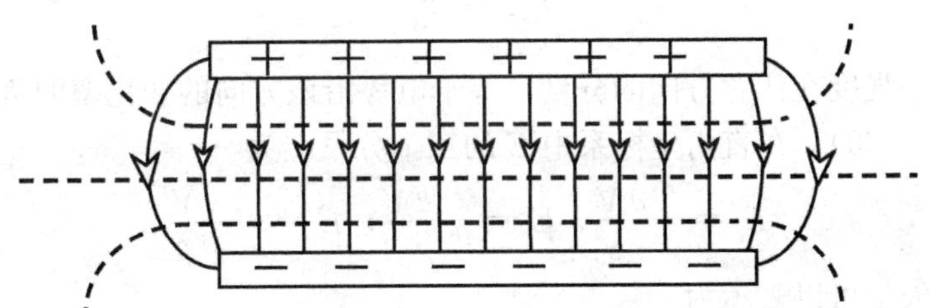

图 14-32　两平行带电平板的电场线和等势面

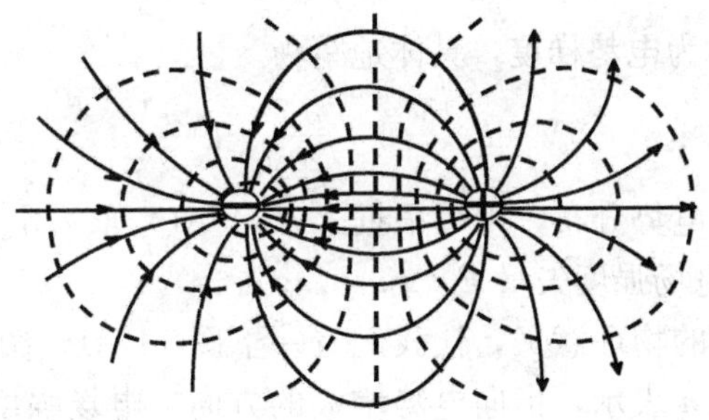

图 14-33　一对等量异号点电荷的电场线和等势面

14.7.2　电势与电场强度的关系

电场强度和电势都是描述电场的物理量，即它们是同一事物的两个不同的侧面，它们之间应存在一定关系。实际上，14.5 节式（14-47）已经反映了这种关系，通过这个关系可以由电场强度的分布求得电势的分布。前面我们已经说过，在实际问题中往往需要由测得的电势（或等势面）分布情况去估计电场强度的分布情况。因此，在理论上建立一个由电势分布求电场强度的关系式，就变得十分重要了。

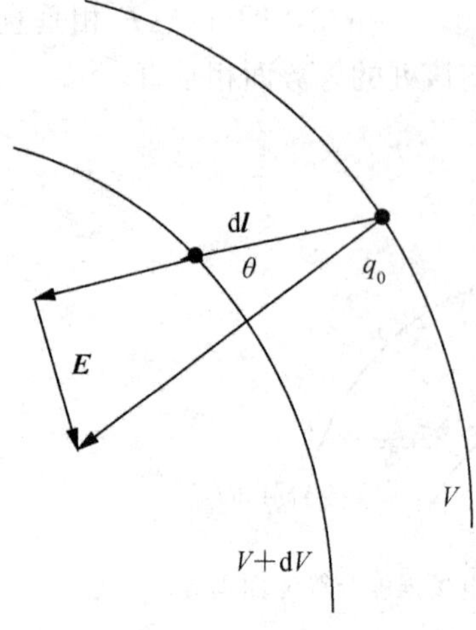

图 14-34　求电场强度与电势的关系

一个在电场中缓慢移动的电荷，电场力若做正功，该电荷的电势能必定降低，电场力若做负功，该电荷的电势能必定升高。如图 14-34 所示，现有一试探电荷 q_0 在电场强度为 $\boldsymbol{E}$ 的电场中做位移 $\mathrm{d}\boldsymbol{l}$，由于 $\mathrm{d}\boldsymbol{l}$ 很小，在 $\mathrm{d}\boldsymbol{l}$ 的范围内可以认为电场是匀强的。如若 q_0 完成了位移 $\mathrm{d}\boldsymbol{l}$ 后，电势增高了 $\mathrm{d}V$，则其电势能的增量为 $q_0\mathrm{d}V$，这时电场力必定做负功，因而有

$$q_0\mathrm{d}V=-q_0\boldsymbol{E}\cdot\mathrm{d}\boldsymbol{l} \tag{14-58}$$

即

$$\mathrm{d}V=-E\mathrm{d}l\cos\theta \tag{14-59}$$

式中，θ 是电场强度 $\boldsymbol{E}$ 与位移 $\mathrm{d}\boldsymbol{l}$ 之间的夹角。等号右边 $E\cos\theta$ 就是电场强度 $\boldsymbol{E}$ 在位移 $\mathrm{d}\boldsymbol{l}$ 方向的分量，用 E_l 表示；等号左边是电势沿位移方向的变化率，是 V 沿 $\mathrm{d}\boldsymbol{l}$ 方向的方向微商，而方向微商是偏微商，负号表示 $\boldsymbol{E}$ 指向电势降低的方向。于是上面的关系可以写为

$$E_l=-\frac{\partial V}{\partial l} \tag{14-60}$$

此式表示，电场强度在任意方向的分量，等于电势沿该方向的变化率的负值。

根据式（14-60），在直角坐标系中 $\boldsymbol{E}$ 的三个分量应为

$$E_x=-\frac{\partial V}{\partial x},\ E_y=-\frac{\partial V}{\partial y},\ E_z=-\frac{\partial V}{\partial z} \tag{14-61}$$

电场强度矢量可以表示为

$$\boldsymbol{E}=-\left(\boldsymbol{i}\frac{\partial V}{\partial x}+\boldsymbol{j}\frac{\partial V}{\partial y}+\boldsymbol{k}\frac{\partial V}{\partial z}\right)=-\nabla V \tag{14-62}$$

式（14-62）中的 ∇V 称为**电势梯度**，具体地写为

$$\nabla V=\boldsymbol{i}\frac{\partial V}{\partial x}+\boldsymbol{j}\frac{\partial V}{\partial y}+\boldsymbol{k}\frac{\partial V}{\partial z} \tag{14-63}$$

若已知空间各点的电势分布，则可根据式（14-61）求得电场强度 $\boldsymbol{E}$ 的三个分量，并由式（14-62）得出电场强度矢量 $\boldsymbol{E}$（x，y，z）。

为了弄清电势梯度的物理意义，让我们看一下图 14-31。图中所画曲面是等势面，其法线方向单位矢量用 $\boldsymbol{n}$ 表示，指向电势增大的方向。电场强度 $\boldsymbol{E}$ 的方向沿着 $\boldsymbol{n}$ 的反方向。根据式（14-60），电场强度的大小可以表示为

$$E=\frac{\partial V}{\partial n} \tag{14-64}$$

电场强度矢量必定可以表示为

$$\boldsymbol{E}=-\frac{\partial V}{\partial n}\boldsymbol{n} \tag{14-65}$$

比较式（14-65）和式（14-62），可以得到

$$\frac{\partial V}{\partial n}\boldsymbol{n}=\nabla V \tag{14-66}$$

由此可见，电势梯度是一个矢量，它的大小等于电势沿等势面法线方向的变化率，它的方向沿着电势增大的方向。

由式（14-60）可以得到电场强度的另一个单位，即 V/m（伏特/米）。

例 14-7　从点电荷的电势表达式 $V=q/4\pi\varepsilon_0 r$，求点电荷的场强。

解　取点电荷 q 的所在点为原点，由于点电荷电场的对称性，电场中各点的场强必沿过该点的矢径方向，利用场强和电势的微分关系，取电势对 r 的导数：

$$E_r=-\frac{\partial V}{\partial r}=-\frac{\mathrm{d}}{\mathrm{d}r}\left(\frac{q}{4\pi\varepsilon_0 r}\right)=\frac{1}{4\pi\varepsilon_0}\frac{q}{r^2}$$

场强方向沿矢径方向。

例 14-8　如图 14-35 所示，利用场强和电势的微分关系，计算均匀带电圆盘轴线上任一点 P 的场强。

解　例 14-6已经得出圆盘轴线上任一点 P 的电势为

$$V=\frac{\sigma}{2\varepsilon_0}\left[\sqrt{R^2+x^2}-x\right]$$

此式表明，P 点的电势 V 是 x 的函数，P 点的场强只有 x 分量，有

$$E_x=-\frac{\partial V}{\partial x}=-\frac{\partial}{\partial x}\left[\frac{\sigma}{2\varepsilon_0}\left(\sqrt{R^2+x^2}-x\right)\right]=\frac{\sigma}{2\varepsilon_0}\left(1-\frac{x}{\sqrt{R^2+x^2}}\right)$$

方向沿圆盘的轴线方向。这与前面的结果是一样的。

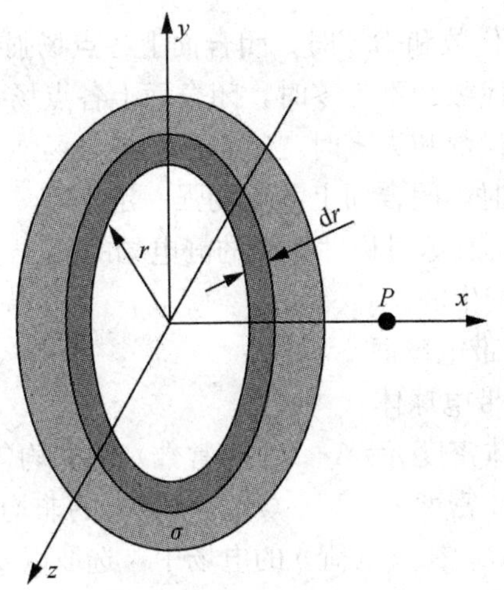

图 14-35　均匀带电圆盘的电场和电势

思考与讨论

14.1　两个点电荷分别带电 q 和 $2q$，相距 l，试问将第三个点电荷放在何处它所受合力为零?

14.2　下列几个说法中正确的是（　　）。

(A) 电场中某点场强的方向，就是将点电荷放在该点所受电场力的方向

(B) 在以点电荷为中心的球面上，由该点电荷所产生的场强处处相同

(C) 场强方向可由 $\boldsymbol{E}=\boldsymbol{F}/q$ 定出，其中 q 为试验电荷的电量，q 可正可负，$\boldsymbol{F}$ 为试验电荷所受的电场力

(D) 以上说法都不正确

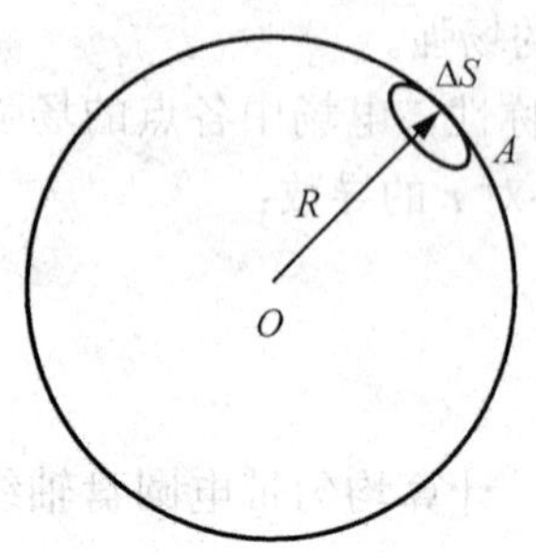

图 14-36　题 14.3 图示

14.3　如图 14-36 所示，真空中一半径为 R 的均匀带电球面，总电量为 q（$q<0$），今在球面上挖去非常小的一块面积 ΔS（连同电荷），且假设不影响原来的电荷分布，则挖去 ΔS 后球心处的电场强度大小和方向。

14.4　有一边长为 a 的正方形平面，在其中垂线上距中心 O 点 $a/2$ 处，有一电荷为 q 的正点电荷，则通过该平面的电场强度通量为多少？

14.5　对静电场高斯定理的理解，下列四种说法中正确的是（　　）。

(A) 如果通过高斯面的电通量不为零，则高斯面内必有净电荷

(B) 如果通过高斯面的电通量为零，则高斯面内必无电荷

(C) 如果高斯面内无电荷，则高斯面上电场强度必处处为零

(D) 如果高斯面上电场强度处处不为零，则高斯面内必有电荷

14.6　由真空中静电场的高斯定理 $\oint_S \boldsymbol{E}\cdot \mathrm{d}\boldsymbol{S}=\frac{1}{\varepsilon_0}\sum q$ 可知（　　）。

(A) 闭合面内的电荷代数和为零时，闭合面上各点场强一定为零

(B) 闭合面内的电荷代数和不为零时，闭合面上各点场强一定都不为零

(C) 闭合面内的电荷代数和为零时，闭合面上各点场强不一定都为零

(D) 闭合面内无电荷时，闭合面上各点场强一定为零

14.7　图 14-37 为一具有球对称性分布的静电场的 E-r 关系曲线，则该静电场是由下列（　　）中的带电体产生的。

(A) 半径为 R 的均匀带电球面

(B) 半径为 R 的均匀带电球体

(C) 半径为 R、电荷体密度 $\rho=Ar$（A 为常数）的非均匀带电球体

(D) 半径为 R、电荷体密度 $\rho=A/r$（A 为常数）的非均匀带电球体

14.8　如图 14-38 所示，在点电荷 q 的电场中，选取以 q 为中心、R 为半径的球面上一点 P 处作电势零点，则与点电荷 q 距离为 r 的 P' 点的电势为（　　）。

(A) $\frac{q}{4\pi\varepsilon_0 r}$　(B) $\frac{q}{4\pi\varepsilon_0}\left(\frac{1}{r}-\frac{1}{R}\right)$　(C) $\frac{q}{4\pi\varepsilon_0 (r-R)}$　(D) $\frac{q}{4\pi\varepsilon_0}\left(\frac{1}{R}-\frac{1}{r}\right)$

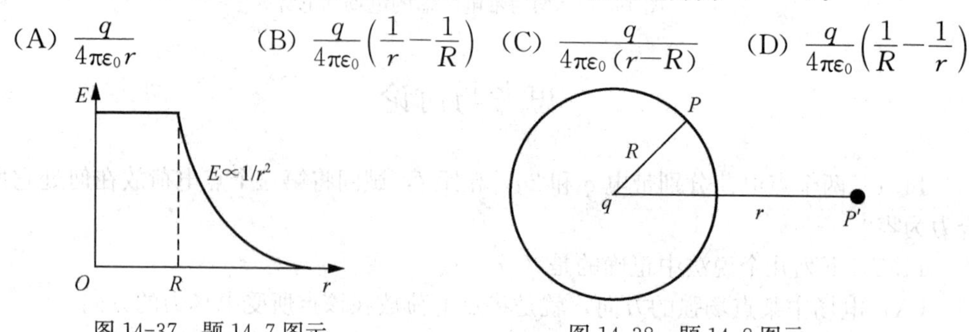

图 14-37　题 14.7 图示

图 14-38　题 14.8 图示

14.9　设无穷远处电势为零，则半径为 R 的均匀带电球体产生的电场的电势分布规律为（图 14-39 中的 U_0 和 b 皆为常量）（　　）。

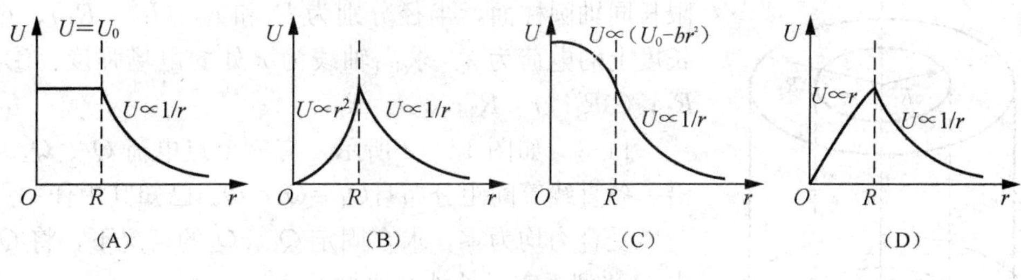

图 14-39　题 14.9 图示

习　题　14

14-1　若电荷 Q 均匀地分布在长为 L 的细棒上。求证：

1）在棒的延长线，且离棒中心为 r 处的电场强度大小为

$$E=\frac{1}{\pi\varepsilon_0}\frac{Q}{4r^2-L^2}$$

2）在棒的垂直平分线上，离棒为 r 处的电场强度大小为

$$E=\frac{1}{2\pi\varepsilon_0 r}\frac{Q}{\sqrt{4r^2+L^2}}$$

若棒为无限长（即 $L\to\infty$），试将结果与无限长均匀带电直线的电场强度相比较。

14-2　一半径为 R 的半球壳，均匀地带有电荷，电荷面密度为 σ，求球心处电场强度的大小。

14-3　两条无限长平行直导线相距为 r_0，均匀带有等量异号电荷，电荷线密度为 λ。

1）求两导线构成的平面上任一点的电场强度（设该点到其中一线的垂直距离为 x）。

2）求每一根导线上单位长度导线受到另一根导线上电荷作用的电场力。

14-4　边长为 a 的立方体如图 14-40 所示，其表面分别平行于 xOy、yOz 和 zOx 平面，立方体的一个顶点为坐标原点。现将立方体置于电场强度 $\boldsymbol{E}=(E_1+kx)\boldsymbol{i}+E_2\boldsymbol{j}$（$k,E_1$，$E_2$ 为常数）的非均匀电场中，求电场对立方体各表面及整个立方体表面的电场强度通量。

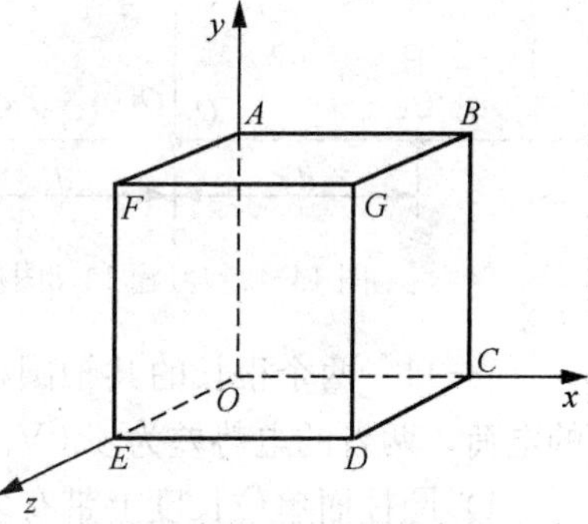

图 14-40　习题 14-4图示

14-5　设在半径为 R 的球体内，其电荷为球对称分布，电荷体密度为

$$\rho=kr,\ 0\leqslant r\leqslant R$$
$$\rho=0,\ r>R$$

k 为一常量。试分别用高斯定理和电场叠加原理求电场强度 $\boldsymbol{E}$ 与 $\boldsymbol{r}$ 的函数关系。

14-6　一无限大均匀带电薄平板，电荷面密度为 σ，在平板中部有一半径为 r 的小

圆孔。求圆孔中心轴线上与平板相距为 x 的一点 P 的电场强度。

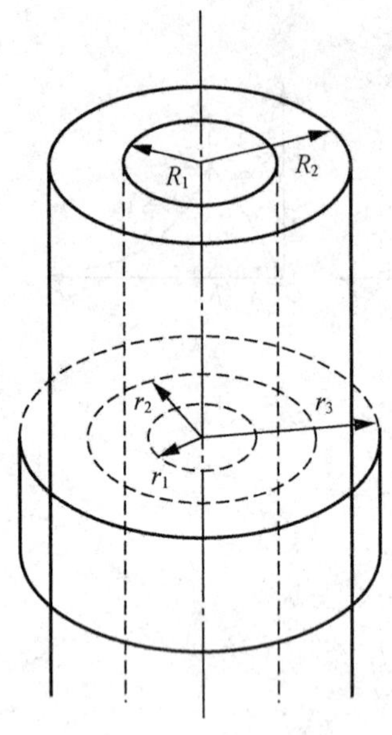

图 14-41　习题 14-7图示

14-7　如图 14-41 所示，两个带有等量异号电荷的无限长同轴圆柱面，半径分别为 R_1 和 R_2（$R_2>R_1$），单位长度上的电荷为 λ。求离轴线为 r 处的电场强度：①$r<R_1$；②$R_1<r<R_2$；③$r>R_2$。

14-8　如图 14-42 所示，有三个点电荷 Q_1、Q_2、Q_3 沿一条直线等间距分布且$Q_1=Q_3=Q$。已知其中任一点电荷所受合力均为零，求在固定 Q_1、Q_3 的情况下，将 Q_2 从点 O 移到无穷远处外力所做的功。

14-9　两个同心球面的半径分别为 R_1 和 R_2，各自带有电荷 Q_1 和 Q_2。求：

1）各区域电势分布，并画出分布曲线。

2）两球面间的电势差为多少？

14-10　如图 14-43 所示，一圆盘半径 $R=3.00\times10^{-2}$m。圆盘均匀带电，电荷面密度 $\sigma=2.00\times10^{-5}$C/m^2。

1）求轴线上的电势分布。

2）根据电场强度与电势梯度的关系求电场分布。

3）计算离盘心 30.0cm 处的电势和电场强度。

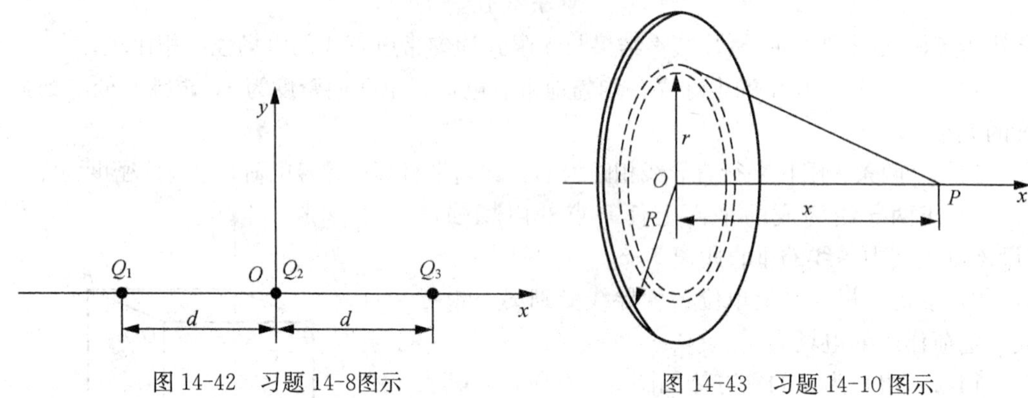

图 14-42　习题 14-8图示　　图 14-43　习题 14-10 图示

14-11　两个很长的共轴圆柱面（$R_1=3.0\times10^{-2}$m，$R_2=0.10$m），带有等量异号的电荷，两者的电势差为 450V。求：

1）圆柱面单位长度上带有多少电荷？

2）$r=0.05$m 处的电场强度。

14-12　如图 14-44 所示，在 xOy 面上倒扣着半径为 R 的半球面，半球面上电荷均匀分布，电荷面密度为 σ。A 点的坐标为（0，$R/2$），B 点的坐标为（$3R/2$，0），求电势差 U_{AB}。

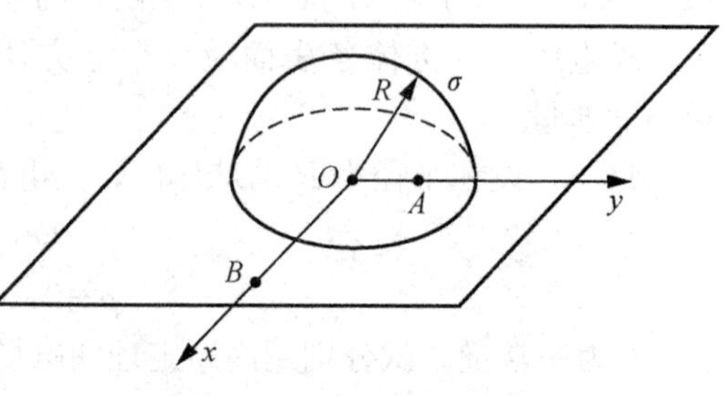

图 14-44　习题 14-12 图示

第 15 章　导体和电介质中的静电场

导体和电介质放入静电场后，静电场不仅要影响导体和电介质中电荷的分布，而且电荷分布变化后，反过来又要影响电场的分布。导体和绝缘体有着完全不同的静电特性，静电现象的一切应用，实际上是导体和电介质静电特性的运用。研究导体和电介质的静电特性以及导体和电介质内外电场的分布，具有重要意义。

本章重点讨论静电场中有导体和电介质存在时的静电平衡和电介质的极化问题，并引入电位移矢量描写有电介质存在时的电场和电容以及带电体系的静电能。

15.1　导体的静电平衡

导体以导电性好而著称。本节则不着眼于导体的导电性，而着重讨论静电场中导体内部和导体表面的电荷分布特性，以及导体内外的电场分布和静电屏蔽等问题。

15.1.1　金属导体的静电平衡

金属导体是以金属键结合的晶体，由许多小晶粒组成，每个晶粒内的原子作有序排列而构成晶格点阵。组成晶体时，晶格结点上的原子很容易失去外层的价电子，成为正离子。而脱离原子核束缚的价电子则可以在整个金属晶体中自由运动，称为**自由电子**。金属导体在电结构上的重要特征就是具有大量的自由电子。导体不带电或不受外电场作用时，自由电子只做热运动，不发生宏观电量的迁移，自由电子和晶格点阵的正电荷互相中和，因而整个金属导体的任何宏观部分都呈电中性状态。

当把一个不带电的导体放进电场强度为 $\boldsymbol{E}_0$ 的外电场中时，导体中的自由电子将在电场力的作用下，逆着电场 $\boldsymbol{E}_0$ 的方向做定向运动，并在导体的一个侧面集结，使该侧面出现负电荷，而相对的另一侧面则出现正电荷，这种现象称为**静电感应**。由此产生的电荷称为**感应电荷**。相对侧面上的感应电荷电量相等而符号相反，如图 15-1所示。

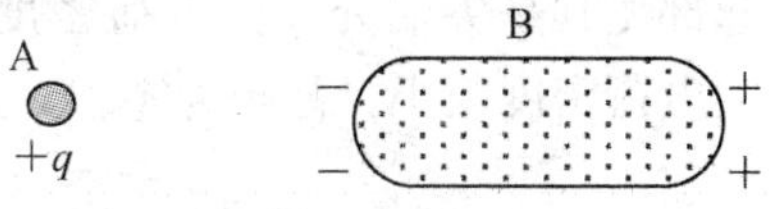

图 15-1　静电感应

感应电荷必然在空间激发电场，这个电场与原来的电场相叠加，因而改变了空间各处的电场分布。我们把感应电荷产生的电场称为**附加电场**，用 $\boldsymbol{E}'$ 表示。感应电荷所产生的附加电场跟外电场 $\boldsymbol{E}_0$ 相叠加。叠加的结果是使导体内外的电场都重新分布。空间任意一点的电场强度应为

$$\boldsymbol{E}=\boldsymbol{E}_0+\boldsymbol{E}' \tag{15-1}$$

如图 15-2所示，在导体内部，附加电场 $\boldsymbol{E}'$ 与外电场 $\boldsymbol{E}_0$ 方向相反，叠加的结果削弱了导体内部的电场。然而，只要合场强不等于零，导体内部就会继续加速移动，使 $\boldsymbol{E}'$ 继续增大。当导体两端的正、负电荷积累到一定程度，合场强处处为零时，自由电荷

的定向移动就会停止。在金属导体中，自由电子没有宏观定向运动的状态，称为**静电平衡状态**。因此，导体的**静电平衡条件**是：导体内部的电场强度处处为零。达到静电平衡时，带电体系中的电荷分布与电场分布都不随时间变化。

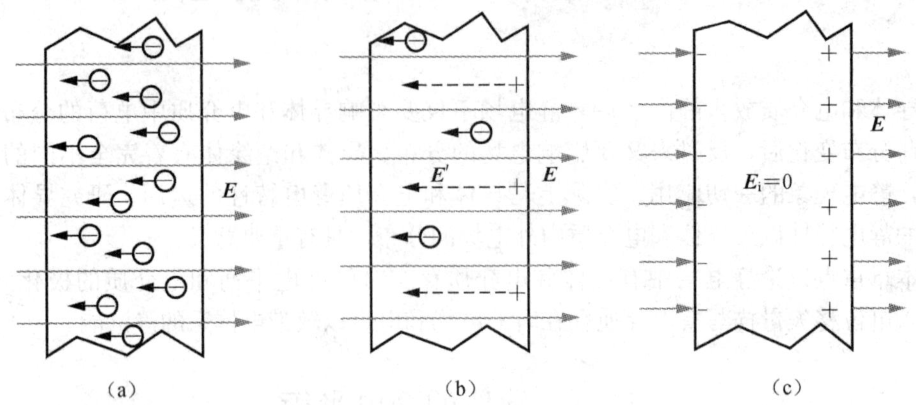

图 15-2 导体的静电感应和静电平衡

从导体的静电平衡条件出发，还可得出如下**推论**：

1) **导体是个等势体，导体表面是个等势面**。因导体达到静电平衡时，其内部电场强度为零，由电场强度和电势梯度的关系可知，这时导体内部电势梯度处处为零，因而电势相同，是个等势体，从而其表面是个等势面；

2) **导体外的场强处处与它的表面垂直**。因为电场线处处与等势面正交，所以导体外的场强一定与它的表面垂直；

3) **导体内部处处没有未抵消的净电荷，电荷只分布在导体的表面**。因为导体内部电场为零，因而通过导体内部任一闭合曲面的电通量都等于零，根据高斯定理，所有这些闭合曲面内部都不含有净电荷。

15.1.2 导体表面的电荷和电场

导体表面电荷的分布与导体本身的形状以及附近带电体的状况等多种因素有关。即使对于其附近没有其他导体和带电体、也不受任何外来电场作用的所谓孤立导体来说，表面电荷分布与其曲率之间也没有简单的函数关系，但存在大致的规律：表面凸起部尤其是尖端处，面电荷密度较大；表面平坦处，面电荷密度较小；表面凹陷处，面电荷密度很小，甚至为零。

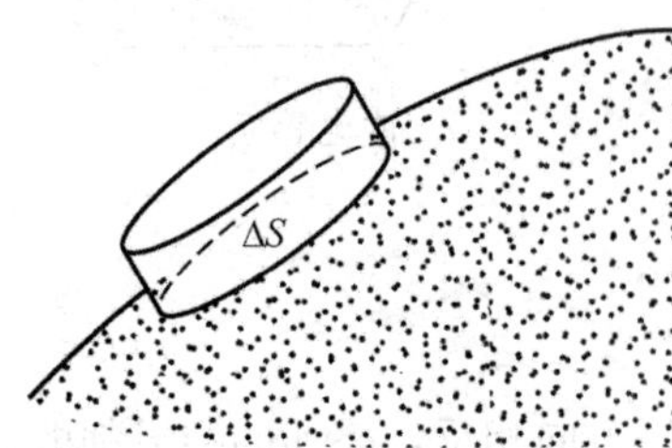

图 15-3 导体表面附近电场强度与电荷密度的关系

由于电荷在导体表面的分布与表面的状况有关，所以导体表面附近的电场强度也与表面状况有关。在带电导体表面上任取一面元 ΔS，ΔS 足够小，以致可以认为其所带电荷的分布是均匀的，面电荷密度是 σ。包围 ΔS 作一圆柱状闭合面，使其上、下底面的大小都等于 ΔS，并与导体表面相平行，上底面在导体表面外侧，下底面在导体内部，如图 15-3所示。显然，圆柱侧面与电场强度方向相平行，电通量为零；导体内部

电场强度为零，下底面的电通量也为零。所以通过整个圆柱状闭合面的电通量就等于通过圆柱上底面的电通量，即

$$\oiint_s \boldsymbol{E} \cdot \mathbf{d}\boldsymbol{S} = E\Delta S \tag{15-2}$$

根据高斯定理，有

$$\oiint_s \boldsymbol{E} \cdot \mathbf{d}\boldsymbol{S} = \frac{q}{\varepsilon_0} = \frac{\sigma\Delta S}{\varepsilon_0} \tag{15-3}$$

由以上两式得

$$E\Delta S = \frac{\sigma\Delta S}{\varepsilon_0}$$

解得

$$E = \frac{\sigma}{\varepsilon_0} \tag{15-4}$$

式（15-4）表示，带电导体表面附近的电场强度大小与该处面电荷密度成正比。这样就得出，表面凸起部尤其是尖端处，面电荷密度较大，附近的电场强度也较强的结论。用这个结论可以解释尖端放电现象。

如果把金属针接在起电机的一个电极上，让它带上足够的电量，这时在金属针的尖端附近就会产生很强的电场，可使空气分子电离，并使离子急剧运动。在离子运动过程中，由于碰撞可使更多的空气分子电离。与金属针上电荷异号的离子，向着尖端运动，落在金属针上并与那里的电荷中和；与金属针上电荷同号的离子背离尖端运动，形成“电风”，并会把附近的蜡烛火焰吹向一边，如图 15-4所示，这就是**尖端放电现象**。在离子撞击空气分子时，有时由于能量较小而不足以使分子电离，但会使分子获得一部分能量而处于高能状态。处于高能状态的分子是不稳定的，总要返回低能量的基态。在返回基态的过程中要以发射光子的形式将多余的能量释放出去，于是在尖端周围就会出现暗淡的光环，这种现象称为**电晕**。

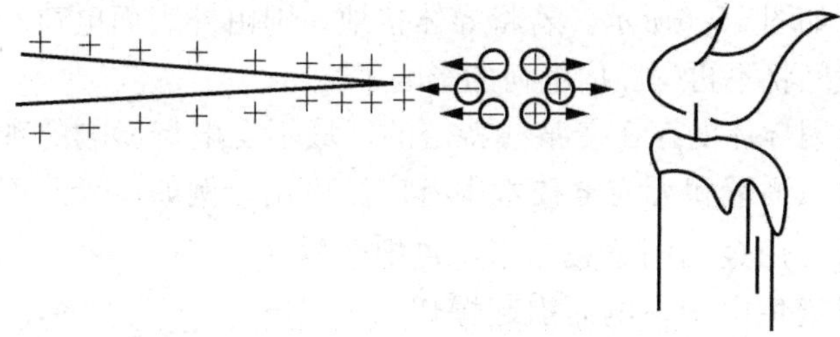

图 15-4　尖端放电现象

15.1.3　导体空腔

1. 空腔内无电荷

导体空腔就是空心导体。若腔内空间没有带电体，则导体空腔必定具有下列性质：内表面上不存在净电荷，所有净电荷都只分布在外表面。

在导体中取仅仅包围导体内表面的闭合曲面 S，如图 15-5 虚线所示，根据高斯定

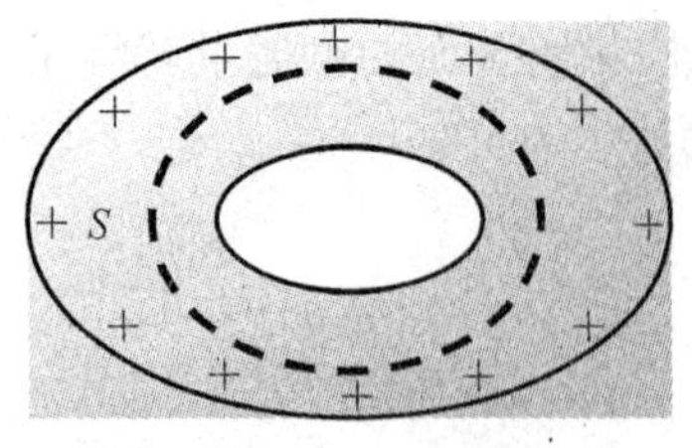

图 15-5 导体空腔

理，内表面上所带的总电量一定等于零。内表面上总电量等于零，可能有两种情形，第一种情形是等量异号电荷宏观上相分离，并处于内表面的不同位置上，第二种情形是内表面上处处电量都为零。实际上，第一种情形是不可能出现的，因为一旦出现了这种情形，在出现正电荷的地方将发出电场线，此电场线必然终止于出现负电荷的地方，这就与处于静电平衡的金属导体是等势体的结论相违背。所以，只能是第二种情形，即内表面上处处没有净电荷。

2．空腔内有电荷

若腔内空间存在带电体，用高斯定理不难证明，空腔内表面必定带有与腔内带电体等量异号的电荷，外表面有与腔内带电体等量同号的感应电荷。

腔内空间是否存在电场呢？内表面上面电荷密度为零，内表面附近就不会有电场。腔内空间若存在电场，那么这种电场的电场线只能在腔内空间闭合，而静电场的环路定理已经表明，静电场的电场线不可能是闭合线，所以整个腔内空间不可能存在电场。腔内没有电场，意味着电势无梯度，即电势处处相等并等于导体的电势。

15.1.4 导体静电平衡性质的应用

1. 静电屏蔽

根据导体空腔的性质我们可以得到这样的结论，在一个导体空腔内部若不存在其他带电体，则无论导体外部电场如何分布，也不管导体空腔自身带电情况如何，只要处于静电平衡，腔内必定不存在电场。另外，如果空腔内部存在电量为$+q$的带电体，则在空腔内、外表面必将分别产生$-q$和$+q$的电荷，外表面的电荷$+q$将会在空腔外部空间产生电场，如图 15-6所示。若将导体接地，则由外表面电荷产生的电场将随之消失，于是腔外空间将不再受腔内电荷的影响了。

在静电场中，因导体的存在使某些特定的区域不受电场影响的现象称之为**静电屏蔽**。静电屏蔽在电磁测量和无线电技术中有广泛应用。例如，火药库以及有爆炸危险的建筑物和物体都可用金属网蒙蔽起来，再把金属网很好地接地，则可避免由于雷电而引起爆炸。一般电学仪器的金属外壳都是接地的，这也是为了避免外电场的影响。又如，在高压输电线上进行带电操作时，工作人员全身需穿上金属丝网制成的屏蔽服（称为均压服），它相当于一个导体可以屏蔽外电场对人体的影响，并可使感应出来的交流电通过均压服以不危及人体。

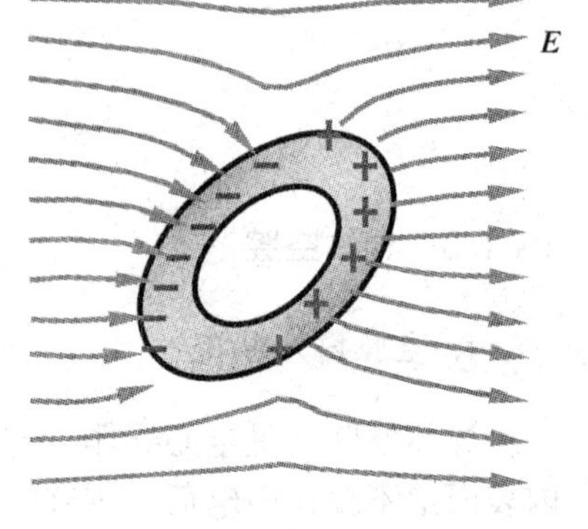

图 15-6 空腔导体屏蔽外电场

大家都知道，接触高压电是很危险的。怎样才能在不停电的条件下检修和维护高压线呢？原来对人体造成威胁的并不是电势高，而是电势梯度大。进行等电势高压带电作业的人员要全身穿戴金属丝网制成的衣、帽、手套和鞋子，这种保护服叫做金属均压服。穿上均压服后，作业人员就可以用绝缘软梯和通过瓷瓶串逐渐进入强电场区。当手与高压电线直接接触时，在手套与电线之间发生火花放电之后，人和高压线就等电势了，从而可以进行操作。均压服在带电作业中有两个作用：①屏蔽和均压作用。均压服相当于一个空腔导体，对人体起到电屏蔽作用，它能减弱达到人体的电场；②分流作用。当作业人员经过电势不同的区域时，要承受一个幅值较大的脉冲电流，由于均压服与人体相比电阻很小，可以对此电流进行分流，使绝大部分电流流经均压服，这样就保证了作业的安全。

2．范德格拉夫静电高压起电机

这种起电机是利用导体空腔所带电荷总是分布在外表面的原理做成的。如图 15-7 所示，是范德格拉夫静电高压起电机的示意图。与直流电源的正极相连的金属尖端 E，由于尖端放电而向用橡胶或丝织物制成的传送带 B 喷射电荷，携带电荷的传送带由滑轮 D 带动进入空心导体球 A 的腔内。金属尖端 F 与导体球 A 的内表面相连，当携带正电荷的传送带从尖端 F 附近经过时，由于静电感应而使 F 带负电荷，导体球 A 则带正电荷。由于尖端放电，F 上的负电荷与传送带上的正电荷相中和，球 A 所带的正电荷则分布在外表面。传送带这样周而复始地运行，球 A 所带的正电荷就越来越多，其电势也随之增高。球 A 的电势可达 2×10^6 V。这种装置是静电加速器的关键部件，主要用于加速带电粒子以进行核反应实验，也用于离子注入技术以制备半导体器件。

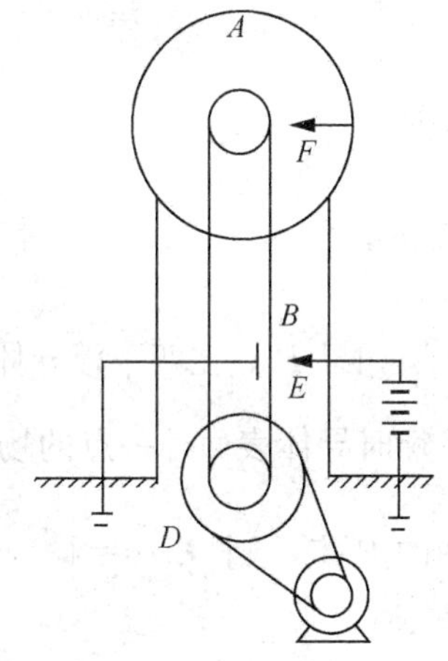

图 15-7　范德格拉夫起电机

例 15-1　对于两个无限大带电平板导体，证明：

1）相向的两面上，电荷面密度总是大小相等符号相反；

2）相背的两面上，电荷面密度总是大小相等符号相同。

证明　1）由前面静电场中导体的性质知：电荷分布于表面，导体内 $\boldsymbol{E}=0$，导体表面为等势面，导体表面外一点 $E=\dfrac{\sigma}{\varepsilon_0}$。

平板导体所带电荷分布于表面，因为无限大，所以均匀分布，设 1、2、3、4 面分别带电荷面密度为 σ_1、σ_2、σ_3、σ_4。利用上述性质，选取如图 15-8所示的高斯面，由高斯定理，有

$$\varphi_{ES}=\varphi_{ES_1}+\varphi_{ES_2}+\varphi_{ES_{侧}}=\frac{\sigma_2 S_1+\sigma_3 S_2}{\varepsilon_0}=\frac{\sigma_2+\sigma_3}{\varepsilon_0}\cdot\Delta S$$

因为

$$\boldsymbol{E}_{内}=0$$

所以

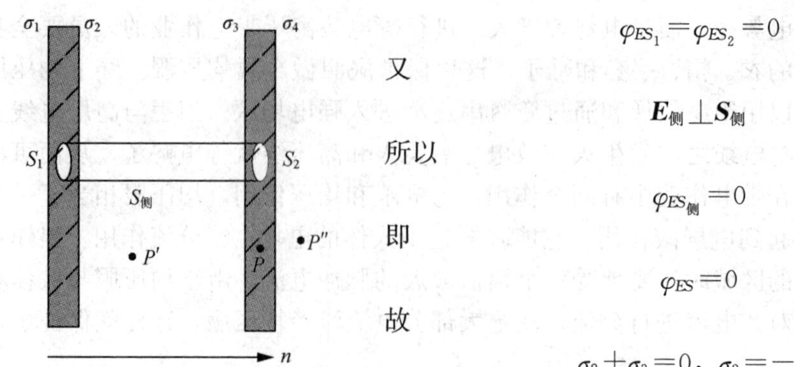

图 15-8　两个无限大带电平板导体

$$\varphi_{ES_1}=\varphi_{ES_2}=0$$

又

$$\boldsymbol{E}_{侧}\perp\boldsymbol{S}_{侧}$$

所以

$$\varphi_{ES_{侧}}=0$$

即

$$\varphi_{ES}=0$$

故

$$\sigma_2+\sigma_3=0,\quad \sigma_2=-\sigma_3$$

2）在导体内任取一点 P（任意的），因为

$$\boldsymbol{E}_{内P}=0\Rightarrow\boldsymbol{E}_1+\boldsymbol{E}_2+\boldsymbol{E}_3+\boldsymbol{E}_4=0$$

即

$$\frac{\sigma_3}{2\varepsilon_0}\hat{n}+\frac{\sigma_2}{2\varepsilon_0}\hat{n}+\frac{\sigma_1}{2\varepsilon_0}\hat{n}-\frac{\sigma_4}{2\varepsilon_0}\hat{n}=0$$

而且

$$\sigma_2=-\sigma_3$$

所以

$$\sigma_1=\sigma_4$$

如果 P 点在两平板导体之间，如图中的 P' 点，则由四板场强叠加得到（或由静电平衡时导体表面外一点的场强得到）$|\boldsymbol{E}_{P'}|=\left|\frac{\sigma_3}{\varepsilon_0}\right|=\left|\frac{\sigma_2}{\varepsilon_0}\right|$；如果 P 点在导体外，如图中的 P'' 点，则 $|\boldsymbol{E}_{P''}|=\left|\frac{\sigma_4}{\varepsilon_0}\right|=\left|\frac{\sigma_1}{\varepsilon_0}\right|$。

15.2　有电介质存在时的电场

电介质的导电性极差，而贮电性极好。在静电场中，电介质内外的电场分布又有什么特性呢?

15.2.1　电介质

电介质不同于导体，导体中带电粒子为自由电荷，可做定向移动；电介质内部没有可以自由移动的电荷，因而不能导电。但把一块电介质放到电场中，它也要受电场的影响，同时也影响电场。

当把一块均匀的电介质放到静电场中时，它的分子将受到电场的作用而发生变化，正负电荷中心发生相对位移，在电介质的表面将出现正负电荷，这种现象称为**极化**。介质两表面上出现的极化电荷不能离开电介质，也不能在电介质中自由移动，故也称为**束缚电荷**。

为表征电介质的极化状态，我们引入**极化强度**这个物理量，定义为：在电介质的单位体积中分子电矩的矢量和，以 $\boldsymbol{P}$ 表示，即

$$\boldsymbol{P}=\frac{\sum \boldsymbol{p}}{\Delta V} \tag{15-5}$$

式中，$\sum \boldsymbol{p}$ 是在电介质宏观小体积 ΔV 内分子电矩的矢量和。在国际单位制中，极化强度的单位是 C/m^2（库仑/米^2）。电介质极化的程度越高，电介质表面的极化电荷面密度 σ' 也越大。它们之间有什么样的关系呢？我们以电荷面密度分别为 $-\sigma_0$ 和 $+\sigma_0$ 的两平行板间充满均匀电介质为例来进行讨论。

如图 15-9所示，在电介质中取长为 l，底面积为 ΔS 的柱体，柱体两底面的极化电荷面密度分别为 $-\sigma'$ 和 $+\sigma'$。柱体内所有分子电偶极矩的矢量和的大小为

$$\sum p=\sigma'\Delta Sl \tag{15-6}$$

因此，由极化强度的定义可知，极化强度的大小为

$$P=\frac{\sum p}{\Delta V}=\frac{\sigma'\Delta Sl}{\Delta Sl}=\sigma' \tag{15-7}$$

式（15-7）表明，两平行板间均匀电介质的电极化强度的大小等于极化电荷的面密度。

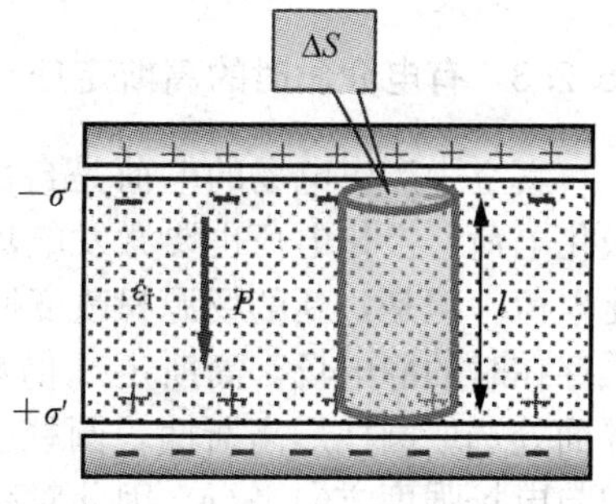

图 15-9　极化强度与极化电荷面密度的关系

15.2.2　极化电荷与自由电荷的关系

如图 15-10 所示，在两无限大平行平板之间放入均匀电介质，两板上自由电荷的面密度分别为 $\pm\sigma_0$。在放入电介质以前，自由电荷在两板间激发的电场强度 $\boldsymbol{E}_0$ 的值为 $E_0=\sigma_0/\varepsilon_0$。当两板间充满电介质后，若两极板上的 $\pm\sigma_0$ 不变，则由于电介质的极化，在它的两个垂直于 $\boldsymbol{E}_0$ 的表面上分别出现正负极化电荷，其电荷面密度为 σ'。极化电荷激发的电场强度 $\boldsymbol{E}'$ 的值为 $E'=\sigma'/\varepsilon_0$。从图 15-10 中可以看出电介质的电场强度 $\boldsymbol{E}$ 应为

$$\boldsymbol{E}=\boldsymbol{E}_0+\boldsymbol{E}' \tag{15-8}$$

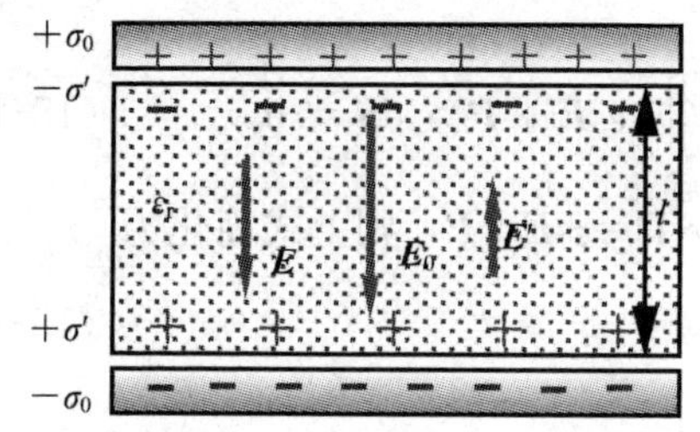

图 15-10　电介质中的电场强度是自由电荷电场强度和极化电荷电场强度的叠加

考虑到 $\boldsymbol{E}'$ 和 $\boldsymbol{E}_0$ 的方向相反，以及 $\boldsymbol{E}$ 与 $\boldsymbol{E}_0$ 的大小关系 $E=E_0/\varepsilon_r$，可得电介质中的电场强度 $\boldsymbol{E}$ 的大小为

$$E=E_0-E'=\frac{E_0}{\varepsilon_r}$$

则

$$E'=\frac{\varepsilon_r-1}{\varepsilon_r}E_0$$

从而可得

$$\sigma'=\frac{\varepsilon_r-1}{\varepsilon_r}\sigma_0 \tag{15-9}$$

式（15-9）给出了电介质中，极化电荷面密度 σ'、自由电荷面密度 σ_0 和电介质的相对电容率 ε_r 之间的关系。电介质的 ε_r 总是大于 1，所以 σ' 总比 σ_0 要小。

将 $E_0=\sigma_0/\varepsilon_0$，$E=E_0/\varepsilon_r$ 和 $P=\sigma'$ 代入式（15-9），得电介质中极化强度与电场强度的关系为

$$P = (\varepsilon_r - 1)\varepsilon_0 E \tag{15-10}$$

写成矢量形式有

$$\boldsymbol{P} = (\varepsilon_r - 1)\varepsilon_0 \boldsymbol{E} \tag{15-11}$$

上式表明电介质中的 P 与 E 呈线性关系。若记 $\chi = \varepsilon_r - 1$，则上式可写为

$$\boldsymbol{P} = \chi\varepsilon_0 \boldsymbol{E} \tag{15-12}$$

式中，χ 称为电介质的电极化率。

15.2.3 有电介质时的高斯定理

真空中产生电场的电荷是自由电荷。有介质存在时，电介质的内部或表面上出现极化电荷，极化电荷也要激发电场。可见，有介质存在时，增加了新的场源电荷即极化电荷。但是，新的场源只改变原有静电场的大小，不改变静电场的性质。即对有介质存在时的静电场，高斯定理仍然成立。如图 15-11 所示，在充满电介质的两极板间界面处选取圆柱形高斯面，圆柱上底面在极板中，下底面在介质中，圆柱侧面法线方向与电场强度方向平行，因此对高斯定理没有贡献。

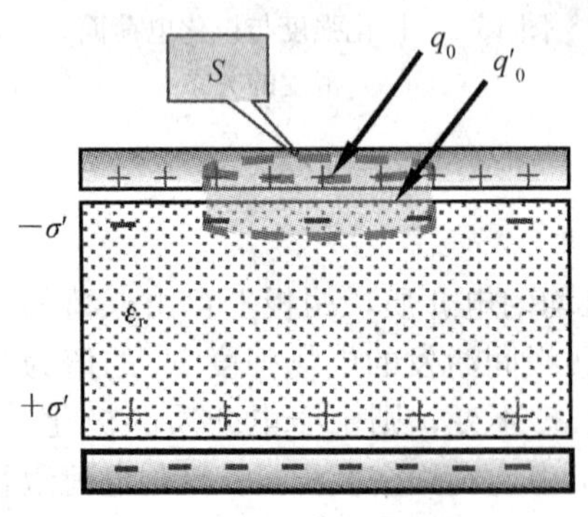

图 15-11　有电介质时的高斯定理

通过前面分析，此时高斯定理应写为

$$\oint\!\!\!\oint_S \boldsymbol{E} \cdot \mathrm{d}\boldsymbol{S} = \frac{1}{\varepsilon_0}(q_0 + q') \tag{15-13}$$

包围在任一封闭曲面内的极化电荷的电量，决定于极化强度对该封闭曲面的通量，而

$$q' = -\oint\!\!\!\oint_S \boldsymbol{P} \cdot \mathrm{d}\boldsymbol{S} \tag{15-14}$$

带入式（15-13），得

$$\oint\!\!\!\oint_S \boldsymbol{E} \cdot \mathrm{d}\boldsymbol{S} = \frac{1}{\varepsilon_0}\left[q_0 - \oint\!\!\!\oint_S \boldsymbol{P} \cdot \mathrm{d}\boldsymbol{S}\right] \tag{15-15}$$

即

$$\oint\!\!\!\oint_S (\varepsilon_0 \boldsymbol{E} + \boldsymbol{P}) \cdot \mathrm{d}\boldsymbol{S} = q_0 \tag{15-16}$$

在此引入辅助性矢量——电位移矢量 $\boldsymbol{D}$，且令 $\boldsymbol{D} = \varepsilon_0 \boldsymbol{E} + \boldsymbol{P}$，则上式简化为

$$\oint\!\!\!\oint_S \boldsymbol{D} \cdot \mathrm{d}\boldsymbol{S} = q_0 \tag{15-17}$$

式（15-17）即为**有电介质存在时的高斯定理**。

电位移矢量 $\boldsymbol{D}$ 是两个意义不同的物理量的叠加。由于电场强度 $\boldsymbol{E}$ 和极化强度 $\boldsymbol{P}$ 在空间每一点都有确定的值，因此 $\boldsymbol{D}$ 在空间每一点也有确定的值，$\boldsymbol{D}$（x，y，z）构成一个新的矢量场。式（15-17）表示，电位移矢量 $\boldsymbol{D}$ 对任意封闭曲面的通量完全决定于包围在该封闭曲面内的自由电荷，与极化电荷无关。像用电场线形象化地表示电场强度在空间的分布情况那样，我们可以用电位移线来表示电位移矢量在空间的分布。式（15-17）告诉我们，电位移线也是有头有尾的，正的自由电荷是它的源头，负的自由电荷是它的尾间。只有自由电荷才是矢量场 $\boldsymbol{D}$ 的源头或尾间，犹如真空中的电场的场强。式（15-17）称为介质中电场的高斯定理，它不仅适用于静电场，对随时间变化的电场也适用。

我们知道，极化电荷的分布是非常复杂的。介质极化后，在介质的表面上或两种不同介质的交界面上，以及不均匀介质的内部，都有极化电荷分布。在有极化电荷分布的地方，或者有电场线中断，或者有电场线散发出来。但电位移线则不同，它们将连续地通过仅有极化电荷分布的地方，极化电荷并不改变电位移线的总数目。

对于各向同性的介质，极化强度只是电场强度的线性函数，由式（15-12），有

$$\boldsymbol{D}=\varepsilon_0\boldsymbol{E}+\boldsymbol{P}=\varepsilon_0\boldsymbol{E}+\varepsilon_0\chi\boldsymbol{E}=\varepsilon_0(1+\chi)\boldsymbol{E} \tag{15-18}$$

式中，$\varepsilon=\varepsilon_0(1+\chi)$称为电介质的绝对介电常量，也称为**电介质的电容率**。

$\varepsilon_r=\frac{\varepsilon}{\varepsilon_0}=1+\chi$ 称为电介质的**相对介电常量**。

由此，得

$$\boldsymbol{D}=\varepsilon_0(1+\chi)\boldsymbol{E}=\varepsilon_0\varepsilon_r\boldsymbol{E}=\varepsilon\boldsymbol{E} \tag{15-19}$$

即引入相对介电常数 ε_r后，在各向同性的介质中，$\boldsymbol{D}$ 与 $\boldsymbol{E}$ 成正比，比例系数——绝对介电常数由实验决定。

这一关系式是点点对应的关系，即电介质中某点的 $\boldsymbol{D}$ 等于该点的 $\boldsymbol{E}$ 与电介质在该点的介电常数的乘积，两者的方向相同。在国际单位制中电位移的单位为库/米^2（C/m^2）。

电位移矢量本身虽然缺少明确的含义，但它具有上述一些重要的性质。因而，在研究介质中的电场时，往往先研究电位移矢量 $\boldsymbol{D}$，然后通过式（15-19）求得 $\boldsymbol{E}$，从而不必追究极化电荷的分布。因此，在研究介质中的电场时，电位移矢量是一个很有用的辅助量。当然，具体来说，还是只有对那些自由电荷和电介质的分布都具有一定对称性的系统，才可能用 $\boldsymbol{D}$ 的高斯定理简单地求解。下面举两个例子说明。

例 15-2　如图 15-12 所示，半径为 R，电荷量为 q_0的金属球埋在绝对介电常量为 ε 的均匀无限大电介质中，求电介质内的场强 $\boldsymbol{E}$ 及电介质与金属交界面上的极化电荷面密度。

解　1）由于电场具有球对称性，故在介质中过 P 点作一个半径为 r 与金属球同心的球面 $\boldsymbol{S}$ 为高斯面，$\boldsymbol{S}$ 上各点的 $\boldsymbol{D}$ 大小相等且沿径向，由高斯定理，得

$$\oint\!\!\!\!\oint_S \boldsymbol{D}\cdot \mathrm{d}\boldsymbol{S}=q_0$$

即

$$4\pi r^2\cdot D=q_0$$

得

$$D=\frac{q_0}{4\pi r^2}$$

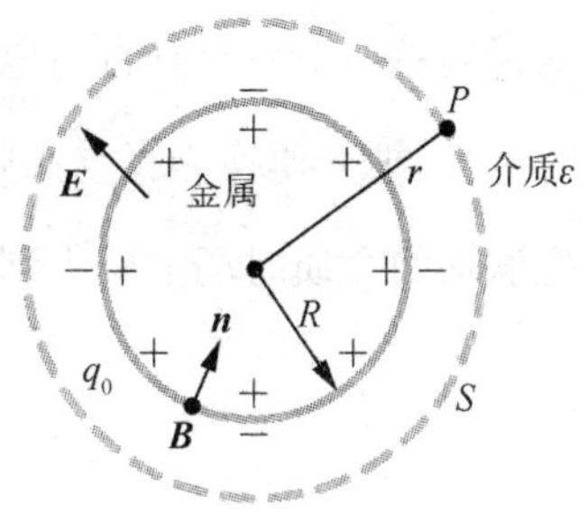

图 15-12　电介质中的金属球

写成矢量式为

$$\boldsymbol{D}=\frac{q_0}{4\pi r^2}\boldsymbol{r}_0$$

因 $\boldsymbol{D}=\varepsilon\boldsymbol{E}$，故得

$$\boldsymbol{E}=\frac{q_0}{4\pi\varepsilon r^2}\boldsymbol{r}_0 \quad \begin{cases} q_0>0，\boldsymbol{E} \text{ 与 } \boldsymbol{r}_0 \text{ 同向，背离球心} \\ q_0<0，\boldsymbol{E} \text{ 与 } \boldsymbol{r}_0 \text{ 反向，指向球心} \end{cases}$$

式中，$\boldsymbol{r}_0$ 为球的径向的单位向量。

2）在交界面上取一点 B，过 B 点作界面的法线单位矢量 $\boldsymbol{n}$（由介质指向金属），则

$$\sigma'=\boldsymbol{P}_B\cdot\boldsymbol{n}=\varepsilon_0\chi\boldsymbol{E}_B\cdot\boldsymbol{n}$$

而

$$\boldsymbol{E}_B=\frac{q_0}{4\pi\varepsilon R^2}\boldsymbol{r}_0$$

代入上式，得

$$\sigma'=-\frac{\varepsilon_0\chi}{4\pi\varepsilon}\cdot\frac{q_0}{R^2}$$

又因

$$\varepsilon=\varepsilon_0(1+\chi)$$

即

$$\chi=\frac{\varepsilon-\varepsilon_0}{\varepsilon_0}$$

故

$$\sigma'=-\frac{\varepsilon-\varepsilon_0}{4\pi\varepsilon}\cdot\frac{q_0}{R^2}=-\frac{\varepsilon-\varepsilon_0}{\varepsilon}\cdot\frac{q_0}{4\pi R^2}=-\frac{\varepsilon-\varepsilon_0}{\varepsilon}\sigma_0$$

讨论 1）$\varepsilon>\varepsilon_0$，故交界面上 σ' 与 q_0（σ_0）始终反号：q_0 为正，则 σ' 为负；q_0 为负，则 σ' 为正。

2）交界面上的极化电荷总量为

$$q'=4\pi R^2\cdot\sigma'=-\frac{\varepsilon-\varepsilon_0}{\varepsilon}q_0$$

即 $|q'|<|q_0|$，极化电荷绝对值小于自由电荷绝对值。

3）交界面上的总电荷量为

$$q=q_0+q'=q_0/\varepsilon_r$$

这说明总电荷减小到自由电荷的 $1/\varepsilon_r$ 倍。

4）把介质换为真空，则场强为 $\dfrac{q_0}{4\pi\varepsilon_0 r^2}\boldsymbol{r}_0$，将此式与前面有介质时的结果比较，知充满均匀介质时场强减小到无介质时的 $1/\varepsilon_r$ 倍，即

$$\frac{q_0}{4\pi\varepsilon r^2}\Big/\frac{q_0}{4\pi\varepsilon_0 r^2}=1/\varepsilon_r$$

15.3 电　容

电容是反映导体的容电本领的物理量。我们首先讨论孤立导体的电容，然后讨论电容器及其电容。

15.3.1 孤立导体的电容

电荷在导体表面的分布必须保证满足导体的静电平衡条件。对于孤立导体，理论和实验都表明，不同大小和形状的孤立导体若带上等量的电荷，其电势各不相同，并且随着电量的增加，各导体的电势将按各自的一定比例上升。

若一个导体的电容 C_1 比另一电容 C_2 大，说明使 V 升高一个单位所需的电荷 q 大。为描述这种性质，引入孤立导体的电容这个物理量，并定义为

$$C=\frac{Q}{V} \tag{15-20}$$

孤立导体的电容 C 的物理意义：使导体电势升高一个单位所需的电荷。式中 q 是该导体所带电量，V 是它的电势。孤立导体的电容 C 是只决定于导体自身的几何因素，而与所带电荷和电势无关的常量，它反映了孤立导体储存电荷和电能的能力。

一半径为 R 带有电量为 q 的孤立导体球，其电势为

$$V=\frac{q}{4\pi\varepsilon_0 R} \tag{15-21}$$

故其电容为 $C=4\pi\varepsilon_0 R$，由半径决定。若把地球作为一个孤立导体球，其电容也可由上式决定。

在国际单位制中，电容的单位是法拉，符号为 F，即

$$1\text{F}=1\text{C/V}$$

法拉这个单位太大，电容为 1F 的孤立导体球的半径约为 9×10^9 m，而地球的半径只有 6.4×10^6 m。在实际应用中，通常取法拉的 10^{-6} 倍作为电容的单位，称为微法拉，记作 μF。有时取法拉的 10^{-12} 倍作为电容的单位，称为皮法拉，记作 pF。它们之间的关系为

$$1\text{F}=10^6\,\mu\text{F}=10^{12}\,\text{pF}$$

15.3.2　电容器

根据上述，孤立导体可以携带电荷，但若把孤立导体作为装载电荷的器具，则就必须与其他导体或带电体打交道，因而丧失了“孤立”的条件。

这时该导体的电势就不仅与它所带电荷和自身的几何因素有关，而且与其他导体和带电体所带电荷、几何形状及相对位置有关。这使我们想到了静电屏蔽，用一个导体空腔把这个导体包围起来，使它免受外界因素的影响。如图 15-13 所示，用导体空腔 B 把导体 A 包围起来，B 以外的导体和电场都不会影响导体 A 以及 A、B 之间的电场。可以证明，导体 A、B 之间的电势差 V_a-V_b 与导体 A 所带电量成正比，而与外界因素无关。我们把这种由两个导体组成的导体体系称为电容器。

电容器的电容定义为

$$C=\frac{Q_A}{V_A-V_B}=\frac{Q_A}{U_{AB}} \tag{15-22}$$

电容器的电容与电容器的带电状态无关，与周围的带电体也无关，完全由电容器的几何结构决定。电容的大小反映了当电容器两极间存在一定电势差时，极板上贮存电量的多少。组成电容器的两个导体中，带正电的导体称为电容器的正极板，带负电的导体称为电容器的负极板。

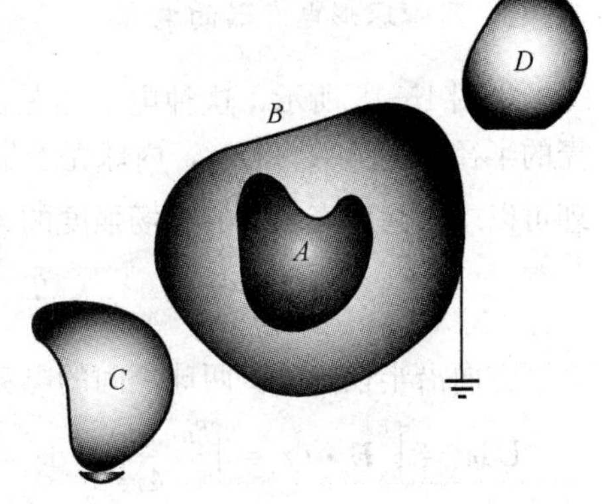

图 15-13　屏蔽的电容器

有了电容器电容的概念之后，我们可以把孤立导体的电容理解为它与无限远处的导体组成的电容器的电容。

电容器在交流电路和无线电电路中有极其广泛的应用。由于用途和要求的不同，电容器种类繁多，按其中所充电介质来分，有空气电容器、云母电容器、纸质电容器、油浸纸质电容器、陶瓷电容器、涤纶电容器和电解质电容器等；按电容量是否可改变来分，有可变电容器、半可变电容器（微调电容器）和固定电容器等。

15.3.3　电容的计算

电容器电容的计算大致可按以下几个步骤进行：先假设两个极板分别带有 $+q$ 和 $-q$ 的电量，计算极板间的电场强度；再根据电场强度求出两极板的电势差；最后由极板电量和两极板电势差计算电容。

1. 平行板电容器的电容

这种电容器是由两块彼此靠得很近的平行金属板构成，如图 15-14 所示。设金属板的面积为 S，内侧表面间的距离为 d，两极板所带电量分别为 $+q$ 和 $-q$。在极板间距 d 远小于板面的限度的情况下，可以忽略边缘效应，即把平板看为无限大平面，两极板之间的电场可看为匀强电场。若面电荷密度为 σ，则两极板间的电场强度大小为

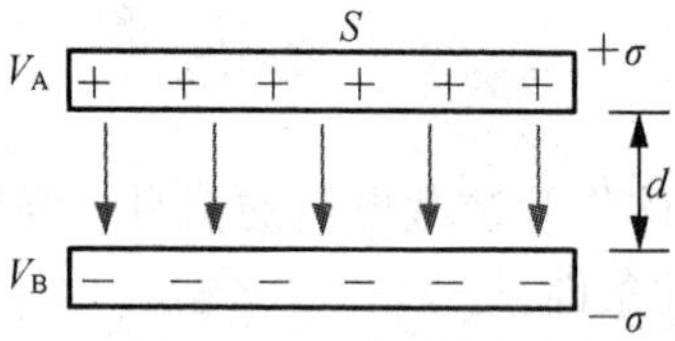

$$E=\frac{\sigma}{\varepsilon_0}=\frac{Q}{\varepsilon_0 S} \tag{15-23}$$

图 15-14　平板电容器

两极板的电势差为

$$U_{AB}=\int_A^B \boldsymbol{E}\cdot \mathrm{d}\boldsymbol{l}=Ed=\frac{Qd}{\varepsilon_0 S} \tag{15-24}$$

根据公式（15-22），平行板电容器的电容为

$$C=\frac{Q}{U_{AB}}=\frac{\varepsilon_0 S}{d} \tag{15-25}$$

可见，平行板电容器的电容与极板的面积 S 成正比，与两极板之间的距离 d 成反比。

2. 同心球形电容器的电容

如图 15-15 所示，这种电容器是由两个同心放置的导体球壳构成的。设内、外球壳的半径分别为 R_A 和 R_B，内球壳上带电量为 $+q$，外球壳上带电量为 $-q$。根据高斯定理可以求得两球壳之间的电场强度的大小为

$$E=\frac{1}{4\pi\varepsilon_0}\cdot\frac{q}{r^2} \tag{15-26}$$

方向沿半径向外。两球壳间的电势差为

$$U_{AB}=\int_A^B \boldsymbol{E}\cdot \mathrm{d}\boldsymbol{r}=\int_{R_A}^{R_B}\frac{q}{4\pi\varepsilon_0 r^2}\mathrm{d}r=\frac{q}{4\pi\varepsilon_0}\left(\frac{1}{R_A}-\frac{1}{R_B}\right) \tag{15-27}$$

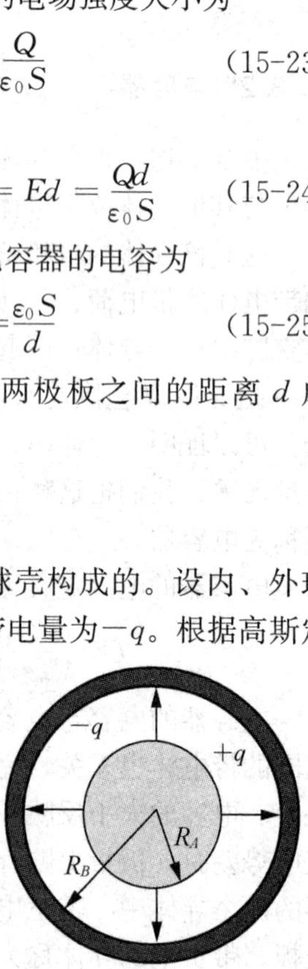

图 15-15　同心球形电容器

根据公式（15-22），同心球形电容器的电容为

$$C=\frac{q}{U_{AB}}=\frac{4\pi\varepsilon_0 R_A R_B}{R_A-R_B} \tag{15-28}$$

3. 同轴柱形电容器的电容

这种电容器是由两个彼此靠得很近的同轴导体圆柱面构成。如图 15-16 所示，设内、外柱面的半径分别为 R_A 和 R_B，圆柱的长度为 l，且内柱面上带正电，外柱面上带负电。当 $l \gg R_A-R_B$ 时，可忽略柱面两端的边缘效应，认为圆柱是无限长的。利用高斯定理可以求得两柱面间的电场强度的大小为

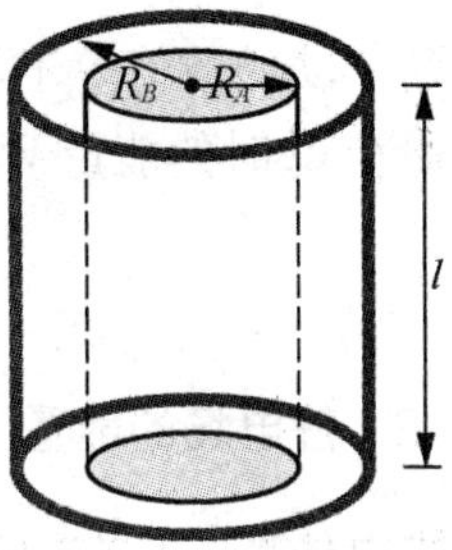

$$E=\frac{\lambda}{2\pi\varepsilon_0 r} \tag{15-29}$$

图 15-16　同轴柱形电容器

式中，λ 是内柱面单位长度所带的电量。两柱面间的电势差为

$$U_{AB}=\int_A^B \boldsymbol{E}\cdot \mathrm{d}\boldsymbol{r}=\int_{R_A}^{R_B}\frac{\lambda}{2\pi\varepsilon_0 r}\mathrm{d}r=\frac{\lambda}{2\pi\varepsilon_0}\ln\frac{R_B}{R_A} \tag{15-30}$$

因为内柱面上的总电量为 $q=\lambda l$，所以同轴柱形电容器的电容为

$$C=\frac{Q}{U_{AB}}=\frac{2\pi\varepsilon_0 l}{\ln\dfrac{R_B}{R_A}} \tag{15-31}$$

15.4　带电体系的静电能

在研究电势时，我们曾讨论过电荷在静电场中的静电势能问题，在电荷从一处移到另一处的过程中，作用于电荷的静电力做的功等于静电势能的减少。任何物体的带电过程，都是电荷之间的相对移动过程，所以在形成带电系统的过程中，外力必须克服电场力而做功，根据能量转化和守恒定律，外力对系统所做的功，应等于系统能量的增量，所以任何带电系统都具有能量。

15.4.1　电容器的静电能

如图 15-17 所示，电容器充电的过程可以看作是不断地把微小电荷 $+\mathrm{d}q$ 从原来中性的 B 板迁移到 A 板上的过程（这样，A 板带正电，B 板带负电，且两板上所带的电荷量总是等值异号的）。迁移第一份 $\mathrm{d}q$ 时，两板还不带电，电场为零，电场力做功也为零。当电容器两极板已带电到某一 q 值、且两板间的电势差为 U 时，再把电荷 $+\mathrm{d}q$ 从 B 板移到 A 板时，电场力做负功（外力做功），其绝对值为

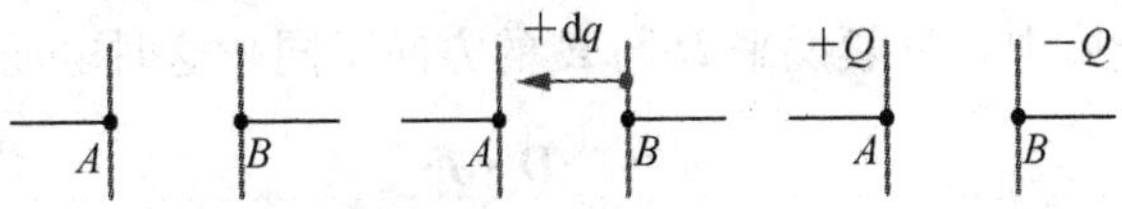

图 15-17　电容器充电

$$dA=Udq=\frac{q}{C}dq \tag{15-32}$$

迁移电荷 Q 的整个过程中（最后电容器带电荷为 Q），电场力做的负功的绝对值为

$$A=\int dA=\int_{o}^{Q}\frac{q}{C}dq=\frac{Q^2}{2C} \tag{15-33}$$

这个功的数值等于体系静电能的增加，设未充电时能量为零，则 A 就是电容器充电至电荷 Q 时的能量 W，即

$$W=A=\frac{Q^2}{2C}=\frac{1}{2}CU^2=\frac{1}{2}QU \tag{15-34}$$

15.4.2 静电场的能量

带电体系所具有的静电能是由电荷所携带呢，还是由电荷激发的电场所携带？也就是说，能量定域于电荷还是定域于电场？在静电学范围内我们无法回答这个问题，因为在一切静电现象中，静电场与静电荷是相互依存、无法分离的。随时间变化的电场和磁场形成电磁波，电磁波则可以脱离激发它的电荷和电流而独立传播并携带了能量。太阳光就是一种电磁波，它给大地带来了巨大的能量。这就是说，能量是定域于场的，静电能是定域于静电场的。既然静电能是定域于电场的，那么我们就可以用场量来度量或表示它所具有的能量。下面我们从平行板电容器两极板间的电场的能量得出电场能的一般表示式。

对于极板面积为 S，间距为 d 的平板电容器，若不计边缘效应，则电场所占有的空间体积为 Sd，于是此电容器贮存的能量也可以写为

$$W=\frac{1}{2}CU^2=\frac{1}{2}\frac{\varepsilon S}{d}(Ed)^2=\frac{1}{2}\varepsilon E^2Sd \tag{15-35}$$

由此可得单位体积内所具有的电场能量，即电场的能量密度为

$$w=\frac{W}{Sd}=\frac{1}{2}\varepsilon E^2=\frac{1}{2}DE \tag{15-36}$$

式（15-36）虽然是从平行板电容器极板间电场这一特殊情况下推得的，但可以证明这个公式是普遍成立的。这个公式不仅适用于各向同性电介质中的静电场，也适用于真空中的静电场。在真空中，$\varepsilon=\varepsilon_0$，式（15-36）成为

$$w=\frac{1}{2}\varepsilon_0E^2 \tag{15-37}$$

公式（15-37）既适用于匀强静电场，也适用于非匀强电场，还适用于变化的电场。对于非匀强电场，空间各点的电场强度是不同的，而在体元 $d\tau$ 内可视为恒量，所以整个电场的能量可以表示为

$$W=\int dW=\iiint\frac{1}{2}\varepsilon E^2d\tau=\iiint\frac{1}{2}DEd\tau \tag{15-38}$$

在各向异性电介质中，一般说来 $\boldsymbol{D}$ 与 $\boldsymbol{E}$ 的方向不同，这时电场能量密度应表示为

$$w=\frac{1}{2}\boldsymbol{D}\cdot\boldsymbol{E} \tag{15-39}$$

式（15-38）应由式（15-40）代替。

$$W = \iiint \frac{1}{2}\boldsymbol{D} \cdot \boldsymbol{E} \mathrm{d}\tau \tag{15-40}$$

思考与讨论

15.1　一平行板电容器，两导体板不平行，今使两板分别带有 $+q$ 和 $-q$ 的电荷，有人将两板的电场线画成如图 15-18 所示，试指出这种画法的错误，你认为电场线应如何分布？

15.2　在“无限大”均匀带电平面 A 附近放一与它平行，且有一定厚度的“无限大”平面导体板 B，如图 15-19 所示。已知 A 上的电荷面密度为 $+\sigma$，则在导体板 B 的两个表面 1 和 2 上的感生电荷面密度各为多少？

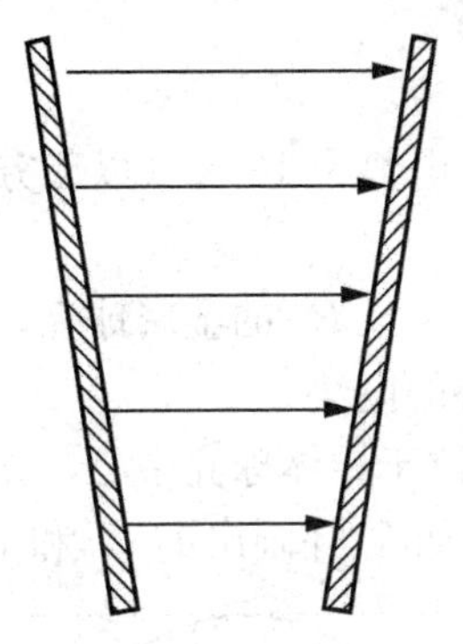

图 15-18　题 15.1 图示

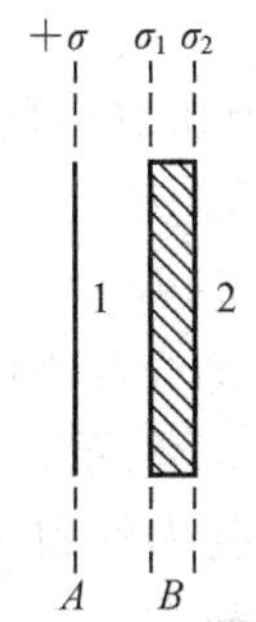

图 15-19　题 15.2 图示

15.3　充了电的平行板电容器两极板（看作很大的平板）间的静电作用力 $\boldsymbol{F}$ 与两极板间的电压 U 之间的关系是怎样的？

15.4　一个未带电的空腔导体球壳，内半径为 R，在腔内离球心的距离为 d 处 $(d<R)$，固定一点电荷 $+q$，如图 15-20 所示，用导线把球壳接地后，再把地线撤去。选无穷远处为电势零点，则球心 O 处的电势为多少？

15.5　在一个原来不带电的外表面为球形的空腔导体 A 内，放一带有电荷为 $+Q$ 的带电导体 B，如图 15-21 所示，则比较空腔导体 A 的电势 U_A 和导体 B 的电势 U_B 时，可得出什么结论？

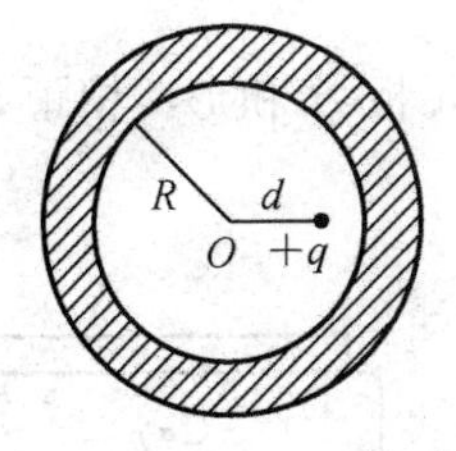

图 15-20　题 15.4 图示

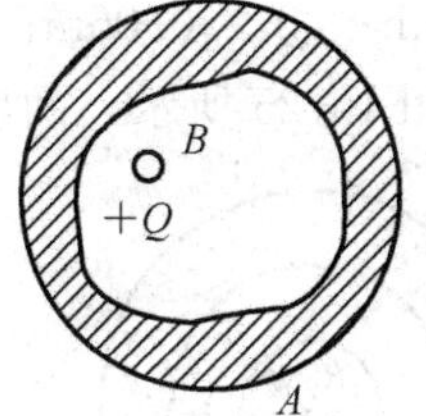

图 15-21　题 15.5 图示

15.6　介质的极化强度与介质表面的极化面电荷是什么关系？

15.7　不同介质交界面处的极化电荷分布如何？

15.8　介质边界两侧的静电场中 $\boldsymbol{D}$ 及 $\boldsymbol{E}$ 的关系如何？

15.9　真空中两点电荷 q_A、q_B 在空间产生的合场强为 $\boldsymbol{E}=\boldsymbol{E}_A+\boldsymbol{E}_B$。系统的电场能为

$$W_e=\iiint_{V_0}\frac{1}{2}\varepsilon_0E^2\mathrm{d}\tau=\iiint_{V_0}\frac{1}{2}\varepsilon_0\boldsymbol{E}\cdot\boldsymbol{E}\mathrm{d}\tau$$
$$=\iiint_{V_0}\frac{1}{2}\varepsilon_0E_A^2\mathrm{d}\tau+\iiint_{V_0}\frac{1}{2}\varepsilon_0E_B^2\mathrm{d}\tau+\iiint_{V_0}\varepsilon_0\boldsymbol{E}_A\cdot\boldsymbol{E}_B\mathrm{d}\tau$$

1）说明等式后面三项能量的意义。

2）A、B 两电荷之间的相互作用能是指哪些项？

3）将 A、B 两电荷从给定位置移至无穷远，电场力做功又是哪些项？

习　题　15

15-1　一半径为 0.10m 的孤立导体球，已知其电势为 100V（以无穷远为零电势），计算球表面的面电荷密度。

15-2　如图 15-22 所示，有一外半径为 R_1、内半径 R_2 的金属球壳，在壳内有一半径为 R_3 的金属球，球壳和内球均带电量 q，求球心的电势。

15-3　如图 15-23 所示，一电量为 q 的点电荷位于导体球壳中心，壳的内外半径分别为 R_1、R_2。求球壳内外和球壳上场强和电势的分布，并画出 $E\sim r$ 和 $V\sim r$ 曲线。

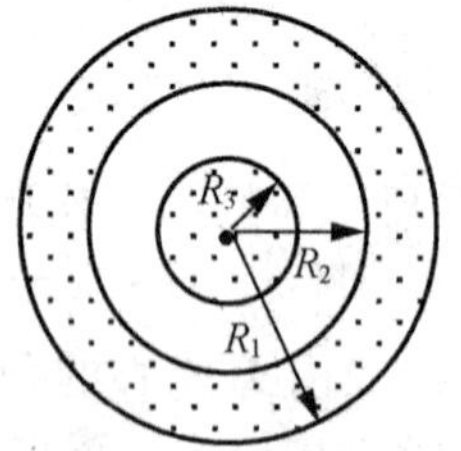

图 15-22　习题 15-2图示

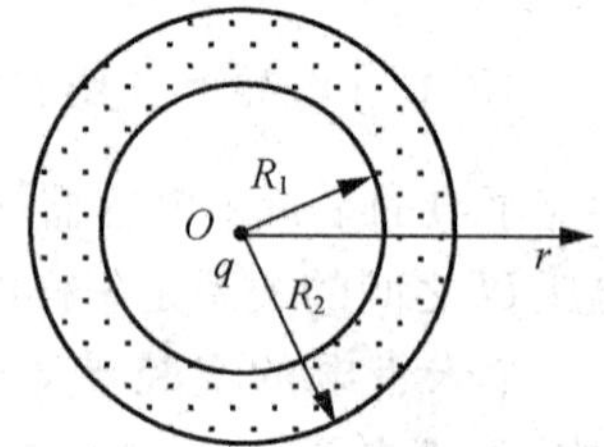

图 15-23　习题 15-3图示

15-4　如图 15-24 所示，半径 $R_1=0.05\text{m}$，带电量 $q=3\times10^{-8}\text{C}$ 的金属球，被一同心导体球壳包围，球壳内半径 $R_2=0.07\text{m}$，外半径 $R_3=0.09\text{m}$，带电量 $Q=-2\times10^{-8}\text{C}$。试求距球心 r 处的 P 点的场强与电势。

①$r=0.10\text{m}$；②$r=0.06\text{m}$；③$r=0.03\text{m}$。

15-5　如图 15-25 所示，两块带有异号电荷的金属板 A 和 B，相距 5.0mm，两

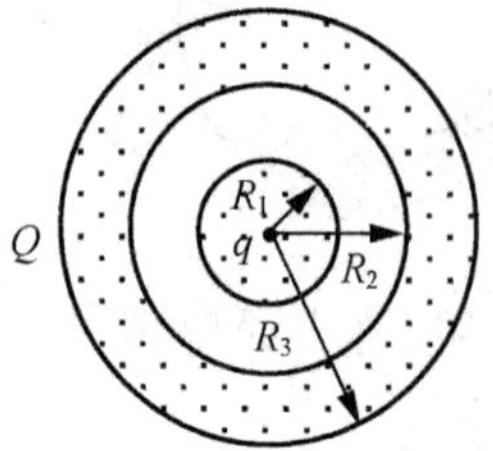

图 15-24　习题 15-4图示

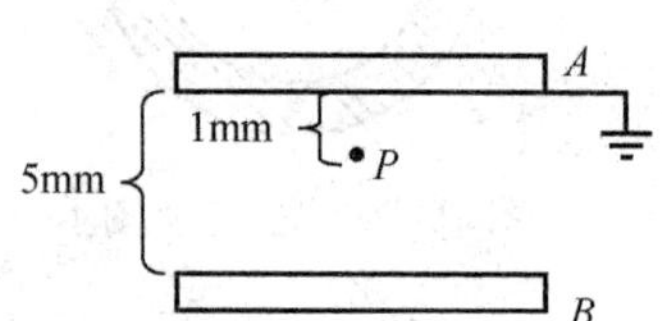

图 15-25　习题 15-5图示

板面积都是 150 cm^2，电量分别为±2.66×10^{-8}C，A 板接地，略去边缘效应，求：

1）B 板的电势。

2）AB 间离 A 板 1.0mm 处的电势。

15-6　平板电容器极板间的距离为 d，保持极板上的电荷不变，忽略边缘效应。若插入厚度为 t（$t<d$）的金属板，求无金属板时和插入金属板后极板间电势差的比；如果保持两极板的电压不变，求无金属板时和插入金属板后极板上的电荷的比。

15-7　平行板电容器，板面积为 100 cm^2，带电量分别为±8.9×10^{-7}C，在两板间充满电介质后，其场强为 1.4×10^6 V/m，试求：

1）介质的相对介电常数 ε_r。

2）介质表面上的极化电荷密度。

15-8　面积为 S 的平行板电容器，两板间距为 d。求：

1）如图 15-26 所示，插入厚度为$\frac{d}{3}$，相对介电常数为 ε_r 的电介质，其电容量变为原来的多少倍?

2）如图 15-27 所示，插入厚度为$\frac{d}{3}$的导电板，其电容量又变为原来的多少倍?

15-9　如图 15-28 所示，在两个带等量异号电荷的平行金属板间充满均匀介质后，若已知自由电荷与极化电荷的面电荷密度分别为 σ_0 与 σ'（绝对值），试求：

1）电介质内的场强 E。

2）相对介电常数 ε_r。

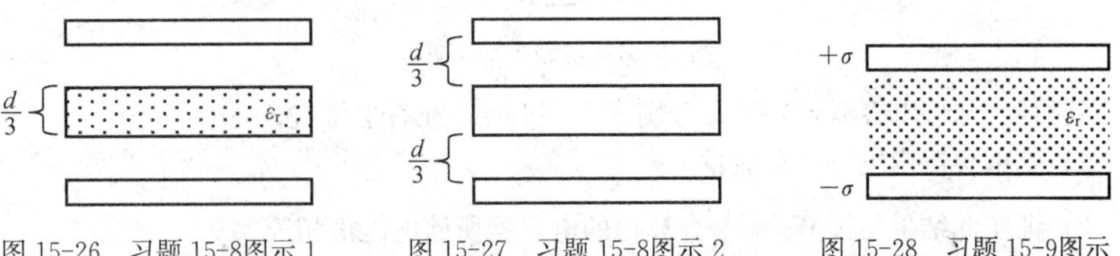

图 15-26　习题 15-8图示 1　　图 15-27　习题 15-8图示 2　　图 15-28　习题 15-9图示

15-10　在导体和电介质的分界面上分别存在着自由电荷和极化电荷。若导体内表面的自由电荷面密度为 σ，则电介质表面的极化电荷面密度为多少?（已知电介质的相对介电常数为 ε_r）

15-11　如图 15-29 所示，半径为 R_0 的导体球带有电荷 Q，球外有一层均匀介质同心球壳，其内、外半径分别为 R_1 和 R_2，相对电容率为 ε_r，求介质内、外的电场强度大小和电位移矢量大小。

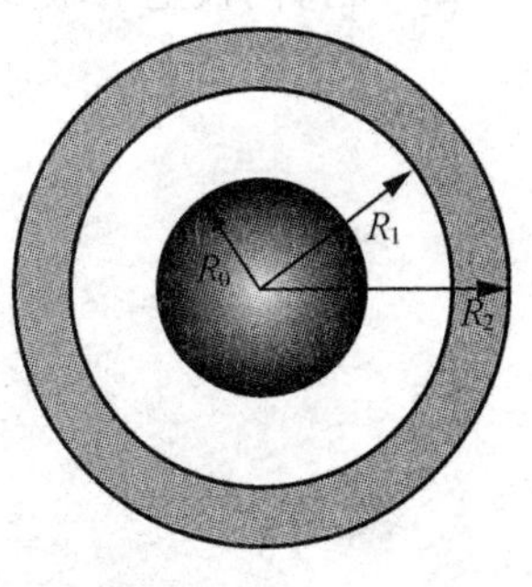

图 15-29　习题 15-11 图示

15-12　一圆柱形电容器，外柱的直径为 4cm，内柱的直径可以适当选择，若其间充满各向同性的均匀电介质，该介质的击穿电场强度大小为 E_0＝200kV/m，试求该电容器可能承受的最高电压。

15-13　如图 15-30 所示，一平行板电容器，中间有两

层厚度分别为 d_1 和 d_2 的电介质，它们的相对介电常数为 ε_{r1} 和 ε_{r2}，极板面积为 S，求电容量。

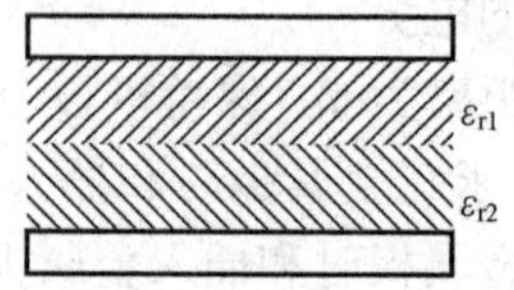

图 15-30　习题 15-13 图示

15-14　利用电场能量密度 $w_e=\dfrac{1}{2}\varepsilon E^2$ 计算均匀带电球体的静电能，设球体半径为 R，带电量为 Q。

15-15　如图 15-31 所示，半径为 2.0cm 的导体外套有一个与它同心的导体球壳，球壳的内外半径分别为 4.0cm 和 5.0cm，当内球带电量为 3.0×10^{-8}（C）时，求：

1）系统储存了多少电能？

2）用导线把壳与球连在一起后电能变化了多少？

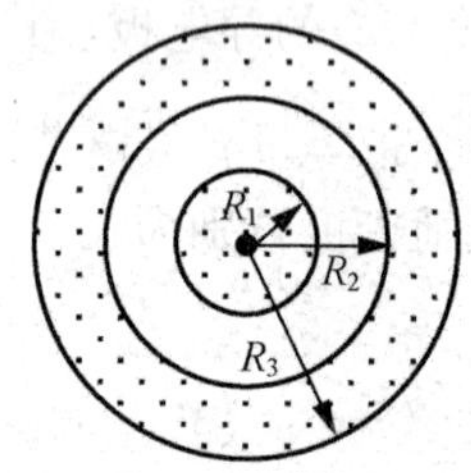

图 15-31　习题 15-15 图示

15-16　球形电容器内外半径分别为 R_1 和 R_2，充有电量 Q。

1）求电容器内电场的总能量。

2）证明此结果与按 $W_e=\dfrac{1}{2}\dfrac{Q^2}{C}$ 算得的电容器所储电能值相等。

15-17　一平行板电容器的板面积为 S，两板间距离为 d，板间充满相对介电常数为 ε_r 的均匀介质，分别求出下述两种情况下外力所做的功：

1）维持两板上面电荷密度 σ_0 不变而把介质取出。

2）维持两板上电压 U 不变而把介质取出。

第 16 章　稳 恒 磁 场

磁现象是一种普遍现象，一切物质都具有磁性，任何空间都存在磁场。尽管人们对物质磁性的认识已有两千多年，但直至 19 世纪 20 年代才出现采用经典电磁理论解释物质磁性的理论——安培分子环流假说。而真正符合实际的物质磁性理论却是在 19 世纪末发现电子、20 世纪初有了正确的原子结构模型和建立了量子力学以后才出现的。

本章首先讨论运动电荷（包括电流）产生磁场的规律，导出关于稳恒磁场的两条基本定理：**稳恒磁场的高斯定理和安培环路定理**。然后利用这两个定理求出有一定对称性的电流分布的磁场。

16.1　恒定电流、电流密度和电动势

导体是如何导电的？是什么驱动电荷在导体中稳定流动的？导体中的电流有什么特性？

16.1.1　恒定电流和电流密度

大量电荷有规则地定向移动就形成了电流，从微观上看，电流实际上就是带电粒子的定向移动，一般把形成电流的带电粒子称之为**载流子**。金属中的载流子是自由电子；半导体中的载流子是自由电子和空穴；电解质溶液中的载流子是正、负离子；理想绝缘体中无载流子。

电流的强弱用电流强度来描述，如果在时间 Δt 内通过导线某一横截面积的电量为 Δq，则该截面的**电流强度**定义为 Δq 和 Δt 的比值，记为 I，则有

$$I=\frac{\Delta q}{\Delta t} \tag{16-1}$$

若电流强度大小随时间变化，我们就用瞬时电流强度 i 来表示

$$i=\lim_{\Delta t\to 0}\frac{\Delta q}{\Delta t}=\frac{\mathrm{d}q}{\mathrm{d}t}$$

在国际制单位中，电流强度的单位是安培，符号为 A，安培是 SI 制中一个基本单位。

电流是标量，它只表示单位时间内通过某一截面的电量。至于电流的方向，历史上人们把正电荷从高电势向低电势移动的方向规定为电流方向。因而电流的方向与自由电子移动的方向恰好相反。

从上面的分析可知，在导体中**形成电流的条件**是：

1）导体内有可移动的自由电荷；

2）导体内要维持一个电场。这两条是缺一不可的。

如果导体中通过任一截面的电流不随时间变化，即

$$I=\frac{\mathrm{d}q}{\mathrm{d}t}=\text{常量} \tag{16-2}$$

则这种电流称为**恒定电流**，又称**直流电**。可见，若要在导体中维持恒定电流，仅仅在导体中建立迅变场是不行的，必须要在导体中建立恒定电场，而恒定电场的建立必须使产生场的电荷分布不随时间变化。从这个意义上讲，恒定电场和静电场是相同的。因此静电场的两条基本定理，即高斯定理和环路定理对恒定电场都适用，仍可引进电势的概念。但是，也应该看到，静电场比恒定电场的要求要高，除了静电平衡时要求电荷不产生定向运动外，还要求静电场中导体内部场强必须等于零。而恒定电场只要求电荷分布不随时间变化（可为动态平衡），这与存在电流毫无矛盾。因此，恒定电场中导体内部的场强可不为零。尽管各点的场强大小可以不同，但都不随时间变化。可见，静电场是恒定电场的特例。

导体中建立恒定电场时，电路中即出现恒定电流。当电流沿材料相同、粗细均匀的导体流动时，电流在导体同一截面上各点的分布是均匀的。但是，当电流在不均匀导体或者在大块导体中流动时，各点的电流分布就不均匀了。这时若再用描述电流通过某截面整体特征的电流强度这一物理量，来反映导体中各点的电流分布显然是不合适的。为此，必须引入一个新的物理量——**电流密度**矢量 $\boldsymbol{j}$。

为了导出电流密度矢量 $\boldsymbol{j}$，首先从导电机制看。若以金属导体为例，金属中的载流子即金属中存在的大量自由电子，在无外电场时，做无规则热运动，其行为同做热运动的气体分子相似。由于大量自由电子与构成金属晶格的正离子频繁碰撞，通常情况下电子不做有规则的定向运动，其热运动的轨迹为一条如图 16-1中实线所示的无规则折线。如果存在外电场时，每个电子将受到与电场方向相反的作用力。于是，电子在两次碰撞间的运动总要沿电场反方向漂移，其轨迹如图 16-1中虚线所示。大量自由电子的漂移运动宏观上表现为电子整体沿场强的相反方向的定向运动，从而形成金属中的电流。由于碰撞，电子受电场力作用的定向加速运动是间断的，其平均效果可视为一个速度为 $\boldsymbol{u}$ 的匀速运动。我们将 $\boldsymbol{u}$ 称为自由电子的**漂移速度**，其方向与场强 $\boldsymbol{E}$ 方向相反。

在图 16-2中，设导体中单位体积内的载流子为 n，每个载流子的电量为 q，漂移速度为 $\boldsymbol{u}$，面积元 $\mathrm{d}\boldsymbol{S}$ 与漂移速度 $\boldsymbol{u}$ 方向之间夹角为 θ，根据电流强度的定义，可以得出通过导体中某点面积元 $\mathrm{d}\boldsymbol{S}$ 的电流强度为

$$\mathrm{d}I=qnu\mathrm{d}S_{\perp}=qnu\mathrm{d}S\cos\theta \tag{16-3}$$

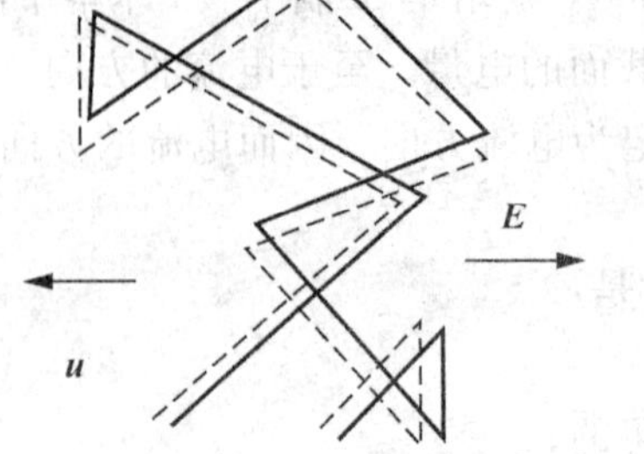

图 16-1　电子的运动轨迹

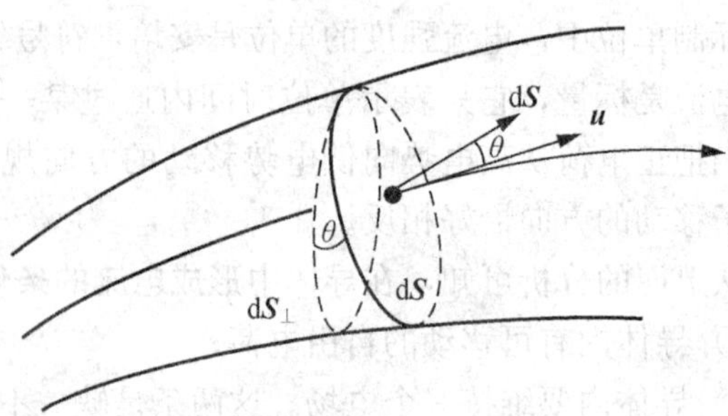

图 16-2　电流的图示

为了进一步描述电流在导体界面内的分布，我们定义单位时间通过垂直于电流方向单位面积的电量为导体中某点电流密度矢量 $\boldsymbol{j}$ 的大小，$\boldsymbol{j}$ 的方向与正电荷在该点漂移运动的方向相同，也就是与外电场 $\boldsymbol{E}$ 的方向相同，即

$$\boldsymbol{j}=qn\boldsymbol{u} \tag{16-4}$$

由式（16-3）和式（16-4）得

$$\mathrm{d}I=j\mathrm{d}S_{\perp}=\boldsymbol{j}\cdot\mathrm{d}\boldsymbol{S} \tag{16-5}$$

式（16-5）说明，若 $\boldsymbol{j}$ 与 $\mathrm{d}\boldsymbol{S}$ 夹角 $\theta=0$，则有 $j=\dfrac{\mathrm{d}I}{\mathrm{d}S}$，这就是说，电流密度的大小等于单位垂直面积上通过的电流强度。

在国际单位制中，电流密度的单位为安/米^2（$\mathrm{A/m^2}$）。

显然，由式（16-5）可求得，通过任意曲面 S 的电流强度（或电流密度 $\boldsymbol{j}$ 穿过曲面 S 的通量）为

$$I=\oint_S\boldsymbol{j}\cdot\mathrm{d}\boldsymbol{S} \tag{16-6}$$

若通过一个封闭曲面的电流强度（或电流密度 $\boldsymbol{j}$ 穿过封闭曲面的通量）为零，即

$$I=\oint_S\boldsymbol{j}\cdot\mathrm{d}\boldsymbol{S}=0 \tag{16-7}$$

则式（16-7）说明，单位时间从封闭面向外流出的正电荷等于单位时间流进封闭面的正电荷，故该式又称**稳恒电流条件**。

为了形象地表示导体中电流密度的分布情况，可以采用电场中用电场线描述电场分布的类似方法，在导体中画出一系列曲线——电流线，规定在电流线上各点的切线方向与该点电流密度的方向一致；而通过垂直于电流密度方向的单位面积的电流线根数，等于该点电流密度的量值。这样，电流线不仅表示了导体（电流场）内各点电流密度的方向，也表示了电流密度的大小。显然，在图 16-3中可以看出在导线和大块导体中的电流分布情况。

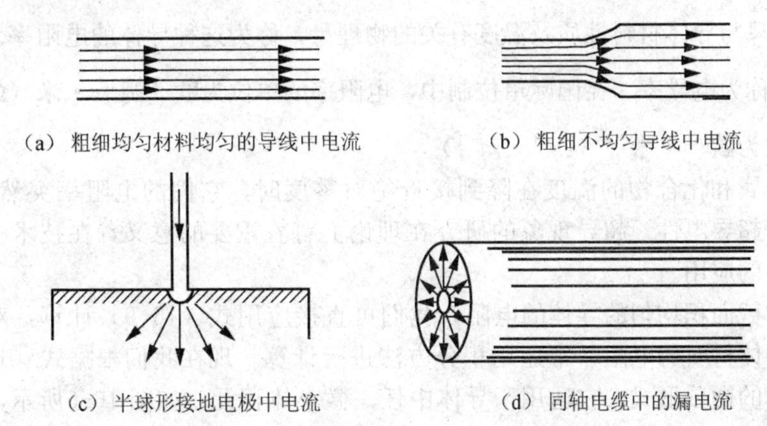

（a）粗细均匀材料均匀的导线中电流　（b）粗细不均匀导线中电流

（c）半球形接地电极中电流　（d）同轴电缆中的漏电流

图 16-3　在导线和大块导体中的电流分布

前述导体中形成电流的条件是导体内维持一个电场，可见电流和电场是密切相关的。下面我们在一段均匀电路欧姆定律基础上导出导体内各点的电流密度和相应点场

强之间的关系。

设一段粗细和材料均匀的金属导体 AB 长为 l，截面积为 S。当导体温度不变时，导体中电流 I 与导体两端的电势差 U_{AB} 成正比，即

$$I=\frac{U_{AB}}{R} \tag{16-8}$$

式（16-8）称为一段均匀电路的**欧姆定律**。R 称为导体的**电阻**，与导体的材料及几何形状有关。R 的倒数 $G\left(G=\frac{1}{R}\right)$ 称为**电导**。在国际单位制中，电阻的单位为欧［姆］（Ω），电导的单位为西［门子］。实验证明，欧姆定律对于一般的金属导体或电解液在相当大的范围内是成立的。至于真空管中的电离气体或半导体，欧姆定律并不成立。例如，气体中的电流一般与电压不成正比，其伏安特性曲线如图 16-4所示。半导体（二极管）中的电流不但与电压不成正比，而且电流方向改变时，它和电压的关系也不同，其伏安特性曲线如图 16-5所示。各种材料的这种非欧姆定律的导电特性有着重要的实际意义，否则，作为现代技术标志之一的电子技术、计算机技术，就是不可能的了。

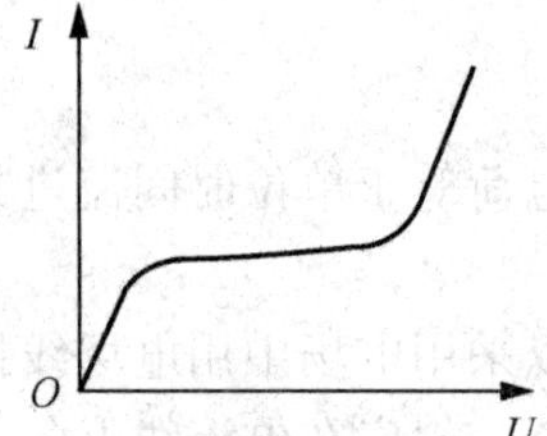

图 16-4　气体中电流的伏安特性曲线

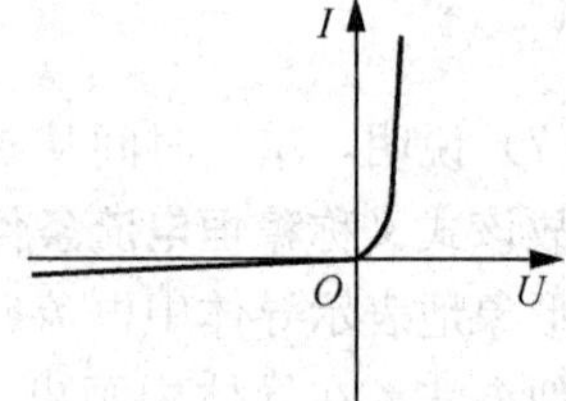

图 16-5　二极管伏安特性曲线

导体的电阻 R 与导体的长度 l 成正比，与导体的横截面积 S 成反比，即

$$R=\rho\frac{l}{S} \tag{16-9}$$

式中，ρ 为只与导体材料性质及温度有关的物理量，称为这种导体的电阻率。电阻率的倒数 $\sigma=\frac{1}{\rho}$ 称为电导率。在国际单位制中，电阻率的单位为欧［姆］·米（Ω·m），电导率的单位为欧$^{-1}$·米$^{-1}$（$\Omega^{-1}\cdot m^{-1}$）。

有些金属和化合物的温度在降到接近绝对零度时，它们的电阻率突然减小到零，这种现象叫超导电性。超导现象的研究在理论上有着重要的意义，在技术上超导也获得了很重要的应用。

通常对截面积均匀的导体的电阻，我们可直接应用式（16-9）计算，对于截面积不均匀的导体材料的电阻，常运用积分方法进行计算。现在我们根据式（16-8）来导出欧姆定律的微分形式，它适用于导体中任一微小体积元。如图 16-6所示，在导体中任取一极小的直圆柱体，其轴线平行于电流线（即与场强 $\boldsymbol{E}$ 平行），设长为 dl，截面积为 dS，通过电流为 dI。两端的电势分别为 $U+dU$ 和 U，则根据式（16-8）有

$$dI=\frac{U+dU-U}{R}=\frac{dU}{R}$$

设想小圆柱体取得足够小，以至其内部可看成均匀电场，并考虑 $dU=Edl$，$dI=jdS$，$R=\rho\dfrac{dl}{dS}=\dfrac{1}{\sigma}\dfrac{dl}{dS}$。并将其代入上式，便得

$$j=\sigma E \tag{16-10}$$

由于在金属导体中，电流密度 j 与场强 $\boldsymbol{E}$ 的方向相同，则式（16-10）可写为矢量式

$$\boldsymbol{j}=\sigma\boldsymbol{E} \tag{16-11}$$

式（16-11）称为**欧姆定律的微分形式**，它表明导体中任一点处电流密度与场强之间点点对应的关系，而式中电导率 σ 为表征导体中该点处导体材料特性的量（材料不均匀时，σ 不同）。它不仅适用于恒定电场，也适用于变化电场。总之，欧姆定律微分形式表述了大块导体中电场与电流分布之间的细节关系，较之式（16-8）有着更为深刻的意义。

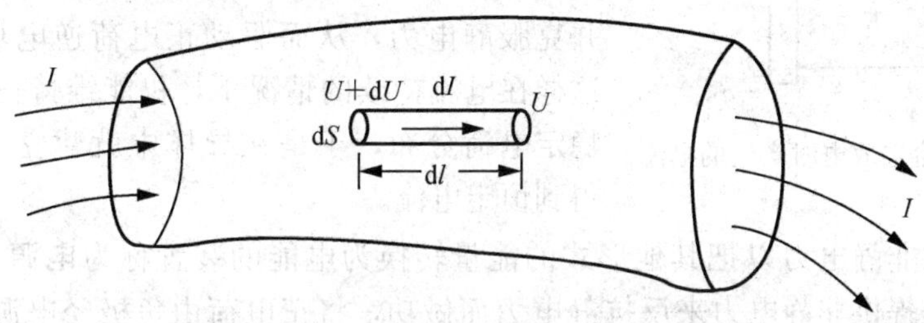

图 16-6　欧姆定律微分形式推导

现在我们来导出焦耳-楞次定律的微分形式。根据经典电子理论，可简单说明焦耳热产生的原因。经典电子理论认为，电流的能量就是导体内电场的能量。自由电子处在电场中，因电场力对它做功而转化为自由电子定向漂移运动的动能。这部分能量在自由电子与晶格碰撞的过程中转化为晶格的热运动，不断使温度升高，从而产生电能向热能的转化并以焦耳热形式释放出来。焦耳-楞次定律指出在时间 dt 内，导体中电流产生的热量为

$$dQ=I^2Rdt \tag{16-12}$$

若我们定义单位时间内在导体单位体积中所产生的热量为电流的热功率密度，并以 w 表示。则在图 16-6中，考虑到体积为 $dSdl$，小圆柱体电阻 $R=\rho\dfrac{dl}{dS}$，$dI=jdS$，将它们代入式（16-12）得

$$w=\frac{dQ}{dSdldt}=\frac{(dI)^2R}{dSdl}=\rho j^2$$

再考虑欧姆定律微分形式 $j=\sigma E$，$\rho=\dfrac{1}{\sigma}$，得

$$w=\rho\,(\sigma E)^2=\sigma E^2 \tag{16-13}$$

式（16-13）即为**焦耳-楞次定律微分形式**。它说明了导体内某点热功率密度与该点电场和材料特性的点点对应关系。它不仅适用于恒定电场，对变化电场也有普遍意义。

16.1.2 电源和电动势

若要在导体中维持恒定电流，仅仅在导体中建立迅变场是不行的，必须要在导体中建立恒定电场。如图 16-7所示的电容器经充电后用导体把正负极板连接起来，开始时有瞬时电流产生，然而随着电流的继续，两极板上电荷将逐渐减小。这种随时间减小的电荷分布不可能在导体中产生恒定电场，也就不可能在导体中形成恒定电流。因此，要产生恒定电流就必须设法使流到负极板上的正电荷重新回到正极板上，以致能维持正负极板上的恒定电荷分布，从而产生恒定电场。显然，依靠静电力是不可能使正电荷从负极板回到正极板的。只有靠一种装置产生非静电场力并克服静电力，从而驱动正电荷逆电场方向运动，这样在电流持续的情况下，仍能维持正负极板上的稳定电荷分布，于是在导体中就建立了恒定电场，得到恒定电流。

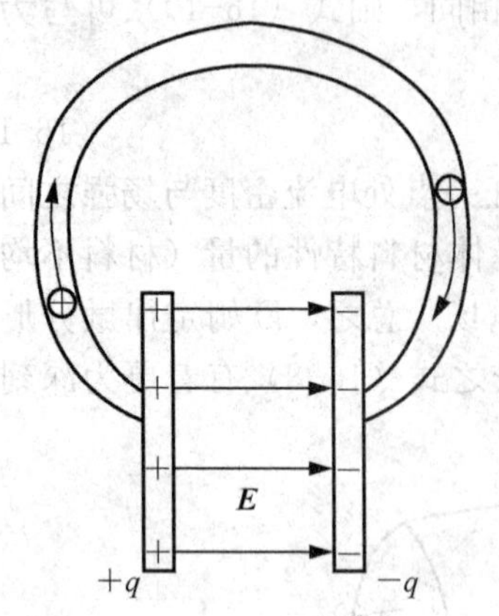

图 16-7　电容器放电时产生的电流

能够提供非静电力以把其他形式的能量转换为电能的装置称为**电源**。也就是说，电源的作用是提供非静电力来反抗静电力而做功，将正电荷由负极经电源内部移到正极，同时将其他形式的能量转变为电能。电源的类型很多，我们把能维持导体内恒定电流的电源称为直流电源，而不同电源其非静电力的本质是不同的。例如，蓄电池和干电池，其非静电力来源于化学作用；太阳能电池中的非静电力来源于制造太阳能电池的硅片内的光电效应；直流发电机和直流稳压电源的非静电力来源于电磁感应。

通常把电源内部正、负两极之间的电路称内电路，它是相对于电源外部正、负两极之间的外电路而言的。正电荷从正极流出，经外电路流入负极，然后，正电荷再从负极经内电路流到正极，从而构成闭合回路。不同类型的电源，其非静电力在电源内部搬运正电荷过程中做功的本领也不同。或者说，电源进行能量转换的本领也不同。为了定量描述电源进行能量转换的本领，我们引进电源电动势概念，电源将单位正电荷从负极经电源内部移至正极时非静电力所做的功，称为**电源电动势**，用 ε 表示，即

$$\varepsilon=\frac{A}{q} \tag{16-14}$$

式中，A 为电源内部非静电力把电荷 q 从负极移到正极过程中所做的功。

在国际制单位中，电动势的单位也为伏［特］(V)。然而必须注意，尽管电动势与电势差的单位相同，但它们是完全不同的物理量。电动势是描述电源内非静电力做功本领的物理量，其量值仅取决于电源本身的性质，而与外电路无关。

电源电动势是标量，而我们习惯上常把电源内从负极到正极的方向称作电动势的方向，也就是电势升高的方向。它也表示了电源提高电势能的方向。

现在我们应用场的概念进一步阐述电源电动势的含义。设在图 16-8所示的电源内部有一点电荷 $+q$，该点电荷 $+q$ 除受到恒定电场的静电力 $\boldsymbol{F}=q\boldsymbol{E}$ 之外，还受到非静电

场对$+q$的非静电力$\boldsymbol{F}_K=q\boldsymbol{E}_K$。(其中$\boldsymbol{E}_K$表示非静电场的场强)。当$+q$从电源负极出发经电源内部移动到正极，再经外电路回到负极板而绕闭合回路一周时，静电力和非静电力的合力所做的功为

$$A=\oint_L(q\boldsymbol{E}_K+q\boldsymbol{E})\cdot d\boldsymbol{l}=q\oint_L\boldsymbol{E}_K\cdot d\boldsymbol{l}+q\oint_L\boldsymbol{E}\cdot d\boldsymbol{l}$$

由于恒定电场是保守力场，存在$\oint_L\boldsymbol{E}\cdot d\boldsymbol{l}=0$，故有

$$A=q\oint_L\boldsymbol{E}_K\cdot d\boldsymbol{l}$$

由式（16-14）得

$$\varepsilon=\frac{A}{q}=\oint_L\boldsymbol{E}_K\cdot d\boldsymbol{l}\qquad(16\text{-}15)$$

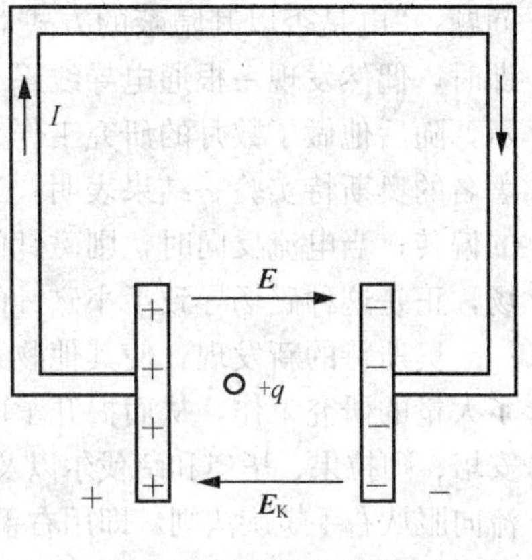

图 16-8 电源电动势

式（16-15）说明，电源电动势在量值上等于非静电力移动单位正电荷绕闭合回路一周所做的功，或者说等于非静电场强在闭合回路上的环流。

由于在图 16-8所示的闭合回路中，非静电场强只存在于电源内部，在外电路中并不存在，故式（16-15）可写为

$$\varepsilon=\int_{-\,(\text{经电源内})}^{+}\boldsymbol{E}_K\cdot d\boldsymbol{l}\qquad(16\text{-}16)$$

显然式（16-16）仅适用于非静电力只集中在一段电路内（如电池内）作用时，用场的概念表示的电动势。而式（16-15）则适用于整个回路中都存在非静电场强的情况，它是电源电动势的普遍表述形式。

16.2 磁感应强度和毕奥-萨伐尔定律

人们对磁现象的认识与研究有着悠久的历史，早在春秋时期（公元前 6 世纪），我们的祖先就已有“磁石召铁”的记载；宋朝发明了指南针，且将其用于航海。我国古代对磁学的建立和发展作出了很大的贡献。

早期对磁现象的认识仅局限于磁铁磁极之间的相互作用，当时人们认为磁和电是两类截然分开的现象，直到 1819～1820 年，奥斯特发现电流的磁效应后，人们才认识到磁与电是不可分割地联系在一起的。1820 年，安培相继发现了磁体对电流的作用和电流与电流之间的作用，进一步提出了分子电流假设，即一切磁现象都起源于电流（运动电荷），一切物质的磁性都起源于构成物质的分子中存在的环形电流。这种环形电流称为分子电流。安培的分子电流假设与近代关于原子和分子结构的认识相吻合。关于物质磁性的量子理论表明，核外电子的运动对物质磁性有一定的贡献，但物质磁性的主要来源是电子的自旋磁矩。

16.2.1 奥斯特实验

奥斯特是丹麦哥本哈根大学的教授。自 1812 年以来，他的脑海中一直萦绕着一个

问题：“电是否以其隐蔽的方式对磁体有类似的作用?”1820 年 4 月，奥斯特在一次讲课时，偶然发现一根通电导线平行置于磁针上方时，引起了磁针的偏转，如图 16-9所示，随后他做了数月的研究工作，于 1820 年 7 月发表了他的研究结果，这便是历史上著名的奥斯特实验。结果表明，当电流从 A 流向 B 时，俯视则看到磁针做逆时针方向的偏转；当电流反向时，则磁针的偏转方向变为顺时针。这表明，电流的附近存在磁场，正是这种磁场导致了小磁针的偏转，从而揭示了电流与磁场的联系。

奥斯特的新发现，使其他物理学家得到了开拓性的启发，纷纷沿着这个方向开展了大量的研究工作，从而揭开了电磁现象研究的新篇章。从 1820 年起，法国物理学家安培、阿拉果、毕奥和萨伐尔以及奥斯特本人相继发现：载流导线附近的磁场与电流的流向服从右手螺旋法则，即用右手握住直导线，使大拇指伸直指向电流方向，其他四指弯曲方向就是磁场方向，而对圆电流，则用大拇指指示磁场方向，把四指弯曲方向表示电流流向，图 16-10 分别表示了载流直导线和载流螺线管的磁场与电流的方向关系。

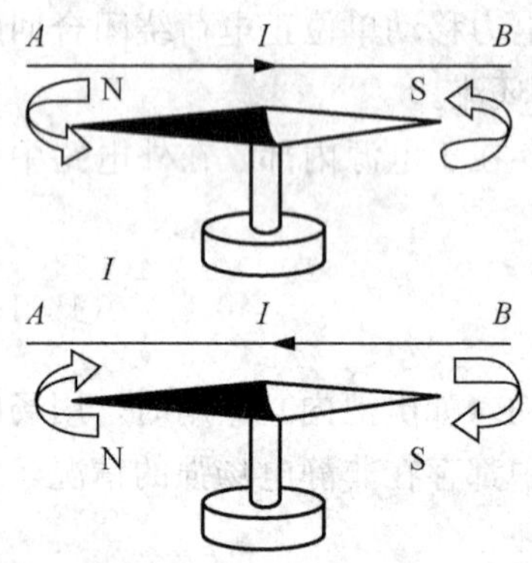

图 16-9　电流对磁针的作用

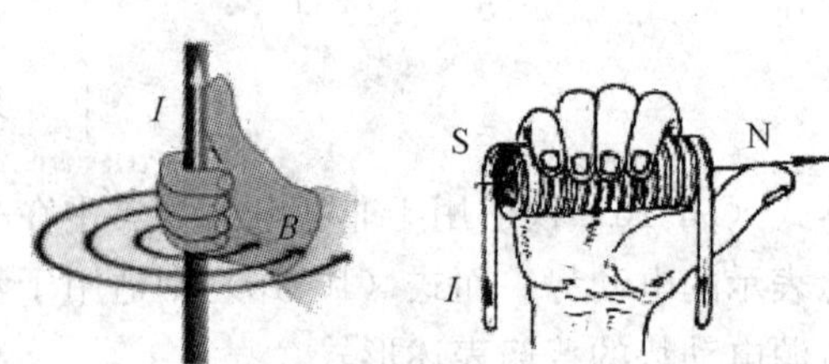

图 16-10　载流直导线和载流螺线管的磁场与电流方向的关系

同年，安培发现放在磁铁附近的载流导线或载流线圈，也会受到磁力的作用而运动，如图 16-11 和图 16-12 所示，即磁铁也会对电流施加作用，如果导线或线框中的电流反向，则它们的运动方向也反向。随后安培又发现载流导线之间也存在相互作用力，当两根平行直导线中的电流方向相同时，它们相互吸引，当电流方向相反时，它们相互排斥，如图 16-13 所示。

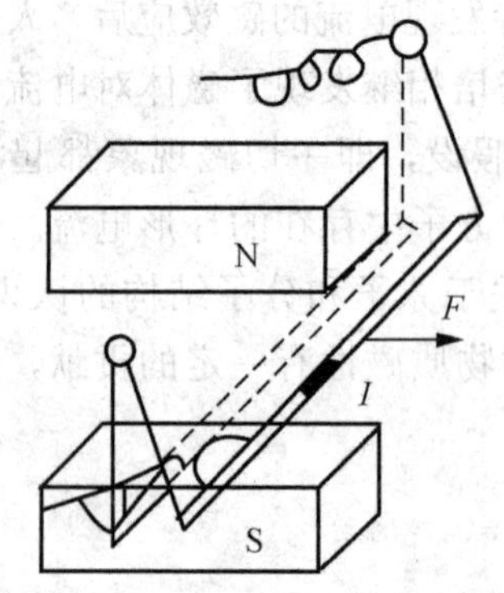

图 16-11　磁场对载流导线的作用

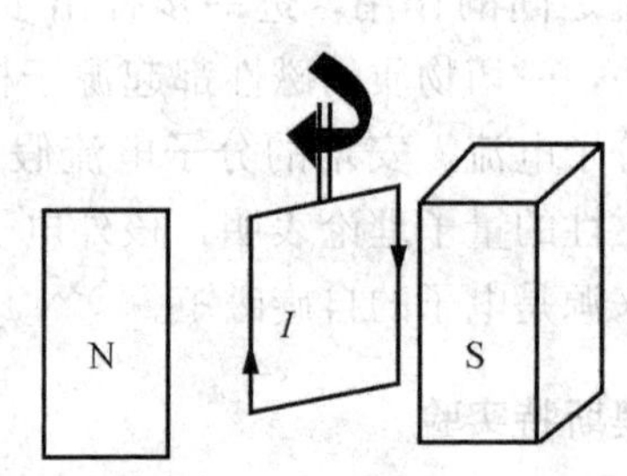

图 16-12　磁场对载流线圈的作用

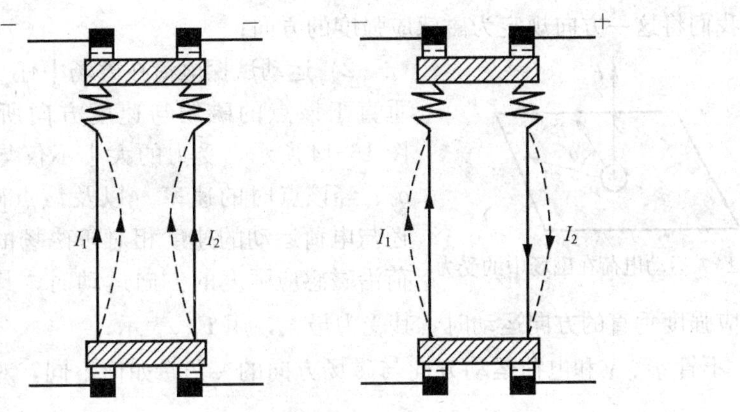

图 16-13 两条平行载流导线间的相互作用

1820 年秋，安培在巴黎科学院会议上介绍了他的实验结果，指出了载流线框、螺线管或载流导线的行为就像一块磁铁的行为一样，它们也可以相互吸引或相互排斥。这样，进一步确认了磁现象与电荷的运动是密切相关的。

但是，人们马上联想到，磁铁中并没有传导电流，可它却有很强的磁性，能在周围激发很强的磁场。那么，它的场源又是什么呢?

安培在大量实验的启发下，确信一切磁现象的根源是电流。为了说明磁铁磁性的本质，安培在尚不知道原子结构的情况下，大胆提出了分子电流的假设：物质中的每一个分子都存在着回路电流，称为**分子电流**，如果这些分子电流作定向排列，则在宏观上就会显现出磁性来。近代物理的研究结果表明，安培的假设是符合实际的。原子是由带正电的原子核和绕核旋转的电子组成的。电子不仅绕核旋转，而且还有自转，原子、分子等微观粒子内电子的这些运动形成了“分子电流”，这便是物质磁性的基本来源。

这样看起来，物质磁性的本源是电流，而电流又是电荷的定向运动。因此，一切磁现象都可以归结为运动的电荷（即电流）之间的相互作用，这种相互作用是通过磁场来传递的，可表示为

运动电荷（电流）⇔磁场⇔运动电荷（电流）

同电场一样，磁场也具有能量、质量、动量等物质的基本属性，它也是物质存在的一种形式，下面的问题是如何描述磁场。

16.2.2 磁感应强度

1. *磁感应强度*

为了定量的描述磁场的分布状况，我们引入磁感应强度，它可根据进入磁场中的运动电荷或载流导线受磁场力的作用来定义，下面就从运动电荷在磁场中的受力入手来讨论。

实验发现，磁场对运动电荷的作用有如下规律：

1）磁场中任一点都有一确定的方向，它与磁场中转动的小磁针静止时 N 极的指向

一致。我们将这一方向规定为磁感应强度的方向；

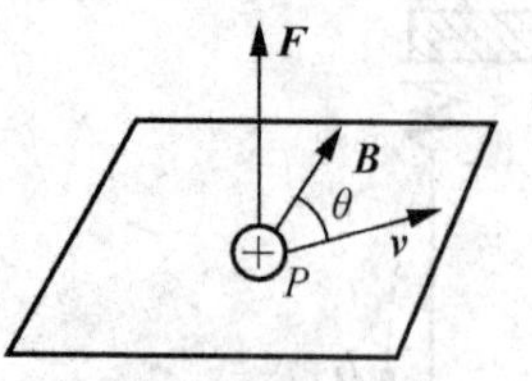

图 16-14　运动电荷在磁场中的受力

2）运动试探电荷在磁场中任一点的受力方向均垂直于该点的磁场与速度方向所确定的平面，如图 16-14 所示，受力的大小不仅与试探电荷的电量 q_0、经该点时的速率 v 以及该点磁场的强弱有关，还与电荷运动的速度相对于磁场的取向有关，当电荷沿磁感应强度的方向运动时，其受力为零；当沿与磁感应强度垂直的方向运动时，其受力最大，用 $\boldsymbol{F}_{\max}$ 表示；

3）不管 q_0、$\boldsymbol{v}$ 和电荷运动方向与磁场方向的夹角 θ 如何不同，对于给定的点，比值 $\dfrac{\boldsymbol{F}_{\max}}{q_0\boldsymbol{v}}$ 不变，其值仅由磁场的性质决定。我们将这一比值定义为该点的**磁感应强度**，以 $\boldsymbol{B}$ 表示，即

$$\boldsymbol{B}=\frac{\boldsymbol{F}_{\max}}{q_0\boldsymbol{v}} \tag{16-17}$$

在国际单位制中，磁感应强度的单位为特斯拉（T）。有时也采用高斯单位制的单位——高斯（G）。

$$1\mathrm{G}=1.0\times10^{-4}\mathrm{T}$$

2．磁感应线

为了形象地描述磁场中磁感应强度的分布，类比电场中引入电场线的方法引入磁感应线（或叫 B 线）。磁感应线的画法规定与电场线画法一样。为能用磁感应线描述磁场的强弱分布，规定垂直通过某点附近单位面积的磁感应线数（即磁感应线密度）等于该点 B 的大小。实验上可用铁屑来显示磁感应线图形。

磁感应线具有如下性质：

1）磁感应线互不相交，是既无起点又无终点的闭合曲线；

2）闭合的磁感应线和闭合的电流回路总是互相链环，它们之间的方向关系符合右手螺旋法则。

16.2.3　毕奥-萨伐尔定律

在静电学部分，大家已经掌握了求解带电体的电场强度的方法，即把带电体看成是由许多电荷元组成，写出电荷元的场强表达式，然后利用叠加原理求整个带电体的场强。与此类似，载流导线可以看成是由许多电流元组成，如果已知电流元产生的磁感应强度，利用叠加原理便可求出整个电流的磁感应强度。电流元的磁感应强度由毕奥-萨伐尔定律给出，这条定律是拉普拉斯（Laplace）把毕奥（Biot）、萨伐尔（Savart）等人在 19 世纪 20 年代的实验资料加以分析和总结后得出的，故称为**毕奥-萨伐尔-拉普拉斯定律**，简称**毕奥-萨伐尔定律**，其内容如下。

电流元 $I\mathrm{d}\boldsymbol{l}$ 在真空中某一点 P 处产生的磁感应强度 $\mathrm{d}\boldsymbol{B}$ 的大小与电流元的大小及电流元与它到 P 点的位矢 $\boldsymbol{r}$ 之间的夹角 θ 的正弦乘积成正比，与位矢大小的平方成反比；

方向与 $Id\boldsymbol{l}\times\boldsymbol{r}$ 的方向相同（这里用到矢量 $Id\boldsymbol{l}$ 与矢量 $\boldsymbol{r}$ 的叉乘，叉乘 $Id\boldsymbol{l}\times\boldsymbol{r}$ 的大小为 $Idl\sin\theta$；其方向满足右手螺旋关系，即伸直的右手，四指从 $Id\boldsymbol{l}$ 转向 $\boldsymbol{r}$ 的方向，那么拇指所指的方向即为 $Id\boldsymbol{l}\times\boldsymbol{r}$ 的方向，如图 16-15 所示）。其数学表达式为

$$\mathrm{d}B=k\frac{I\mathrm{d}l\sin\theta}{r^2} \tag{16-18}$$

式中 k 为比例系数，在国际单位制中取为

$$k=\frac{\mu_0}{4\pi}\approx10^{-7}\,\mathrm{N/A^2} \tag{16-19}$$

μ_0 为真空的磁导率，其值为 $\mu_0=4\pi\times10^{-7}\,\mathrm{N/A^2}$，所以毕奥-萨伐尔定律在真空中可表示为

$$\mathrm{d}B=\frac{\mu_0}{4\pi}\frac{I\mathrm{d}l\sin\theta}{r^2} \tag{16-20}$$

其矢量形式为

$$\mathrm{d}\boldsymbol{B}=\frac{\mu_0}{4\pi}\frac{I\mathrm{d}\boldsymbol{l}\times\boldsymbol{r}}{r^3} \tag{16-21}$$

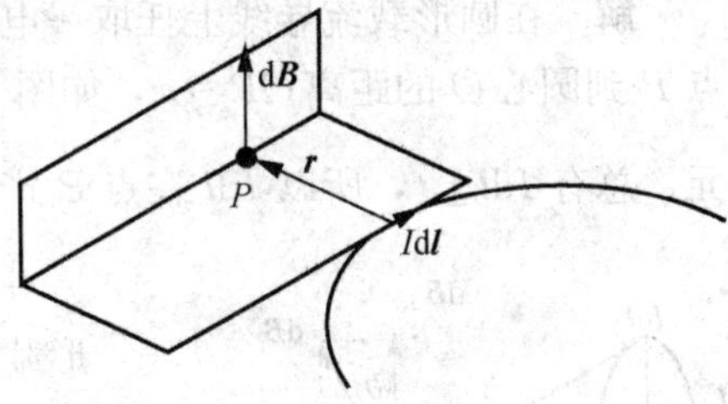

图 16-15　磁感应强度 d$\boldsymbol{B}$ 的方向

利用叠加原理，则整个载流导线在 P 点产生的磁感应强度 $\boldsymbol{B}$ 是式（16-21）沿载流导线的积分，即

$$\boldsymbol{B}=\int_L\mathrm{d}\boldsymbol{B}=\frac{\mu_0}{4\pi}\int_L\frac{I\mathrm{d}\boldsymbol{l}\times\boldsymbol{r}}{r^3} \tag{16-22}$$

毕奥-萨伐尔定律和磁场叠加原理，是我们计算任意电流分布磁场的基础，式（16-22）是这二者的具体结合。但该式是一个矢量积分公式，在具体计算时，一般用它的分量式。

16.2.4　毕奥-萨伐尔定律应用举例

例16-1　求直线电流周围的磁场。

解　设在真空中有一长为 L 的载流导线 MN，导线中的电流强度为 I，现计算该直电流附近一点 P 处的磁感应强度 $\boldsymbol{B}$。如图 16-16 所示，设 a 为场点 P 到导线的距离，θ 为电流元 $Id\boldsymbol{l}$ 与其到场点 P 的矢径的夹角，θ_1、θ_2 分别为 M、N 处的电流元与 M、N 到场点 P 的矢径的夹角。按毕奥-萨伐尔定律，电流元 $Id\boldsymbol{l}$ 在场点 P 产生的磁感应强度 d$\boldsymbol{B}$ 的大小为

$$\mathrm{d}B=\frac{\mu_0}{4\pi}\frac{I\mathrm{d}l\sin\theta}{r^2}$$

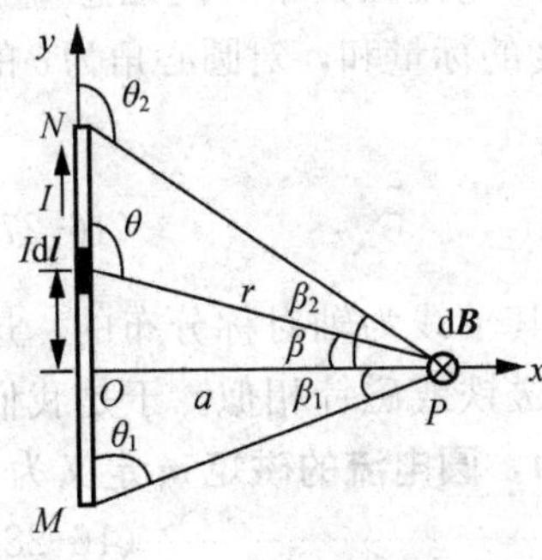

图 16-16　直线电流周围的磁场

d$\boldsymbol{B}$ 的方向垂直纸面向里（即 z 轴负向）。导线 MN 上的所有电流元在点 P 处所产生的磁感应强度都具有相同的方向，所以总磁感应强度的大小应为各电流元产生的磁感应强度的代数和，即

$$B=\int_L\mathrm{d}B=\frac{\mu_0 I}{4\pi}\int_L\frac{\sin\theta}{r^2}\mathrm{d}l$$

由图可知 $l=a\tan\beta=-a\cot\theta$，$\mathrm{d}l=a\mathrm{d}\theta/(\sin^2\theta)$，则 $r=a/\cos\beta=a/\sin\theta$，上式积分为

$$B=\frac{\mu_0 I}{4\pi a}\int_{\theta_1}^{\theta_2}\sin\theta \mathrm{d}\theta=\frac{\mu_0 I}{4\pi a}(\cos\theta_1-\cos\theta_2) \tag{16-23}$$

$\boldsymbol{B}$ 的方向垂直于纸面向里。

对于无限长载流直导线（$\theta_1=0$，$\theta_2=\pi$），距离导线为 a 处的磁感应强度的大小为

$$B=\frac{\mu_0 I}{2\pi a} \tag{16-24}$$

例 16-2　已知在半径为 R 的圆形载流线圈中通过的电流为 I，现要求确定其轴线上任一点 P 的磁场。

解　在圆形载流导线上任取一电流元 $I\mathrm{d}\boldsymbol{l}$，点 P 相对于电流元 $I\mathrm{d}\boldsymbol{l}$ 的位置矢量为 $\boldsymbol{r}$，点 P 到圆心 O 的距离 $OP=x$，如图 16-17 所示。由此可见，对于圆形导线上任一电流元，总有 $I\mathrm{d}\boldsymbol{l}\perp\boldsymbol{r}$，所以 $I\mathrm{d}\boldsymbol{l}$ 在点 P 产生的磁感应强度的大小为 $\mathrm{d}B=\frac{\mu_0 I\mathrm{d}l}{4\pi r^2}$。

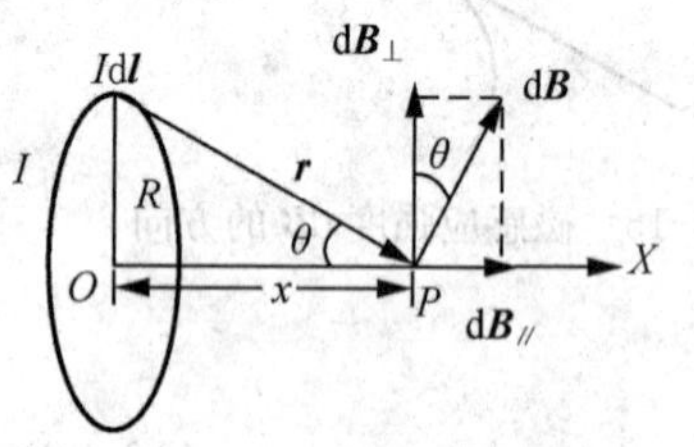

图 16-17　载流线圈轴线上的磁场

$\mathrm{d}\boldsymbol{B}$ 的方向垂直于 $I\mathrm{d}\boldsymbol{l}$ 和 $\boldsymbol{r}$ 所决定的平面。显然圆形载流导线上的各电流元在点 P 产生的磁感应强度的方向是不同的，它们分布在以点 P 为顶点、以 OP 的延长线为轴的圆锥面上。将 $\mathrm{d}\boldsymbol{B}$ 分解为平行于轴线的分量 $\mathrm{d}\boldsymbol{B}_{/\!/}$ 和垂直于轴线的分量 $\mathrm{d}\boldsymbol{B}_{\perp}$。由轴对称性可知，磁感应强度 $\mathrm{d}\boldsymbol{B}$ 的垂直分量相互抵消。所以磁感应强度 $\boldsymbol{B}$ 的大小就等于各电流元在点 P 所产生的磁感应强度的轴向分量 $\mathrm{d}\boldsymbol{B}_{/\!/}$ 的代数和。由图 16-17 可知

$$\mathrm{d}B_{/\!/}=\mathrm{d}B\sin\theta=\frac{\mu_0 I\mathrm{d}l}{4\pi r^2}\frac{R}{r}$$

所以总磁感应强度的大小为

$$B=\int \mathrm{d}B_{/\!/}=\frac{\mu_0 IR}{4\pi r^3}\int_0^{2\pi R}\mathrm{d}l=\frac{\mu_0 IR^2}{2(R^2+x^2)^{3/2}} \tag{16-25}$$

$\boldsymbol{B}$ 的方向沿着轴线，与分量 $\mathrm{d}\boldsymbol{B}_{/\!/}$ 的方向一致。

在圆形电流中心（即 $x=0$）处，其磁感应强度为

$$B=\frac{\mu_0 I}{2R} \tag{16-26}$$

$\boldsymbol{B}$ 的方向可由右手螺旋定则确定。而且圆形电流的任一电流元在其中心处所产生的磁感应强度的方向都沿轴线且满足右手定则。所以，圆形电流在其中心的磁感应强度是由组成圆形电流的所有电流元在中心产生的磁感应强度的标量和，对圆心角为 θ 的一段圆弧电流，在其圆心的磁感应强度为

$$B=\frac{\mu_0 I}{2R}\frac{\theta}{2\pi} \tag{16-27}$$

可以看出，一个圆形电流产生的磁场的磁感应线是以其轴线为轴对称分布的，这与条形磁铁或磁针的情形颇为相似，并且其行为也与条形磁铁或磁针相似。于是我们引入磁矩这一概念来描述圆形电流或载流平面线圈的磁行为，**圆电流的磁矩 $\boldsymbol{m}$** 定义为

$$\boldsymbol{m}=IS\boldsymbol{n} \tag{16-28}$$

式中 S 是圆形电流所包围的平面面积，$\boldsymbol{n}$ 是该平面的法向单位矢量，其指向与电流的方

向满足右手螺旋关系。对于多匝平面线圈，式中的电流 I 应以线圈的总匝数与每匝线圈的电流的乘积代替。

利用圆电流在轴线上的磁场公式通过叠加原理可以计算直载流螺线管轴线上的磁感应强度。对于长直密绕载流螺线管，其轴线上的磁感应强度的大小为 $B=\mu_0 nI$，n 是单位长度的匝数，I 是每匝导线的电流强度。

例 16-3 电流为 I 的无限长载流导线 $abcde$ 被弯曲成如图 16-18 所示的形状。圆弧半径为 R，$\theta_1=\frac{\pi}{4}$，$\theta_2=\frac{3}{4}\pi$。求该电流在 O 点处产生的磁感应强度。

解 将载流导线分为 ab，bc，cd 及 de 四段，它们在 O 点产生的磁感应强度的矢量和即为整个导线在 O 点产生的磁感应强度。由于 O 在 ab 及 de 的延长线及反向延长线上，由式（16-23）知

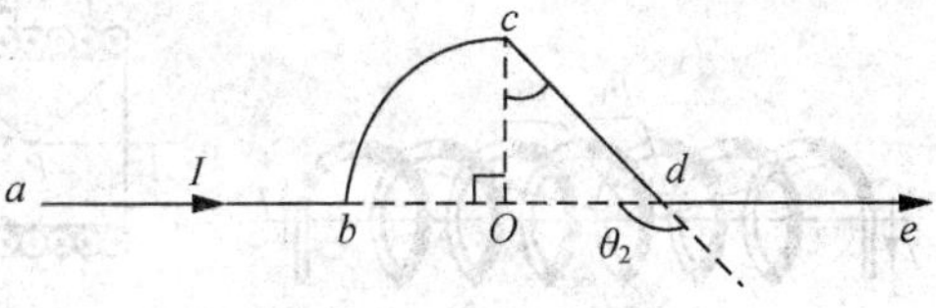

图 16-18 例 16-3图示

$$B_{ab}=B_{de}=0$$

由图 16-18 知，bc 弧段对 O 的张角为 $\frac{\pi}{2}$，由（16-27）式得

$$B_{bc}=\frac{\mu_0 I}{2R}\frac{\pi/2}{2\pi}=\frac{\mu_0 I}{8R}$$

其方向垂直纸面向里。由（16-27）式得电流 cd 段所产生的磁感应强度为

$$B_{cd}=\frac{\mu_0 I}{4\pi a}\ (\cos\theta_1-\cos\theta_2)$$

$$=\frac{\mu_0 I}{4\pi R\sin 45^\circ}\left(\cos\frac{\pi}{4}-\cos\frac{3}{4}\pi\right)=\frac{\mu_0 I}{2\pi R}$$

其方向亦垂直纸面向里。故 O 点处的磁感应强度的大小为

$$B=\frac{\mu_0 I}{8R}\left(1+\frac{4}{\pi}\right)$$

方向垂直纸面向里。

因为

$$r^2=R^2+x^2,\ \sin\theta=\frac{R}{r}=\frac{R}{(R^2+x^2)^{\frac{3}{2}}}$$

代入上式并对 $\mathrm{d}l$ 积分，取积分限为 $0\sim 2\pi R$，则

$$\boldsymbol{B}=\frac{\mu_0 IR^2}{2\ (R^2+x^2)^{\frac{3}{2}}}\boldsymbol{i}=\frac{\mu_0}{2\pi}\frac{IS}{(R^2+x^2)^{\frac{3}{2}}}\boldsymbol{i}=\frac{\mu_0}{2\pi}\frac{\boldsymbol{P}_{\mathrm{m}}}{(R^2+x^2)^{\frac{3}{2}}}$$

式中，$\boldsymbol{P}_{\mathrm{m}}=IS\boldsymbol{n}_0$ 为线圈的磁矩，其大小为 IS，方向为线圈平面正法线方向，以 $\boldsymbol{n}_0$ 表示，即垂直于线圈的平面，用右手四指弯曲方向代表电流流向，则大拇指指向就是 $\boldsymbol{n}_0$ 的方向。如果载流线圈共有 N 匝，则线圈的总磁矩 $\boldsymbol{P}_{\mathrm{m}}=NIS\boldsymbol{n}_0$ 线圈的磁矩是描述载流线圈性质的物理量。

在远离线圈处，$x\gg R$，轴线上任一点的磁感应强度为

$$\boldsymbol{B}=\frac{\mu_0\boldsymbol{P}_{\mathrm{m}}}{2\pi x^3}$$

在圆心处，$x=0$，所以磁感应强度 $\boldsymbol{B}_0$ 的大小为

$$B_0=\frac{\mu_0 I}{2R}$$

例 16-4 求长直载流螺线管轴线上任一点 P 的磁感应强度，设电流为 I。

解 直螺线管就是绕在直圆柱面上的螺旋形线圈，如图 16-19（a）所示，螺线管上的各匝线圈一般绕得很紧密，每匝线圈相当于一个圆形线圈，载流直螺线管在某点所产生的磁感应强度等于各匝线圈在该点所产生的磁感应强度的总和。

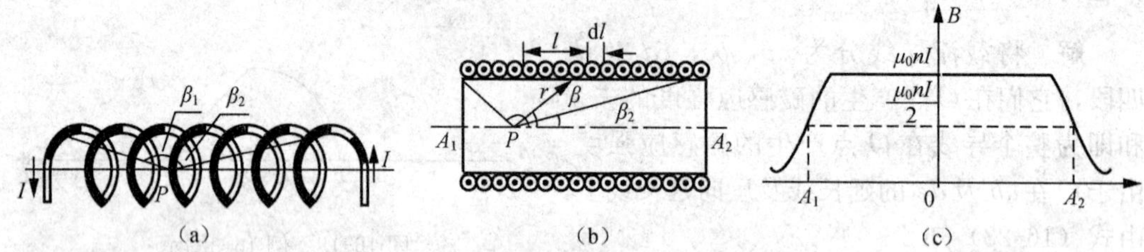

图 16-19　直螺线管及其轴线上的磁场分布

设螺线管的半径为 R，电流为 I，每单位长度有线圈 n 匝，在螺线管上任取一小段 $\mathrm{d}l$，这小段上有线圈 $n\mathrm{d}l$ 匝。由于管中线圈绕得很紧密，这小段上的线圈相当于电流为 $In\mathrm{d}l$ 的一个圆形电流，由式（16-25）知，它在轴线上某点 P 处所产生的磁感应强度的大小为

$$\mathrm{d}B=\frac{\mu_0}{2}\frac{R^2 In\mathrm{d}l}{(R^2+l^2)^{\frac{3}{2}}}$$

式中，l 是点 P 离 $\mathrm{d}l$ 这一小段螺线管线圈的距离，磁感应强度的方向沿轴线向右，因为螺线管的各小段在点 P 处所产生的磁感应强度方向都相同，因此，整个螺线管所产生的总磁感应强度的大小为

$$B=\int_L \mathrm{d}B=\int_L \frac{\mu_0}{2}\frac{R^2 In\mathrm{d}l}{(R^2+l^2)^{\frac{3}{2}}}$$

为了便于积分，我们引入参变量 β 角，这就是螺线管的轴线与从点 P 到 $\mathrm{d}l$ 处小段线圈上任一点的位矢 $\boldsymbol{r}$ 之间的夹角，于是从图 16-19（b）中可以看出

$$l=R\cot\beta$$

对上式微分，得

$$\mathrm{d}l=-R\csc^2\beta\mathrm{d}\beta$$

又

$$R^2+l^2=R^2\csc^2\beta$$

所以

$$B=\int\left(-\frac{\mu_0}{2}nI\sin\beta\right)\mathrm{d}\beta$$

积分上下限分别为 β_1 和 β_2，代入上式后得

$$B=\frac{\mu_0}{2}nI\int_{\beta_1}^{\beta_2}(-\sin\beta)\mathrm{d}\beta=\frac{\mu_0}{2}nI(\cos\beta_2-\cos\beta_1) \tag{16-29}$$

下面对式（16-29）作如下讨论：

1）如果螺线管为“无限长”，亦即螺线管的长度较其直径大得很多时，$\beta_1\to\pi$，$\beta_2\to 0$ 所以

$$B=\mu_0 nI \tag{16-30}$$

这一结果说明，任何绕得很紧密的长直螺线管内部轴线上磁感应强度是个常矢量。此外，理论和实验证明：对于管内的任一点上述结论均成立，即“无限长”螺线管内部的磁场是匀强磁场。

2）长直螺线管的端点处的磁感应强度恰好是内部磁感应强度的一半。例如，在点 A_1 处，$\beta_1\to\frac{\pi}{2}$，$\beta_2\to 0$，所以在点 A_1 处有

$$B=\frac{1}{2}\mu_0 nI \tag{16-31}$$

长直螺线管所产生的磁感应强度的方向沿着螺线管轴线，其指向可按右手法则确定，右手四指表示电流方向，拇指就是磁场指向。轴线上各处 $\boldsymbol{B}$ 的量值变化情况如图 16-19（c）所示。

例 16-5 已知半径为 R 的均匀带电圆盘，带电量为 $+q$，圆盘以匀角速度 ω 绕通过圆心垂直于圆盘的轴转动，如图 16-20 所示。试求：

1）带电圆盘轴线上任意一点 P 的磁感应强度 $\boldsymbol{B}$；

2）旋转带电圆盘的磁矩 $\boldsymbol{P}_m$。

解 1）如图 16-20 所示，在距圆心为 r 处取一宽度为 $\mathrm{d}r$ 的圆环，当带电圆盘绕轴旋转时，圆环上的电荷做圆周运动，相当于一个载流线圈，其电流为

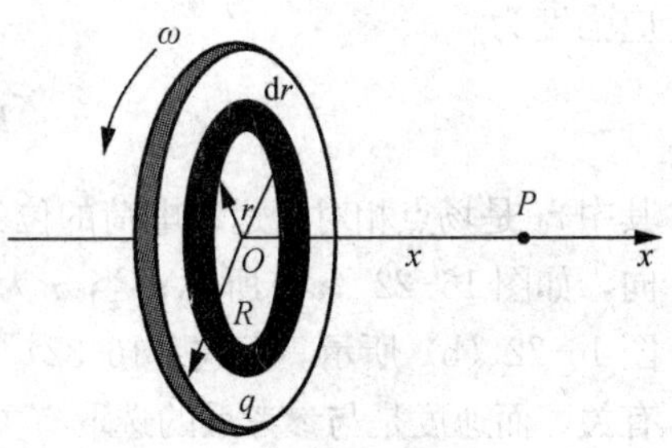

图 16-20 例 16-5图示

$$\mathrm{d}I=\frac{\omega}{2\pi}\sigma 2\pi r\mathrm{d}r=\omega\sigma r\mathrm{d}r$$

式中，$\sigma=q/\pi R^2$ 为圆盘上的电荷面密度，应用例 16-2 中式（16-25）的结果，可得圆环在 P 点产生的磁感应强度大小为

$$\mathrm{d}B=\frac{\mu_0 r^2\mathrm{d}I}{2\left(r^2+x^2\right)^{\frac{3}{2}}}=\frac{\mu_0\omega\sigma r^3\mathrm{d}r}{2\left(r^2+x^2\right)^{\frac{3}{2}}}$$

由于各载流圆线圈在轴线上产生的磁感应强度方向相同，故磁感应强度 $\boldsymbol{B}$ 的大小为

$$B=\frac{\mu_0\sigma\omega}{2}\int_0^R\frac{r^3\mathrm{d}r}{\left(r^2+x^2\right)^{\frac{3}{2}}}$$

$$=\frac{\mu_0\sigma\omega}{2}\left(\frac{R^2+2x^2}{\sqrt{R^2+x^2}}-2x\right)=\frac{\mu_0 q\omega}{2\pi R^2}\left(\frac{R^2+2x^2}{\sqrt{R^2+x^2}}-2x\right)$$

绕轴旋转的带电圆盘产生的磁感应强度 $\boldsymbol{B}$ 的方向沿 x 轴正向。当 $x=0$ 时，即旋转带电圆盘圆心处，磁感应强度的大小为

$$B=\frac{\mu_0\sigma\omega}{2}R=\frac{\mu_0 q\omega}{2\pi R}$$

2）该带电圆盘的磁矩是各载流圆线圈磁矩的叠加，每一个载流 $\mathrm{d}I$ 的圆线圈磁矩为

$$\mathrm{d}\boldsymbol{P}_m=\pi r^2\mathrm{d}I\boldsymbol{n}_0=\pi r^3\omega\sigma\mathrm{d}r\boldsymbol{n}_0$$

由于所有 $\mathrm{d}\boldsymbol{P}_m$ 都具有相同方向，所以，绕轴旋转带电圆盘的磁矩 $\boldsymbol{P}_m$ 大小为

$$P_m = \pi\omega\sigma\int_0^R r^3 dr = \frac{\pi\omega\sigma R^4}{4} = \frac{q\omega R^2}{4}$$

16.2.5 运动电荷的磁场

电流是大量电荷的定向运动，电流的磁场是大量运动电荷产生磁场的叠加。因此，运动电荷所产生的磁感应强度，很容易由毕奥-萨伐尔定律求得。

如图 16-21 所示的电流元 Idl，其截面积为 S，设单位体积内有 n 个作定向运动的电荷，为简便计，这里以正电荷为研究对象，每个电荷的电量为 q。且定向运动的速度均为 $\boldsymbol{v}$。则此电流的电流密度为 $\boldsymbol{j}=nq\boldsymbol{v}$，因此电流元为

$$Idl=jSdl=nSdlqv$$

于是，毕奥-萨伐尔定律的表达式 $d\boldsymbol{B}=\frac{\mu_0}{4\pi}\frac{Id\boldsymbol{l}\times\boldsymbol{r}_0}{r^2}$ 可写成

$$d\boldsymbol{B}=\frac{\mu_0}{4\pi}\frac{nSdlq\boldsymbol{v}\times\boldsymbol{r}_0}{r^2}$$

式中，$Sdl=dV$ 为电流元的体积，$ndV=dN$ 为电流元中作定向运动的电荷数。

若每个定向运动的电荷的贡献相同，则一个运动电荷在距它为 r 处所产生的磁感应强度为

$$\boldsymbol{B}=\frac{d\boldsymbol{B}}{dN}=\frac{\mu_0}{4\pi}\frac{q\boldsymbol{v}\times\boldsymbol{r}_0}{r^2} \tag{16-32}$$

其中 $\boldsymbol{r}_0$ 是场点相对于运动电荷的位矢的单位长度矢量，显然，$\boldsymbol{B}$ 的方向为矢积 $\boldsymbol{v}\times\boldsymbol{r}$ 的方向，如图 16-22（a）所示；当 q 为负电荷时，$\boldsymbol{B}$ 的方向与矢积 $\boldsymbol{v}\times\boldsymbol{r}$ 的方向相反，如图 16-22（b）所示。由式（16-32）可知，磁感应强度 $\boldsymbol{B}$ 与电荷相对于观察者的运动速度有关，而速度是与参考系的选取有关的，因此，$\boldsymbol{B}$ 是一个随参考系而变的相对量。

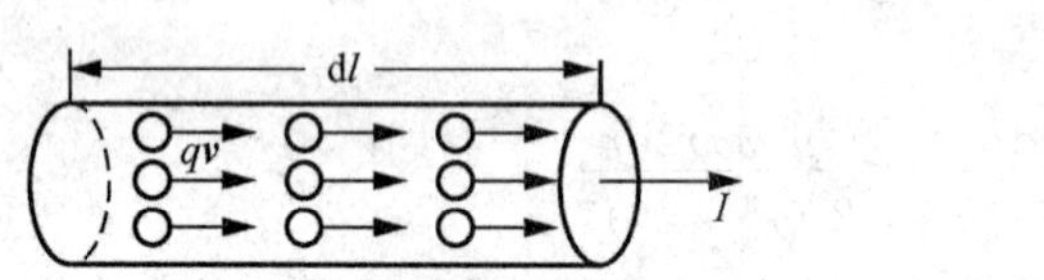

图 16-21 运动电荷的磁场

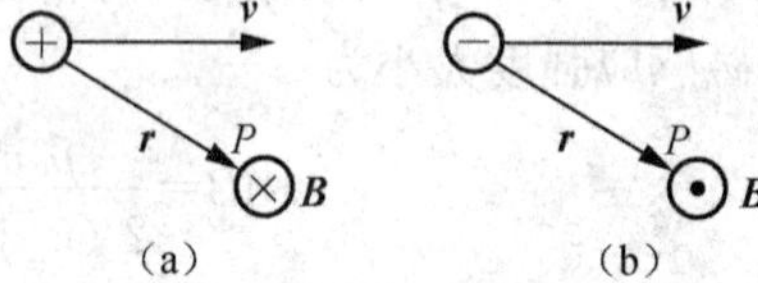

图 16-22 运动电荷产生的 $\boldsymbol{B}$ 的方向

式（16-32）是运动电荷的磁场公式，该公式的适用范围是电荷的运动速度 $\boldsymbol{v}$ 的大小远小于真空中的光速，即 $v\ll c$。当带电粒子的速度 $\boldsymbol{v}$ 接近光速时，它不再成立。

例 16-6 氢原子中的电子，以 $v=2.2\times10^6$ m/s 的速率沿半径 $r=5.3\times10^{-11}$ m 的圆轨道运动，求电子在轨道中心产生的磁感应强度 $\boldsymbol{B}$ 和它的轨道磁矩 $\boldsymbol{P}_m$。

解 按式（16-32），氢原子中电子沿轨道运动在轨道中心产生的磁感应强度大小为

$$B=\frac{\mu_0}{4\pi}\frac{ev}{r^2}=10^{-7}\times\frac{1.6\times10^{-19}\times2.2\times10^6}{(5.3\times10^{-11})^2}\text{T}\approx13\text{T}$$

方向垂直纸面向里，如图 16-23 所示。

电子轨道运动形成的圆电流的电流强度为

$$I=\frac{dq}{dt}=\frac{e}{T}=\frac{e}{2\pi r/v}$$

式中，T 为电子回转周期，轨道所围面积 $S=\pi r^2$，电子轨道磁矩大小为

$$P_m=IS=\frac{ev}{2\pi r}\pi r^2=\frac{evr}{2}\approx 9.3\times 10^{-24}\ \text{A}\cdot\text{m}^2 \tag{16-33}$$

方向垂直纸面向里。按角动量的定义，电子轨道运动的角动量 $\boldsymbol{L}$ 的大小为

$$L=mvr \tag{16-34}$$

方向垂直纸面向外，与轨道磁矩 $\boldsymbol{P}_m$ 的方向相反。联立（16-33）与（16-34）两式，可得电子的轨道磁矩 $\boldsymbol{P}_m$ 与轨道角动量 $\boldsymbol{L}$ 的关系为

$$\boldsymbol{P}_m=-\frac{e}{2m}\boldsymbol{L} \tag{16-35}$$

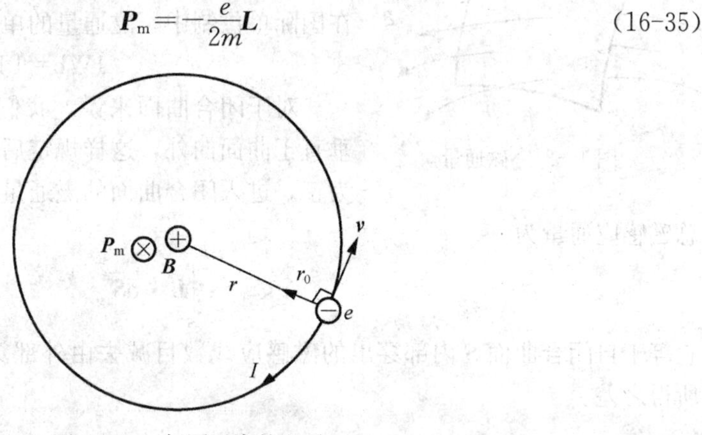

图 16-23 氢原子中的电子

16.3 稳恒磁场的高斯定理和安培环路定理

在静电场中，静电场的高斯定理和环路定理从两个不同的侧面揭示了静电场的基本性质。稳恒磁场的高斯定理和环路定理有什么表现形式？稳恒磁场又有什么特性呢？

16.3.1 磁通量

为了形象地反映磁场分布情况，我们用一些想象的曲线来表示磁场的分布，给定磁场中某一点磁感应强度的大小和方向都是确定的。因此我们规定曲线上每一点切线方向就是该点的磁感应强度 $\boldsymbol{B}$ 的方向，而曲线的疏密程度则表示磁感应强度 $\boldsymbol{B}$ 的大小。这样的曲线称为磁感应线。

为了使磁感应线能够定量地描述磁场的强弱。我们规定：通过某点处垂直于 $\boldsymbol{B}$ 矢量的单位面积上通过磁感应线条数，等于该点 $\boldsymbol{B}$ 矢量的大小，即

$$B=\frac{dN}{dS_\perp} \tag{16-36}$$

也就是说，磁感应强度的大小就是通过单位垂直面积的磁感应线的数目，即磁感应线的数密度。磁感应线密集的地方磁感应强度大，磁感应线稀疏的地方磁感应强度小。

通过磁场中某一曲面的磁感应线的条数叫做通过此曲面的磁通量，用符号中 Φ_m 表

示。根据上面对磁感应线密度的规定，我们可以计算通过任意曲面的磁通量。由式（16-36）可得，穿过 $dS_{\perp}$ 面的磁通量 $d\Phi_m$ 为

$$d\Phi_m = dN = BdS_{\perp} \tag{16-37}$$

若磁感应线与面元 dS 的面法线方向 $\boldsymbol{n}_0$ 的夹角为 θ，如图 16-24 所示，则通过该面元的磁通量为

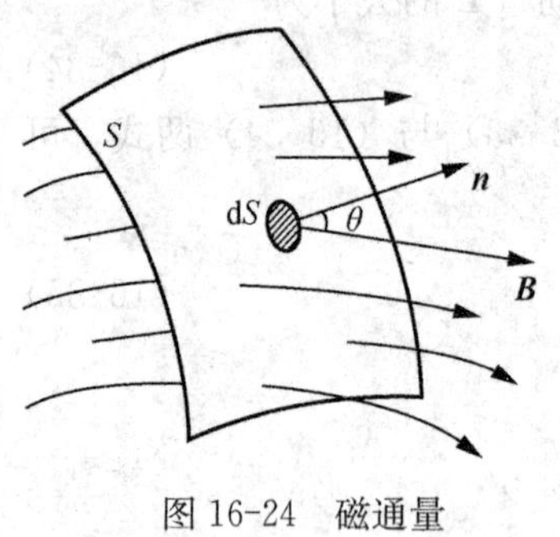

图 16-24　磁通量

$$d\Phi_m = B\cos\theta dS = \boldsymbol{B} \cdot d\boldsymbol{S}$$

通过任一曲面的磁通量

$$\Phi_m = \int_S B\cos\theta dS = \int_S \boldsymbol{B} \cdot d\boldsymbol{S} \tag{16-38}$$

在国际单位制中，磁通量的单位是韦伯（Wb），有

$$1\text{Wb} = 1\text{T} \times 1\text{m}^2$$

对于闭合曲面来说，我们规定正法线矢量 $\boldsymbol{n}_0$ 的方向垂直于曲面向外，这样规定后，由闭合曲面穿出的磁通量为正，进入闭合曲面的磁通量为负。因此，闭合曲面 $\boldsymbol{S}$ 的总磁感应通量为

$$\Phi_m = \oint_S \boldsymbol{B} \cdot d\boldsymbol{S}$$

它等于自闭合曲面 $\boldsymbol{S}$ 内部穿出的磁感应线数目减去由外部穿入 $\boldsymbol{S}$ 面内的磁感应线数目所得之差。

16.3.2　磁场的高斯定理

由于磁感应线是闭合的，因此对任一闭合曲面 S 来说，穿入闭合曲面的磁感应线数目一定等于穿出该闭合曲面的磁感应线数目，也就是说，通过任意闭合曲面的磁通量必等于零，即

$$\oint_S \boldsymbol{B} \cdot d\boldsymbol{S} = 0 \tag{16-39}$$

这就是**磁场的高斯定理**，它是电磁场的一条基本规律。大量的实验证明，这一结论对于变化的磁场仍然成立。

将磁场的高斯定理 $\oint_S \boldsymbol{B} \cdot d\boldsymbol{S} = 0$ 与静电场的高斯定理 $\oint_S \boldsymbol{E} \cdot d\boldsymbol{S} = \frac{1}{\varepsilon_0}\sum_{S内} q_i$ 比较，就可以看出静电场与磁场本质上的区别。静电场是有源场，其场源是自然界可以单独存在的正负电荷，而磁场是一个无源场，即迄今人们还没有发现自然界存在与电荷相对应的“磁荷”，即磁单极（单独的 N 或 S 极），所以静电场中闭合曲面的电通量可以不为零，说明电场线起于正电荷，止于负电荷，无电荷处不中断。磁场中任何闭合曲面的磁通量一定等于零，说明磁感应线是无头无尾的闭合曲线。

关于磁单极还要说明一点，1931 年，狄拉克就从理论上预言磁单极的存在，但至今还没有得到实验证实。如果实验中找到了磁单极，磁场的高斯定理乃至整个电磁场理论就要做重大的修改。因此，寻找磁单极的实验研究具有重要的理论意义。

16.3.3　安培环路定理

在静电场中，电场强度沿任何闭合环路的线积分恒为零，即$\oint_L \boldsymbol{E}\cdot \mathrm{d}\boldsymbol{l}=0$，它说明静电场是无旋场，是保守力场，可以引入电势来描述静电场。在磁场中，由于磁感应线是闭合曲线，若沿磁感应线取积分回路 L，则因 $\boldsymbol{B}$ 与 $\mathrm{d}\boldsymbol{l}$ 的夹角 $\theta=0$，故在磁感应线上 $\boldsymbol{B}\cdot \mathrm{d}\boldsymbol{l}>0$，从而$\oint_L \boldsymbol{B}\cdot \mathrm{d}\boldsymbol{l}\neq 0$，这说明磁场的基本属性与静电场有显著的区别。那么，在恒定磁场中，$\boldsymbol{B}$ 的环流$\oint_L \boldsymbol{B}\cdot \mathrm{d}\boldsymbol{l}$ 又服从什么规律?

由特殊到一般，下面我们以无限长载流直导线的磁场为例，分析磁感应强度 $\boldsymbol{B}$ 沿任意闭合环路的线积分，以归纳得出安培环路定理。具体过程分为以下 4 步。

1）设闭合曲线 L 在垂直于无限长载流直导线的平面内，电流 I 穿过 L。如图 16-25所示。自 L 上任一点 P 出发，沿图示方向积分一周。

点 P 到导线的距离为 r，点 P 处的磁感应强度的大小为

$$B=\frac{\mu_0 I}{2\pi r}$$

所以

$$\oint_L \boldsymbol{B}\cdot \mathrm{d}\boldsymbol{l}=\oint_L B\cos\theta \mathrm{d}l$$

由图 16-25 可知，$\cos\theta \mathrm{d}l=r\mathrm{d}\varphi$，所以

$$\oint_L B\cos\theta \mathrm{d}l=\oint \frac{\mu_0 I}{2\pi r}r\mathrm{d}\varphi=\frac{\mu_0 I}{2\pi}\int_0^{2\pi}\mathrm{d}\varphi=\mu_0 I$$

如果上述积分按相反的方向沿 L 积分一周，则 $\boldsymbol{B}$ 与 $\mathrm{d}\boldsymbol{l}$ 的夹角 θ' 与 θ 互补，如图 16-25 所示，积分值为负，即

$$\oint_L B\cos\theta' \mathrm{d}l=\oint_L B\cos(\pi-\theta)=-\mu_0 I$$

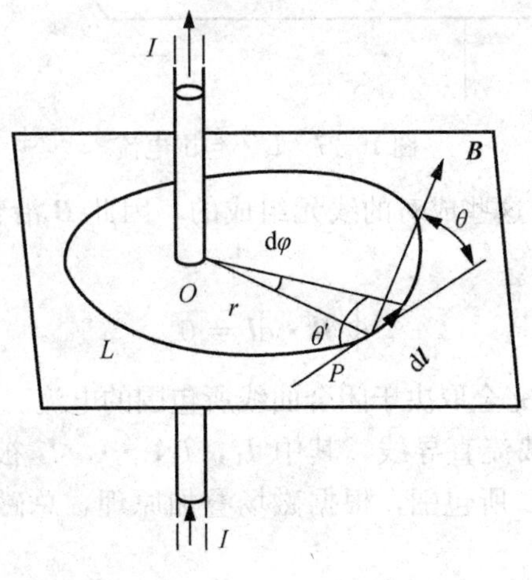

图 16-25　**B** 的环流

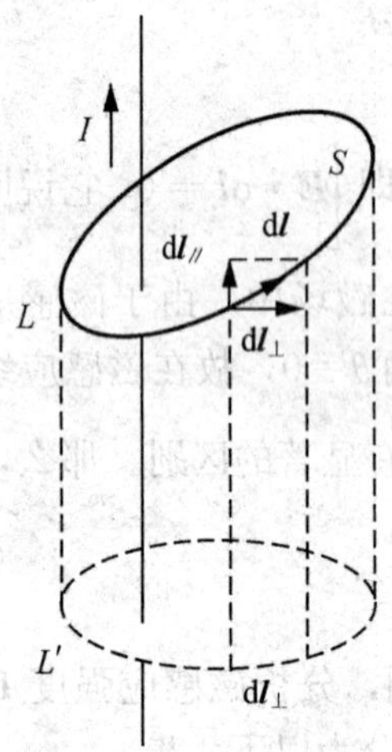

图 16-26　环路 L 不在垂直于导线的平面

2）设闭合曲线 L 不在垂直于无限长载流直导线的平面内，如图 16-26 所示，对任一线元矢量 $\mathrm{d}\boldsymbol{l}$，总可将其分解为相互垂直的两个分量：平行于载流导线的分量 $\mathrm{d}\boldsymbol{l}_{/\!/}$ 和垂直于载流导线的分量 $\mathrm{d}\boldsymbol{l}_{\perp}$，从而

$$\oint_L \boldsymbol{B}\cdot\mathrm{d}\boldsymbol{l}=\oint \boldsymbol{B}\cdot(\mathrm{d}\boldsymbol{l}_{/\!/}+\mathrm{d}\boldsymbol{l}_{\perp})=\oint_L \boldsymbol{B}\cdot\mathrm{d}\boldsymbol{l}_{/\!/}+\oint_L \boldsymbol{B}\cdot\mathrm{d}\boldsymbol{l}_{\perp}$$

由于 $\boldsymbol{B}\perp\mathrm{d}\boldsymbol{l}_{/\!/}$，故有

$$\oint_L \boldsymbol{B}\cdot\mathrm{d}\boldsymbol{l}_{/\!/}=0$$

由 1）的结果可得

$$\oint_L \boldsymbol{B}\cdot\mathrm{d}\boldsymbol{l}=\oint_L \boldsymbol{B}\cdot\mathrm{d}\boldsymbol{l}_{\perp}=\mu_0 I$$

3）设闭合曲线 L 不包围电流 I，L 在垂直于导线的平面内，如图 16-27 所示。在闭合曲线 L 上，相对于电流 I 具有同一张角 $\mathrm{d}\varphi$ 的线元有 $\mathrm{d}\boldsymbol{l}_1$ 和 $\mathrm{d}\boldsymbol{l}_2$，两线元与各自所在处 $\boldsymbol{B}$ 的夹角分别为 θ_1 和 θ_2，其中一个为钝角，一个为锐角。设两线元与电流的距离分别为 r_1 和 r_2，那么，两线元的 $\boldsymbol{B}\cdot\mathrm{d}\boldsymbol{l}$ 之和为

$$\begin{aligned}\boldsymbol{B}_1\cdot\mathrm{d}\boldsymbol{l}_1+\boldsymbol{B}_2\cdot\mathrm{d}\boldsymbol{l}_2&=\frac{\mu_0 I}{2\pi r_1}\cos\theta_1\,\mathrm{d}l_1+\frac{\mu_0 I}{2\pi r_2}\cos\theta_2\,\mathrm{d}l_2\\&=-\frac{\mu_0 I}{2\pi r_1}r_1\,\mathrm{d}\varphi+\frac{\mu_0 I}{2\pi r_2}r_2\,\mathrm{d}\varphi\end{aligned}$$

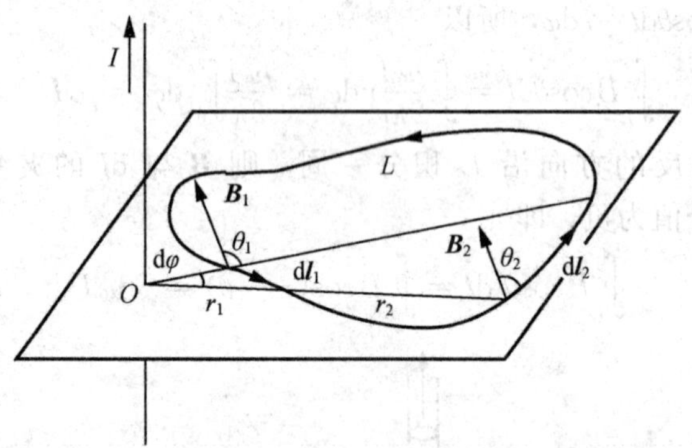

图 16-27　L 不包围电流

而整个曲线 L 就是由这些成对的线元组成的，因此 $\boldsymbol{B}$ 沿整个闭合曲线的环流显然亦应等于零，即

$$\oint_L \boldsymbol{B}\cdot\mathrm{d}\boldsymbol{l}=0$$

由此可见，$\boldsymbol{B}$ 的环流的值完全取决于闭合曲线所包围的电流。

4）设有 n 条无限长载流直导线，其中 I_1，I_2，…，I_k 被闭合曲线 L 所包围，而 I_{k+1}，I_{k+2}，…，I_n 未被 L 所包围，根据磁场叠加原理，总磁感应强度 $\boldsymbol{B}$ 沿 L 的环流应为

$$
\begin{aligned}
\oint_L \boldsymbol{B} \cdot \mathrm{d}\boldsymbol{l} &= \oint(\boldsymbol{B}_1 + \boldsymbol{B}_2 + \cdots + \boldsymbol{B}_k + \boldsymbol{B}_{k+1} + \cdots + \boldsymbol{B}_n) \cdot \mathrm{d}\boldsymbol{l} \\
&= \left(\oint_L \boldsymbol{B}_1 \cdot \mathrm{d}\boldsymbol{l} + \cdots + \oint_L \boldsymbol{B}_k \cdot \mathrm{d}\boldsymbol{l}\right) + \left(\oint_L \boldsymbol{B}_{k+1} \cdot \mathrm{d}\boldsymbol{l} + \cdots + \oint_L \boldsymbol{B}_k \cdot \mathrm{d}\boldsymbol{l}\right) \\
&= \mu_0 (I_1 + I_2 + \cdots + I_k) = \mu_0 \sum_{i=1}^{k} I_i
\end{aligned}
$$

即

$$
\oint_L \boldsymbol{B} \cdot \mathrm{d}\boldsymbol{l} = \mu_0 \sum_{L内} I_i \tag{16-40}
$$

此结果表明，在恒定磁场中，磁感应强度 $\boldsymbol{B}$ 沿任一闭合路径的线积分等于穿过该环路的所有电流的代数和的 μ_0 倍，这就是**安培环路定理**。它表明磁力是非保守力，磁场是有旋场，是非保守场。这也是对磁场起源于电流的一种表达。

以上虽然只是从无限长直线电流这一特例导出了安培环路定理，但可以证明式（16-40）对任意形状的载流回路以及任意形状的闭合路径都是成立的，它是一个普遍的结论。对此定理还需说明的是：

1）$\mu_0 \sum\limits_{L内} I_i$ 为安培环路 L 所包围的电流的代数和，I_i 作为代数量来处理，式中电流 I 的正负规定：当穿过环路 L 的电流方向与环路 L 的环绕方向服从右手螺旋法则时，式中 I 取正值；反之取负值。

2）式（16-40）中的 $\boldsymbol{B}$ 是 L 上各点的 $\boldsymbol{B}$，它是 L 内、外所有电流共同激发的总磁场，但是，只有被 L 包围的电流才对 $\boldsymbol{B}$ 沿 L 的环流有贡献。

3）L 包围的电流是指穿过以 L 为边界的任意曲面的电流。

4）安培环路定理仅适用于闭合的稳恒电流回路，对于一段电流及非恒定磁场的情况不适用。

16.4 安培环路定理的应用

安培环路定理除了反映磁场的非保守性外，也可以用来简便地计算某些对称场或均匀场的磁感应强度，这一点与静电场的高斯定理非常相似。**计算的一般步骤**如下：

1）首先分析磁场分布是否具有对称性；

2）根据磁场分布对称性的特点，选取适当的积分回路 L，并规定回路的绕行方向。所取积分回路 L 必须满足：①回路必须通过拟考察的场点；②整个回路或部分回路上各点 $\boldsymbol{B}$ 的大小相等，而 $\boldsymbol{B}$ 的方向与 $\mathrm{d}\boldsymbol{l}$ 平行或垂直；③回路应取规则几何形状，以便计算；

3）根据安培环路定理列方程求解。

下面我们举例说明安培环路定理的应用。

例 16-7 设真空中有一无限长载流圆柱形导体，圆柱半径为 R，圆柱横截面上均匀地通有电流 I，沿轴线流动。求磁场分布。

分析 如图 16-28（a）所示，对无限长载流圆柱体，由于电流分布的轴对称性，可以判断在圆柱导体内外空间中的磁感应线是一系列同轴圆周线。证明此结论，只需在图 16-28（b）中的圆柱横截面上以 OP 为轴，任取一对对称的沿柱轴流动的细长电

流 $\mathrm{d}I_1$ 和 $\mathrm{d}I_2$，它们在柱外任一点 P 处产生的磁感应强度 $\mathrm{d}\boldsymbol{B}_1$ 和 $\mathrm{d}\boldsymbol{B}_2$ 的合矢量 $\mathrm{d}\boldsymbol{B}$ 的方向一定沿过 P 点的圆周线的切线方向。从而可以判断，离圆柱轴线距离相同处的各点 $\boldsymbol{B}$ 的大小相同，方向垂直于轴和轴到该点径矢组成的平面。

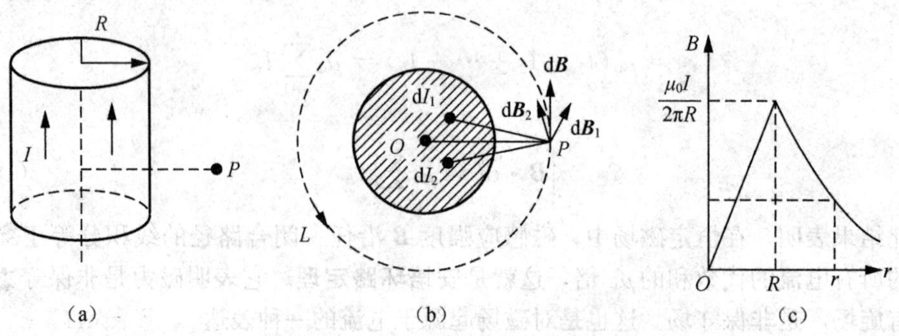

图 16-28　无限长载流圆柱导体的磁场分布

解　先求圆柱导体外的磁场分布。设圆柱外一点 P，距轴线为 r。选择过 P 点的同轴圆周线为积分回路 L（回路 L 方向与电流方向成右手螺旋关系）。根据上述分析，可求得 $\boldsymbol{B}$ 在回路 L 上的环流为

$$\oint_L \boldsymbol{B} \cdot \mathrm{d}\boldsymbol{l} = 2\pi rB$$

根据安培环路定理可得

$$2\pi rB = \mu_0 I$$

所以

$$B = \frac{\mu_0 I}{2\pi r},\quad r > R$$

可见，在无限长圆柱导体外部的磁场分布与载有相同电流的无限长直导线周围的磁场一样。

再求无限长圆柱导体内的磁场分布。我们选 $r<R$ 处的任意一点 P'。并选通过 P' 点半径为 r 的同轴圆周线为积分回路 L'（仍与电流成右手螺旋关系）。根据同样的分析，由于回路上各点 $\boldsymbol{B}$ 大小相同，方向沿 L'切线方向，则 $\boldsymbol{B}$ 沿 L'的环流为

$$\oint_{L'} \boldsymbol{B} \cdot \mathrm{d}\boldsymbol{l} = 2\pi rB$$

由于回路 L'包围并穿过的电流为 $\sum_i I_i = \frac{\pi r^2}{\pi R^2} I$，由安培环路定理得

$$2\pi rB = \frac{\mu_0 \pi r^2}{\pi R^2} I$$

有

$$B = \frac{\mu_0 rI}{2\pi R^2},\quad r < R$$

图 16-28（c）是以圆柱导体轴为原点，离轴距离为 r 的各场点的磁感应强度 $\boldsymbol{B}$ 的大小与距离 r 之间关系曲线，其综合表达式为

$$B=\begin{cases}0, & r=0\\ \dfrac{\mu_0 rI}{2\pi R^2}, & r\leqslant R\\ \dfrac{\mu_0 I}{2\pi r}, & r\geqslant R\end{cases} \tag{16-41}$$

读者可用类似的方法求无限长载流圆柱面的磁场分布。其磁感应强度 $\boldsymbol{B}$ 的大小为

$$B=\begin{cases}0, & r<R\\ \dfrac{\mu_0 I}{2\pi r}, & r\geqslant R\end{cases} \tag{16-42}$$

例 16-8 求长直载流螺线管内的磁场分布。

解 在前面曾计算过长直螺线管内轴线上的磁场分布，但对管内其余各点的磁场，利用毕奥-萨伐尔定律求解却是很复杂的，而利用安培环路定理，却可以证明长直密绕螺线管内的磁场是均匀的。

设该长直螺线管可视作无限长密绕直螺线管，线圈中通电流 I，单位长度密绕 n 匝线圈，由电流分布的对称性可判断，管内磁感应线不可能相交，只可能相互平行分布，而且离轴线等距离的各点 $\boldsymbol{B}$ 的大小必然相等，方向平行于轴线，管外 $\boldsymbol{B}$ 则趋近于零。

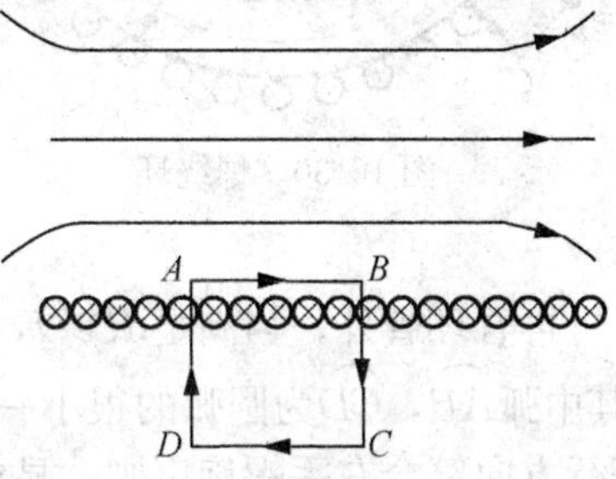

图 16-29 长直载流螺线管内磁场

选择如图 16-29 所示过管内任意点 P 的矩形回路 $ABCDA$ 为积分回路 L，绕行方向为 $A\to B\to C\to D\to A$，则 $\boldsymbol{B}$ 沿回路的环流为

$$\oint_L \boldsymbol{B}\cdot \mathrm{d}\boldsymbol{l}=\int_{AB}\boldsymbol{B}\cdot \mathrm{d}\boldsymbol{l}+\int_{BC}\boldsymbol{B}\cdot \mathrm{d}\boldsymbol{l}+\int_{CD}\boldsymbol{B}\cdot \mathrm{d}\boldsymbol{l}+\int_{DA}\boldsymbol{B}\cdot \mathrm{d}\boldsymbol{l}$$

考虑到平行轴线的 AB 段上环流为

$$\int_{AB}\boldsymbol{B}\cdot \mathrm{d}\boldsymbol{l}=B\overline{AB}$$

而在 BC，DA 和 CD 段上，由于管内 $\boldsymbol{B}$ 与线元 $\mathrm{d}\boldsymbol{l}$ 垂直，或管外 $\boldsymbol{B}=0$，则

$$\int_{BC}\boldsymbol{B}\cdot \mathrm{d}\boldsymbol{l}=0,\int_{DA}\boldsymbol{B}\cdot \mathrm{d}\boldsymbol{l}=0,\int_{CD}\boldsymbol{B}\cdot \mathrm{d}\boldsymbol{l}=0$$

所以，$\boldsymbol{B}$ 在矩形回路 L 上的环流为

$$\int_L \boldsymbol{B}\cdot \mathrm{d}\boldsymbol{l}=B\overline{AB}=\mu_0 I(n\overline{AB})$$

经整理，得

$$B=\mu_0 nI$$

对无限长密绕直螺线管内部任一点，磁感应强度的大小均为 $B=\mu_0 nI$，方向符合右手螺旋定则，长直密绕螺线管内确实可看作均匀磁场。

例 16-9 求载流螺绕环的磁场分布。

解 环形螺线管称为螺绕环。如图 16-30 所示，设螺绕环轴线半径为 R，环上均匀密绕 N 匝线圈，通有电流 I。根据电流分布的对称性，可以判断环内磁感应线为一系

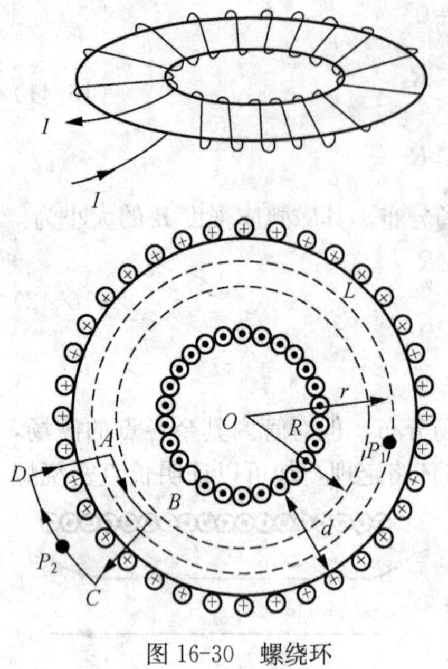

图 16-30　螺绕环

列与螺绕环中心轴线同心的圆周线。即同一圆周线上各点 $\boldsymbol{B}$ 的大小相等，方向沿圆周切线方向。

先看环管内的磁场分布。设环内有一点 P_1，过 P_1 点作以 O 点为圆心，半径为 r 的圆周，并将它选作积分回路 L，使回路绕行方向与回路所包围的电流方向符合右手螺旋定则。根据安培环路定理，则 $\boldsymbol{B}$ 在回路 L 上的环流为

$$\oint_L \boldsymbol{B}\cdot \mathrm{d}\boldsymbol{l} = B\cdot 2\pi r = \mu_0 NI$$

求得

$$B=\frac{\mu_0 NI}{2\pi r},\ R-\frac{d}{2}<r<R+\frac{d}{2} \tag{16-43}$$

式中，d 为螺绕环线圈的直径，如图 16-30 所示，当环很细，R 很大时，即 $R\gg d$ 时，可认为 $r\approx R$，若令 $n=\dfrac{N}{2\pi R}$，则环内磁感应强度的大小为

$$B=\frac{\mu_0 NI}{2\pi R}=\mu_0 nI \tag{16-44}$$

再看环管外，当满足 $R\gg d$，取任一点 P_2，过 P_2 作图中所示扇形积分回路 $ABCD$（其中弧 $\overset{\frown}{AB}$，$\overset{\frown}{CD}$为圆弧的很小一部分，$\overline{BC}$，$\overline{DA}$为从 O 点发出的射线的一段）。$ABCD$ 绕行方向符合右手螺旋定则。显然，根据安培环路定理，$\boldsymbol{B}$ 在回路 $ABCD$ 上的环流为

$$\begin{aligned}\oint_{ABCD}\boldsymbol{B}\cdot \mathrm{d}\boldsymbol{l} &= \oint_{\overset{\frown}{AB}}\boldsymbol{B}\cdot \mathrm{d}\boldsymbol{l}+\oint_{\overline{BC}}\boldsymbol{B}\cdot \mathrm{d}\boldsymbol{l}+\oint_{\overset{\frown}{CD}}\boldsymbol{B}\cdot \mathrm{d}\boldsymbol{l}+\oint_{\overline{DA}}\boldsymbol{B}\cdot \mathrm{d}\boldsymbol{l}\\ &= B_{AB}\,\overset{\frown}{AB}+B_{CD}\,\overset{\frown}{CD}\end{aligned}$$

此环流应等于回路包围并穿过的电流的 μ_0 倍，即

$$B_{AB}\overset{\frown}{AB}+B_{CD}\overset{\frown}{CD}=\mu_0 n\overset{\frown}{AB}I$$

考虑到 $B_{AB}\overset{\frown}{AB}=\mu_0 nI\,\overset{\frown}{AB}$，由上式可知，环管外任意点 P_2 处的磁感强度的大小为

$$B_{CD}=0$$

可见，密绕细螺绕环的磁场都集中在环管内，$B=\mu_0 nI$，且均匀分布。而环管外无磁场，$B=0$。

例 16-10　如图 16-31 所示，一无限大薄导体平板均匀地通有电流，若导体平板垂直纸面，电流沿平板垂直纸面向外，设电流沿平板横截面方向单位宽度的电流为 j，试计算空间磁场分布。

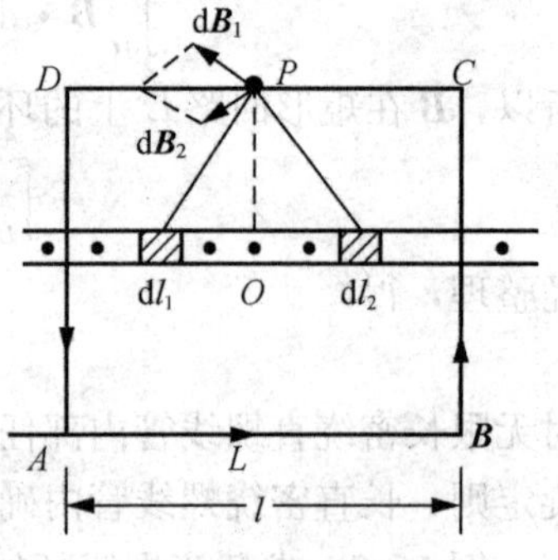

图 16-31　无限大载流薄导体平板的磁场分布

解　无限大平面电流可看成由无限多根紧密而平行排列的长直电流所组成，从所求场点 P 向导体平板画一垂直线，垂足为 O，在 O 点两侧对称位置各取一宽为 $\mathrm{d}l_1$ 和 $\mathrm{d}l_2$ 的长直电流，它们在 P 点产生的磁感应强度的矢量和 $\mathrm{d}\boldsymbol{B}_1+\mathrm{d}\boldsymbol{B}_2=\mathrm{d}\boldsymbol{B}$ 必然平行于导体平面而指向左

方。对于整个无限大平面电流而言，相当于有无数对对称于 OP 轴的长直电流，在 P 点产生的合磁场方向最终必然平行平板指向左方。同理，平面电流的下半部分空间 $\boldsymbol{B}$ 的方向必然平行平板而指向右方。而且可以断定在距离平板等高处各点 $\boldsymbol{B}$ 的大小是相等的。

根据空间磁场分布的分析，选择过 P 点的矩形回路 $ABCD$ 作积分回路 L，其中 $\overline{AB}$，$\overline{CD}$平行导体平板，长为 l，$\overline{BC}$，$\overline{DA}$垂直导体平板并被等分。回路绕行方向如图 16-31 中箭头指向所示，则根据安培环路定理有

$$\oint_L \boldsymbol{B} \cdot \mathrm{d}\boldsymbol{l} = \oint_{AB} \boldsymbol{B} \cdot \mathrm{d}\boldsymbol{l} + \oint_{BC} \boldsymbol{B} \cdot \mathrm{d}\boldsymbol{l} + \oint_{CD} \boldsymbol{B} \cdot \mathrm{d}\boldsymbol{l} + \oint_{DA} \boldsymbol{B} \cdot \mathrm{d}\boldsymbol{l} = 2Bl$$

因回路 L 包围的电流为 lj，则

$$2Bl = \mu_0 lj$$

所以

$$B = \frac{\mu_0}{2} j \tag{16-45}$$

式（16-45）表明，无限大均匀平面电流两侧任意点的磁感强度大小与该点离平板的距离无关。板的两侧均存在着一个匀强磁场区域，两侧磁感强度 $\boldsymbol{B}$ 的大小相等，方向相反。

思考与讨论

16.1　在同一磁感应线上，各点 $\boldsymbol{B}$ 的数值是否都相等？为何不把作用于运动电荷的磁力方向定义为磁感应强度 $\boldsymbol{B}$ 的方向？

16.2　在图 16-32（a）和（b）中各有一半径相同的圆形回路 L_1、L_2，圆周内有电流 I_1、I_2，其分布相同，且均在真空中，但在图 16-32（b）中 L_2 回路外有电流 I_3，P_1、P_2 为两圆形回路上的对应点，则（　　）。

(A) $\oint_{L_1} \boldsymbol{B} \cdot \mathrm{d}\boldsymbol{l} = \oint_{L_2} \boldsymbol{B} \cdot \mathrm{d}\boldsymbol{l}, \boldsymbol{B}_{P_1} = \boldsymbol{B}_{P_2}$

(B) $\oint_{L_1} \boldsymbol{B} \cdot \mathrm{d}\boldsymbol{l} \neq \oint_{L_2} \boldsymbol{B} \cdot \mathrm{d}\boldsymbol{l}, \boldsymbol{B}_{P_1} = \boldsymbol{B}_{P_2}$

(C) $\oint_{L_1} \boldsymbol{B} \cdot \mathrm{d}\boldsymbol{l} = \oint_{L_2} \boldsymbol{B} \cdot \mathrm{d}\boldsymbol{l}, \boldsymbol{B}_{P_1} \neq \boldsymbol{B}_{P_2}$

(D) $\oint_{L_1} \boldsymbol{B} \cdot \mathrm{d}\boldsymbol{l} \neq \oint_{L_2} \boldsymbol{B} \cdot \mathrm{d}\boldsymbol{l}, \boldsymbol{B}_{P_1} \neq \boldsymbol{B}_{P_2}$

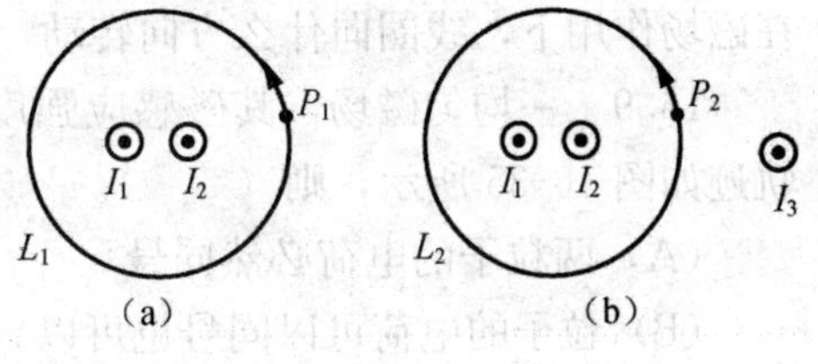

图 16-32　题 16.2 图示

16.3　图 16-33 中哪一幅图线能确切描述载流圆线圈在其轴线上任意点所产生的 $\boldsymbol{B}$ 随 x 的变化关系？（x 坐标轴垂直于圆线圈平面，原点在圆线圈中心 O）

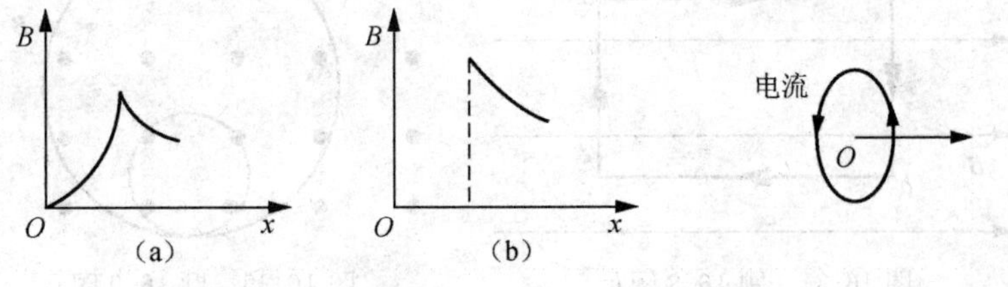

图 16-33　题 16.3 图示

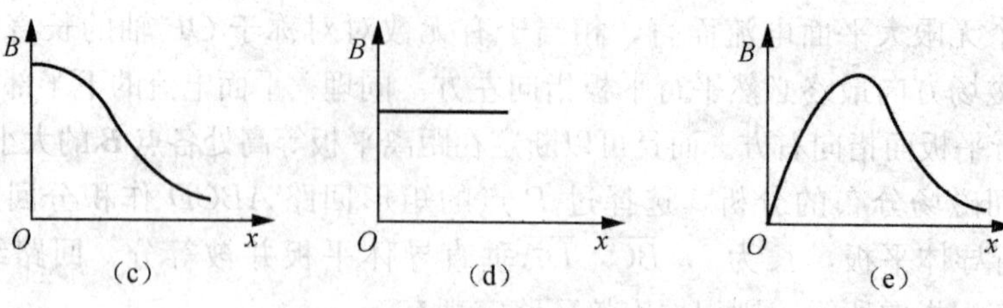

图 16-33　题 16.3 图示（续）

16.4　取一闭合积分回路 L，使三根载流导线穿过它所围成的面。现改变三根导线之间的相互间隔，但不越出积分回路，则（　　）。

(A) 回路 L 内的 $\sum I$ 不变，L 上各点的 $\boldsymbol{B}$ 不变

(B) 回路 L 内的 $\sum I$ 不变，L 上各点的 $\boldsymbol{B}$ 改变

(C) 回路 L 内的 $\sum I$ 改变，L 上各点的 $\boldsymbol{B}$ 不变

(D) 回路 L 内的 $\sum I$ 改变，L 上各点的 $\boldsymbol{B}$ 改变

16.5　用安培环路定理能否求有限长一段载流直导线周围的磁场？

16.6　一载有电流 I 的细导线分别均匀密绕在半径为 R 和 r 的长直圆筒上形成两个螺线管（$R=2r$），两螺线管单位长度上的匝数相等。两螺线管中的磁感应强度大小 B_R 和 B_r 应满足（　　）。

(A) $B_R=2B_r$　　　　(B) $B_R=B_r$

(C) $2B_R=B_r$　　　　(D) $B_R=4B_r$

16.7　均匀磁场的磁感应强度 $\boldsymbol{B}$ 垂直于半径为 r 的圆面。今以该圆周为边线，作一半球面 S，则通过 S 面的磁通量的大小为多少？

16.8　如图 16-34 所示，匀强磁场中有一矩形通电线圈，它的平面与磁场平行，在磁场作用下，线圈向什么方向转动？

16.9　一均匀磁场，其磁感应强度方向垂直于纸面，两带电粒子在磁场中的运动轨迹如图 16-35 所示，则（　　）。

(A) 两粒子的电荷必然同号

(B) 粒子的电荷可以同号也可以异号

(C) 两粒子的动量大小必然不同

(D) 两粒子的运动周期必然不同

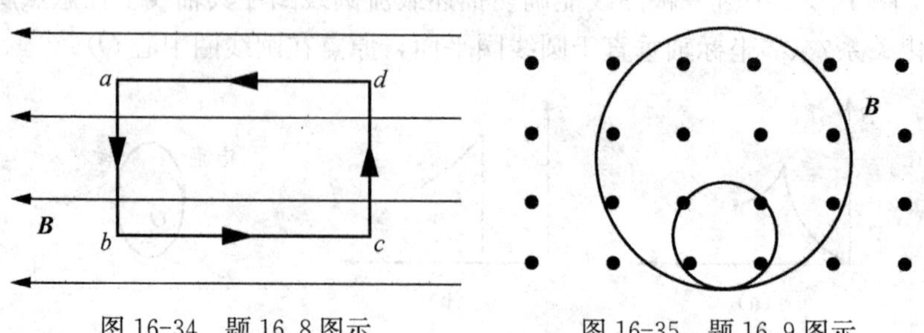

图 16-34　题 16.8 图示　　　　图 16-35　题 16.9 图示

习 题 16

16-1 已知铜的摩尔质量 $M=63.75\text{g/mol}$，密度 $\rho=8.9\text{g/cm}^3$，在铜导线里，假设每一个铜原子贡献出一个自由电子。

1）为了技术上的安全，铜线内最大电流密度 $j_m=6.0\text{A/mm}^2$，求此时铜线内电子的漂移速率 v_d。

2）在室温下电子热运动的平均速率是电子漂移速率 v_d 的多少倍？

16-2 有两个同轴导体圆柱面，它们的长度均为 20m，内圆柱面的半径为 3.0mm，外圆柱面的半径为 9.0mm。若两圆柱面之间有 $10\mu\text{A}$ 电流沿径向流过，求通过半径为 6.0mm 的圆柱面上的电流密度。

16-3 如图 16-36 所示，有两根导线沿半径方向接触铁环的 a、b 两点，并与很远处的电源相接。求环心 O 的磁感应强度。

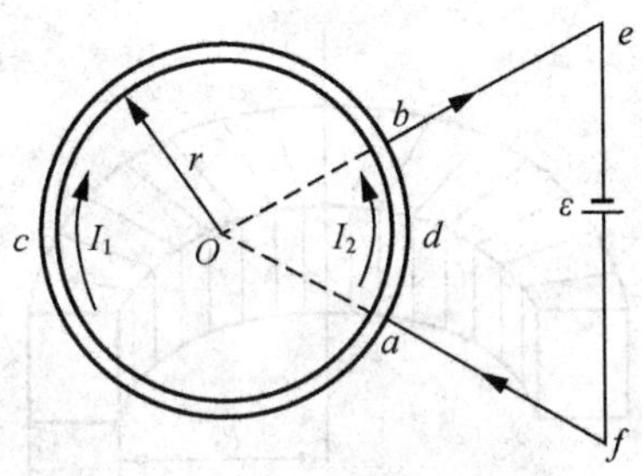

图 16-36 习题 16-3图示

16-4 如图 16-37 所示，几种载流导线在平面内分布，电流均为 I，它们在点 O 的磁感应强度各为多少？

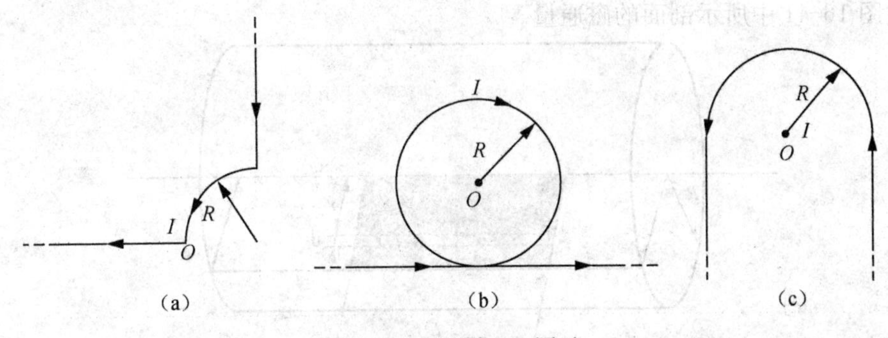

图 16-37 习题 16-4图示

16-5 如图 16-38 所示，一个半径为 R 的无限长半圆柱面导体，沿长度方向的电流 I 在柱面上均匀分布。求半圆柱面轴线 OO' 上的磁感应强度。

16-6 有一同轴电缆，其尺寸如图 16-39 所示。两导体中的电流均为 I，但电流的流向相反，导体的磁性可不考虑。试计算以下各处的磁感强度：①$r<R_1$；②$R_1<r<R_2$；③$R_2<r<R_3$；④$r>R_3$。画出 $B-r$ 图线。

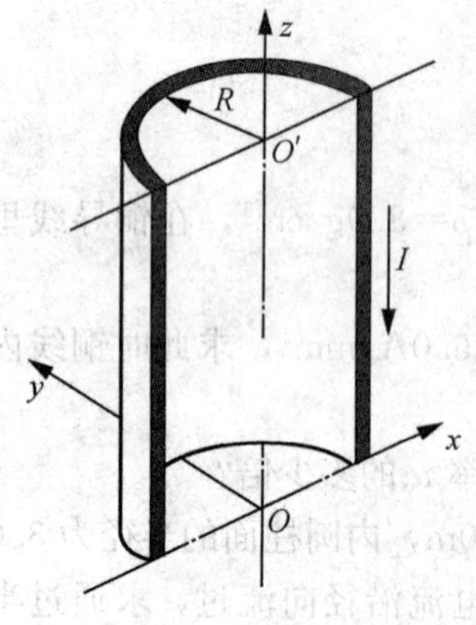

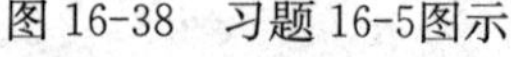

图 16-38　习题 16-5图示

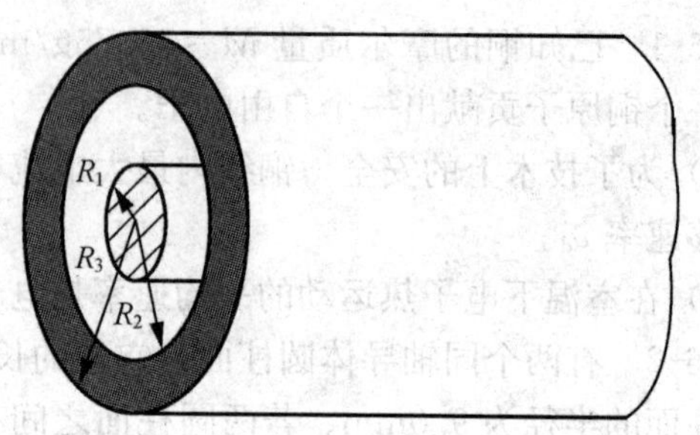

图 16-39　习题 16-6图示

16-7　如图 16-40 所示，N 匝线圈均匀密绕在截面为长方形的中空骨架上。求通入电流 I 后，环内外磁场的分布。

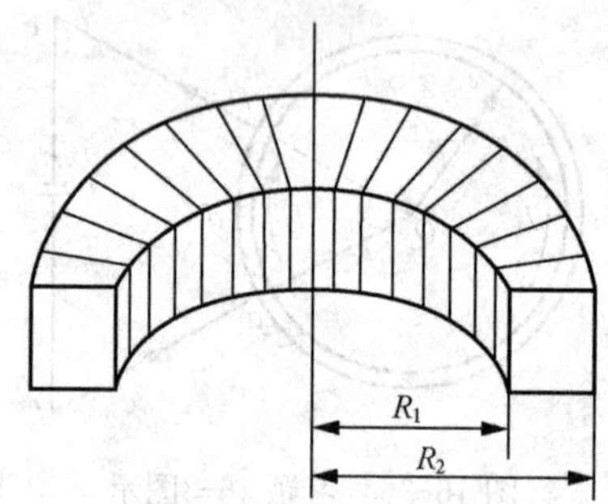

图 16-40　习题 16-7图示

16-8　电流 I 均匀地流过半径为 R 的圆形长直导线，试计算单位长度导线内的磁场通过图 16-41 中所示剖面的磁通量。

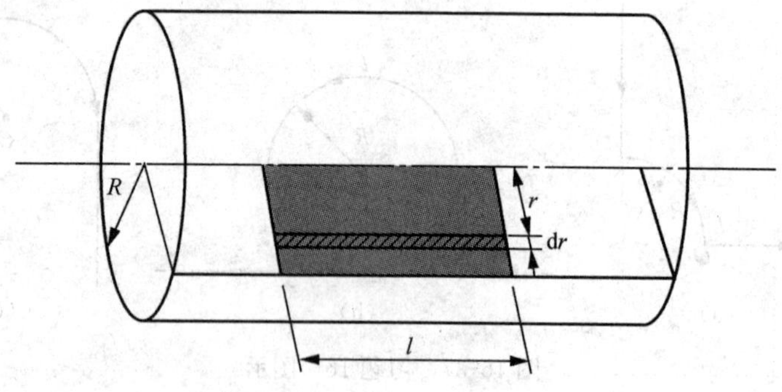

图 16-41　习题 16-8图示

16-9　无限长直圆柱形导体内有一无限长直圆柱形空腔，如图 16-42 所示，空腔与导体的两轴线平行，间距为 a，若导体内的电流密度均匀为 $\boldsymbol{j}$，$\boldsymbol{j}$ 的方向平行于轴线。求腔内任意点的磁感应强度 $\boldsymbol{B}$。

16-10　如图 16-43 所示，长直电缆由半径为 R_1 的导体圆柱与同轴的内外半径分别为 R_2、R_3 的导体圆筒构成，电流沿轴线方向由一导体流入，从另一导体流出，设电流

强度 I 都均匀地分布在横截面上。求距轴线为 r 处的磁感应强度的大小（$0<r<\infty$）。

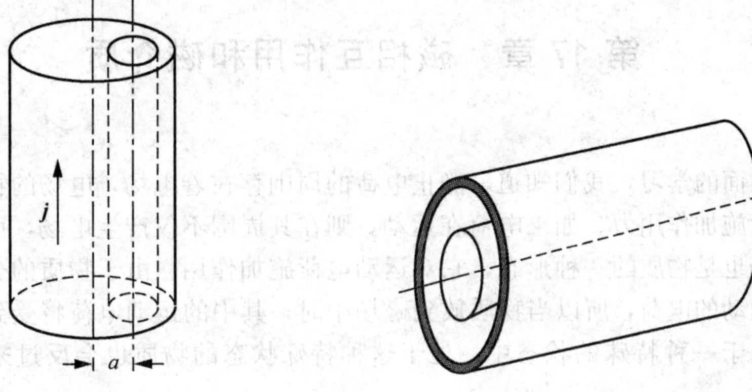

图 16-42　习题 16-9图示　　图 16-43　习题 16-10 图示

16-11　一橡皮传输带以速度 v 匀速向右运动，如图 16-44 所示，橡皮带上均匀带有电荷，电荷面密度为 σ。

1）求橡皮带中部上方靠近表面一点处的磁感应强度 $\boldsymbol{B}$ 的大小；

2）证明对非相对论情形，运动电荷的速度 $\boldsymbol{v}$ 及它所产生的磁场 $\boldsymbol{B}$ 和电场 $\boldsymbol{E}$ 之间满足下述关系：

$$\boldsymbol{B}=\frac{1}{c^2}\boldsymbol{v}\times\boldsymbol{E}$$

式中，$c=\dfrac{1}{\sqrt{\varepsilon_0\mu_0}}$。

16-12　如图 16-45 所示，一均匀带电长直圆柱体，电荷体密度为 ρ，半径为 R。若圆柱绕其轴线匀速旋转，角速度为 ω。求：

1）圆柱体内距轴线 r 处的磁感应强度的大小。

2）两端面中心的磁感应强度的大小。

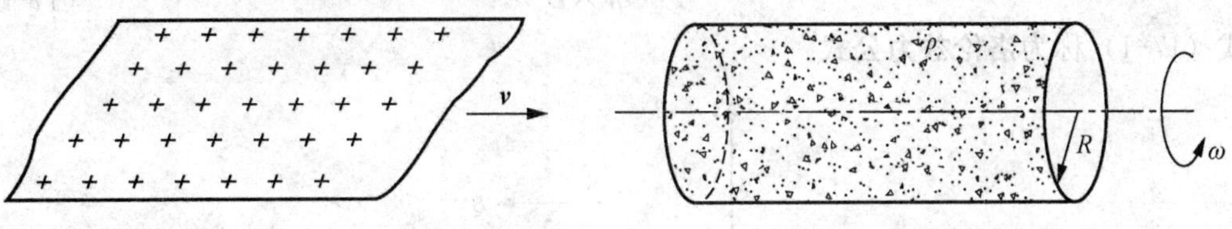

图 16-44　习题 16-11 图示　　图 16-45　习题 16-12 图示

16-13　如图 16-46 所示，两无限长平行放置的柱形导体内通过等值、反向电流 I，电流在两个阴影所示的横截面的面积皆为 S，两圆柱轴线间的距离 $O_1O_2=d$，试求两导体中部真空部分的磁感应强度。

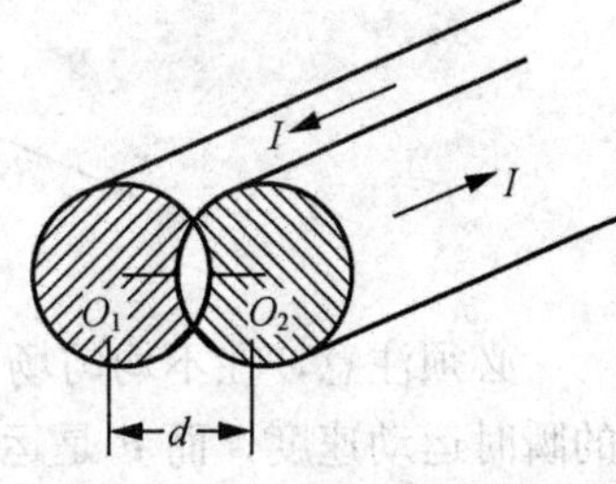

图 16-46　习题 16-13 图示

第 17 章 磁相互作用和磁介质

通过前面的学习，我们知道，静止电荷的周围存在着电场，电场的特征是对引入电场的电荷施加作用力。如果电荷在运动，则在其周围不仅产生电场，而且还会产生磁场。磁场也是物质的一种形态，它对运动电荷施加作用。由于物质的分子或原子中都存在着运动的电荷，所以当物质放到磁场中时，其中的运动电荷将受到磁力的作用而使物质处于一种特殊的状态中，处于这种特殊状态的物质也会反过来影响磁场的分布。

本章重点讨论磁场对带电粒子和电流的作用以及磁介质中的磁场性质。主要学习洛伦兹力、安培定律、磁场对载流线圈的作用、有磁介质存在时的磁场。

17.1 洛伦兹力

一个带电粒子以一定速度 $\boldsymbol{v}$ 进入磁场后，它会受到磁场的作用，因而改变其运动状态。

实验发现，带有电量 q 的粒子受到磁场作用力 $\boldsymbol{F}$ 的大小随粒子运动速度 $\boldsymbol{v}$ 的方向与磁场 $\boldsymbol{B}$ 的方向之间的夹角而变化。当粒子沿磁场方向运动时，磁力 $\boldsymbol{F}$ 为零，当粒子垂直磁场方向运动时，所受磁力 $\boldsymbol{F}$ 最大，大小为 $F_{\mathrm{m}}=qvB$。在一般情况下，如图 17-1 所示，当粒子的运动方向与磁场方向成 θ 角时，则所受磁场力 $\boldsymbol{F}$ 的大小为

$$F=qBv_x=qBv\sin\theta$$

方向垂直于 $\boldsymbol{v}$ 和 $\boldsymbol{B}$ 组成的平面（即 xOy 平面），指向由右手螺旋定则决定。写成矢量式为

$$\boldsymbol{F}=q\boldsymbol{v}\times\boldsymbol{B} \tag{17-1}$$

式（17-1）称为**洛伦兹力公式**。

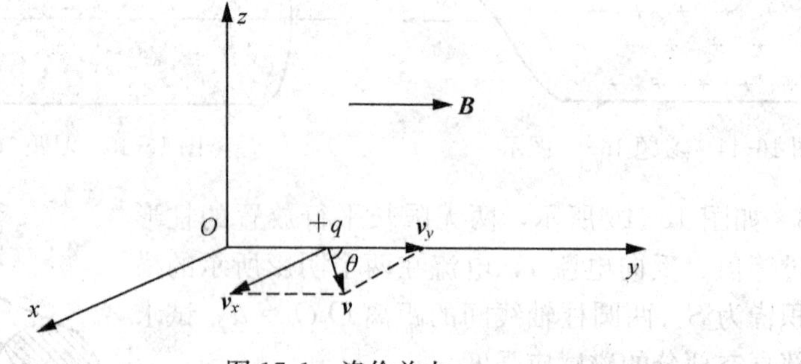

图 17-1　洛伦兹力

必须注意，在不均匀场中，式（17-1）中 $\boldsymbol{B}$ 是 q 所在处的磁感应强度，$\boldsymbol{v}$ 是电荷 q 的瞬时运动速度，而 $\boldsymbol{F}$ 是运动电荷 q 所受到的瞬时磁场力，对于运动电荷 q 所受到的磁场力 $\boldsymbol{F}$ 的方向，当 $q>0$ 时，$\boldsymbol{F}$ 与 $\boldsymbol{v}\times\boldsymbol{B}$ 同向；当 $q<0$ 时，$\boldsymbol{F}$ 与 $\boldsymbol{v}\times\boldsymbol{B}$ 反向。

17.2 安培定律

外磁场对载流导线有力的作用，这个力通常称为安培力，以纪念安培在这方面的重要发现及突出贡献。这个宏观现象的微观机制，可由洛伦兹力来解释。

导线中的电流，从本质上看是自由电子的定向运动。自由电子在外磁场中受洛伦兹力的作用，向导线侧向漂移，与晶格上的正离子碰撞。于是，自由电子从外磁场获得的动量便传递给导线。因此，从宏观上看，导线受外磁场作用力而运动。

设导线单位体积有 n 个载流子，在导线上设想一段电流元 $I\mathrm{d}\boldsymbol{l}$，截面积为 S，则该电流元内有 $\mathrm{d}N=nS\mathrm{d}l$ 个载流子。若每个载流子电量为 q，则在外磁场 $\boldsymbol{B}$ 作用下，每个载流子受洛伦兹力为 $q\boldsymbol{v}\times\boldsymbol{B}$，整个电流元所受安培力便是 $\mathrm{d}N$ 个载流子所受洛伦兹力的总和，即

$$\mathrm{d}\boldsymbol{F}=\mathrm{d}Nq(\boldsymbol{v}\times\boldsymbol{B})=nSq\mathrm{d}l(\boldsymbol{v}\times\boldsymbol{B})$$

式中，$qnSv$ 为单位时间内通过导线截面 S 的电量，即电流强度 I。若以电流 I 流动的方向定为电流元 $I\mathrm{d}\boldsymbol{l}$ 的方向，则有

$$I\mathrm{d}l=qnSv\mathrm{d}l$$

于是，电流元所受的**安培力**便可写为

$$\mathrm{d}\boldsymbol{F}=I\mathrm{d}\boldsymbol{l}\times\boldsymbol{B} \tag{17-2}$$

式（17-2）称为**安培定律**，是电流元在外磁场中所受的作用力。至于任意形状的载流导线在外磁场中受到的安培力，应等于它的各个电流元所受的安培力的矢量和。通常可用积分式表示为

$$\boldsymbol{F}=\int I\mathrm{d}\boldsymbol{l}\times\boldsymbol{B} \tag{17-3}$$

显然，如图 17-2所示，当通电导线是长为 l 的直导线，并处于匀强磁场中时，此时，长为 l 的直导线所受的安培力的大小为

$$F=IBl\sin\theta$$

式中，θ 为导线中电流指向与 $\boldsymbol{B}$ 方向的夹角，当 $\theta=0$ 或 $\theta=\pi$ 时，有

$$F=0$$

当 $\theta=\dfrac{\pi}{2}$ 时，F 最大，为

$$F=IBl$$

安培力 $\boldsymbol{F}$ 的方向为垂直纸面向里。

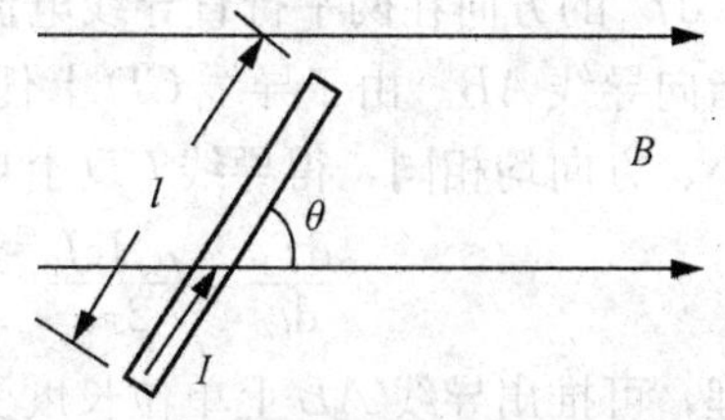

图 17-2　匀强磁场中载流直导线受的安培力

应该指出，式（17-3）为矢量积分，对任意形状的载流导线或载流导线处于不均匀磁场中，每一电流元所受的安培力 $\mathrm{d}\boldsymbol{F}$ 的大小和方向均有所不同，求它们的合力时较复杂。原则上要化矢量积分为标量积分。在直角坐标系中，即把 $\mathrm{d}\boldsymbol{F}$ 分解为 $\mathrm{d}F_x$，$\mathrm{d}F_y$，$\mathrm{d}F_z$ 三个分量，然后通过积分求得分量 F_x，F_y，F_z，最后再合成为 $\boldsymbol{F}$。

例 17-1　在均匀磁场 $\boldsymbol{B}$ 中，有一段弯曲导线 AB，通有电流 I，求此段导线所受的磁场力。

解　如图 17-3所示，根据式（17-3）一段载流导线所受的安培力公式，有

$$\boldsymbol{F}=\int_A^B I\,\mathrm{d}\boldsymbol{l}\times\boldsymbol{B}$$

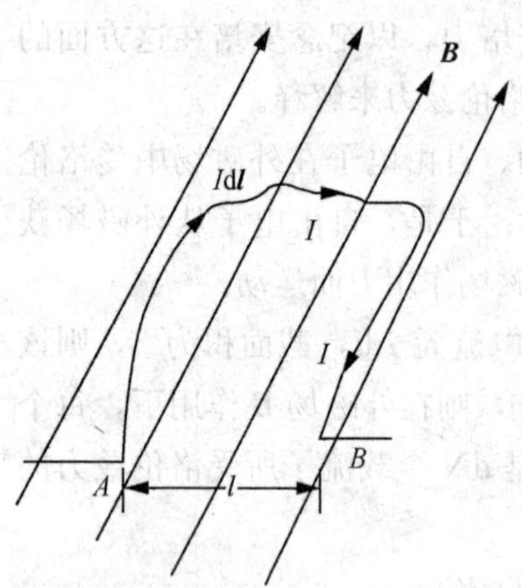

图 17-3　均匀磁场中弯曲导线所受磁场力

由于电流 I 是常数，可提出积分号外，得

$$\boldsymbol{F}=I\int_A^B \mathrm{d}\boldsymbol{l}\times\boldsymbol{B}=I\left(\int_A^B \mathrm{d}\boldsymbol{l}\right)\times\boldsymbol{B}$$

式中，括号内积分为线元 $\mathrm{d}\boldsymbol{l}$ 的矢量和，应等于从第一个线元 $\mathrm{d}\boldsymbol{l}$ 的尾点 A 到最后一个线元 $\mathrm{d}\boldsymbol{l}$ 的矢端 B 点的矢量直线段 $\boldsymbol{l}$。因此，得

$$\boldsymbol{F}=I\boldsymbol{l}\times\boldsymbol{B}$$

这说明整个弯曲导线在均匀磁场中所受磁场力的总和，应等于从起点到终点间载有同样电流的直导线所受的磁场力，即磁场力 $\boldsymbol{F}$ 的大小为

$$F=IlB\sin\theta$$

$\boldsymbol{F}$ 的方向垂直纸面向外。式中，θ 为矢量 $\boldsymbol{l}$ 与 $\boldsymbol{B}$ 的夹角。

例 17-2　如图 17-4所示，设有两条无限长载流平行直导线相距为 a，分别通有电流 I_1 和 I_2，试计算两条直导线之间的相互作用力。

解　在导线 CD 上任选一电流元 $I_2\mathrm{d}\boldsymbol{l}_2$，根据安培定律，该电流元受力大小为

$$\mathrm{d}f_{21}=I_2B_1\mathrm{d}l_2$$

式中，$\boldsymbol{B}_1$ 为无限长直导线 AB 中电流 I_1 在 $I_2\mathrm{d}\boldsymbol{l}_2$ 处产生的磁感应强度值，其大小为

$$B_1=\frac{\mu_0 I_1}{2\pi a}$$

于是，得

$$\mathrm{d}f_{21}=\frac{\mu_0 I_1 I_2}{2\pi a}\mathrm{d}l_2$$

$\mathrm{d}\boldsymbol{f}_{21}$的方向在两平行直导线电流所决定的平面内，而指向导线 AB。由于导线 CD 上任一电流元所受力的大小、方向均相同，得导线 CD 上单位长度受力

$$\frac{\mathrm{d}f_{21}}{\mathrm{d}l_2}=\frac{\mu_0 I_1 I_2}{2\pi a}$$

同理，可推出导线 AB 上单位长度受力大小为

$$\frac{\mathrm{d}f_{12}}{\mathrm{d}l_1}=\frac{\mu_0 I_1 I_2}{2\pi a}$$

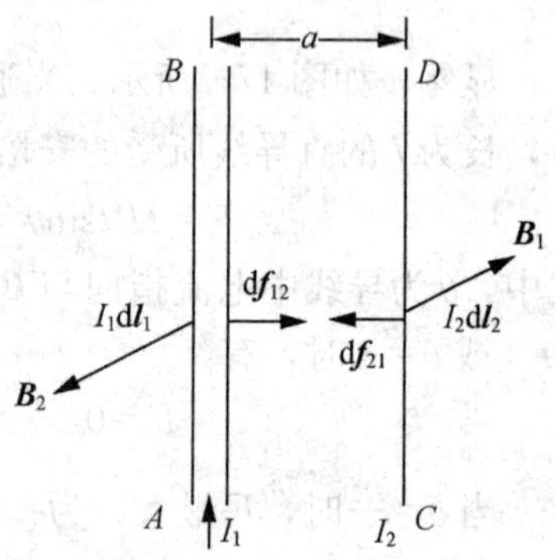

图 17-4　平行电流间相互作用力

方向指向导线 CD。

根据安培定律，不难判断，两个同向电流间，通过磁场作用，互相吸引；而两个反向电流间则互相排斥。

在国际单位制中，电流强度的单位安培就是利用这个结果来定义的，即在真空中相距 1m 的两条无限长平行直导线，各通以大小相同的电流，当导线上每米长度受力恰

为 2×10^{-7} 牛［顿］（N）时，导线上的电流强度各为 1 安［培］（A）。安［培］是国际单位制的基本单位之一。根据这一规定，可推算出

$$\mu_0=4\pi\times10^{-7}\,\mathrm{N/A^2}$$

这就是毕奥-萨伐尔定律中真空磁导率 μ_0 量值的由来。

17.3　磁场对载流线圈的作用

本节将安培定律应用于载有电流的线圈中，讨论磁场对载流线圈的驱动作用。

17.3.1　在匀强磁场中的载流线圈

设在磁感应强度为 $\boldsymbol{B}$ 的匀强磁场中，有如图 17-5所示的刚性矩形平面载流线圈 $ABCD$，边长分别为 l_1，l_2，电流强度为 I，线圈平面与磁场夹角为 θ（线圈法线方向 $\boldsymbol{n}$ 与磁场 $\boldsymbol{B}$ 夹角为 $\varphi=\frac{\pi}{2}-\theta$），$AB$ 边和 CD 边与 $\boldsymbol{B}$ 垂直，则导线 DA 与 BC 所受安培力 $\boldsymbol{F}_1$ 和 $\boldsymbol{F}_1'$的大小均为

$$\boldsymbol{F}_1=\boldsymbol{F}_1'=BIl_2\sin\theta$$

可见 DA 与 BC 受力大小相等，方向相反，在同一直线上，线圈受到张力。但由于是刚性线圈，故两力可视为抵消。而 AB 边和 CD 边所受安培力 $\boldsymbol{F}_2$ 和 $\boldsymbol{F}_2'$的大小均为

$$F_2=F_2'=BIl_1$$

这两力的大小相等，方向相反，但不在同一直线上，故而形成一力偶，力臂为 $l_2\cos\theta$，则磁场对线圈作用的力矩大小为

$$M=F_2l_2\cos\theta=BIl_1l_2\cos\theta=BIS\sin\varphi$$

式中，$S=l_1l_2$ 为线圈面积。

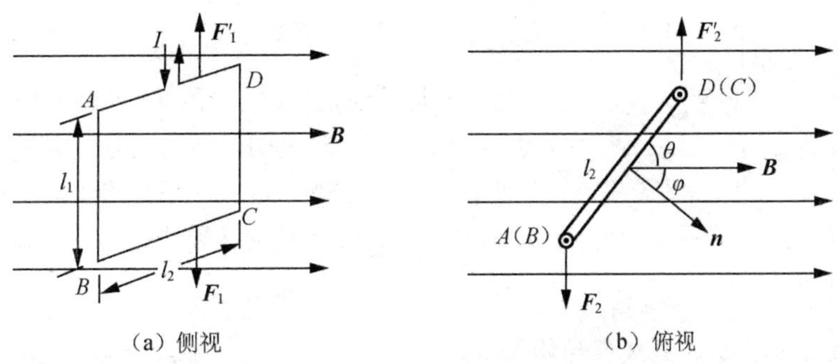

图 17-5　平面矩形线圈在匀强磁场中所受力矩

若线圈有 N 匝，则线圈所受力矩为

$$M=NBIS\sin\varphi$$

考虑到线圈的磁矩为 $\boldsymbol{P}_\mathrm{m}=NIS\boldsymbol{e}_\mathrm{n}$，若将线圈所受力矩写成矢量形式，有

$$\boldsymbol{M}=\boldsymbol{P}_\mathrm{m}\times\boldsymbol{B} \tag{17-4}$$

式（17-4）对匀强磁场中任意形状的平面线圈均成立，实验证明，凡带电粒子或带电体在运动中具有磁矩，则其在均匀磁场中所受磁力矩也可由此式描述。

磁力矩对线圈的作用，将使线圈转动，使线圈磁矩方向趋向磁场方向。由式（17-4）可知，磁力矩的大小为$M=P_mB\sin\varphi$，可见$\varphi=0$时，线圈法线方向与磁场方向平行，$M=0$，线圈不受磁力矩作用，我们称线圈此时处于稳定平衡状态。而当$\varphi=\pi$时，线圈法线方向与磁场方向反向平行，也存在$M=0$，但由于此时若稍有外力干扰使线圈磁矩方向偏离磁场方向，撤去外力后，线圈不会自动恢复到$\varphi=\pi$的状态，所以称$\varphi=\pi$时的状态为不稳定平衡状态。当$\varphi=\pi/2$时，线圈所受的磁力矩最大，为$M=P_mB$。

17.3.2　在非均匀磁场中的载流线圈

在非均匀磁场中，载流线圈除受到磁力矩作用外，还会受到一个不等于零的合力作用。因而线圈除了做转动外还要做平动，具体情况相对复杂些。但可以证明：合力的大小与线圈的磁矩和磁感应强度的梯度成正比。当线圈磁矩与非均匀磁场方向平行时，合力指向磁场增强方向；而当线圈磁矩与非均匀磁场方向反向平行时，合力指向磁场减弱方向。

当载流导线或载流线圈在磁场中受到磁力或磁力矩而运动时，磁力和磁力矩要做功，磁力做功是将电磁能转换为机械能的重要途径，在工程实际中具有重要意义。下面讨论两种简单情况。

1. *磁力对运动载流导线的功*

如图 17-6所示，载流闭合矩形导线框$ABCD$通有电流I，其中，AB长为l，可在DA和CB两导线上自由滑动。均匀磁场$\boldsymbol{B}$垂直导线框$ABCD$平面向外，若保持I大小不变，则导线AB移至$A'B'$时磁力做功为

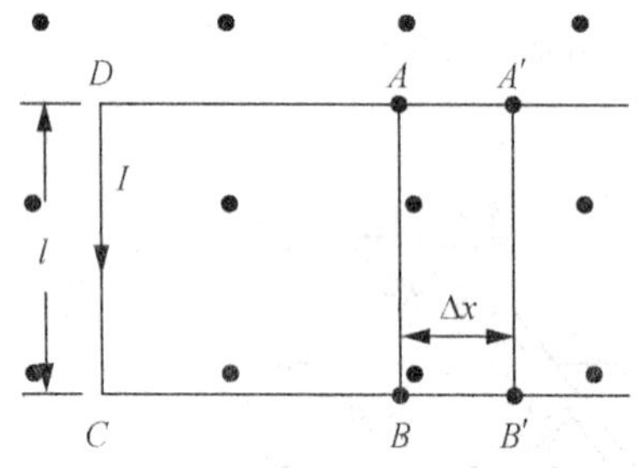

图 17-6　磁力对运动载流导线做功

$$A=F\Delta x=IlB\Delta x=IBl(DA'-DA)=I(\Phi_2-\Phi_1)$$

即

$$A=I\Delta\Phi_m \tag{17-5}$$

式中，$\Delta\Phi_m$为回路线框$ABCD$所包围面积磁通量的增量。式（17-5）说明，磁力对运动载流导线的功等于回路中电流乘以穿过回路所包围面积内磁通量的增量，或等于电流乘以载流导线在运动中切割的磁感应线数。

2. *磁力矩对转动载流线圈的功*

如图 17-7所示，设有一载流线圈在匀强磁场中转动，若保持线圈内电流I不变，则所受磁力矩的大小为

$$M=P_mB\sin\theta=IBS\sin\theta$$

当线圈从θ转至$\theta-d\theta$时，磁力矩所做的功为

$$dA=M[(\theta-d\theta)-\theta]=-Md\theta=-IBS\sin\theta d\theta=Id(BS\cos\theta)=Id\Phi_m$$

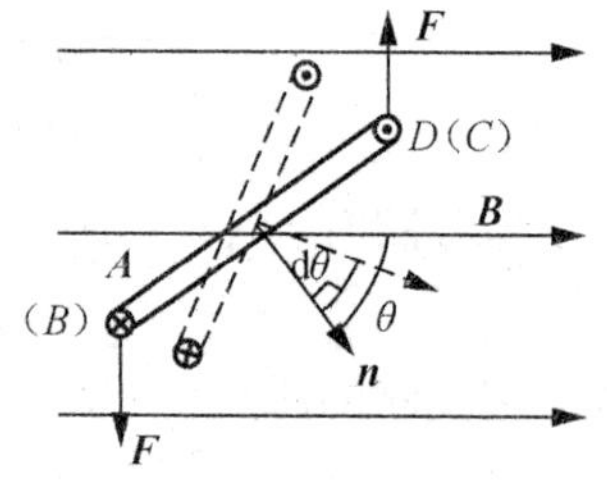

图 17-7　磁力矩对转动载流线圈做功

当线圈在磁力矩作用下从 θ_1 转到 θ_2 时，相应穿过线圈的磁通量由 Φ_{m1} 变为 Φ_{m2}，磁力矩做的总功为

$$A=\int dA=\int_{\Phi_{m2}}^{\Phi_{m1}} Id\Phi_m=I\Delta\Phi_m \tag{17-6}$$

式（17-6）在形式上与式（17-5）相同。可以证明，对任意形状的平面闭合电流回路，在均匀磁场中，产生变形或处在转动过程中，磁力或磁力矩做功均可用上式计算。

应该指出，当回路中电流 I 变化时，磁力矩做功应为

$$A=\int_{\Phi_{m2}}^{\Phi_{m1}} Id\Phi_m \tag{17-7}$$

例 17-3　一半圆形闭合线圈，如图 17-8所示，半径 $R=0.1\text{m}$，通有电流 $I=10\text{A}$，置于 $B=5.0\times10^{-1}\text{T}$ 的均匀磁场内，磁场方向与线圈平面平行，求：

1）线圈所受磁力矩的大小和方向。

2）若此线圈受磁力矩作用而旋转 $\frac{\pi}{2}$，磁力矩做功为多少？

解　1）由题意知，半圆形线圈所受磁力矩为

$$\boldsymbol{M}=\boldsymbol{P}_m\times\boldsymbol{B}$$

所以，磁力矩大小为

$$M=P_mB\sin\frac{\pi}{2}=IBS=\frac{1}{2}\pi R^2IB$$

$$\approx\frac{1}{2}\times3.14\times(0.1)^2\times10\times5.0\times10^{-1}\text{N}\cdot\text{m}$$

$$\approx7.85\times10^{-2}\text{N}\cdot\text{m}$$

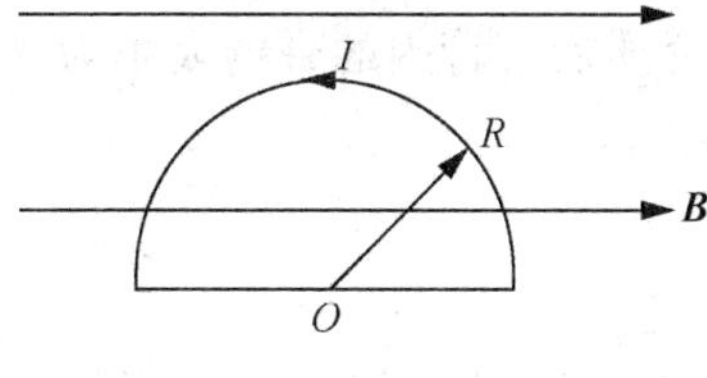

图 17-8　磁场中的半圆形闭合线圈

磁力矩方向垂直于 $\boldsymbol{P}_m$ 和 $\boldsymbol{B}$ 组成的平面而向上。

2）磁力矩做功为

$$A=\int -Md\theta=-\int_{\frac{\pi}{2}}^{0} P_mB\sin\theta d\theta\text{J}$$

$$=P_mB\approx7.85\times10^{-2}\text{J}$$

或

$$A=\int dA=\int_{\Phi_{m2}}^{\Phi_{m1}} Id\Phi_m=I(\Phi_{m2}-\Phi_{m1})$$

$$=I\left(\frac{1}{2}\pi R^2B-0\right)$$

$$\approx7.85\times10^{-2}\text{J}$$

17.4　有磁介质存在时的磁场

电介质在静电场中极化后产生了附加的束缚电场，磁介质在磁场中将受到什么影响呢？

17.4.1　磁介质

凡处于磁场中能与磁场发生相互作用的实物物质均可称为磁介质。当磁场中存在实物物质时，由于实物物质的分子或原子中都存在运动的电荷，这些运动电荷将受到磁力的作用，其结果是使磁介质产生磁化并出现宏观的磁化电流，磁化电流又产生附

加磁场，从而又会反过来影响磁场的分布。

磁介质对磁场的影响可以通过实验观察。设在真空中的长直螺线管通以电流 I 时，内部的磁感应强度为 $\boldsymbol{B}_0$（称为外磁场）。实验表明，当螺线管内充满某种各向同性的均匀磁介质，并通以相同的电流 I 时，磁介质磁化电流在螺线管内产生的附加磁场为 $\boldsymbol{B}'$，则长直螺线管内的磁场为 $\boldsymbol{B}_0$ 和 $\boldsymbol{B}'$ 的矢量和，即

$$\boldsymbol{B}=\boldsymbol{B}_0+\boldsymbol{B}' \tag{17-8}$$

实验表明，当磁场中充满各向同性的均匀磁介质时，磁介质中磁场 $\boldsymbol{B}$ 与该处外磁场 $\boldsymbol{B}_0$ 存在如下关系：

$$\boldsymbol{B}=\mu_r\boldsymbol{B}_0 \tag{17-9}$$

即磁介质中的磁场为外磁场的 μ_r 倍，方向相同，我们定义 μ_r 为**磁介质的相对磁导率**，它是无单位的纯数，μ_r 是决定磁介质本身特性的物理量，反映介质磁化后对磁场的影响程度。

对无限长直螺线管，其内部的磁场大小为 $B_0=\mu_0 nI$，当管内充满各向同性的均匀磁介质后，管内的磁场大小为

$$B=\mu_r B_0=\mu_r\mu_0 nI \tag{17-10}$$

定义

$$\mu=\mu_r\mu_0 \tag{17-11}$$

则式（17-10）为

$$B=\mu nI \tag{17-12}$$

式中，μ 称为**磁介质的磁导率**，它也是反映磁介质磁性的物理量，在国际单位制中，磁介质的磁导率 μ 的单位和真空磁导率 μ_0 的单位相同。

实验表明，相对磁导率 μ_r 的大小将随着磁介质的种类或状态的不同而不同如表 17-1 所示，通常根据 μ_r 的大小，可把磁介质分为顺磁质、抗磁质和铁磁质三类。

表 17-1　几种磁介质的相对磁导率

磁介质种类		相对磁导率
抗磁质 $\mu_r<1$	铋（293K）	$1-16.6\times10^{-6}$
	汞（293K）	$1-2.9\times10^{-5}$
	铜（293K）	$1-1.0\times10^{-5}$
	氢（气体）	$1-3.89\times10^{-5}$
顺磁质 $\mu_r>1$	氧（液体 90K）	$1+769.9\times10^{-5}$
	氧（气体 293K）	$1+344.9\times10^{-5}$
	铝（293K）	$1+1.65\times10^{-5}$
	铂（293K）	$1+26\times10^{-5}$
铁磁质 $\mu_r\gg1$	纯铁	5×10^{3}（最大值）
	硅钢	7×10^{2}（最大值）
	坡莫合金	1×10^{5}（最大值）

顺磁质是 μ_r 大于 1 的磁介质。这说明顺磁质磁化后产生的附加磁场 $\boldsymbol{B}'$ 与外磁场 $\boldsymbol{B}_0$ 同方向。自然界中的大多数物质是顺磁质，如空气、氧、铝、铬、锰等。

抗磁质是 μ_r 小于 1 的磁介质。这说明抗磁质磁化后产生的附加磁场 $\boldsymbol{B}'$ 的方向与外磁场 $\boldsymbol{B}_0$ 相反，如氢、汞、铜、铅、铋等。

从表 17-1可以看出，无论顺磁质或抗磁质，它们的相对磁导率都与 1 相差很小。因而在工程技术中常不考虑它们的影响，而直接当成 $\mu_r=1$ 的真空情况来处理。**铁磁质**是 μ_r 远大于 1 的磁介质，而且它的量值还随外磁场 $\boldsymbol{B}_0$ 的大小发生变化。铁磁质磁化后能产生与外磁场 $\boldsymbol{B}_0$ 方向相同的很强的附加磁场 $\boldsymbol{B}'$，如铁、镍、钴等，它们对磁场影响很大，工程技术上应用也很广泛。

另外还有一类物质，即处于超导态的**超导材料**，当它处于外磁场中并被磁化后其所产生的附加磁场在超导材料内能全抵消磁化它的外磁场，使超导材料内部磁场为零。它说明处于超导态下的物质相对磁导率 $\mu_r=0$，超导材料这一性质称为**完全抗磁性**。

磁介质为什么会对磁场产生影响呢？这首先得从磁介质受磁场影响后其电磁性能发生改变加以说明，为此必然涉及磁介质的微观电结构。

近代科学实验证明，组成分子或原子中的电子，不仅存在绕原子核的轨道运动，还存在自旋运动，这两种运动都能产生磁效应。把分子或原子看成一个整体，分子或原子中各电子对外界产生磁效应的总和，可等效于一个圆电流，称为**分子电流**。这种分子电流的磁矩称**分子磁矩**，在忽略原子核中质子和中子自旋磁矩后，实际上它是电子的轨道磁矩和电子的自旋磁矩的矢量和，用 $\boldsymbol{P}_m$ 表示。

下面仅以电子绕核运动为例，来定性地讨论外磁场对电子轨道磁矩 $\boldsymbol{m}$ 的影响，从而进一步理解当顺磁质或抗磁质处在外磁场中而产生磁化时，其电磁性能的改变。如图 17-9所示，设电子在库仑力作用下以速率 v 绕原子核做圆周运动。若外磁场 $\boldsymbol{B}_0$ 方向与电子轨道磁矩 $\boldsymbol{m}$ 方向一致，如图 17-9 (a) 所示，此时电子在磁场中受到的洛伦兹力为 $-e(\boldsymbol{v}\times\boldsymbol{B})$，方向与库仑引力方向相反，背离原子核。假设电子在库仑引力和洛伦兹力共同作用下维持轨道半径不变，则由牛顿定律可知，由于合力减小，电子的轨道速度必然减小，也即相当于有一与电子速度方向相反的附加电子在运动。这附加电子产生的附加轨道磁矩 $\Delta\boldsymbol{m}$ 方向与外磁场 $\boldsymbol{B}_0$ 方向相反。

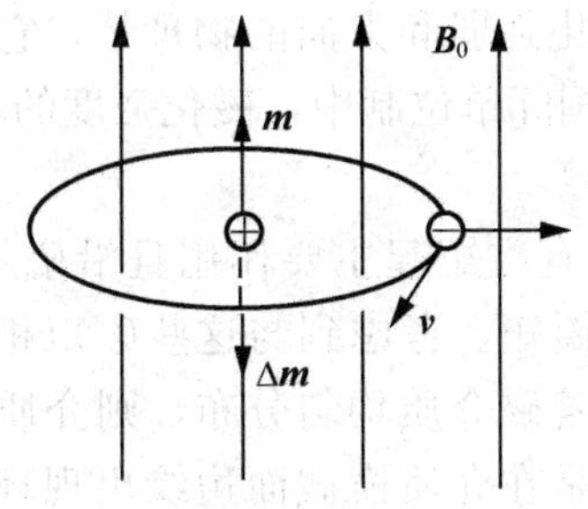

(a) 外磁场 $\boldsymbol{B}_0$ 与轨道磁矩平行

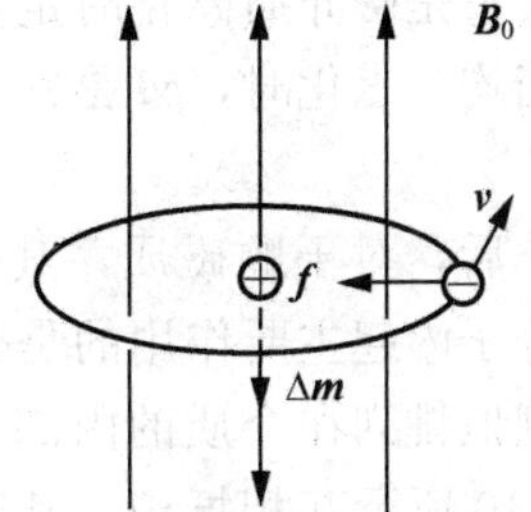

(b) 外磁场 $\boldsymbol{B}_0$ 与轨道磁矩反向平行

图 17-9　外磁场对电子轨道磁矩的影响、附加磁矩

同理，若外磁场 $\boldsymbol{B}_0$ 与电子轨道磁矩反向平行，如图 17-9（b）所示，根据类似分析同样可以得出附加轨道磁矩 $\Delta\boldsymbol{m}$ 方向与外磁场 $\boldsymbol{B}_0$ 方向相反。应该指出，对电子的自旋和核的自旋，外磁场也产生相同的效果。

从以上分析中可以看出：在外磁场中，磁介质分子中每个运动电子都要产生与外磁场 $\boldsymbol{B}_0$ 方向相反的附加磁矩 $\Delta\boldsymbol{m}$。分子中所有运动电子产生的附加磁矩的矢量和就是整个分子在外磁场中的附加磁矩 $\Delta\boldsymbol{P}_{\mathrm{m}}$，即 $\Delta\boldsymbol{P}_{\mathrm{m}}=\sum\Delta\boldsymbol{m}$，分子附加磁矩 $\Delta\boldsymbol{P}_{\mathrm{m}}$ 的方向也一定与外磁场 $\boldsymbol{B}_0$ 的方向相反。

以上就是磁介质受到磁场影响后，其电磁性能发生改变后产生的一种效应，称为分子的抗磁性。这就是说，无论何种磁介质，尽管它们的分子磁矩的大小可以不同，但在外磁场中产生的分子附加磁矩 $\Delta\boldsymbol{P}_{\mathrm{m}}$ 方向总是与外磁场 $\boldsymbol{B}_0$ 方向相反，都存在抗磁性。

17.4.2 磁化强度矢量与磁化电流

为了表征物质的宏观磁性或介质的磁化程度，我们将磁介质内某点处单位体积内分子磁矩的矢量和定义为该点的**磁化强度矢量**，用 $\boldsymbol{M}$ 表示，即

$$\boldsymbol{M}=\frac{\sum\boldsymbol{P}_{\mathrm{m}}+\sum\Delta\boldsymbol{P}_{\mathrm{m}}}{\Delta V} \tag{17-13}$$

式中，ΔV 为磁介质某点处所取体积元的体积，$\sum\boldsymbol{P}_{\mathrm{m}}$ 为体积元内磁介质磁化后分子磁矩的矢量和，$\sum\Delta\boldsymbol{P}_{\mathrm{m}}$ 为体积元内磁介质磁化后分子附加磁矩的矢量和。显然，对顺磁质，由于 $\sum\boldsymbol{P}_{\mathrm{m}}\gg\sum\Delta\boldsymbol{P}_{\mathrm{m}}$，故此时 $\sum\Delta\boldsymbol{P}_{\mathrm{m}}$ 可以忽略不计。而对抗磁质，由于 $\sum\boldsymbol{P}_{\mathrm{m}}=0$，主要是抗磁效应起作用。为此可得顺磁质的磁化强度矢量为

$$\boldsymbol{M}=\frac{\sum\boldsymbol{P}_{\mathrm{m}}}{\Delta V} \tag{17-14}$$

$\boldsymbol{M}$ 的方向与外磁场 $\boldsymbol{B}_0$ 方向相同，而对抗磁质，其磁化强度矢量为

$$\boldsymbol{M}=\frac{\sum\Delta\boldsymbol{P}_{\mathrm{m}}}{\Delta V} \tag{17-15}$$

$\boldsymbol{M}$ 的方向与外磁场 $\boldsymbol{B}_0$ 方向相反。

磁化强度矢量是磁介质磁化时定量描述磁化强弱和方向的物理量，它是空间坐标的矢量函数。当均匀磁化时，$\boldsymbol{M}$ 是常矢量。在国际单位制中，磁化强度的单位是安/米（A/m）。

磁介质磁化后，对于顺磁质，其分子内固有磁矩起主要作用且沿磁场方向取向；对于抗磁质，分子内起主要作用的是分子附加磁矩。考虑到与这些磁矩相对应的小圆电流必将有规则地排列在介质的内部和表面，若磁介质均匀分布，则介质内部的小圆电流将如图 17-10 所示互相抵消。其宏观效果是在介质横截面边缘出现环形电流，这种电流称为**磁化电流** I_{S}，由于处于介质表面，又称磁化面电流。又由于它是由分子内相应的小圆电流一段段接合而成，显然不同于导体中自由电荷定向运动形成的传导电流，所以也称其为束缚电流。束缚电流在磁效应方面与传导电流是相当的，同样可以

产生磁场并计算磁化强度，但是不存在热效应。

磁化强度 $\boldsymbol{M}$ 与磁化面电流 I_S 是用两种手段来描述同一磁化现象，与电介质极化时电极化强度 $\boldsymbol{P}$ 和极化电荷 σ' 的关系类似。$\boldsymbol{M}$ 与 I_S 必然相关联。下面以顺磁质为例用无限长直螺线管中充满均匀磁介质时的磁化来说明它们之间的关系。设螺线管内的磁介质圆柱体长为 L，截面积为 S，表面的磁化面电流为 I_S，单位长度上的磁化面电流，也即磁化面电流的线密度为 j_S，则介质中的总磁矩为

$$\sum \boldsymbol{P}_m + \sum \Delta \boldsymbol{P}_m = I_S S$$

由磁化强度定义式（17-13），得

$$M = \frac{I_S S}{LS} = \frac{I_S}{L} = j_S \tag{17-16}$$

可见，介质中某点磁化强度的大小等于磁化面电流的线密度。应该指出，式（17-16）只适用于均匀磁介质被均匀磁化的情况。

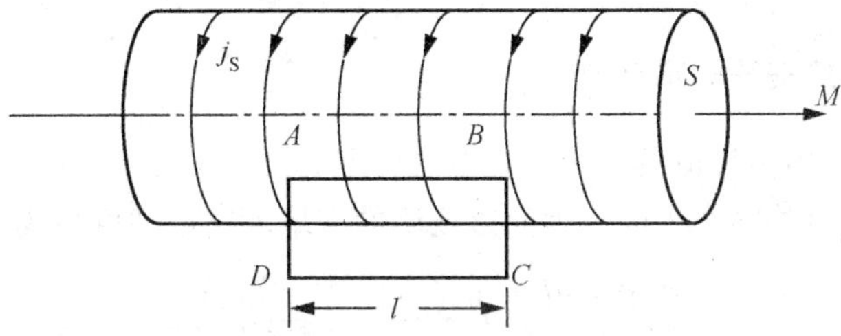

图 17-10　磁化强度与磁化电流关系

下面我们计算磁化强度 $\boldsymbol{M}$ 的环流。如图 17-10 所示，为一根均匀磁化的圆柱形磁介质棒。磁介质内各点的磁化强度 $\boldsymbol{M}$ 相同，方向与轴线平行。作一长方形闭合回路 $ABCD$ 为积分回路 L，其中，AB 的边长为 l，平行轴线并处在磁介质中，DC 边在磁介质外。计算 $\boldsymbol{M}$ 的环流时，由于介质外 $\boldsymbol{M}=0$，AD 和 BC 边均垂直 $\boldsymbol{M}$，故 $\boldsymbol{M}$ 的环流为

$$\oint_L \boldsymbol{M} \cdot \mathrm{d}\boldsymbol{l} = \int_{\overline{AB}} \boldsymbol{M} \cdot \mathrm{d}\boldsymbol{l} = Ml$$

将 $M=j_S$ 代入上式，得

$$\oint_L \boldsymbol{M} \cdot \mathrm{d}\boldsymbol{l} = j_S l = I_S$$

实际上，上述结果是普遍成立的，即磁化强度在闭合回路上的环流，等于穿过闭合回路所包围面积的磁化面电流的代数和，即

$$\oint_L \boldsymbol{M} \cdot \mathrm{d}\boldsymbol{l} = \sum_{(L内)} I_S \tag{17-17}$$

17.5　磁介质中的高斯定理和安培环路定理

在描述静电场中电介质的性质时，引入了电位移矢量的概念，导出了电介质中的静电场高斯定理和环路定理。在磁介质的研究中，我们将引入磁场强度矢量，导出磁介质中的高斯定理和环路定理，全面认识磁场的基本性质。

17.5.1 磁介质中的高斯定理

磁介质受外磁场作用而发生磁化后，磁介质内外的磁场应该是外磁场与磁介质磁化出现的磁化电流产生的附加磁场的共同叠加，也即空间各点的磁感应强度 $\boldsymbol{B}$ 应是外磁场 $\boldsymbol{B}_0$ 与附加磁场 $\boldsymbol{B}'$ 的矢量和，即

$$\boldsymbol{B}=\boldsymbol{B}_0+\boldsymbol{B}' \tag{17-18}$$

由于磁化面电流与传导电流在产生磁场方面是等效的，二者的磁感应线均为闭合曲线，都属于涡旋场。因此，在有磁介质存在时，高斯定理仍成立，即

$$\oint_S \boldsymbol{B}\cdot \mathrm{d}\boldsymbol{S}=0 \tag{17-19}$$

式（17-19）在形式上与式（16-39）完全相同，但式（17-19）中 $\boldsymbol{B}$ 理应为外磁场 $\boldsymbol{B}_0$ 和磁化电流产生的附加磁场 $\boldsymbol{B}'$ 的合磁场。因此，式（17-19）就是普遍情况下的**恒定磁场的高斯定理**。

17.5.2 磁介质中的安培环路定理

若外磁场 $\boldsymbol{B}_0$ 是由传导电流产生，当有磁介质时磁场中任一点的磁感应强度 $\boldsymbol{B}$ 应为传导电流与磁化电流共同产生的。因而磁场中的安培环路定理可写成

$$\oint_L \boldsymbol{B}\cdot \mathrm{d}\boldsymbol{l}=\mu_0\left(\sum I+\sum_{(L内)} I_S\right) \tag{17-20}$$

式（17-20）表示，磁感应强度 $\boldsymbol{B}$ 沿任一闭合回路 L 的环流，等于穿过回路所包围面积的传导电流和总磁化电流的代数和的 μ_0 倍。由于磁化电流 I_S 不能直接测量，需对式（17-20）进行变换，利用式（17-17）可将式（17-20）改写为

$$\oint_L \boldsymbol{B}\cdot \mathrm{d}\boldsymbol{l}=\mu_0\left(\sum I+\oint_L \boldsymbol{M}\cdot \mathrm{d}\boldsymbol{l}\right)$$

或

$$\oint_L \left(\frac{\boldsymbol{B}}{\mu_0}-\boldsymbol{M}\right)\cdot \mathrm{d}\boldsymbol{l}=\sum I$$

类似电介质中引进电位移矢量 $\boldsymbol{D}$，在此我们定义一个新的物理量——磁场强度 $\boldsymbol{H}$，并令

$$\boldsymbol{H}=\frac{\boldsymbol{B}}{\mu_0}-\boldsymbol{M} \tag{17-21}$$

于是，有**磁介质存在时的安培环路定理**可简洁地写为

$$\oint_L \boldsymbol{H}\cdot \mathrm{d}\boldsymbol{l}=\sum I \tag{17-22}$$

式（17-22）表示，磁场强度 $\boldsymbol{H}$ 沿任一闭合回路的环流，等于闭合回路包围并穿过的传导电流的代数和，而在形式上与磁介质中磁化电流无关。它可比较方便地处理磁介质中的磁场问题，类似电学中引进位移矢量 $\boldsymbol{D}$ 后，可应用介质中的高斯定理处理有电介质的静电场问题一样。在国际单位制中，$\boldsymbol{H}$ 的单位为 A/m。

应该指出，式（17-21）是磁场强度 $\boldsymbol{H}$ 的定义式，在任何条件下均适用，它表示在磁场中任一点处，$\boldsymbol{H}$、$\boldsymbol{M}$、$\boldsymbol{B}$ 三个物理量之间的关系。另外，磁场强度 $\boldsymbol{H}$ 与电位移 $\boldsymbol{D}$

一样，只是辅助矢量，决定磁场中运动电荷受力的仍然是磁感应强度 $\boldsymbol{B}$。

实验表明，对各向同性均匀磁介质，磁化强度 $\boldsymbol{M}$ 与介质中同一处总磁场强度 $\boldsymbol{H}$ 成正比，即

$$\boldsymbol{M}=\chi_m \boldsymbol{H} \tag{17-23}$$

其中，比例系数χ_m为磁介质的磁化率，它的大小仅与磁介质的性质有关，是无单位的纯数，对顺磁质$\chi_m>0$，抗磁质$\chi_m<0$，但都很小。将式（17-23）代入（17-21）式可得

$$\boldsymbol{B}=\mu_0\boldsymbol{H}+\mu_0\boldsymbol{M}=\mu_0(1+\chi_m)\boldsymbol{H}$$

令

$$1+\chi_m=\mu_r \tag{17-24}$$

μ_r 为磁介质的相对磁导率，则

$$\boldsymbol{B}=\mu_0\mu_r\boldsymbol{H}=\mu\boldsymbol{H} \tag{17-25}$$

对于真空中的磁场，由于 $\boldsymbol{M}=0$，由式（17-21）及式（17-23）可得 $\boldsymbol{B}=\mu_0\boldsymbol{H}$ 及$\chi_m=0$，说明了真空中的相对磁导率 $\mu_r=1$。

对于均匀各向同性磁介质，χ_m与 μ_r 为恒量。如介质不均匀，则χ_m与 μ_r 还是位置的函数。至于铁磁质，χ_m与 μ_r 还是 $\boldsymbol{H}$ 的函数。

对于均匀各向同性磁介质，磁化强度 $\boldsymbol{M}$ 由式（17-23）中总磁场强度 $\boldsymbol{H}$ 决定。而由式（17-20）又可看出，总磁场强度 $\boldsymbol{H}$ 的分布又与磁化电流 I_S（或磁化强度 $\boldsymbol{M}$）有关。从而形成了一个循环，给我们直接求解介质中磁场带来不便。所以，在有磁介质（各向同性均匀磁介质）存在时，一般是先利用式（17－22）求解 $\boldsymbol{H}$ 的分布，再由式（17-25）中 $\boldsymbol{H}$ 与 $\boldsymbol{B}$ 的关系求出 $\boldsymbol{B}$ 的分布。这样便可避免对磁化电流 I_S 的计算。当然，这样做的条件是：只有当传导电流和磁介质的分布（乃至磁场分布）具有某些对称性时，才能找到恰当的安培环路，使式（17-22）左边积分中的 $\boldsymbol{H}$ 能以标量形式提到积分号外，从而方便地求解 $\boldsymbol{H}$ 和 $\boldsymbol{B}$。下面通过例题说明。

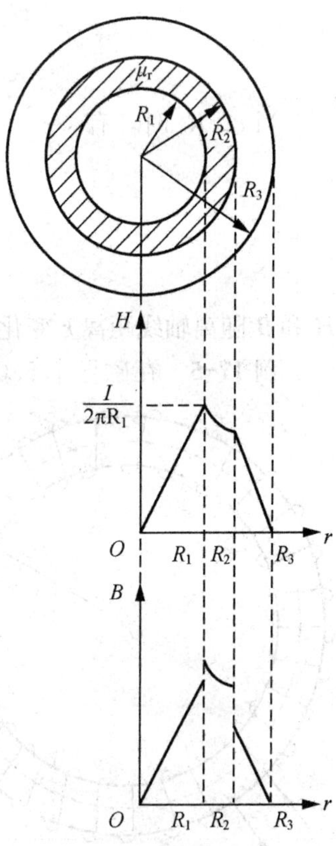

图 17-11　载流同轴电缆的磁场分布

例 17-4　如图 17-11 所示，一电缆由半径为 R_1 的长直导线和套在外面的内、外半径分别为 R_2 和 R_3 的同轴导体圆筒组成，其间充满相对磁导率为 μ_r 的各向同性非铁磁质，电流 I 由半径为 R_1 的中心导体流入纸面，由外面圆筒流出纸面。求磁场分布。

解　由于电流分布和磁介质分布具有轴对称性，可知磁场分布也具有轴对称性：$\boldsymbol{H}$ 线和 $\boldsymbol{B}$ 线都是在垂直于轴线的平面内，并以轴线上某点为圆心的同心圆。于是选取距轴线距离 r 为半径的圆为安培环路 L，取顺时针方向为绕行方向。

当 $r<R_1$ 时，应用介质中安培环路定理式（17-22），有

$$\oint_L \boldsymbol{H}_1 \cdot \mathrm{d}\boldsymbol{l} = H_1 \cdot 2\pi r = \frac{I}{\pi R_1^2}\pi r^2$$

$$H_1 = \frac{Ir}{2\pi R_1^2}$$

$$B_1 = \mu_1 H_1 = \frac{\mu_0 I r}{2\pi R_1^2}$$

当 $R_1<r<R_2$ 时，有

$$\oint_L \boldsymbol{H}_2 \cdot \mathrm{d}\boldsymbol{l} = H_2 \cdot 2\pi r = I$$

$$H_2 = \frac{I}{2\pi r}$$

$$B_2 = \mu_2 H_2 = \frac{\mu_0 \mu_r I}{2\pi r}$$

当 $R_2<r<R_3$ 时，有

$$\oint_L \boldsymbol{H}_3 \cdot \mathrm{d}\boldsymbol{l} = H_3 \cdot 2\pi r = I - \frac{I(r^2 - R_2^2)}{(R_3^2 - R_2^2)}$$

$$H_3 = \frac{1}{2\pi r}\frac{I(R_3^2 - r^2)}{(R_3^2 - R_2^2)}$$

$$B_3 = \mu_3 H_3 = \frac{\mu_0 I}{2\pi r}\frac{R_3^2 - r^2}{R_3^2 - R_2^2}$$

当 $r>R_3$ 时，有

$$\oint_L \boldsymbol{H}_4 \cdot \mathrm{d}\boldsymbol{l} = H_4 \cdot 2\pi r = 0$$

$$H_4 = 0$$

$$B_4 = \mu_4 H_4 = 0$$

$\boldsymbol{H}$ 和 $\boldsymbol{B}$ 随离轴线距离 r 变化的曲线如图 17-11 所示。

例 17-5 在磁导率 $5.0\times10^{-4}\,\mathrm{Wb/(A\cdot m)}$ 的均匀磁介质圆环上，均匀密绕着线圈，单位长度匝数为 $n=1000\mathrm{m}^{-1}$，导线中通有电流 $I=2.0\mathrm{A}$。求：

1）磁场强度 $\boldsymbol{H}$。

2）磁感应强度 $\boldsymbol{B}$。

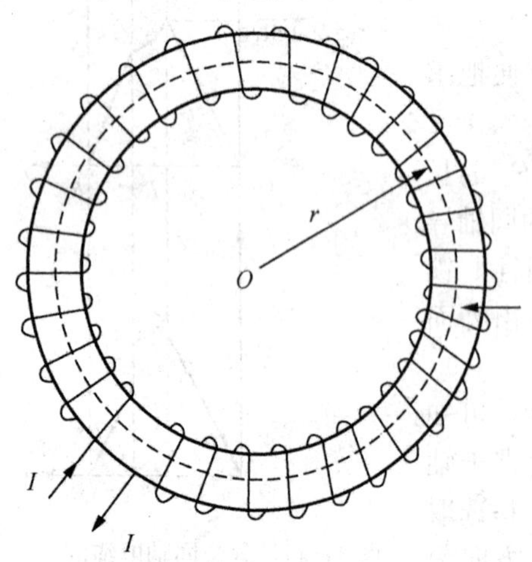

图 17-12 密绕螺绕环内的磁场

解 1）如图 17-12 所示，密绕螺绕环内有均匀磁介质，可由有介质时的安培环路定理求解。选取以圆环中心 O 为圆心，r 为半径的圆为安培环路 L，则由介质中安培环路定理可得

$$\oint_L \boldsymbol{H} \cdot \mathrm{d}\boldsymbol{l} = H \cdot 2\pi r = n \cdot 2\pi r I$$

$$H = nI = 1000\times2.0\mathrm{A/m} = 2.0\times10^3\mathrm{A/m}$$

2）$B = \mu H = 5.0\times10^{-4}\times2.0\times10^3\mathrm{T} = 1\mathrm{T}$

思考与讨论

17.1　一带电粒子，垂直射入均匀磁场，如果粒子质量增大到 2 倍，入射速度增大到 2 倍，磁场的磁感应强度增大到 4 倍，则通过粒子运动轨道包围范围内的磁通量增大到原来的（　　）倍。

(A) 2　　(B) 4　　(C) 1/2　　(D) 1/4

17.2　在均匀磁场中，有两个平面线圈，其面积 $A_1=2A_2$，通有电流 $I_1=2I_2$，它们所受到的最大磁力矩之比 M_1/M_2 等于（　　）。

(A) 1　　(B) 2　　(C) 4　　(D) 1/4

17.3　用安培环路定理能否求出有限长的一段载流直导线周围的磁场强度？

17.4　能否利用磁场对带电粒子的作用力来增大粒子的动能？

17.5　下面几种说法是否正确，试说明理由。

1）$\boldsymbol{H}$ 仅与传导电流（自由电流）有关。

2）不论顺磁质与抗磁质，$\boldsymbol{B}$ 与 $\boldsymbol{H}$ 同向。

3）通过以闭合曲线 L 为边线的任意曲面的 $\boldsymbol{B}$ 通量均相等。

4）通过以闭合曲线 L 为边线的任意曲面的 $\boldsymbol{H}$ 通量均相等。

习　题　17

17-1　如图 17-13 所示，一根长直导线载有电流 $I_1=30\text{A}$，矩形回路载有电流 $I_2=20\text{A}$。试计算作用在回路上的合力。已知 $d=1.0\text{cm}$，$b=8.0\text{cm}$，$l=0.12\text{m}$。

17-2　在磁感应强度为 $\boldsymbol{B}$ 的均匀磁场中，垂直于磁场方向的平面内有一段载流弯曲导线，电流为 I，如图 17-14 所示。求其所受的安培力。

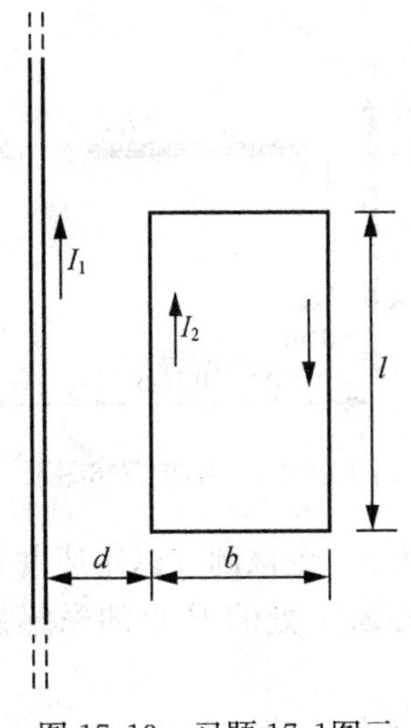

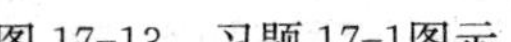

图 17-13　习题 17-1图示

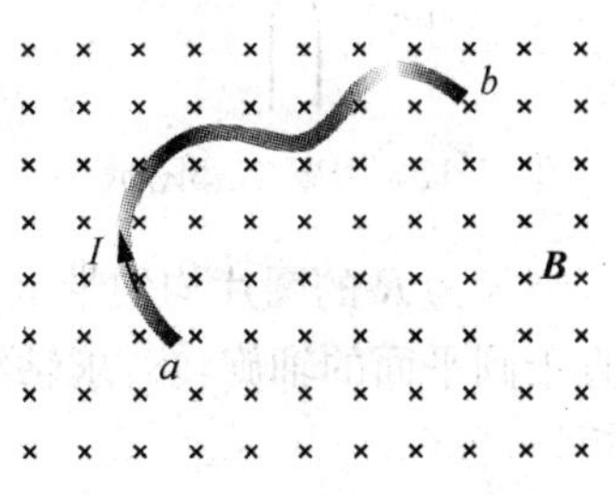

图 17-14　习题 17-2图示

17-3 将一电流均匀分布的无限大载流平面放入磁感强度为$\boldsymbol{B}_0$的均匀磁场中，电流方向与磁场垂直。放入后，平面两侧磁场的磁感强度分别为$\boldsymbol{B}_1$和$\boldsymbol{B}_2$，如图 17-15 所示，求该载流平面上单位面积所受磁场力的大小和方向。

17-4 如图 17-16 所示，在长直导线AB内通以电流$I_1=20\text{A}$，在矩形线圈$CDEF$中通有电流$I_2=10\text{A}$，AB与线圈共面，且CD、EF都与AB平行。已知$a=9.0\text{cm}$，$b=20.0\text{cm}$，$d=1.0\text{cm}$，求：

1）导线AB的磁场对矩形线圈每边所作用的力。

2）矩形线圈所受合力和合力矩。

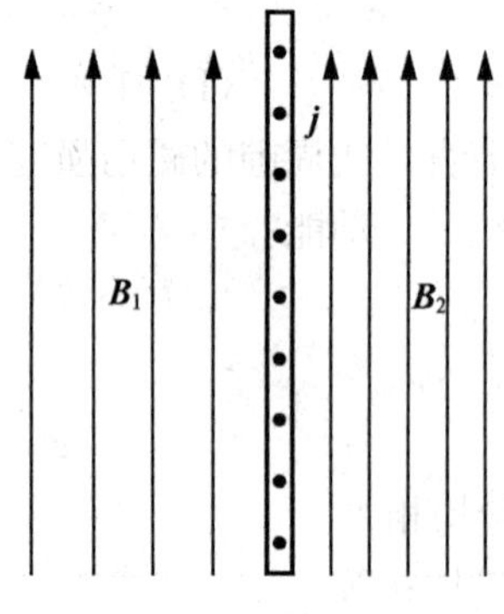

图 17-15 习题 17-3图示

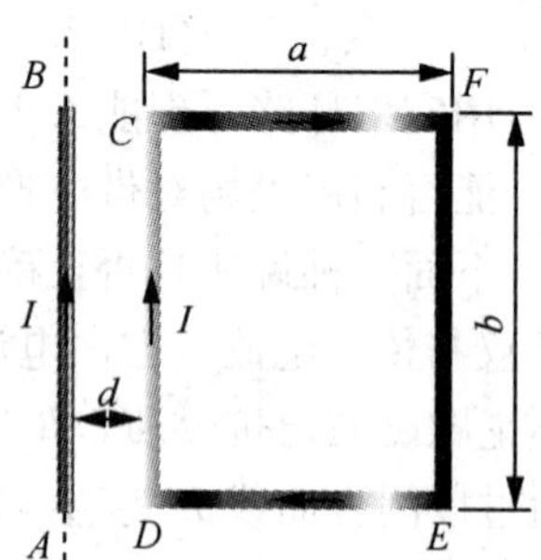

图 17-16 习题 17-4图示

17-5 如图 17-17 所示，一正方形线圈，由细导线做成，边长为a，共有N匝，可以绕通过其相对两边中点的一个竖直轴自由转动。现在线圈中通有电流I，并把线圈放在均匀的水平外磁场$\boldsymbol{B}$中，求线圈磁矩与磁场$\boldsymbol{B}$的夹角为θ时，线圈受的转动力矩。

17-6 一长直导线通有电流$I_1=20\text{A}$，旁边放一导线ab，其中通有电流$I_2=10\text{A}$，且两者共面，如图 17-18 所示。求导线ab所受作用力对O点的力矩。

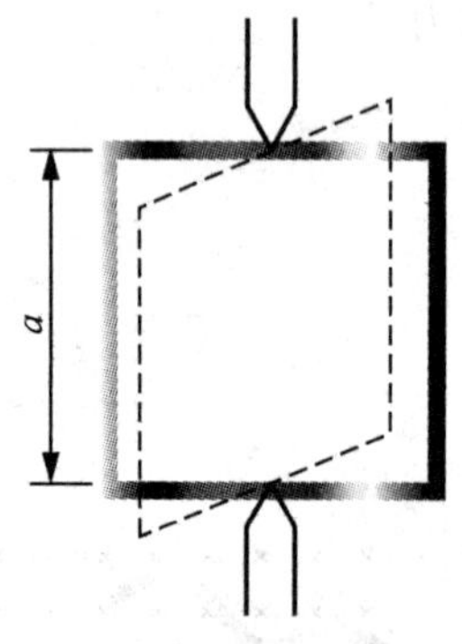

图 17-17 习题 17-5图示

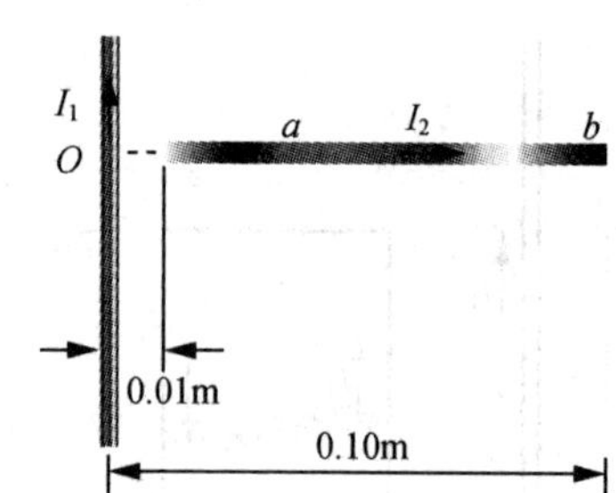

图 17-18 习题 17-6图示

17-7 半径为R的圆片均匀带电，电荷面密度为σ，令该圆片以角速度ω绕通过其中心且垂直于圆平面的轴旋转。求轴线上距圆片中心为x处的P点的磁感强度和旋转圆片的磁矩。

17-8 一根长直同轴电缆，内、外导体之间充满磁介质，如图 17-19 所示，磁介质的相对磁导率为μ_r（$\mu_r<1$），导体的磁化可以忽略不计。沿轴向有恒定电流I通过电

缆，内、外导体上电流的方向相反。求：

1）空间各区域内的磁感强度和磁化强度。

2）磁介质表面的磁化电流。

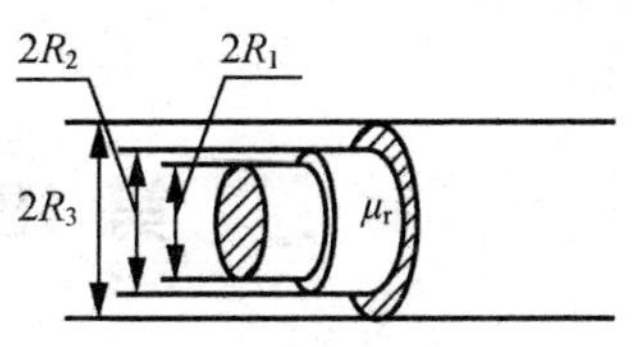

图 17-19　习题 17-8图示

17-9　设长 $L=5.0\text{cm}$，截面积 $S=1.0\text{cm}^2$ 的铁棒中所有铁原子的磁偶极矩都沿轴向整齐排列，且每个铁原子的磁偶极矩 $m_0=1.8\times10^{-23}\text{A}\cdot\text{m}^2$。求：

1）铁棒的磁偶极矩；

2）要使铁棒与磁感强度 $B_0=1.5\text{T}$ 的外磁场正交，需用多大的力矩？设铁的密度 $\rho=7.8\text{g/cm}^3$，铁的摩尔质量 $M_0=55.85\text{g/mol}$。

17-10　在实验室，为了测试某种磁性材料的相对磁导率 μ_r，常将这种材料做成截面为矩形的环形样品，然后用漆包线绕成一环形螺线管。设圆环的平均周长为 0.10m，横截面积为 $0.50\times10^{-4}\text{m}^2$，线圈的匝数为 200 匝。当线圈通以 0.10A 的电流时，测得穿过圆环横截面积的磁通量为 $6.0\times10^{-5}\text{Wb}$，求此时该材料的相对磁导率 μ_r。

17-11　电子在 $B=70\times10^{-4}\text{T}$ 的匀强磁场中做圆周运动，圆周半径 $r=3.0\text{cm}$。已知 $\boldsymbol{B}$ 垂直于纸面向外，某时刻电子在 A 点，速度 $\boldsymbol{v}$ 向上，如图 17-20 所示。

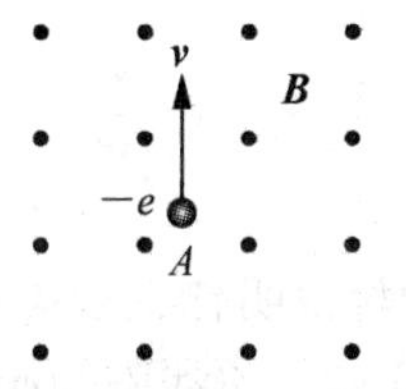

图 17-20　习题 17-11 图示

1）试画出这电子运动的轨道。

2）求这电子速度 $\boldsymbol{v}$ 的大小。

3）求这电子的动能 E_k。

17-12　螺绕环中心周长 $L=10\text{cm}$，环上线圈匝数 $N=200$ 匝，线圈中通有电流 $I=100\text{mA}$。

1）当管内是真空时，求管中心的磁场强度 $\boldsymbol{H}$ 和磁感应强度 $\boldsymbol{B}_0$。

2）若环内充满相对磁导率 $\mu_r=4200$ 的磁性物质，则管内的 $\boldsymbol{B}$ 和 $\boldsymbol{H}$ 各是多少？

第 18 章　变化的电磁场和电磁波

我们已经学习了电场和磁场的各种基本规律。本章将通过研究电场和磁场随时间的变化讨论电场与磁场间的联系，重点讨论电磁感应和麦克斯韦电磁场理论以及电磁波的一般性质。主要学习：法拉第电磁感应定律、动生电动势、感生电动势和涡旋电场、自感和互感、磁场的能量、位移电流、麦克斯韦方程组、电磁振荡和电磁波。

18.1　电磁感应定律

1820 年，奥斯特发现电流能够激发磁场后，物理学家们就想磁场是否也会产生电流？为了圆满地回答这个问题，物理学家们做了很多实验，都没有得到预期的结果。直到 1831 年，法拉第以精湛的实验技术和敏锐的观察力首次观察到磁通变化时产生的电磁感应现象。

18.1.1　电磁感应现象

下面通过几个电磁感应演示实验说明什么是电磁感应现象？引起电磁感应现象的原因是什么？如图 18-1（a）中的实验，将线圈的两端分别接入电流表，让磁铁与线圈发生相对运动（磁铁插入或拔出线圈），发现电流表指针发生偏转，说明线圈中产生了电流。而磁铁与线圈没有相对运动时，电流表指针不会发生偏转，线圈中没有产生电流。磁铁与线圈相对运动方向反向时，电流表的指针偏转方向也会反向偏转。在如图 18-1（b）所示的实验中，把接有电流表的导体线框放在恒磁场中，线框平面跟磁场方向垂直。实验发现，如果导体棒朝某一方向滑动时，电流表的指针发生偏转，即在线框中产生电流。当导体棒朝反方向滑动时，产生的电流的方向相反。导体棒不运动时，

（a）

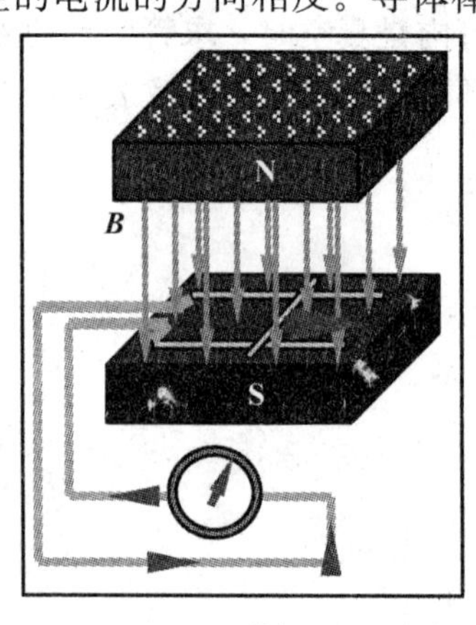

（b）

图 18-1　电磁感应演示实验

没有电流产生。这两个实验有一个共同的特点，即穿过闭合回路的磁通量发生变化，闭合回路中产生了电流。通过实验可以总结得到结论：当穿过闭合回路的磁通量发生变化时，回路中出现电流。这个现象叫做**电磁感应现象**，电磁感应中出现的电流叫做**感应电流**。

上面介绍的实验产生感应电流是相对运动引起的，但是相对运动并不是引发磁通量变化的唯一因素。1831 年，法拉第总结出以下五种情况都可引发磁通量变化：变化着的电流，运动着的恒定电流，在磁场中运动着的导体，变化着的磁场，运动着的磁铁。这些情况都可以产生感应电流。

在图 18-1所示的实验中，既然线圈与电流表组成的闭合回路中有感应电流，这个电路内就一定存在着某种电动势。这种由电磁感应引起的电动势叫做感应电动势。感应电动势比感应电流更能反映电磁感应的本质。实际上，电动势的概念不限于闭合电路，电磁感应现象也不限于闭合回路的情况。

18.1.2　法拉第电磁感应定律

在图 18-1中，磁铁与线圈的相对运动速率越大，穿过闭合回路的磁通量变化越快，电流表指针的偏转角越大，回路中会产生的感应电动势的数值越大。这说明**感应电动势 $\boldsymbol{\varepsilon}$** 的大小正比于**磁通量对时间变化率** $\mathrm{d}\Phi/\mathrm{d}t$，即

$$\varepsilon=k\,\frac{\mathrm{d}\Phi}{\mathrm{d}t}$$

这就是**法拉第电磁感应定律**。式中，k 是比例系数，取决于 ε、Φ、t 的单位。在国际单位制中，Φ 的单位是韦伯（Wb），ε 的单位是伏特（V），t 的单位是秒（s），实验测得 $k=1$，故法拉第电磁感应定律可表示为

$$\varepsilon=\frac{\mathrm{d}\Phi}{\mathrm{d}t} \tag{18-1}$$

公式（18-1）只给出了感应电动势的大小，关于感应电动势的方向则由下面的楞次定律给出。

18.1.3　楞次定律

由图 18-1所示的实验可知，不论是感应电动势的数值还是感应电动势的方向都与磁通量的变化有关。图 18-1（a）中磁铁与线圈的相对运动方向发生变化时，电流表的指针偏转方向也发生了变化，说明感应电动势的方向发生变化。关于感应电动势的方向问题，俄国物理学家楞次在法拉第的资料的基础上通过实验总结出如下规律：

闭合回路中所出现的感应电流，总是使它自己所激发的磁场反抗任何引发电磁感应的原因（反抗相对运动、磁场变化或线圈变形等），这就是楞次定律。换句话说，就是闭合回路中的磁通量增强时，产生的感应电流会激发反向磁场，阻碍磁场增加；当磁通量减弱时，产生的感应电流会激发同向磁场，阻碍磁场减小。在图 18-2（a）中，磁铁靠近闭合线圈时，穿过线圈中的磁通量增加，产生的感应电流激发的磁场应该阻止线圈中的磁通量增加，因此感应电流的方向如图 18-2所示，感应电流的磁场方向如图 18-2（b）所示。

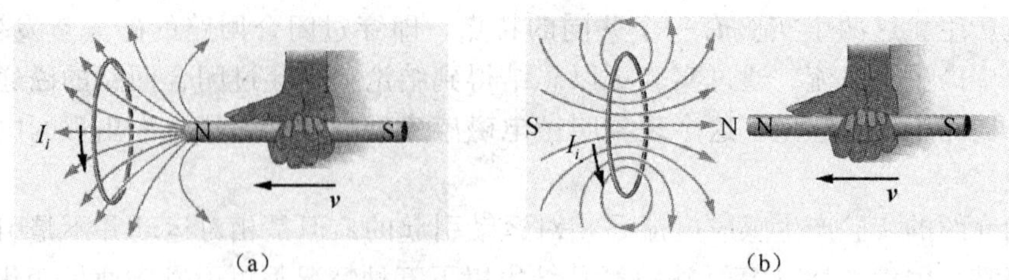

(a)　　(b)

图 18-2　感应电流的方向和感应电流的磁场方向

用楞次定律判断感应电流、感应电动势方向的一般步骤如下。

首先任意规定回路的绕行方向，当回路中的磁感线方向与回路的绕行方向成右手螺旋关系时，磁通量为正（+），反之为负（−）；回路中的感应电动势方向凡与绕行方向一致时为正（+），反之为负（−）。

感应电动势的大小可由式（18-1）表示，感应电动势的方向则可由楞次定律确定，综合楞次定律后，法拉第电磁感应定律为

$$\varepsilon = -\frac{\mathrm{d}\Phi}{\mathrm{d}t} \tag{18-2}$$

例 18-1　如图 18-3所示，有一均匀磁场，其磁感应强度 $\boldsymbol{B}$ 正在随时间增强，表面与磁场垂直的导体平面线圈处在磁场中，其面积为 S（不变），求线圈中的感应电动势。

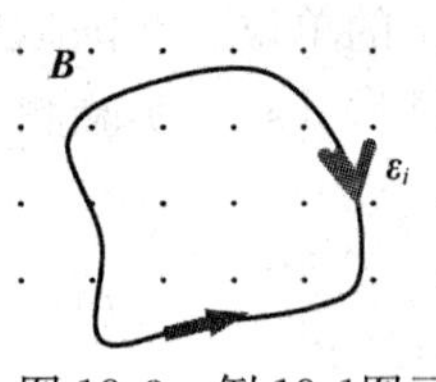

图 18-3　例 18-1图示

解　选取回路的绕行方向为逆时针方向，如图 18-3所示，则穿过 S 的磁通量为

$$\Phi = \iint_S \boldsymbol{B} \cdot \mathrm{d}\boldsymbol{S} = BS$$

感应电动势的大小为

$$\varepsilon = -\frac{\mathrm{d}\Phi}{\mathrm{d}t} = -\frac{\mathrm{d}B}{\mathrm{d}t}S$$

式中，$\frac{\mathrm{d}S}{\mathrm{d}t}=0$；负号表示感应电动势的方向与回路绕行方向（逆时针方向）相反，为顺时针方向。

我们总结一下应用电磁感应定律求解电动势的一般步骤如下。

第 1 步：选取回路的绕行方向（任意），规定回路所围面积 S 的法线正方向与回路绕行方向满足右手螺旋规则；

第 2 步：求穿过面积 S 的磁通量；

第 3 步：应用法拉第电磁感应定律计算感应电动势 $\boldsymbol{\varepsilon}$ 的大小；

第 4 步：判断感应电动势 $\boldsymbol{\varepsilon}$ 的方向，若为负值，则表明 $\boldsymbol{\varepsilon}$ 的方向与回路的绕行方向相反，否则相同。

式（18-2）只适用于单匝线圈组成的回路。如果回路不是单匝线圈，而是由多匝线圈串联起来，那么回路中的电动势是每个线圈产生的电动势之和，闭合回路中磁通量的变化取决于总磁通量（磁通链）。

$$\Psi = \sum_{i}^{N}\Phi_i$$

式中，Φ_i 是通过第 i 匝线圈的磁通量。此时电磁感应定律为

$$\varepsilon=-\frac{\mathrm{d}\Psi}{\mathrm{d}t} \tag{18-3}$$

根据电磁感应定律，回路中能够产生感应电动势，主要是穿过回路的磁通量发生了变化。磁通量的定义是磁感应强度对某一曲面的通量，从定义可以归纳出引起磁通量变化的原因有以下两种：

1）相对实验室参考系，磁场稳定不变，导体发生运动，或者回路面积变化、取向变化等，此时产生的电动势叫做**动生电动势**。至于磁场，它可以是磁铁产生的，也可以是电流产生的；

2）相对实验室参考系，导体不动，磁场发生变化，此时产生的电动势叫做**感生电动势**。磁场变化的原因是多种多样的，可以是产生磁场的载流线圈或磁铁的位置发生变化，也可以是电流发生变化或电流的分布情况发生变化。如果在所选的参考系中，导体和"磁场源"均在运动，则导体中的电动势就既有动生部分又有感生部分。

我们知道电动势起源于一种非静电作用，接下来，我们将探求事物本质，研究动生电动势和感生电动势各自对应的非静电作用是什么。

18.2　动生电动势和感生电动势

在这一节中，我们将从导体切割磁力线和磁场本身变化这两个侧面来深入理解电磁感应的特性及其应用。

18.2.1　动生电动势

法拉第电磁感应定律给出的磁感应强度 $\boldsymbol{B}$ 不改变闭合电路运动所引起的动生电动势所服从的规律，完全可以用已有的理论推出。

从上一章我们知道，电荷在磁场中运动时要受到洛伦兹力，引起动生电动势的非静电力就是洛仑兹力。如图 18-4所示，矩形导体回路在垂直纸面向里的磁场中，可动边为导体棒 ab，长为 l，以 $\boldsymbol{v}$ 匀速运动，棒中动生电动势方向如图 18-4所示。棒中自由电子随棒以速度 $\boldsymbol{v}$ 运动，所受洛仑兹力为

$$\boldsymbol{f}_{\mathrm{m}}=-e\ (\boldsymbol{v}\times\boldsymbol{B})$$

其中 e 是电子电荷的绝对值，洛伦兹力 $\boldsymbol{f}_{\mathrm{m}}$ 的方向由 a 指向 b，它促使自由电子向 b 端运动。由于电荷的积累，使导体 ab 之间产生了附加电场——非静电力场强 $\boldsymbol{E}_{\mathrm{k}}$。当电场对电子的作用力与磁场的洛伦兹力相平衡，即 $-e\boldsymbol{E}_{\mathrm{k}}=\boldsymbol{f}_{\mathrm{m}}$ 时，电子不再定向移动，即

$$\boldsymbol{E}_{\mathrm{k}}=-\boldsymbol{f}_{\mathrm{m}}/e$$

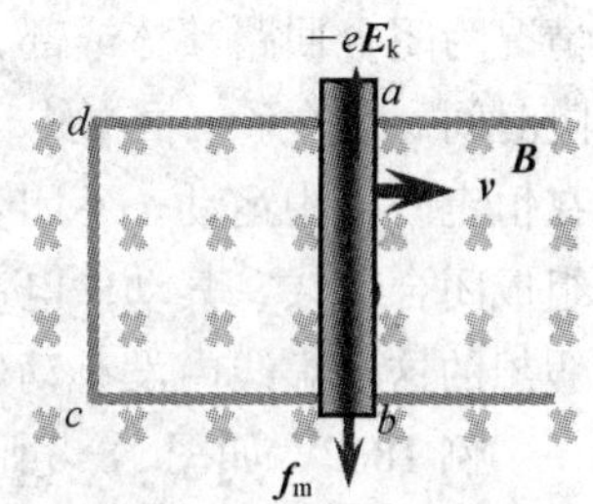

图 18-4　导体切割磁力线

在这里，磁场方向与运动方向垂直，所以 $E_{\mathrm{k}}=Bv$。

单位正电荷从 b 移动到 a 时洛伦兹力做的功定义为**动生电动势**，其绝对值为

$$|\varepsilon| = \int_b^a vB\,\mathrm{d}l \tag{18-4}$$

式中，l 是导体棒 ab 的长度，v 是 ab 在单位时间内移动的距离，故 vl 是 ab 在单位时间内扫过的面积，及线框面积的变化量，于是 vBl 便是线框的磁通量在单位时间内的变化量，即磁通量随时间的变化率$\frac{\mathrm{d}\Phi}{\mathrm{d}t}$，则式（18-4）可改为

$$|\varepsilon| = \frac{\mathrm{d}\Phi}{\mathrm{d}t}$$

这与法拉第电磁感应定律一致。对于感生电动势的方向可以用右手定则判断：伸平右手掌并使拇指与其他四指垂直，让磁力线从掌心穿过，当拇指指向运动方向时，四指的指向就是导体中产生的动生电动势的方向。不难看出，根据右手定则判断出的动生电动势方向与楞次定律得到的结果一致。

上面是对一个特殊例子的分析（直导线、均匀磁场、导线垂直磁场平移），对于普遍情况，任意形状的线框（可以是闭合的，也可以是非闭合的）在任意磁场中的运动，动生感应电动势可表示为

$$\varepsilon_{动} = \int \boldsymbol{E}_{\mathrm{k}} \cdot \mathrm{d}\boldsymbol{l} = \int (\boldsymbol{v} \times \boldsymbol{B}) \cdot \mathrm{d}\boldsymbol{l} \tag{18-5}$$

积分遍及整条导线。如果 $\varepsilon_{动}$ 为负，说明电动势方向与 $\mathrm{d}\boldsymbol{l}$ 方向相反。如果是闭合导线，上式结果与法拉第电磁感应定律结果相同；如果是非闭合导线，法拉第定律不能直接使用（因 Φ 对非闭合曲线无意义），但上式仍然成立。应该说明，式（18-5）不但适用于导线在恒定磁场中运动的情况，而且适用于导体在变化磁场中的情况。两种情况的区别在于，在后一情况中，导线除了出现由式（18-5）决定的动生电动势外，还会出现由于磁场变化而造成的感生电动势，详见后面感生电动势的介绍。

计算动生电动势可以有两种方法。

1）用洛伦兹力公式推导出的

$$\varepsilon_{动} = \int (\boldsymbol{v} \times \boldsymbol{B}) \cdot \mathrm{d}\boldsymbol{l}$$

计算。这个公式不仅适用于恒速恒磁场的感应电动势的计算，也适用于变速变磁场的感应电动势的计算。

2）用法拉第电磁感应定律计算。利用法拉第电磁感应定律分为两种情况：第一种情况为闭合回路整体或部分在恒定磁场中运动。根据运动情况求出闭合回路的磁通量 Φ 随时间 t 的关系，根据式（18-3）可求得动生电动势。第二种情况为一段不闭合的导体在恒定磁场中运动。不闭合导体不存在磁通量的概念，但是可以假想一条曲线与导体组成闭合曲线，其动生电动势 ε 可由法拉第定律求得。因为假想虚线不动及磁场不变，假想的这段虚线内没有动生电动势，故 ε 也就是导体的动生电动势。

例 18-2　如图 18-5所示，把一半径为 R 的半圆形导线 OP 置于磁感强度为 $\boldsymbol{B}$ 的均匀磁场中，当导线以速率 v 水平向右平动时，求导线中感应电动势的大小，并说明哪一端电势较高。

分析　本题及后面几题中的电动势均为动生电动势，除仍可由 $\varepsilon=-\dfrac{\mathrm{d}\Phi}{\mathrm{d}t}$ 求解外（必须设法构造一个闭合回路），还可直接用公式 $\varepsilon=\int_l(\boldsymbol{v}\times\boldsymbol{B})\cdot\mathrm{d}\boldsymbol{l}$ 求解。在用后一种方法求解时，应注意导体上任一导线元 $\mathrm{d}l$ 上的动生电动势 $\mathrm{d}\varepsilon=(\boldsymbol{v}\times\boldsymbol{B})\cdot\mathrm{d}\boldsymbol{l}$。在一般情况下，上述各量可能是 $\mathrm{d}l$ 所在位置的函数。矢量 $\boldsymbol{v}\times\boldsymbol{B}$ 的方向就是导线中电势升高的方向。

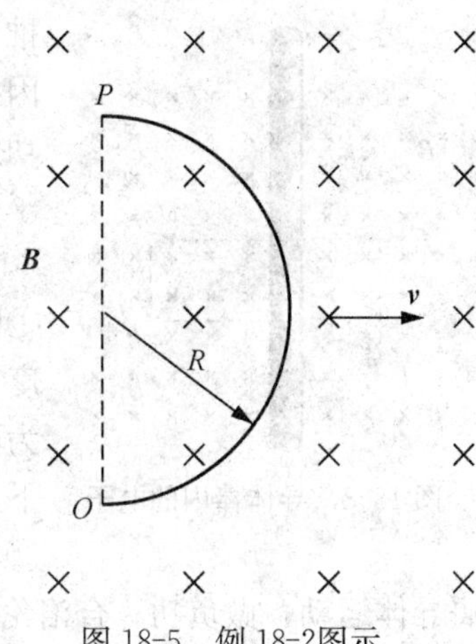

图 18-5　例 18-2图示

解　**方法 1**：如图 18-6所示，假想半圆形导线 OP 在宽为 $2R$ 的静止的导轨上滑动，两者之间形成一个闭合回路。设顺时针方向为回路正向，任一时刻端点 O 或端点 P 距矩形导轨左侧距离为 x，则穿过回路的磁通量为

$$\Phi=\left(2Rx+\frac{1}{2}\pi R^2\right)B$$

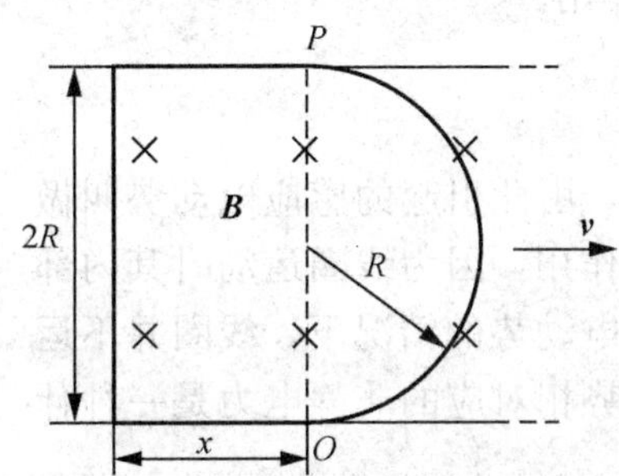

图 18-6　导轨上滑动的半圆形导线

即

$$\varepsilon=-\frac{\mathrm{d}\Phi}{\mathrm{d}t}=-2RB\frac{\mathrm{d}x}{\mathrm{d}t}=-2RvB$$

由于静止的导轨上的电动势为零，则 $\varepsilon=-2RvB$。式中负号表示电动势的方向为逆时针，对 OP 段来说端点 P 的电势较高。

方法 2：建立如图 18-7所示的坐标系，在导体上任意处取导体元 $\mathrm{d}l$，则

$$\mathrm{d}\varepsilon=(\boldsymbol{v}\times\boldsymbol{B})\cdot\mathrm{d}\boldsymbol{l}=vB\sin 90^\circ\cos\theta\mathrm{d}l=vB\cos\theta R\mathrm{d}\theta$$

$$\varepsilon=\int\mathrm{d}\varepsilon=vBR\int_{-\pi/2}^{\pi/2}\cos\theta\mathrm{d}\theta=2RvB$$

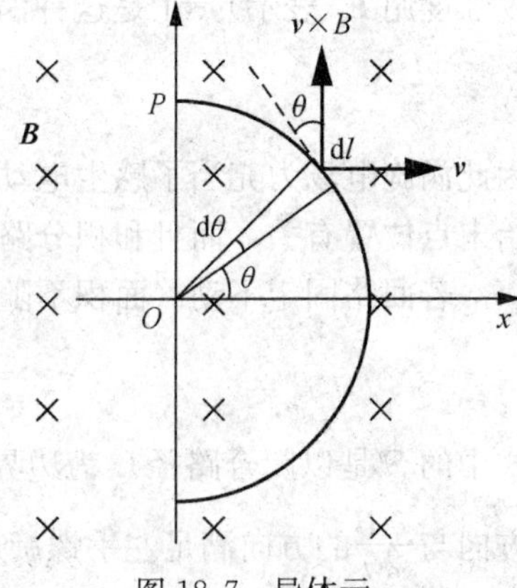

图 18-7　导体元

由矢量 $\boldsymbol{v}\times\boldsymbol{B}$ 的指向可知，端点 P 的电势较高。

方法 3：连接 OP 使导线构成一个闭合回路。由于磁场是均匀的，在任意时刻，穿过回路的磁通量 $\Phi=BS=$ 常数。由法拉第电磁感应定律 $\varepsilon=-\dfrac{\mathrm{d}\Phi}{\mathrm{d}t}$ 可知，$\varepsilon=0$。

又因

$$\varepsilon=\varepsilon_{OP}+\varepsilon_{PO}$$

即

$$\varepsilon_{OP}=-\varepsilon_{PO}=2RvB$$

由上述结果可知，在均匀磁场中，任意闭合导体回路平动所产生的动生电动势为零；而任意曲线形导体上的动生电动势就等于其两端所连直线形导体上的动生电动势。上述求解方法是叠加思想的逆运用，即补偿的方法。

对于运动导体回路，洛仑兹力产生的电动势存在于整个回路，即洛仑兹力沿导线

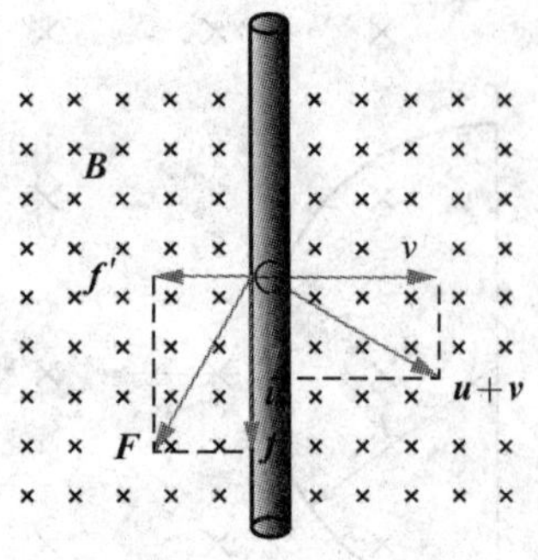

图 18-8　导体棒内的电子

推动电子要做功，而洛伦兹力的方向与导体运动方向垂直，因此做功恒为零，这似乎是一个矛盾。洛伦兹力到底做不做功？为了得到清楚的答案，我们对图 18-8中导体棒内的电子受到的洛伦兹力做详细分析。

在棒内任取一个电子，电子的运动速度由两部分组成：①随导线向右的速度 $\boldsymbol{v}$；②因受到洛伦兹力而向下运动的速度 $\boldsymbol{u}$。电子的合速度为 $\boldsymbol{v}+\boldsymbol{u}$，其所受到的洛伦兹力也可以分为两部分：①与 $\boldsymbol{v}$ 相对应的部分 $\boldsymbol{f}=-e\,(\boldsymbol{v}\times\boldsymbol{B})$，方向向下，这一部分洛伦兹力对电子做正功，产生感应电动势；②与$\boldsymbol{u}$ 相对应的部分 $\boldsymbol{f}'=-e\,(\boldsymbol{u}\times\boldsymbol{B})$，方向沿 $-\boldsymbol{v}$ 方向，阻碍导体运动，做负功。合洛伦兹力 $\boldsymbol{F}$ 与合速度垂直，两个分量做功的代数和为零，洛仑兹力并不提供能量，只传递能量，外力克服 $\boldsymbol{f}'$做功（消耗机械能），通过 $\boldsymbol{f}$ 转换为感应电流的能量。因此洛伦兹力只起到了能量转换的桥梁作用。

18.2.2　感生电动势

当线圈不动而磁场变化时，线圈的磁通量也会变化，由此引起的感应电动势叫做**感生电动势**。前一节中把动生电动势归结为洛伦兹力的作用，因为线圈运动时其内部电子随之而动，所以受到磁场的洛伦兹力。但是在感生电动势的情况下，线圈并不运动，线圈中的电子并不受到洛伦兹力。那么与感生电动势相对应的非静电力是一种什么力？

麦克斯韦提出：无论有无导体或是否存在导体回路，随时间变化的磁场都将在其周围空间产生具有闭合电场线的电场，并称此为**感生电场**或**涡旋电场**（非静电场，电场强度用 $\boldsymbol{E}_{\mathrm{v}}$ 表示），正是这种涡旋电场决定了**感生电动势**

$$\varepsilon_{感}=\oint_L \boldsymbol{E}_{\mathrm{v}}\cdot \mathrm{d}\boldsymbol{l}$$

因此涡旋电场力充当了感生电动势中的非静电力。从上式中可看出感生电动势不仅和始末点位置有关，而且和积分路径有关。

若回路固定不动（面积不随时间而变），磁通量仅随磁场的变化而变化时，则

$$\varepsilon_{感}=\oint_L \boldsymbol{E}_{\mathrm{v}}\cdot \mathrm{d}\boldsymbol{l}=-\iint_{S固定}\frac{\partial \boldsymbol{B}}{\partial t}\cdot \mathrm{d}\boldsymbol{S} \tag{18-6}$$

式中的 S 是以闭合路径 L 为边界的平面或曲面。感应电场 $\boldsymbol{E}_{\mathrm{v}}$ 的方向与$\dfrac{\partial \boldsymbol{B}}{\partial t}$的方向满足左手螺旋规则，如图 18-9所示。

图 18-9　左手螺旋规则

式（18-6）的微分形式是

$$\nabla\times\boldsymbol{E}_{\mathrm{v}}=-\frac{\partial \boldsymbol{B}}{\partial t}$$

这说明**变化的磁场会激发电场**。

从麦克斯韦的提议中我们得到感生电场有如下性质：

1）由变化的磁场激发；

2）其电场线是闭合曲线。从感生电场的性质我们可以发现感生电场和静电场有很大的区别：感生电场由变化的磁场激发产生，是非保守场，环流不等于零，且电力线为闭合曲线；静电场由静止电荷产生，是保守场，其环流为零，电力线起始于正电荷，终止于负电荷。

通过上面的讨论我们得到计算感应电动势的两个公式：

1）通量法则

$$\varepsilon = -\frac{\mathrm{d}\Phi}{\mathrm{d}t} = -\frac{\mathrm{d}}{\mathrm{d}t}\iint_S \boldsymbol{B} \cdot \mathrm{d}\boldsymbol{S}$$

2）按感生和动生电动势计算

$$\varepsilon = -\iint_{S\text{固定}} \frac{\partial \boldsymbol{B}}{\partial t} \cdot \mathrm{d}\boldsymbol{S} + \oint_{B\text{固定}} (\boldsymbol{v} \times \boldsymbol{B}) \cdot \mathrm{d}\boldsymbol{l}$$

如果磁通量随时间的变化容易求，就用第一个公式，否则用第二个公式。

例 18-3　如图 18-10 所示，半径为 R 的圆柱形空间内分布有沿圆柱轴线方向的均匀磁场，磁场方向垂直纸面向里，其变化率为$\frac{\mathrm{d}B}{\mathrm{d}t}$。试求：

1）圆柱形空间内、外涡旋电场 $\boldsymbol{E}_\text{v}$ 的分布。

2）若$\frac{\mathrm{d}B}{\mathrm{d}t}>0$，把长为 l 的导体 ab 放在圆柱截面上，则 ε_{ab} 等于多少？

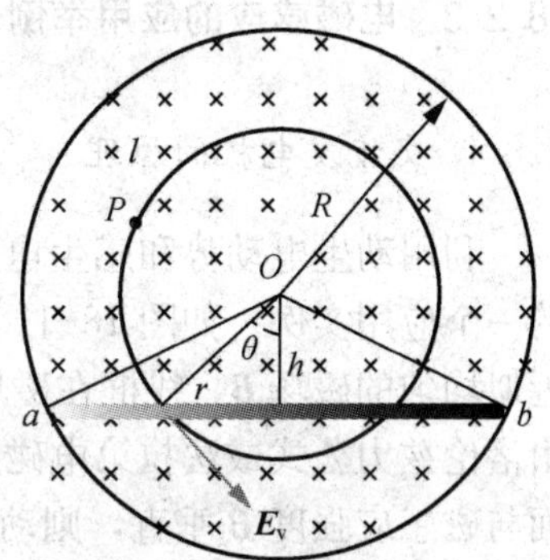

图 18-10　例 18-3图示

解　1）过圆柱体内任一点 P 在截面上作半径为 r 的圆形回路 l，设 l 的回转方向与 $\boldsymbol{B}$ 的方向构成右手螺旋关系，即设图中沿 l 的顺时针切线方向为 $\boldsymbol{E}_\text{v}$ 的正方向。根据式（18-6），有

$$\oint_L \boldsymbol{E}_\text{v} \cdot \mathrm{d}\boldsymbol{l} = -\iint_S \frac{\partial \boldsymbol{B}}{\partial t} \cdot \mathrm{d}\boldsymbol{S}$$

得

$$\boldsymbol{E}_\text{v} 2\pi r = -\frac{\mathrm{d}\boldsymbol{B}}{\mathrm{d}t}\pi r^2$$

所以圆柱形空间内部的涡旋电场

$$\boldsymbol{E}_\text{v} = -\frac{r}{2}\frac{\mathrm{d}\boldsymbol{B}}{\mathrm{d}t} \quad (r<R)$$

当$\frac{\mathrm{d}\boldsymbol{B}}{\mathrm{d}t}>0$ 时，$\boldsymbol{E}_\text{v}<0$ 即沿逆时针方向；$\boldsymbol{E}_\text{v}>0$ 即沿顺时针方向。

同理得圆柱形空间外部的涡旋电场

$$\boldsymbol{E}_\text{v} = -\frac{R^2}{2r}\frac{\mathrm{d}\boldsymbol{B}}{\mathrm{d}t} \quad (r>R)$$

2）**方法 1**：用电动势定义求解。

在 $r<R$ 区域，有

$$\boldsymbol{E}_\text{v} = -\frac{r}{2}\frac{\mathrm{d}\boldsymbol{B}}{\mathrm{d}t}$$

$$\varepsilon_{ab}=\int_a^b \boldsymbol{E}_{\mathrm{v}}\cdot \mathrm{d}\boldsymbol{l}=\int_a^b \frac{r}{2}\frac{\mathrm{d}\boldsymbol{B}}{\mathrm{d}t}\mathrm{d}l\cos\theta=\int_0^L \frac{h}{2}\frac{\mathrm{d}\boldsymbol{B}}{\mathrm{d}t}\mathrm{d}l=\frac{Lh}{2}\frac{\mathrm{d}\boldsymbol{B}}{\mathrm{d}t}$$

因为$\frac{\mathrm{d}\boldsymbol{B}}{\mathrm{d}t}>0$，所以 $\varepsilon_{ab}>0$，即 ε_{ab} 由 a 端指向 b 端。

方法 2：用法拉第电磁感应定律求解。

$$\varepsilon_i=-\frac{\mathrm{d}\Phi}{\mathrm{d}t}=-\int_S \frac{\mathrm{d}\boldsymbol{B}}{\mathrm{d}t}\mathrm{d}S\cos\pi=\frac{\mathrm{d}\boldsymbol{B}}{\mathrm{d}t}\frac{hL}{2}$$

因为

$$\varepsilon_{oa}=\varepsilon_{bo}=0$$

所以

$$\varepsilon_{ab}=\varepsilon_i-\varepsilon_{oa}-\varepsilon_{bo}=\frac{hL}{2}\frac{\mathrm{d}\boldsymbol{B}}{\mathrm{d}t}$$

18.2.3　电磁感应的应用举例

1. 交流发电机的原理

利用动生电动势和感生电场，人们制作了很多电器。交流发电机就是动生电动势的一个应用实例。如图 18-11 所示，是交流发电机的模型。在永磁铁的两极间有一个近似均匀的磁场 $\boldsymbol{B}$，线框在磁场中以匀角速度 ω 转动，因而有动生电动势，此电动势可由洛伦兹力公式或法拉第电磁感应定律求得。设线框有 N 匝线圈组成，$t=0$ 时线框平面与磁感应强度 $\boldsymbol{B}$ 垂直，则动生电动势为

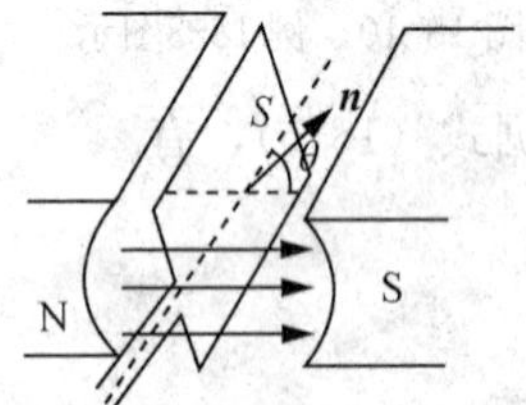

图 18-11　交流发电机模型

$$\begin{aligned}\varepsilon&=-\frac{\mathrm{d}\Phi}{\mathrm{d}t}\\&=-N\frac{\mathrm{d}}{\mathrm{d}t}(BS\cos\theta)\\&=-N\frac{\mathrm{d}}{\mathrm{d}t}(BS\cos\omega t)\\&=NBS\omega\sin\omega t\end{aligned}$$

这是一个随时间简谐变化的电动势，这种随时间按正弦或余弦函数规律变化的电动势和与其相应的电路中的电流称为交流电，交流电电动势的大小和方向都是变化的。如果发电机不接负载，则线圈中没有电流，因而不受磁场的安培力，为保持它匀速转动，所加外力矩只须等于摩擦阻力矩，外力矩的功全部转化为摩擦所生的热。当发电机接负载时，负载电流流过线框，磁场对线框将给予安培力，安培力是线框转动的阻力。因此，为保持线框匀角速度运动，外力矩的功除了变为摩擦所生的热之外，将全部转化为负载发出的热。可见，发电机是把机械能转化为电能的装置。

2. 电子感应加速器

利用感生电场加速电子的加速器叫做电子感应加速器，如图 18-12 所示，电子加速器主要由电磁铁和环形真空室构成。在圆形电磁铁两极间有一环形真空室，在交变电流激励下，两极间出现交变磁场，这个交变磁场又激发一感应电场。从电子枪进入

真空室的电子受到两个作用：①感生电场提供与电子速度方向相同的电场力使电子被加速；②交变磁场作用于电子的洛仑兹力作为电子圆周运动的向心力。

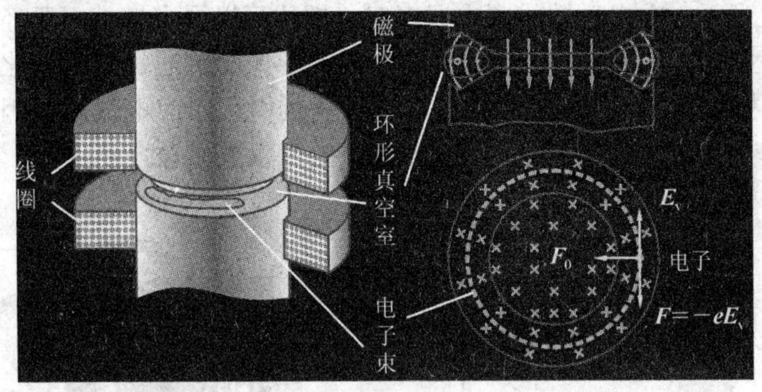

图 18-12　电子感应加速器机构示意图

交变磁场方向随时间的正弦变化导致感生电场方向随时间而变化，如图 18-13 所示。因为电子带负电，所以只有在第一和第四个 1/4 周期内才能被加速。但在第四个 1/4 周期中，由于 $\boldsymbol{B}$ 方向向下，洛伦兹力向外，不能充当向心力，因此整个周期中只有前 1/4 周期能使电子做加速圆周运动。好在电子在这个 1/4 周期的时间内已经转了几十万圈，只要设法在每个 1/4 周期之末将电子束引离轨道进入靶室，就能使其能量达到足够的数值。

电子在真空室内运动时不断加速，要维持圆周运动，其向心力（洛伦兹力）必须随速度做相应增加。而电子运动的半径不变，所以要求 $\boldsymbol{B}$ 的空间分布满足一定条件。

电子感应加速器主要用于核物理研究，用被加速的电子束轰击各种靶时，将发出穿透力很强的电磁辐射。近年来还采用电子感应加速器来产生硬 X 射线，供工业上探伤或医学上治疗癌症之用。

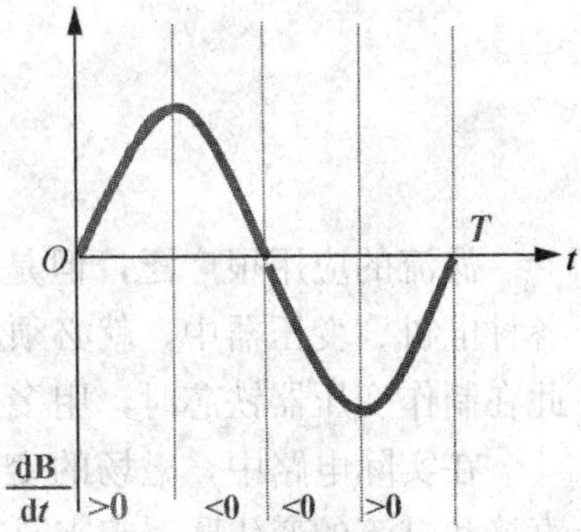

图 18-13　感生电场随时间的变化关系

3. 涡流

在一些电器设备中，常常遇到大块的金属导体在磁场中运动或者处在变化的磁场中。此时，金属内部也会有感生电流。由于这种电流在导体内自成闭合回路故称为涡电流，它是由变化磁场激发的感生电场引起的。由于大块金属的电阻很小，因此涡流可以达到非常大的强度。

涡流与普通电流一样要放出焦耳热，因此涡流可用作一些特殊要求的热源，比如可以制成电磁炉，可以制成冶炼金属用的高频反应炉等。高频感应炉的优点是无接触加热，加热速度快，温度均匀，材料不受污染且易于控制。在冶金工业中，熔化某些活泼的稀有金属时，在高温下容易氧化，将其放在真空环境中的坩埚中，坩埚外绕着通有交流电的线圈，对金属加热，防止氧化，如图 18-14（a）所示。高频感应炉已经广泛应用于冶炼特种钢、难熔或较活泼的金属，以及提纯半导体材料等工艺中。

涡流除了热效应外，它所产生的机械效应在实际中也有广泛应用，可用作电磁阻尼。电磁阻尼的原理是：把铜（或铝）片悬挂在电磁铁的两极间，形成一个摆，如图 18-14（b）所示。在电磁铁线圈未通电时，铜片可以自由摆动，要经过较长时间才能停下来。一旦电磁铁被励磁后，由于穿过运动导体的磁通量发生变化，铜片内将产生电流。根据楞次定律，感应电流的效果总是反抗引起感应电流的原因。因此，铜片摆锤的摆动便受阻力而迅速停止。电磁阻尼在电工仪表中被广泛使用，火车中的电磁制动装置就是根据电磁阻尼原理设计的。

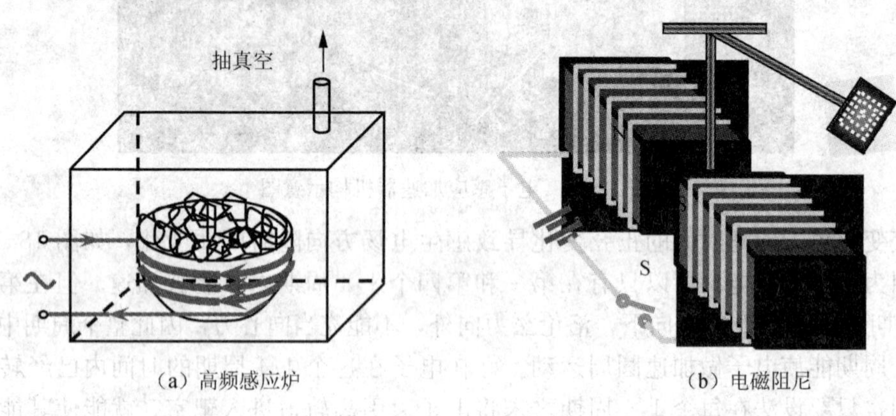

（a）高频感应炉　（b）电磁阻尼

图 18-14　涡流

18.3　自感和互感

涡流的应用很广泛，但是也有很多弊端，例如，涡电流消耗能量，发散热量；在各种电机、变压器中，就必须尽量减少铁芯中的涡流，以免过热而烧毁电气设备。因此在制作变压器铁芯时，用多片硅钢片叠合而成，使导体横截面减小，涡电流也较小。

在实际电路中，磁场的变化常常是由于电流的变化引起的，因此，把感应电动势直接和电流的变化联系起来是有重要实际意义的。自感和互感现象的研究就是要找出这方面的规律。

18.3.1　自感

当通过回路中的电流发生变化时，引起穿过自身回路的磁通量也发生变化，从而在回路自身产生感生电动势的现象称为**自感现象**，所产生的电动势称为**自感电动势**。

自感现象可由图 18-15 演示的实验观察。图中 A、B 是两个相同的小灯泡，L 是多匝线圈。开关 S 合上灯泡 A 立刻变亮，而 B 逐渐变亮。这个实验现象可以解释为：当接通开关 S 时，电路中的电路由 0 开始增加，在 B 支路中，电流的变化使线圈中产生自感电动势，按照楞次定律，自感电动势阻碍电流增加，因此在 B 支路中电流增加的速度比 A 支路中电流增加的慢，于是 B 支路中的灯泡亮的迟缓些。S 断开 B

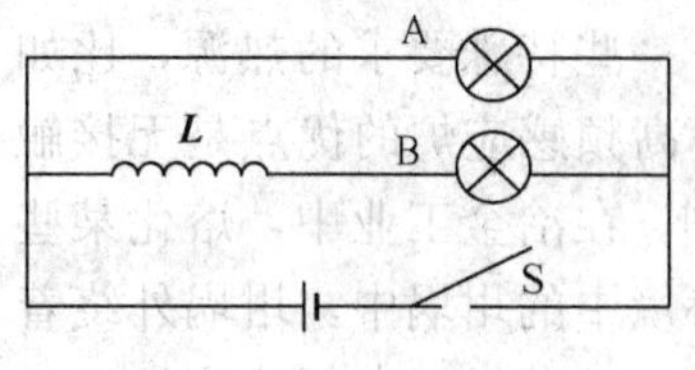

图 18-15　自感现象演示

会突闪亮，然后慢慢变暗，这个也可以用自感作用解释。

下面我们讨论自感现象的规律。实验表明：穿过回路的总磁通 ψ 与电流 I 成正比，即

$$\psi = LI \tag{18-7}$$

式中，L 称为**自感系数**，简称**自感**，单位是亨利（H），其值仅由回路形状、大小、匝数、介质磁导率以及周围介质决定，与电流无关。

当电流 I 变化时，通过该线圈的总磁通（磁链）也发生变化，因而在这个线圈中将产生感生电动势——**自感电动势**

$$\varepsilon_L = -\frac{d\psi}{dt} = -L\frac{dI}{dt} \tag{18-8}$$

可以看出，对于相同的电流变化率，线圈回路的自感系数 L 越大，回路中的自感电动势也越大，因自感电动势有阻碍回路中电流变化的作用，故这种阻碍电流变化的作用也越大。阻碍电流变化相当于保持电流不变，因此回路中自感系数的大小表征了一个回路保持其中电流不变本领的大小，犹如力学中物体的惯性，因此将 L 作为线圈电磁惯性大小的量度。

自感系数的计算一般较复杂，实验中常采用实验的方法来测定，简单的情形可以根据毕奥-萨伐尔定律和式(18-7) 来计算。

例 18-4　如图 18-16 所示，空心单层密绕长直螺线管，长为 l，横断面为 S，线圈总匝数为 N，管中磁介质的磁导率为 μ。求螺线管的自感系数。

解　螺线管内的磁感应强度为

$$B = \mu\frac{N}{l}I$$

总磁通量为

$$\Psi = NBS = \mu\frac{N^2}{l}IS$$

自感系数为

$$L = \frac{\Psi}{I} = \mu\frac{N^2}{l}S = \mu\frac{N^2}{l^2}lS$$

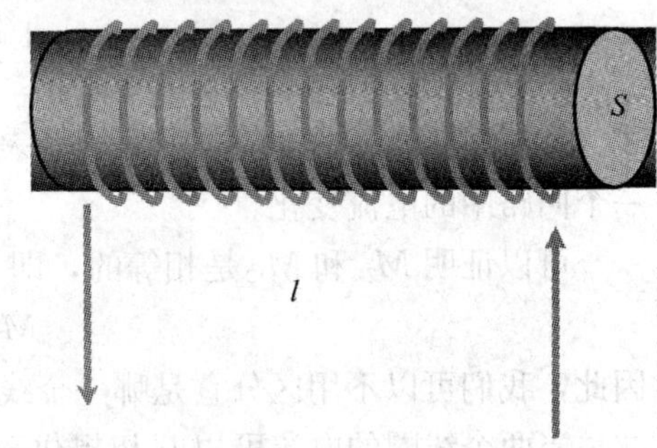

图 18-16　长直螺线管

令单位长度的匝数 $n = \frac{N}{l}$，考虑线圈体积 $V = lS$，得螺线管的自感系数为

$$L = \mu n^2 V$$

自感现象在电工、无线电技术中都有广泛的应用，自感线圈和电容器组成各种谐振电路可完成特定的任务。自感现象有时也会带来害处，在供电系统中切断载有强大电流的电路时，由于电路中自感元件的作用，开关处会出现强烈的电弧，足以烧毁开关，造成火灾并危及人身安全，为了避免事故，要采取灭弧保护。

18.3.2　互感

由于一个载流回路中电流发生变化而引起邻近另一回路中产生感生电流的现象称为互感现象，所产生的电动势称为**互感电动势**。图 18-17 中 1、2 是两个闭合线圈，当

线圈 1 由于某种原因而有电流 I_1 时，它的磁场对线圈 1 及 2 都将提供磁通量。如果 I_1 变化时，线圈 1、2 内的磁通量也会发生变化，两个线圈都有感生电动势。其中，线圈 2 由于线圈 1 中电流的变化而产生感生电动势就是互感电动势。设 ψ_{21} 为电流 I_1 在线圈 2 中产生的总磁通量，ψ_{12} 为电流 I_2 在线圈 1 中产生的总磁通量，理论和实验证实

$$\psi_{12}=M_{12}I_2 \tag{18-9a}$$

$$\psi_{21}=M_{21}I_1 \tag{18-9b}$$

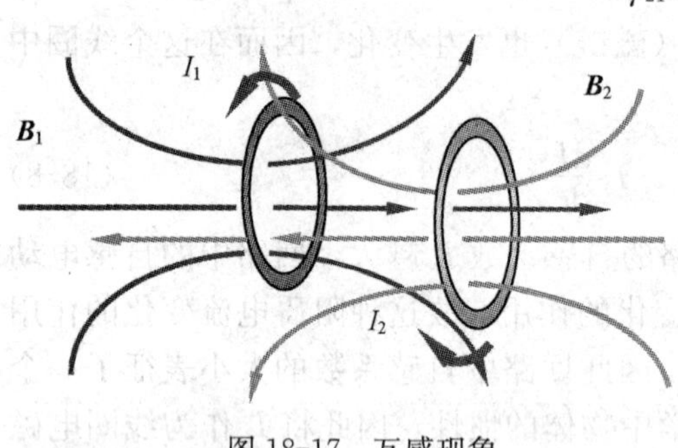

图 18-17　互感现象

式（18-9a）和式（18-9b）中的比例系数 M_{21}、M_{12} 称为**互感系数**，单位也是亨利（H），仅由回路形状、大小、匝数、相对位置、介质磁导率决定，与电流无关。无铁磁质时，M 与两个线圈中的电流无关，只由线圈的形状、大小、匝数、相对位置及周围磁介质的磁导率决定。但有铁磁质时，M_{21}、M_{12} 还与线圈中的电流有关。

当线圈 1 中的电流 I_1 变化时，按着法拉第电磁感应定律，在线圈 2 中的感生电动势为

$$\varepsilon_{21}=-\frac{\mathrm{d}(M_{21}I_1)}{\mathrm{d}t}=-M_{21}\frac{\mathrm{d}I_1}{\mathrm{d}t} \tag{18-10a}$$

同理，线圈 2 中的电流 I_2 变化，线圈 1 中的感生电动势为

$$\varepsilon_{12}=-\frac{\mathrm{d}(M_{12}I_2)}{\mathrm{d}t}=-M_{12}\frac{\mathrm{d}I_2}{\mathrm{d}t} \tag{18-10b}$$

式（18-10a）与（18-10b）中的负号表示：在一个回路中引起的互感电动势要反抗另一个回路中的电流变化。

可以证明 M_{21} 和 M_{12} 是相等的，即

$$M_{12}=M_{21}=M$$

因此，我们可以不用区分它是哪一个线圈对哪一个线圈的互感系数。

当两个线圈的电流可以互相提供磁通量时，就说它们之间存在互感耦合，为了加强互感耦合，通常采用两个多匝线圈接在一起。两个有互感耦合的线圈串联后等效于一个自感线圈，但其等效自感系数不等于原来两线圈的自感系数之和。如果两线圈顺接，如图 18-18（a）所示，这时磁场彼此加强，自感电动势和互感电动势同向，自感系数为 $L=L_1+L_2+2M$；如果两线圈逆接，如图 18-18（b）所示，这时磁场彼此减

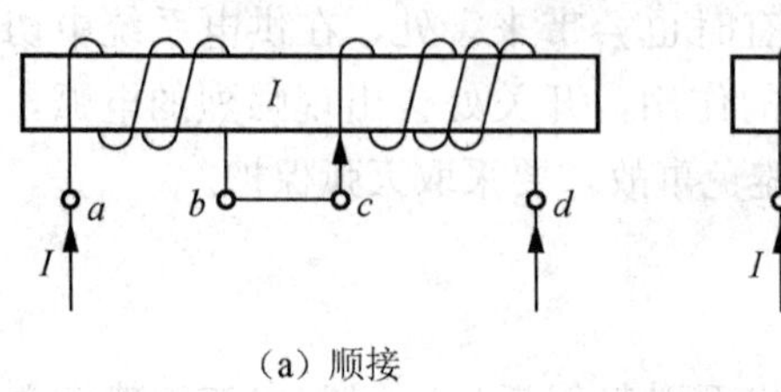

（a）顺接

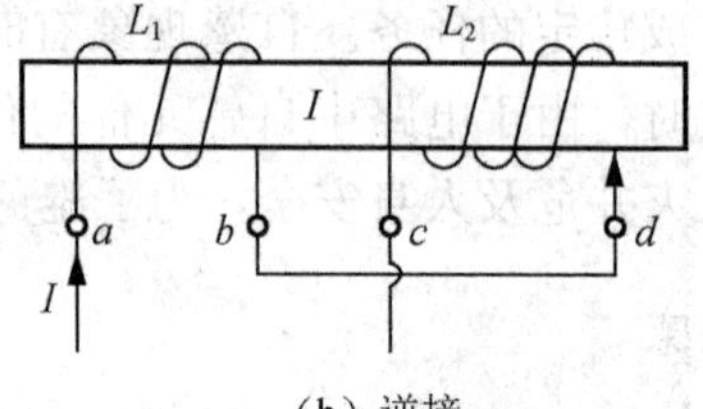

（b）逆接

图 18-18　两自感线圈串联

弱，自感电动势和互感电动势反向，自感系数为

$$L=L_1+L_2-2M$$

由上述关系可知，一个自感线圈截成相等的两部分后，每一部分的自感均小于原线圈自感的 1/2。互感系数 M 是表明两耦合回路互感强弱的物理量，在无漏磁的情况下可以证明 $M=\sqrt{L_1L_2}$；在有漏磁的情况下，要比 $\sqrt{L_1L_2}$ 小。

例 18-5　如图 18-19 所示，在一长直螺线管上密绕 $N_1=1000$ 匝线圈，再在中部绕 $N_2=20$ 匝的线圈，螺线管长为 1m，横断面积 $S=10\text{cm}^2$。

1）计算互感系数。

2）若线圈 1 中电流的变化率为 10A/s，求线圈 2 中引起的互感电动势。

3）讨论互感系数 M 和自感系数 L 的关系。

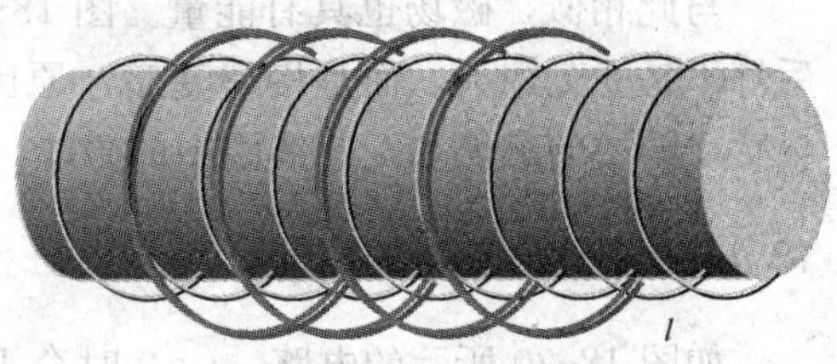

图 18-19　例 18-5图示

解　1）由安培环路定理，可知

$$B=\mu_0\frac{N_1}{l}I_1$$

互感系数为

$$M=\frac{\Psi_{21}}{I_1}=\frac{\mu_0N_1N_2S}{l}=2.51\times10^{-5}\text{H}$$

2）互感电动势为

$$\varepsilon_{21}=-M\frac{\mathrm{d}I_1}{\mathrm{d}t}=-2.51\times10^{-5}\times10\text{H}=-2.51\times10^{-4}\text{H}$$

3）
$$\Psi_1=N_1\Phi_1=\frac{\mu_0N_1^2I_1S}{l}$$

$$L_1=\frac{\Psi_1}{I_1}=\frac{\mu_0N_1^2S}{l}$$

同理

$$L_2=\frac{\Psi_2}{I_2}=\frac{\mu_0N_2^2S}{l}$$

$$L_1L_2=\frac{\mu_0^2N_1^2N_2^2S^2}{l^2}=M^2$$

$$M=\sqrt{L_1L_2}$$

一般地，

$$M=k\sqrt{L_1L_2}$$

k 称为"耦合系数"，$0\leqslant k\leqslant1$。

互感现象在现实中有广泛的应用，通过互感线圈能使能量或信号由一个线圈传递到另一个线圈。如电源变压器、中周变压器、输入输出变压器以及电压和电流互感器等。互感现象在某些情况下也会带来不利影响。在电子仪器中，由于互感，电路之间会互相干扰，影响仪器工作质量甚至无法工作，在这种情况下可采用磁屏蔽等方法来减小这种干扰。

18.4 磁场的能量

我们曾经讨论过电场的能量，并从平行板电容器的特例推导出电场能量密度的一般表示式

$$w_e=\frac{1}{2}DE$$

与此相似，磁场也具有能量。图 18-11 所示的自感现象演示实验中，开关 K 闭合后灯不是立刻熄灭，而是慢慢变暗，原因就是自感线圈中存在着能量。下面分别介绍自感线圈中的磁能和互感线圈中的磁能。

18.4.1 自感线圈中的磁能

如图 18-20 所示的电路，$t=0$ 时合上开关 S，电流从 $i=0$ 开始逐渐增加，到 t 时刻，电流达到 I（电流稳定）。由全电流欧姆定律，得

$$\varepsilon_L+\varepsilon=iR$$

式中，$\varepsilon_L=-L\dfrac{di}{dt}$。

两边乘以 idt，并积分有

$$\int_0^t \varepsilon i\,dt-\int_0^I Li\,di=\int_0^t Ri^2\,dt$$

$$\int_0^t \varepsilon i\,dt=\int_0^t Ri^2\,dt+\frac{1}{2}LI^2 \tag{18-11}$$

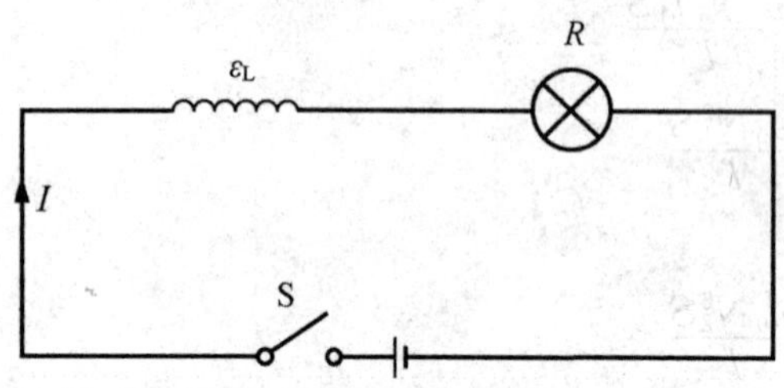

图 18-20 自感线圈磁能的计算

从式（18-11）中发现电源的能量（左边一项），一部分转化成电阻产生的热能（右边第一项）；另一部分为克服自感电动势做功所转换的能量，其中

$$W_m=\frac{1}{2}LI^2 \tag{18-12}$$

就是通有电流 I 的自感线圈内的磁场能量。上式说明磁场能量总取正值，且与自感系数和电流的平方有关，自感系数反映线圈储能的本领。

对于磁场的能量也可以引入能量密度的概念。下面我们以长直螺线管为例导出磁场能量密度公式。在例 18-4中，已求出螺线管的自感系数为

$$L=\mu n^2 V$$

利用式（18-12）可得通有电流 I 的螺线管的磁场能量是

$$W_m=\frac{1}{2}LI^2=\frac{1}{2}\mu n^2 V\left(\frac{B}{\mu n}\right)^2=\frac{1}{2}\frac{B^2}{\mu}V$$

引入**磁场能量密度**（单位磁场体积的能量）

$$w_m=\frac{W_m}{V}=\frac{1}{2}\frac{B^2}{\mu}$$

考虑 $B=\mu H$，得到

$$w_{\mathrm{m}}=\frac{1}{2}\frac{B^2}{\mu}=\frac{1}{2}BH=\frac{1}{2}\mu H^2$$

此式虽然是从一个特例中推出的，但是它对磁场普遍有效。利用它可以求得某一磁场所储存的总能量为

$$W_{\mathrm{m}}=\int_V w_{\mathrm{m}}\mathrm{d}V=\int_V \frac{1}{2}BH\mathrm{d}V$$

此式的积分遍及整个磁场分布的空间。

更一般的情况，磁场能量密度应写为

$$w_{\mathrm{m}}=\frac{1}{2}\boldsymbol{B}\cdot\boldsymbol{H} \tag{18-13}$$

因此，**电磁场的能量密度**为

$$w=\frac{1}{2}\boldsymbol{D}\cdot\boldsymbol{E}+\frac{1}{2}\boldsymbol{B}\cdot\boldsymbol{H} \tag{18-14}$$

18.4.2　互感线圈中的磁能

互感线圈在稳态时的磁场能量是怎样的呢？设稳态时两线圈中的电流分别是 I_1、I_2。为了计算磁能，我们可以计算在建立这两个电流的过程中电流所做的功。

我们先建立 I_1，后建立 I_2。如图 18-21 所示，先合上开关 S_1，使回路 1 中电流 i_1 由 $0\rightarrow I_1$。此过程中，因 $i_2=0$，电源ε_1不需要克服互感电动势做功。然后合上开关 S_2，使回路 2 中电流 i_2 由 $0\rightarrow I_2$，此过程中，因 i_2增大，会在 1 中产生互感电动势

$$\varepsilon_{12}=-M_{12}\frac{\mathrm{d}i_2}{\mathrm{d}t}$$

为要保持 1 中电流 I_1不变，电源ε_1需克服ε_{12}做功，相应的储存到磁场中的能量为

$$W_{12}=-\int\varepsilon_{12}I_1\mathrm{d}t=\int_0^{I_2}M_{12}I_1\mathrm{d}i_2$$

得到

$$W_{12}=M_{12}I_1I_2$$

此部分能量即为互感磁能。如果先建立 I_2，后建立 I_1，同样可得

$$W_{21}=M_{21}I_1I_2$$

由于两种通电方式的最后状态相同（1、2 中分别有电流 I_1、I_2），能量应和达此状态的

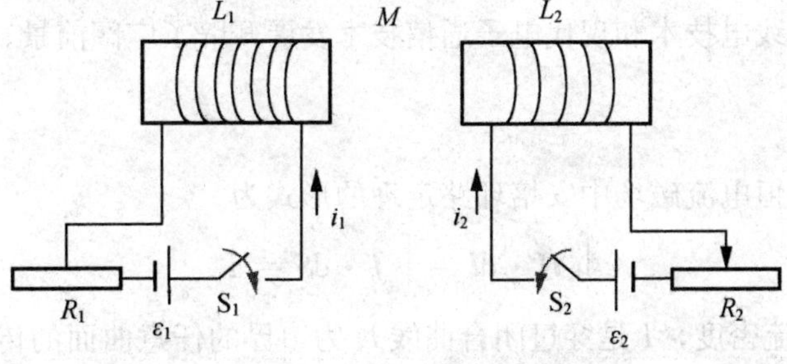

图 18-21　互感线圈磁能的计算

过程无关，所以有

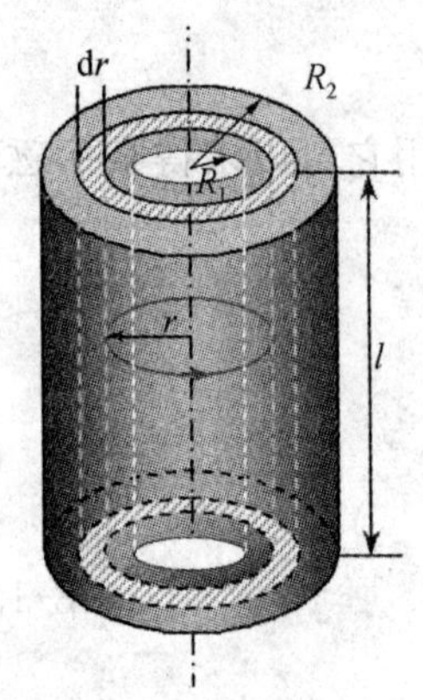

图 18-22 长直同轴电缆

$$W=MI_1I_2 \tag{18-15}$$

例 18-6 如图 18-22 所示，一根长直同轴电缆，由半径为 R_1 和 R_2 的两同心圆柱组成，电缆中有稳恒电流 I，经内层流进、外层流出形成回路。试计算长为 l 的一段电缆内的磁场能量。

解 **方法 1**：由安培环路定理可知

$$B=\frac{\mu_0 I}{2\pi r},\ R_1<r<R_2$$

磁能密度

$$w_{\mathrm{m}}=\frac{B^2}{2\mu_0}=\frac{\mu_0 I^2}{8\pi^2 r^2}$$

取体积元 $\mathrm{d}V=2\pi rl\mathrm{d}r$，长为 l 的一段电缆上的磁场能量为

$$W_{\mathrm{m}}=\int_V w_{\mathrm{m}}\mathrm{d}V=\int_{R_1}^{R_2}\frac{\mu_0 I^2}{8\pi^2 r^2}\cdot 2\pi\ lr\mathrm{d}r$$
$$=\frac{\mu_0 I^2 l}{4\pi}\int_{R_1}^{R_2}\frac{\mathrm{d}r}{r}=\frac{\mu_0 I^2 l}{4\pi}\ln\frac{R_2}{R_1}$$

方法 2：先计算自感系数

$$L=\frac{\mu_0 l}{2\pi}\ln\frac{R_2}{R_1}$$

所以磁场能量为

$$W_{\mathrm{m}}=\frac{1}{2}LI^2=\frac{\mu_0 I^2 l}{4\pi}\ln\frac{R_2}{R_1}$$

18.5 位移电流和麦克斯韦方程组

1865 年，麦克斯韦在总结前人工作的基础上，提出完整的电磁场理论，他的主要贡献是提出了“有旋电场”（随时间变化的磁场产生电场）和“位移电流”（随时间变化的电场产生磁场）两个假设，从而预言了电磁波的存在，并计算出电磁波的速度(即光速)。1888 年，赫兹的实验证实了电磁波的存在。麦克斯韦理论奠定了经典电动力学的基础，为无线电技术和现代电子通信技术发展开辟了广阔前景。

18.5.1 位移电流

我们知道，稳恒电流磁场中安培环路定理的形式为

$$\oint_L \boldsymbol{H}\cdot\mathrm{d}\boldsymbol{l}=\int_S \boldsymbol{j}\cdot\mathrm{d}\boldsymbol{S}=I$$

式中，$\boldsymbol{j}$ 是传导电流密度，I 是穿过闭合曲线 L 为边界的任意曲面的传导电流强度。例如，在图 18-23 (a) 中，通过面积 S_1 和 S_2 的环路定理的形式一样，但是如果在加有电容器的交流电路中，对面积 S_1 和 S_2 的环应用环路定理，其形式就不一样了。例如，

对面积 S_1 应用环路定理有

$$\oint_L \boldsymbol{H} \cdot \mathrm{d}\boldsymbol{l} = \int_{S_1} \boldsymbol{j} \cdot \mathrm{d}\boldsymbol{S} = i$$

而对 S_2 有

$$\oint_L \boldsymbol{H} \cdot \mathrm{d}\boldsymbol{l} = \int_{S_2} \boldsymbol{j} \cdot \mathrm{d}\boldsymbol{S} = 0$$

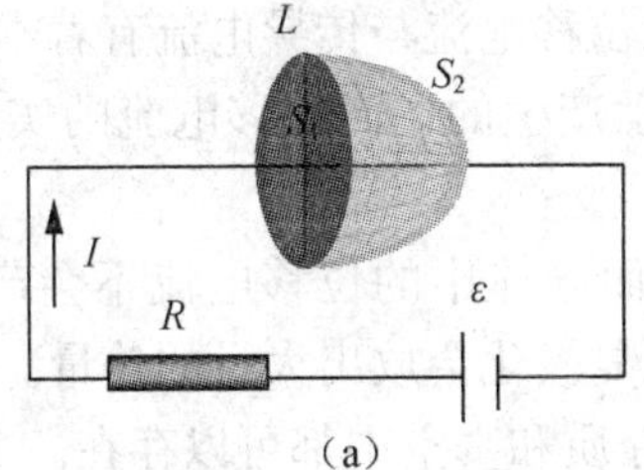

(a)

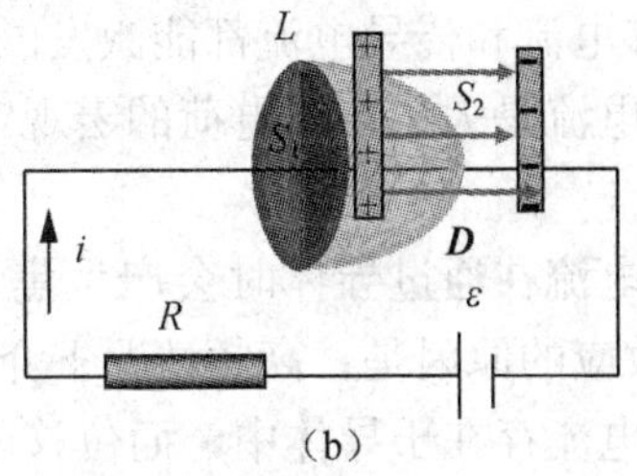

(b)

图 18-23　位移电流

因此稳恒磁场得到的环路定理不适用于可变电流（非稳恒）的情况。原因在于：当有电流通过电容时，电容器每一极板的电量 q 随时间发生变化，同时电场 $\boldsymbol{E}$（和 $\boldsymbol{D}$）也随时间发生变化，因此非稳恒电流的磁场的环流不仅与电流有关，而且与电场强度的变化率有关。麦克斯韦假设有位移电流存在，提出全电流的概念，把安培环路定理推广到非恒定电流情况下也适用，得出安培环路定理的普遍形式。

设开关合上后某时刻电路中传导电流为 I，平板电容器电荷面密度为 σ，两极间电位移为 $\boldsymbol{D}$，则

$$I_{\mathrm{D}} = \frac{\mathrm{d}q}{\mathrm{d}t} = \frac{\mathrm{d}(\sigma S)}{\mathrm{d}t}$$

因为

$$\sigma = D$$

所以

$$I_{\mathrm{D}} = \frac{\mathrm{d}(SD)}{\mathrm{d}t}$$

而

$$\varphi_{\mathrm{D}} = SD$$

是电位移通量，所以得到

$$I_{\mathrm{D}} = \frac{\mathrm{d}\varphi_{\mathrm{D}}}{\mathrm{d}t}$$

麦克斯韦将 I_{D} 称为**位移电流**，其表达式为

$$I_{\mathrm{D}} = \frac{\mathrm{d}\varphi_{\mathrm{D}}}{\mathrm{d}t} = \int_S \frac{\partial \boldsymbol{D}}{\partial t} \cdot \mathrm{d}\boldsymbol{s} \tag{18-16}$$

从式中发现位移电流由变化的电场产生。这样回路中全部的电流（全电流）就可以表示为传导电流与位移电流之和，即

$$I_{全} = I_{传导} + I_{\mathrm{D}} \tag{18-17}$$

引入全电流后，全电流在任何情况下都是连续的，因此在在非恒定情况下，用全

电流代替传导电流，得到**全电流环路定理**

$$\oint_L \boldsymbol{H} \cdot \mathrm{d}\boldsymbol{l} = I_{传导} + I_{\mathrm{D}} \tag{18-18}$$

即磁场强度沿任意闭合回路的环流等于穿过此闭合回路所包围曲面的全电流，它是电磁场的基本方程之一。位移电流引入后，将电路中的电流连续起来，从而保证安培环路定理成立。式（18-18）说明位移电流和传导电流一样能在空间中激发磁场。

虽然位移电流和传导电流都能激发磁场，但位移电流与传导电流有着本质的区别。

1）传导电流是大量自由电荷的宏观定向运动产生的，而位移电流的实质是变化的电场产生的。

2）传导电流在通过导体时会产生焦耳热，而导体中的位移电流不会产生焦耳热。位移电流热效应的原因是：高频情况下介质的反复极化会放出大量的热量。

3）传导电流存在于导体中，而位移电流在介质和真空中都可以存在。

例 18-7　如图 18-24 所示，半径为 R=0.1m 的两块圆板，构成平板电容器。现均匀充电，使电容器两极板间的电场变化率为 10^{13} V/ms。求极板间的位移电流以及距轴线 R 处的磁感应强度。

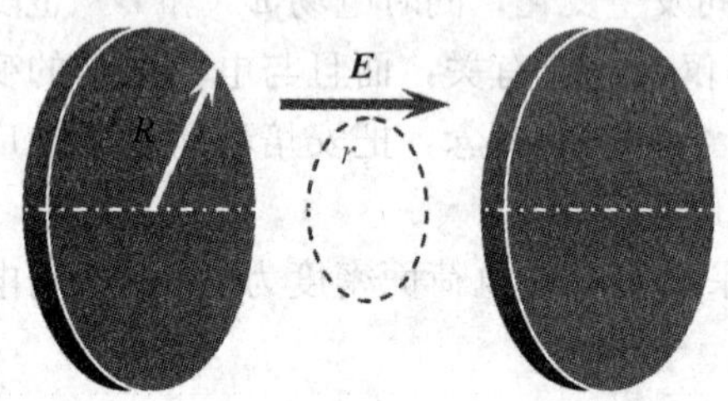

图 18-24　例 18-7图示

解　电位移通量为

$$\Phi_{\mathrm{D}} = SD = \pi R^2 \cdot \varepsilon_0 E$$

位移电流为

$$I_{\mathrm{D}} = \frac{\mathrm{d}\Phi_{\mathrm{D}}}{\mathrm{d}t} = \pi\varepsilon_0 R^2 \frac{\mathrm{d}E}{\mathrm{d}t} = 2.8\mathrm{A}$$

根据环路定理

$$\oint_L \boldsymbol{H} \cdot \mathrm{d}\boldsymbol{l} = \frac{\mathrm{d}\Phi_{\mathrm{D}}}{\mathrm{d}t}$$

得

$$H \cdot 2\pi r = \int_S \frac{\partial \boldsymbol{D}}{\partial t} \cdot \mathrm{d}\boldsymbol{S}$$

因为

$$H = \frac{B}{\mu_0},\ D = \varepsilon_0 E$$

所以

$$\frac{B}{\mu_0} \cdot 2\pi r = \varepsilon_0 \int_S \frac{\partial \boldsymbol{E}}{\partial t} \cdot \mathrm{d}\boldsymbol{S} = \varepsilon_0 \frac{\mathrm{d}E}{\mathrm{d}t} \pi r^2$$

得到

$$B_{\mathrm{r}} = \frac{\mu_0 \varepsilon_0}{2} r \frac{\mathrm{d}E}{\mathrm{d}t}$$

$$B_{\mathrm{R}} = \frac{\mu_0 \varepsilon_0}{2} R \frac{\mathrm{d}E}{\mathrm{d}t} = 5.6 \times 10^{-6}\mathrm{T}$$

位移电流的引入深刻地揭示了电场和磁场的内在联系，反映了自然界对称性的美。法拉第电磁感应定律表明了变化磁场能够产生涡旋电场，位移电流假设的实质则是表明变化电场能够产生涡旋磁场。变化的电场和变化的磁场互相联系，相互激发，形成一个统一的电磁场。

18.5.2　麦克斯韦方程组

19 世纪后期，麦克斯韦研究了电磁现象的内在统一性，总结出了麦克斯韦方程组，这是在任何条件下对任何形式的宏观电磁现象都能给出完整而正确的描述的方程组。在一般情况下，电场既包括自由电荷产生的静电场，也包括变化的磁场产生的有旋电场。下面只讨论电磁场方程组的积分形式，微分形式的电磁场方程可由积分形式导出。

1. 电场的高斯定理

静电场是有源场，高斯定理为

$$\oint_S \boldsymbol{D}_{静} \cdot \mathrm{d}\boldsymbol{S} = \int_V \rho \mathrm{d}V = \sum q$$

感应电场是有旋场，高斯定理为

$$\oint_S \boldsymbol{D}_{感} \cdot \mathrm{d}\boldsymbol{S} = 0$$

考虑静电场和感应电场后，得到电场的高斯定理：通过任意闭合面的电位移通量等于该曲面所包围的自由电荷的代数和，即

$$\oint_S \boldsymbol{D} \cdot \mathrm{d}\boldsymbol{S} = \int_V \rho \mathrm{d}V = \sum q \tag{18-19}$$

它反映了电荷以发散的方式激发电场，这种电场的电场线是有头有尾的。

2. 电场的环路定理

静电场是保守场，静电场环流定理是

$$\oint_l \boldsymbol{E}_{静} \cdot \mathrm{d}\boldsymbol{l} = 0$$

变化磁场可以激发涡旋电场，感应电场的环流定理是

$$\oint_l \boldsymbol{E}_{感} \cdot \mathrm{d}\boldsymbol{l} = -\int_S \left(\frac{\partial \boldsymbol{B}}{\partial t}\right) \cdot \mathrm{d}\boldsymbol{S}$$

考虑静电场和感应电场后，得到电场的环路定理：电场强度沿任意闭合曲线的积分等于以该曲线为边界的磁通量的变化率的负值，即

$$\oint_l \boldsymbol{E} \cdot \mathrm{d}\boldsymbol{l} = -\int_S \left(\frac{\partial \boldsymbol{B}}{\partial t}\right) \cdot \mathrm{d}\boldsymbol{S} \tag{18-20}$$

它表明变化的磁场必伴随着电场，而变化的磁场是涡旋电场的涡旋中心。这一方程来源于法拉第电磁感应定律。

3. 磁场的高斯定理

传导电流和位移电流的磁场的磁力线都是闭合曲线，于是磁场的高斯定理为

$$\oint_S \boldsymbol{B} \cdot \mathrm{d}\boldsymbol{S} = 0 \tag{18-21}$$

它反映了自然界中不存在磁荷这一事实。

4. 磁场的环路定理

磁场的环路定理即全电流定律：磁场强度沿任意闭合曲面的线积分等于穿过以该曲线为边界的全电流，即

$$\oint_l \boldsymbol{H} \cdot \mathrm{d}\boldsymbol{l} = \int_S \boldsymbol{j} \cdot \mathrm{d}\boldsymbol{S} + \int_S \left(\frac{\partial \boldsymbol{D}}{\partial t}\right) \cdot \mathrm{d}\boldsymbol{S} \tag{18-22}$$

$\boldsymbol{H}$ 既包含传导电流的磁场又包含位移电流的磁场。它反映了传导电流和变化的电场都是磁场的涡旋中心，同时也表明变化的电场必伴随着磁场。

麦克斯韦方程组中，同一方程式内既有磁学量，又有电学量，说明随时间变化的电场和磁场是不可分割地联系在一起的。

在介质内部上述方程组尚不完备，需补充描写介质性质的方程。对各向同性介质，有

$$\boldsymbol{D} = \varepsilon \boldsymbol{E} \tag{18-23a}$$

$$\boldsymbol{B} = \mu \boldsymbol{H} \tag{18-23b}$$

$$\boldsymbol{j} = \sigma \boldsymbol{E} \tag{18-23c}$$

式中，ε、μ 和 σ 分别是介质的绝对介电常数、绝对磁导率和导体的电导率。

麦克斯韦方程组(18-19)～(18-22)加上描述介质性质的方程(18-23a)～(18-23c)，全面总结了电磁场的规律，是宏观电动力学的基本方程组，利用它们原则上可以解决各种宏观电磁场的问题。

18.6 电磁振荡和电磁波

电场变化激发磁场，而磁场变化激发电场，电场和磁场具有高度的对称性。如果电场和磁场都做周期性变化，就好像弹簧振动在介质中传播形成机械波一样，也会产生电磁波。

18.6.1 电磁振荡

电荷和电流、电场和磁场随时间做周期性变化的现象就是电磁振荡。能够产生振荡电流的电路叫做振荡电路，LC 振荡是由线圈和电容组成的最简单的振荡电路，如图 18-25 所示。其原理是利用电容充放电和线圈的自感作用产生振荡电流，形成电场能和磁场能的周期性转化。在 LC 电路中，电流、电压、电荷都随时间做简谐振动。

LC 振荡电路的一个振荡周期分为四个阶段：①第一个 1/4 周期为电容器放电阶段：这时电荷 q 减少，电场强度 $\boldsymbol{E}$ 减弱，电场能减少，电流 i 增加，磁场强度 $\boldsymbol{B}$ 增加，磁场能增加。放电结束瞬间，$q=0$，$\boldsymbol{E}=0$，i 最大，$\boldsymbol{B}$ 最强。电场能全部转化为磁场能。②第二个 1/4 周期为电容器反向充电阶段：这时电荷 q 增加，电场强度 $\boldsymbol{E}$ 增加，电场能增加，电流 i 减小，磁场强度 $\boldsymbol{B}$ 减小，磁场能减少。当反向充电结束瞬间，q 最大，$\boldsymbol{E}$ 最强，$i=0$，$\boldsymbol{B}=0$。磁场能全部转化为电场能。③第三个 1/4 周期为电容器反向放电阶段：这时电荷 q 减少，电场强度 $\boldsymbol{E}$ 减弱，电场能减少，电流 i 增加，磁场强度 $\boldsymbol{B}$

增加，磁场能增加。放电结束瞬间，$q=0$，$\boldsymbol{E}=0$，i 最大，$\boldsymbol{B}$ 最强。电场能全部转化为磁场能。④第四个 1/4 周期为电容器正向充电阶段：这时电荷 q 增加，电场强度 $\boldsymbol{E}$ 增加，电场能增加，电流 i 减小，磁场强度 $\boldsymbol{B}$ 减小，磁场能减少。当充电结束瞬间，q 最大，$\boldsymbol{E}$ 最强，$i=0$，$\boldsymbol{B}=0$。磁场能全部转化为电场能。到此一个周期过程结束又进入下一个周期。

综合起来 LC 电路的工作有两个物理过程：电容器放电过程，这时电场能转化为磁场能，放电完毕的瞬间，电场能为零，振荡电流及磁场能达最大值；此后电容器放电(电容器被反向充电)，如图 18-26 所示。在此过程，磁场能转化为电场能，振荡电流为零的瞬间，磁场能为零，电容的电荷及电场能达到最大值。因此 LC 振荡回路产生振荡电流的物理实质是电场能和磁场能的周期性转化。

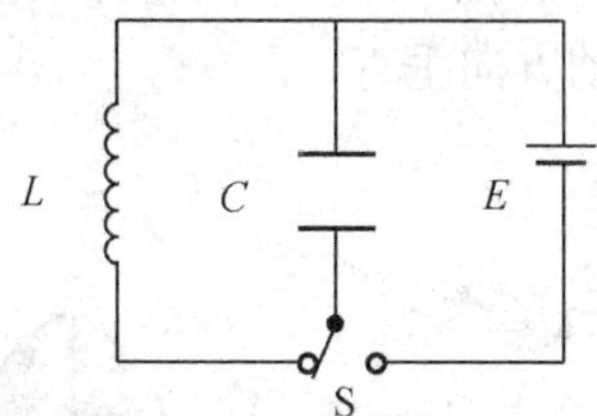

图 18-25　LC 振荡电路

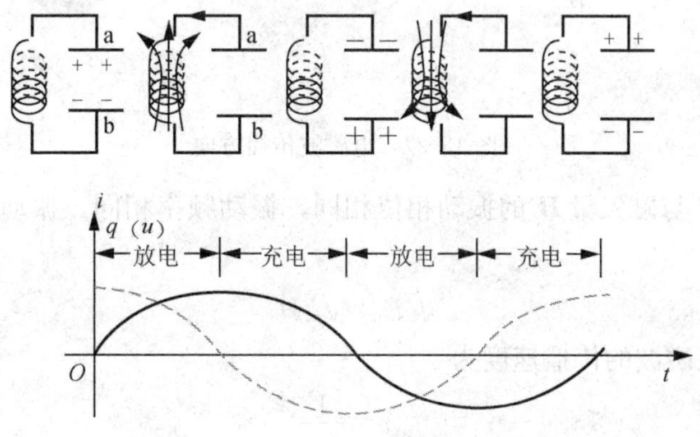

图 18-26　LC 振荡电路充放电过程

电磁振荡可以分为无阻尼振荡和阻尼振荡，对于无阻尼振荡，振荡电流的幅度保持不变，即做等幅振荡；而阻尼振荡的振荡电流幅度逐渐减小，即做减幅振荡。

18.6.2　电磁波

由麦克斯韦方程组可知，当空间某区域内存在一个非线性的变化电场时，在邻近区域内将引起变化的磁场，这变化的磁场又在较远的区域内引起新的变化的电场……这种变化的电磁场在空间的传播称为**电磁波**。

电磁波是由场源发射出来的，它可以脱离电荷和电流而单独存在，并在一般情况下以波的形式运动。电磁波波源的基本单元是振荡电偶极子，即电矩做周期性变化的

电偶极子，其振荡电偶极矩为

$$p=ql=ql_0\cos\omega t$$

式中，$p_0=ql_0$ 是电矩振幅，ω 为圆频率。

电磁波的存在形式是极为复杂和多种多样的，真空中传播的平面正弦电磁波（距离波源非常远的地方的电磁波）是电磁波的最简单形态，它可以通过求解麦克斯韦方程组的微分形式得到。由平面电磁波可以看到电磁波的一些基本性质，所以本节着重讨论平面电磁波。

我们称没有电荷和电流而只有电磁波存在情况下的电磁波为自由电磁波。自由平面电磁波具有以下主要性质：

1）自由电磁波是横波。电磁波中电矢量 $\boldsymbol{E}$ 与磁矢量 $\boldsymbol{H}$ 的振动方向相互垂直，$\boldsymbol{E}\times\boldsymbol{H}$ 的方向为电磁波的传播方向，如图 18-27 所示。因此电磁波的传播方向既与电矢量振动方向垂直，又与磁矢量振动方向垂直；

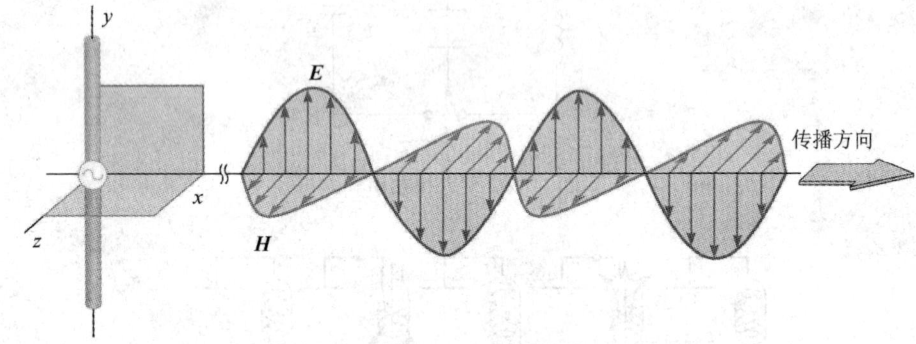

图 18-27　电磁波传播方向

2）电矢量 $\boldsymbol{E}$ 与磁矢量 $\boldsymbol{H}$ 的振动相位相同，振动频率相同，振动幅值 E_0 和 H_0 成比例

$$\sqrt{\varepsilon}E_0=\sqrt{\mu}H_0$$

3）介质中电磁波的传播速度为

$$v=\frac{1}{\sqrt{\varepsilon\mu}}$$

真空中电磁波的传播速度为

$$c=\frac{1}{\sqrt{\varepsilon_0\mu_0}}$$

由于理论计算结果和实验测定的真空中的光速与此结果相符，因此可以肯定光波是一种电磁波。

4）单位时间内通过垂直于传播方向单位面积的能量称为电磁波的能流密度（坡印廷矢量）

$$\boldsymbol{S}=\boldsymbol{E}\times\boldsymbol{H}$$

在远离波源的自由空间（没有自由电荷和传导电流的无限大的均匀介质）中传播的电磁波，可以看成平面波，电场强度和磁感应强度的大小分别为

$$E=E_0\cos\omega\left(t-\frac{x}{v}\right)$$

$$B=B_0\cos\omega\left(t-\frac{x}{v}\right)$$

电磁波及其性质都是从麦克斯韦方程导出来的，是一种预言，在当时人们还不知道是否真的有电磁波存在。1875 年，柏林大学教授亥姆霍兹向学生提出一个竞赛题目：用实验方法证实麦克斯韦理论。他的学生海因里希·鲁道夫·赫兹从那时起开始致力于这个课题的研究。经过 12 年的努力，赫兹曾做过许多实验，于 1887 年终于通过实验产生了电磁波，测得了电磁波的传播速度和电磁波的性质，证实了麦克斯韦的预言，从此开始了无线电通信即利用空间以最大的速度传递信息的新时代。

我们知道电磁波的两类形态：一类是用于通信、广播和电视范围的所谓“无线电波”，另一类是“光波”。虽然都是电磁波，但是它们的某些物理性质有很大差别，例如，中长波能绕过（绕射）高山房屋将电台的广播信号送到收音机的天线回路中，而光表现为直线传播。此外，光还给予我们不同颜色的感觉，如红、黄、蓝等。这些重大的差别来源于它们具有不同的频率或者说它们具有不同的波长（或频率）。

无线电波是利用电磁振荡电路通过天线发射的。无线电波的波长范围和用途如表 18-1所示。

表 18-1　无线电波的波长范围和用途

波　段	波长/m	频率/kHz	主 要 用 途
长波	30000～3000	$10\sim10^2$	电报通信
中波	3000～200	$10^2\sim1.5\times10^3$	无线电广播
中短波	200～50	$1.5\times10^3\sim6\times10^3$	电报通信、无线电广播
短波	50～10	$6\times10^3\sim3\times10^4$	电报通信、无线电广播
超短波（米波）	10～1.0	$3\times10^4\sim3\times10^5$	无线电广播电视、导航
分米波	1～0.1	$3\times10^5\sim3\times10^6$	电视、雷达、导航
微波（厘米波）	0.1～0.01	$3\times10^6\sim3\times10^7$	电视、雷达、导航
毫米波	0.01～0.001	$3\times10^7\sim3\times10^8$	雷达、导航、其他专门用途

为什么不同波长（或频率）的电磁波用途不同？就其传播特点而言，长波、中波由于它们的波长很长，绕射能力强；短波绕射能力小，靠电离层向地面反射来传播，能传得很远；超短波、微波由于波长短，在空间直线传播，并容易为障碍物反射，所以远距离传播要借助中间站。

位于微波和可见光之间的电磁波，不易被大气和浓雾吸收，且给人“热”的感觉，通常称为“热辐射”。又因为它位于可见红光部分之外，波长长于红光，又称为红外线。红外线的波长范围是 0.6mm～760nm。

能使人眼产生光的感觉波段为可见光（原子中外层电子的跃迁所发射的电磁波），其波长范围是 760～400nm。

波长比可见光最短的波长（紫光）还短的电磁波称为紫外线，它的波长范围是400～5nm。紫外线有明显的化学效应和荧光效应，也有较强的杀菌本领。

波长比紫外线更短的是X射线，又称伦琴射线（1895年伦琴发现），其波长范围是0.04～5nm。X射线穿透能力强，在医疗上用于透视和病理检查；在工业上用于检查金属材料内部的缺陷和分析晶体结构等。

波长比X射线更短的γ射线，波长小于0.04nm。γ射线来自宇宙射线或从某些放射性元素衰变过程中自发地发射出来。γ射线穿透力比X射线更强，对生物的破坏力很大。

不同波长（或频率）的电磁波，具有不同的特性，其获得方法也不同。为了对各种电磁波有个全面的了解，通常按照波长或频率的顺序把这些电磁波排列起来，这就是**电磁波谱**。如果把每个波段的频率由低至高依次排列的话，它们是长波、无线电波、红外线、可见光、紫外线、X射线及γ射线，如图18-28所示。

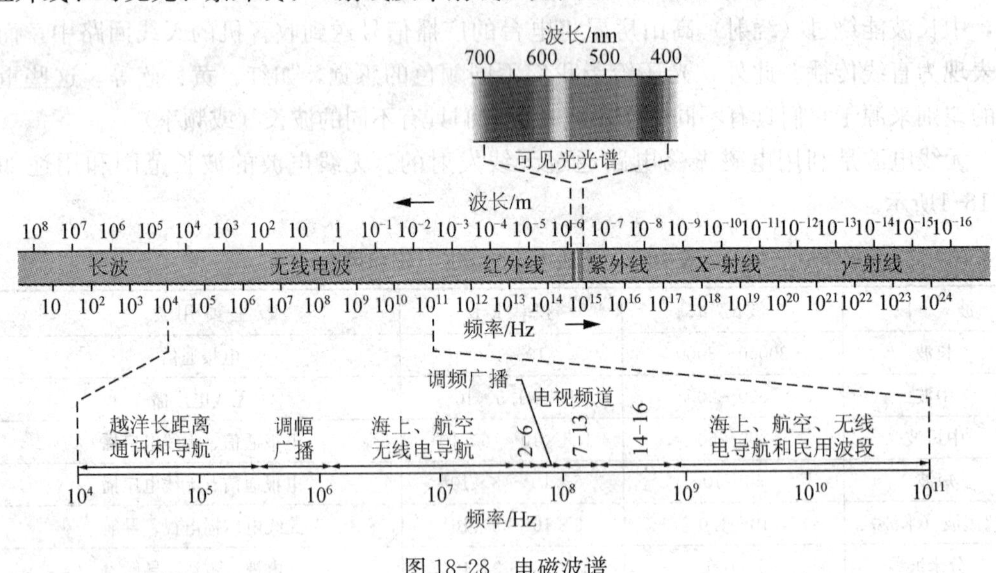

图18-28　电磁波谱

思考与讨论

18.1　如图18-29所示，圆形截面区域内存在着与截面相垂直的磁场，磁感应强度随时间变化。

1）磁场区域外有一与圆形截面共面的矩形导体回路$abcd$，以ε_{ab}表示在导体ab段上产生的感生电动势，I表示回路中的感应电流，则（　　）。

（A）$\varepsilon_{ab}=0$，$I=0$

（B）$\varepsilon_{ab}=0$，$I\neq 0$

（C）$\varepsilon_{ab}\neq 0$，$I=0$

（D）$\varepsilon_{ab}\neq 0$，$I\neq 0$

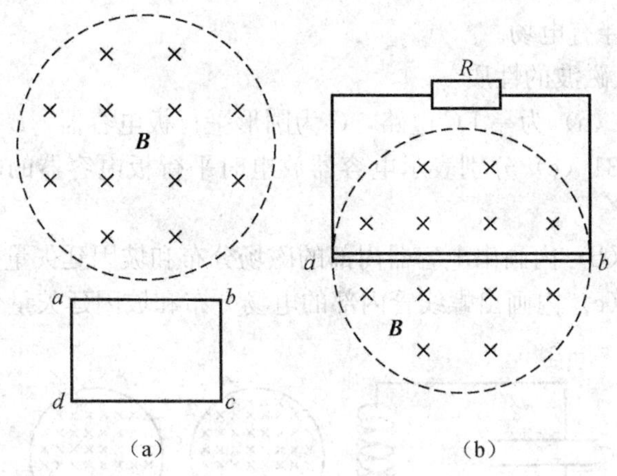

图 18-29　题 18.1 图示

2）位于圆形区域直径上的导体棒 ab 通过导线与阻值为 R 的电阻连接形成回路，以 ε_{ab} 表示在导体 ab 段上产生的感生电动势，I 表示回路中的感应电流，则(　　)。

(A) $\varepsilon_{ab}=0$，$I=0$　　(B) $\varepsilon_{ab}=0$，$I\neq 0$

(C) $\varepsilon_{ab}\neq 0$，$I=0$　　(D) $\varepsilon_{ab}\neq 0$，$I\neq 0$

18.2　一平板电容器充电以后断开电源，然后缓慢拉开电容器两极板的间距，则拉开过程中两极板间的位移电流为多大？若电容器两端始终维持恒定电压，则在缓慢拉开电容器两极板间距的过程中两极板间有无位移电流？若有位移电流，则它的方向怎样？

18.3　图 18-30（a）为一量值随时间减小，方向垂直纸面向内的变化电场，均匀分布在圆柱形区域内，试在图 18-30（b）中画出：

1）位移电流的大致分布和方向。

2）磁场的大致分布和方向。

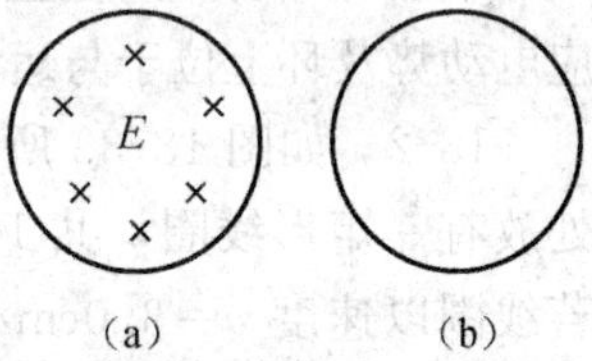

图 18-30　题 18.3 图示

18.4　空间有限的区域内存在随时间变化的磁场，所产生的感生电场场强为 $\boldsymbol{E}_i$，在不包含磁场的空间区域中分别取闭合曲面 $\boldsymbol{S}$，闭合曲线 $\boldsymbol{l}$，则(　　)。

(A) $\oiint_S \boldsymbol{E}_i\cdot \mathrm{d}\boldsymbol{S}=0$, $\oint_l \boldsymbol{E}_i\cdot \mathrm{d}\boldsymbol{l}=0$

(B) $\oiint_S \boldsymbol{E}_i\cdot \mathrm{d}\boldsymbol{S}=0$, $\oint_l \boldsymbol{E}_i\cdot \mathrm{d}\boldsymbol{l}\neq 0$

(C) $\oiint_S \boldsymbol{E}_i\cdot \mathrm{d}\boldsymbol{S}\neq 0$, $\oint_l \boldsymbol{E}_i\cdot \mathrm{d}\boldsymbol{l}=0$

(D) $\oiint_S \boldsymbol{E}_i\cdot \mathrm{d}\boldsymbol{S}\neq 0$, $\oint_l \boldsymbol{E}_i\cdot \mathrm{d}\boldsymbol{l}\neq 0$

18.5　试写出与下列内容相应的麦克斯韦方程的积分形式。

1）电力线起始于正电荷终止于负电荷。

2）磁力线无头无尾。

3）变化的电场伴有磁场。

4）变化的磁场伴有电场。

18.6　试叙述电磁波的性质。

18.7　图 18-31（a）为一 LC 电路，C 为圆形平行板电容器，L 为长直螺线管，图 18-31（b）及图 18-31（c）分别表示电容器放电时平行板电容器的电场分布和螺线管内的磁场分布。

1）在图 18-31（b）内画出电容器内部的磁场分布和坡因廷矢量分布。

2）在图 18-31（c）内画出螺线管内部的电场分布和坡因廷矢量分布。

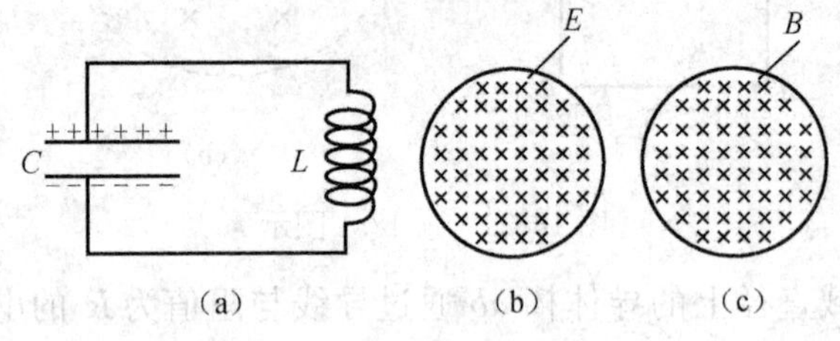

图 18-31　题 18.7 图示

习　题　18

18-1　如图 18-32 所示，金属圆环半径为 R，位于磁感应强度为 $\boldsymbol{B}$ 的均匀磁场中，圆环平面与磁场方向垂直。当圆环以恒定速度 $\boldsymbol{v}$ 在环所在平面内运动时，求环中的感应电动势及环上位于与运动方向垂直的直径两端 a、b 间的电势差。

18-2　如图 18-33 所示，长直导线中通有电流 $I=5.0\text{A}$，在与其相距 $d=0.5\text{cm}$ 处放有一矩形线圈，共 1000 匝，设线圈长 $l=4.0\text{cm}$，宽 $a=2.0\text{cm}$。不计线圈自感，若线圈以速度 $v=3.0\text{cm/s}$ 沿垂直于长导线的方向向右运动，线圈中的感生电动势多大？

18-3　如图 18-34 所示，长直导线中通有电流强度为 I 的电流，长为 l 的金属棒 ab 与长直导线共面且垂直于导线放置，其 a 端离导线为 d，并以速度 $\boldsymbol{v}$ 平行于长直导线做匀速运动，求金属棒中的感应电动势 ε 并比较 U_a、U_b 的电势大小。

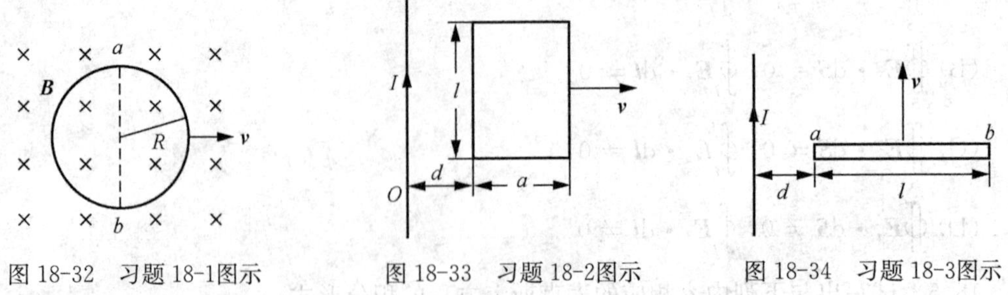

图 18-32　习题 18-1图示　　图 18-33　习题 18-2图示　　图 18-34　习题 18-3图示

18-4　电流为 I 的无限长直导线旁有一弧形导线，圆心角为 120°，几何尺寸及位置如图 18-35 所示。求当圆弧形导线以速度 $\boldsymbol{v}$ 平行于长直导线方向运动时，弧形导线中的动生电动势。

18-5　电阻为 R 的闭合线圈折成半径分别为 a 和 $2a$ 的两个圆，如图 18-36 所示，将其置于与两圆平面垂直的匀强磁场内，磁感应强度按 $B=B_0\sin\omega t$ 的规律变化。已知 $a=10\text{cm}$，$B_0=2\times10^{-2}\text{T}$，$\omega=50\text{rad/s}$，$R=10\Omega$，求线圈中感应电流的最大值。

18-6　直导线中通以交流电，如图 18-37 所示，置于磁导率为 μ 的介质中，已知：$I=I_0\sin\omega t$，其中 I_0、ω 是大于零的常量，求与其共面的 N 匝矩形回路中的感应电动势。

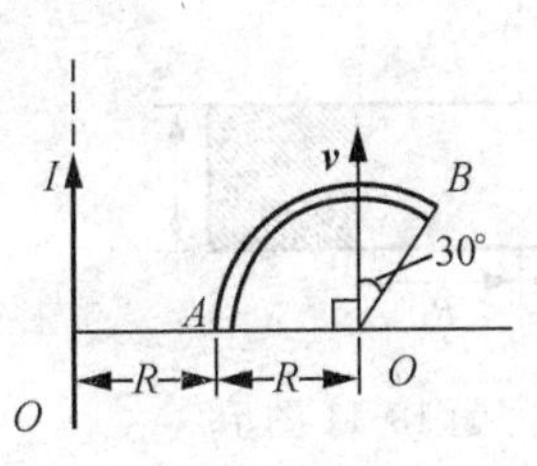

图 18-35　习题 18-4图示

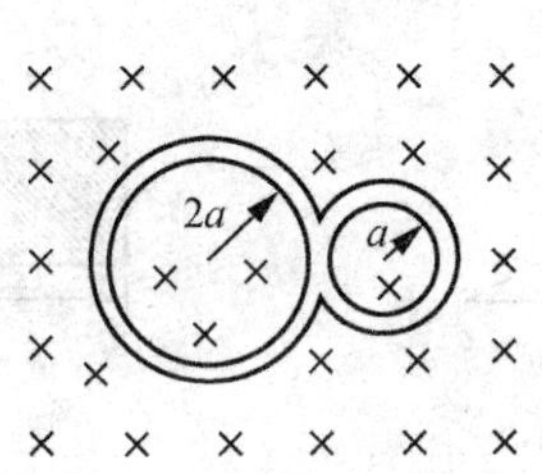

图 18-36　习题 18-5图示

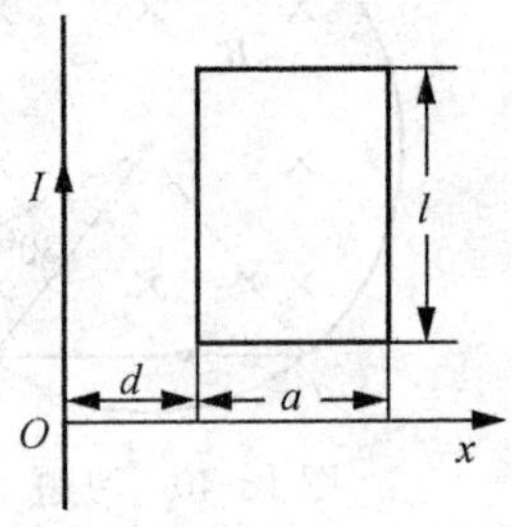

图 18-37　习题 18-6图示

18-7　如图 18-38 所示，半径为 a 的长直螺线管中，有 $\frac{dB}{dt}>0$ 的磁场，一直导线弯成等腰梯形的闭合回路 $ABCDA$，总电阻为 R，上底为 a，下底为 $2a$，求：

1）AD 段、BC 段和闭合回路中的感应电动势。

2）B、C 两点间的电势差 U_B-U_C。

18-8　圆柱形匀强磁场中同轴放置一金属圆柱体，半径为 R，高为 h，电阻率为 ρ，如图 18-39 所示。若匀强磁场以 $\frac{dB}{dt}=k$（$k>0$，k 为恒量）的规律变化，求圆柱体内涡电流的热功率。

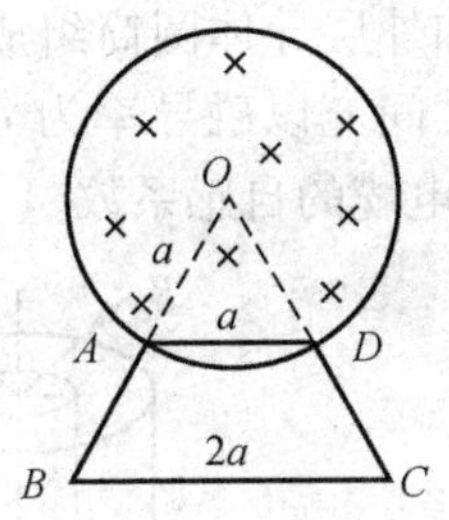

图 18-38　习题 18-7图示

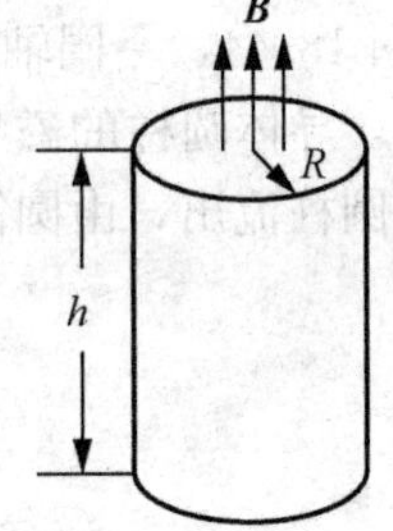

图 18-39　习题 18-8图示

18-9　一螺绕环，每厘米绕 40 匝，铁心截面积为 3.0 cm^2，磁导率 $\mu=200\mu_0$，绕组中通有电流 5.0mA，环上绕有二匝次级线圈，求：

1）两绕组间的互感系数。

2）若初级绕组中的电流在 0.10s 内由 5.0A 降低到 0，次级绕组中的互感电动势。

18-10　磁感应强度为 B 的均匀磁场充满一半径为 R 的圆形空间，一金属杆放在如图 18-40 所示的位置中，杆长为 $2R$，其中一半位于磁场内，另一半位于磁场外。当 $\frac{dB}{dt}>0$ 时，求杆两端感应电动势的大小和方向。

18-11　一截面为长方形的螺绕环，其尺寸如图 18-41 所示，共有 N 匝，求此螺绕环的自感。

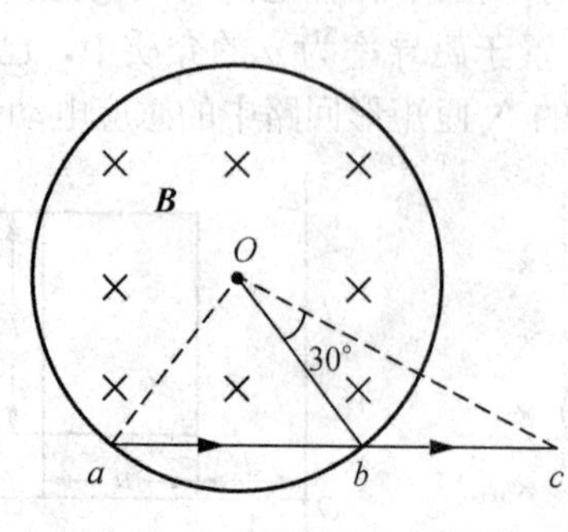

图 18-40 习题 18-10 图示

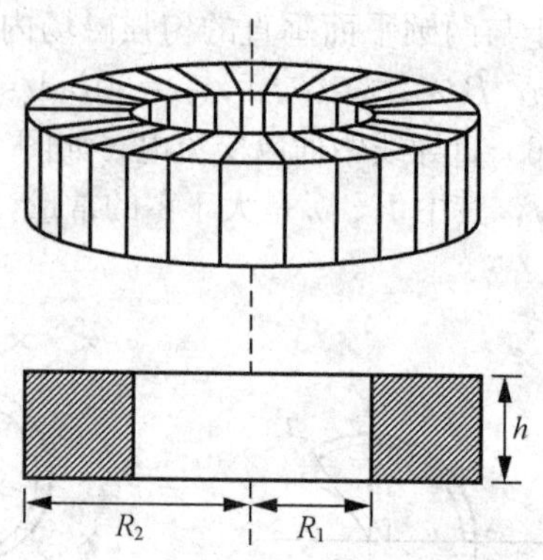

图 18-41 习题 18-11 图示

18-12 如图 18-42 所示，一圆形线圈 A 由 50 匝细导线绕成，其面积为 4cm^2，放在另一个匝数等于 100 匝、半径为 20cm 的圆形线圈 B 的中心，两线圈同轴。设线圈 B 中的电流在线圈 A 所在处激发的磁场可看作匀强磁场。求：

1）两线圈的互感。

2）当线圈 B 中的电流以 50A/s 的变化率减小时，线圈 A 中的感生电动势的大小。

18-13 如图 18-43 所示，半径分别为 b 和 a 的两圆形线圈（$b \gg a$），在 $t=0$ 时共面放置，大圆形线圈通有稳恒电流 I，小圆形线圈以角速度 ω 绕竖直轴转动，若小圆形线圈的电阻为 R，求：

1）当小线圈转过90°时，小线圈所受的磁力矩的大小。

2）从初始时刻转到该位置的过程中，磁力矩所做功的大小。

18-14 如图 18-44，一同轴电缆由中心导体圆柱和外层导体圆筒组成，两者半径分别为 R_1 和 R_2，导体圆柱的磁导率为 μ_1，筒与圆柱之间充以磁导率为 μ_2 的磁介质。电流 I 可由中心圆柱流出，由圆筒流回。求每单位长度电缆的自感系数。

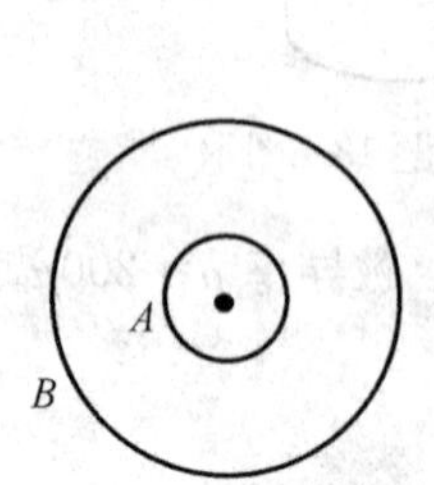

图 18-42 习题 18-12 图示

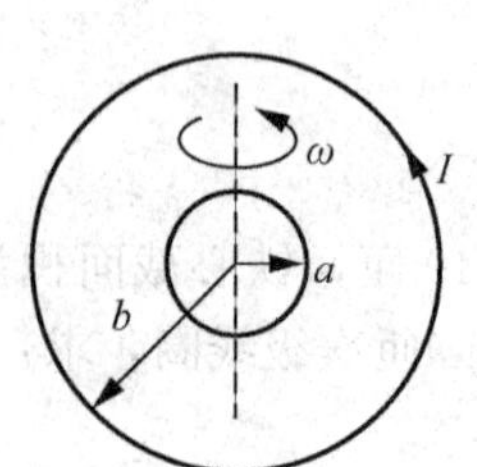

图 18-43 习题 18-13 图示

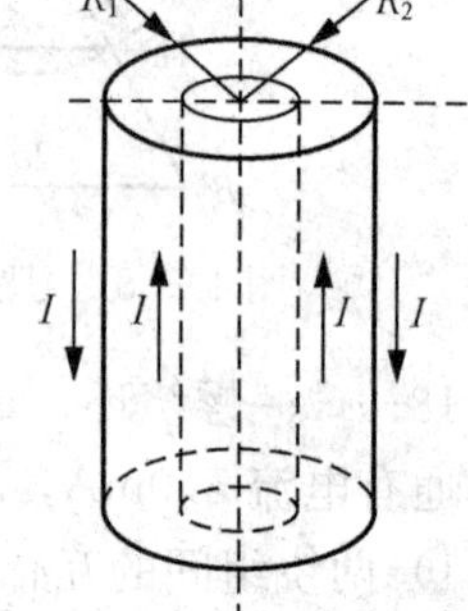

图 18-44 习题 18-14 图示

18-15 一电感为 2.0H，电阻为 10Ω 的线圈突然接到电动势 $\varepsilon=100\text{V}$，内阻不计的电源上，在接通 0.1s 时，求：

1）磁场总储存能量的增加率。

2）线圈中产生焦耳热的速率。

3）电池组放出能量的速率。

18-16　在一对巨大的圆形极板（电容 $C=1.0\times10^{-12}$ F）上，加上频率为 50Hz，峰值为 1.74×10^{5} V 的交变电压，计算极板间位移电流的最大值。

18-17　圆形电容器极板的面积为 S，两极板的间距为 d。一根长为 d 的极细的导线在极板间沿轴线与极板相连，已知细导线的电阻为 R，两极板间的电压为 $U=U_0\sin\omega t$，求：

1）细导线中的电流。

2）通过电容器的位移电流。

3）通过极板外接线中的电流。

4）极板间离轴线为 r 处的磁场强度，设 r 小于极板半径。

18-18　已知电磁波在空气中的波速为 3.0×10^{8} m/s，试计算下列各种频率的电磁波在空气中的波长。

1）上海人民广播电台使用的一种频率 $\nu=990$kHz。

2）我国第一颗人造地球卫星播放东方红乐曲使用的无线电波的频率 $\nu=20.009$MHz。

3）上海电视台八频道使用的图像载波频率 $\nu=184.25$MHz。

18-19　一电台辐射电磁波，若电磁波的能流均匀分布在以电台为球心的球面上，功率为10^{5}W。求离电台 10km 处电磁波的坡因廷矢量和电场分量的幅值。

18-20　真空中沿 x 正方向传播的平面余弦波，其磁场分量的波长为 λ，幅值为 H_0。在 $t=0$ 时刻的波形如图 18-45 所示。

1）写出磁场分量的波动表达式。

2）写出电场分量的波动表达式，并在图中画出 $t=0$ 时刻的电场分量波形。

3）计算 $t=0$ 时，$x=0$ 处的坡因廷矢量。

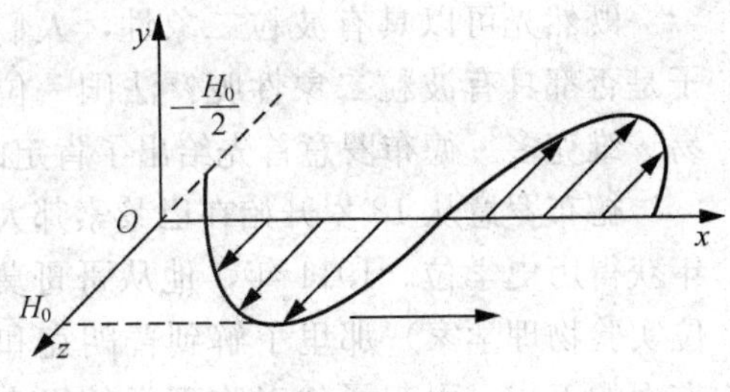

图 18-45　习题 18-20 图示

18-21　氦氖激光器发出的圆柱形激光束，功率为 10mW，光束截面直径为 2mm。求该激光的最大电场强度和磁感应强度。

第 19 章　量子力学基础

量子力学是研究微观粒子（如分子、原子、电子等）运动规律的基本理论。量子力学与现代科学技术是紧密相连的，凡涉及原子分子层次的现代科技都离不开量子力学，如半导体技术、纳米材料、激光、量子通信、量子计算机等。现代医学、生物基因工程等与量子力学也紧密相关，许多疾病、有关生命现象只有在原子、分子层次上才能加以解释。

本章重点讨论量子力学的基础理论及其应用。主要有：德布罗意的物质波假设、波函数及其概率解释、不确定关系、薛定谔方程、一维无限深势阱、一维势垒、隧道效应、电子自旋和泡利原理。

19.1　德布罗意波和微观粒子的波粒二象性

微观物质既是一个粒子也是一个波，这种波粒二象性是量子力学的理论基础。

19.1.1　德布罗意关系

从前面章节中，我们知道，光在干涉、衍射等现象中表现为波动性，但在热辐射和光电效应以及其他现象上却又表现为粒子性。为了解释光的全部现象，爱因斯坦建立了光子理论，认为光在传播的过程中表现出波动的性质，而光在与物质相互作用时则具有粒子的性质，此即光的波粒二象性。

德布罗意

既然光可以具有波粒二象性，人们自然会想到，微观粒子是否都具有波粒二象性呢？法国一位年轻的物理学博士路易·维克多·德布罗意首先给出了肯定的答案。

德布罗意从 18 岁开始在巴黎索邦大学学习历史，于 1910 年获得历史学位。1911 年，他从哥哥莫里斯·德布罗意（一位实验物理学家）那里了解到普朗克和爱因斯坦关于光量子方面的工作，引起了他对物理学的极大兴趣。特别是他读了庞加莱的《科学的价值》等书后，决意转向研究理论物理学。1913 年，他获理学学士学位。第一次世界大战期间，他在埃菲尔铁塔上的军用无线电报站服役六年，熟悉了有关无线电波的知识。1919 年，德布罗意到他哥哥的实验室研究 X 射线，在这里，他不仅获得了许多原子结构的知识，而且接触到 X 射线时而像波、时而像粒子的奇特性质。光的波粒二象性被发现后，许多著名的物理学家感到困扰。年轻的德布罗意却由此得到启发，大胆地把这个新概念推广到微观物质上去，终于取得了可喜成果。

在 1923 年 9～10 月间，德布罗意连续在《法国科学院通报》上发表三篇关于物质波的短文：《辐射——波和量子》、《光学——光量子、衍射和干涉》、《物理学——量子、气体动理论及费马原理》。1924 年 11 月，他以题为《量子理论的研究》的论文通过博士论文答辩，获得博士学位。这篇论文包括了德布罗意近两年取得的一系列重要研究成果，全面论述了物质波理论及其应用，提出了物质的相位波理论。他写道："整个世纪（19 世纪）以来，在光学上，与波动方面的研究相比，忽略了粒子方面的研究；而在实物粒子的研究上，是否发生了相反的错误？是不是我们把粒子方面图像想得太多，而忽略了波的图像？"于是，他提出假设：实物粒子也具有波动性。他认为实物粒子（如电子）也具有频率，伴随物体的运动也有由相位来定义的相位波。此即波粒二象性的完整表述。将其用数学公式表示出来，称之为**德布罗意关系**

$$E=h\nu=\hbar\omega \tag{19-1}$$

$$\boldsymbol{p}=\frac{h}{\lambda}\boldsymbol{n}=\hbar\boldsymbol{k} \tag{19-2}$$

式中，E，$\boldsymbol{p}$ 分别为表征粒子性的能量、动量，而 ν、ω、λ、$\boldsymbol{k}$ 为表征波动性的频率、圆频率、波长和波矢，$\boldsymbol{n}$ 为波行进方向的单位向量。普朗克常量 h 将描述粒子性和波动性的两组力学量联系起来。与运动粒子相联系的波称为**物质波**或**德布罗意波**。

对于自由运动的粒子而言，其能量为

$$E=\frac{p^2}{2m} \tag{19-3}$$

由式（19-3）和（19-2）可知，相应的德布罗意波长为

$$\lambda=\frac{h}{\sqrt{2mE}} \tag{19-4}$$

此式表明，自由运动粒子的质量和能量之积越大其相应的德布罗意波长越短，波动的性质就越弱；反之，则其粒子性越弱。

那么，什么情况下可以近似地用经典理论来处理问题？在什么条件之下又必须顾及运动粒子的波粒二象性？

一般说来，当运动粒子的德布罗意波长远小于该粒子本身的尺度时，可以近似地用经典理论来处理问题，否则，就要用量子理论来处理问题。

电子是一个典型的波动性和粒子性集聚一身的微观粒子。德布罗意认为在玻尔的原子模型中这些电子轨道的周长应该是电子波长的整数倍，如图 19-1所示。在这里，德布罗意把玻尔提出的定态与驻波联系起来了。

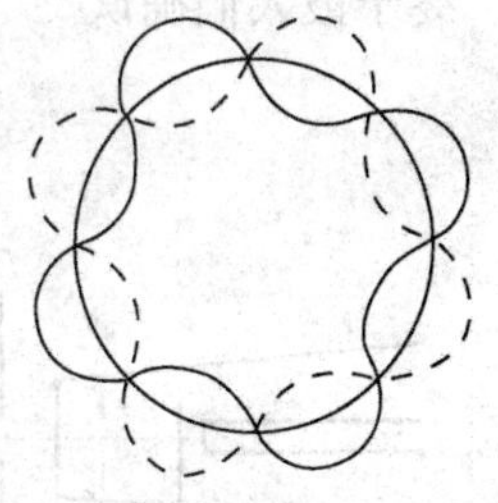

图 19-1　玻尔原子模型

例 19-1　求能量 100eV 的自由电子的德布罗意波长。

解　由计算德布罗意波长的公式（10-17）可得

$$\begin{aligned}\lambda&=\frac{h}{\sqrt{2mE}}\approx\frac{6.626\times10^{-34}\,\text{J}\cdot\text{s}}{\sqrt{2\times9.11\times10^{-31}\,\text{kg}\times10^{2}\,\text{eV}}}\\&\approx\frac{6.626\times10^{-34}\,\text{J}\cdot\text{s}}{\sqrt{2\times9.11\times10^{-31}\,\text{kg}\times10^{2}\times1.602\times10^{-19}\,\text{kg}\cdot\text{m}^2/\text{s}^2}}\\&\approx1.23\times10^{-10}\ (\text{m})\end{aligned}$$

由此看来，该电子所具有的德布罗意波长远远大于其本身的尺度(2.82×10^{-15}m)，它的波动性是绝对不可忽略的。

按式（19-1）和式（19-2），随着运动粒子动量的减小其波长增加，波动性增强而粒子性减弱；而当运动粒子动量增大时，其波长减小，粒子性增强而波动性减弱。此即粒子性与波动性这一对矛盾此消彼长的过程。由此看来，宏观物体只是波粒二象性的一种极端情况，或者说由微观到宏观是一个由量变到质变的过程。

德布罗意关于粒子具有波动性的假设是否正确，关键在于能否得到实验验证。

19.1.2 波粒二象性的实验证明

若要验证粒子在运动中具有波动性，则必须在实验中观察到波动特有的干涉和衍射现象。而在实验的过程中，只有当物质波的波长不小于仪器的孔或屏的特征长度时，干涉和衍射现象才会出现。对于宏观粒子而言，由于它们的德布罗意波长太短了，粒子性占据主导地位，所以，观察不到干涉和衍射现象是完全可以理解的。

如果选原子尺度（10^{-10}m 左右）作为孔或屏的特征长度，则由例 19-1可知，动能为 100eV 的电子的德布罗意波长恰好与之相应。1927 年，美国物理学家 C. J. 戴维孙和 L. H. 革末设计了极其精巧的实验装置。整套装置仅长 5in、高 2in，密封在玻璃泡里，经反复烘烤与去气，真空度达 10^{-6}Pa。散射电子用一电子收集器收集，送到电流计测量。收集器内外两层之间用石英绝缘，加有反向电压，以阻止经过非弹性碰撞的电子进入收集器；收集器可沿轨道转动，使散射角在 20°～90°的范围内改变。他们做了大量的测试工作，最后综合了几十组曲线，肯定这是电子束打到镍晶体发生的衍射现象，如图 19-2所示。于是，他们进一步做定量比较。然而，不同加速电压下，电子束的最大值所在的散射角总与德布罗意公式计算的结果相差一些。他们发现，如果理论值乘 0.7，与电子衍射角基本相符。英国物理学家 G. P. 汤姆孙几乎同时也进行了类似的工作。为此，他和戴维孙共同获得 1937 年诺贝尔物理学奖。至此，电子衍射的现象终于被人们确认。

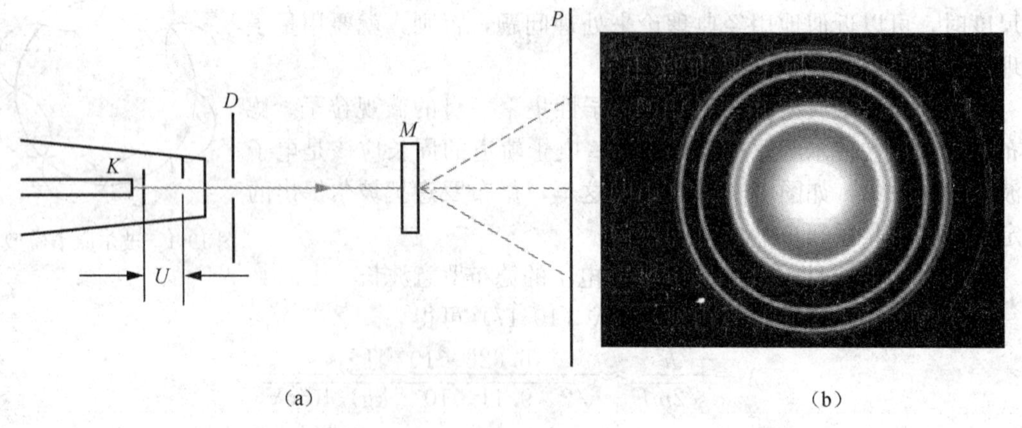

图 19-2 电子衍射实验

19.1.3　德布罗意波的概率诠释

德布罗意波究竟是什么？1926 年，德国理论物理学家马克斯·玻恩给出了统计意义的诠释。他提出德布罗意波是概率波，认为在某处德布罗意波的强度是与粒子在该处邻近出现的概率成正比的。就是说，在给定条件下，不可能精确地预知结果，只能预言某些可能的结果的概率。这个解释从本质上将量子理论的不确定性揭示了出来，并明确了量子理论与基于因果关系的确定性的经典物理学的分水岭。

汤姆孙

玻恩

值得指出，微观粒子的波动性在现代科学技术中已得到了实际应用。例如，基于电子的波动性，可用电子束代替光束，设计成用途日益广泛的电子显微镜（常称为电镜）。在电镜中，电子经高电压电场加速后，其物质波的波长很短，与 X 射线的波长在数量级上很接近。由于光学仪器的分辨率与波长成反比，即波长愈短，分辨率愈高，所以电镜的分辨率远比普通的光学显微镜的分辨率为高。我国已制出放大率为 80 万倍的电子显微镜，其分辨率为 0.144nm，可观察到晶体结构以及蛋白质、脂肪之类的较大分子。因此，在物理、化学、冶金、医学、生物等科学技术领域中有广泛应用。

19.2　不确定关系

按照玻恩关于波函数的概率解释，经典轨道将会抛弃。但由于波粒二象性，经典概念又不能全被抛弃。那么，经典的物理概念能多大程度上适用于量子理论呢？

在经典力学中，一个粒子（质点）的运动状态是用位置（坐标）和速度（动量）来描述的，因而质点的运动也就有一定的轨道。但对微观粒子由于具有波粒二象性，它的空间位置需要用概率波来描述，而概率波只能给出粒子在各处出现的概率，所以任一时刻粒子不具有确定的位置，与此相联系，粒子在各时刻也不具有确定的动量。

图 19-3表示一电子束沿 y 方向入射到缝宽为 Δx 的单缝上，通过狭缝后在屏幕上观测到衍射条纹。对于一个电子来说，不能确定地说它从缝中哪一点通过，而只能说它是从宽为 Δx 的缝中通过的。因此他在 x 方向的位置不确定量为 Δx。通过狭缝后在 x 方向的动量的改变量 Δp_x 不为零了。衍射条纹表明，如果 Δp_x 为零，只能观测到与缝同宽的一条明条纹，而实际衍射条纹比缝宽大得多。我们类比光的衍射，根据单缝衍射公式（4-4），只考虑中央明纹的宽度，则其半角宽 φ（第 1 级暗纹的衍射角）为

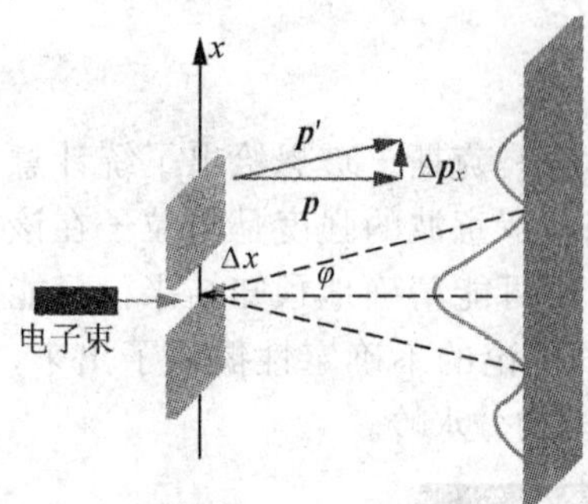

图 19-3 电子的单缝衍射

$$\Delta x\sin\varphi=\lambda$$

对应于该衍射方向，电子在 x 方向的动量大小为 $p_x=p\sin\varphi$。所以 p_x 的不确定量 $\Delta p_x\approx p_x=p\sin\varphi$，由此式和上式得

$$\Delta p_x=p\,\frac{\lambda}{\Delta x}$$

再利用德布罗意关系式（19-2）$\lambda=\dfrac{h}{p}$，可得

$$\Delta x\cdot\Delta p_x=h$$

再考虑一级以上条纹，则得

$$\Delta x\cdot\Delta p_x\geqslant h \tag{19-5}$$

1927 年，德国理论物理学家维尔纳·海森堡分析电子衍射实验后提出了不确定关系

$$\Delta p_x\cdot\Delta x\geqslant\frac{\hbar}{2} \tag{19-6}$$

式中

$$\hbar=\frac{h}{2\pi}=1.0545887\times10^{-34}\ (\mathrm{J\cdot s})$$

称为约化普朗克常数，或**普朗克常数**。

不确定关系式表明：对于微观粒子不能同时用确定的位置和同一方向上确定的动量来描述，坐标（位置）越准确，动量就越不准确；动量越准确，坐标就越不准确。不确定的根源是“波粒二象性”，这是微观粒子的基本属性。为此，海森堡获得了 1932 年诺贝尔物理学奖。

由于实际上不确定关系式通常只用于数量级的估计，又常简写为

$$\Delta x\Delta p_x\geqslant\hbar \tag{19-7a}$$

同理可得

$$\Delta y\Delta p_y\geqslant\hbar \tag{19-7b}$$

$$\Delta z\Delta p_z\geqslant\hbar \tag{19-7c}$$

不确定度关系常用来估计体系的主要特征。例如，一个微尘，其直径约为10^{-6}m，质量 $m\approx10^{-15}$kg，速度 $\boldsymbol{v}\approx0.1$cm/s，则运动的动量 $\boldsymbol{p}=m\boldsymbol{v}\approx10^{-18}$kg·m/s。设位置测量精度达到$\Delta x\approx10^{-10}$m，按不确定度关系，动量的不确定度 $\Delta p\approx\hbar/\Delta x\approx10^{-24}$kg·m/s，因此相对不确定度为 $\Delta p/p\approx10^{-6}$，而对这种粒子的任何实际测量的相对精度都没有达到10^{-5}。所以，对即使像微尘那样的粒子仍是宏观物体，经典物理仍然是适用的。然而，对于原子尺度的物体，就明显地表现出波粒二象性，满足不确定关系，经典物理不再适用。

海森堡

例 19-2 估算氢原子最稳定的的轨道半径和最低能量。

解 设氢原子半径为 r，则电子活动范围 $\Delta r\sim R$。由不确定关系式（19-5），有

$$\Delta p_r \geqslant \frac{\hbar}{\Delta r} \sim \frac{\hbar}{R}$$

由于 $\Delta p_r \sim p_r$，有

$$p_r \geqslant \frac{\hbar}{\Delta r} \sim \frac{\hbar}{R}$$

而由氢原子的球对称性质，得氢原子的平均动量

$$\overline{p_r} = 0$$

因此，动量的起伏为

$$\overline{(\Delta p_r)^2} = \overline{(p_r)^2} - (\overline{p_r})^2 = \overline{(p_r)^2} = \frac{\hbar^2}{R^2}$$

假设氢原子核静止，基态电子能量为

$$E = \frac{\overline{p_r^2}}{2m} - \overline{\frac{e^2}{4\pi\varepsilon_0 r}}$$

作为数量级估算，可取

$$\overline{\frac{e^2}{4\pi\varepsilon_0 r}} = \frac{e^2}{4\pi\varepsilon_0 R}$$

则

$$E = \frac{\hbar^2}{2mR^2} - \frac{e^2}{4\pi\varepsilon_0 R}$$

表明氢原子最小能量为

$$E_{\min} = \frac{\hbar^2}{2mR^2} - \frac{e^2}{4\pi\varepsilon_0 R} = -\frac{e^2}{8\pi\varepsilon_0 R} = -13.6\text{eV}$$

相应地，氢原子最稳定的半径为

$$r_0 = \frac{4\pi\varepsilon_0 \hbar^2}{me^2} = 0.53 \times 10^{-10}\text{m}$$

这个结果与第 5 章中玻尔给出的结果一致。这印证了不确定性关系、波粒二象性和玻尔的三个假设是对微观粒子本质属性的描述。当原子处于正常状态时，原子中的电子尽可能地占据未被填充的最低能级，这一结论叫做能量最小原理。

可以证明，能量和时间也有类似的不确定关系

$$\Delta E \Delta t \geqslant \hbar \tag{19-8}$$

式中，ΔE 是系统的能量不确定量，Δt 是时间不确定量。我们用一特例说明上式。设一质量为 m 的粒子以速率 v 做直线运动，其动能为

$$E = \frac{1}{2}mv^2 = \frac{p^2}{2m}$$

将上式两端取微分，得

$$\Delta E = \frac{p}{m}\Delta p = \frac{mv}{m}\Delta p = v\Delta p$$

另外 $x = vt$ 则有 $\Delta x = v\Delta t$，利用式（19-7）有

$$\Delta x \Delta p_x = \frac{\Delta E}{v} v \Delta t = \Delta E \Delta t \geqslant \hbar$$

原子处于某激发能级的平均时间称为平均寿命，用 τ 表示。利用能量和时间的不

确定关系，可见能级宽度 ΔE 与它的平均寿命 τ 成反比，能级寿命越短，能级宽度越宽，反之越窄。

19.3 波函数及其统计解释

在第 10 章中，我们知道一个波可以用波函数来描写，微观粒子的波动性也应有对应的波函数。

19.3.1 波函数

10.3 节已明确，沿 x 轴方向传播的平面简谐波波动表达式是坐标 x 和时间 t 的二元周期函数，可写作

$$y(x, t) = A\cos 2\pi\left(\nu t - \frac{x}{\lambda}\right) \tag{19-9}$$

式中，A 是振幅，ν 为波的频率，λ 为波长。如果是机械波，y 表示位移；如果是电磁波，y 表示电场强度 $\boldsymbol{E}$ 或磁场强度 $\boldsymbol{H}$。同时，我们也知道，波的强度与振幅的平方成正比。

式（19-9）也可改用复指数形式来表示，即

$$y(x, t) = A\mathrm{e}^{-\mathrm{i}2\pi(\nu t - x/\lambda)} \tag{19-10}$$

对机械波或电磁波来说，可取上式的实数部分，这就是式（19-9）。

前面说过，微观粒子的波动性可用物质波来描述。我们先讨论最简单的情况，即自由粒子的运动。对自由粒子而言，由于它不受外力作用，故做匀速直线运动，其动量 $\boldsymbol{p}$ 和能量 E 皆保持不变。因而，按照德布罗意假设，与一束自由粒子相关联的物质波，其频率 $\nu=\frac{E}{h}$ 和波长 $\lambda=\frac{h}{p}$ 也都是恒定的。由于具有恒定频率和波长的波是单色平面波，所以自由粒子的物质波一定是单色平面波。如果此波是沿 x 轴方向传播的，则其波动表达式应取式（19-10）的复数指数形式，而不是用式（19-9）的实数形式，这是物质波所要求的。同时，对物质波来说，式（19-10）中的 $y(x, t)$ 既不代表介质中质元的振动位移，也不代表某个数量（如电场强度）的大小，为此，我们改用 $\Psi(x,t)$ 来表示。$\Psi(x, t)$ 称为波函数，用它来描述物质波在空间的传播。于是得自由粒子物质波的表达式为

$$\Psi(x, t) = \psi_0\mathrm{e}^{-\mathrm{i}2\pi(\nu t - x/\lambda)}$$

式中，ψ_0 为物质波的振幅。将德布罗意关系式 $E=h\nu$ 和 $\lambda=\frac{h}{p}$ 代入上式，就成为

$$\Psi(x, t) = \psi_0\mathrm{e}^{-\mathrm{i}\frac{2\pi}{h}(Et - px)} \tag{19-11}$$

这就是沿 x 方向传播的、动量为 $\boldsymbol{p}$ 和能量为 E 的自由粒子的物质波的函数。上式还可写成

$$\Psi(x, t) = \psi(x)\mathrm{e}^{-\mathrm{i}\frac{2\pi}{h}Et} \tag{19-12}$$

其中

$$\psi(x)=\psi_0 e^{i\frac{2\pi}{h}px} \tag{19-13}$$

称为振幅函数，它不随时间 t 而变化，只与坐标 x 有关。$\psi(x)$ 作为波函数的一部分，也具有复指数函数的形式。

其次，由式（19-11），我们也可写出 Ψ 的共轭函数 Ψ^*，即

$$\Psi^*=\psi_0 e^{i\frac{2\pi}{h}(Et-px)}=\psi_0 e^{-i\frac{2\pi}{h}px} e^{i\frac{2\pi}{h}Et}=\psi^* e^{i\frac{2\pi}{h}Et}$$

对照式（19-12），ψ^* 正好是 ψ 的共轭函数。同时，由上式和式（19-12）可得

$$\Psi\Psi^*=(\psi e^{-i\frac{2\pi}{h}Et})(\psi^* e^{i\frac{2\pi}{h}Et})=\psi\psi^* \tag{19-14a}$$

或

$$|\Psi|^2=|\psi|^2 \tag{19-14b}$$

即波函数 Ψ 与其共轭函数 Ψ^* 的乘积等于相应的振幅函数 ψ 与其共轭函数 ψ^* 的乘积。由于波的强度与其振幅的平方成正比，因而我们也可认为，振幅函数的平方 $|\psi|^2$ 表征了物质波的强度，或者说，波函数 Ψ 与其共轭函数 Ψ^* 的乘积 $\Psi\Psi^*$ 或 $|\Psi|^2$ 表征了物质波的强度。这对自由粒子运动的一维情况是如此，对三维情况也是如此。并且亦可推广到处于力场中非自由粒子运动的情况。

在自由粒子运动的三维情况下，其波函数可表示为

$$\Psi(\boldsymbol{r},t)=\psi_0 e^{-i\frac{2\pi}{h}(Et-\boldsymbol{p}\cdot\boldsymbol{r})}=\psi(\boldsymbol{r})\ e^{-i\frac{2\pi}{h}Et} \tag{19-15}$$

或

$$\Psi(x,y,z,t)=\psi_0 e^{-i\frac{2\pi}{h}[Et-(p_x x+p_y y+p_z z)]}=\psi(x,y,z)\ e^{-i\frac{2\pi}{h}Et} \tag{19-16}$$

上两式中 $\boldsymbol{r}$ 为空间任一点的位矢，相应的坐标为 x，y，z；$\psi(\boldsymbol{r})=\psi(x,y,z)$ 为振幅函数，它是位矢 $\boldsymbol{r}$ 即坐标 x，y，z 的函数，不随时间 t 而变化，即

$$\psi(\boldsymbol{r})=\psi_0 e^{i\frac{2\pi}{h}\boldsymbol{p}\cdot\boldsymbol{r}} \tag{19-17}$$

如果粒子处于力场中，受有外力作用，它就不是自由粒子，但仍具有波粒二象性，这时粒子的物质波就不是平面简谐波，需用较复杂的波函数来描述。若具有能量 E 的微观粒子在力场中运动，则其波函数也可仿照式（19-2），写成如下形式：

$$\Psi(\boldsymbol{r},t)=\psi(\boldsymbol{r})e^{-i\frac{2\pi}{h}Et} \tag{19-18}$$

$$\Psi(x,y,z,t)=\psi(x,y,z)\ e^{-i\frac{2\pi}{h}Et} \tag{19-19}$$

式中，$\boldsymbol{r}=\boldsymbol{r}(x,y,z)$ 为空间任一点的位矢，$\psi(\boldsymbol{r})=\psi(x,y,z)$ 为振幅函数。

19.3.2　波函数的统计解释

在电子衍射实验中，如果我们控制电子束，使它极为微弱，甚至让电子一个一个地通过晶体而落到照相底片上，起初，当落到底片上的电子数目不多时，底片上呈现出一个一个的点，这些点的分布显得毫无规则，这表明每个电子落在底片上什么地方是不确定的。但是经过一定时间，就有大量电子落于底片上，这时电子在底片上各处的分布渐渐显示出一定的规律性，形成如图 19-2（b）所示的衍射图样。既然照相底片上记录的是电子，亦即表现为粒子性；而其所显示的衍射图样，却又表现为波动性。那么，我们要问：微观粒子兼有的波和粒子这两种行为之间究竟存在着什么联系呢？

从波动观点来看，照相底片上的电子衍射极大处，衍射电子波（物质波）的强度

大，即衍射电子的波函数模量的平方$|\Psi|^2$也大。再从粒子的观点来看，尽管我们不能预言电子一定落在照相底片上的什么地方，但是在衍射图样中，衍射电子波强度大的地方，底片感光强，表明落到该处的电子较密集，强度小的地方，则表明落到该处的电子较稀疏甚至没有。从统计意义上来说，电子波强度大的地方，说明电子落在该处的机会多，或者说概率大，因此意味着落到该处的电子数目应越多，故而反映电子波动性的衍射图样，其强度分布与电子落在照相底片上各处的概率分布相对应。不仅对电子是这样的，对于其他微观粒子来说，情况也是如此，所以微观粒子的物质波是一种概率波。

综上所述，由于微观粒子同时具有波动性，我们无法准确说出粒子在各个时刻的位置，只能说粒子出现在某一点有一定的概率。设在空间中位于坐标（x，y，z）处附近的体积 $\mathrm{d}V$ 中出现粒子的概率为 $\mathrm{d}P$，则 $\mathrm{d}P/\mathrm{d}V$ 即为该处附近单位体积中发现电子的概率，称为**概率密度**。波恩认为，如果我们已知微观粒子的波函数，就能给出任一时刻 t 在空间各点出现该粒子的概率密度。这就是 19.3.1 中波恩关于物质波统计解释的根据，可概述如下。

设微观粒子的波函数为 Ψ（x，y，z，t），则在给定时刻 t，在空间某点（x，y，z）附近找到该粒子的概率密度 $\mathrm{d}P/\mathrm{d}V$ 与代表该点物质波强度的$|\Psi(x,y,z,t)|^2$成正比，即

$$\frac{\mathrm{d}P}{\mathrm{d}V}\propto|\Psi|^2$$

不妨取比例系数为 1，则有

$$\frac{\mathrm{d}P}{\mathrm{d}V}=|\Psi|^2 \tag{19-20}$$

于是，可得在该处的体积元 $\mathrm{d}V$ 内发现粒子的概率为

$$\mathrm{d}P=|\Psi|^2\mathrm{d}V=\Psi\Psi^*\mathrm{d}V \tag{19-21}$$

由于粒子总是存在于空间中，它不在空间的这一地方出现，就要在其他地方出现，所以在整个空间内搜索，一定能找到它，也就是说，在整个空间内发现粒子的概率应等于 1，即

$$\int_V \Psi\Psi^*\mathrm{d}V=1 \tag{19-22}$$

式中，V 代表整个空间。式（19-22）称为波函数 Ψ 的归一化条件。

19.4 薛定谔方程

在经典力学中，质点的状态可用位置和速度来描述，可以根据初始条件利用牛顿运动方程求出质点在任一时刻的位置和速度。与之相仿，在量子力学中情况也是这样，当微观粒子在某一时刻的状态为已知时，以后时刻粒子所处的状态也要由一个方程来决定。在量子力学中微观粒子的状态用波函数来描述，决定粒子状态变化的方程不再是牛顿运动方程，而是下面我们要建立的薛定谔方程。

现在，首先从自由粒子运动的一维情况出发，来建立薛定谔方程。我们已知，沿 x 轴方向运动的自由粒子，其物质波的波函数为

$$\Psi(x,t)=\psi_0 e^{-i\frac{2\pi}{h}(Et-px)}$$

将上式分别对 x 取二阶导数和对 t 取一阶导数，得

$$\frac{\partial^2\Psi}{\partial x^2}=-p^2\left(\frac{2\pi}{h}\right)^2\Psi,\quad \frac{\partial\Psi}{\partial t}=-i\frac{2\pi}{h}E\Psi \tag{19-23}$$

而 $E=E_k$ 为自由粒子的动能，根据非相对论的动能与动量的关系 $E_k=\frac{p^2}{2m}$，则由上两式，得

$$\frac{\partial\Psi}{\partial t}=\frac{ih}{4\pi m}\frac{\partial^2\Psi}{\partial x^2} \tag{19-24}$$

上式称为**自由粒子一维运动的薛定谔方程**。

若粒子在势场中作一维运动，其势能为 $E_P(x)$，则粒子的总能量为

$$E=E_k+E_p=\frac{p^2}{2m}+E_p(x) \tag{19-25}$$

将上式的 E 代入式（19-23）的第二个式子，成为

$$\frac{\partial\Psi}{\partial t}=-i\left(\frac{2\pi}{h}\right)\left[\frac{p^2}{2m}+E_p(x)\right]\Psi$$

或

$$i\left(\frac{h}{2\pi}\right)\frac{\partial\Psi}{\partial t}-E_P(x)\Psi=\frac{p^2}{2m}\Psi$$

由上式和式（19-23）的前一式，可得

$$i\left(\frac{h}{2\pi}\right)\frac{\partial\Psi}{\partial t}=-\frac{1}{2m}\left(\frac{h}{2\pi}\right)^2\frac{\partial^2\Psi}{\partial x^2}+E_p(x)\Psi$$

或者

$$i\hbar\frac{\partial\Psi}{\partial t}=-\frac{\hbar^2}{2m}\frac{\partial^2\Psi}{\partial x^2}+E_p(x)\Psi \tag{19-26}$$

上式即为**粒子在势场中一维运动的薛定谔方程**。将上述方程推广到三维运动的一般情况，这时粒子的波函数为 $\Psi=\Psi(x,y,z,t)$，势能为 $E_p=E_p(x,y,z,t)$，类似于一维情况的推导（从略），可得

$$i\hbar\frac{\partial\Psi}{\partial t}=-\frac{\hbar^2}{2m}\left(\frac{\partial^2\Psi}{\partial x^2}+\frac{\partial^2\Psi}{\partial y^2}+\frac{\partial^2\Psi}{\partial z^2}\right)+E_p(x,y,z,t)\Psi \tag{19-27}$$

这就是粒子在势场中运动的三维情况下**普遍的薛定谔方程**。

通常我们主要研究定态问题，即势能 E_p 与时间 t 无关的情形，亦即 $E_p=E_p(x,y,z)$。这时，对势场中粒子运动的三维情况，其物质波的波函数可取式（19-19）的形式

$$\Psi(x,y,z,t)=\psi(x,y,z)e^{-i\frac{2\pi}{h}Et} \tag{19-28}$$

式中 E 为粒子的能量，它是恒定的。将上式分别对 x，y，z 求二阶偏导数和对 t 求一阶偏导数，然后代入式（19-27）可得

$$\frac{\partial^2\psi}{\partial x^2}+\frac{\partial^2\psi}{\partial y^2}+\frac{\partial^2\psi}{\partial z^2}+2m\left(\frac{2\pi}{h}\right)^2(E-E_p)\psi=0$$

或

$$\left(-\frac{\hbar^2}{2m}\nabla^2+E_{\mathrm{p}}\right)\psi=E\psi \tag{19-29}$$

式中，

$$\nabla^2=\frac{\partial^2}{\partial x^2}+\frac{\partial^2}{\partial y^2}+\frac{\partial^2}{\partial z^2}$$

式（19-29）称为**定态薛定谔方程**。通常我们把振幅函数 ψ 也称为波函数。由于解上述方程求出 ψ 后，由式（19-28）即可给出波函数 Ψ。因此在研究处于定态的粒子时，就归结为求定态薛定谔方程的解 $\psi=\psi(x, y, z)$。

对于一维定态问题，式（19-29）便退化为一维定态薛定谔方程

$$\left[-\frac{\hbar^2}{2m}\frac{\mathrm{d}^2}{\mathrm{d}x^2}+E_{\mathrm{p}}(x)\right]\psi=E\psi \tag{19-30}$$

最后指出，根据选定的初始条件和边界条件，由薛定谔方程所求得的解，即为粒子的波函数 ψ（或 Ψ）；由此可计算概率密度 $\mathrm{d}P/\mathrm{d}V=\psi\psi^*=|\psi|^2$。考虑到概率密度的意义是单位体积内粒子出现的概率，它必须是位置（x，y，z）的单值函数，否则，在同一地点会有两种概率，这显然是违背实验事实的。概率密度又必须在空间各点连续，并且具有有限值，否则便会违背概率为 1 的条件，即归一化条件：$\int_V \psi\psi^*\,\mathrm{d}V=1$。由此可见，在粒子运动的空间内，波函数 ψ 本身（及其一阶导数）也必须是单值、连续和有限的，这就是对波函数所附加的一个**标准条件**。

其次，薛定谔方程是线性、齐次的微分方程，所以满足叠加原理。这就是说，如果一组函数 Ψ_1，Ψ_2，…，Ψ_i……是薛定谔方程所有可能的解，则它们线性叠加所得的函数

$$\Psi=C_1\Psi_1+C_2\Psi_2+\cdots+C_i\Psi_i+\cdots=\sum_{i=1}^{n}C_i\Psi_i$$

也是同一方程的可能解，式中，C_1，C_2，…，C_i……为常数。

顺便说明，薛定谔方程是不能由任何定律或原理“推导”出来的。它如同物理学中其他方程（如牛顿运动方程、麦克斯韦电磁场方程等）一样，其正确性只能通过实验来检验。实际上，在分子、原子等微观领域的研究中，应用薛定谔方程所得的结果都能很好地符合实验事实。因而，薛定谔方程是反映微观系统运动规律的一个基本方程。

19.5 一维无限深势阱

金属中的电子、原子中的电子、原子核中的质子和中子等粒子的运动，都有一个共同的特点，即粒子的运动被限制在一个很小的空间范围内，或者说，粒子处于束缚态。为了分析处于束缚态的粒子的共同特点，这里提出一个比较简单的理想模型，即一维无限深势阱中粒子的运动。

设质量为 m 的粒子，局限在 $0<x<a$ 范围内做一维运动。在此范围内粒子的势能为零，在此范围外，势能为无穷大。即

$$E_{\mathrm{p}}(x)=\begin{cases}0, & 0<x<a\\ \infty, & x\leqslant 0,\ x\geqslant a\end{cases} \tag{19-31}$$

这种理想化的势能曲线由于它的形状而被称为**一维无限深势阱**，如图 19-4所示。因为阱壁无限高，从物理上考虑，粒子不能透过阱壁，按照波函数的统计解释，要求在阱壁上及势阱外波函数为零，即

$$\psi(x)=0,\ x\leqslant 0,\ x\geqslant a \tag{19-32}$$

而在势阱内部，由于 $E_{\mathrm{p}}(x)=0$，定态薛定谔方程为

$$-\frac{\hbar^2}{2m}\frac{\mathrm{d}^2\psi}{\mathrm{d}x^2}=E\psi,\ 0<x<a \tag{19-33}$$

令

$$k=\sqrt{\frac{2mE}{\hbar^2}} \tag{19-34}$$

则有

$$\frac{\mathrm{d}^2\psi}{\mathrm{d}x^2}+k^2\psi=0 \tag{19-35}$$

常系数二阶微分方程（19-35）的通解为

$$\psi(x)=A\sin(kx+\delta) \tag{19-36}$$

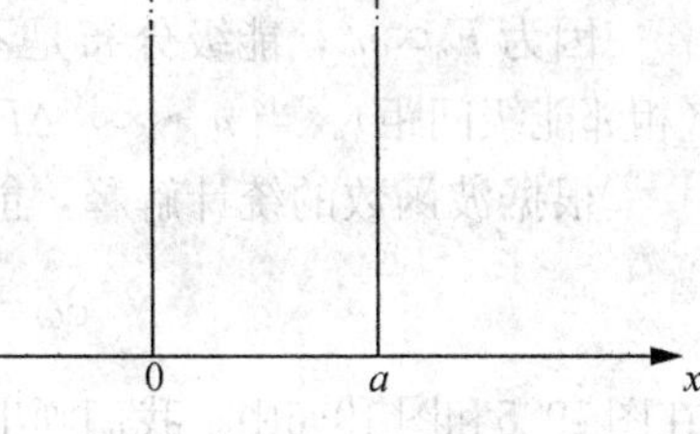

图 19-4　一维无限深势阱

式中，A，δ 为待定常数。由波函数的标准条件可知，在势阱壁上波函数是连续的，即

$$\psi(x)|_{x=0}=0 \tag{19-37}$$

$$\psi(x)|_{x=a}=0 \tag{19-38}$$

把式（19-37）代入式（19-36）得到

$$A\sin\delta=0$$

A 不能为零，否则 ψ 到处为零，这在物理上没有意义。所以只能是 $\delta=0$，这样就有

$$\psi(x)=A\sin kx,\ 0<x<a \tag{19-39}$$

所以

$$ka=n\pi,\ n=1,\ 2,\ 3,\ \cdots \tag{19-40}$$

把式（19-40）代入式（19-34），得到体系的能量

$$E=E_{\mathrm{p}}=\frac{n^2\pi^2\hbar^2}{2ma^2},\ n=1,\ 2,\ 3,\ \cdots \tag{19-41}$$

由此可见，粒子束缚在势阱中时，其能量只能取一系列分立的数值，即粒子的能量是量子化的。

将式（19-40）代入式（19-39）中，并考虑式（19-32），就得到能量为 E_{n} 的粒子的波函数

$$\psi_n(x)=\begin{cases}0, & x\leqslant 0,\ x\geqslant a\\ A\sin\dfrac{n\pi}{a}x, & 0<x<a\end{cases} \tag{19-42}$$

应用归一化条件

$$\int_{-\infty}^{+\infty}|\psi_n(x)|^2\mathrm{d}x=A^2\int_0^a\sin^2\frac{n\pi}{a}x\,\mathrm{d}x=1 \tag{19-43}$$

可求得

$$A=\sqrt{\frac{2}{a}}$$

这样，最后得到能量为 E_n 的粒子的归一化波函数为

$$\psi_n(x)=\begin{cases}0, & x\leqslant 0,\ x\geqslant a\\ \sqrt{\dfrac{2}{a}}\sin\dfrac{n\pi}{a}x, & 0<x<a\end{cases}\qquad (n=1,\ 2,\ 3,\ \cdots)\tag{19-44}$$

讨论　粒子的最低能级（$n=1$），$E_1=\hbar^2\pi^2/2ma^2\neq 0$，这与经典粒子不同（经典理论认为粒子最低能量必须为零）。这是微观粒子波动性的表现，因为“静止的波”是没有意义的。

因为 $E_n\propto n^2$，能级分布是不均匀的，能级越高，密度越小。但是 $\Delta E_n\approx\hbar^2\pi^2 n/ma^2$（相邻能级间距）。当 $n\to\infty$，$\Delta E_n/E_n\approx 2/n\to 0$，即当 n 很大时，能级可以看成是连续的。

根据波函数的统计解释，能量为 E_n 的粒子在 $x—x+\mathrm{d}x$ 内被发现的几率

$$\mathrm{d}\omega=|\psi_n(x)|^2\mathrm{d}x=\frac{2}{a}\sin^2\frac{n\pi}{a}x\,\mathrm{d}x$$

在图 19-5和图 19-6中，我们画出了 $n=1$，2，3，4 时的 $\psi_n(x)$和$|\psi_n(x)|^2$ 的图形。从图中可以看出，当粒子处在基态（$n=1$）时，在势阱中心附近发现粒子的几率最大，越接近阱的两壁几率越小。在两壁上几率为零。当粒子处于激发态（$n=2$，3，4，…）时，在势阱中找到粒子的几率分布有起伏，而且 n 越大，起伏的次数越多。上述现象是与宏观粒子完全不同的。对一个宏观粒子来说，它在势阱内各处被找到的几率是相同的。因此，其几率分布图形应当是平行于 x 轴的直线，如图 19-6中的横线所示。二者的差别仅仅在粒子能量较小（即 n 较小）时才比较显著，如果微观粒子的能量相当大（即 n 很大），则 $|\psi_n(x)|^2$ 的起伏就相当多，平均起来看，几率分布就非常接近宏观粒子的几率分布了。

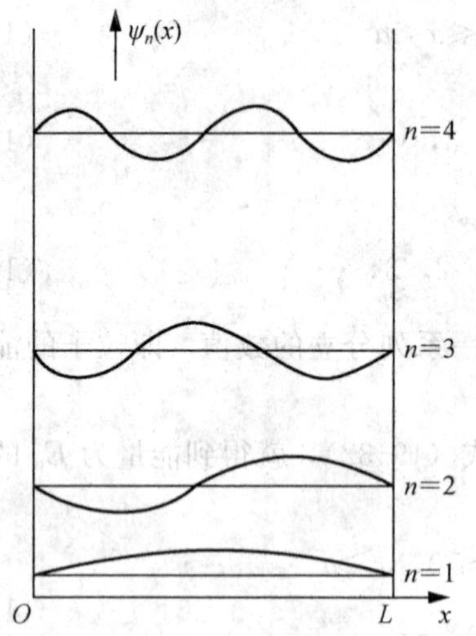

图 19-5　一维无限深势阱中粒子的定态波函数

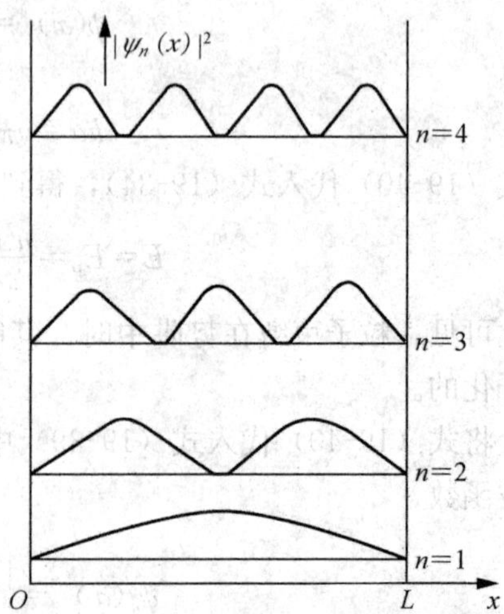

图 19-6　一维无限深势阱中粒子的几率分布

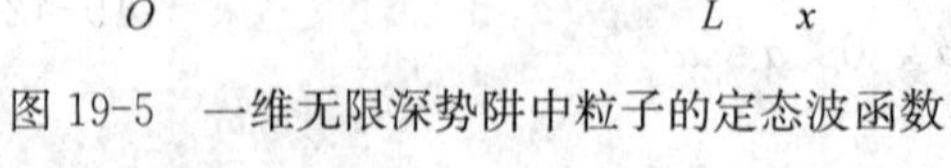

从图 19-5可看出，除端点（$x=0$，a）之外，基态波函数（$n=1$）无节点，第一激发态（$n=2$）有一个节点，第 k 个激发态（$n=k+1$）有 k 个节点。这个结论适用于一维问题具有分立能谱的情形。

19.6　一维势垒和隧道效应

现在我们讨论微观粒子的势垒贯穿问题。它是研究原子核的 α 衰变、金属电子冷发射等现象的理论基础。图 19-7表示 α 粒子与原子核之间相互作用的势能曲线，当 α 粒子处于半径为 R 的原子核内（$x<R$）和核外（$x>r$）的区域Ⅰ、Ⅲ时，其势能小于在核半径 R 附近的区域Ⅱ中的势能。区域Ⅱ的势能曲线形如一个具有较高势能的“壁垒”，称之为势垒。

我们把具有类似于上述势能曲线的一些实际问题进行简化，便可给出一个简单的计算模型，称为一维方形势垒，如图 19-8所示。它表示在宽度为 $0\leqslant x\leqslant a$ 的区域内，存在一个势能为 $U=U_0$ 的势场，或者说，具有一个高度为 U_0 的势垒，即

$$U(x)=\begin{cases}U_0, & 0<x<a\\ 0, & x<0,\ x>a\end{cases} \tag{19-45}$$

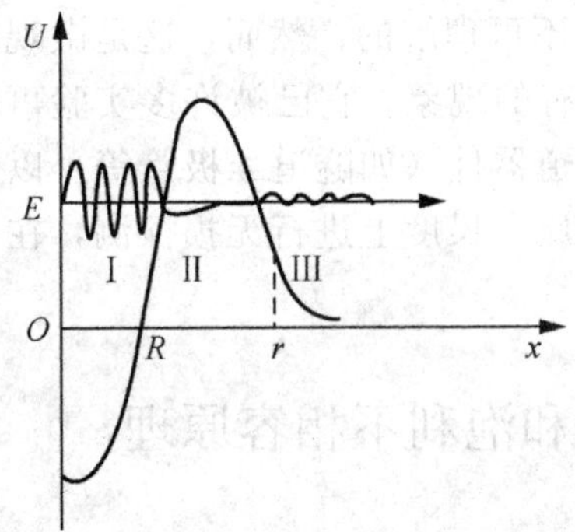

图 19-7　α 粒子与原子核之间相互作用的势能曲线

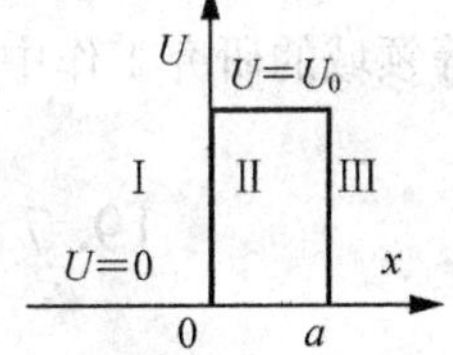

图 19-8　一维方形势垒

现在我们来讨论粒子的能量 $E<U_0$ 的情况，E 是粒子的动能 E_k 与势能 U 之和。当粒子进入区域Ⅱ时，$E=\frac{1}{2}mv^2+U_0$，从而$\frac{1}{2}mv^2=E-U_0<0$，即粒子的动能为负值。这从经典力学来看，显然是不可能的。也就是说，在区域Ⅰ的粒子在 $x=0$ 处将被反射回去，无法透过势垒区域Ⅱ。但在量子力学中，情况却并非如此。考虑到微观粒子的波动性，宛如光波入射到介质表面那样，一部分粒子的物质波将透过势垒，这意味着粒子可以有一定的概率穿过 $E<U_0$ 的势垒区域Ⅱ。这种势垒贯穿的现象亦称**隧道效应**。好像势垒中挖有一条隧道，粒子虽不能越过势垒，却可沿隧道穿越过去。

由于势能 U_0 与时间 t 无关，故可按照式（19-45）分别列出粒子在三个区域的定态薛定谔方程，即

$$\begin{cases}\dfrac{d^2\psi}{dx^2}+\dfrac{2m}{\hbar^2}E\psi=0, & (x<0,\ x>a)\\[2mm] \dfrac{d^2\psi}{dx^2}+\dfrac{2m}{\hbar^2}(E-U_0)\psi=0, & (0<x<a)\end{cases} \tag{19-46}$$

由此可求出各区域中满足标准条件的波函数

$$\psi_{\mathrm{I}}(x)=Ae^{+ikx}+Be^{-ikx} \tag{19-47a}$$

$$\psi_{\mathrm{II}}(x) = De^{-k'x} + Fe^{+k'x} \tag{19-47b}$$

$$\psi_{\mathrm{III}}(x) = Ce^{+ikx} \tag{19-47c}$$

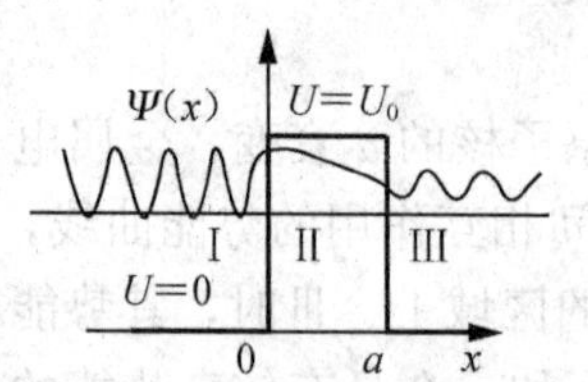

图 19-9　一维方形势垒的波函数

结果表明，在区域Ⅱ、Ⅲ中，波函数皆不为零，如图 19-9 所示。这就是说，原来在区域Ⅰ中的粒子有一部分穿透势垒而到达区域Ⅲ。对于上述情况，我们可以引用粒子的贯穿系数 D 来描述，它定义为：在区域Ⅲ和区域Ⅰ中，单位时间内通过垂直于 x 轴的单位面积的粒子数之比。量子力学的计算表明，当粒子的能量 $E<U_0$ 时，贯穿系数为

$$D = e^{-\frac{2a}{\hbar}\sqrt{2m(U_0-E)}} \tag{19-48}$$

此式表明，贯穿系数 D 随着势垒的加高、加宽而迅速减小，以至趋近于零，这时，量子力学的效应近乎消失，其结果趋同于经典力学。可是，若势垒不高、且较窄，则贯穿系数就较大。

按照经典力学观点，上述隧道效应是不可理解的，然而，这是微观粒子的波动性所决定的。因此，隧道效应是量子力学特有的现象，它已被许多实验事实所证明，并可利用其原理制成半导体和超导体中的隧道器件（如隧道二极管等）以及扫描隧道显微镜，这种显微镜的灵敏度极高，能够在原子尺度上进行无损探测，在材料科学和生物科学等领域的研究工作中特别有用。

19.7　电子自旋和泡利不相容原理

光子和电子除了具有波粒二象性之外，还有什么共同的属性呢？

1921 年，德国科学家施特恩和格拉赫在实验中将碱金属原子束经过一不均匀磁场射到屏幕上时，发现射线束分裂成两束，并且向不同方向偏转，如图 19-10 所示。这意味着，电子除了有轨道运动外，还有不依赖于轨道运动的固有磁矩。射线束分裂是这类磁矩顺着或逆着磁场方向取向的结果。

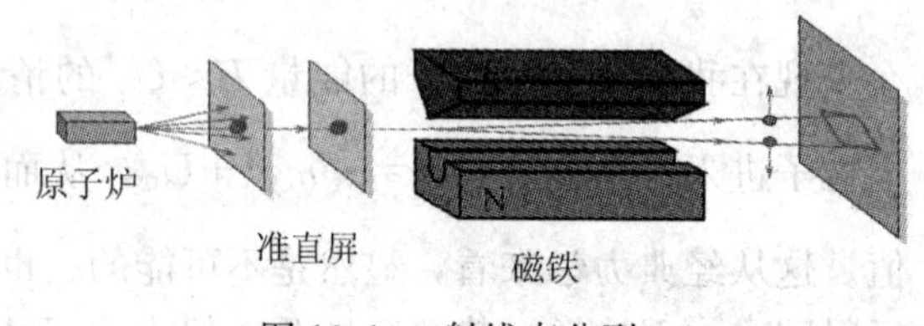

图 19-10　射线束分裂

1925 年，瑞士籍奥地利科学家泡利引入与最外壳层的电子有关的“双值量子自由度”，提出了**不相容原理**：每一个原子中，绝不能存在两个或多个等价的电子，即不存在所有量子态都相同的电子。运用这一原理，解决了光谱规律中的许多难题，理解了原子中电子壳层的形成，以及当元素按原子序数递增排列时所观察到的周期律。

1925 年，美籍荷兰科学家古德斯密特和乌伦贝克提出了电子“自旋”的假设，认为自旋量子数 $s=1/2$，相应的电子自旋磁矩顺着磁场方向取向，用↑表示，说成逆时针自旋；逆着磁场方向取向，用↓表示，说成顺时针自旋。当两个电子处于相同自旋状态时叫做自旋平行，用符号↑↑或↓↓表示。当两个电子处于不同自旋状态时，叫做自旋反平行，用符号↑↓或↓↑表示。

1928 年，英国科学家狄拉克在理论上解释了为何电子具有自旋，建立了电子的相对论波动方程，该方程中自然地包括了电子自旋和自旋磁矩。

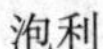
泡利

古德斯密特

乌伦贝克

狄拉克

1940 年，泡利又证明了引入自旋概念是出于量子场论的需要。自旋成了所有粒子的基本参量，不但电子存在自旋，中子、质子、光子等所有微观粒子都存在自旋，只不过取值不同。自旋和静质量、电荷等物理量一样，也是描述微观粒子固有属性的物理量。中子、质子和电子的自旋量子数都是 1/2，光子自旋量子数为 1。

按照自旋量子数可以将所有的粒子分为两类。一类是像电子那样带有半整数自旋的粒子被称为费米子；另一类是像光子那样带有整数自旋的粒子则称为玻色子。

自旋为 0 的粒子像一个圆点：从任何方向看都一样；而自旋为 1 的粒子像一个箭头：从不同方向看是不同的，只有当它转过 360°时，这粒子才显得是一样；自旋为 2 的粒子像个双头的箭头：只要转过 180°，看起来就一样了；自旋为 1/2 的粒子转过一圈后，仍然显得不同，必须使其转两圈后才看上去是一样的。

注意，粒子自旋是纯量子效应，不能把电子自旋看成像地球绕轴自转那样的运动。

可以证明，原子中电子的运动状态可用 n，l，m_l，m_s 这四个量子数来表征。主量子数 n，可取 $n=1, 2, 3, \cdots$ 整数，它决定原子中电子能量的主要部分。角量子数 l，可取 $l=0, 1, 2, \cdots, (n-1)$，它确定电子轨道角动量的值。磁量子数 m_l，$m_l=0, \pm1, \pm2, \cdots, \pm l$，它确定电子轨道角动量 $\boldsymbol{L}$ 在外磁场方向的分量。自旋磁量子数 m_s，只能取两个数值 $m_s=\pm\frac{1}{2}$，它决定电子自旋角动量在外磁场方向的分量。

原子核外电子是如何排布的呢？玻尔提出了“原子内电子按一定壳层排列”的观点。1916 年，柯赛尔提出了形象化的壳层分布模型。主量子数 n 相同的电子组成一个主壳层，简称壳层。对应主量子数 $n=1, 2, 3, 4, 5, 6, 7$ 的壳层分别用大写字母 K，L，M，N，O，P，Q 来命名。如 $n=1$ 称为 K 壳层，$n=2$ 称为 L 壳层，$n=3$ 称为 M 壳层，等等。主量子数相同，而角动量量子数不同的电子分布在不同的支壳层上。n 取一定数值时，$l=0, 1, 2, \cdots, (n-1)$；因此由 n 决定的壳层，可分成由 l 决定的 n 个支壳层。$l=0, 1, 2, 3, 4, 5, 6, 7, 8, \cdots$ 相对应的支壳层称为 s，p，d，f，g，h，i，k，l，…例如 $l=0$ 的支壳层称为 s 支壳层，$l=1$ 的支壳层称为 p 支壳层，等等。一般地，处于同一主量子数 n 而角量子数 l 不同的电子，其能量也稍有不同。把 n 和 l 合在一起，用 nl 表示电子态。例如，$n=1$，$l=0$，电子态表示为 1s 态；$n=2$，$l=1$，表示为 2p 态等。

若 $n=1$，则 $l=0$，说明K壳层只有一个s支壳层；$n=2$，$l=0$，1，说明L壳层有s和p两个支壳层；$n=3$，$l=0$，1，2，说明M壳层有s，p，d三个支壳层；$n=4$ 的N壳层有s，p，d，f四个支壳层，等等，以此类推。重要的问题是每一个支壳层能容纳多少个电子？每个主壳层能容纳多少个电子？这就要考虑泡利不相容原理。

下面先计算 l 支壳层中最多能容纳的电子数。给定 l 后，$m_l=-l$，$-l+1$，…，l，共计 $2l+1$ 个值；而当 n，l，m_l 都给定时，m_s 只能取 $+\frac{1}{2}$ 和 $-\frac{1}{2}$ 两个可能的值。所以 l 支壳层中最多可以容纳 $2(2l+1)$ 个电子。当支壳层中的电子数达到最大值时，称为满支壳层或闭合支壳层。给定主量子数 n 后，角量子数 $l=0$，1，2，…，$(n-1)$ 共 n 个数值。因此在 n 值一定的主壳层中所能容纳的最多电子数 Z_{n} 为

$$Z_{\mathrm{n}}=\sum_{l=0}^{n-1}2(2l+1)=2\times\frac{1+(2n-1)}{2}\times n=2n^2$$

即原子中主量子数为 n 的壳层中最多能容纳 $2n^2$ 个电子。例如 $n=1$ 的K壳层，最多容纳两个电子，都在s支壳层上，以电子组态 $1s^2$ 表示。$n=2$ 的L壳层，最多容纳8个电子，其中 $l=0$ 的电子有两个，以 $2s^2$ 表示，$l=1$ 的电子有6个，以 $2p^6$ 表示，电子组态是 $2s^2 2p^6$。以此类推，如表19-1所示。

表 19-1　原子中各壳层可容纳的最多量子数

n \ l	0 s	1 p	2 d	3 f	4 g	5 h	6 i	$Z_{\mathrm{n}}=2n^2$
1，K	2							2
2，L	2	6						8
3，M	2	6	10					18
4，N	2	6	10	14				32
5，O	2	6	10	14	18			50
6，P	2	6	10	14	18	22		72
7，Q	2	6	10	14	18	22	26	98

原子系统处于正常状态时，每个电子总是尽先占据能量最低的能级，因为这时整个原子最稳定。称为**能量最小原理**。能量首先决定于主量子数 n，所以总的趋势是先从主量子数小的壳层填起。但特别要注意的是，由于能量也决定于角量子数 l，因此填充顺序并不总是简单地按 K，L，M，…一层填满再填另一层。从 $n=4$ 起就有先填 n 较大 l 较小的支壳层，后填 n 较小 l 较大的支壳层的反常情况出现。总的说来，填充次序是：

1s，2s，2p，3s，3p，[4s，3d]，4p，[5s，4d]，5p，[6s，4f，5d]，6p，[7s，5f，6d]

各括号内是主量子数反常情况，这里的能级高低可用我国科学工作者根据大量实验事实总结出的规律 $(n+0.7l)$ 判断。$(n+0.7l)$ 越大，能级越高。

例如4s和3d比较，$(4+0.7\times0)=4<(3+0.7\times2)=4.4$，所以先填4s。再如4f和5d比较，$(4+0.7\times3)=6.1<(5+0.7\times2)=6.4$，所以先填4f后填5d。

用原子的壳层结构可以很好地解释元素的周期性质。元素周期表中每个周期的第

一个元素，都对应着开始填充一个新壳层，都只有一个价电子。价电子是外层电子，元素的性质主要由价电子决定，价电子相同，则物理、化学性质相似。每个周期末的元素，都对应着一个壳层或一个支壳层被填满。第一周期只有 H、He 两种元素，原子基态电子组态分别是 1s，$1s^2$，至 He，第一壳层填满。但要注意，以后的每一个周期不是以填满 n 壳层来划分的，而是从电子填充一个 s 支壳层开始，以填满 p 支壳层结束。

当今，量子力学已推动电子科学技术发展到一个新的阶段。随着电子设备的尺寸越来越小，小到已接近极限点，科学家们开始专注于建立新的物理操作规则，即使用电子自旋代替电荷作为逻辑变量。为了观察电子的操作并探测自旋，科学家特别设计了一个平板光子二极管并将其放置在晶体管隧道附近。通过在二极管上照射光线，研究人员朝晶体管内注入了光激发电子，而不是通常的自旋极化电子。接着朝其输入门电极施加电压，通过量子相对论效应来控制电子的自旋运动。2010 年，美国物理学家杰罗·斯纳夫领导的一个国际科研小组研制出了首个能在高温下工作的自旋场效应晶体管。可以期待，量子力学将给我们的生活、生产乃至社会各个方面带来翻天覆地的变化。

思考与讨论

19.1　为什么说电子既不是经典意义的波，也不是经典意义的粒子？

19.2　德布罗意波的波函数与经典波的波函数的本质区别是什么？

19.3　波函数在空间各点的振幅同时增大 D 倍，则粒子在空间分布的概率会发生什么变化？

19.4　在钠光谱中，主线系的第一条谱线（钠黄线）是由 3p～3s 之间的电子跃迁产生的，它由两条谱线组成，波长分别为 $\lambda_1=588.9963\text{nm}$ 和 $\lambda_2=589.5930\text{nm}$。试用电子自旋来解释产生双线的原因。

19.5　原子内电子的量子态由 n，l，m_l，m_s 四个量子数表征。

1）当 n，l，m_l 一定时，不同的量子态数目是多少？

2）当 n，l 一定时，不同的量子态数目是多少？

3）当 n 一定时，不同的量子态数目是多少？

习　题　19

19-1　求动能为 1.0eV 的电子的德布罗意波的波长。

19-2　若电子和光子的波长均为 0.20nm，则它们的动量和动能各为多少？

19-3　电子位置的不确定量为 $5.0\times10^{-2}\text{nm}$ 时，其速率的不确定量为多少？

19-4　一维运动的粒子被限制在宽为 a 的范围内运动，应用不确定关系估计质量为 m 的粒子的零点能（即最小能量）。

19-5　铀核的线度为 $7.2\times10^{-15}\text{m}$，求其中一个质子的动量和速度的不确定量。

19-6 设有一电子在宽为 0.20nm 的一维无限深的方势阱中。

1）计算电子在最低能级的能量。

2）当电子处于第一激发态（$n=2$）时，在势阱中何处出现的概率最小，其值为多少？

19-7 一电子被限制在宽度为 1.0×10^{-10}m 的一维无限深势阱中运动。

1）欲使电子从基态跃迁到第一激发态，需给它多少能量？

2）在基态时，电子处于 $x_1=0.090\times10^{-10}$m 与 $x_2=0.110\times10^{-10}$m 之间的概率近似为多少？

3）在第一激发态时，电子处于 $x_1'=0$ 与 $x_2'=0.25\times10^{-10}$m 之间的概率为多少？

19-8 在描述原子内电子状态的量子数 n，l，m_l中，

1）当 $n=5$ 时，l 的可能值是多少？

2）当 $l=5$ 时，m_l的可能值为多少？

3）当 $l=4$ 时，n 的最小可能值是多少？

4）当 $n=3$ 时，电子可能状态数为多少？

常用基本物理常数

物 理 量	符 号	数 值	单 位	相对标准不确定度 u
真空中光速	c，c_0	299 792 4584	m/s	（精确）
磁常数	μ_0	$4\pi\times10^{-7}$	N/A^2	
		$=12.566\ 370\ 614\cdots\times10^{-7}$	N/A^2	（精确）
电常数 $1/\mu_0 c^2$	ε_0	$8.854\ 187\ 817\cdots\times10^{-12}$	F/m	（精确）
牛顿引力常数	G	$6.674\ 28\ (67)\ \times10^{-11}$	$m^3/(kg\cdot s^2)$	1.0×10^{-4}
普朗克常数	h	$6.626\ 068\ 96\ (33)\ \times10^{-34}$	J·s	5.0×10^{-8}
$h/2\pi$	$\hbar$	$1.054\ 571\ 628\ (53)\ \times10^{-34}$	J·s	5.0×10^{-8}
基本电荷	e	$1.602\ 177\ 33\ (49)\ \times10^{-19}$	C	2.5×10^{-8}
磁通量子 $h/2e$	φ_0	$2.067\ 833\ 667\ (52)\ \times10^{-15}$	Wb	2.5×10^{-8}
电导量子 $2e^2/h$	G_0	$7.748\ 091\ 7004\ (53)\ \times10^{-5}$	S	6.8×10^{-10}
电子质量	m_e	$9.109\ 382\ 15\ (45)\ \times10^{-31}$	kg	5.0×10^{-8}
质子质量	m_p	$1.672\ 621\ 637\ (83)\ \times10^{-27}$	kg	5.0×10^{-8}
质子-电子质量比	m_p/m_e	1836. 152 672 47 (80)		4.3×10^{-10}
精细结构常数	α	$7.297\ 352\ 5376\ (50)\ \times10^{-3}$		6.8×10^{-10}
精细结构常数倒数	α^{-1}	137. 035 999 679 (94)		6.8×10^{-10}
里德伯常数 $\alpha^2 m_e c/2h$	R_∞	10 973 731. 568 527 (73)	m^{-1}	6.6×10^{-12}
阿伏伽德罗常数	N_A，L	$6.022\ 141\ 79\ (30)\ \times10^{23}$	mol^{-1}	5.0×10^{-8}
法拉第常数 $N_A e$	F	96 485. 3399 (24)	C/mol	2.5×10^{-8}
摩尔气体常数	R	8. 314 472 (15)	J/(mol·K)	1.7×10^{-6}
玻尔兹曼常数 R/N_A	k	$1.380\ 6504\ (24)\ \times10^{-23}$	J/K	1.7×10^{-6}
斯特藩-玻尔兹曼常数 $(\pi^2/60)k^4/\hbar^3c^2$	σ	$5.670\ 400\ (40)\ \times10^{-8}$	W $(m^2\cdot K^4)$	7.0×10^{-6}
电子伏：(e/C) J	eV	$1.602\ 176\ 487\ (40)\ \times10^{-19}$	J	2.5×10^{-8}
（统一的）原子质量单位 $1u=m_u=\frac{1}{12}m(^{12}C)$ $=10^{-3}kg\ mol^{-1}/N_A$	u	$1.660\ 538\ 782\ (83)\ \times10^{-27}$	kg	5.0×10^{-8}

注：表中数据为 2006 年国际科学技术数据委员会（CODATA）推荐值。

资料来源：Mohr P J，Taylor B N，Newell D B. 2007. Physics Today，60（7）：52；物理，2008，37，（3）：184-185.

参 考 文 献

艾·爱因斯坦，利·英费尔德．1999. 物理学的进化．周肇威，译．长沙：湖南教育出版社.

爱因斯坦．2006. 狭义与广义相对论浅说．杨润殷，译．北京：北京大学出版社.

程守洙，江之永．2006. 普通物理学．6 版．北京：高等教育出版社.

郭振平．2011. 文科物理．北京：北京邮电大学出版社.

郭振平．2012. 大学物理（上、下册）．北京：教育科学出版社.

刘辽，赵峥．2004. 广义相对论．2 版．北京：高等教育出版社.

罗益民，余燕．2008. 大学物理．2 版．北京：北京邮电大学出版社.

马文蔚，周雨青，解希顺．2006. 物理学教程．2 版．北京：高等教育出版社.

乔治·伽莫夫．1981. 物理学发展史．高士圻，译．北京：商务印书馆.

上海交通大学物理教研室．2009. 大学物理学. 3 版. 上海：上海交通大学出版社.

上海交通大学物理教研室．2010. 大学物理教程．上海：上海交通大学出版社.

史蒂芬·霍金．2001. 时间简史：从大爆炸到黑洞．许明贤，吴忠超，译．长沙：湖南科学技术出版社.

史蒂芬·霍金．2005. 时空的未来．李泳，译．长沙：湖南科学技术出版社.

萧景林．2000. 理论物理概论．呼和浩特：内蒙古大学出版社.

严导淦．1998. 物理学．北京：高等教育出版社.

曾谨言．2003. 量子力学教程．北京：科学出版社.

查新未．2007. 物理学导论．西安：西安交通大学出版社.

赵近芳．2008. 大学物理学．3 版．北京：北京邮电大学出版社.

赵凯华．2008. 定性与半定量物理学．北京：高等教育出版社.

周世勋．1979. 量子力学教程．北京：高等教育出版社.

Douglas C. Giancili. 2005. Physics for Scientists and Engineers with Modern Physics. 3 版．北京：高等教育出版社.

Raymond A. Serway. 1996. Physics for Scientists and Engineers with Modern Physics. Fourth Edition. Saunders College Publishing.